U0922992

电气信息工程丛书

现场总线与工业以太网及其应用技术

李正军　编著

机 械 工 业 出 版 社

本书从工程实际应用出发，全面系统地介绍了现场总线与工业以太网技术及其应用系统设计，力求所讲内容具有较强的可移植性、先进性、系统性、应用性、资料开放性，起到举一反三的作用。

全书共分9章，主要内容包括现场总线与工业以太网概论、控制网络技术、通用串行通信接口技术、PROFIBUS现场总线、PROFIBUS－DP通信控制器与网络接口卡、PROFIBUS－DP应用系统设计、DeviceNet现场总线、TCP/IP协议与以太网控制器、工业以太网应用系统设计。

本书可作为高等院校自动化、测控技术及仪器、计算机应用、信息工程、机电一体化方向的研究生、本科生的教材，也可作为从事现场总线与工业以太网技术及其应用系统设计的工程技术人员参考用书。

图书在版编目（CIP）数据

现场总线与工业以太网及其应用技术/李正军编著．—北京：机械工业出版社，2011.9（2020.1重印）
（电气信息工程丛书）
ISBN 978-7-111-35607-3

Ⅰ.①现… Ⅱ.①李… Ⅲ.①总线－技术②工业企业－以太网
Ⅳ.①TP336②TP393.18

中国版本图书馆CIP数据核字（2011）第160641号

机械工业出版社（北京市百万庄大街22号　邮政编码100037）
责任编辑：时　静
责任印制：郜　敏
北京中兴印刷有限公司印刷
2020年1月第1版·第5次印刷
184mm×260mm·27.75印张·686千字
10 001—11 500册
标准书号：ISBN 978-7-111-35607-3
定价：79.00元

凡购本书，如有缺页、倒页、脱页，由本社发行部调换

电话服务	网络服务
服务咨询热线:010-88379833	机 工 官 网：www.cmpbook.com
读者购书热线:010-88379649	机 工 官 博：weibo.com/cmp1952
	教育服务网：www.cmpedu.com
封面无防伪标均为盗版	金 书 网：www.golden-book.com

前　言

现代信息技术的三大基础是信息的采集、传输和处理技术，即传感技术、通信技术和计算机技术。现场总线技术是用于现场仪表与控制系统和控制室之间的一种全分散、全数字化、智能、双向、互联、多变量、多点、多站的串行通信技术，被誉为自动化领域的局域网，它是计算机技术、通信技术、控制技术的集成。现场总线技术已成为当今自动化领域发展的热点，世界上许多国家均投入大量的人力和物力开发该项技术，并获得了巨大的成功。

基于现场总线技术的现场总线控制系统（FCS）打破了传统控制系统的结构形式。传统模拟控制系统采用一对一的物理连接，而现场总线控制系统是继基地式仪表控制系统、电动气动单元组合仪表模拟控制系统、直接数字控制系统（DDC）、集散控制系统（DCS）之后的新一代智能控制系统。它把单个分散的测量控制设备变成网络节点，以现场总线控制网络为传输纽带，把每个网络节点连接成可以相互沟通信息、共同完成自控任务的网络系统和控制系统。现场总线中的传感器、变送器、执行机构均置入了微控制器，使它们具备了数字计算和数字通信的能力，信息的传输不依赖于控制室内的计算机或控制仪表，直接在现场中的各网络节点完成，实现了彻底地分散，有力地推动了计算机控制系统向数字化、网络化、智能化方向发展。

现场总线技术的发展初衷是建立开放的通信控制网络，使其通信协议趋于统一。但由于众多原因，世界上已有许多公司在开发现场总线技术与产品方面投入了大量的人力与财力，至今在不同领域形成的现场总线已有百余种，常用的有几十种，并在特定的领域内得到了广泛的应用。由于 Ethernet（以太网）技术和应用的发展，使 Ethernet 技术从办公自动化走向工业自动化。近年来，工业以太网的兴起引起了自动控制领域的高度重视，并且在国际上形成了工业以太网标准。我国对发展现场总线与工业以太网技术也投入了较多的人力和物力，并制定了国家标准。本书着重介绍已成为国家标准的 PROFIBUS - DP 现场总线、DeviceNet 现场总线与工业以太网及其应用系统设计。

本书共分 9 章，第 1 章介绍了现场总线与工业以太网的产生与发展、企业网络及国内外流行的现场总线与工业以太网，并介绍了代表工业通信未来的网络控制芯片 netX；第 2 章介绍了数据通信技术基础、网络互连技术、网络互连设备及通信参考模型；第 3 章介绍了 RS - 232C 和 RS - 485 通用串行通信接口技术与 Modbus 通信协议；第 4 章介绍了 PROFIBUS 现场总线，包括 PROFIBUS 的协议结构、PROFIBUS - DP 现场总线系统、PROFIBUS - DP 的通信模型、PROFIBUS - DP 的总线设备类型和设备数据库文件（GSD）；第 5 章简述了 DP 从站的实现，详尽地介绍了从站通信控制器 SPC3，以及主站通信控制器 ASPC2 与网络接口卡；第 6 章介绍了 PROFIBUS - DP 开发包 4、PROFIBUS - DP 从站的开发、PROFIBUS - DP 从站智能测控节点的系统设计、PROFIBUS - DP 主站通信程序设计、PROFIBUS - DP 从站的测试过程、PROFINET 技术，以及基于嵌入式通信模块 COM - C 的 PROFIBUS - DP 主站系统设计；第 7 章详述了 DeviceNet 现场总线，包括 DeviceNet 技术概述、DeviceNet 通信模型、DeviceNet 设备描述、DeviceNet 连接、预定义主/从连接实例、网络访问状态机制、指示器和配置开关、CAN 的技术规范、CAN 通信控制器及其收发器，最后介绍了 DeviceNet 节点的开发；第 8 章介绍了 TCP/IP 协议的体系结构、IP 协议、ICMP 协议、ARP 协议、端到端通信和端口号、TCP 协议和 UDP 协议、RTL8019AS 全双工以太网控制器、DM9000A 全双工以太网控制器；第 9 章介绍了 RTL8019AS 在 PMM2000 电力网络仪表中的应用、PMM2000 电力网络仪表以太网通信程序设计，并结合 PMM2000 电力网络仪表介绍了以太网上位机网络编程实例。

参加本书编写工作的还有周旭松、王鹏、王水、满令伍等同学。本书是作者教学和科研实践的总结，书中实例均是取自作者近几年的现场总线与工业以太网科研攻关课题。在编写过程中得到了山东大学控制科学与工程学院的领导和同事们的支持，在此一并向他们表示真诚的感谢。由于编者水平有限，加上时间仓促，书中错误和不妥之处在所难免，敬请广大读者不吝指正。

编者

目　录

第1章 概 论

1.1 现场总线的产生与发展

现场总线（Fieldbus）是20世纪80年代中后期随着计算机、通信、控制和模块化集成等技术发展而出现的一门新兴技术，代表自动化领域发展的最新阶段。现场总线的概念最早由欧洲人提出，随后北美和南美也都投入巨大的人力、物力开展研究工作，目前流行的现场总线已达40多种，在不同的领域各自发挥重要的作用。关于现场总线的定义有多种。国际电工委员会（IEC）对现场总线的定义为：现场总线是一种应用于生产现场，在现场设备之间、现场设备与控制装置之间实行双向、串行、多节点数字通信的技术。现场总线是当今自动化领域发展的热点之一，被誉为自动化领域的计算机局域网。它作为工业数据通信网络的基础，沟通了生产过程现场级控制设备之间及其与更高控制管理层之间的联系。它不仅是一个基层网络，而且还是一种开放式、新型全分布式的控制系统。这项以智能传感、控制、计算机、数据通信为主要内容的综合技术，因受到世界范围的关注而成为自动化技术发展的热点，并引发自动化系统结构与设备的深刻变革。

1.1.1 现场总线的产生

在过程控制领域中，从20世纪50年代至今，一直都在使用着一种信号标准，那就是4～20mA的模拟信号标准。20世纪70年代，数字式计算机被引入到测控系统中，而此时的计算机提供的是集中式控制处理。20世纪80年代，微处理器在控制领域得到应用，微处理器被嵌入到各种仪器设备中，形成了分布式控制系统。在分布式控制系统中，微处理器被指定一组特定任务，通信则由一个带有附属“网关”的专有网络提供，网关的程序大部分都是由用户编写的。

随着微处理器的发展和广泛应用，产生了以IC（集成电路）代替常规电子线路，以微处理器为核心，实施信息采集、显示、处理、传输及优化控制等功能的智能设备。一些具有专家辅助推断分析与决策能力的数字式智能化仪表产品，其本身具备了诸如自动量程转换、自动调零、自校正、自诊断等功能，还能提供故障诊断、历史信息报告、状态报告、趋势图等功能。通信技术的发展，促使传送数字化信息的网络技术开始得到广泛应用。与此同时，基于质量分析的维护管理、与安全相关系统的测试记录、环境监视需求的增加，都要求仪表能在当地处理信息，并在必要时允许被管理和访问，这些也使现场仪表与上级控制系统的通信量大增。另外，从实际应用的角度出发，控制界也不断在控制精度、可操作性、可维护性、可移植性等方面提出新需求。由此，导致了现场总线的产生。

现场总线就是用于现场智能化装置与控制室自动化系统之间的一个标准化的数字式通信链路，可进行全数字化、双向、多站总线式的信息数字通信，实现相互操作以及数据共享。

现场总线的主要功能是用于控制、报警和事件报告等工作。现场总线通信协议的基本要求是响应速度和操作的可预测性的最优化。现场总线是一个低层次的网络协议，在其之上还允许有上级的监控和管理网络，负责文件传送等工作。现场总线为引入智能现场仪表提供了一个开放平台，基于现场总线的分布式控制系统——现场总线控制系统（FCS）将是继 DCS 后的又一代控制系统。

1.1.2 现场总线的本质

由于标准并未统一，所以对现场总线也有不同的定义。但现场总线的本质含义主要表现在以下 6 个方面。

1. 现场通信网络

用于过程以及制造自动化的现场设备或现场仪表互连的通信网络。

2. 现场设备互连

现场设备或现场仪表是指传感器、变送器和执行器等，这些设备通过一对传输线互连。传输线可以使用双绞线、同轴电缆、光纤和电源线等，并可根据需要因地制宜地选择不同类型的传输介质。

3. 互操作性

现场设备或现场仪表种类繁多，没有任何一家制造商可以提供一个工厂所需的全部现场设备，所以，互相连接不同制造商的产品是不可避免的。用户不希望为选用不同的产品而在硬件或软件上花很大气力，而希望选用各制造商性能价格比最优的产品，并将其集成在一起，实现“即接即用”；用户希望对不同品牌的现场设备统一组态，构成所需要的控制回路。这些就是现场总线设备互操作性的含义。现场设备互连是基本的要求，只有实现互操作性，用户才能自由地集成 FCS。

4. 分散功能块

FCS 废弃了 DCS 的输入/输出单元和控制站，把 DCS 控制站的功能块分散地分配给现场仪表，从而构成虚拟控制站。例如，流量变送器不仅具有流量信号变换、补偿和累加输入模块，而且有 PID 控制和运算功能块。调节阀的基本功能是信号驱动和执行，还内含输出特性补偿模块，也可以有 PID 控制和运算模块，甚至有阀门特性自检验和自诊断功能。由于功能块分散在多台现场仪表中，并可统一组态，因此，用户可以灵活选用各种功能块构成所需的控制系统，实现彻底的分散控制。

5. 通信线供电

通信线供电方式允许现场仪表直接从通信线上摄取能量，对于要求本征安全的低功耗现场仪表，可采用这种供电方式。众所周知，化工、炼油等企业的生产现场有可燃性物质，所有现场设备都必须严格遵循安全防爆标准，现场总线设备也不例外。

6. 开放式互连网络

现场总线为开放式互连网络，它既可与同层网络互连，也可与不同层网络互连，还可以实现网络数据库的共享。不同制造商的网络互连十分简便，用户不必在硬件或软件上花太多气力。通过网络对现场设备和功能块统一组态，把不同厂商的网络及设备融为一体，构成统一的 FCS。

1.1.3 现场总线的特点和优点

1. 现场总线的结构特点

现场总线打破了传统控制系统的结构形式。

传统模拟控制系统采用一对一的设备连线，按控制回路分别进行连接。位于现场的测量变送器与位于控制室的控制器之间，控制器与位于现场的执行器、开关、电动机之间均为一对一的物理连接。

现场总线控制系统由于采用了智能现场设备，能够把原先 DCS 系统中处于控制室的控制模块、各输入输出模块置入现场设备中，加上现场设备具有通信能力，现场的测量变送仪表可以与阀门等执行机构直接传送信号，因而控制系统功能能够不依赖控制室的计算机或控制仪表，直接在现场完成，实现了彻底的分散控制。现场总线控制系统与传统控制系统（如 DCS）结构对比如图 1-1 所示。

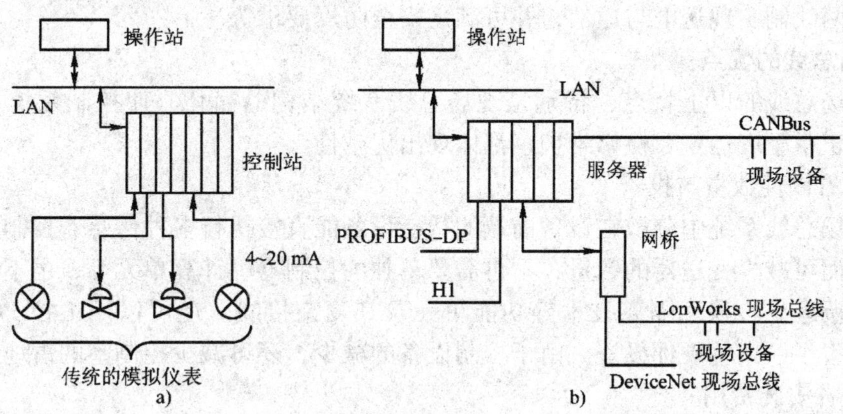

图 1-1 FCS 与 DCS 结构比较
a）DCS 的结构 b）FCS 的结构

由于采用数字信号替代模拟信号，因而可实现一对电线上传输多个信号，如运行参数值、多个设备状态、故障信息等，同时又为多个设备提供电源，现场设备以外不再需要模拟/数字、数字/模拟转换器件。这样就为简化系统结构、节约硬件设备、节约连接电缆与各种安装、维护费用创造了条件。

2. 现场总线的技术特点

（1）系统的开放性

开放系统是指通信协议公开，各不同厂家的设备之间可进行互连并实现信息交换。现场总线开发者就是要致力于建立统一的工厂底层网络的开放系统。这里的开放是指对相关标准的一致性、公开性，强调对标准的共识与遵从。一个开放系统，它可以与任何遵守相同标准的其他设备或系统相连。一个具有总线功能的现场总线网络系统必须是开放的，开放系统把系统集成的权利交给了用户，用户可按自己的需要和对象，把来自不同供应商的产品组成大小随意的系统。

（2）互可操作性与互用性

这里的互可操作性，是指实现互连设备间、系统间的信息传送与沟通，可实行点对点，一点对多点的数字通信。而互用性则意味着不同生产厂家的性能类似的设备可进行互换而实现互用。

(3) 现场设备的智能化与功能自治性

现场总线将传感测量、补偿计算、工程量处理与控制等功能分散到现场设备中完成，仅靠现场设备即可完成自动控制的基本功能，并可随时诊断设备的运行状态。

(4) 系统结构的高度分散性

由于现场设备本身已可完成自动控制的基本功能，使得现场总线已构成一种新的全分布式控制系统的体系结构。从根本上改变了现有 DCS 集中与分散相结合的集散控制系统体系，简化了系统结构，提高了可靠性。

(5) 对现场环境的适应性

工作在现场设备前端，作为工厂网络底层的现场总线，是专为在现场环境工作而设计的，它可支持双绞线、同轴电缆、光缆、射频、红外线、电力线等，具有较强的抗干扰能力，能采用两线制实现送电与通信，并可满足安全防爆要求等。

3. 现场总线的优点

由于现场总线的以上特点，特别是现场总线系统结构的简化，使控制系统从设计、安装、投运到正常生产运行及检修维护，都体现出优越性。

(1) 节省硬件数量与投资

由于现场总线系统中分散在设备前端的智能设备能直接执行多种传感、控制、报警和计算功能，因而可减少变送器的数量，不再需要单独的控制器、计算单元等，也不再需要 DCS 系统的信号调理、转换、隔离技术等功能单元及其复杂接线。还可以用工控 PC 作为操作站，从而节省了一大笔硬件投资。由于控制设备的减少，还可减少控制室的占地面积。

(2) 节省安装费用

现场总线系统的接线十分简单。由于一对双绞线或一条电缆上通常可挂接多个设备，因而电缆、端子、槽盒、桥架的用量大大减少，连线设计与接头校对的工作量也大大减少。当需要增加现场控制设备时，无需增设新的电缆，可就近连接在原有的电缆上，既节省了投资，也减少了设计、安装的工作量。据有关典型试验工程的测算资料，可节约安装费用 60% 以上。

(3) 节约维护开销

由于现场控制设备具有自诊断与简单故障处理的能力，并通过数字通信将相关的诊断维护信息送往控制室，用户可以查询所有设备的运行和诊断维护信息，以便及时分析故障原因并快速排除，缩短了维护停工时间。同时由于系统结构简化、连线简单，从而减少了维护工作量。

(4) 用户具有高度的系统集成主动权

用户可以自由选择不同厂商提供的设备来集成系统，从而避免因选择了某一品牌的产品被“框死”了设备的选择范围，不会为系统集成中不兼容的协议、接口而一筹莫展，使系统集成过程中的主动权完全掌握在自己手中。

(5) 提高了系统的准确性与可靠性

由于现场总线设备的智能化、数字化，与模拟信号相比，它从根本上提高了测量与控制的准确度，减少了传送误差。同时，由于系统的结构简化，设备与连线减少，现场仪表内部功能加强，减少了信号的往返传输，提高了系统的工作可靠性。

此外，由于设备标准化和功能模块化，因而还具有设计简单，易于重构等优点。

1.1.4 现场总线的现状

国际电工技术委员会/国际标准化协会（IEC/ISA）于 1984 年起着手现场总线标准工作，但统一的标准至今仍未完成。同时，世界上许多公司也推出了自己的现场总线技术。但太多存在差异的标准和协议，给实践带来很多复杂性和不便性，影响了开放性和可互操作性。因而在最近几年里开始标准统一工作，减少现场总线协议的数量，以达到单一标准协议的目标。各种协议标准合并的目的是为了达到国际上统一的总线标准，以实现各家产品的互操作性。

IEC TC65（负责工业测量和控制的第 65 标准化技术委员会）以 1999 年年底通过的 8 种类型的现场总线作为 IEC 61158 最早的国际标准。最新的 IEC61158（第四版）标准于 2007 年 7 月发布。

IEC 61158 第四版由多个部分组成，主要包括以下内容：

- IEC 61158 – 1 总论与导则；
- IEC 61158 – 2 物理层服务定义与协议规范；
- IEC 61158 – 300 数据链路层服务定义；
- IEC 61158 – 400 数据链路层协议规范；
- IEC 61158 – 500 应用层服务定义；
- IEC 61158 – 600 应用层协议规范。

IEC 61158 第四版标准包括的现场总线类型如下：

Type 1 IEC 61158（FF 的 H1）现场总线

Type 2 CIP 现场总线

Type 3 PROFIBUS 现场总线

Type 4 P – Net 现场总线

Type 5 FF HSE 现场总线

Type 6 SwiftNet 被撤销

Type 7 WorldFIP 现场总线

Type 8 INTERBUS 现场总线

Type 9 FF H1 以太网

Type 10 PROFINET 实时以太网

Type 11 TCnet 实时以太网

Type 12 EtherCAT 实时以太网

Type 13 Ethernet Powerlink 实时以太网

Type 14 EPA 实时以太网

Type 15 Modbus – RTPS 实时以太网

Type 16 SERCOS Ⅰ、Ⅱ 现场总线

Type 17 VNET/IP 实时以太网

Type 18 CC – Link 现场总线

Type 19　SERCOS III 现场总线

Type 20　HART 现场总线

用于工业测量与控制系统的 EPA（Ethernet for Plant Automation），其系统结构与通信规范是由浙江大学中控技术有限公司、中科院沈阳自动化所、重庆邮电学院、清华大学、大连理工大学等单位联合制定的用于工厂自动化的实时以太网通信标准。EPA 标准在 2005 年 2 月经国际电工委员会 IEC/TC65/SC65C 投票通过已作为公共可用规范（Public Available Specification，PAS）IEC/PAS 62409 标准化文件正式发布，并作为公共行规（Common Profile Family 14，CPF14）列入正在制定的实时以太网应用行规国家标准 IE C61748 - 2，2005 年 12 月正式进入 IEC 61158 第四版标准，成为 IEC 61158 - 314/414//514/614 规范。

每种总线都有其产生的背景和应用领域。总线是为了满足自动化发展的需求而产生的，由于不同领域的自动化需求各有其特点，因此在某个领域中产生的总线技术一般对这一特定的领域的满足度高一些，应用多一些，适用性好一些。

工业以太网的引入成为新的热点。工业以太网正在工业自动化和过程控制市场上迅速增长，几乎所有远程 I/O 接口技术的供应商均提供一个支持 TCP/IP 协议的以太网接口，如西门子（Siemens）、罗克韦尔（Rockwell）、GE Fanuc 等，他们销售各自的 PLC 产品，但同时提供与远程 I/O 和基于 PC 的控制系统相连接的接口。

1.1.5　现场总线网络的实现

现场总线的基础是数字通信，通信就必须有协议。从这个意义上讲，现场总线就是一个定义了硬件接口和通信协议的标准。国际标准化组织（ISO）的开放系统互联（OSI）协议，是为计算机互联网而制定的七层参考模型，它对任何网络都是适用的，只要网络中所要处理的要素是通过共同的路径进行通信的。目前，各个公司生产的现场总线产品没有一个统一的协议标准，但是各公司在制定自己的通信协议时，都参考 OSI 七层协议标准，且大多采用了其中的第 1 层、第 2 层和第 7 层，即物理层、数据链路层和应用层，并增设了第 8 层，即用户层。

1. 物理层

物理层定义了信号的编码与传送方式、传送介质、接口的电气及机械特性、信号传输速率等。现场总线有两种编码方式：Manchester 和 NRZ。前者同步性好，但频带利用率低，后者刚好相反。Manchester 编码采用基带传输，而 NRZ 编码采用频带传输。调制方式主要有 CPFSK 和 COFSK。现场总线传输介质主要有有线电缆、光纤和无线介质。

2. 数据链路层

数据链路层又分为两个子层，即介质访问控制（MAC）层和逻辑链路控制（LLC）层。MAC 层功能是对传输介质传送的信号进行发送和接收控制；而 LLC 层则是对数据链进行控制，保证数据传送到指定的设备上。现场总线网络中的设备可以是主站，也可以是从站。主站有控制收发数据的权力，而从站则只有响应主站访问的权力。

关于 MAC 层，目前有 3 种协议：

（1）集中式轮询协议

集中式轮询协议基本原理是网络中有主站，主站周期性地轮询各节点，被轮循的节点允许与其他节点通信。

（2）令牌总线协议

这是一种多主站协议，主站之间以令牌传送协议进行工作，持有令牌的站可以轮询其他站。

（3）总线仲裁协议

总线仲裁协议机理类似于多机系统中并行总线的管理机制。

3. 应用层

应用层可以分为两个子层，上面子层是现场总线信息规范子层（FMS），它为用户提供服务；下面子层是现场总线访问子层（FAS），它实现数据链路层的连接。

应用层的功能是进行现场设备数据的传送及现场总线变量的访问。它为用户应用提供接口，定义了如何应用读、写、中断和操作信息及命令，同时定义了信息、句法（包括请求、执行及响应信息）的格式和内容。应用层的管理功能在初始化期间初始化网络，指定标记和地址。同时按计划配置应用层，也对网络进行控制，统计失败和检测新加入或退出网络的装置。

4. 用户层

用户层是现场总线标准在OSI模型之外新增加的一层，是使现场总线控制系统开放与可互操作性的关键。

用户层定义了从现场装置中读、写信息和向网络中其他装置分派信息的方法，即规定了供用户组态的标准“功能模块”。事实上，各厂家生产的产品实现功能块的程序可能完全不同，但对功能块特性描述、参数设定及相互连接的方法是公开统一的。信息在功能块内经过处理后输出，用户对功能块的工作就是选择“设定特征”及“设定参数”，并将其连接起来。功能块除了输入、输出信号外，还输出表征该信号状态的信号。

1.1.6 现场总线技术的发展趋势

现场总线技术已成为工业自动化领域广为关注的焦点。国际上现场总线的研究、开发，使测控系统冲破了长期封闭系统的禁锢，走上开放发展的征程，这对我国现场总线控制系统的发展是个极好的机会，也是一次严峻的挑战。现场总线技术是控制、计算机、通信技术的交叉与集成，涉及的内容十分广泛，应不失时机地抓好我国现场总线技术与产品的研究与开发。

自动化系统的网络化是发展的大趋势，现场总线技术受计算机网络技术的影响是十分深刻的。现在网络技术日新月异，发展十分迅猛，一些具有重大影响的网络新技术必将进一步融合到现场总线技术之中，这些具有发展前景的现场总线技术有：

1）智能仪表与网络设备开发的软硬件技术。

2）组态技术，包括网络拓扑结构、网络设备、网络互连等。

3）网络管理技术，包括网络管理软件、网络数据操作与传输。

4）人机接口、软件技术。

5）现场总线系统集成技术。

现场总线属于尚在发展的技术，我国在这一技术领域还刚刚起步。了解国际上该项技术的现状与发展动向，对我国相关行业的发展，对自动化技术、设备的更新，无疑具有重要的作用。总体来说，自动化系统与设备将朝着现场总线体系结构的方向前进，这一发展趋势是肯定的。既然是总线，就要向着趋于开放统一的方向发展，成为大家都遵守的标准规范。但由于这一技术所涉及的应用领域十分广泛，几乎覆盖了所有连续、离散工业领域，如过程自动化、制造加工自动化、楼宇自动化、家庭自动化等，众多领域，需求各异，一个现场总线体系下可能不止容纳单一的标准。另外，从以上介绍也可以看出，几大技术均具有自己的特点，已在不同应用领域形成了自己的优势。加上商业利益的驱使，它们都正在十分激烈的市场竞争中求得发展。

有理由认为：在从现在起的未来10年内，可能出现几大总线标准共存，甚至在一个现场总线系统内，几种总线标准的设备通过路由网关互连实现信息共享。

1.2 工业以太网的产生与发展

1.2.1 以太网引入工业控制领域的技术优势

随着工业自动化系统向分布化、智能化控制方面发展，开放的、透明的通信协议是必然的要求。以太网（Ethernet）由于具有传输速度高、低耗、易于安装、兼容性好、软硬件产品丰富和支持技术成熟等方面的优势，几乎支持所有流行的网络协议，因此在商业系统中被广泛采用。近几年来以太网逐渐进入工业控制领域，形成了新型的以太网控制网络技术。

1. 以太网引入工业控制领域的技术优势

以太网技术引入工业控制领域，具有非常明显的技术优势。

1）以太网是全开放、全数字化的网络，遵照网络协议，不同厂商的设备可以很容易实现互连。

2）以太网能实现工业控制网络与企业信息网络的无缝连接，形成企业级管控一体化的全开放网络，如图1-2所示。

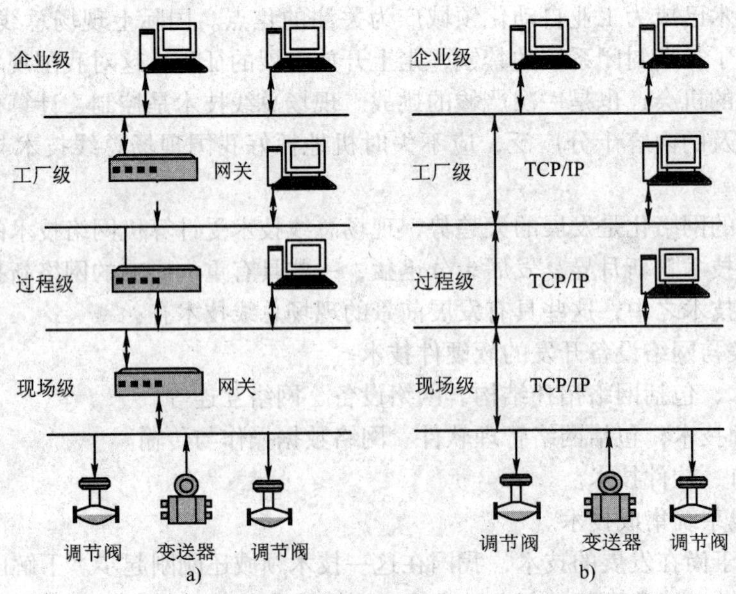

图1-2 传统工业控制网络和工业以太网控制网络
a）传统工业控制网络 b）工业以太网控制网络

3）软硬件成本低廉。由于以太网技术已经非常成熟，支持以太网的软硬件受到厂商的高度重视和广泛支持，有多种软件开发环境和硬件设备供用户选择。

4）通信速度高。随着企业信息系统规模的扩大和复杂程度的提高，对信息量的需求也越来越大，有时甚至需要音频、视频数据的传输。目前标准以太网的通信速率为10 Mbit/s，100 Mbit/s的快速以太网也已被广泛应用，吉比特以太网技术也逐渐成熟，2010年5月正式批准的最新的重要以太网标准IEEE 802.3ba定义了40 Gbit/s和100 Gbit/s数据速率。

5）可持续发展潜力大。在这信息瞬息万变的时代，企业的生存与发展在很大程度上依赖于一个快速而有效的通信管理网络。随着信息技术与通信技术的发展更加迅速，也更加成熟，保证了以太网技术不断地持续向前发展。

2. 以太网引入工业控制领域存在的问题

以太网进入工业控制领域，同样也存在一些问题。

（1）实时性问题

以太网采用载波监听多路访问/冲突检测（CSMA/CD）的介质访问控制方式，其本质上是非实时的。一条总线上有多个节点平等竞争总线，等待总线空闲。这种方式很难满足工业控制领域对实时性的要求。这成为以太网技术进入工业控制领域的技术瓶颈。

（2）对工业环境的适应性与可靠性

以太网是按办公环境设计的，抗干扰能力、外观设计等应符合工业现场的要求。

（3）适用于工业自动化控制的应用层协议

目前，信息网络中应用层协议所定义的数据结构等特性，不适合应用于工业过程控制领域现场设备之间的实时通信。因此，还需定义统一的应用层规范。

（4）本质安全和网络安全

工业以太网如果用在易燃易爆的危险工作场所，必须考虑本质安全问题。另外，工业以太网由于使用了TCP/IP协议，因此可能会受到包括病毒、黑客的非法入侵与非法操作等网络安全威胁。

（5）服务质量（QoS）问题

随着技术的进步，工厂控制底层的信号已不局限在单纯的数字和模拟量上，还可能包括视频和音频，网络应能根据不同的用户需求及不同的内容适度地保证实时性的要求。

1.2.2 工业以太网与实时以太网

现代自动控制的发展与现代通信技术的发展紧密相关，无论是现场总线还是工业以太网，都对工业控制系统的分散化、数字化、智能化和一体化起了决定性的作用。将现代通信技术应用到工业自动化控制领域成为必然趋势。实时以太网就是考虑到现场总线的实时性，与以太网通信技术结合，建立了适合工业自动化并有实时能力的以太网总线。

实时的含义是指对一个给定的应用保证在一个确定的时间内，控制系统能对信号做出响应。而以太网由于采用CSMA/CD的介质访问控制机制，具有通信不确定性的特点。将高速以太网技术应用到实时工业控制网络中，用以提高网络传输速度，其中的关键问题在于提高以太网的实时性与可靠性。

对于工业自动化系统来说，目前根据不同的应用场合，将实时性要求划分为3个范围，它们是信息集成和较低要求的过程自动化应用场合，实时响应时间要求是100 ms或更长；

绝大多数的工厂自动化应用场合，实时响应时间要求为 5 ~ 10 ms；对于高性能的同步运动控制应用，特别是在 100 个节点下的伺服运动控制应用场合，实时响应时间要求低于 1 ms，同步传送和抖动时间小于 1 μs。工业控制网络的实时性还规定了许多技术指标，如交付时间、吞吐量、时间同步、时间同步精度冗余恢复时间等，并且对于这些性能指标都有详细的规定。

通常，人们习惯上将用于工业控制系统的以太网统称为工业以太网，但是按照国际电工委员会 SC65C 的定义，工业以太网是用于工业自动化环境，符合 IEEE 802.3 标准，按照 IEEE 802.1D——介质访问控制网桥协议和 IEEE 802.1Q——虚拟桥接局域网协议，对其没有进行任何实时扩展而实现的以太网。因此，工业以太网主要是通过采用交换式以太网、全双工通信、流量控制及虚拟局域网等技术，减轻以太网负荷，提高网络的实时响应时间，与商用以太网兼容的控制网络。

实际上，制定 IEC 61158 国际标准的时候，除了经典的现场总线之外，工业以太网通信技术也越来越多地用于工业数据通信系统中。因此，2003 年初的 IEC 61158 第 3 版文本中也写入了相关的工业以太网技术，如 Ethernet/IP、FF-HSE（Fieldbus Foundation High Speed Ethernet）、PROFINET 等协议规范。这 3 个规范均是建立在 IEEE 802.x 的以太网规范上的。

对于响应时间小于 5 ms 的应用，通常意义上的工业以太网已不能胜任。为了满足高实时性能应用的需要，各大公司和标准组织纷纷提出各种提升工业以太网实时性的技术解决方案。这些方案都是建立在 IEEE 802.3 标准的基础上，通过对其和相关标准的实时扩展提高实时性，并且做到与标准以太网的无缝连接，这就是实时以太网（Real-Time Ethernet，RTE）。实际上实时以太网也是工业以太网的一种。

1.2.3 IEC 61786 - 2 标准

2003 年 5 月，IEC/SC65C 成立了 WG11 工作组，旨在适应实时以太网市场应用需求，制定实时以太网应用行规国际标准。根据 IEC/SC65C/WG11 定义，实时以太网是指不改变 ISO/IEC 8802 - 3 的通信特征、相关网络组件或 IEC 1588 的总体行为，但可以在一定程度上进行修改，满足实时行为，包括确保系统的实时性，即通信确定性；现场设备之间的时间同步行为；频繁的较短长度的数据交换的计算机网络。因此，实时以太网标准首先需要解决实时通信问题。同时，还需要定义应用层的服务与协议规范，以解决开放系统之间的信息互通问题。

实时以太网除了实现现场设备之间的实时通信之外，还能够支持传统的以太网通信，如办公网络。这样就能够将办公网络和现场网络结合为一个整体，现场设备之间采用实时通信，现场网络与办公网络之间采用以太网通信，在办公网络上的管理者能够及时获取现场设备的数据，更好地监控现场网络。考虑到市场需求的不同，不能用统一的方法和要求来对待不同的应用网络，因此 IEC 61786 - 2 吸收了多种不同的实时以太网通信方案作为应用行规。这些新的实时以太网通信方案除了解决实时通信以外，同时有效地提高了以太网的传输带宽和网络传输范围。

IEC 61786 - 2 是在 IEC 61158（工业控制系统中现场总线的数字通信标准）的基础上制定的实时以太网应用行规国际标准。IEC 61786 - 2 定义了系列实时以太网的性能指标以及一致性测试参考指标。实时以太网性能指标包括传输时间、终端节点数、网络拓扑结构、网络中交换机数目、实时以太网吞吐量、非实时以太网带宽、时间同步精度、非时间性能的同步精度以及冗余恢复时间等。值得注意的是，传输时间是指应用进程所测量的实时应用层PDU（协议数据单元）从源端传送到目的端的时间，其中最大传递时间为在没有传输出错的情况下的数据传递时间，包括当一次丢包发生并重传所需要的时间和所有等待时间。各种不同实时以太网应用行规通过这些指标来描述各应用网络的终端和网络通信能力，以及各类不同的网络应用需求。为了使不同生产厂商的网络终端设备能够具有兼容性、互可操作性，并且实现良好通信，这些设备必须经过一致性测试，证实这些设备符合一种或者多种实时以太网通信行规。一致性测试是通过制订一系列测试案例，在模拟环境或者实际应用环境中，检测设备的各项性能指标是否达到实时以太网通信行规的要求。

2005 年 3 月，IEC 实时以太网系列标准作为 PAS 文件通过了投票，并于 2005 年 5 月在加拿大将 IEC 发布的实时以太网系列 PAS 文件正式列为实时以太网国际标准 IEC 61786－2。

IEC 61786－2 中的实时以太网通信行规见表 1-1。其中包括中国的 EPA、德国 Siemens 的 PROFINET、美国 Rockwell 的 Ethernet/IP、丹麦的 PNetTCP/IP、德国倍福的 EtherCAT、欧洲开放网络联合会的 Powerlink 与 SERCOS_Ⅲ、施耐德的 Modbus_RTPS、日本横河的 Vnet、日本东芝的 TCnet 等 15 种实时以太网协议。这些不同的实时以太网协议都是在 802.3 以太网协议的基础上加以改进，提高网络的传输效率和实时性能，达到不同工业控制网络的应用需求。

表 1-1　IEC 发布的实时以太网系列 PAS 文件

Family#	Technology Name	IEC/PAS NP #
CPF2	Ethernet/IP	IEC/PAS 62413
CPF3	PROFINET	IEC/PAS 62411
CPF4	P－NET	IEC/PAS 62412
CPF6	INTERBUS	
CPF10	Vnet/IP	IEC/PAS 62405
CPF11	TCnet	IEC/PAS 62406
CPF12	EtherCAT	IEC/PAS 62407
CPF13	Ethernet Powerlink	IEC/PAS 62408
CPF14	EPA	IEC/PAS 62409
CPF15	Modbus_RTPS	IEC/PAS 62030
CPF16	SERCOS_Ⅲ	IEC/PAS 62410

1.2.4　工业以太网技术的发展现状

由于以太网技术和应用的发展，使其从办公自动化走向工业自动化。首先是通信速率的提高，以太网从 10 Mbit/s、100 Mbit/s，到现在的 1 Gbit/s、10 Gbit/s、100 Gbit/s，速率提高意味着网络负荷减轻和传输延时减少，网络碰撞概率下降；其次由于采用双工星形网络拓扑结构和以太网交换技术，使以太网交换机的各端口之间数据帧的输入和输出不再受 CSMA/CD 机制的制约，避免了冲突；再加上全双工通信方式使端口间两对双绞线（或两根光纤）可以同时接收和发送数据，而不发生冲突。这样，全双工交换式以太网能避免因碰撞而引起的通信响应不确定性，保障通信的实时性。同时，由于工业自动化系统向分布式、智能化的实时控制方向发展，使通信已成为关键，用户对统一的通信协议和网络的要求日益迫切。这样，技术和应用的发展使以太网进入工业自动化领域成为必然。

所谓工业以太网，是指技术上与商用以太网（即 IEEE 802.3 标准）兼容，但在产品设计时，在材质的选用、产品的强度，以及适用性、实时性、可互操作性、可靠性、抗干扰性和本质安全等方面能满足工业现场需要的以太网。

随着互联网技术的发展与普及推广，以太网技术也得到了迅速的发展，以太网传输速率的提高和以太网交换技术的发展，给解决以太网通信的非确定性问题带来了希望，并使以太网全面应用于工业控制领域成为可能。目前工业以太网技术的发展体现在以下几个方面。

1. 通信确定性与实时性

工业控制网络不同于普通数据网络的最大特点在于它必须满足控制作用对实时性的要求，即信号传输要足够的快和满足信号的确定性。实时控制往往要求对某些变量的数据准确定时刷新。由于以太网采用 CSMA/CD 碰撞检测方式，网络负荷较大时，网络传输的不确定性不能满足工业控制的实时要求，因此传统以太网技术难以满足控制系统要求准确定时通信的实时性要求，一直被视为非确定性的网络。

然而，快速以太网与交换式以太网技术的发展，给解决以太网的非确定性问题带来了新的契机，使这一应用成为可能。首先，以太网的通信速率从 10 Mbit/s、100 Mbit/s 增大到如今的 1 Gbit/s、10 Gbit/s、100 Gbit/s，在数据吞吐量相同的情况下，通信速率的提高意味着网络负荷的减轻和网络传输延时的减小，即网络碰撞概率大大下降。其次，采用星形网络拓扑结构，交换机将网络划分为若干网段。以太网交换机由于具有数据存储、转发的功能，使各端口之间输入和输出的数据帧能够得到缓冲，不再发生碰撞；同时交换机还可对网络上传输的数据进行过滤，使每个网段内节点间数据的传输只限在本地网段内进行，而不需经过主干网，也不占用其他网段的带宽，从而降低了所有网段和主干网的网络负荷。再次，全双工通信又使得端口间两对双绞线（或两根光纤）同时接收和发送报文帧也不会发生冲突。因此，采用交换式集线器和全双工通信，可使网络上的冲突域不复存在（全双工通信），或碰撞概率大大降低（半双工），因此使以太网通信确定性和实时性大大提高。

2. 稳定性与可靠性

以太网进入工业控制领域的另一个主要问题是，它所用的接插件、集线器、交换机和电缆等均是为商用领域设计的，而未针对较恶劣的工业现场环境来设计（如冗余直流电源输入、高温、低温、防尘等），故商用网络产品不能应用在有较高可靠性要求的恶劣工业现场环境中。

随着网络技术的发展，上述问题正在迅速得到解决。为了解决在不间断的工业应用领域，在极端条件下网络也能稳定工作的问题，美国 Synergetic 微系统公司和德国 Hirschmann、Jetter AG 等公司专门开发和生产了导轨式集线器、交换机产品，安装在标准 DIN 导轨上，并有冗余电源供电，接插件采用牢固的 DB－9 结构。台湾四零四科技（Moxa Technologies）在 2002 年 6 月推出工业以太网产品——MOXA EtherDevice Server（工业以太网设备服务器），特别设计用于连接工业应用中具有以太网络接口的工业设备（如 PLC、HMI、DCS 系统等）。

在 IEEE 802.3af 标准中，对以太网的总线供电规范也进行了定义。此外，在实际应用中，主干网可采用光纤传输，现场设备的连接则可采用屏蔽双绞线，对于重要的网段还可采用冗余网络技术，以此提高网络的抗干扰能力和可靠性。

3. 工业以太网协议

由于工业自动化网络控制系统不单单是一个完成数据传输的通信系统，而且还是一个借助网络完成控制功能的自控系统。它除了完成数据传输之外，往往还需要依靠所传输的数据和指令，执行某些控制计算与操作功能，由多个网络节点协调完成自控任务。因而它需要在应用、用户等高层协议与规范上满足开放系统的要求，满足互操作条件。

对应于ISO/OSI七层通信模型，以太网技术规范只映射为其中的物理层和数据链路层；而在其之上的网络层和传输层协议，目前以TCP/IP协议为主（已成为以太网之上传输层和网络层“事实上的”标准）；对较高的层次，如会话层、表示层、应用层等没有作技术规定。目前，商用计算机设备之间是通过FTP（文件传送协议）、Telnet（远程登录协议）、SMTP（简单邮件传送协议）、HTTP（超文本传输协议）、SNMP（简单网络管理协议）等应用层协议进行信息透明访问的，它们如今在互联网上发挥了非常重要的作用。但这些协议所定义的数据结构等特性不适合应用于工业过程控制领域现场设备之间的实时通信。

为满足工业现场控制系统的应用要求，必须在Ethernet + TCP/IP协议之上，建立完整的、有效的通信服务模型，制定有效的实时通信服务机制，协调好工业现场控制系统中实时和非实时信息的传输服务，形成广大工控生产厂商和用户所接收的应用层、用户层协议，进而形成开放的标准。为此，各现场总线组织纷纷将以太网引入其现场总线体系中的高速部分，利用以太网和TCP/IP技术，以及原有的低速现场总线应用层协议，从而构成了所谓的工业以太网协议，如HSE、PROFInet、Ethernet/IP等。

从目前的趋势看，以太网进入工业控制领域是必然的，但会同时存在几个标准。现场总线目前处于相对稳定时期，已有的现场总线仍将存在，并非每种总线都将被工业以太网替代。伴随着多种现场总线的工业以太网标准在近期内也不会完全统一，会同时存在多个协议和标准。

1.2.5 工业以太网技术的发展趋势与前景

由于以太网具有应用广泛、价格低廉、通信速率高、软硬件产品丰富、应用支持技术成熟等优点，目前它已经在工业企业综合自动化系统中的资源管理层、执行制造层得到了广泛应用，并呈现向下延伸直接应用于工业控制现场的趋势。从目前国际、国内工业以太网技术的发展来看，目前工业以太网在制造执行层已得到广泛应用，并成为事实上的标准。未来工业以太网将在工业企业综合自动化系统中的现场设备之间的互连和信息集成中发挥越来越重要的作用。总的来说，工业以太网技术的发展趋势将体现在以下几个方面：

1. 工业以太网与现场总线相结合

工业以太网技术的研究还只是近几年才引起国内外工控专家的关注。而现场总线经过二十多年的发展，在技术上日渐成熟，在市场上也开始了全面推广，并且形成了一定的市场。就目前而言，全面代替现场总线还存在一些问题，需要进一步深入研究基于工业以太网的全新控制系统体系结构，开发出基于工业以太网的系列产品。因此，近一段时间内，工业以太网技术的发展将与现场总线相结合，具体表现在：

1）物理介质采用标准以太网连线，如双绞线、光纤等。

2）使用标准以太网连接设备（如交换机等），在工业现场使用工业以太网交换机。

3）采用 IEEE 802.3 物理层和数据链路层标准、TCP/IP 协议组。

4）应用层（甚至是用户层）采用现场总线的应用层、用户层协议。

5）兼容现有成熟的传统控制系统，如 DCS、PLC 等。

这方面比较典型的应用如法国施耐德公司推出的“透明工厂”的概念，即将工厂的商务网、车间的制造网络和现场级的仪表、设备网络构成畅通的透明网络，并与 Web 功能相结合，与工厂的电子商务、物资供应链和 ERP 等形成整体。

2. 工业以太网技术直接应用于工业现场设备间的通信已成大势所趋

随着以太网通信速率的提高，以及全双工通信、交换技术的发展，为以太网的通信确定性的解决提供了技术基础，从而消除了以太网直接应用于工业现场设备间通信的主要障碍，为以太网直接应用于工业现场设备间通信提供了技术可能。为此，国际电工委员会（IEC）正着手起草实时以太网标准，旨在推动以太网技术在工业控制领域的全面应用。针对这种形势，以浙江大学、浙大中控、中科院沈阳自动化研究所、清华大学、大连理工大学、重庆邮电学院等单位，在国家“863 计划”的支持下，开展了 EPA 技术的研究，重点是研究以太网技术应用于工业控制现场设备间通信的关键技术，通过研究和攻关，取得了以下成果：

（1）以太网应用于现场设备间通信的关键技术获得重大突破

针对工业现场设备间通信具有实时性强、数据信息短、周期性较强等特点和要求，经过认真细致地调研和分析，采用以下技术基本解决了以太网应用于现场设备间通信的关键技术。

1）实时通信技术。采用以太网交换技术、全双工通信、流量控制等技术，以及确定性数据通信调度控制策略、简化通信栈软件层次、现场设备层网络微网段化等针对工业过程控制的通信实时性措施，解决了以太网通信的实时性。

2）总线供电技术。采用直流电源耦合、电源冗余管理等技术，设计了能实现网络供电或总线供电的以太网集线器，解决了以太网总线的供电问题。

3）远距离传输技术。采用网络分层、控制区域微网段化、网络超小时滞中继以及光纤等技术，解决了以太网的远距离传输问题。

4）网络安全技术。采用控制区域微网段化，各控制区域通过具有网络隔离和安全过滤的现场控制器与系统主干相连，实现各控制区域与其他区域之间的逻辑上的网络隔离。

5）可靠性技术。采用分散结构化设计、EMC（Electro Magnetic Compatibility，电磁兼容性）设计、冗余、自诊断等可靠性设计技术等，提高基于以太网技术的现场设备可靠性。经实验室 EMC 测试，设备可靠性符合工业现场控制要求。

（2）开发基于以太网的现场总线控制设备及相关软件原型样机

开发基于以太网的现场总线控制设备及相关软件原型样机，并在化工生产装置上成功应用。针对工业现场控制应用的特点，通过采用软、硬件抗干扰、EMC 设计措施，开发出了基于以太网技术的现场控制设备，主要包括基于以太网的现场设备通信模块、变送器、执行机构、数据采集器、软 PLC 等成果。

在此基础上开发的基于 EPA 的分布式网络控制系统在杭州某化工厂的联碱碳化装置上成功应用，该系统自 2003 年 4 月投运一直稳定运行至今。

3. 发展前景

据美国权威调查机构 ARC（Automation Research Company）报告指出，今后以太网不仅继续垄断商业计算机网络通信和工业控制系统的上层网络通信市场，也必将领导未来现场总线的发展，Ethernet 和 TCP/IP 将成为器件总线和现场总线的基础协议。美国 VDC（Venture Development Corp）调查报告也指出，以太网在工业控制领域中的应用将越来越广泛，市场占有率的增长也越来越快。

由于以太网有“一网到底”的美景，即它可以一直延伸到企业现场设备控制层，所以被人们普遍认为是未来控制网络的最佳解决方案，工业以太网已成为现场总线中的主流技术。

目前，在国际上有多个组织从事工业以太网的标准化工作，2001 年 9 月，我国科技部发布了基于高速以太网技术的现场总线设备研究项目，其目标是：攻克应用于工业控制现场的高速以太网的关键技术，其中包括解决以太网通信的实时性、可互操作性、可靠性、抗干扰性和本质安全等问题，同时研究开发相关高速以太网技术的现场设备、网络化控制系统和系统软件。

长期以来，有一种意见一直认为以太网不可能进入控制系统现场级，理由是以太网在技术上存在实时性、通信效率、总线供电和本质安全等障碍。现在看来，上述前 3 个问题已经很好解决，本质安全技术也于 2006 年内完成了开发工作，所以实时 Ethernet 还将继续向下延伸。

EtherCAT 利用“背板总线”技术开发了用于现场控制柜的 E-bus，I/O 机箱的第一个模块使用总线耦合器。该耦合器将标准的双绞线或光缆电气信号转换为 E-bus 信号，I/O 模块之间信息通过 E-bus 传送。E-bus 是基于 LVDS（Low Voltage Differential Signal，低压差分信号）的信号传输，传输距离为 10 m。这样一来，以太网帧可以不受影响地传送到 I/O 输入的端口。从某种意义上讲，以太网已经延伸到现场设备级。

另外，IEEE 1415《用于传感器和执行器的智能转换器接口》标准，它在控制网络和传感器之间定义一个标准接口，通过一种称为管道的简单传递机构，使用以太网传送他们的报文。这种方法简单可行，现场装置保持不变，只需一个专用 ASIC 的以太网网络接口取代原来的驱动器就可以完成与以太网的连接，从而使网络传感器成为工业以太网系统现场级的数字传感器。

EPA 由过程监控级网和现场设备级网构成。现场设备网分置于控制现场，控制现场可划分为若干控制区域，各个控制区域内相关的诸如变送器、执行器和现场控制器等现场设备均通过 EPA 网络连接在一起，按照组态相互协调工作，从而完成一定的控制功能。

每个控制区域内的 EPA 子系统由 EPA 现场控制器、EPA－Hub、EPA 变送器和 EPA 执行器等组成，通过 EPA 现场设备通信模块可实现相互之间的通信，并可独立完成控制系统中某一部分的测量与控制功能。EPA 现场设备通信模块通过 EPA 现场设备网供电。目前，EPA 正在研制用于现场设备通信模块的专用 ASIC 芯片。

实时以太网的另一个发展趋势是实时通过无线技术进行的延伸。近年来，大量商业领域的无线技术被移植到工厂级应用。无线应用已经成为工业以太网强有力的延伸手段。这是因为在一些条件苛刻的现场会有无法布线的区域。另外，在高速旋转设备和工业机器人等应用中无法使用有线网络，还有一些现场使用无线方案反而可以节省时间、材料及人工。目前，无线方案基于三个无线协议，它们是：IEEE 802.11 无线局域网协议，该标准使用 CSMA/CA（载波侦听多路访问/冲突防止）技术，工作于 2.4 GHz 频段，其物理层有跳频扩展频谱（FHSS）方式和直接序列扩展频谱（DSSS）方式；IEEE 802.15.1 蓝牙协议，它采用高速跳频、短分组及快速确认方式，其载频选用 2.45 GHz ISM 频带；IEEE 802.15.4 Zigbee 技术，它是一种近距离、低功耗、低速和低成本的双向无线技术，物理层基于 DSSS 方式，工作于 2.4 GHz 和 868/915 MHz 频带。我国 EPA 实时以太网国家标准包括了上述前两种无线通信技术。在 EPA 标准中规定，通过一个局域网接入点（AP）将 IEEE 802.11 局域网与 EPA 网络相连；同时规定，在 RFCOMM（基于欧洲电信标准协会 ETS 107.10 规程的串行线性仿真协议）上采用 PPP（点对点协议）的局域网接入方式，将蓝牙无线设备与 EPA 网连接。

1.3 现场总线与企业网络

企业网络主要由处理企业管理与决策信息的信息网络和处理企业现场实时测控信息的控制网络两部分组成。信息网络处于企业的上层，处理大量、变化和多样的信息，具有高速、综合的特点；控制网络采用现场总线技术，处于企业的底层，处理实时的、现场传感器和执行器等设备的现场信息，具有协议简单、安全可靠、容错性强及低成本等特点。

1.3.1 企业网络概述

在信息社会中，信息是一项重要的生产力要素，是至关重要的资源，在社会各行各业的生存和发展中发挥着重大作用。在市场经济下，企业要实现管理现代化，要在激烈的市场竞争中求得生存和发展，就必须善于收集信息、处理信息和利用信息，并开发信息资源。国内外大企业都把加强信息基础设施建设放在企业经营发展战略的重要位置，以加快企业自身的信息化建设步伐。企业信息化就是企业用信息化的功能去推动企业的管理、生产、销售和决策。

企业网络一般是指在一个企业范围内将信号检测、数据传输、处理、存储、计算、控制等设备或系统链接在一起，将企业范围内的网络、计算、存储等资源链接在一起，提供企业内的信息共享、员工间的便捷通信和企业外部的信息访问，提供面向客户的企业信息查询及业务伙伴间的信息交流等多方面功能的一个计算机网络。企业网能够实现企业内部的资源共享、信息管理、过程控制和经营决策，并能够访问企业外部的信息资源，使企业的各项事务能协调运作，从而实现企业集成管理和控制的一种网络环境。

企业网络是一个企业的信息基础设施。企业网络涉及局域网、广域网、现场总线以及网络互连等技术，是计算机技术、信息技术、分布式计算和控制技术在企业管理与控制中的有机统一。网络技术与应用的热点和重心向企业网络技术的转移，是网络技术发展及应用的一个重要方向。企业网络作为一种网络技术，就是要适应各行各业的不同应用需求，并确定相应的技术实现方案。

企业网络是众多新技术的综合应用的结果。企业网络在技术上涉及其集成和实现，在应用上要考虑企业网络本身，而且要考虑企业网络周围的环境。企业网络组成技术和企业网络实现技术是构成企业网络应用的基础。企业网络的结构如图 1-3 所示。

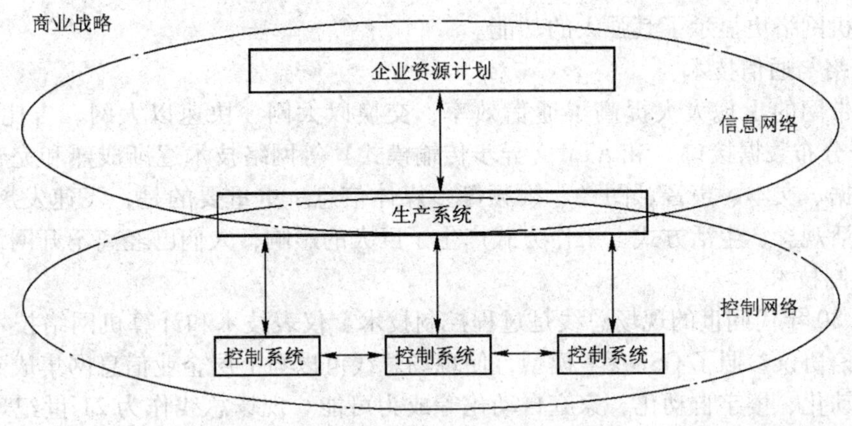

图 1-3　企业网络结构

企业网络组成技术包括：计算机技术，数据库技术，网络与通信技术，控制技术，现场总线技术，多媒体技术和管理技术。企业网络实现技术包括：局域网，广域网，网络互连，系统集成，Internet（因特网），Intranet（企业内部网）和 Extranet（企业外部网）。企业网络支持下的应用包括：管理信息系统（MIS）［基于 Web 的现代管理信息系统（WMIS）］，办公自动化（OA）系统，计算机支持协同工作（CSCW）系统，计算机集成制造系统（CIMS），制造资源计划（MRP Ⅱ）和客户关系管理（CRM）系统等。

1.3.2　企业网络技术

1. 企业网络技术的需求

目前，企业网络已渗透到国民经济的各个领域，对企业的产业结构、产品结构、经营管理、服务方式等带来了革命性的影响，并成为衡量一个企业科技水平和综合力量的重要指标。企业网络的应用不仅可以改造传统产业，提高产品的附加值，而且对推动企业的发展，促进产业经济信息化也将起到关键性的作用。

企业要想在激烈的市场竞争中求得生存和发展，必须改善其过程控制和产品制造模式，依靠虚拟制造、虚拟企业和提高自动化水平来实现规模经营和灵活经营，从而降低产品成本，提高企业经营效益。而企业网络实现了企业各部门之间以及企业与外界之间的有效联系，实现了现场控制网络与管理信息网络之间的有效联系，为虚拟制造和虚拟企业的建立创造了条件。

因此，企业信息化是企业在 21 世纪取得信息经济成功的必由之路。

2. 企业网络技术

计算机技术、通信技术和控制技术的飞速发展，推动着企业网络技术的产生和发展。企业网络正是这 3 种技术在企业中的融合和应用。

（1）计算机技术

计算机技术，特别是微型计算机技术，在最近几年获得了突飞猛进的发展，其运算速度越来越快，存储容量越来越大，软件资源越来越丰富，应用领域越来越广泛。同时，伴随着多媒体技术的发展，计算机已被用于教育、科研、生产、商业、娱乐等领域，走进了人们生活的每个角落。计算机作为信息处理的工具，它不是孤立存在的，按照某种规则和要求建立起来的计算机网络更显示了其强大的功能。

（2）网络与通信技术

高速宽带网的出现大大提高了通信效率，交换以太网、快速以太网、吉比特以太网、FDDI（光纤分布数据接口）和 ATM（异步传输模式）等网络技术逐渐成熟和完善，使人们可以传输数据、文本、声音、图像、视频等多媒体信息。更重要的是，飞速发展的 Internet 对人们的生活观念、生活方式、工作方式产生了巨大的影响，人们已经离不开网络。

（3）控制技术

20 世纪 80 年代问世的现场总线是过程控制技术、仪表技术和计算机网络技术结合的产物。由于通信协议参照了 OSI 参考模型，使现场总线可以与上层企业信息网集成到一起，从而使过程自动化、楼宇自动化、家庭自动化等成为可能。现场总线作为 21 世纪现场控制系统的基础，代表着未来测量与控制领域技术发展的方向，它将产生的影响和发挥的作用是难以估量的。目前，现场总线技术的研究、开发和应用成为一个十分复杂的课题。

3. 企业网络的特性

企业网络具有 4 种特性。

（1）范围确定性

企业网络是在有关企业范围内为实现企业的集成管理和控制而建成的网络环境，具有特定的地域和服务范围，并能实现从现场实时控制到管理决策支持的功能。

（2）集成性

企业网络通过对计算机技术、信息与通信技术和控制技术等技术的集成，达到了现场信号监测、数据处理、实时控制到信息管理、经营决策等功能上的集成，从而构成了企业信息基础设施的基本骨架。

（3）安全性

企业网络不同于 Internet 和其他网络。它作为相对独立单位的某个企业的内部网络，在企业信息保密和防止外部入侵方面要求高度的安全性，要确保企业能通过企业网络获取外部信息和发布内部公开信息，相对独立和安全地处理内部事务。

（4）相对开放性

企业网络是连接企业各部门的桥梁和纽带，它是一个广域网，并与 Internet 连通，以实现企业对外联系的职能。也就是说，企业网络是作为 Internet 的一个组成部分出现的，它具有开放性，但这种开放性是在高度安全措施保障下的相对的开放性。

企业网络应该具有高效率、高效益、高柔性的特点。

4. 企业信息化与自动化的层次模型

企业信息化与自动化的典型 3 层模型是：设备层、自动化层和信息层。

（1）设备层

设备层的设备种类繁多，有传感器、启动器、驱动器、I/O 部件、变送器、执行机构、变换器、阀门等。设备的多样性要求设备层满足开放性要求，各厂商遵循公认的标准，保证产品满足标准化。来自不同厂家的设备在功能上可用相同功能的同类设备互换，实现可互换性；不同厂家的设备可以相互通信，在多厂家的环境中完成功能，实现可互操作性。

（2）自动化层

自动化层实现控制系统的网络化，控制网络遵循开放的体系结构与协议。对设备层的开放性，允许符合开放标准的设备方便地接入；对信息层的开放性，允许与信息层互连、互通、互操作。

自动化层控制网络的出现与发展，为实现自动化层开放性策略打下了良好的基础。

（3）信息层

信息层较好地实现开放性策略，各类局域网满足 IEEE 802 标准，信息网络的互连遵循 TCP/IP 协议。

1.3.3 企业网络的体系结构

根据计算机集成制造开放体系结构（Computer Integrated Manufacturing Open System Architecture，CIM－OSA）和普渡企业参考体系结构（Purdue Enterprise Reference Architecture，PERA），企业的控制管理层次大致可分为 5 层，如图 1-4 所示。

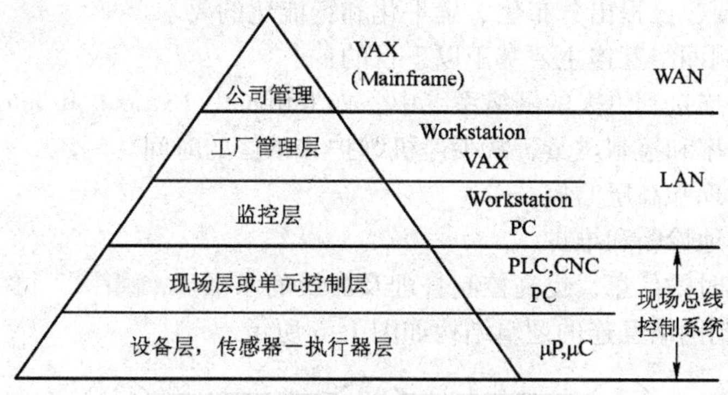

图 1-4　企业的控制管理层次

底层的单元控制层和设备层是企业信息流和物流的起点。以控制为主，能否实现高柔性、高效率、低成本的控制管理，直接关系到产品的质量、成本和市场前景。而传统的 DCS、PLC 控制系统由于其控制的相对集中，导致了可靠性的下降和成本的增加，且无法实现真正的互操作性。另外，由于其自身系统的相对封闭，与上层管理信息系统的信息交换也存在一定困难。因此，进入 20 世纪 90 年代以来，现场总线控制系统正逐渐成为该控制领域的主流。

1. 体系结构

应用需求的提高和相关技术的发展，要求企业网络能同时处理数据、声音、图像、视频等多媒体信息，满足企业从管理决策到现场控制自上而下的应用需求，实现对多种媒体、多种功能的集成。

企业网络的结构按功能可分为信息网络和控制网络上下两层，其体系结构如图 1-5 所示。

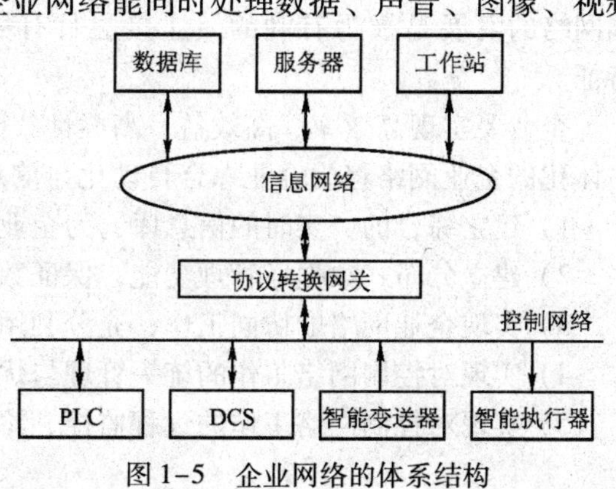

图 1-5　企业网络的体系结构

（1）信息网络

信息网络位于企业网络的上层，是企业数据共享和传输的载体，它需满足如下要求：

1）它是高速通信网络。

2）它能够实现多媒体的传输。

3）与 Internet 互连。

4）它是一个开放系统。

5）满足数据安全性要求。

6）易于技术扩展和升级/更新。

（2）控制网络

控制网络位于企业网的下层，与信息网络紧密地集成在一起，服从信息网络的操作，同时又具有独立性和完整性。它的实现既可以用工业以太网，也可以采用自动化领域的新技术——现场总线技术，或者工业以太网与现场总线技术的结合。

（3）信息网络与控制网络互连的逻辑结构

传统的企业模型具有分层结构，然而随着信息网络技术的不断发展，企业为适应日益激烈的市场竞争的需要，已提出分布化、扁平化和智能化的要求。

信息网络和控制网络互连主要基于以下目的：

1）将测控网络连接到更大的网络系统中，如 Intranet、Extranet 和 Internet。

2）提高生产效率和控制质量，减少停机维护和维修的时间。

3）实现集中管理和高层监控。

4）实现远程异地诊断和维护。

5）利用更为及时的信息，提高控制管理及决策的水平。

信息网络与控制网络互连的逻辑结构如图 1-6 所示。

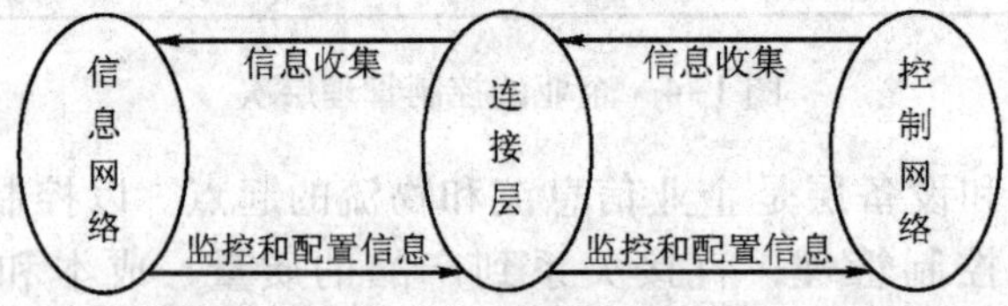

图 1-6　信息网络与控制网络互连的逻辑结构

连接层为提供在控制网络和信息网络的应用程序之间进行一致性连接起着关键作用。它负责将控制网络的信息表达成应用程序可以理解的格式，并将用户应用程序向下传递的监控和配置信息变为控制设备可以理解的格式。在解决实际互连问题时，为了最大限度地利用现有的工具和标准，用户希望采用开放策略解决互连问题，各种标准化工作的展开和进展对控制网络的发展是极为有利的。连接层具有协议简单、容错性强、安全可靠、成本低廉等特征。

企业要实现高效率、高效益、高柔性，必须有一体化的企业网络支持。建立控制与管理一体化的企业网络将为企业综合自动化与信息化创造如下有利的条件：

1）建立综合的、实时的信息库，为企业优化控制、生产调度、计划决策提供依据。

2）建立分布式数据库管理功能，保证数据一致性、完整性和可操作性。

3）实现企业网络的协同工作，充分利用设备资源与网络资源，提高网络服务质量。

4）实现对控制网络工作的统一管理与优化调度。

5）实现对控制网络工作的远程监控、诊断、软件维护与更新。

2. 控制网络系统与信息管理系统的关系

企业网络是在企业以及与企业相关的范围内，为了实现资源共享、优化调度和辅助管理决策，通过系统集成的途径建立的网络环境，是一个企业的信息基础设施。企业网络是网络化企业组织的管理理念的体现。目前，企业网络的主流实现形式基本上是以 Intranet 为中心，以 Extranet 为补充，依托 Internet 建立的。

工业企业网络是企业网络中的一个重要分支，是指应用于工业领域的企业网络，是工业企业的管理和信息基础设施。它在体系结构上包括信息管理系统和控制网络系统，体现了工业企业管理 - 控制一体化的发展方向和组织模式。控制网络系统作为工业企业网络中一个不可或缺的组成部分，除了完成现场生产系统的监控以外，还实时地收集现场信息与数据，并向信息管理系统传送。控制网络系统便是在控制网络的基础上实现的控制系统。控制网络系统与信息管理系统的关系如图 1-7 所示。

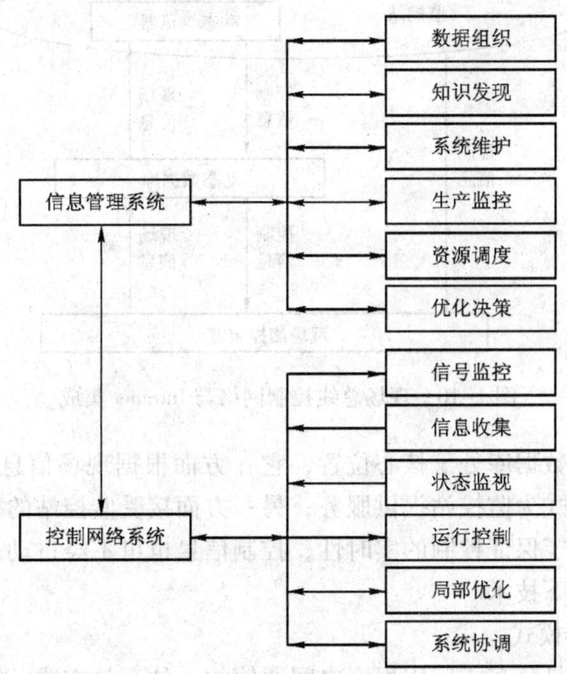

图 1-7　控制网络系统与信息管理系统的关系

1.3.4　企业网络的实现

1. 企业网络的建立

企业网络的建立有以下几种方式：

1）将信息网络与自动化层的控制网络统一组网，融为一体，然后通过路由器（R）与设备层的现场总线控制网络进行互连，从而形成一体化的工业企业网络，如图 1-8 所示。

2）各现场设备的控制功能由嵌入式系统实现，嵌入式系统通过网络接口接入控制网络。该控制网络与信息网络统一构建，从而形成一体化的工业企业网络，如图 1-9 所示。

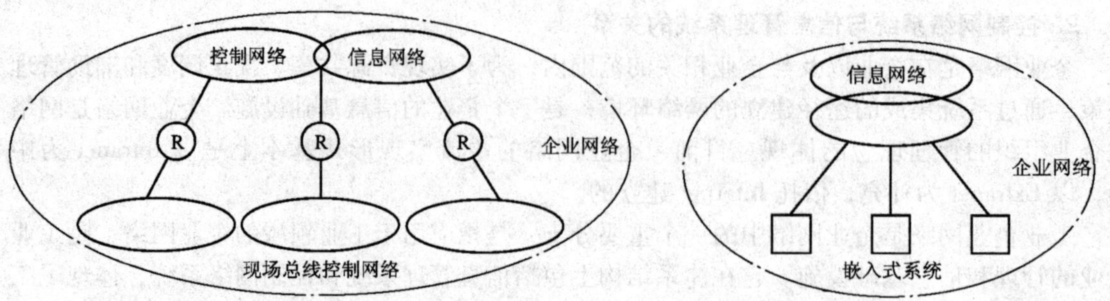

图 1-8　通过互连构建一体化的企业网络　　　图 1-9　通过控制网络构建一体化的企业网络

3）将现场总线控制网络与 Intranet 集成，如图 1-10 所示。

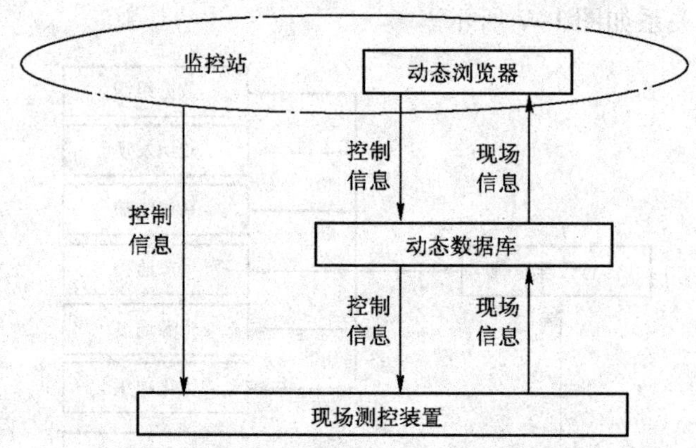

图 1-10　现场总线控制网络与 Intranet 集成

在该方案中，动态数据库处于核心位置，它一方面根据现场信息动态地修改自身数据，并通过动态浏览器的方式为监控站提供服务；另一方面接受监控站的控制信息对其进行处理并送往现场。此外，为了保证控制的实时性，控制信息也可不经过动态数据库而直接下发到现场。其中主要涉及以下技术。

（1）客户 - 服务器模式

客户 - 服务器模式是分布式应用程序之间通信的一种有效方式，通常服务器和客户运行于通过某种网络互连的不同平台之上，运行在服务器上的进程为发出请求的客户进程提供所需信息。在企业网络中，现场总线与信息网络在物理上的连接使其可作为整个网络的一个节点加入到客户 - 服务器模式之中，并服从客户 - 服务器模式的技术规范。

（2）动态浏览器技术

浏览器是 Internet 和 Intranet 中最有代表性的应用之一，它以 HTTP 协议和 HTML 语言为通用标准，以超文本界面的形式极大地方便了人们在 Internet 和 Intranet 上查找和提取有用信息。使用动态浏览器技术（Dynamic Browser），可以把现场设备的运行状况通过浏览器的方式，动态地展现在处于监控站位置的操作员面前。

（3）动态数据库技术

动态数据库是动态浏览器的前提和基础。动态数据库根据现场信息动态地修改自身数据，时刻保持与现场的同步，与之相对应，便需要一个动态数据库管理系统（Dynamic Data

Base Management System，DDBMS）对其提供管理。

（4）Java 技术

Java 是 1995 年由 Sun 公司开发而成的新一代编程语言，经过几年的发展，随着 JavaOS、Java 芯片、Java 卡和嵌入式 Java 等新概念的出现，Java 以一种平台、一种计算模式影响着诸多领域。就控制领域而言，因为 Java 最初就是为控制电视、烤面包箱等家用电器开发的，这就决定它在控制领域也会得到一定程度的应用。

2. 分布式控制网络平台

（1）分布式控制网络技术的目标

分布式控制网络技术的目标如下：

1）屏蔽各种现场总线控制网络之间的差异，实现各现场总线控制网络透明地互连，使现场总线之间的通信及其现场设备之间的通信畅通无阻。

2）实现分布式控制网络接入系统与设备的协同工作，构筑一个开放式的控制网络。

3）实现控制网络与信息网络的无缝集成，建立一体化的企业网络。

（2）分布式控制网络的结构

主从式结构控制网络的不足之处是：增加了系统的复杂性和额外的资源开销；通信控制器一般为专用控制器，不具备开放性系统的基本条件；控制网络的层次结构使网络间通信受到限制。为了克服主从式控制网络结构的不足，可以采用一种分布式控制网络结构，如图 1-11 所示。

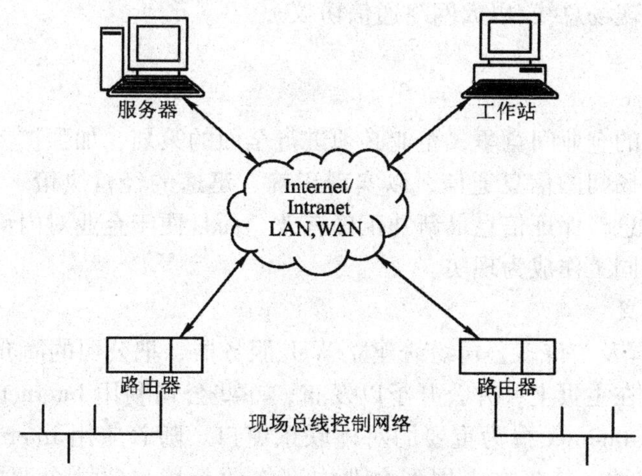

图 1-11　分布式控制网络结构

分布式控制网络的上层一般为 WAN（Wide Area Network，广域网）、LAN（Local Area Network，局域网）、Internet/Intranet，下层的现场总线/以太控制网络通过 IP 路由器与上层网络连接。

分布式控制网络的软件分层结构如图 1-12 所示。

分布式控制网络的软件分为 3 层，上层为全局控制服务器和控制客户机。全局控制服务器的功能包括 Web 服务器、数据文件管理、对局域控制器的管理等。控制客户机实现控制网络的监控、操作和维护等功能。中层 IP 路由器在逻辑上起网关作用，其功能有网络连接、路由选择、协议转换等。下层是现场总线/以太网控制节点，其功能是实现现场设备的控制功能和过程 I/O、控制节点接入网络的通信协议。

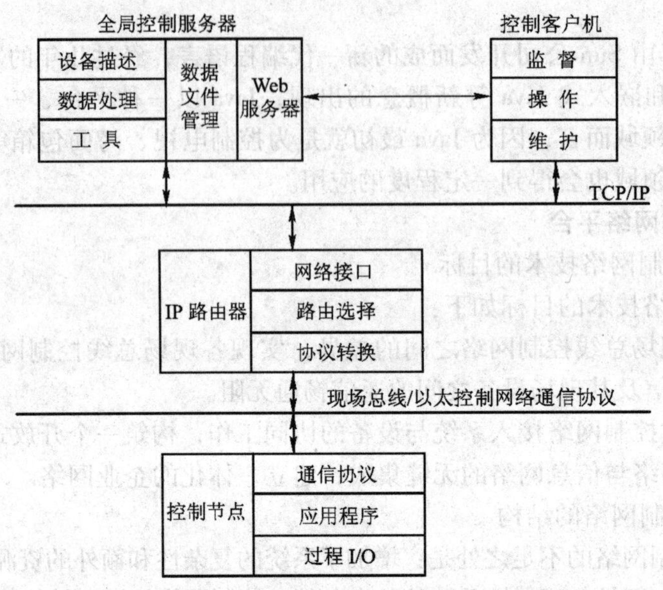

图 1-12　分布式控制网络的软件分层结构

上层全局控制网络与中层 IP 路由器的连接遵循 TCP/IP 协议，下层现场总线/以太网络控制节点的接入遵循现场总线/以太网络通信协议。

1.3.5　Intranet

随着越来越激烈的企业间竞争，企业必须进行全面的策划，加强扩大企业内部、企业合作伙伴以及企业与市场间的信息通信，以实现正确、迅速的经营决策。Intranet 的出现保证了按需要及时发送信息，保证信息最新并正确有效，而且便于企业对内部信息进行管理、维护，从而使跨地区协同工作成为现实。

1. Intranet 的定义

由于 Internet 的普及，许多公司纷纷建立 Web 服务器，把公司的简介、新闻稿、产品发布、文件档案等都放在主页上，并公开予以发布；一些公司利用 Internet 进行客户服务、接受订单等业务，并将 Internet 视为重要的对外联系窗口。随着应用 Internet 技术的成熟，企业逐渐认识到其优越性，并将之引用到企业内部作业环境，建立企业内部使用的 Web 服务器。

Intranet 是 Internal Internet 的缩写，是应用 Internet 中的 Web 浏览器、Web 服务器、HTML、HTTP、TCP/IP 网络协议和防火墙等先进技术，建立供企业内部进行信息访问的独立网络。

Intranet 基本上分为两种：一种是广义上的，即在公司内部使用的 Internet 技术，是建立在 TCP/IP 网络协议及使用诸如 Web 浏览器等技术基础上的应用；另一种是狭义上的，即指公司内部所使用的万维网。

2. Intranet 的特性

Intranet 是一种内部网络，它采用 Internet、万维网的标准和基础设施，并通过防火墙

(Firewall) 与 Internet 相隔离。Intranet 只是进一步扩展企业现有的网络设施，而不是抛弃原有系统，各公司只要在基于 TCP/IP 协议的网络基础上，利用 Web 服务器软件、浏览器软件、公共网关接口（CGI）和防火墙等，就能建立起 Intranet，并同时与 Internet 相连。Intranet 具有如下特性：

（1）采用 TCP/IP 协议

因 IP 协议能妥善处理局域网与广域网的通信，是 Internet 的通用语，得到了大型机系统、Macintosh/Windows NT 的支持，具有性能良好的管理工具和大量的参与开发者。

（2）采用 HTML/SMTP 及其他公开标准

HTML 是 Web 的通用语。Web 服务器能存放文字和非文字信息，包括声音、图形和视频等。Web 服务器内的信息可以转发给其他服务器，而不管这些服务器设置在何处。

Web 并不是 Intranet 内的唯一设置，Intranet 还需要采用其他一些公开标准，如 SMTP 及 FTP 服务器等。

（3）仅供单位内部使用

Intranet 大部分只供单位内部使用，不对外开放。为了使单位内部能从 Internet 上检索信息，又不让外界非法进入，通常采用防火墙将 Intranet 与 Internet 隔离。

（4）安全性

Intranet 最大的特征就是安全，具有开放性、跨平台兼容性、可联机共享多媒体信息、投资少、回收快等特点，因而受到世界上许多企业的重视。

3. Intranet 的优点

企业采用 Intranet 作为内部信息网络，可带来如下好处：

1）便捷的信息传递。通过 Web 平台和电子邮件功能，可以快速地在企业的员工之间、企业与客户之间、企业与企业之间发布和获取信息。

2）提高工作效率。各种联机文献、产品手册、白皮书和产品发布等，可用电子文件取代书面文件，大大提高了工作效率。

3）节省人力物力。采用基于 Intranet 的协作与交流，简化了行政手续，减少了机关行政人员，可对员工进行联机培训，提高培训效率，并可自由安排培训和考核时间。

4）节省费用。可节省传统办公费用。

4. Intranet 的功能

除了上述优点，Intranet 迅速发展的另一个原因是，经过多年的实践，已证明 TCP/IP、FTP、HTML 一类标准是可靠的。将 Internet 技术用于内部网络，使 Internet 技术得到进一步发挥，在 Intranet 上可以避免 Internet 由于频带窄、安全性低引起的许多问题。

Intranet 主要有以下几个功能：

1）Web 信息发布。基于 Intranet 的企业信息管理系统是一种主要的 Web 的 HTML 文档组成的系统，可以把信息系统分成许多不同的类别，如人力资源、产品信息、季度或每月报表等，通过浏览器进行查阅。这些信息是 Intranet 最基本的应用。

2）电子邮件。E－mail 是 Intranet 必不可少的重要功能。利用多媒体电子邮件传递可以取代传统的信函、传真等业务。

3）目录服务。Intranet 的信息管理系统可以使网络信息资源、企业数据库、文档数据库等综合为一个单一集成的目录，用户通过浏览器可以迅速访问所需信息。

4）协同工作。Intranet 从单纯的制作和展示信息迈向内容丰富的协同工作和信息交流。

5. Intranet 的应用

（1）Intranet 对企业管理的影响

Intranet 既具备传统企业内部网络的安全性，又具有 Internet 的开放性和灵活性，在对企业内部应用提供有效管理的同时，又能与外界进行信息交流。企业可通过 Intranet 向世界范围提供形象招贴广告，建立电子橱窗展示产品，提供技术咨询，进行售后服务和市场开拓。

在可靠的安全保障前提下，Intranet 还可以实现产品的报价、商品交易、提供订单、签署合同、交换商业文件和支付账单。这样可以降低通信成本，更可与国外企业同时共享同样的信息，提高企业的市场竞争力。Intranet 改善了 MIS 的信息共享方式，使企业与客户之间、企业内部人员之间、企业与合作伙伴之间可以更加方便、快捷地共享信息，并集成了多种信息源。

（2）主要应用

Intranet 主要应用于以下方面：

1）内部信息交流。针对部门或整个企业一对多的信息交流，Intranet 通过 Web 界面公布信息，减少大量的过时文件，减少生产印刷和传送企业信息的成本。Intranet 增强了信息的交互性，当职员在提交报告分析数据或了解客户信息时，使用 Web 技术可以直接链接到所需的数据上，从而比过去打印的文本或电话要方便得多。多对多的相互交流增强了企业内部的合作。

2）销售部和市场部。销售部和市场部的基本难题是发送及时的参考信息给分散在各地的人员。Intranet 可以及时地传送以下信息：产品种类、价目表、业务线索的提要、竞争信息、关键客户名单及胜负分析、日程表，便于销售部和市场部人员记录营销活动和业务预测，及时反馈业务及顾客信息。

3）产品开发。产品开发部需要依靠最新信息有效地完成工作。产品开发应用通常集中于项目管理上，工作人员事先确定项目计划，共享有关项目进展和用户反馈的信息，当然对敏感信息的获取要严格控制在组织内部的工作人员内。通过 Intranet 获取的信息类型包括产品种类设计、阶段性计划和变更、组织内部成员和责任、客户问题、主要竞争产品的特征。

4）客户服务和技术支持。客户服务和技术支持的目标就是在最优的成本效率下，以最有效的方式提供最好的服务，无论发布信息还是处理业务。这种 Intranet 的应用能够使工作人员共享有关问题的最新状态，并及时对客户需求做出反应，获取有关客户指令的最新信息并迅速应变，如提供特别服务，针对客户的要求和抱怨进行在线培训。

5）人力资源管理。利用 Intranet 发布企业信息和传送个人信息，人力资源的工作人员将从填写履历等基础的程序化工作中解放出来。

6）财务应用。认真监督财务指标有助于企业建立一套清晰的管理目标，以简单、易行的在线方式安全地提供企业财务信息。利用 Intranet，财务部门可将信息容易地发送给关键的管理者，安全地公布企业财务数据或针对疑问提供简单的报表。电子交易的财务处理已经成为现实。企业可以通过一个基于 Web 的商场提供企业的产品，完成软件分销、支付账单和购买产品，进一步的资产管理公司可以通过基于 Web 的表格与相关的数据库找出内部买主，并再循环内部的旧设备。

6. Intranet 与 Internet 的区别

Internet 是一组全球范围内信息资源的名字，Internet 的起源是一个计算机网络的集合。计算机网络只是运输信息的媒体，Internet 的美妙和实用性在于信息本身。Internet 允许世界上数以亿计的人们进行通信和共享信息，通过发送和接收电子邮件，或者与其他人的计算机建立连接，来回输入信息进行通信；通过参加讨论组以及通过免费使用许多程序和信息资源，进行信息共享。

Intranet 是利用各项技术建立起来的企业内部信息网络。它包含以下两方面的含义：

1）Intranet 是一种企业内部的计算机信息网络，这是它与 Internet 的重要区别之一。

2）Intranet 继承和发展了 Internet 的许多技术，主要有万维网（World Wide Web，WWW）、电子邮件、数据库和网络操作系统等各项技术。

Intranet 的核心技术是 WWW。WWW 是以图形界面和超文本链接方式来组织信息的先进技术；WWW 也是一个以这种技术为基础的世界范围的计算机网络，在这个网络中，允许用户从一台计算机访问另一台计算机中存储的信息。

Intranet 与 Internet 既有联系又有区别。Internet 是存储在计算机上的信息的集合，这些计算机物理地分布在全世界，因此 Internet 被称为因特网，是一个跨越全球的“网络的网络”；而 Intranet 则是公司内部的信息网，依靠防火墙与 Internet 进行连接，同时也进行安全性的分隔。二者的具体区别如下：

1）Internet 是公众网，任何人都可以从任意节点登录并访问整个网络的信息；而 Intranet 则是内部网，不仅被防火墙与 Internet 分隔开来，而且内部通常还有严密的安全体系，未授权的用户无法访问其中的信息。

2）Internet 的信息主要是公众性的，大部分都是广告、新闻、免费软件等；而 Intranet 中的信息是公司内部的，不用于对外公布，主要是公司人事信息、技术信息和财务信息等。

3）Internet 十分庞大，管理非常复杂，各个节点的通信线路也各式各样，运行效率难以保障；而 Intranet 相对来说规模小得多，管理比较严格，网络线路一般都比较好，因此运行性能较高。

1.3.6 信息网络与控制网络

1. 信息网络与控制网络的区别

信息网络与控制网络的主要区别如下：

1）控制网络中数据传输的及时性和系统响应的实时性是控制系统最基本的要求。一般来说，过程控制系统的响应时间要求为 0.01 ~ 0.5 s；制造自动化系统的响应时间要求为 0.5 ~ 2.0s；信息网络的响应时间要求为 2.0 ~ 6.0s。在信息网络的大部分使用中，实时性是被忽略的。

2）控制网络强调在恶劣环境下数据传输的完整性、可靠性。控制网络应具有在高温、潮湿、震动、腐蚀、电磁干扰等工业环境中长时间、连续、可靠、完整地传送数据的能力，并能抗工业电网的浪涌、跌落和尖峰干扰。在易燃易爆场合，控制网络还具有本质安全性能。但信息网络没有上述严格的要求。

3）在企业自动化系统中，由于分散的单一用户要借助控制网络进入某个系统，通信方式多使用广播或组播方式；在信息网络中，某个自主系统与另一个自主系统一般都使用一对一通信方式。

4）控制网络必须解决多家公司产品和系统在同一网络中的互操作问题；信息网络没有这个要求。

2. 信息网络与控制网络的互连

只要给智能设备进行 IP 地址编址，并安装 Web 服务器，便可以获得测量控制设备的参数，人们也就可以通过 Internet 与智能设备进行交互。

在计算机网络技术的推动下，控制系统向开放性、智能化与网络化方向发展，产生了控制网络 Infranet。在此之前，基于 Web 的信息网络 Intranet 成为企业内部信息网的主流。相对而言，控制网络是一个新技术，其相关技术还正在发展中。

（1）互连的基础和必要性

Intranet 有简单易用的通用标准，WWW 和浏览器使用户越过复杂的技术而获得 Intranet 的益处。Infranet 只有在建立通用标准和协议之后，才能真正进入市场。LonWorks 可以实现 Intranet 与 Infranet 的互连。Infranet 在技术上依赖于 Internet，而 Infranet 对自身要求较特殊，控制网络相对较小，成本低，网络流通量的需求减少，响应时间短等。通过建立控制所需的优化、可靠的网络平台，把智能设备接入，即可实现将家庭、办公室和企业连成一体的分布式控制网络。企业内部控制网络与信息网络既相互独立又相互联系，为企业生产传递信息，并为生产控制、计划决策、销售管理提供全面信息服务，Infranet 与 Intranet 的互连为企业综合自动化（Computer Integrated Plant Automation，CIPA）提供了条件，它们的互连是网络未来的发展趋势。如何实现 Infranet 与 Intranet 的无缝连接以满足企业的需要，是网络技术的热点问题。

信息网络与控制网络互连具有以下重要意义：

1）控制网络与企业网络之间互连，建立综合实时的信息库，有利于管理层的决策。

2）现场控制信息和生产实时信息能及时在企业网内交换。

3）建立分布式数据库管理系统，使数据保持一致性、完整性和互操作性。

4）对控制网络进行远程监控、远程诊断和维护等，节省大量的投资和人力。

5）为企业提供完善的信息资源，在完成内部管理的同时，加强与外部信息的交流。

（2）互连的技术特点

信息网络与控制网络可以通过网关或路由器进行互连。由于控制网络的特殊性，其互连的网关、路由器与一般商用网络不同，它要求容易实现 IP 地址编址，能方便地实现 Infranet 与 Intranet 之间异构网的数据格式转换等。因此，开发高性能、高可靠性、低成本的网关、路由器产品是目前的迫切任务。

控制网络不同于一般的信息网络，控制网络主要用于生产、生活设备的自动控制，对生产过程状态进行检测、监视与控制。它有自身的技术特点：

1）要求节点有高度的实时性。

2）容错能力强，具有高可靠性和安全性。

3）控制网络协议实用、简单、可靠。

4）控制网络结构的分散性。

5）现场控制设备的智能化和功能自治性。

6）网络数据传输量小和节点处理能力需要减小。

7）性能价格比高。

3. 信息网络与控制网络的集成

控制网络与信息网络集成的目标是实现管理与控制一体化的、统一的、集成的企业网络。企业要实现高效率、高效益、高柔性，必须有一个高效的、统一的企业网络支持。

实现控制网络与信息网络的无缝集成，形成一个统一的、集成的企业网络的策略如下：

1）将信息网络与自动化层的控制网络统一组网，融为一体。然后通过路由器与设备层控制网络（如现场总线控制网络）进行互连，从而形成统一的企业网络。

2）各现场设备的控制功能由嵌入式系统实现，嵌入式系统通过网络接口接入控制网络。该控制网络与信息网络统一构建，从而形成集成的企业网络。

控制网络与信息网络的集成技术主要有：

1）控制网络与信息网络集成的互连技术。一般来说，控制网络与信息网络是两类具有不同功能、不同结构和不同形式的网络。实现控制网络与信息网络的互连是控制网络与信息网络集成的基本技术之一。通常采用的网络互连方法有网关和路由器；通常采用的网络扩展方法有网桥和中继器。Web 技术在控制网络与信息网络互连中已得到实际应用。

2）控制网络与信息网络集成的远程通信技术。远程通信技术有：利用调制解调器的数据通信、基于 TCP/IP 的远程通信，包括应用 TCP/IP 中的 FTP 协议和 PPP 协议。

3）控制网络与信息网络集成的动态数据交换技术。当控制网络与信息网络有一共享工作站或通信处理机时，可通过动态数据交换技术实现控制网络中实时数据与信息网络中数据库数据的动态交换，从而实现控制网络与信息网络的集成。

4）控制网络与信息网络集成的数据库访问技术。信息网络一般采用开放数据库系统，这样通过数据库访问技术可实现控制网络与信息网络的集成。信息网络 Intranet 的一个浏览器接入控制网络，基于 Web 技术，通过该浏览器可与信息网络数据库进行动态、交互式的信息交换，实现控制网络与信息网络的集成。

为了更好地实现信息网络与控制网络的集成，解决现场总线不足的问题，除了继续研究现有的现场总线控制网络技术外，还需要不断地研究控制网络的新技术，如工业以太网络和分布式控制网络等。

工业以太网络进军自动化领域，并占据了一定的控制网络市场，形成与现场总线控制网络的竞争态势。

1）工业以太网络正在工业自动化和过程控制市场迅速增长。

2）工业以太网是目前应用最广泛的局域网技术之一，它具有开放性、低成本和广泛应用的软硬件支持等明显优势。以太网是很有发展前景的一种现场控制网络。

3）工业以太网络最典型的应用形式是 Ethernet + TCP/IP，即底层是 Ethernet，网络层和传输层采用 TCP/IP。

4）随着实时嵌入式操作系统和嵌入式平台的发展，嵌入式控制器、智能现场测控仪表和传感器将方便地接入以太控制网络，直至与 Internet 相连。预计工业以太网络将最终到达所有传感器和执行器。

5）Web 技术和 Ethernet 技术的结合，将实现生产过程的远程监控、远程设备管理、远程软件维护和远程设备诊断。

6）工业以太网络容易与信息网络集成，组建统一的企业网络。

此外，分布式控制网络已呈快速发展的势头，迅速在各类工程应用中发展。但目前尚有一些技术问题有待解决。实现分布式控制网络的关键是研究分布式控制网络的工业标准和满足分布式控制网络技术要求的路由器和网关。

1.4 流行现场总线简介

目前，国际上影响较大的现场总线有 40 多种，比较流行的主要有 FF、PROFIBUS、CAN、DeviceNet、LonWorks、ControlNet、CC－Link 等现场总线。

1.4.1 基金会现场总线

基金会现场总线（Foundation Fieldbus，FF）是在过程自动化领域得到广泛支持和具有良好发展前景的技术。其前身是以美国 Fisher-Rousemount 公司为首，联合 Foxboro、横河、ABB、Siemens 等 80 家公司制定的 ISP 协议，以及以 Honeywell 公司为首、联合欧洲等地的 150 家公司制定的 WorldFIP 协议。屈于用户的压力，这两大集团于 1994 年 9 月合并，成立了现场总线基金会，致力于开发出国际上统一的现场总线协议。它以 ISO/OSI 开放系统互连模型为基础，取其物理层、数据链路层、应用层为 FF 通信模型的相应层次，并在应用层上增加了用户层。

基金会现场总线分低速 H1 和高速 H2 两种通信速率。H1 的传输速率为 31.25kbit/s，通信距离可达 1900m（可加中继器延长），可支持总线供电，支持本质安全防爆环境。H2 的传输速率为 1Mbit/s 和 2.5Mbit/s 两种，其通信距离为 750m 和 500m。物理传输介质可支持双绞线、光缆和无线发射，协议符合 IEC 1158－2 标准。

基金会现场总线物理媒介的传输信号采用曼彻斯特编码，每位发送数据的中心位置或是正跳变，或是负跳变。正跳变代表 0，负跳变代表 1，从而使串行数据位流中具有足够的定位信息，以保持发送双方的时间同步。接收方既可根据跳变的极性来判断数据的“1”、“0”状态，也可根据数据的中心位置精确定位。

为满足用户需要，Honeywell、Ronan 等公司已开发出可完成物理层和部分数据链路层协议的专用芯片，许多仪表公司也已开发出符合 FF 协议的产品。H1 总线已通过 α 测试和 β 测试，完成了由 13 个不同厂商提供设备而组成的 FF 现场总线工厂试验系统。H2 总线标准也已形成。1996 年 10 月，在芝加哥举行的 ISA96 展览会上，由现场总线基金会组织实施，向世界展示了来自 40 多家厂商的 70 多种符合 FF 协议的产品，并将这些分布在不同楼层展览大厅的不同展台上的 FF 展品，用醒目的橙红色电缆互连为七段现场总线演示系统，各展台现场设备之间可实地进行现场互操作，展现了基金会现场总线的成就与技术实力。

1.4.2 PROFIBUS

PROFIBUS 是作为德国国家标准 DIN19245 和欧洲标准 EN50170 的现场总线，ISO/OSI 模型也是它的参考模型。由 PROFIBUS－DP、PROFIBUS－FMS、PROFIBUS－PA 组成了 PROFIBUS 系列。

PROFIBUS－DP 型用于分散外设间的高速传输，适合于加工自动化领域的应用；PROFIBUS－FMS 型为现场信息规范，适用于纺织、楼宇自动化、可编程控制器、低压开关等一般自动化；而 PROFIBUS－PA 型则是用于过程自动化的总线类型，它遵从 IEC 1158－2 标准。该项技术是由 Siemens 公司为主的十几家德国公司、研究所共同推出的。它采用了 OSI 模型的物理层、数据链路层，由这两部分形成了其标准第一部分的子集，PROFIBUS－DP 型隐去了第 3～7 层，而增加了直接数据连接拟合作为用户接口；PROFIBUS－FMS 型只隐去第 3～6 层，采用了应用层，作为标准的第二部分；PROFIBUS－PA 型的标准目前还处于制订过程之中，其传输技术遵从 IEC 1158－2（H1）标准，可实现总线供电与本质安全防爆。

PROFIBUS 支持主－从系统、纯主站系统、多主多从混合系统等几种传输方式。主站具有对总线的控制权，可主动发送信息。对多主站系统来说，主站之间采用令牌方式传递信息，得到令牌的站点可在一个事先规定的时间内拥有总线控制权，并事先规定好令牌在各主站中循环一周的最长时间。按 PROFIBUS 的通信规范，令牌在主站之间按地址编号顺序，沿上行方向进行传递。主站在得到控制权时，可以按主－从方式向从站发送或索取信息，实现点对点通信。主站可采取对所有站点广播（不要求应答），或有选择地向一组站点广播。

PROFIBUS 的传输速率为 9.6 k～12 Mbit/s，最大传输距离在 9.6 kbit/s 时为 1200 m，1.5 Mbit/s 时为 200 m，可用中继器延长至 10 km。其传输介质可以是双绞线，也可以是光缆，最多可挂接 127 个站点。

PROFIBUS 与以太网相结合，产生了 PROFInet 技术，取代了 PROFIBUS－FMS 的位置。1997 年 7 月在北京成立了我国的 PROFIBUS 专业委员会（CPO），挂靠在中国机电一体化技术和应用协会。我国现在采用的 PROFIBUS 现场总线标准为 JB/T 10308.3—2005《测量和控制数字数据通信工业控制系统用现场总线—类型 3：PROFIBUS 规范》。

1.4.3 CAN

CAN 是控制器局域网（Controller Area Network）的简称，最早由德国 BOSCH 公司提出，用于汽车内部测量与执行部件之间的数据通信。其总线规范现已被 ISO 国际标准组织制定为国际标准，得到了摩托罗拉（Motorola）、英特尔（Intel）、飞利浦（Philips）、Siemens、NEC 等公司的支持，已广泛应用在离散控制领域。

CAN 协议也是建立在国际标准组织的开放系统互连模型基础上的，不过，其模型结构只有 3 层，只取 OSI 的物理层、数据链路层和应用层。CAN 的信号传输介质为双绞线，传输速率最高可达 1 Mbit/s/40 m；直接传输距离最远可达 10 km/5 kbit/s，挂接设备最多可达 110 个。

CAN 的信号传输采用短帧结构，每一帧的有效字节数为 8 个，因而传输时间短，受干扰的概率低。当节点严重错误时，其具有的自动关闭功能可以自动切断该节点与总线的联系，使总线上的其他节点及其通信不受影响，因此具有较强的抗干扰能力。

CAN 支持多主方式工作，网络上任何节点均可在任意时刻主动向其他节点发送信息，支持点对点、一点对多点和全局广播方式接收/发送数据。它采用总线仲裁技术，当出现几个节点同时在网络上传输信息时，优先级高的节点可继续传输数据，而优先级低的节点则主动停止发送，从而避免了总线冲突。

已有多家公司开发生产了符合 CAN 协议的通信芯片，如 Intel 公司的 82527，Motorola 公司的 MC68HC908AZ60Z，Philips 公司的 SJA1000 等。还有插在 PC 上的 CAN 总线适配器，其具有接口简单、编程方便、开发系统价格便宜等优点。

1.4.4 DeviceNet

DeviceNet 是一种低成本的通信连接，它将工业设备连接到网络，从而免去了昂贵的硬接线。DeviceNet 又是一种简单的网络解决方案，在提供多供货商同类部件间的可互换性的同时，减少了配线和安装工业自动化设备的成本和时间。DeviceNet 的直接互连性不仅改善了设备间的通信，而且同时提供了相当重要的设备级诊断功能，这是通过硬接线——I/O 接口很难实现的。

DeviceNet 是一个开放式网络标准，规范和协议都是开放的，厂商将设备连接到系统时，无需购买硬件、软件或许可权。任何人都能以少量的复制成本从开放式 DeviceNet 供货商协会（Open DeviceNet Vendor Association，ODVA）获得 DeviceNet 规范。任何制造 DeviceNet 产品的公司都可以加入 ODVA，并参与对 DeviceNet 规范进行增补的技术工作。

DeviceNet 规范的购买者将得到一份不受限制的、真正免费的开发 DeviceNet 产品的许可。寻求开发帮助的公司可以通过任何渠道购买使其工作简易化的样本源代码、开发工具包和各种开发服务。关键的硬件可以从世界上最大的半导体供货商那里获得。

在现代的控制系统中，不仅要求现场设备完成本地的控制、监视、诊断等任务，还要能通过网络与其他控制设备及 PLC 进行对等通信，因此现场设备多设计成内置智能式。基于这样的现状，美国 Rockwell Automation 公司于 1994 年推出了 DeviceNet 网络，实现了低成本、高性能的工业设备的网络互连。DeviceNet 具有如下特点：

1）DeviceNet 基于 CAN 总线技术，它可连接开关、光电传感器、阀组、电动机起动器、过程传感器、变频调速设备、固态过载保护装置、条形码阅读器、I/O 和人机界面等。其传输速率为 125 ~ 500 kbit/s，每个网络的最大节点数是 64 个，干线长度为 100 ~ 500 m。

2）DeviceNet 使用的通信模式是生产者/客户（Producer/Consumer）。该模式允许网络上的所有节点同时存取同一源数据，网络通信效率更高；采用多信道广播信息发送方式，各个客户可在同一时间接收到生产者所发送的数据，网络利用率更高。“生产者/客户”模式与传统的“源/目的”通信模式相比，前者采用多信道广播式，网络节点同步化，网络效率高；后者采用应答式，如果要向多个设备传送信息，则需要对这些设备分别进行“呼”、“应”通信，即使是同一信息，也需要制造多个信息包，这样不仅增加了网络的通信量，而且网络响应速度也受到了限制，难以满足高速的、对时间苛求的实时控制。

3）设备可互换性。各个销售商所生产的符合 DeviceNet 网络和行规标准的简单装置（如按钮、电动机起动器、光电传感器、限位开关等）都可以互换，为用户提供灵活性和可选择性。

4）DeviceNet 网络上的设备可以随时连接或断开，但不会影响网上其他设备的运行，方便维护和减少维修费用，也便于系统的扩充和改造。

5）DeviceNet 网络上的设备安装比传统的 I/O 布线更加节省费用，尤其是当设备分布在几百米范围内时，更有利于降低布线安装成本。

6）利用 RS Network for DeviceNet 软件可方便地对网络上的设备进行配置、测试和管理。网络上的设备以图形方式显示工作状态，一目了然。

现场总线技术具有网络化、系统化、开放性的特点，需要多个企业相互支持、相互补充来构成整个网络系统。为便于技术发展和企业之间的协调，统一宣传推广技术和产品，通常每一种现场总线都有一个组织来统一协调。DeviceNet 总线的组织机构 ODVA。它是一个独立组织，管理 DeviceNet 技术规范，促进 DeviceNet 在全球的推广与应用。

ODVA 实行会员制，会员分供货商会员（Vendor Member）和分销商会员（Distributor Member）。ODVA 现有供货商会员中包括 ABB、Rockwell、Phoenix Contact、Omron、Hitachi、Cutler-Hammer 等几乎所有世界著名的电器和自动化元件生产商。

ODVA 的作用是帮助供货商会员向 DeviceNet 产品开发者提供技术培训、产品一致性试验工具和试验，支持成员单位对 DeviceNet 协议规范进行改进；出版符合 DeviceNet 协议规范的产品目录，组织研讨会和其他推广活动，帮助用户了解掌握 DeviceNet 技术；帮助分销商开展 DeviceNet 用户培训和 DeviceNet 专家认证培训，提供设计工具，解决 DeviceNet 系统问题。

DeviceNet 是一个比较年轻的，也是较晚进入中国的现场总线。但 DeviceNet 价格低、效率高，特别适用于制造业、工业控制、电力系统等行业的自动化，适合于制造系统的信息化。

2000 年 2 月，上海电器科学研究所与 ODVA 签署合作协议，共同筹建 ODVA China，目的是把 DeviceNet 这一先进技术引入中国，促进我国自动化和现场总线技术的发展。

2002 年 10 月 8 日，DeviceNet 现场总线被批准为国家标准。DeviceNet 中国国家标准编号为 GB/T 18858.3—2002，名称为《低压开关设备和控制设备 控制器——设备接口（CDI）第 3 部分：DeviceNet》。该标准于 2003 年 4 月 1 日开始实施。

1.4.5 LonWorks

LonWorks 是又一具有强劲实力的现场总线技术，它是由美国 Echelon 公司推出并与 Motorola、Toshiba（东芝）公司共同倡导，于 1990 年正式公布而形成的。它采用了 ISO/OSI 模型的全部七层通信协议，采用了面向对象的设计方法，通过网络变量把网络通信设计简化为参数设置，其通信速率从 300bit/s 至 1.5 Mbit/s 不等，直接通信距离可达到 2700 m（78 kbit/s，双绞线），支持双绞线、同轴电缆、光纤、射频、红外线、电源线等多种通信介质，被誉为通用控制网络。

LonWorks 技术所采用的 LonTalk 协议被封装在称为 Neuron 的芯片中并得以实现。集成芯片中有 3 个 8 位 CPU，一个用于完成开放互连模型中第 1、2 层的功能，称为媒体访问控制处理器，实现介质访问的控制与处理；第二个用于完成第 3 ~ 6 层的功能，称为网络处理器，进行网络变量的寻址、处理、背景诊断、函数路径选择、软件计量、网络管理，并负责网络通信控制、收发数据包等；第三个是应用处理器，执行操作系统服务与用户代码。芯片中还具有存储信息缓冲区，以实现 CPU 之间的信息传递，并作为网络缓冲区和应用缓冲区。如 Motorola 公司生产的神经元集成芯片 MC143120E2 就包含了 2KB RAM 和 2KB E^2PROM。

LonWorks 技术的不断推广促成了神经元芯片的低成本，而芯片的低成本又反过来促进了 LonWorks 技术的推广应用，二者形成了良性循环。另外，在开发智能通信接口、智能传感器方面，LonWorks 神经元芯片也具有独特的优势。

LonWorks 技术已经被美国暖通工程师协会（ASHRE）定为建筑自动化协议 BACnet 的一个标准。美国消费电子制造商协会已经通过决议，以 LonWorks 技术为基础制定了 EIA—709 标准。这样，LonWorks 已经建立了一套从协议开发、芯片设计、芯片制造、控制模块开发制造、OEM 控制产品、最终控制产品、分销、系统集成等一系列完整的开发、制造、推广、应用体系结构，吸引了数万家企业参与到这项工作中来，这对于一种技术的推广、应用有很大的促进作用。

1.4.6 ControlNet

工业现场控制网络的许多应用不仅要求控制器和工业器件之间的紧耦合，还应有确定性和可重复性。在 ControlNet 出现以前，没有一个网络在设备或信息层能有效地实现这样的功能要求。

ControlNet 是由在北美（包括美国、加拿大等）地区的工业自动化领域中技术和市场占有率稳居第一位的美国罗克韦尔自动化（Rockwell Automation）公司于 1997 年推出的一种新的面向控制层的实时性现场总线网络。

ControlNet 是一种最现代化的开放网络，它提供如下功能：

1）在同一链路上同时支持 I/O 信息，控制器实时互锁以及对等通信报文传送和编程操作。

2）对于离散和连续过程控制应用场合，均具有确定性和可重复性。

ControlNet 采用了一种全新的开放网络技术解决方案——生产者/消费者（Producer/Consumer）模型，它具有精确同步化的功能。ControlNet 是目前世界上增长最快的工业控制网络之一（网络节点数年均以 180% 的速度增长）。

ControlNet 是一个高速的工业控制网络，在同一电缆上同时支持 I/O 信息和报文信息（包括程序、组态、诊断等信息），集中体现了控制网络对控制（Control）、组态（Configuration）、采集（Collect）等信息的完全支持。ControlNet 基于生产者/消费者这一先进的网络模型，提供了更高的有效性、一致性和柔韧性。

从专用网络到公用标准网络，工业网络开发商给用户带来了许多好处，但同时也带来了许多互不相容的网络。如果将网络的扁平体系和高性能的需要加以考虑的话，我们就会发现，为了增强网络的性能，有必要在自动化和控制网络这一层引进一种包含市场上所有网络优良性能的全新的网络。另外，还应考虑到的是，数据的传输时间是可预测的，以及保证传输时间不受设备加入或离开网络的影响。所有的这些现实问题推动了 ControlNet 的开发和发展，它正是满足不同需要的一种实时的控制层的网络。

ControlNet 协议的制定参照了 OSI 的 7 层协议模型，并参照了其中的第 1、2、3、4、7 层。它既考虑了网络的效率和实现的复杂程度，没有像 LonWorks 一样采用完整的 7 层；又兼顾到协议技术的向前兼容性和功能完整性，与一般现场总线相比，增加了网络层和传输层。这对与异种网络的互连和网络的桥接功能提供了支持，更有利于大范围的组网。

ControlNet 中，网络层和传输层的任务是建立和维护连接。这一部分协议主要定义了未连接报文管理（UCMM）、报文路由（Message Router）对象和连接管理（Connection Management）对象及相应的连接管理服务。以下将对 UCMM、报文路由等分别进行介绍。

ControlNet 上可连接以下典型的设备：

1）逻辑控制器（如可编程逻辑控制器、软控制器等）。

2）I/O 机架和其他 I/O 设备。

3）人机界面设备。

4）操作员界面设备。

5）电动机控制设备。

6）变频器。

7）机器人。

8）气动阀门。

9）过程控制设备。

10）网桥/网关等。

近年来，ControlNet 广泛应用于交通运输、汽车制造、冶金、矿山、电力、食品、造纸、石油、化工、娱乐及很多其他领域的工厂自动化和过程自动化。世界上许多知名的大公司，包括福特汽车公司、通用汽车公司、巴斯夫公司、柯达公司、现代集团公司等，以及美国宇航局等政府机关都是 ControlNet 的用户。

1.4.7 CC – Link

在 1996 年 11 月，以三菱电机为主导的多家公司以“多厂家设备环境、高性能、省配线”的理念，开发、公布和开放了现场总线 CC – Link，第一次正式向市场推出了 CC – Link 这一全新的多厂商、高性能、省配线的现场网络，并于 1997 年获得日本电机工业会（JEMA）颁发的杰出技术成就奖。

CC – Link 是 Control & Communication Link（控制与通信链路系统）的简称，即在工控系统中，可以将控制和信息数据同时以 10 Mbit/s 高速传输的现场网络。CC – Link 具有性能卓越、应用广泛、使用简单、节省成本等突出优点。作为开放式现场总线，CC – Link 是唯一起源于亚洲地区的总线系统，CC – Link 的技术特点尤其适合亚洲人的思维习惯。

1998 年，汽车行业的马自达、五十铃、雅马哈、通用、铃木等也成了 CC – Link 的用户，而且 CC – Link 迅速进入中国市场。1999 年，销售业绩为 17 万个节点；2001 年达到了 72 万个节点，累计量达到了 150 万个节点，其增长势头迅猛，在亚洲市场占有份额超过 15%（据美国工控专用调查机构 ABC 调查）。

为了使用户能更方便地选择和配置自己的 CC – Link 系统，2000 年 11 月，CC – Link 协会（CC – Link Partner Association，CLPA）在日本成立。该协会主要负责 CC – Link 在全球的普及和推进工作。为了全球化的推广能够统一进行，CLPA 在美国、欧洲、中国、新加坡、韩国等国家设立了众多驻点，负责在不同地区推广和支持 CC – Link 用户和成员的工作。

CLPA 由 Woodhead、Contec、Digital、NEC、松下电工和三菱电机等 6 个常务理事会员发起。到 2002 年 3 月底，CLPA 在全球拥有 252 家会员公司，其中包括浙大中控、中科软大等几家中国的会员公司。

一般工业控制领域的网络分为 3 或 4 个层次，分别是管理层、控制层和部件层。部件层也可以再细分为设备层和传感器层。CC – Link 是一个以设备层为主的网络，同时也可以覆盖较高层次的控制层和较低层次的传感器层。

一般情况下，CC – Link 整个一层网络可由 1 个主站和 64 个子站组成，它采用总线方式通过屏蔽双绞线进行连接。网络中的主站由三菱电机 FX 系列以上的 PLC 或计算机担当，子站可以是远程 I/O 模块、特殊功能模块、带有 CPU 的 PLC 本地站、人机界面、变频器、伺服系统、机器人，以及各种测量仪表、阀门、数控系统等现场仪表设备。如果需要增强系统的可靠性，可以采用主站和备用主站冗余备份的网络系统构成方式。

CC – Link 具有高速的数据传输速度，最高可以达到 10 Mbit/s，其数据传输速度随距离的增长而逐渐减慢。

CC – Link 兼容的产品如下：

（1）PLC、PCI 总线接口、cPCI 总线接口、VME 总线接口（主站/本地站）

CC – Link 拥有作为主站/本地站的总线类型，CC – Link 系统可采用多种类型的控制器。

（2）输入/输出模块

CC – Link 有多种类型的开关量输入/输出、模拟量输入/输出模块，以及多种输入类型和输出类型。用户可以根据传感器等的类型选择模块。

（3）人机界面（HMI）

HMI 可以监视 CC – Link 的工作状态以及通过 CC – Link 传送的数据，因此，用户可以很容易地知道系统的工作状态。

（4）电磁阀

许多厂家都提供能兼容 CC – Link 的电磁阀产品，用户可以选择适合系统的、性价比最优的电磁阀产品。

（5）传感器和变送器

有多种类型的传感器、变送器可以接入 CC – Link，用户可以方便地用 CC – Link 构造不同的系统。

（6）指示器

称重控制器可通过 CC – Link 测量重量。

（7）温度控制器

温度控制设备或室内温度等，可以通过 CC – Link 来进行设定和监视。

（8）传输装置

光耦合变送模块通过 CC – Link 用红外线建立控制器和移动工作台之间的通信。

（9）条形码和 ID

在生产过程中，需要产品携带数据进行加工，通过条形码或 ID 的方式在每个处理工位可以读取产品数据。CC – Link 具有高速的条形码和 ID 数据的传送速度，因此，在制造业中，应用 CC – Link 是非常有效率的。

（10）网间连接器

CC – Link 的网间连接器产品可以将 CC – Link 与其他的网络连接起来。

（11）驱动产品

类似变频器、伺服器等驱动产品，可以方便地用 CC – Link 连接，通过 CC – Link 高速传送命令数据和监视数据。因此，CC – Link 在需要高速传送数据的控制系统中是非常有用的。

（12）机器人

在汽车制造生产线上，半导体生产线应用了大量的机器人。CC – Link 可以连接 64 个子站，机器人可以用 CC – Link 来控制。在这样的系统中，CC – Link 是最合适的网络。

（13）电缆和终端电阻

可选用多种型号的 CC – Link 的电缆，如一般电缆、机器人用电缆、光缆、带电源电缆、红外线射线类等。因此，用户可以为系统选择适合的电缆。

（14）软件

配置组态软件可以对 CC – Link 进行编程和诊断，用户可以非常方便地建立系统。

（15）其他

许多其他种类的 CC – Link 产品可以为用户设置、编程、安装、接线等提供方便，而且 CC – Link 的兼容产品数量和种类也在不断扩大中。

鉴于 CC – Link 的实际特点和功能，它适用于许多控制系统，同时其自身的功能也在不断完善和改进，可挂接现场设备的合作厂商也在不断增加，以便更有利于实际的生产现场。

总之，CC – Link 是一个技术先进、性能卓越、应用广泛、使用简单、成本较低的开放式现场总线，其技术发展和应用有着广阔的前景。

1.4.8 CompoNet

随着制造业自动化、信息化的快速发展，生产现场越来越多地采用智能设备，其中大量应用的是传感器和执行器。它们不需要高度的智能，也没有大容量的数据。然而，为了获得生产现场的设备信息，这些设备需要连接到网络上，同时要求网络具备如下特点：

1）能够高效地处理位和字节数据。

2）单个网络能够连接几百个节点。

3）高度灵活的网络拓扑结构。

4）安装简单，成本低廉。

为了满足这些要求，ODVA 以 OMRON 公司原有的 CompoBus/S 为基础，采用 CIP（Common Industrial Protocol）协议作为其应用层，推出了一种新的现场总线——CompoNet。由于共享 CIP 协议，CompoNet 可以很容易地集成到现有的 CIP 网络构架中。CIP 是 ODVA 以前推出的工业网络 DeviceNet、ControlNet 和 EtherNet/IP 公用的应用层协议。

CompoNet 是一个底层网络，它提供较高层设备（如控制器）和简单工业设备（如传感器和执行器）之间的高速通信。

CompoNet 用于连接控制器、传感器和执行器。控制器作为主站，传感器和执行器作为从站。它提供两种类型的从站：一种是位从站，最多是 4 点数据；另一种是字从站，带有 16 点数据。中继器用于扩展通信长度。

1. CIP 的优势

CIP 可与任何数据链路层和物理层协同工作，具有介质独立性。这意味着用户可以根据具体环境和应用要求选择网络型式和传输介质，如为信息层选择 EtherNet/IP，为控制层选择 ControlNet，为设备层选择 DeviceNet，为传感器、执行器选择 CompoNet。由于 EtherNet/IP、ControlNet、DeviceNet 和 CompoNet 使用相同的应用层协议，所有设备可以在层次内或跨层次通信，而不需要昂贵的网关，也不需要大量的组态或编程，并且不会损失性能。这不仅减少了设备制造商的产品开发费用，也减少了用户的培训和维护费用；而且随着技术的发展，CIP 可以移植到新兴的工厂层网络上，使设备制造商和用户能采纳和集成新的技术，也保护了他们先前的投资。

CIP 定义了一种允许报文经过多个网络传输的机制，报文中包含了传输机制方面的完整信息（特别是传输超时和路径信息）。第一个接收到报文的路由设备将取得它的内容，并按报文中路径字段的规定将它传送到下一个网络。在报文被继续发送前，路径中已经“用过”

的部分被删除，但又被中间的路由设备保存，为响应的返回作好了准备。每一“跳”（Hop）中这个过程被执行一次，直到最终的目标网络。一旦报文到达目标网络，内部的显式报文被发送到目标设备，由它执行所请求的服务并产生响应。然后响应沿着原来的路径返回，直到发起节点（Originating Node）。

通过这种机制，路由设备不需要事先知道报文路经的任何信息，而且也不要在路由设备中编程。这就是通常所说的“无缝路由”。利用这种特性，用户可以从网络的最顶层“看到”最底层的传感器的诊断信息，或改变它的组态。

大多数工业网络协议被都设计为源/目的的通信。在源/目的模式的通信中，节点只接收包含它们目标节点的数据包。如果不止一个节点需要同样的数据，它就需要发送多次。这自然是低效率的，也无法实现多个节点的同步。

然而，CIP 在数据链路层加入了生产者/消费者技术，从而提供了一个超级的报文传输机制。生产者/消费者通信模式定义了信息传送到数据链路层的方式。数据生产者把一个数字放到数据包的前部，这个数字就是通常所说的数据标识或连接 ID。用户能设置每个设备倾听网络上的报文，并根据特定的连接 ID 消费数据。当报文发送到网络上时，每个设备过滤连接 ID，由此决定是否消费数据。如果是，设备就变成消费者。结果，一对多通信在生产者/消费者环境里自然而高效地发生了。多个节点可以从同一个生产者那里在同一时间消费相同的数据，这不仅可以实现多个节点的精确同步，也有效地利用了带宽。

与生产者/消费者通信模式相结合，CIP 允许主/从、对等、一对多以及广播通信。由于它支持所有对自动化有用的主要的通信关系，所以它是一个真正最灵活和完全的协议。

2. CompoNet 的特点

CompoNet 通常由多个网段组成，每一段都由一个中继器隔开，每一段也都连接在网络上，但从物理层观点来看是分级的。如图 1-13 所示，有主站的网段称为第一段，第二段和第三段通过中继器加入到网络中，但是这样外加的段最多不能多于两个。这样，主站和从站之间间隔最多不超过两个中继器或者 3 个网段。一个网络中能最多使用 64 个中继器，所有的段应在同一传输速率下运行。

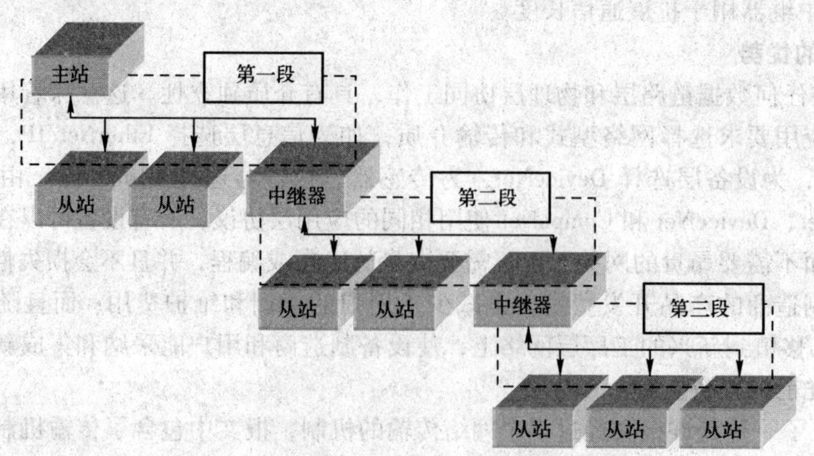

图 1-13　CompoNet 的段层

CompoNet 具有如下特点：

（1）针对传感器、执行器优化的高速性能及灵活的网络拓扑

CompoNet 具有高速通信的能力，1000 个 I/O 点扫描时间少于 1 ms。有 4 Mbit/s、3 Mbit/s、1.5 Mbit/s 和 93.75 kbit/s 4 种数据传输速率可供选择。CompoNet 具有灵活的网络拓扑结构，包括菊花链和星形结构或者主从总线型结构。利用双芯或四芯线缆（带总线供电），网段长度可为 30 ~ 500 m，能通过中继器实现 1500 m 的总网络覆盖长度。网络最多可连接 64 个中继器（主站到任何从站最多 2 个），以延长或分支通信电缆，并扩大连接节点的数量。网络最大支持 256 个位从站（Bit Slaves）和 128 个字从站（Word Slaves），最多可控制 2560 个 I/O 点。因此，CompoNet 可以根据各种机械结构进行不同规模的扩展。

（2）先进的物理层和数据链路层

CompoNet 采用曼彻斯特编码技术以达到更高的可靠性。为了隔离，物理层电路使用脉冲变压器和差动的通信收发器。物理层有主站端口和从站端口。主站端口具有一个内嵌的终端，用于主站和中继器；从站端口没有终端，用于从站和中继器。

CompoNet 支持 I/O 数据通信和显示报文通信。主站根据配置设定控制所有的通信。主站将通信周期分成多个时间域，将一部分分配给 I/O 通信，其余分配给显示报文通信，实现高效的通信。在每一个周期间隔都为 I/O 通信分配一个时间域，这样可以保证实时性和时间同步。对于显示报文通信，分配的时间域随网络负载而变，因此，实时性是不能保证的。

CompoNet 先进的物理层能使信号衰减和传输延迟最小化。中继器不会引起传输速度的衰减，也不会引入传输延迟。可能会引起冲突的任何微小的延迟都会在 CompoNet 的层次结构中自动进行补偿。

在数据链路层，CompoNet 采用时分多路复用（TDMA）技术。这种介质访问控制方式可避免冲突，并使网络具有确定性。

（3）简单低成本的安装

无论有多少传感器和执行器被连接到网络，接线都是主要的成本。CompoNet 可采用扁平电缆和免剥线的压钳式连接器，安装简易快速，并可减少接线错误；也可采用圆形电缆。分支连接器使得在维护与诊断中方便地增加或移除设备。中继器除了用于延伸传输距离外，还能够连接不同线缆类型的网络段，可用于由于环境的需要在系统的不同部分电缆介质需要改变的地方。

此外，中继器还能隔离故障，从而减少对正常运行的干扰。

（4）高利用率的网络

利用 CIP 的无缝路由的能力，用户组态维护工具能连接到 CIP 网络的任何一点上。单一的工具能组态主站、从站和中继器，并通过主站用显式报文通信收集它们的信息。通过在主站中监视出错信息，可以容易地定位故障点。内建的错误检测功能可以自动检测并报警重复的 MAC 地址设定。

CompoNet 从站具有传输速度自动设定功能，并且从站自觉服从主站的传输速度设定。当有新的从站加入网络时，从站自动识别它们的传输速度。

尽管结构简单，但内建的错误检测功能使 CompoNet 易于组态和维护，因此，CompoNet 成为一个能提高生产效率的高利用率的网络。

多年来，低成本的底层工业网络市场一直由 AS - i 总线技术所主导，目前已经安装了超

过1000万个的AS－i节点。CompoNet可以看做是对AS－i以前优势应用领域的有力挑战。尽管AS－i和CompoNet都具有低成本的优点，但相比较而言，CompoNet的关键优势在于其更佳的网络性能。

CompoNet的网络规范见表1-2。

表1-2　CompoNet的网络规范

项　目	规　范
拓扑	使用无源电缆元件的多点和T分支方法
传输速率	4 Mbit/s，3 Mbit/s，1.5 Mbit/s，93.75 kbit/s
传输距离	根据通信速率而定
通信周期	根据通信速率而定
通信介质	CompoNet圆形电缆，CompoNet扁平电缆
可连接的主站	CompoNet主站，Componet网络中只允许有一个主站
可连接的中继器	CompoNet中继器
可连接的从站	CompoNet字从站，CompoNet位从站
一个网络中最大中继器数	64
一网段中最大节点数	最多32个节点连接到某段主站端口
带中继器的网络的最大I/O节点数	最多64个输入、64个输出字从站，共计128个 最多128个输入、128个输出位从站，共计256个 使用混合从站的网络遵循附加的规则
无中继器的网络的最大I/O节点数	32

3. CompoNet的网络部件

CompoNet网络由下列网络部件构成，如图1-14所示。

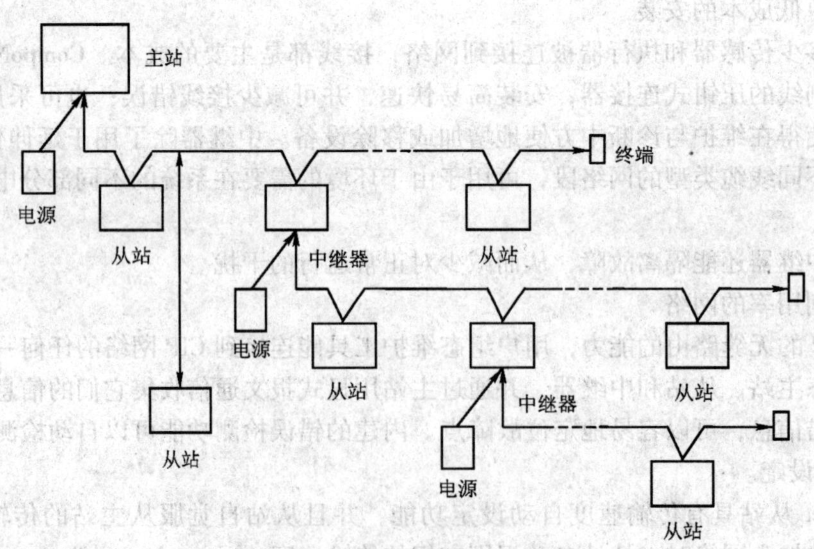

图1-14　CompoNet网络部件构成

1）主站：控制通信的设备，一个CompoNet网络中只有一个主站。

2）从站：生产和消费实际I/O数据的设备。有两种类型的从站：字从站和位从站。字从站处理 8 位的数据字，位从站处理 2 或 4 位的数据单元，以此提高简单设备的通信效率。

3）中继器：提供网络扩展和通信信号整形的设备。每个中继器有一个节点地址，它能与主站进行通信，并执行一些提高网络通信效率的智能功能。它们不是无源设备。

4）电源：提供 DC 24V 的设备。在 4 导线网段，应在主站端口供给电源；在 2 导线网段，每一个从站都要使用独立的电源。

5）终端器：改善通信性能的无源设备。终端器应安装在距离主站或中继器的主站端口干线最远的端点，所有的终端器应包含一个连接在信号线之间的电阻，并且 4 导线电缆终端器还应包含一个连接在电源线之间的电容。

4. CompoNet 的通信模型

一个 CompoNet 节点的面向对象的抽象通信模型包括下列各项：

1）无连接报文管理器：处理无连接的显示报文。

2）标识对象：标识和提供关于设备的一般信息。

3）连接类：分配和管理与 I/O 连接、显示报文连接相关的内部资源。

4）连接对象：管理指定的应用 - 应用相关的通信特定的各种特性。

5）CompoNet 连接对象：提供物理的 CompoNet CDI 的配置和状态。

6）报文路由：向适当的对象转送显示请求报文。

7）应用对象：实现预定的产品功能。

CompoNet 上层使用的是通用工业协议 CIP 的一个子集以及 IEC 61158 - 5 - 2—2010 和 IEC 61158 - 6 - 2—2010 中规定的服务。

CompoNet 和 OSI 参考模型（ISO/IEC 7498 - 1）的关系见表 1-3。

表 1-3 CompoNet 和 OSI 参考模型的关系

OSI	CompoNet
7	CIP
6	—
5	—
4	—
3	—
2	CompoNet 时间域
1	CompoNet 物理层
0	电缆和连接器

1.5 工业以太网简介

1.5.1 工业以太网的主要标准

工业以太网是按照工业控制的要求，发展适当的应用层和用户层协议，使以太网和 TCP/IP 技术真正能应用到控制层，延伸至现场层，而在信息层又尽可能采用 IT 行业一切有效而又最新的成果。因此，工业以太网与以太网在工业中的应用全然不是同一个概念。

目前，4 种主要的工业以太网除了在物理层和数据链路层都服从 IEEE 802.3 外，在应用层和用户层协议均无共同之处。这主要是因为它们的应用领域和发展背景不同。如果把应用领域分为离散制造控制和连续过程控制，而又把网络细分为设备层、I/O 层、控制层和监控层，那么各种工业以太网及其相关现场总线的应用定位就一目了然，如图 1-15 所示。其中，主要用于离散制造领域且最有影响的，当推 Modbus TCP/IP、EtherNet/IP、IDA 和 PROFInet。在全球 PLC 市场居领先地位的 Siemens 不遗余力地推动 PROFInet/PROFIBUS 组合；Rockwell Automation 和 Omron 以及其他一些公司致力于推进 EtherNet/IP 及其姐妹网络——基于 CIP 的 DeviceNet 和 ControlNet；Schneider 则加强它与 IDA 的联盟。而在过程控制领域只有 FF HSE 一家。看来，它成为过程控制领域中唯一的工业以太网标准已成定局。在监控级，OPC DX 可作为 EtherNet/IP、FF HSE 和 PROFInet 数据交换的“软件网桥”。现场总线基金会、ODVA 和 PROFIBUS 国际组织（PROFIBUS International，PI）这三大国际性工业通信组织，合力支持 OPC（OLE for Process Control）基金会的 DX 工作组制定的规范。由于它们各有不同的侧重点，无法、也不愿意寻求统一的协议。折衷的办法就是宣布支持 OPC DX，找到一种进行有效的数据交换的中间工具——软件网桥。

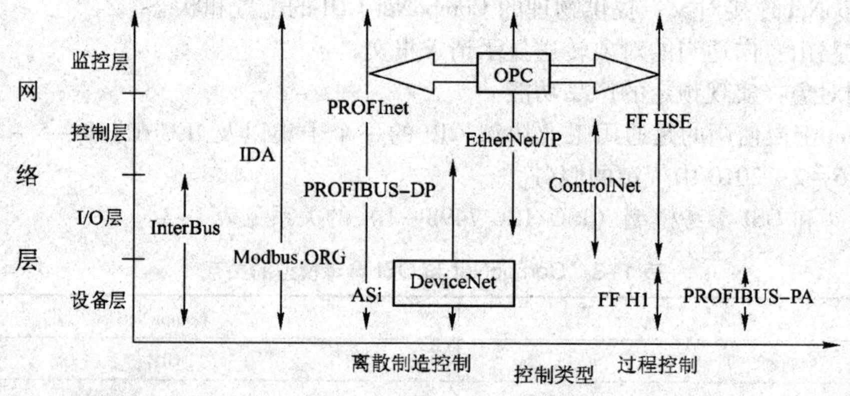

图 1-15　工业以太网与相关现场总线协议的应用定位

看起来，INONA（工业自动化联网联盟）和 OPC 基金会一直在试图缓和和调节这场潜在的标准之争。但这场工业以太网协议之争，并未因此停息。这就是有些人所说的工业以太网大战取代了现场总线大战。不同的是，当年现场总线之争的焦点集中在物理层和数据链路层；而当前工业以太网最大的差异，即竞争的焦点却集中在应用层和用户层。

此外，还有一个显著的特点是，一般工业以太网都有与之互补的设备层现场总线，见表 1-4。

表 1-4　工业以太网和与其互补的设备层现场总线

工业以太网	互补的设备层现场总线
EtherNet/IP	DeviceNet，ControlNet
PROFINet	PROFIBUS DP，Asi PROFIBUS PA
Foundation Fieldbus HSE	Foundation Fieldbus H1
IDA	IDA，Modbus TCP/IP

其中最为简单、实用的是 Modbus TCP/IP。它除了在物理层和数据链路层用以太网标

准，与 Modbus 采用 RS－232C、RS－422 和 RS－485 不同外，在应用层二者基本是一致的，都使用一样的功能代码。它属于设备层中的工业以太网协议，目前在 Modicon 的 PLC 中用得很多。同时，由于大多数工业以太网的竞争者都有与之互补的设备层网络，而 IDA 是后来的参与者，没有适合的设备层协议，所以它增加了一个与 Modbus TCP/IP 的接口，在其网络结构中采用 Modbus TCP/IP 作为设备层。

具有大型自动化设备公司背景的工业以太网，无例外地在控制级使用，现场级仍然采用现场总线。原因是什么？有人说是在保护自己的投资利益，这也许没错。但是，如果从过程控制对现场仪表的要求来看却不难发现，以太网要用到现场层目前还存在一些技术壁垒。这主要是回路供电、低功耗、实时性、本安防爆、电磁兼容性和环境适应性。这也许是更实际的一些技术原因。低功耗是用于过程控制现场设备层仪表的关键技术，涉及仪表的以下性能：回路供电（传输距离、现场总线分支可挂仪表数量、导线截面大小）；本安防爆；电磁敏感性。目前以太网收发器的功耗较大，一般均在 60 mA 以上。现场设备（如工业以太网的交换式集线器）以及基于以太网的现场仪表的低功耗设计难以实现。而获得本安防爆的最高传输频率为 1 Mbit/s，远低于以太网的传输频率。可见，目前基于以太网的现场仪表尚不能完全满足上述要求。从成本上说，基于以太网的现场仪表若满足上述要求，不比现场总线仪表便宜。

1.5.2 IDA

IDA（the Interface for Distributed Automation，分布式自动化接口）是一种完全建立在以太网基础上的工业以太网规范，它将一种实时的基于 Web 的分布自动化环境与集中的安全体系结构加以结合，目标是创立一个基于 TCP/IP 的分散自动化的解决方案。作为一个单纯的工业以太网协议，IDA 涵盖自动化结构中的所有层次，包括设备层。它曾致力于开发一个供机器人、运动控制和包装用的目标/功能块库。这些应用与 PLC 的控制的显著差别在于它们要求微秒级的同步（PLC 的控制只要求毫秒级的确定性）。IDA 通过因特网协议在以太网总线上用 RTI（Real Time Innovations）公司的中间件 NDDS（网络数据传送服务）来实现微秒级的实时性。NDDS 采用发布方/预订方模型。

Modbus TCP/IP 将与 FTP 或 HTTP 一样在其公共的操作系统中作为一个标准，Modbus 占用已注册的 502 个端口中的一个。因为 Modbus TCP/IP 是完全透明的，所以很好地符合 IDA。IDA 协议建立在组件的基础上，该组件包括了 IEC 61449 的第一部分体系结构功能块标准，但用 IDA 的体系结构替代了 IEC 61499 的模型。除了支持以太网 TCP、UDP 和 IP 有关的 Web 服务的完整套件外，IDA 协议规范还包括：基于 RTI 公司的中间件 NDDS 的 RTPS（实时发布方/预订方），Modbus TCP/IP 作为工业以太网消息传输协议，IDA 通信目标库，实时和安全 API。IDA 的协议栈如图 1-16 所示。

1.5.3 Ethernet/IP

1998 年年初，ControlNet 国际化组织（CI）开发了由 ControlNet 和 DeviceNet 共享的、开放的和广泛接收的基于 Ethernet 的应用层规范。利用该技术，2000 年年底，CI、工业以太网协会（IEA）和 ODVA 组织提出了 Ethernet/IP 的概念，以后 SIG（Special Interest Groups）进行了规范工作。Ethernet/IP 技术采用标准的以太网芯片，并采用有源星形拓扑结构，将一组装置点对点地连接至交换机，而在应用层则采用已在工业界广泛应用的开放协议——控制和信息协议（CIP）。

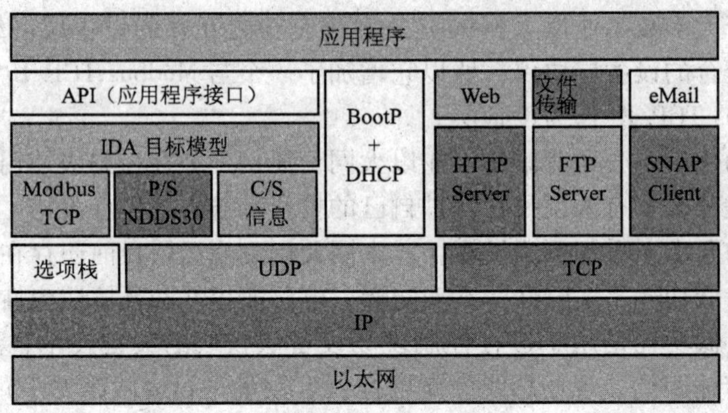

图 1-16　IDA 的协议栈

注：BootP——Bootstrap Protocol，（因特网）自引导协议；
DHCP——Dynamic Host Configuration Protocol，（TCP/IP）动态主机配置协议

Ethernet/IP 的一个数据包最多可达 1500B，数据传输率达 10/100 Mbit/s，因而能实现大量数据的高速传输。基于 Ethernet TCP 或 UDP_IP 的 Ethernet/IP 是工业自动化数据通信的一个扩展，这里的 IP 为 Industrial Protocol 的缩写。Ethernet/IP 的规范是公开的，并由 ODVA 组织提供。另外，除了办公环境上使用的 HTTP、FTP、IMTP、SNMP 的服务程序，Ethernet/IP 还具有生产者/客户服务，允许有时间要求的信息在控制器与现场 I/O 模块之间进行数据传送。非周期性的信息数据的可靠传输（如程序下载、组态文件）采用 TCP 技术，而有时间要求和同期性控制数据的传输由 UDP 的堆栈来处理。Ethernet/IP 实时扩展在 TCP/IP 之上附加 CIP，在应用层进行实时数据交换和实时运行应用，其通信协议模型如图 1-17 所示。实际上，CIP 除了作为 Ethernet/IP 的应用层协议外，所有的 Ethernet/IP 的 CIP 已运用在 ControlNet 和 DeviceNet 上，可以作为 ControlNet 和 DeviceNet 的应用层，3 种网络共享相同的对象库、对象和用户设备行规，使多个供应商的装置能在上述 3 种网络中实现即插即用。

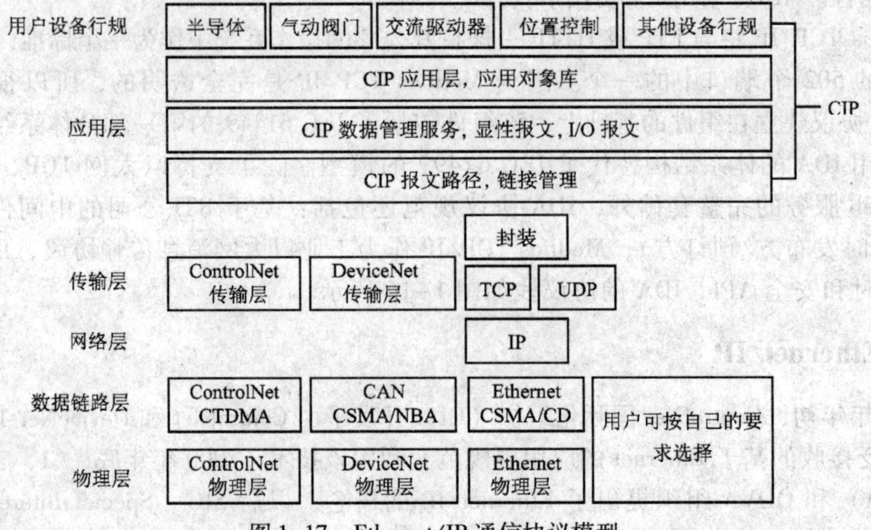

图 1-17　Ethernet/IP 通信协议模型

Ethernet/IP 的成功是在 TCP、UDP 和 IP 上附加了 CIP，提供了一个公共的应用层，其目的是为了提高设备间的互操作性。CIP 一方面提供实时 I/O 通信；另一方面实现信息的对等传输。其控制部分用来实现实时 I/O 通信，信息部分用来实现非实时的信息交换，并且采用控制协议来实现实时 I/O 报文传输或者内部报文传输，采用信息协议来实现信息报文交换和外部报文交换。CIP 采用面向对象的设计方法，为操作控制设备和访问控制设备中的数据提供服务集，运用对象来描述控制设备中的通信信息、服务、节点的外部特征和行为等。

为了减少 Ethernet/IP 在各种现场设备之间传输的复杂性，Ethernet/IP 预先制定了一些设备的标准规定，如气动设备等不同类型的规定。目前，CIP 进行了以太网标准实时性和安全总线的实施工作，采用 IEEE 1588 标准的分散式控制器同步机制的 CIPSync，基于 Ethernet/IP 技术，并结合安全机制实现 CIP Safety 的安全控制等。

1.5.4 EtherCAT

EtherCAT 是由德国的 Beckhoff 公司开发的，并且在 2003 年年底成立了 ETG 工作组（Ethernet Technology Group）。EtherCAT 是一个可用于现场级的超高速 I/O 网络，它使用标准的以太网物理层和常规的以太网卡，传输介质可为双绞线或光纤。

一般常规的工业以太网都是采用先接收通信帧，进行分析后作为数据送入网络中各个模块的通信方式，而 EtherCAT 的以太网协议帧中已经包含了网络中各个模块的数据。EtherCAT 协议标准帧结构如图 1-18 所示。

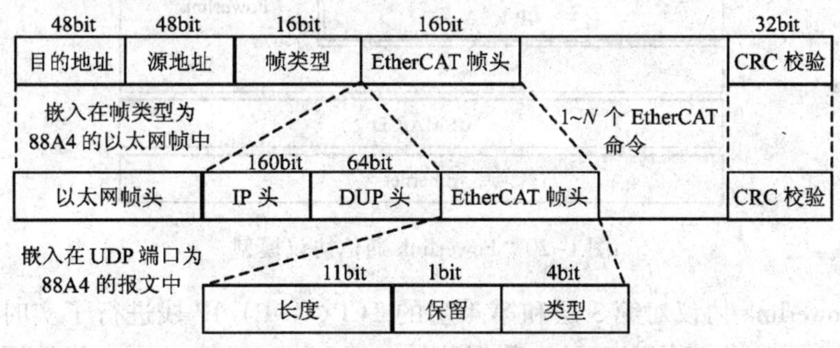

图 1-18　EtherCAT 协议标准帧结构

数据的传输采用移位同步的方法进行，即在网络的模块中得到其相应地址数据的同时，数据帧可以传送到下一个设备，相当于数据帧通过一个模块时输出相应的数据后，马上转入下一个模块。由于这种数据帧的传送从一个设备到另一个设备延迟时间仅为微秒级，所以与其他以太网解决方法相比，性能比得到了提高。在网络段的最后一个模块中结束了整个数据传输的工作，形成了一个逻辑和物理环形结构。所有传输数据与以太网的协议相兼容，同时采用双工传输，提高了传输的效率。

EtherCAT 的通信协议模型如图 1-19 所示。EtherCAT 通过协议内部可区别传输数据的优先权，组态数据或参数的传输是在一个确定的时间中通过一个专用的服务通道进行的，EtherCAT 系统的以太网功能与传输的 IP 协议兼容。

EtherCAT 技术已经完成，专门的 ASIC 芯片也在实现之中。目前市场上已提供了从站控制器，EtherCAT 的规范也成为了 IEC/PAS 文件（IEC/PAS 62407—2005）。

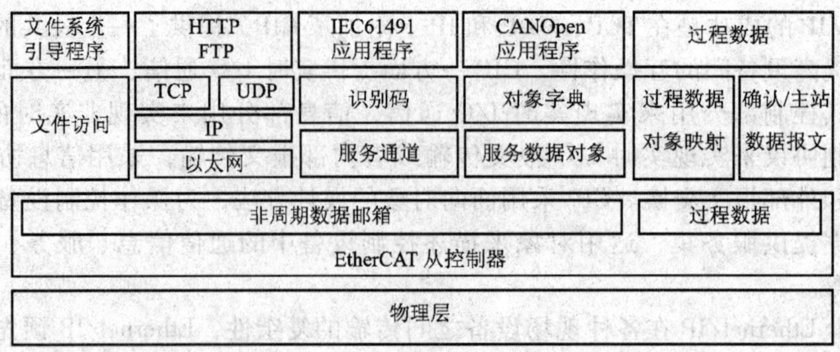

图 1-19　EtherCAT 通信协议模型

1.5.5　Ethernet Powerlink

Ethernet Powerlink 是由奥地利的 B&R 公司开发的，2002 年 4 月公布了 Ethernet Powerlink 标准，其主攻方面是同步驱动和特殊设备的驱动要求。Powerlink 通信协议模型如图 1-20 所示。

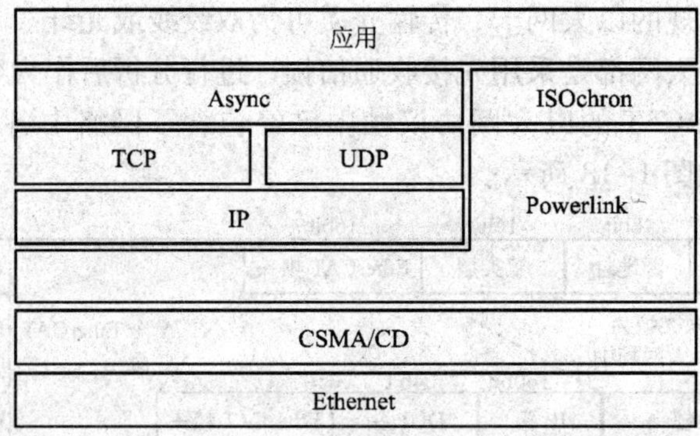

图 1-20　Powerlink 通信协议模型

Ethernet Powerlink 协议对第 3 层和第 4 层的 TCP(UDP)/IP 栈进行了实时扩展，增加的基于 TCP/IP 的 Async 中间件用于异步数据传输，ISOchron（等时）中间件用于快速、周期的数据传输。Powerlink 栈控制着网络上的数据流量。Ethernet Powerlink 避免网络上数据冲突的方法是采用时间片网络通信管理机制（Slot Communication Network Management，SCNM）。SCNM 能够做到无冲突的数据传输，专用的时间片用于调度等时同步传输的实时数据；共享的时间片用于异步的数据传输。在网络上，只能指定一个站为管理站，它为所有网络上的其他站建立一个配置表和分配的时间片，只有管理站能接收和发送数据，其他站只有在管理站授权下才能发送数据。因此，Powerlink 需要采用基于 IEEE 1588 的时间同步。

1.5.6　PROFINET

PROFINET 是由 PROFIBUS 国际组织提出的基于实时以太网技术的自动化总线标准，其将工厂自动化和企业信息管理层 IT 技术有机地融为一体，同时又完全保留了 PROFIBUS 现有的开放性。

PROFINET 支持除星形、总线型和环形之外的拓扑结构。为了减少布线费用，并保证高度的可用性和灵活性，PROFINET 提供了大量的工具帮助用户方便地实现 PROFINET 的安装。特别设计的工业电缆和耐用连接器满足 EMC 和温度的要求，并且在 PROFINET 框架内形成标准化，保证了不同制造商设备之间的兼容性。

PROFINET 满足了实时通信的要求，可应用于运动控制。它具有 PROFIBUS 和 IT 标准的开放透明通信，支持从现场级到工厂管理层通信的连续性，从而增加了生产过程的透明度，优化了公司的系统运作。作为开放和透明的概念，PROFINET 也适用于 Ethernet 和任何其他现场总线系统之间的通信，可实现与其他现场总线的无缝集成。PROFINET 同时实现了分布式自动化系统，提供了独立于制造商的通信、自动化和工程模型，将通信系统、以太网转换为适应于工业应用的系统。

1. PROFINET 的系统结构

PROFINET 提供标准化的独立于制造商的工程接口。它能够方便地把各个制造商的设备和组件集成到单一系统中。设备之间的通信链接以图形形式组态，无需编程。PROFINET 最早建立自动化工程系统与微软操作系统及其软件的接口标准，使自动化行业的工程应用能够被 Windows NT/2000 所接收，将工程系统、实时系统以及 Windows 操作系统结合为一个整体，如图 1-21 所示。

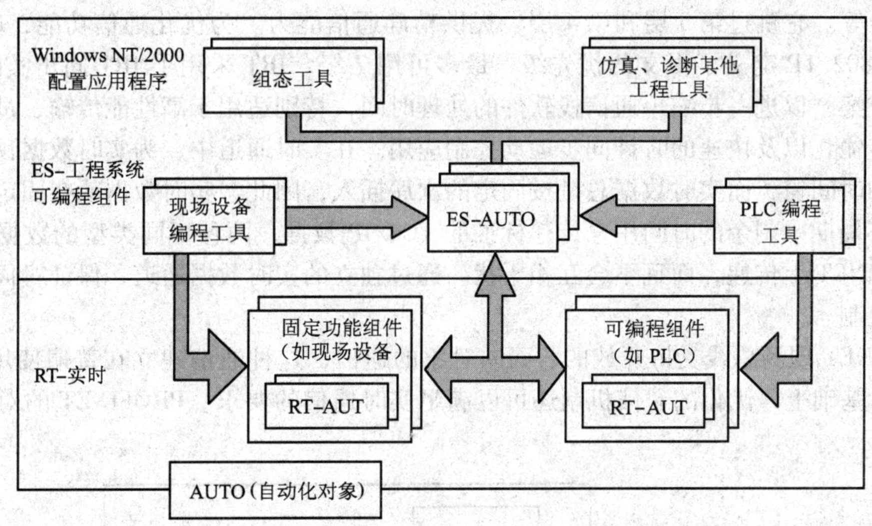

图 1-21 PROFINET 的系统结构图

PROFINET 为自动化通信领域提供了一个完整的网络解决方案，包括诸如实时以太网、运动控制、分布式自动化、故障安全以及网络安全等当前自动化领域的热点问题。PROFINET 包括八大主要模块，分别为实时通信、分布式现场设备、运动控制、分布式自动化、网络安装、IT 标准集成与信息安全、故障安全和过程自动化。同时，PROFINET 也实现了从现场级到管理层的纵向通信集成，一方面，方便管理层获取现场级的数据；另一方面，原本在管理层存在的数据安全性问题也延伸到了现场级。为了保证现场网络控制数据的安全，PROFINET 提供了特有的安全机制，通过使用专用的安全模块，可以保护自动化控制系统，使自动化通信网络的安全风险最小化。

PROFINET 是一个整体的解决方案，PROFINET 的通信协议模型如图 1-22 所示。

在 PROFINET 通信协议模型中，RT（实时）通道能够实现高性能传输循环数据和时间控制信号、报警信号；IRT（同步实时）通道能够实现等时同步方式下的数据高性能传输；PROFINET 使用了 TCP/IP 和 IT 标准，并符合基于工业以太网的实时自动化体系，覆盖了自动化技术的所有要求，能够实现与现场总线的无缝集成。更重要的是 PROFINET 所有的事情都在一条总线电缆中完成，IT 服务和 TCP/IP 开放性没有任何限制，它能满足用于所有客户从高性能到等时同步可以伸缩的实时通信需要的统一的通信。

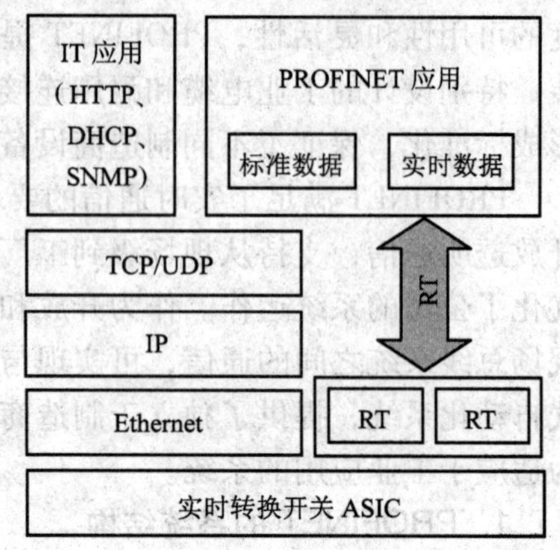

图 1-22　PROFINET 通信协议模型

从图 1-22 中可以看出，PROFINET 提供了一个标准通信通道和两类实时通信通道。标准通信通道是使用 TCP/IP 协议的非实时通信通道，主要用于设备参数化、组态和读取诊断数据。各种已验证的 IT 技术都可以使用（HTTP、HTML、SNMP、DHCP 和 XML 等）。在使用 PROFINET 的时候，可以使用这些 IT 标准服务加强对整个网络的管理和维护，这意味着调试和维护中成本的节省。RT 通道是软实时 SRT（SoftwareRT）方案，主要用于过程数据的高性能循环传输、事件控制信号与报警信号等。它跳过第 3 层和第 4 层，提供精确通信能力。为优化通信功能，PROFINET 根据 IEEE 802.1P 定义了报文的优先级，最多可用 7 级。IRT 采用了 IRT 同步实时的 ASIC 芯片解决方案，以进一步缩短通信栈软件的处理时间，特别适用于高性能传输、过程数据的等时同步传输，以及快速的时钟同步运动控制应用。在实时通道中，为实时数据预留了固定循环间隔的时间窗，而实时数据总是按固定的次序插入，因此，实时数据就在固定的间隔被传送，循环周期中剩余的时间用来传递标准的 TCP/IP 数据，两种不同类型的数据就可以同时在 PROFINET 上传递，而且不会互相干扰。通过独立的实时数据通道，保证对伺服运动系统的可靠控制。

PROFINET 现场总线支持开放的、面向对象的通信，这种通信建立在普遍使用的 Ethernet TCP/IP 基础上，优化的通信机制还可以满足实时通信的要求。PROFINET 的对象模型如图 1-23 所示。

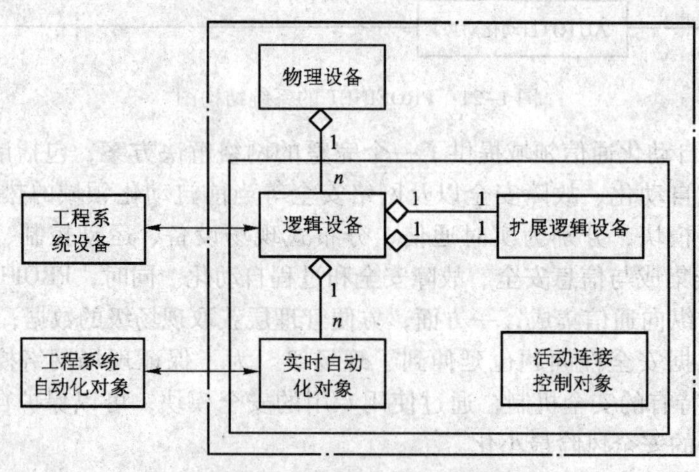

图 1-23　PROFINET 对象模型

基于对象应用的DCOM（Distributed Component Object Model，分布式对象模型）通信协议是通过该协议标准建立的，以对象的形式表示的PROFINET组件根据对象协议交换其自动化数据。自动化对象即COM对象作为PDU以DCOM协议定义的形式出现在通信总线上。活动连接控制对象（ACCO）确保已组态的互相连接的设备间通信关系的建立和数据交换。传输本身是由事件控制的，ACCO也负责故障后的恢复，包括质量代码和时间标记的传输，连接的监视，连接丢失后的再建立，以及相互连接性的测试和诊断。

在实时对象模型中，物理设备（Physical Device）即硬件设备，允许接入一个或多个IP网络。每个物理设备包含一个或多个逻辑设备（Logical Device），但每个逻辑设备只能表示一个软件。逻辑设备可以作为执行器、传感器、控制器的组成部分，通过OLE自动控制的调用来实现分布式自动化系统。物理设备通过标签或者索引来识别逻辑设备。通过活动连接控制对象实现实时自动控制对象之间的连接。扩展逻辑设备（Extended Logical Device）对象或者其他对象用来实现不同制造商生产的逻辑设备之间的互连，并且实现通用对象模型中的所有附加服务。

2. PROFINET的实时通信

PROFINET的实时通信根据响应时间不同，可分为以下3种通信方式：

（1）TCP/IP标准通信

PROFINET基于工业以太网技术，使用TCP/IP和IT标准。TCP/IP是IT领域关于通信协议方面事实上的标准，其响应时间约为100 ms的量级。TCP/IP只提供了基础通信，用于以太网设备通过面向连接和安全的传输通道在本地分布式网络中进行数据交换。在较高层上则需要其他的规范和协议（也称为应用层协议），而不是TCP或UDP。那么，在设备上使用相同的应用层协议时，只能保证互操作性。典型的应用层协议有HTTP、SNMP和DHCP等。

（2）实时通信

对于传感器和执行器设备之间的数据交换，系统对响应时间的要求更为严格。因此，PROFINET提供了一个优化的、基于以太网第2层（Layer 2）的实时通信通道。通过该通道，极大地减少了数据在通信栈中的处理时间。PROFINET实时通信的典型响应时间是5～10 ms。该解决方案使通信栈上的吞吐时间缩减为最小，提高了过程数据刷新率方面的性能。由于去除了几个通信协议层，信息帧的长度缩减。此外，数据得到更快地传输，或者应用准备就绪需要更少的时间。同时，这样极大地减少了设备通信所需的处理器功能。除了最小化、自动化设备的通信栈，PROFINET网络中数据传输也被优化。为获得最佳的结果，PROFINET中的数据包按照IEEE 802.1Q规范被分配传输优先级。网络组件使用这种优先级来控制设备间的数据流，操作其他应用的优先级。

（3）同步实时通信

在现场级通信中，对通信实时性要求最高的是运动控制（Motion Control）。PROFINET的同步实时（Isochronous Real－Time，IRT）技术可以满足运动控制的高速通信需求，在100个节点下，其响应时间要小于1 ms，抖动误差要小于1 μs，以此来保证及时的、确定的响应。PROFINET在第2层上为实时以太网定义了IRT时间槽控制传送过程。通过设备（网络组件和PROFINET设备）的同步，时间槽能够制定对时间要求苛刻的数据传输。通信循环被分离为实时通道和标准通道，循环传输的实时信息帧在实时通道中分配，而TCP/IP信息帧在标准通道中传输。这就如同在高速公路上，预留左车道用于实时通信传递，并且禁止其他的公路使用者

（TCP/IP 通信）切换到这个车道。这样一来即使右车道发生通信堵塞，也不会影响到左车道的实时通信传递。这种传输模式由实时转换开关 ASIC ERTEC 实现，该芯片为实时数据提供了循环同步和时间槽预留功能。循环同步化将时间点通知给要通过 RT 帧传递的转换器。

3. PROFINET IO

简单的现场设备使用 PROFINET IO 集成到 PROFINET，并用 PROFIBUS DP 中熟悉的 IO 来描述。这种集成的本质特征是使用分散式现场设备的输入和输出数据，然后由 PLC 用户程序进行处理。PROFINET IO 模型与 PROFIBUS DP 中的模型类似，设备属性用基于 XML 的描述文件来描述。PROFINET IO 设备的系统集成方法与 PROFIBUS DP 的系统集成方法是相同的，包括在组态过程中将分散式现场设备分配给一个控制器。这样过程数据就能在控制器和现场设备间交换。分散式现场设备在以太网中直接通过使用 PROFINET IO 实现集成。为实现该方案，PROFIBUS DP 系统中常见的主/从规程被移植到供应商/消费者规程中。以太网上所有的设备有同等的通信权利，因而组态时要明确哪些现场设备被分配给主控制器。在这种方式下，PROFIBUS 系统中常见的运作方法转变为 PROFINET IO 模式，I/O 信号读入 PLC，并在其中得到处理，然后传送给分散的现场设备。

PROFINET 网络节点分为 4 种类型：I/O 设备、I/O 控制器、I/O 监视器和网络组件设备。I/O 设备是指分配给 I/O 控制器的分散式现场设备，如远程 I/O、终端设备、频率转换器等；I/O 控制器即 PLC，自动化程序在其中运行；I/O 监视器是指拥有代理和诊断功能的编程设备或 PC；网络组件设备是连接各节点的网络设备，如交换机、路由器等。循环用户数据和事件触发中断（诊断）通过实时通道传输。参数分配、组态或读取诊断信息通过基于 UDP/IP 的标准通道实现，在基于非循环 UDP/IP 通道中的 I/O 控制器与 I/O 设备间建立被称为应用关联（IO - AR）的通信关系。接着 I/O 控制器通过该稳定信道为 I/O 设备传输组态信息。组态信息决定正确的操作模式，如 I/O 设备得到独一无二的设备识别号。基于组态信息，高速、循环的过程数据通过实时信道（I/O - CR）执行互换。如果有故障发生（如电缆断裂），中断信息通过高速、非循环的实时通道（中断 CR）传送给 IO 控制器，该中断信息在 IO 控制器的 PLC 程序中进行处理。

4. PROFINET 系统集成

PROFINET 系统集成如图 1-24 所示。

PROFINET 节点之间的通信是通过 Microsoft DCOM 实现的，通过以太网 TCP/IP 传输和寻址。PROFINET 不需要考虑下层的总线系统而直接运用 TCP/IP 或 UDP/IP 作为通信接口，尽管可以使用不同类型的现场总线系统，但 PROFINET 为了提高系统的数据传输速度，采用了以太网连接现场设备。PROFINET 可以通过代理服务器（Proxy）很容易地实现与 PROFIBUS 或者其他现场总线系统的集成。

PROFINET 为集成现场总线系统提供两个解决方案。

1）现场总线设备通过代理服务器集成每台现场设备代表一个独立的 PROFINET 组件。通过代理服务器规范，PROFINET 提供一个从已有的工厂单元到新安装的工厂单元完全透明的转换。

2）现场总线应用集成的每个现场总线段代表一个自成体系的组件。而这种组件又成为 PROFINET 中的设备，使 PROFIBUS DP 系统在 PROFINET 系统中处于较低的级别。因此，低级别现场总线功能以代理服务器的组件形式得以实现。

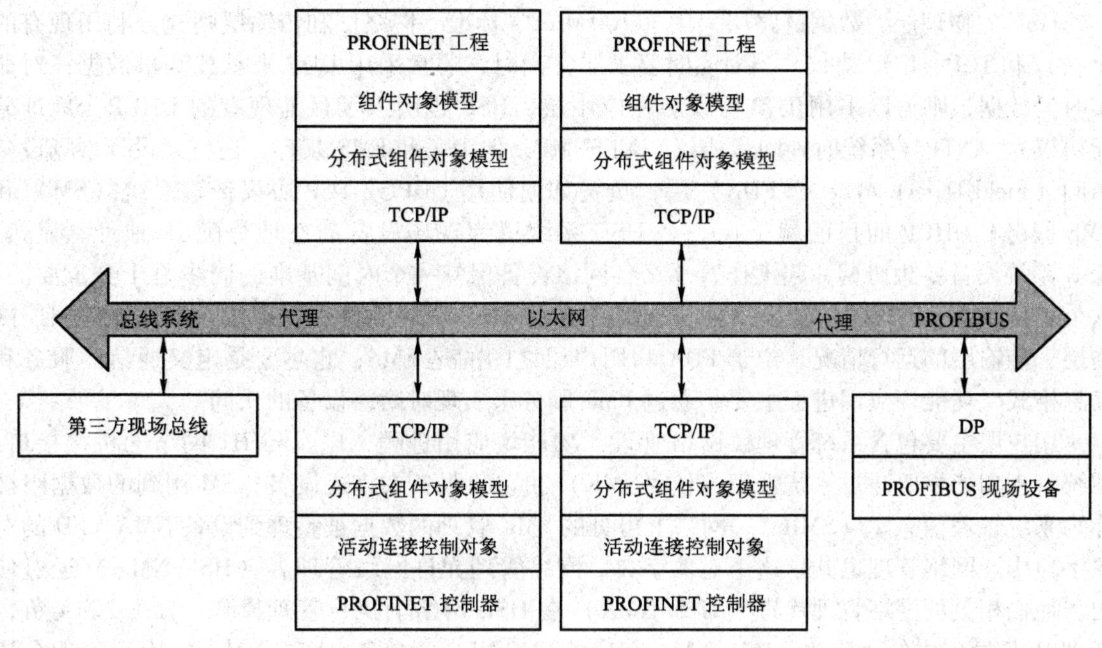

图 1-24　PROFINET 系统集成

1.5.7　HSE

现场总线基金会于 1998 年，开始起草 HSE，2003 年 3 月，完成了 HSE 的第一版标准。HSE 主要利用现有商用的以太网技术和 TCP/IP 协议族，通过错时调度以太网数据，达到工业现场监控任务的要求。

1. HSE 协议的体系结构

HSE 的协议体系结构如图 1-25 所示。

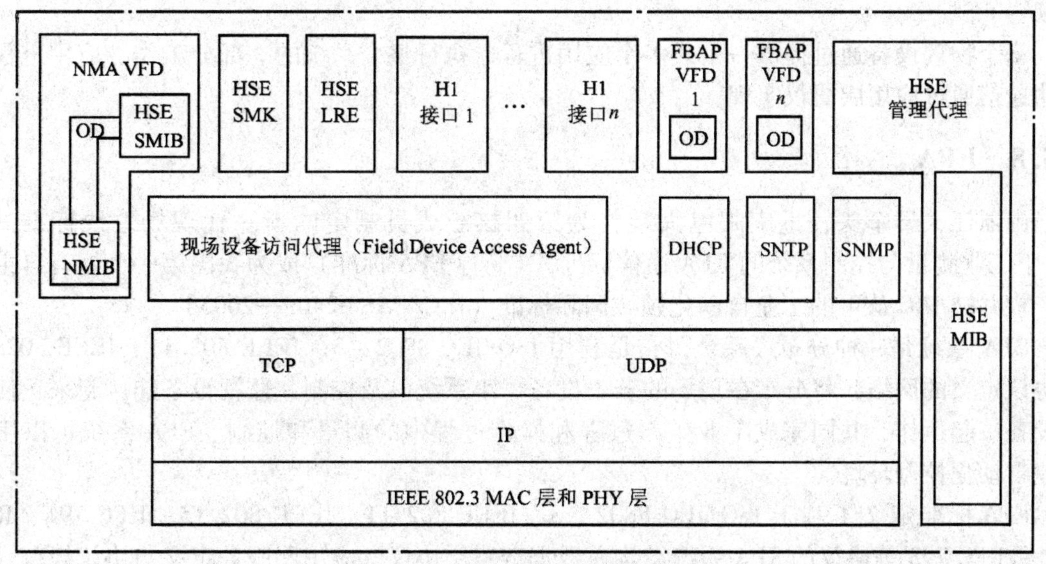

图 1-25　HSE 协议的体系结构

HSE 的物理层、数据链路层采用了 100 Mbit/s 标准。网络层和传输层则充分利用现有的 IP 协议和 TCP、UDP 协议。当对实时要求非常高时，通常采用 UDP 来承载测量数据；对非实时的数据，则可以采用 TCP 协议。在应用层，HSE 也引入了目前现有的 DHCP（地址分配协议）、SNTP（系统时钟同步协议）和 SNMP，但为了和 FMS 兼容，还特意设计现场设备访问（Field Device Access，FDA）层，负责如何使用 UDP 或 TCP 协议传输系统（SM）和 FMS 服务。DHCP 的目的就是在一个 HSE 系统里为现场设备动态地分配 IP 地址。显然，HSE 系统设备要想协调一起工作，那么各网络设备保持一个时间基准的同步是十分重要的，这个工作就由 SNTP 来完成。SNTP 主要用来监控 HSE 现场设备的物理层、数据链路层、网络层、传输层的运行情况。位于 FDA 和用户层之间的是 FMS，它主要是定义通信的服务和信息格式。功能块应用进程主要是通过 FMS 服务来实现对网络设备的访问。

用户层主要包含系统管理、网络管理、功能块应用进程，以及与 H1 网络的桥接接口。系统管理功能主要通过系统管理内核（SMK）和它的服务来完成设备，SM 用到的数据组被称为系统管理信息库（SMIB）。网络上可见的 SMK 管理的数据被整理到设备 NMA VFD 的对象字典中。网络管理也共享这个对象字典。网络管理允许网络管理者（HSE NMgr）通过使用与他们相关的网络管理代理（HSE NMA）在 HSE 网络上执行管理操作。HSE NMA 负责管理 HSE 设备中的通信栈。HSE NMA 充当了 FMS VFD 的角色，HSE NMgr 使用 FMS 服务访问 HSE NMA 内部的对象。

2. HSE 的网络拓扑结构

FF 支持以下拓扑结构：

1）一个或多个 H1 网段。H1 现场总线可由一个或多个 H1 网段经 H1 桥互连而成。物理设备之间的通信由 H1 物理层和数据链路层提供。

2）由标准以太网设备连接的一个或多个 HSE 网段。

3）由 HSE 连接设备连接 H1 网段和 HSE 网段。

4）被一个 HSE 网段分开的两个 H1 网段，每个 H1 网段通过 HSE 连接设备和 HSE 网段连接。

每个物理设备通过提供一个或多个应用进程，执行整个系统的一部分工作，应用进程之间的通信通过应用层协议实现。

1.5.8 EPA

由浙江大学牵头，重庆邮电大学作为第四核心成员制定的新一代现场总线标准——《用于工业测量与控制系统的 EPA 通信标准》（简称 EPA 标准）成为我国第一个拥有自主知识产权并被 IEC 认可的工业自动化领域国际标准（IEC/PAS 62409—2005）。

EPA 系统是一种分布式系统，它是利用 ISO/IEC 8802－3、IEEE 802.11、IEEE 802.15 等协议定义的网络，将分布在现场的若干设备、小系统以及控制、监视设备连接起来，使所有设备一起运作，共同完成工业生产过程和操作过程中的测量和控制。EPA 系统可以用于工业自动化控制环境。

EPA 标准定义了基于 ISO/IEC 8802－3、IEEE 802.11、IEEE 802.15、RFC 791、RFC 768 和 RFC 793 等协议的 EPA 系统结构、数据链路层协议、应用层服务定义与协议规范，以及基于 XML 的设备描述规范。

1. EPA 的网络拓扑结构

EPA 采用逻辑隔离式微网段化技术，形成了“总体分散、局部集中”的控制系统结构，如图 1–26 所示。

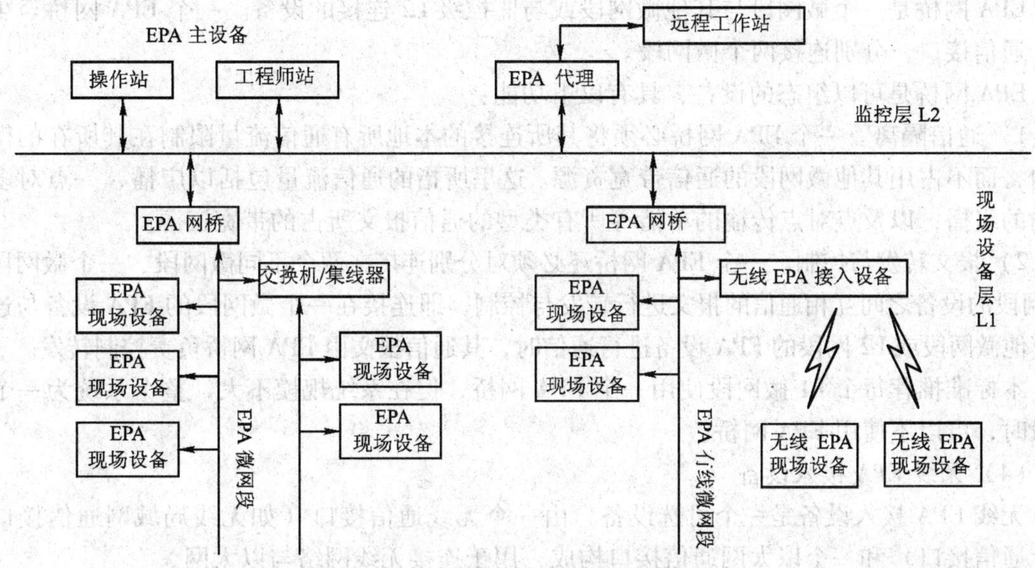

图 1–26　EPA 系统的网络拓扑结构

L1 网段和 L2 网段是按照它们在控制系统中所处的网络层次关系的不同而划分的，它们本质上都遵循同样的 EPA 通信协议。现场设备层 L1 网段在物理接口和线缆特性上必须满足工业现场应用的要求。

无论是监控层 L2 网段，还是现场设备级 L1 网段，均可分为一个或几个微网段。

一个微网段即为一个控制区域，用于连接几个 EPA 现场设备。在一个控制区域内，EPA 设备之间互相通信，实现特定的测量和控制功能。一个微网段通过一个 EPA 网桥与其他微网段相连。

一个微网段可以由以太网、无线局域网或蓝牙 3 种网络类型中的一种构成，也可以由其中的两种或 3 种组合而成，但不同类型的网络之间需要通过相应的网关或无线接入设备连接。

EPA 控制系统中的设备有 EPA 主设备、EPA 现场设备、EPA 网桥、EPA 代理和无线接入设备等几类。

（1）EPA 主设备

EPA 主设备是监控级 L2 网段上的 EPA 设备，具有 EPA 通信接口，不要求具有控制功能块或功能块应用进程。EPA 主设备一般指 EPA 控制系统中的组态、监控设备或人机接口等，如工程师站、操作站和 HMI 等。

EPA 主设备的 IP 地址必须在系统中唯一。

（2）EPA 现场设备

EPA 现场设备是指处于工业现场应用环境中的设备，如变送器、执行器、开关、数据采集器、现场控制器等。

EPA 现场设备必须具有 EPA 通信实体，并包含至少一个功能块实例。EPA 现场设备的 IP 地址也必须在系统中唯一。

（3）EPA 网桥

EPA 网桥是一个微网段与其他微网段或与监控级 L2 连接的设备。一个 EPA 网桥至少有两个通信接口，分别连接两个微网段。

EPA 网桥是可以组态的设备，具有以下功能：

1）通信隔离。一个 EPA 网桥必须将其所连接的本地所有通信流量限制在其所在的微网段内，而不占用其他微网段的通信带宽资源。这里所指的通信流量包括以广播、一点对多点传输的组播，以及点对点传输的单播等所有类型的通信报文所占的带宽资源。

2）报文转发与控制。一个 EPA 网桥还必须对分别连接在两个不同微网段、一个微网段与 L2 网段的设备之间互相通信的报文进行转发与控制，即连接在一个微网段的 EPA 设备与连接在其他微网段或 L2 网段的 EPA 设备进行通信时，其通信报文由 EPA 网桥负责控制转发。

本标准推荐每个 L1 微网段使用一个 EPA 网桥，但在系统规模不大，整个系统为一个微网段时，可以不使用 EPA 网桥。

（4）无线 EPA 接入设备

无线 EPA 接入设备是一个可选设备，由一个无线通信接口（如无线局域网通信接口或蓝牙通信接口）和一个以太网通信接口构成，用于连接无线网络与以太网。

（5）无线 EPA 现场设备

无线 EPA 现场设备具有至少一个无线通信接口（如无线局域网通信接口或蓝牙通信接口），并具有 EPA 通信实体，包含至少一个功能块实例。

（6）EPA 代理

EPA 代理是一个可选设备，用于连接 EPA 网络与其他网络，并对远程访问和数据交换进行安全控制与管理。

2. EPA 的通信协议

（1）EPA 通信协议模型

EPA 通信系统的分层结构与 OSI 基本通信模型相比较，主要在应用层之上添加了用户层；在应用层除了使用 HTTP、FTP 等常用通信协议之外，还加入了 EPA 应用层协议；同时在数据链路层采用了 EPA 通信调度管理实体，见表 1-5。

表 1-5　EPA 对 OSI 模型的映射

OSI 各层	EPA 各层
	（用户层）用户应用进程
应用层	HTTP、FTP、DHCP、SNTP、SNMP 等 EPA 应用层协议
表示层	未使用
会话层	
传输层	TCP/UDP
网络层	IP
数据链路层	EPA 通信调度管理实体 ISO/IEC 8802－3、IEEE 802.11、IEEE 802.15

EPA 通信协议模型如图 1-27 所示。除了 ISO/IEC 8802-3、IEEE 802.11、IEEE 802.15、TCP/IP、UDP/IP、SNMP、SNTP、DHCP、HTTP、FTP 等协议组件外，还包括以下几个部分：

1）EPA 系统管理实体。

2）EPA 应用访问实体。

3）EPA 通信调度管理实体。

4）EPA 管理信息库。

5）EPA 套接字映射实体。

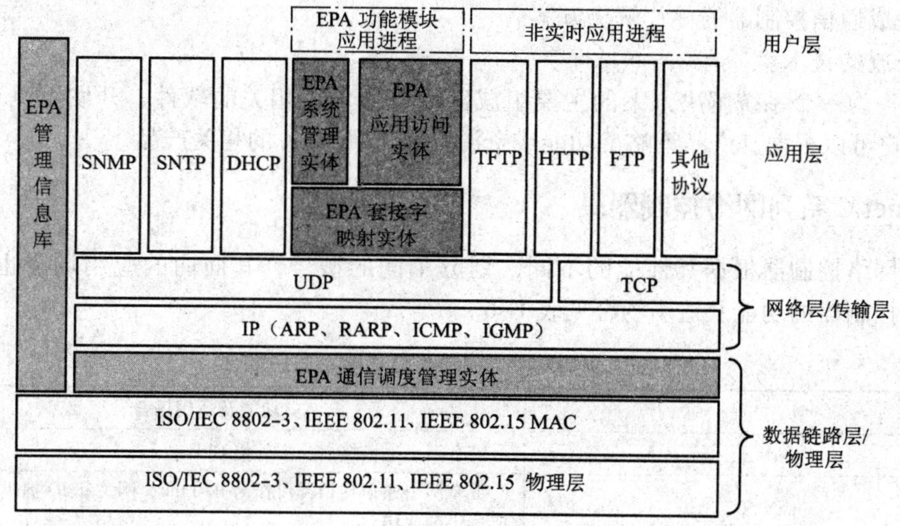

图 1-27 EPA 通信协议模型

（2）EPA 应用进程

在 EPA 系统中，所有的应用进程分为两类，即 EPA 功能块应用进程和非实时应用进程，它们可以在一个 EPA 系统中并行运行。非实时应用进程是指基于 HTTP、FTP 以及其他 IT 应用协议的应用进程，如 HTTP 服务应用进程、电子邮件应用进程、FTP 应用进程等。也就是通用的以太网通信应用进程。

EPA 功能块应用进程是指根据 IEC 61499 协议定义的“工业过程测量和控制系统用功能模块”和 IEC 61804 协议定义的“过程控制用功能块”所构成的应用进程。在功能块之间的互操作被模型化为将一个功能模块的输入链接到另一个功能模块的输出。功能模块间的链接存在于功能块应用进程之内和之间。位于同一个设备中的功能模块之间的接口由本地定义。不同设备之间的功能块使用 EPA 应用层服务。

1.6 netX 网络控制器

netX 是德国赫优讯公司生产的一种高度集成的网络控制器。该公司由 Hans-Jürgen Hilscher 于 1986 年创建，总部位于德国的 Hattersheim。该公司最初由一个致力于电子和控制技术的专家团队组成，在这个领域的成功奠定了公司在系统工程领域的服务供应商资格。赫优讯公司基于早期所取得的经验，在 20 世纪 90 年代初将重点转向现场总线与工业以太网市场。目前公司从事工业通信技术，并成为该领域首屈一指的工业通信产品制造商和技术服务供应商。2005 年年底，赫优讯公司推出了代表工业通信未来的网络控制芯片——netX。

netX 具有全新的系统优化结构，适合工业通信和大规模的数据吞吐。每个通信通道由 3 个可自由配置的 ALU 组成，通过命令集和其结构可以实现不同的现场总线和实时以太网系统。内部以 32 位的 ARM 为 CPU 核，主频 200 MHz。netX 的特点是：

1）统一的通信平台。

2）现场总线到实时以太网的全集成策略。

3）集成通信控制器的单片解决方案。

4）开放的技术。

netX 作为一个系统解决方案的主要组成部分，包含了相关的软件、开发工具和设计服务等。客户可以根据其产品策略、功能或资源决定选择 netX 的相关产品。

1.6.1 netX 系列网络控制器

netX 网络控制器根据其性能的不同，划分不同的型号，其面向的应用场合也不一样。netX 网络控制器的功能及适用场合见表 1-6。

表 1-6 netX 网络控制器的功能及适用场合

型　　号	功能及适用场合
netX 5	带有两个通信接口，需外接 CPU
netX 50	带有两个通信接口，可作为 IO-Link、网关和 IO 提供协议堆栈，适合小型应用
netX 100	带有 3 个通信接口，可作为 IO、运动控制、识别系统，提供协议堆栈，适合大型应用
netX 500	带有 4 个通信接口，可作为 HMI 提供协议堆栈，适合大型应用

每一种现场总线或工业以太网都有其专用的通信协议芯片，只有 netX 是目前唯一一款支持所有通信系统的协议芯片。现场总线和工业以太网的传统解决方案如图 1-28 所示，现场总线和工业以太网的 netX 解决方案如图 1-29 所示。

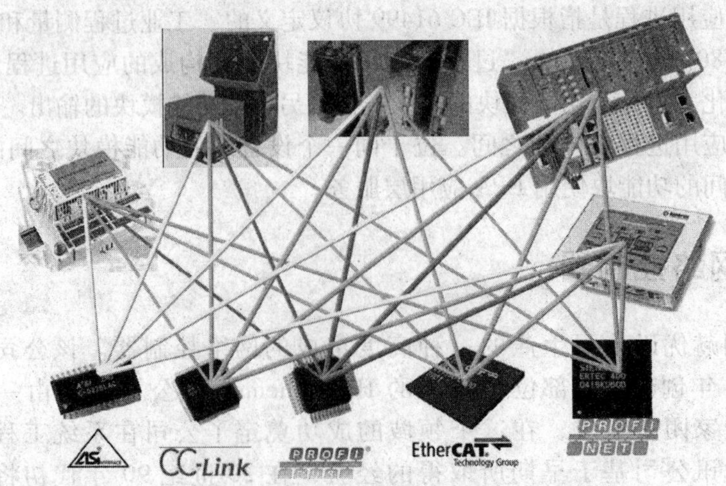

图 1-28 现场总线和工业以太网的传统解决方案

netX 作为一种最优的网络控制器只需外接时钟、外部内存和物理网络接口就可以了。针对以太网的应用，芯片上已经集成了 PHY（模拟以太网驱动），因此只需外接少量的元器件。详细的设计开发文档可以从赫优讯公司网站的 netX 板块中下载。

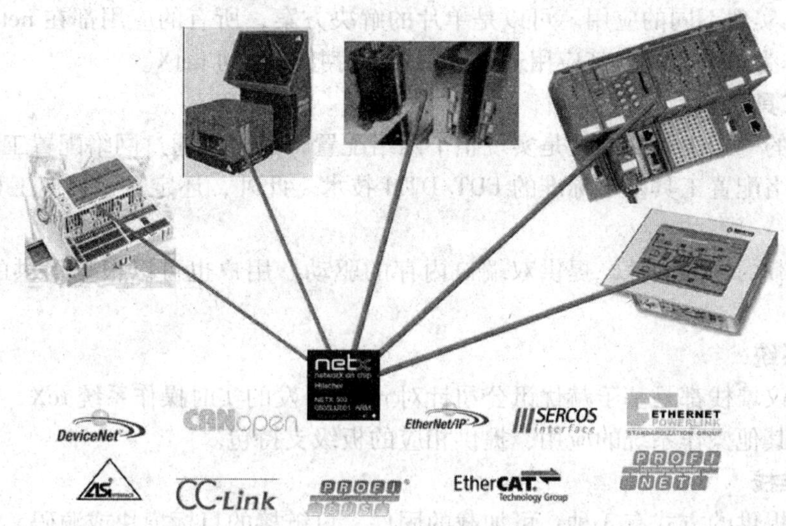

图 1-29　现场总线和工业以太网的 netX 解决方案

netX 系列网络控制器的性能见表 1-7。其中，x 代表某 netX 网络控制器有相应功能。

表 1-7　netX 系列网络控制器的性能

	netX 5	netX 50	netX 100	netX 500
CPU		ARM 966E/200 MHz	ARM 926EJ - S/200 MHz MMU/Cache	ARM 926EJ - S/200 MHz MMU/Cache
SRAM/ROM	64 KB	112/64 KB	152/32 KB	152/32 KB
双端口内存 DPM	x	x	x	x
通信通道	2	2	3	4
实时以太网	Switch/Hub IEEE 1588	Switch/Hub IEEE 1588	Switch/Hub IEEE 1588	Switch/Hub IEEE 1588
现场总线	x	x	x	x
USB		x	x	x
UART		3 + 2	3 + 3	3 + 4
SPI	x	x	x	x
I2C		x	x	x
实时时钟				x
LCD 控制器				x
IO - Link 控制器		x		
AD 转换			x	x
PWM			x	x
编码器			x	x
I/O	16	40 + 54	47 + 53	47 + 53

1.6.2 netX 系列网络控制器的软件结构

netX 网络控制器的基本理念就是提供一种开放的解决方案。通过定义好的接口，用户可以在 netX 上实现不同的应用。可以是单片的解决方案，所有的应用都在 netX 上实现；也可以将 netX 作为一个模块，其应用通过双端口内存接口访问 netX。

1. 配置工具

主站协议的一个主要功能就是实现整个网络配置，这可以通过网络配置工具 SYCON. net 来实现。该网络配置工具基于标准的 FDT/DTM 技术。此外，还定义了其他工具的接口。

2. 驱动

面向可加载的标准固件，提供双端口内存的驱动。用户也可以根据提供的 Toolkit 开发自己的驱动。

3. 操作系统

所有的协议堆栈都是基于赫优讯公司针对 netX 开发的实时操作系统 rcX，该操作系统是免费的。针对其他操作系统的应用，提供相应的板级支持包。

4. 协议堆栈

协议堆栈提供的方式有 3 种：可加载的固件、可链接的目标模块或源码。这 3 种方式都支持实时操作系统 rcX。源码还可应用于其他操作系统。

5. 硬件抽象层

通过硬件抽象层可以实现与 ALU 的数据交换。以 C 源码的方式提供，定义了相关的接口，适合所有型号的 netX 芯片。

6. Micro Code

不同的通信通道实现不同网络的配置是由 Micro Code 来实现的，它是一个二进制文件。在初始化阶段，由协议堆栈下载到 ALU。用户不能改变或创建 Micro Code。

netX 软件结构原理如图 1-30 所示。

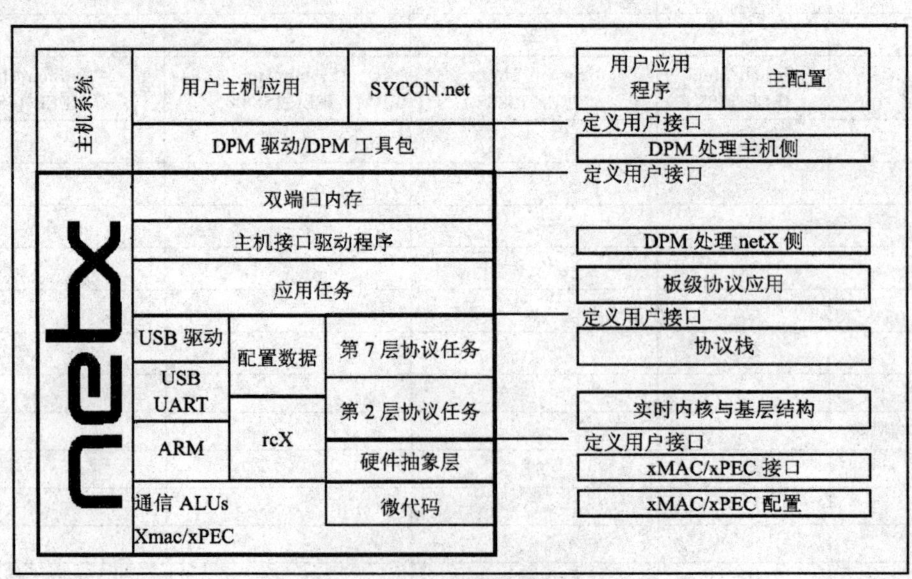

图 1-30 netX 软件结构原理图

1.6.3 netX 可用的协议堆栈

netX 可用的协议堆栈见表 1-8。

表 1-8 netX 可用的协议栈

技　术	设　备	状　态	备　注
AS - Interface	主站		
CANopen	从站	正式版发布	
	主站	正式版发布	
CC - Link	Slave V1.1	正式版发布	
DeviceNet	从站	测试版发布	正式版 2008 年 3 月发布
	主站	测试版发布	正式版 2008 年 3 月发布
EtherCAT	从站	正式版发布	
	主站	正式版发布	
Ethernet/IP	Adapter	正式版发布	
	Scanner	正式版发布	
IO - Link	主站		正式版 2008 年 1 月发布
IDA	Server	正式版发布	
MPI		正式版发布	
Powerlink		测试版发布	正式版 2008 年 1 月发布
PROFIBUS	从站	正式版发布	
	主站	正式版发布	
PROFINET	Device	正式版发布	
	Controller	正式版发布	
SERCOS	从站	正式版发布	
	主站	计划中	测试版 2008 年 5 月发布

1.6.4 基于 netX 网络控制器的产品分类

赫优讯公司可以为各种现场总线和工业以太网技术研究和开发提供解决方案。该公司产品种类丰富，包括 PROFIBUS、DeviceNet、CANopen、InterBus、CC - Link、ControlNet、ModbusPlus、AS - Interface、IO - Link、SERCOS、EtherCAT、PROFINET 和 Ethernet/IP 等各种主流现场总线与工业以太网系统。该公司还生产和销售各种通用网关、计算机通信板卡、小背板嵌入式通信模块以及工业网络 ASIC 芯片等，并提供相应的软件工具等辅助产品。赫优讯公司的产品如图 1-31 所示。

netX 产品具有如下技术特点：

（1）固件（Firmware）

各种产品的固件基本代码相同，技术不断改进和完善，每年销售量巨大，技术成熟可靠。

（2）双端口内存（DualPortMemory）

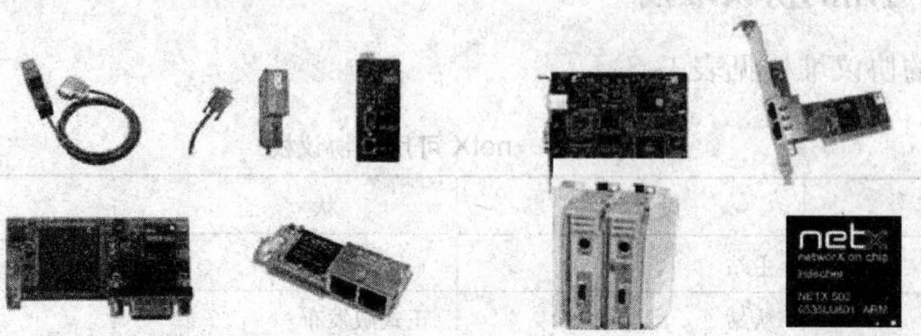

图 1-31　赫优讯公司的产品

各种 Hilscher 产品都采用简便的物理和逻辑接口。

（3）赫优讯设备驱动（Hilscher Device Driver）

Hilscher 提供各种产品的标准驱动。

（4）网络配置工具（Configuration Tool）

对于各种 Hilscher 产品以及各种现场总线使用同一个网络配置工具。

netX 产品的技术层次结构如图 1-32 所示。

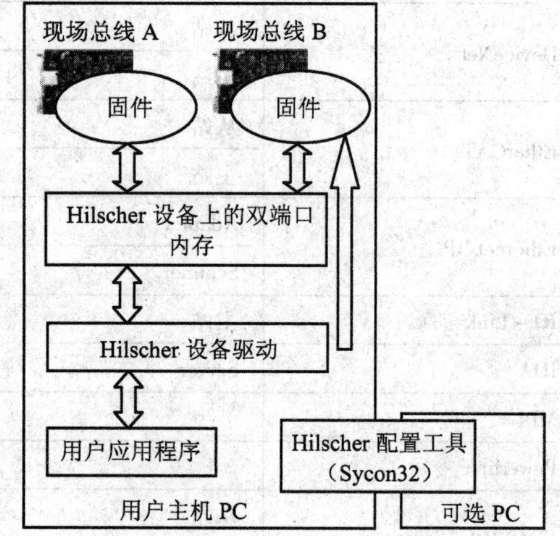

图 1-32　netX 产品的技术层次结构

1. 通用网关类

（1）netLINK

netLINK 是最小的 MPI 和以太网协议转换的网关。

MPI 接口的通信速率为 9.6k ~ 12 Mbit/s，连接器为 DSub 9 针（公）；以太网接口的通信速率为 10/100 Mbit/s，连接器为 RJ45（公）。最小的 netLINK 网关如图 1-33 所示。

（2）netTAP/PKV

netTAP 是一种通用协议转换器，实现现场总线从站到串口、以太网到串口、以太网到现场总线主站的协议转换，以及不同的实时以太网之间的协议转换。

串口设备与现场总线连接的型号为 NT30，串口设备与以太网连接的型号为 NT40。

图 1-33　最小的 netLINK 网关

2. 计算机通信板卡

（1）现场总线通信板卡

现场总线通信板卡为 CIF 系列，包括 PCI 总线接口 CIF50、PCMCIA 总线接口 CIF60 和 PC104 总线接口 CIF104 等。

（2）实时以太网计算机通信板卡

实时以太网计算机通信板卡为 cifX。一块计算机通信板卡通过装载不同的固件，可以支持各种实时以太网协议。

cifX 支持的实时以太网协议如图 1-34 所示。

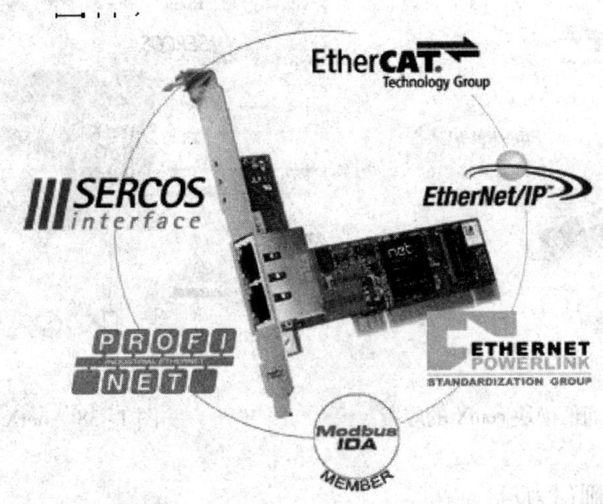

图 1-34　cifX 支持的实时以太网协议

3. 嵌入式模块

(1) 基本型

包括主机接口和现场总线接口的基本型嵌入式通信模块 COM 如图 1-35 所示。COM 的尺寸为 63 mm × 77 mm。嵌入式通信模块 COM 的种类有 AS - I、CANopen、ControlNet、DeviceNet、Ethernet (10 Mbit/s)、Interbus 和 PROFIBUS。

(2) 紧凑型

紧凑型小背板嵌入式通信模块 COM - C 如图 1-36 所示。COM - C 的尺寸为 30 mm × 70 mm。嵌入式通信模块 COM - C 的种类有 CANopen、DeviceNet、Ethernet (100 Mbit/s)、PROFIBUS、AS - I、SERCOS 和 CC - link。

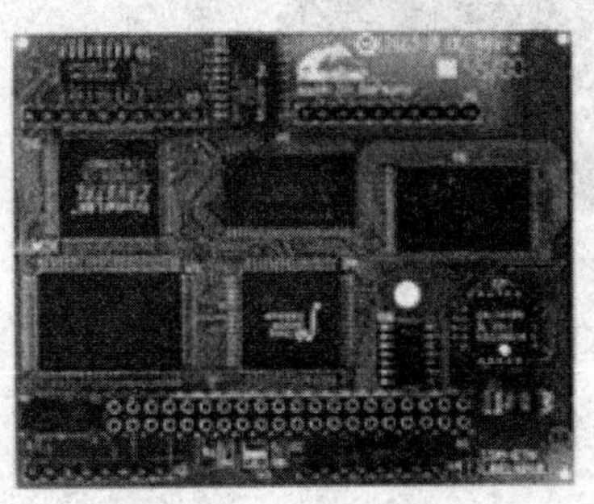

图 1-35　基本型嵌入式通信模块 COM

图 1-36　紧凑型小背板嵌入式通信模块 COM - C

(3) 实时以太网嵌入式通信模块

统一的 comX 硬件，根据不同的通信协议，可装载不同的固件。实时以太网嵌入式通信模块 comX 的应用如图 1-37 所示。

netX 的应用如图 1-38 所示。

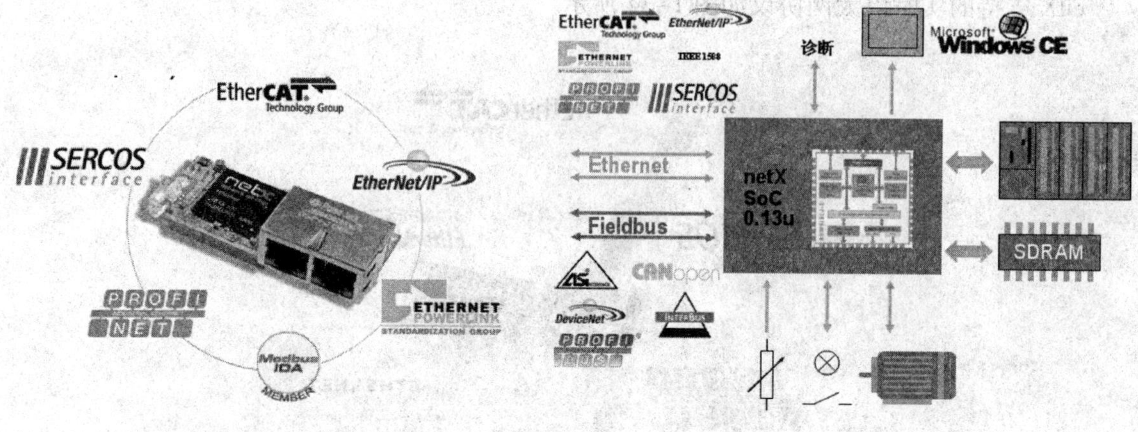

图 1-37　实时以太网嵌入式通信模块 comX 的应用　　图 1-38　netX 的应用

1.6.5　开发工具和测试板

netX 与其他一些控制器一样，在 netX 芯片中集成了 ARM926 和 ARM966。因此，市场上所有的 ARM 开发工具通过其标准的 JTAG 或 ETM 接口都可以对 netX 进行调试。

Hitex 公司提供的 HiTOP 开发环境集成了 GNU 编译器和 JTAG 仿真器 Tantino，通过 HiTOP 可以访问 rcX 实时操作系统单元。通过 netSTICK 或 NXHX 软件开发板可以快速、经济地了解 netX 技术。这两者都包含了 USB 调试接口，并集成了 HiTOP 开发环境。因此，有关协议接口和 rcX 实时内核的测试，以及应用程序的开发都可以在这些板子上进行测试，并且提供面向其他不同应用的开发板和测试板。netSTICK 和 NXHX 软件开发板如图 1-39 所示。

图 1-39　netSTICK 和 NXHX 软件开发板

1.6.6　设计服务

赫优讯公司提供完整的设计服务：从概念一直到板子的测试及验证。赫优讯公司具有现代化的 SMD 生产线和标准化的产品测试流程，而且该公司还提供客户定制服务：从 netX 芯片到配置诊断工具 DTM，可以根据客户的意愿进行设计。赫优讯公司在柏林的子公司专门进行芯片的设计，在瓦尔纳的子公司专门进行 netX 产品的开发和测试。不同型号的 netX，甚至客户定制的 ASIC 芯片，其开发，测试和产品化都来源于同一个结构。

1.6.7 价格模式

价格模式涉及主站协议堆栈所投入的高开发成本和不同支持服务费用。

1. netX 作为一个“模块”，用户开发自己的软件

所需的文档可以从赫优讯网站下载，包括以太网和 CAN 的 Microcode。对于一些复杂的通信系统，比如 EtherCAT，这就需要支付一次性的费用（相当于 FPGA 的 IP 核）。

可以从网络上的 FAQ 论坛获得支持，不需要签订相关的协议条款。

2. netX 作为“装载固件的通信模块”

协议堆栈作为不可改变的、可加载固件的方式提供，需要支付一次性的费用。对于从站协议堆栈不需要授权费用，对于主站协议堆栈，每片控制器还需支付授权费用。在这两种情况下，都必须在 netX 基本支持协议或 netX 技术用户协议的框架内获得授权，相应的年费随之产生。

3. netX 作为“具备协议堆栈的应用平台”

用户开发自己的应用，协议堆栈作为可链接的目标模块或作为源码提供，需要支付一次性的费用。对于主站协议堆栈，每片控制器还需支付授权费用。必须签署 netX 技术用户协议，该协议考虑到了 ESCROW 协议和 netX 技术的发展战略信息。

1.7 习题

1. 什么是现场总线？
2. 什么是工业以太网？它有哪些优势？
3. 现场总线控制系统有什么优点？
4. 简述企业网络的体系统结构。
5. 简述 5 种现场总线的特点。
6. 工业以太网的主要标准有哪些？
7. 以太网用于工业控制需要解决哪些问题？
8. 以太网用于工业控制有哪些优势？
9. netX 网络控制器有什么优点？

第2章　控制网络技术

2.1　数据通信技术基础

2.1.1　数据通信的基本概念

1. 总线的基本术语

（1）总线与总线段

从广义来说，总线就是传输信号或信息的公共路径，是遵循同一技术规范的连接与操作方式。一组设备通过总线连在一起称为总线段（Bus Segment）。可以通过总线段相互连接，把多个总线段连接成一个网络系统。

（2）总线主设备

可在总线上发起信息传输的设备称为总线主设备（Bus Master）。也就是说，主设备具备在总线上主动发起通信的能力，又称命令者。

（3）总线从设备

不能在总线上主动发起通信，只能挂接在总线上，对总线信息进行接收查询的设备称为总线从设备（Bus Slaver），也称基本设备。

在总线上可能有多个主设备，这些主设备都可主动发起信息传输。某一设备既可以是主设备，也可以是从设备，但不能同时既是主设备又是从设备。被总线主设备连上的从设备称为响应者（Responder），它参与命令者发起的数据传送。

（4）控制信号

总线上的控制信号通常有3种类型，一类是控制连在总线上的设备，让它进行所规定的操作，如设备清零、初始化、启动和停止等；另一类是用于改变总线操作的方式，如改变数据流的方向，选择数据字段的宽度和字节等；还有一类是控制信号，表明地址和数据的含义。例如，对于地址，可用于指定某一地址空间，或表示出现了广播操作；对于数据，可用于指定它能否转译成辅助地址或命令。

（5）总线协议

管理主、从设备使用总线的一套规则称为总线协议（Bus Protocol）。这是一套事先规定的、必须共同遵守的规约。

2. 总线操作的基本内容

（1）总线操作

总线上命令者与响应者之间的“连接—数据传送—脱开”这一操作序列称为一次总线交易（Transaction），或者称为一次总线操作。脱开（Disconnect）是指完成数据传送操作以后，命令者断开与响应者的连接。命令者可以在做完一次或多次总线操作后放弃总线占有权。

(2) 总线传送

一旦某一命令者与一个或多个响应者连接上以后，就可以开始数据的读写操作规程。“读”（Read）数据操作是读来自响应者的数据；“写”（Write）数据操作是向响应者写数据。读写数据都需要在命令者和响应者之间传递数据。为了提高数据传送操作的速度，有些总线系统采用了块传送和管线方式，加快了长距离的数据传送速度。

(3) 通信请求

通信请求是由总线上某一设备向另一设备发出的请求信号，要求后者给予注意并进行某种服务。它们有可能要求传送数据，也有可能要求完成某种动作。

(4) 寻址

寻址过程是命令者与一个或多个从设备建立联系的一种总线操作。通常有以下 3 种寻址方式：

1) 物理寻址：用于选择某一总线段上某一特定位置的从设备作为响应者。由于大多数从设备都包含有多个寄存器，因此物理寻址常常有辅助寻址，以选择响应者的特定寄存器或某一功能。

2) 逻辑寻址：用于指定存储单元的某一个通用区，而并不顾及这些存储单位在设备中的物理分布。某一设备监测到总线上的地址信号，看其是否与分配给它的逻辑地址相符，如果相符，它就成为响应者。物理寻址与逻辑寻址的区别在于前者是选择与位置有关的设备，而后者是选择与位置无关的设备。

3) 广播寻址：用于选择多个响应者。命令者把地址信息放在总线上，从设备将总线上的地址信息与其内部的有效地址进行比较，如果相符，则该从设备被“连上”（Connect）。能使多个从设备连上的地址称为广播地址（Broadcast Addresses）。命令者为了确保所选的全部从设备都能响应，系统需要有适应这种操作的定时机构。

每一种寻址方法都有其优点和使用范围。逻辑寻址一般用于系统总线，而现场总线则较多采用物理寻址和广播寻址。不过，现在有一些新的系统总线常常具备上述两种，甚至 3 种寻址方式。

(5) 总线仲裁

总线在传送信息的操作过程中有可能会发生“冲突”（Contention）。为解决这种冲突，就需进行总线占有权的“仲裁”（Arbitration）。总线仲裁是用于裁决哪一个主设备是下一个占有总线的设备。某一时刻只允许某一主设备占有总线，直到它完成总线操作、释放总线占有权后才允许其他总线主设备使用总线。当前的总线主设备称为命令者（Commander）。总线主设备为获得总线占有权而等待仲裁的时间称为访问等待时间（Access Latency），而命令者占有总线的时间称为总线占有期（Bus Tenancy）。命令者发起的数据传送操作，可以在称为“听者”（Listener）和“说者”（Talker）的设备之间进行，而更常见的是在命令者和一个或多个从设备之间进行。

(6) 总线定时

总线操作用定时（Timing）信号进行同步。大多数总线标准都规定命令者可发起控制信号，用来指定操作的类型；还规定响应者要回送从设备状态响应（Slave Status Response）信号。主设备获得总线控制权以后，就进入总线操作，即进行命令者和响应者之间的信息交换。这种信息可以是地址和数据，定时信号就是用于指明这些信息何时有效。定时信号有异步和同步两种。

（7）出错检测

在总线上传送信息时会因噪声和串扰而出错，因此在高性能的总线中一般设有出错码产生和校验机构，以实现传送过程的出错检测。传送地址时的奇偶错会使要连接的从设备连不上；传送数据时如果有奇偶错，通常是再发送一次。也有一些总线由于出错率很低而不设检错机构。

（8）容错

设备在总线上传送信息出错时，如何减少故障对系统的影响，提高系统的重配置能力是十分重要的。故障对分布式仲裁的影响就比菊花链式仲裁小。后者在设备出故障时，会直接影响其后面设备的工作。总线系统应能支持软件利用一些新技术，如动态重新分配地址，把故障隔离，关闭或更换故障单元。

2.1.2 通信系统的结构

通信系统是传递信息所需的一切技术设备的总和。它一般由信息源、信息接收者、发送设备、接收设备和传输介质几部分组成。单向数字通信系统的结构如图 2–1 所示。

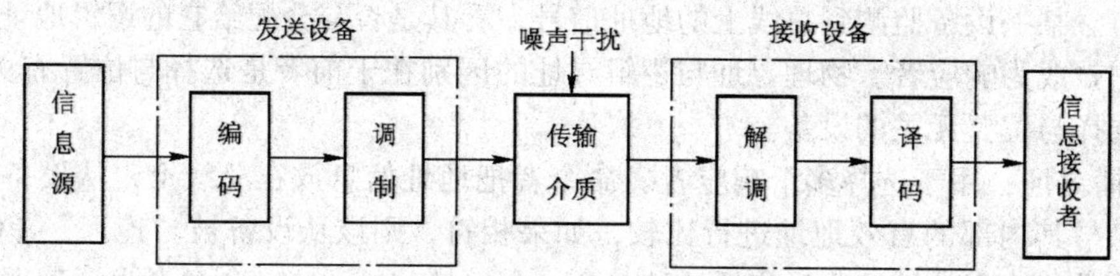

图 2–1 单向数字通信系统的结构

1. 信息源与信息接收者

信息源和信息接收者是信息的产生者和使用者。在数字通信系统中传输的信息是数据，是数字化了的信息。这些信息可能是原始数据，也可能是经计算机处理后的结果，还可能是某些指令或标志。

信息源可根据输出信号的性质的不同，分为模拟信息源和离散信息源。模拟信息源（如电话机、电视、摄像机）输出幅度连续变化的信号；离散信息源（如计算机）输出离散的符号序列或文字。模拟信息源可通过抽样和量化变换为离散信息源。随着计算机和数字通信技术的发展，离散信息源的种类和数量越来越多。

2. 发送设备

发送设备的基本功能是将信息源和传输介质匹配起来，即将信息源产生的消息信号经过编码，并变换为便于传送的信号形式，送往传输介质。

对于数字通信系统来说，发送设备的编码常常又可分为信源编码与信道编码两部分。信源编码是把连续消息变换为数字信号；而信道编码则是使数字信号与传输介质匹配，提高传输的可靠性或有效性。变换方式是多种多样的，调制是最常见的变换方式之一。

发送设备还要为达到某些特殊要求而进行各种处理，如多路复用、保密处理、纠错编码处理等。

3. 传输介质

传输介质指发送设备到接收设备之间信号传递所经媒介。它可以是无线的，也可以是有线的（包括光纤）。有线和无线均有多种传输介质，如电磁波、红外线为无线传输介质，各种电缆、光缆、双绞线等为有线传输介质。

介质在传输过程中必然会引入某些干扰，如热噪声、脉冲干扰、衰减等。媒介的固有特性和干扰特性直接关系到变换方式的选择。

4. 接收设备

接收设备的基本功能是完成发送设备的反变换，即进行解调、译码、解密等。它的任务是从带有干扰的信号中正确恢复出原始信息。对于多路复用信号，还包括解除多路复用，实现正确分路。

2.1.3 数据的编码技术

计算机网络系统的通信任务是传送数据或数据化的信息。这些数据通常以离散的二进制0、1序列的方式表示。码元是传输数据的基本单位。在计算机网络通信中，传输的大多为二元码，它的每一位只能在1或0两个状态中取一个，每一位就是一个码元。

数据编码是指通信系统中以何种物理信号的形式来表达数据。分别用模拟信号的不同幅度、不同频率、不同相位来表达数据的0、1状态的，称为模拟数据编码；用高低电平的矩形脉冲信号来表达数据的0、1状态的，称为数字数据编码。

采用数字数据编码，在基本不改变数据信号频率的情况下，直接传输数据信号的传输方式称为基带传输。基带传输可以达到较高的数据传输速率，是目前广泛应用的数据通信方式。

1. 模拟数据编码

模拟数据编码采用模拟信号来表达数据的0、1状态。幅度、频率、相位是描述模拟信号的参数，可以通过改变这3个参数，实现模拟数据编码。幅度键控(Amplitude - Shift Keying,ASK)、频移键控(Frequency - Shift Keying,FSK)、相移键控(Phase - Shift Keying,PSK)是模拟数据编码的3种编码方法。

公用电话通信信道是典型的模拟通信信道，它是专为传输语音信号设计的，只适用于传输音频（300~3400 Hz）的模拟信号，无法直接传输数字信号，但可以通过调制和解调（频带传输）传送数字信号。模拟信道的数据传输结构如图2-2所示。

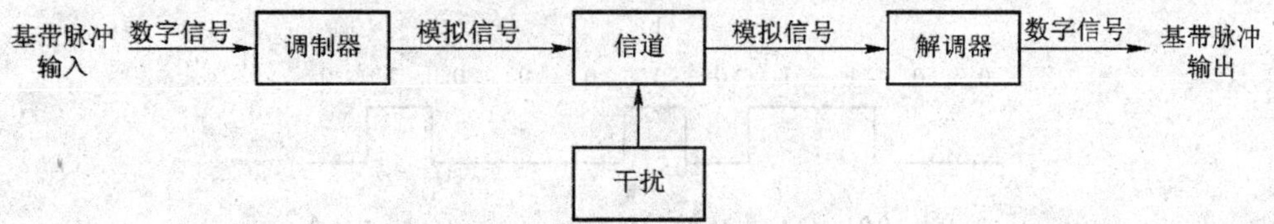

图2-2 模拟信道的数据传输结构

在传输中，通常采用信道允许的频带范围内某一频率的正（余）弦信号作为载波，调制时根据数据的不同改变信号的特征。如载波信号为 $u(t)=u_m\sin(\omega t+\varphi)$，其信号特征包括振幅（$u_m$）、频率（$\omega$）和相角（$\varphi$）。如果分别以这3个特征的不同作为不同数据的模拟编码依据，就出现了3种最常见的模拟编码方法。

（1）幅度键控

在幅度键控中，两个二进制数值分别用两个不同振幅的载波信号表示。通常用有载波信

号表示“1”，用无载波信号或载波信号振幅为零表示“0”，如图2-3a所示。具体表示为

$$u(t)=\begin{cases}u_m\sin(\omega t+\varphi) & \text{二进制数字“1”}\\ 0 & \text{二进制数字“0”}\end{cases}$$

幅度键控实现容易，技术简单，但采用电信号传输时，抗电磁干扰能力较差，调制效率低。光纤介质上常采用ASK编码方法。

(2) 频移键控

在移频键控中，两个二进制数值分别用两个不同频率的载波信号表示，如图2-3b所示，具体表示为

$$u(t)=\begin{cases}u_m\sin(\omega_1 t+\varphi) & \text{二进制数字“1”}\\ u_m\sin(\omega_2 t+\varphi) & \text{二进制数字“0”}\end{cases}$$

频移键控实现容易，技术简单，抗电磁干扰能力强，是最常用的调制方式。

(3) 相移键控

在相移键控中，用载波信号的相位偏移表示数据。相移键控可分为绝对移相键控和相对移相键控两种，最简单的绝对移相键控——二相位PSK如图2-3c所示，具体表示为

$$u(t)=\begin{cases}u_m\sin(\omega t+\pi) & \text{二进制数字“1”}\\ u_m\sin(\omega t+0) & \text{二进制数字“0”}\end{cases}$$

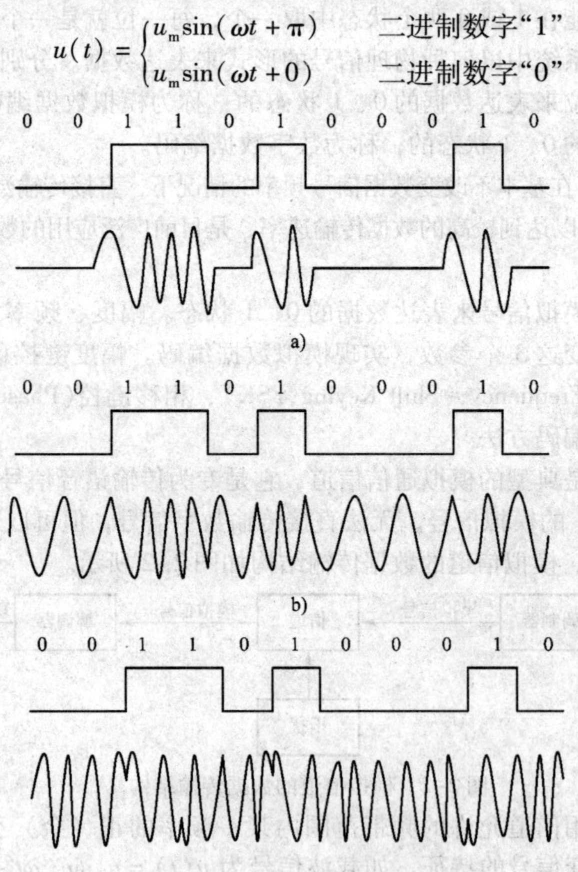

图2-3 模拟数据编码

a) 幅度键控 b) 频移键控 c) 相移键控

2. 单极性码

信号电平是单极性的，如逻辑“1”用高电平表示，逻辑“0”用零电平表示的信号表达方式称为单极性码，如图 2-4 和图 2-5 所示。

3. 双极性码

信号电平为正、负两种极性的，如逻辑“1”用正电平表示，逻辑“0”用负电平表示的信号表达方式称为双极性码，如图 2-6 和图 2-7 所示。

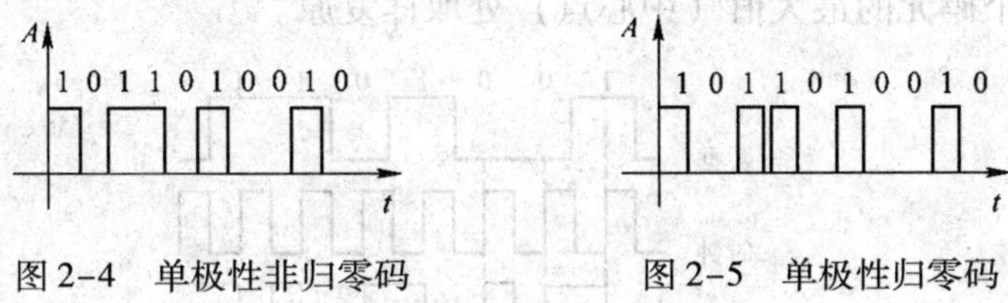

图 2-4 单极性非归零码　　图 2-5 单极性归零码

4. 归零码（RZ）

在每一位二进制信息传输之后均返回到零电平的编码称为归零码。例如，其逻辑“1”只在该码元时间中的某段（如码元时间的一半）维持高电平后就回复到低电平，如图 2-5 和图 2-7 所示。

5. 非归零码（NRZ）

在整个码元时间内维持有效电平称为非归零码，如图 2-4 和图 2-6 所示。

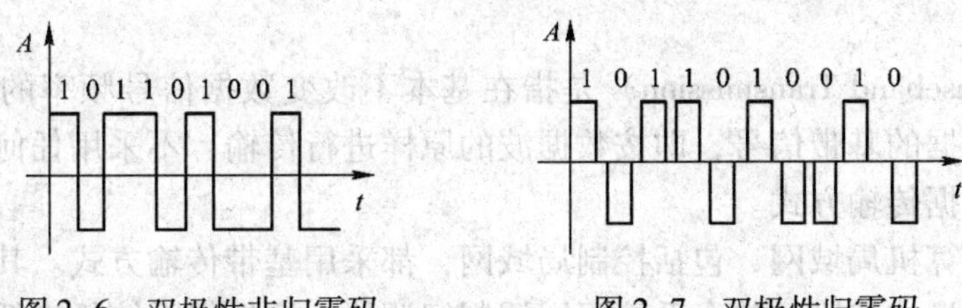

图 2-6 双极性非归零码　　图 2-7 双极性归零码

6. 差分码

用电平的变化与否来代表逻辑“1”和“0”，电平变化代表“1”，不变化代表“0”，按此规定的码称为差分码。根据初始状态为高电平或低电平，差分码有两种波形（相位恰好相反）。显然，差分码不可能是归零码，其波形如图 2-8 所示。

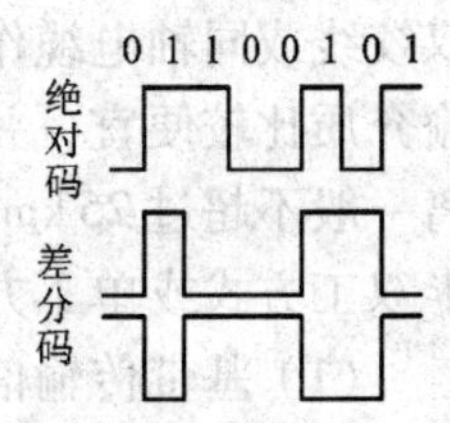

图 2-8 差分码

差分码可以通过一个 JK 触发器来实现。当计算机输出为“1”时，JK 端均为“1”，时钟脉冲使触发器翻转；当计算机输出为“0”时，JK 端均为“0”，触发器状态不变，实现了差分码。

根据信息传输方式，还可分为平衡传输和非平衡传输。平衡传输指无论“0”或“1”都是传输格式的一部分；而在非平衡传输中，只有“1”被传输，“0”则以在指定的时刻没有脉冲来表示。

7. 曼彻斯特编码（Manchester Encoding）

这是一种常用的基带信号编码。它具有内在的时钟信息，因而能使网络上的每一个系统保持同步。在曼彻斯特编码中，时间被划分为等间隔的小段，其中每小段代表一个比特。每一小段时间本身又分为两半，前半个时间段所传信号是该时间段传送比特值的反码，后半个时间段传送的是比特值本身。可见在一个时间段内，其中间点总有一次信号电平的变化。因此，携带有信号传送的同步信息而不需另外传送同步信号。

曼彻斯特编码过程与波形如图 2-9 所示。由频谱分析理论可知，理想的方波信号包含从零到无限高的频率成分，由于传输线中不可避免地存在分布电容，故允许传输的带宽是有限的，所以要求波形完全不失真的传输是不可能的。为了与线路传输特性匹配，除很近距离传输外，一般可用低通滤波器将图 2-9 中的矩形波整形成为变换点比较圆滑的基带信号；在接收端，则在每个码元的最大值（中心点）处取样复原。

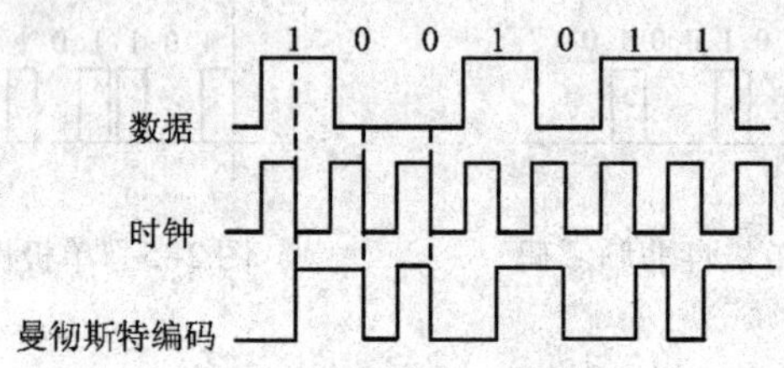

图 2-9 曼彻斯特编码过程与波形

2.1.4 数据的传输模式

数据的传输模式最常见的有基带传输和频带传输两种模式，分别应用于数字信道和模拟信道。

1. 基带传输

基带传输（Baseband Transmission）是指在基本不改变数据信号频率的情况下，在数字通信中直接传送数据的基带信号，即按数据波的原样进行传输，不采用任何调制措施。它是目前广泛应用的数据传输方式。

目前大部分计算机局域网，包括控制局域网，都采用基带传输方式。其特点如下：信号按数据位流的基本形式传输，整个系统不用调制解调器，这使得系统价格低廉。系统可采用双绞线或同轴电缆作为传输介质，也可采用光缆作为传输介质。与宽带网相比，基带网的传输介质比较便宜，并且可以达到较高的数据传输速率（一般为 1 M ~ 10 Mbit/s），但其传输距离一般不超过 25 km。传输距离加长，传输质量会降低。基带网的线路工作方式一般只能为半双工方式或单工方式。

（1）基带传输信号的傅里叶分析

任何信号都有时域、频域两种表现形式，如果时域信号为 $f(t)$，频域的频谱密度（简称频谱）为 $F(\omega)$，二者之间满足傅里叶变换：

$$\begin{cases} F(\omega) = \int_{-\infty}^{+\infty} f(t)\,\mathrm{e}^{-\mathrm{j}\omega t}\,\mathrm{d}t \\ f(t) = \dfrac{1}{2\pi}\int_{-\infty}^{+\infty} F(\omega)\,\mathrm{e}^{\mathrm{j}\omega t}\,\mathrm{d}\omega \end{cases}$$

单个矩形脉冲信号可以用如下函数表示：

$$f(t) = \begin{cases} E & |t| \leqslant \dfrac{\tau}{2} \\ 0 & |t| > \dfrac{\tau}{2} \end{cases}$$

式中，E 为脉冲幅度；τ 为脉冲宽度。对应的频谱密度函数为

$$F(\omega)=\int_{-\infty}^{+\infty}f(t)\mathrm{e}^{-\mathrm{j}\omega t}\mathrm{d}t=\int_{-\frac{\tau}{2}}^{\frac{\tau}{2}}E\mathrm{e}^{-\mathrm{j}\omega t}\mathrm{d}t=\frac{2E}{\omega}\sin\left(\frac{\omega t}{2}\right)=E\tau\frac{\sin\left(\frac{\omega\tau}{2}\right)}{\frac{\omega\tau}{2}}$$

矩形脉冲信号时域表示和频谱密度函数如图 2-10 所示。

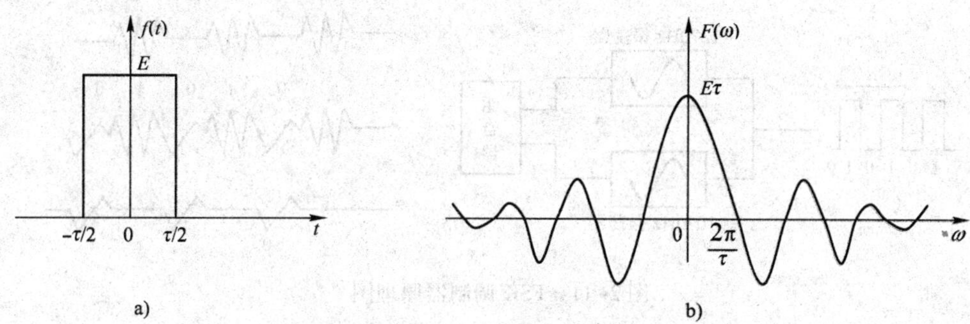

图 2-10　矩形脉冲信号的时域表示和频谱

a）时域表示　b）频谱密度函数

单个矩形脉冲的频谱是一个抽样函数，其频谱覆盖了整个频率范围，任何一个可以物理实现的信道都具有有限的频带宽度，所以要达到矩形脉冲信号的绝对无失真传输是不可能的。

$\omega_b=\dfrac{2\pi}{\tau}$是脉冲信号频谱的第一个零点，信号的能量主要集中在频谱从零到第一个零点内的各频率分量上，可以证明这部分能量占整个信号能量的 90% 以上，所以称 $f_b=\dfrac{\omega_b}{2\pi}=\dfrac{1}{\tau}$ 为矩形脉冲的频带宽度。在传输中，只要考虑这部分信号具有较小的失真，即信道的带宽应大于 f_b。f_b 与矩形脉冲的脉宽 τ 成反比，可见脉冲越窄，要求信道的带宽就越宽。

（2）信道带宽对数据传输速率的影响

通信信道带宽对数据信号传输中失真的影响很大，信道带宽越宽，信号失真越小；信号的脉冲越窄，它需要的信道的带宽越宽，同时相同时间内能传输的数据量也越大。奈奎斯特第一准则和香农定理进一步揭示了信道带宽对数据传输速率的影响。

奈奎斯特第一准则：如果理想低通通信信道的带宽为 B，则它可传输的最高信号波形传输速率（每秒中允许信号波形改变的最大次数）为 $2B$；对于理想带通通信信道，带宽为 B，则最高信号波形传输速率为 B。

香农定理表明，若要提高传输系统的传输速率，只有通过提高信道带宽和提高信噪比两种途径。信道带宽和信噪比都不会是无限的，所以传输速率也必然是有限的。

2. 频带传输

频带传输是利用模拟通信信道进行数据通信的方式。前面基带传输中的理论分析同样适用于频带传输。利用电话信道传输数据就是典型的频带传输实例。电话通信信道具有网络成熟、覆盖范围广、造价低等优点，但其信道带宽较小，数据传输速率低、效率低。频带传输中使用数据的模拟编码方法，传输过程中要使用调制解调技术。调制解调器（Modem）同

时具有调制和解调功能，下面就以最常见的 FSK 来说明调制解调器的工作原理。

(1) 调制解调器的工作原理

1) 调制。FSK 的调制过程如图 2-11 所示。图中的上下两个振荡器的振荡频率分别为 1270 Hz 和 1070 Hz，并且分别由输入信号“1”、“0”来启动，两个振荡器的输出信号经过组合器组合后，就完成了调频式调制。

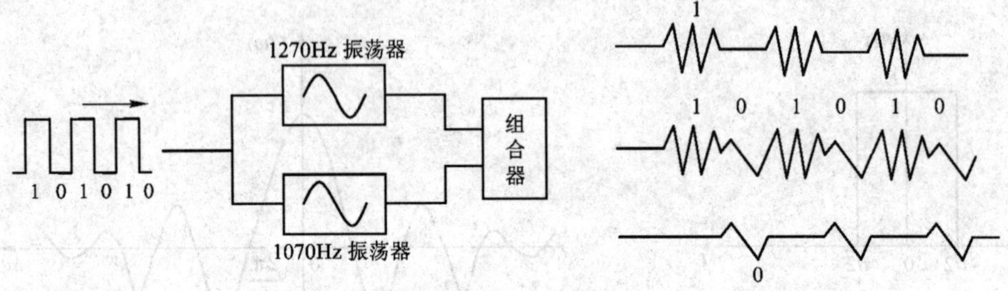

图 2-11　FSK 调制器原理图

2) 解调。解调的过程与调制的过程相反，如图 2-12 所示。从信道上传来的信号由 1270 Hz 和 1070 Hz 两种频率信号组成，通过图中上下两个带通滤波器，两种信号实现了分离，再各自经过对应的检波器后，检出代表“1”和“0”的信号，两信号经合成器恢复出原来的数据信号。

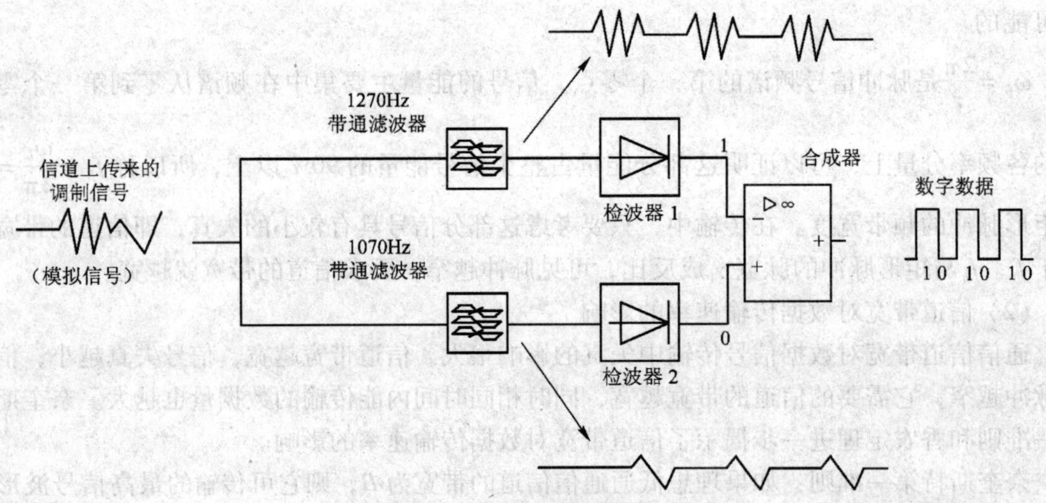

图 2-12　FSK 解调器原理图

以上说明了数据的单向传输过程，实际的传输中要求通信的双方同时具备发送和接收的能力，这时可以通过上下两个频带来解决。Bell 103 标准规定了 FSK 调制解调器上下频带的编码规则：

上频带：
- 2225 Hz　表示数据“1”
- 2025 Hz　表示数据“0”

下频带：
- 1270 Hz　表示数据“1”
- 1070 Hz　表示数据“0”

Bell 103 标准中还规定，主动发起通信的一方（呼叫端）使用下频带发送，上频带接收；接收端使用上频带发送，下频带接收。

(2) 调制解调器的分类

按照不同的分类方式，调制解调器可分为多个种类，如按介质，可分为有线 Modem 和无线 Modem；按外形，可分为外接 Modem、内插 Modem 和袖珍 Modem；按数据传输速率，可分为低速 Modem、中速 Modem 和高速 Modem；按通信线路，可分为拨号 Modem 和专线 Modem；按操作状态，可分为异步 Modem 和同步 Modem；另外，还可以按调制方式、数据压缩方式等多种方式分类。

(3) 调制速率与数据传输速率

数据传输速率是指每秒中传输构成数据二进制代码的位数。这里再介绍一个与数据传输有关的速率——调制速率。调制速率是指每秒传输信号码元的数目，又叫码元速率或波特率，其单位为 bit/s，称为波特（Baud）。对应到模拟数据信号传输过程中，就是从调制解调器输出的调制信号每秒载波调制状态改变的数值。

数据传输速率与调制速率的关系可以用下式表示：

$$C = R_{\mathrm{b}} \mathrm{lb} K$$

式中，C 为数据传输速率，单位为 bit/s；R_{b} 为调制速率，单位为波特；K 为多相调制的调制相数。

2.1.5 数据的通信方式

通信信道有多种分类方式，除了上面提到的根据信道传输信号的类型可分为基带传输和频带传输外，还可以根据通信信道的不同特点进行分类。因此，数据通信也就具有了多种方式。

1. 并行通信和串行通信

并行通信是指数据以成组的方式在多个并行信道上同时传输，每位单独使用一条线路，这一组数据通常是 8 位、16 位或 32 位。每组数据传输时，由一条附加的“选通锁存”信号线来通知接收端，作为双方的同步之用。并行通信的通信速度较高，且不必过多地考虑同步问题，适用于距离较近时的数据通信，计算机中以及计算机与高速设备间通常采用并行通信方式。但在长距离的传输中，并行传输会带来通信电缆费用的大量增加，这时一般采用串行通信。

串行通信是指数据流以串行方式在一条信道上传输。串行通信易于实现，比较便宜，长距离连接中比并行通信更可靠，但是传输速度要慢一些，并且要注意传输中的同步问题。所谓同步，就是要求接收端按照发送端所发送码元的重复频率及起止时间来接收数据，使收发双方在时间基准上保持一致。为达到同步的目的，接收方校正自己的时间基准与重复频率的过程称为同步过程。并行通信和串行通信的工作情况如图 2-13 所示。

2. 异步传输和同步传输

在串行通信中，数据是一位一位依次传输的，同步问题尤为重要，因为发送方和接收方步调的不一致很容易导致“漂移”现象，从而使数据传输出现错误。异步传输和同步传输是两种常见的同步方式。

(1) 异步传输

在异步传输方式中，数据传输的单位是字符，每个字符作为一个独立的整体进行发送。没有数据发送时，线上为空闲状态，相当于数据“1”时的电平，每个字符前附加一个起始位，等同于数据“0”。起始位传输过后，发送方就以一定的速率发送字符的各个位，接收方以同样的速率接收，字符代码后附加有 1、1.5 或 2 个结束位，有时中间还具有奇偶校验位，字符间隔时间是任意的。RS－232、RS－485 都采用异步传输方式。可见，在一个字符的传输过程中，收发双方基本保持同步，所谓的异步只是指字符间间隔的不确定性。而所说的基本同步，是指双方的同步并不基于同一个时钟，会有一定的差异，位数越多，差异越明显。在异步传输中，每次只传送一个字符，并且每次都进行同步关系的校正，不会造成误差积累。异步传输对时钟要求不高，实现简单、容易，但是每个字符都要有一定的附加位，数据量大时不如同步传输效率高。

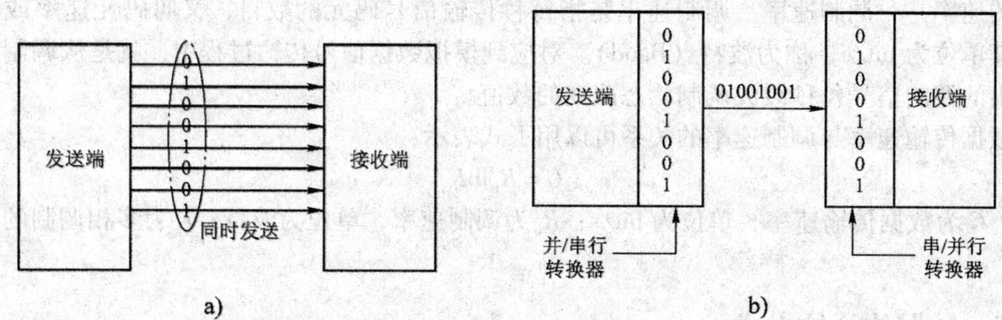

图 2-13　并行通信和串行通信
a）并行通信　b）串行通信

（2）同步传输

同步传输中的数据传输单位是帧，每帧含有多个字符，字符间没有间隙，字符前后也没有起始位和停止位。同步传输中的同步包括位同步和帧同步两个层次。

1）位同步。在传送数据流的过程中，发收双方对每一位数据信息都要准确地保持同步，可以在发送端与接收端之间设置专门的时钟线，这称为外同步，比如 I^2C 总线采用的就是外同步；还可以在数据传输中嵌入同步时钟，如曼彻斯特编码，这称为内同步。

2）帧同步。帧同步是在每个帧的开始和结束部位都附加标志序列，接收端通过检测这些标志实现与发送端帧级别上的同步。

在数据传输量较大时，同步传输的效率高于异步传输。

3. 单工、半双工和全双工通信

按照信号传送方向与时间的关系，可以将通信方式分为单向通信、双向交替通信和双向同时通信，也就是常说的单工、半双工和全双工通信。

（1）单工通信

在单工通信方式中，信道是单向信道，信号只能向一个方向传输，发送端和接收端是固定的。单工通信的实例如无线电广播和电视。

（2）半双工通信

在半双工通信中，信道的信号可以双向传输，但两个方向只能交替进行，而不能同时进行；通信双方都可以是发送端和接收端，不过在任意时刻，一方只能是发送端或接收端。对讲机就采用了这种通信方式。

(3) 全双工通信

全双工通信中的信道可以同时进行双向传输，通信双方可以同时是发送端和接收端，一方的发送端与另一方的接收端相连。RS－232、RS－422 采用的就是全双工通信方式。

另外，通信信道根据使用方式可分为专用信道与公共交换信道，根据传输介质可分为有线信道与无线信道等。

2.1.6 计算机网络及其拓扑结构

1. 计算机网络和网络拓扑

由于计算机的广泛使用，为用户提供了分散而有效的数据处理与计算能力。计算机和以计算机为基础的智能设备一般除了处理本身业务之外，还要求与其他计算机彼此沟通信息，共享资源，协同工作，于是，出现了用通信线路将各计算机连接起来的计算机群，以实现资源共享和作业分布处理，这就是计算机网络。Internet 就是当今世界上最大的非集中式的计算机网络的集合，是全球范围成千上万个网连接起来的互联网，并已成为当代信息社会的重要基础设施——信息高速公路。

计算机网络的种类繁多，分类方法各异。按地域范围可分为远程网和局域网。远程网的跨越范围可从几十千米到几万千米，其传输线造价很高。考虑到信道上的传输衰减，远程网的传输速度不能太高，一般小于 100 kbit/s。若要提高传输速率，就要大大增加通信费用，或采用通信卫星、微波通信技术等。局域网络的距离只限于几十米到 25 km，一般为 10 km 以内。其传输速率较高，在 0.1～100 Mbit/s 间，误码率很低，为 10^{-11}～10^{-8}。具有多样化的通信媒体，如同轴电缆、光缆、双绞线、电话线等。

网络拓扑结构、信号方式、访问控制方式、传输介质是影响网络性能的主要因素。网络的拓扑结构是指网络中节点的互联形式。

2. 星形拓扑

在星形拓扑中，每个站通过点－点链路连接到中央节点，任何两站之间通信都通过中央节点进行。一个站要传送数据，先向中央节点发出请求，要求与目的站建立连接。连接建立后，该站才向目的站发送数据。这种拓扑结构采用集中式通信控制策略，所有通信均由中央节点控制，中央节点必须建立和维持许多并行数据通路，因此，中央节点的结构显得非常复杂。但每个站的通信处理负担很小，只需满足点－点链路简单通信要求，结构很简单。星形拓扑结构如图 2-14 所示。

3. 环形拓扑

在环形拓扑中，网络中有许多中继器进行点－点链路连接，构成一个封闭的环路。中继器接收前站发来的数据，然后按原来速度一位一位地从另一条链路发送出去。链路是单向的，数据沿一个方向（顺时针或逆时针）在网上环行。每个工作站通过中继器再连至网络。一个站发送数据，按分组进行，数据拆成分组加上控制信息插入环上，通过其他中继器到达目的站。由于多个工作站要共享环路，需有某种访问控制方式，确定每个站何时能向环上插入分组。它们一般采用分布控制，每个站有存取逻辑和收发控制。

环形拓扑正好与星形拓扑相反。星形拓扑的网络设备需有较复杂的网络处理功能，而工作站负担最小；环形拓扑的网络设备只是很简单的中继器，而工作站则需提供拆包和存取控制逻辑较复杂的功能。环形网络的中继器之间可使用高速链路（如光纤），因此环形网络与其他拓扑相比，可提供更大的吞吐量，适用于工业环境，但在网络设备数量、数据类型、可靠性方面存在某些局限。环形拓扑结构如图 2-15 所示。

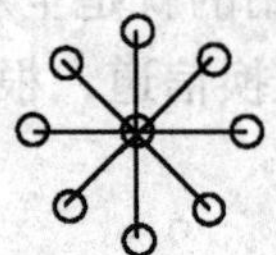

图 2-14　星形拓扑结构

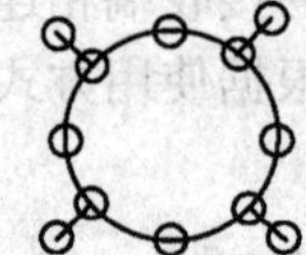

图 2-15　环形拓扑结构

4. 总线型拓扑

在总线型拓扑中，传输介质是一条总线，工作站通过相应硬件接口接至总线上，一个站发送数据，所有其他站都能接收。树形拓扑是总线型拓扑的扩展形式，传输介质是不封闭的分支电缆。它和总线型拓扑一样，一个站发送数据，其他都能接收。因此，总线型和树形拓扑的传输介质称为多点式或广播式。因为所有节点共享一条传输链路，一次只允许一个站发送信息，需有某种存取控制方式，确定下一个可以发送的站。信息也是按分组发送，达到目的站后，经过地址识别，将信息复制下来。总线型拓扑结构如图 2-16 所示。

5. 树形拓扑

树形拓扑的适应性很强，如对网络设备的数量、数据率和数据类型等没有太多限制，可达到很高的带宽。树形拓扑结构在单个局域网系统中采用不多。如果把多个总线型或星形网连在一起，或连到另一个大型机或一个环形网上，就形成了树形拓扑结构，这在实际应用环境中是非常需要的。树形拓扑结构非常适合分主次、分等级的层次型管理系统。树形拓扑结构如图 2-17 所示。

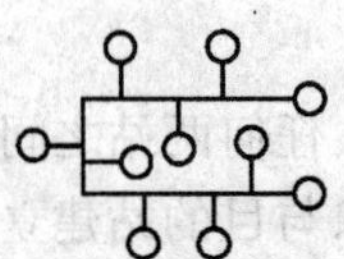

图 2-16　总线型拓扑结构

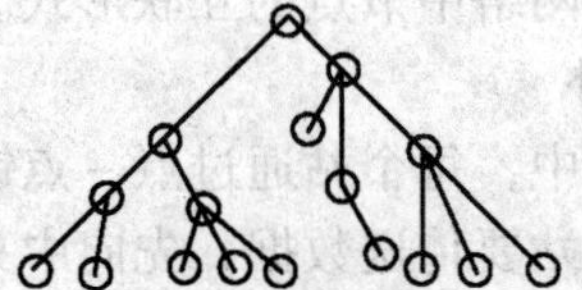

图 2-17　树形拓扑结构

2.1.7　传输介质

传输介质是网络中连接收发双方的物理通路，也是通信中实际传送信息的载体。网络中常用的传输介质有电话线、同轴电缆、双绞线、光导纤维、无线与卫星通信。传输介质的特性对网络中数据通信质量的影响很大，其主要特性如下：

1）物理特性：传输介质物理结构的描述。

2）传输特性：传输介质允许传送数字或模拟信号以及调制技术、传输容量、传输的频率范围。

3）连通特性：允许点 - 点或多点连接。

4）地理范围：传输介质最大传输距离。

5）抗干扰性：传输介质防止噪声与电磁干扰对传输数据影响的能力。

1. **双绞线的主要特性**

无论对于模拟数据还是对于数字数据，双绞线都是最通用的传输介质。电话线就是一种双绞线。

(1) 物理特性

双绞线由按规则螺旋结构排列的两根或 4 根绝缘线组成。一对线可以作为一条通信线路，各个线对螺旋排列的目的是使各线对之间的电磁干扰最小。

(2) 传输特性

双绞线最普遍的应用是语音信号的模拟传输。在一条双绞线上使用频分多路复用技术可以进行多个音频通道的多路复用。如每个通道占用 4 kHz 带宽，并在相邻通道之间保留适当的隔离频带，双绞线使用的带宽可达 268 kHz，可以复用 24 条音频通道的传输。

使用双绞线或调制解调器传输模拟数据信号时，数据传输速率可达 9600 bit/s，24 条音频通道总的数据传输速率可达 230 kbit/s。

(3) 连通特性

双绞线可以用于点 - 点连接，也可用于多点连接。

(4) 地理范围

双绞线用做远程中继线时，最大距离可达 15 km；用于 10 Mbit/s 局域网时，与集线器的距离最大为 100 m。

(5) 抗干扰性

双绞线的抗干扰性取决于一束线中相邻线对的扭曲长度及适当的屏蔽。在低频传输时，其抗干扰能力相当于同轴电缆。在 10 ~ 100 kHz 时，其抗干扰能力低于同轴电缆。

2. **同轴电缆的主要特性**

同轴电缆是网络中应用十分广泛的传输介质之一。

(1) 物理特性

同轴电缆由内导体、外屏蔽层、绝缘层及外部保护层组成。同轴介质的特性参数由内、外导体及绝缘层的电参数和机械尺寸决定。

(2) 传输特性

根据同轴电缆通频带的特性，同轴电缆可以分为基带同轴电缆和宽带同轴电缆两类。基带同轴电缆一般仅用于数字数据信号传输。宽带同轴电缆可以使用频分多路复用方法，将一条宽带同轴电缆的频带划分成多条通信信道，使用各种调制方案，支持多路传输。宽带同轴电缆也可以只用于一条通信信道的高速数字通信，此时称其为单通道宽带。

(3) 连通特性

同轴电缆支持点 - 点连接，也支持多点连接。宽带同轴电缆可支持数千台设备的连接；基带同轴电缆可支持数百台设备的连接。

(4) 地理范围

基带同轴电缆最大距离限制在几千米范围内，而宽带同轴电缆最大距离可达几十千米。

(5) 抗干扰性

同轴电缆的自身结构使其抗干扰能力较强。

3. **光缆的主要特性**

光缆在网络传输介质中性能最好，应用最广泛。

(1) 物理特性

光纤是一种直径为 50 ~ 100 μm 的柔软、能传导光波的介质。各种玻璃和塑料可以用来制作光纤，其中用超高纯度石英玻璃纤维制作的光纤可以得到最低的传输损耗。在折射率较高的单根光纤外面用折射率较低的包层包裹起来，就可以构成一条光纤通道，多条光纤组成一束就构成光纤电缆。

(2) 传输特性

光导纤维通过内部的全反射来传输一束经过编码的光信号。由于光纤的折射系数高于外部包层的折射系数，因此可以形成光波在光纤与包层界面上的全反射。光纤可以看做频率从 10^{14} ~ 10^{15} Hz 的光波导线，这一范围覆盖了可见光谱与部分红外光谱。以小角度进入的光波按全反射方式沿光纤向前传播。

光纤传输分为单模与多模两类。所谓单模光纤是指光纤的光信号仅与光纤轴成单个可分辨角度的单光纤传输。而多模光纤的光信号与光纤轴成多个可分辨角度的多光纤传输。单模光纤性能优于多模光纤。

(3) 连通特性

光纤最普遍的连接方法是点 - 点方式，在某些实验系统中也可采用多点连接方式。

(4) 地理范围

光纤信号衰减极小，它可以在 6 ~ 8 km 距离内不使用中继器，实现高速率数据传输。

(5) 抗干扰性

光纤不受外界电磁干扰与噪声的影响，能在长距离、高速度传输中保持低误码率。双绞线典型的误码率在 10^{-6} ~ 10^{-5}之间，基带同轴电缆误码率为 10^{-7}，宽带同轴电缆误码率为 10^{-9}，而光纤误码率可以低于 10^{-10}。光纤传输的安全性与保密性极好。

2.1.8 介质访问控制方式

如前所述，在总线型和环形拓扑中，网上设备必须共享传输线路。为解决在同一时间有几个设备同时争用传输介质的问题，需要有某种介质访问控制方式，以便协调各设备访问介质的顺序，在设备之间交换数据。

通信中对介质的访问可以是随机的，即各工作站可在任何时刻、任意地点访问介质；也可以是受控的，即各工作站可用一定的算法调整各站访问介质的顺序和时间。在随机访问方式中，常用的争用总线技术为 CSMA/CD。在控制访问方式中则常用令牌总线、令牌环，或称之为标记总线、标记环。

1. CSMA/CD

这种控制方式对任何工作站都没有预约发送时间。工作站的发送是随机的，必须在网络上争用传输介质，故称之为争用技术。若同一时刻有多个工作站向传输线路发送信息，则这些信息会在传输线上相互混淆而遭到破坏，称为“冲突”。为尽量避免由于竞争引起的冲突，每个工作站在发送信息之前，都要监听传输线上是否有信息在发送，这就是“载波监听”。

载波监听的控制方案是“先听再讲”。一个站要发送，首先需监听总线，以决定介质上是否存在其他站的发送信号。如果介质是空闲的，则可以发送。如果介质是忙的，则等待一定间隔后重试。当监听总线状态后，可采用以下 3 种 CSMA 坚持退避算法：

第一种为不坚持 CSMA。假如介质是空闲的，则发送；假如介质是忙的，则等待一段随机时间，重复第一步。

第二种为 1—坚持 CSMA。假如介质是空闲的，则发送；假如介质是忙的，继续监听，直到介质空闲，立即发送；假如冲突发生，则等待一段随机时间，重复第一步。

第三种为 P—坚持 CSMA。假如介质是空闲的，则以 P 的概率发送，或以（1－P）的概率延迟一个时间单位后重复处理，该时间单位等于最大的传输延迟；假如介质是忙的，继续监听，直到介质空闲，重复第一步。

由于传输线上不可避免地有传输延迟，有可能多个站同时监听到线上空闲并开始发送，从而导致冲突。故每个工作站发送信息之后，还要继续监听线路，判定是否有其他站正与本站同时向传输线发送。一旦发现，便中止当前发送，这就是“冲突检测”。

载波监听多路访问/冲突检测的协议，简写为 CSMA/CD，已广泛应用于局域网中。每个站在发送帧期间，同时有检测冲突的能力，即所谓的“边讲边听”。一旦检测到冲突，就立即停止发送，并向总线上发送一串阻塞信号，通知总线上各站冲突已发生，这样通道的容量不致因白白传送已损坏的帧而浪费。

2. 令牌（标记）访问控制方式

CSMA 的访问存在发报冲突问题，产生冲突的原因是由于各站点发报是随机的。为了解决冲突问题，可采用有控制的发报方式。令牌方式是一种按一定顺序在各站点传递令牌（Token）的方法。谁得到令牌，谁才有发报权。令牌访问原理可用于环形网络，构成令牌环形网；也可用于总线网，构成令牌总线网络。

（1）令牌环（Token－Ring）方式

令牌环是环形结构局域网采用的一种访问控制方式。由于在环形结构网络上，某一瞬间可以允许发送报文的站点只有一个，令牌在网络环路上不断地传送，只有拥有此令牌的站点，才有权向环路上发送报文，而其他站点仅允许接收报文。站点在发送完毕后，便将令牌交给网上下一个站点。如果该站点没有报文需要发送，便把令牌顺次传给下一个站点。因此，表示发送权的令牌在环形信道上不断循环。环上每个相应站点都可获得发报权，而任何时刻只会有一个站点利用环路传送报文，因而在环路上保证不会发生访问冲突。

（2）令牌传递总线（Token－Passing Bus）方式

这种方式和 CSMA/CD 方式一样，采用总线型网络拓扑，但不同的是在网上各工作站按一定顺序形成一个逻辑环。每个工作站在环中均有一个指定的逻辑位置，末站的后站就是首站，即首尾相连。每站都了解先行站（PS）和后继站（NS）的地址，总线上各站的物理位置与逻辑位置无关。

2.1.9 差错控制编码技术

差错控制的目的是使用一些方法发现差错并加以纠正。通常在信息码元的基础上增加一些冗余码元，冗余码元与信息码元之间存在一定的关系，传输时，将信息码元与冗余码元组成码组（码字）一起传输。

不同的码字长度影响了编码的差错检测能力。例如，一个事物有“有”、“无”两种状态，若用一位码元表示：“1”表示有，“0”表示无，在出现传输错误时，接收端无法发现；若用两位码元组成的码组表示：“11”表示有，“00”表示无，则接收端可发现一位错误；

若用3位码元组成的码组表示："111" 表示有，"000" 表示无，则接收端可发现一位错误和两位错误。如果考虑出现一位错的概率远大于出现两位错的概率，并认为两位错极少出现，则接收端可以对一位错进行纠错。两个等长码组之间对应位不同的数目称为这两个码组的海明距离，简称码距。一般来说，码距越大，编码的检错和纠错能力越强。但是随着冗余码的增加，传输效率将降低，而且过多的冗余码也增加了传输出现错误的可能性，因此，选择编码还应考虑信道的误码率。

根据对码组处理方式的不同，差错控制的方式基本上有两类：一类是在码组中带有足够的冗余信息，以便在接收后能够发现并自动纠正传输差错，简称纠错；另一类是在码组仅包含足以使接收端发现差错的冗余信息，靠重发保证正确传输，简称检错重发方式，这种方式实现比较简单。

无论是纠错方式，还是检错重发方式，都有很多具体的编码方法。由于篇幅的关系，这里仅介绍一种纠错码和一种检错码的编码实现方法。

1. 海明码

(1) 工作原理

海明码（Hamming）是一种简单实用的一位错纠错编码，它的码组长度、冗余校验位长度和码组中的最大数据位长度满足下列关系：

$$\begin{cases} n = 2^r - 1 \\ k = n - r \end{cases}$$

式中，n 为码组位长度；r 是冗余校验位长度；k 是码组中的最大数据位长度。分析可知，冗余校验位长度越长，码组传输数据的效率越高。当数据长度不能满足上式的最大数据位长度值时，可以用固定的数据位填充。

在海明码的编码过程中，冗余码从左至右依次填充到 $2^j(j=0,1,\cdots,r-1)$ 的位置上，码组中剩余位填充数据位，如图 2-18 所示。

$$\begin{matrix} 2^0 & 2^1 & & 2^2 & & & & 2^3 & & & & & & & & 2^4 & \\ P_1 & P_2 & * & P_3 & * & * & * & P_4 & * & * & * & * & * & * & * & P_5 & \cdots \end{matrix}$$

图 2-18　海明纠错码格式

图中，$*$ 表示数据码；P 表示冗余校验数据码。

如果冗余码的位数为 r，则存在这样一个 (2^r-1) 行 $\times r$ 列的编码矩阵，矩阵元素等于0或1，并且每一行的元素所组成的二进制编码等于行数的二进制编码。对于海明纠错码，要求码组数据与这一矩阵相乘满足下列关系：

$$(P_1 P_2 * P_3 * * * P_4 * * \cdots)\begin{pmatrix} \overline{b_1} & \overline{b_2} & \cdots & \overline{b_{r-1}} & b_r \\ \overline{b_1} & \overline{b_2} & \cdots & b_{r-1} & \overline{b_r} \\ \vdots & \vdots & & \vdots & \vdots \\ b_1 & b_2 & \cdots & b_{r-1} & b_r \end{pmatrix} = (l_1 \quad l_2 \quad \cdots \quad l_{r-1} \quad l_r)$$

式中，$*$ 和 P 仍为数据码和校验码；$b=1$，$\overline{b}=0$；$l_1=l_2=\cdots=l_{r-1}=l_r=0$。根据这一关系可以计算出冗余校验码。这里矩阵的乘除运算与普通矩阵的乘除运算一样，加减运算为"异或"运算。

接收方收到数据后，将码组数据与发送方编码时用的编码矩阵相乘，若得到的行矩阵为零矩阵，说明传输正确；否则传输有错，且出错位是这一行的元素所组成的二进制数所对应的数据位。

（2）工作过程

下面以数据（信息）1101 为例，给出海明码编码、译码及纠错的工作过程。

1）编码过程。

根据公式$\begin{cases} n = 2^r - 1 \\ k = n - r \end{cases}$，可选择数据长 $k=4$，冗余码长 $r=3$，码组长 $n=7$。

由关系式

$$(P_1 \quad P_2 \quad 1 \quad P_3 \quad 1 \quad 0 \quad 1)\begin{pmatrix} 0 & 0 & 1 \\ 0 & 1 & 0 \\ 0 & 1 & 1 \\ 1 & 0 & 0 \\ 1 & 0 & 1 \\ 1 & 1 & 0 \\ 1 & 1 & 1 \end{pmatrix} = (0 \quad 0 \quad 0)$$

可以计算出：$P_1 = 1$

$P_2 = 0$

$P_3 = 0$

所求的海明编码为（1　0　1　0　1　0　1）。

2）译码过程。

假设接收方接收到的数据为（1　0　1　0　1　1　1），传输出错判断：

$$(1 \quad 0 \quad 1 \quad 0 \quad 1 \quad 1 \quad 1)\begin{pmatrix} 0 & 0 & 1 \\ 0 & 1 & 0 \\ 0 & 1 & 1 \\ 1 & 0 & 0 \\ 1 & 0 & 1 \\ 1 & 1 & 0 \\ 1 & 1 & 1 \end{pmatrix} = (1 \quad 1 \quad 0)$$

说明传输出错，$(1 \quad 1 \quad 0)_2 = 6$，可以进一步判断出第 6 位出错。

3）纠错。

将接收到的编码左数第 6 位取反，恢复出正确数据。

$$(1 \quad 0 \quad 1 \quad 0 \quad 1 \quad 1 \quad 1) \rightarrow (1 \quad 0 \quad 1 \quad 0 \quad 1 \quad 0 \quad 1)$$

2. 循环冗余编码

（1）工作原理

循环冗余编码（CRC）的方法是将要发送的数据比特序列当做一个多项式 $f(x)$ 的系数，在发送方用收发双方预先约定的生成多项式 $G(x)$ 去除，得到一个余数多项式。将余数多项式加到数据多项式之后发送到接收端。接收端用同样的生成多项式 $G(x)$ 去除接收数据多项式 $f(x)$，得到计算余数多项式。如果计算余数多项式与接收余数多项式相同，则表示传输无差错；如果计算余数多项式不等于接收余数多项式，则表示传输有差错，由发送方重发数据，直至正确为止。CRC 检错能力强，实现容易，是目前应用最广泛的校验方法之一，其工作原理如图 2-19 所示。

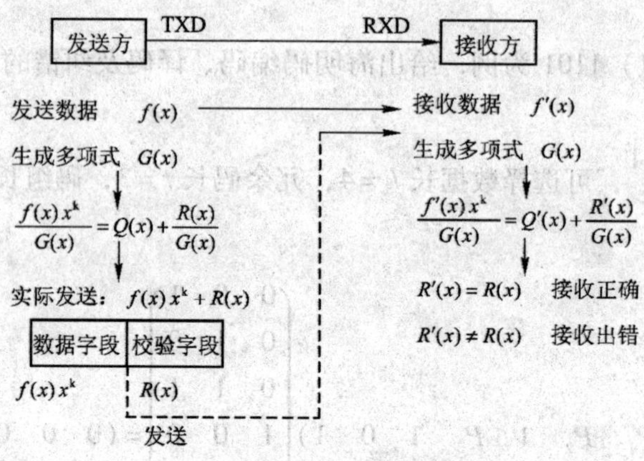

图 2-19　CRC 基本工作原理

（2）工作过程

1）在发送端，发送数据多项式为 $f(x)x^k$，其中 k 为生成多项式的最高幂值。例如 CRC－12 的最高幂值为 12，则发送 $f(x)x^{12}$。对于二进制乘法来说，$f(x)x^{12}$ 的意义是将发送数据比特序列左移 12 位，用来存入余数。

2）将 $f(x)x^k$ 除生成多项式 $G(x)$，即

$$\frac{f(x)x^k}{G(x)}=Q(x)+\frac{R(x)}{G(x)}$$

式中，$R(x)$ 为余数多项式。

3）将 $f(x)x^k+R(x)$ 作为整体，从发送端通过通信信道传送到接收端。

4）接收端对接收数据多项式 $f'(x)$ 采用同样的运算，即

$$\frac{f'(x)x^k}{G(x)}=Q(x)+\frac{R'(x)}{G(x)}$$

求得计算余数多项式。

5）接收端根据计算余数多项式 $R'(x)$ 是否等于接收余数多项式 $R(x)$ 来判断是否出现传输错误。实际的 CRC 校验码生成是采用二进制模二算法，即减法不借位，加法不进位，这是一种异或操作。

（3）CRC 生成多项式

CRC 列入国际标准的生成多项式有：

CRC－12　　$G(x)=x^{12}+x^{11}+x^3+x^2+x+1$

CRC－16　　$G(x)=x^{16}+x^{15}+x^2+1$

CRC－CCITT　$G(x)=x^{16}+x^{12}+x^5+1$

CRC－32　　$G(x)=x^{32}+x^{26}+x^{23}+x^{22}+x^{16}+x^{12}+x^{11}+x^{10}+x^8+x^7+x^5+x^4+x^2+x+1$

生成多项式的结构及检错效果是经过严格的数学分析与实验后确定的。

（4）CRC 编码实例

假设发送数据位序列为111011，生成多项式位序列为11001。将发送位序列111011($f(x)$)乘以2^4得1110110000($f(x)x^k$)，然后除生成多项式位序列11001($G(x)$)，不考虑借位，按模二运算，得余数位序列为1110($R(x)$)。

2.2 网络互连技术

2.2.1 基本概念

网络互连是将分布在不同地理位置的网络、网络设备连接起来，构成更大规模的网络系统，以实现网络的数据资源共享。相互连接的网络可以是同种类型的网络，也可以是运行不同网络协议的异型系统。网络互连是计算机网络和通信技术迅速发展的结果，也是网络系统应用范围不断扩大的自然要求。网络互连要求不改变原有子网内的网络协议、通信速率、硬件和软件配置等，通过网络互连技术使原先不能相互通信和共享资源的网络间有条件实现相互通信和信息共享。此外，还要求将因连接对原有网络造成的影响减至最小。

在相互连接的网络中，每个子网成为网络的一个组成部分，每个子网的网络资源都应该成为整个网络的共享资源，可以为网上任何一个节点所享用。同时，又应该屏蔽各子网在网络协议、服务类型、网络管理等方面的差异。网络互连技术能实现更大规模、更大范围的网络连接，使网络、网络设备、网络资源、网络服务成为一个整体。

2.2.2 网络互连规范

网络互连必须遵循一定的规范，随着计算机和计算机网络的发展，以及应用对局域网络互连的需求，IEEE于1980年2月成立了局域网标准委员会（IEEE 802委员会），建立了802课题，制定了开放式系统互联（OSI）模型的物理层、数据链路层的局域网标准。已经发布了IEEE 802.1～IEEE 802.11标准，其主要文件所涉及的内容如图2-20所示。其中IEEE 802.1～IEEE 802.6已经成为国际标准化组织（ISO）的国际标准ISO 8802-1～ISO 8802-6。

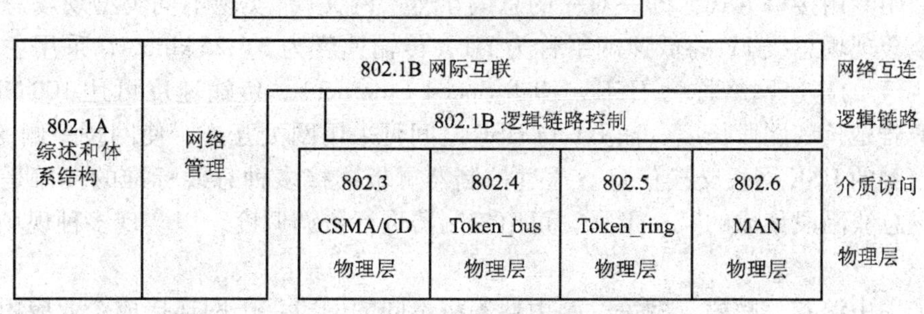

图2-20 IEEE 802标准的内容

2.2.3 网络互连和操作系统

局域网操作系统是实现计算机与网络连接的重要软件。局域网操作系统通过网卡驱动程序与网卡通信实现介质访问控制和物理层协议。对不同传输介质、不同拓扑结构、不同介质访问控制协议的异型网，要求计算机操作系统能很好地解决异型网络互连的问题。Netware、Windows NT Server 和 LAN Manager 都是局域网操作系统的范例。

LAN Manager 局域网操作系统是微软公司推出的，是一种开放式局域网操作系统，采用网络驱动接口规范 NDIS，支持 EtherNet、Token－ring、ARC net 等不同协议的网卡、多种拓扑结构和传输介质。它是基于 Client/Server 结构的服务器操作系统，具有优越的局域网操作系统性能，可提供丰富的实现进程间通信的工具，支持用户机的图形用户接口。LAN Manager 采用以域为管理实体的管理方式，对服务器、用户机、应用程序、网络资源与安全等实行集中式网络管理。通过加密口令控制用户访问，进行身份鉴定，以保障网络的安全性。

Netware 是由 Novell 公司和 Apple 公司联合提出，用于支持多种局域网协议的互连技术。开放数据链路接口（Open Data Link Interface，ODLI）是 Netware 互连技术的核心。Netware 可以支持 EtherNet、Token－bus 和 Token－ring 局域网，允许用户选用符合各种 802 协议的网卡，组成 EtherNet、Token－bus 或 Token－ring 局域网。此外，可在服务器或工作站上插入多个不同协议的网卡，构成网桥，实现多种局域网络的互连。

Windows NT Server 是一种具有很强联网功能的局域网操作系统。它采用网络驱动接口规范 NDIS 与传输驱动接口标准，内置多种标准网络协议（如 TCP/IP、NetBIOS、NetBEUI），并允许用户同时使用不同的网络协议进行通信。微软对 NT 的设计定位是高性能工作站、服务器、大型企业网络、政府机关等异种机互连的应用环境，由 Windows NT Server 和 Windows NT Workstation 两部分共同构成完整的系统。

2.2.4 现场控制网络互连

现场控制网络通过网络互连实现不同网段之间的网络连接与数据交换，包括在不同传输介质、不同速率、不同通信协议的网络之间实现互连。

现场控制网络的相关规范对一条总线段上容许挂接的自控设备节点数有严格的限制。一般同种总线的网段采用中继器或网桥实现连接与扩展。例如，CAN、PROFIBUS 等都拥有高速和低速网段，其高速网段与低速网段之间采用网桥连接。

不同类型的现场总线网段之间采用网关，在当前多种现场总线标准共存、难以统一的情况下，应采用专用接口方式，即一对一的总线互连“网关”，实现不同类型现场总线网段的互连。基金会现场总线 FF 的低速网络称为 H1，传输速度为 31.25 kbit/s，采用主从令牌式调度方式；FF 的高速网络称为 HSE（High Speed Ethernet），传输速度可达 100 Mbit/s。H1 可借助中继器延长其网段长度，而 H1 与 HSE 之间可采用网关互连，使网桥一侧的 H1 网段与网桥另一侧的 HSE 网段交换信息。通过控制器母板连接多种总线标准的接口是实现不同类型的现场总线网段集成的又一形式，可由控制器进行协调调度，以实现多种现场总线的数据集成。

可以采用中继器、网桥、网关、路由器等将不同的网段、子网连接成企业应用系统。

2.3 网络互连设备

网络互连从通信参考模型的角度可分为几个层次：在物理层使用中继器（Repeater），

通过复制位信号延伸网段长度；在数据链路层使用网桥（Bridge），在局域网之间存储或转发数据帧；在网络层使用路由器（Router），在不同网络间存储转发分组信号；在传输层及传输层以上，使用网关（Gateway）进行协议转换，提供更高层次的接口。因此，中继器、网桥、路由器和网关是不同层次的网络互连设备。

2.3.1 中继器

中继器又称重发器。由于网络节点间存在一定的传输距离，网络中携带信息的信号在通过一个固定长度的距离后，会因衰减或噪声干扰而影响数据的完整性，影响接收节点正确地接收和辨认，因而经常需要运用中继器。中继器接收一个线路中的报文信号，将其进行整形放大、重新复制，并将新生成的复制信号转发至下一网段或转发到其他介质段。这个新生成的信号将具有良好的波形。

中继器一般用于方波信号的传输。中继器可分为电信号中继器和光信号中继器。它们对所通过的数据不作处理，主要作用在于延长电缆和光缆的传输距离。

每种网络都规定了一个网段所容许的最大长度。安装在线路上的中继器要在信号变得太弱或损坏之前将接收到的信号还原，重新生成原来的信号，并将更新过的信号放回到线路上，使信号在更靠近目的地的地方开始二次传输，以延长信号的传输距离。安装中继器可使节点间的传输距离加长。中继器两端的数据速率、协议（数据链路层）和地址空间相同。

中继器仅在网络的物理层起作用，它不以任何方式改变网络的功能。

中继器不同于放大器。放大器从输入端读入旧信号，然后输出一个形状相同、放大的新信号。放大器的特点是实时实形地放大信号，它包括输入信号的所有失真，而且把失真也放大了。也就是说，放大器不能分辨需要的信号和噪声，它将输入的所有信号都进行放大。而中继器则不同，它并不是放大信号，而是重新生成信号。当接收到一个微弱或损坏的信号时，它将按照信号的原始长度一位一位地复制信号。因而，中继器是一个再生器，而不是一个放大器。

中继器在传输线路上的放置位置是很重要的。中继器必须放置在任一位信号的含义受到噪声影响之前。一般来说，小的噪声可以改变信号电压的准确值，但是不会影响对某一位是0还是1的辨认。如果让衰减了的信号传输得更远，则积累的噪声影响将会影响到对某位的0、1辨认，从而有可能完全改变信号的含义。这时原来的信号将出现无法纠正的差错。因而在传输线路上，中继器应放置在信号失去可读性之前。即在仍然可以辨认出信号原有含义的地方放置中继器，利用它重新生成原来的信号，恢复信号的本来“面目”。

2.3.2 网桥

网桥是存储转发设备，用来连接同一类型的局域网。网桥先将数据帧送到数据链路层进行差错校验，再送到物理层，通过物理传输介质送到另一个子网或网段。它具有寻址与路径选择的功能，在接收帧之后，要决定正确的路径将帧送到相应的目的站点。

网桥能够互连两个采用不同数据链路层协议、不同传输速率、不同传输介质的网络。它要求两个互连网络在数据链路层以上采用相同或兼容的协议。

网桥同时作用在物理层和数据链路层，用于网段之间的连接，也可以在两个相同类型的网段之间进行帧中继。网桥可以访问所有连接节点的物理地址，并有选择性地过滤通过它的报文。当在一个网段中生成的报文要传到另外一个网段中时，网桥开始苏醒，转发信号；而当一个报文在本身的网段中传输时，网桥处于睡眠状态。

当一个帧到达网桥时，网桥不仅重新生成信号，而且检查目的地址，将新生成的原信号复制件仅仅发送到这个地址所属的网段。每当网桥收到一个帧时，它将读出帧中所包含的地址，同时将这个地址与包含所有节点的地址表相比较。当发现一个匹配的地址时，网桥将查找出这个节点属于哪个网段，然后将这个包传送到该网段。

网桥在两个或两个以上的网段之间存储或转发数据帧时，它所连接的不同网段之间在介质、电气接口和数据速率上可以存在差异。网桥两端的协议和地址空间保持一致。

网桥比中继器多了一点智能。中继器不处理报文，它没有理解报文中任何东西的“智能”，它们只是简单地复制报文。而网桥有一些小小的“智能”，它可以知道两个相邻网段的地址。

网桥与中继器的区别在于：网桥具有使不同网段之间的通信相互隔离的逻辑，或者说网桥是一种聪明的中继器，它只对包含预期接收者网段的信号包进行中继。这样，网桥起到了过滤信号包的作用，利用它可以控制网络拥塞，同时隔离出现了问题的链路。但网桥在任何情况下都不修改包的结构或包的内容，因此只可以将网桥应用在使用相同协议的网段之间。

为了在网段之间进行传输选择，网桥需要一个包含与它连接的所有节点地址的查找表，这个表指出各个节点属于哪个段。这个表是如何生成的以及有多少个段连接到一个网桥上，决定了网桥的类型和费用。

2.3.3 路由器

路由器工作在物理层、数据链路层和网络层。它比中继器和网桥更加复杂。在路由器所包含的地址之间，可能存在若干路径，路由器可以为某次特定的传输选择一条最好的路径。

报文传送的目的地网络和目的地址一般存在报文中的某个位置。当报文进入时，路由器读取报文中的目的地址，然后把这个报文转发到对应的网段中。路由器会取消没有目的地的报文传输，对存在多个子网络或网段的网络系统，它是很重要的部分。

路由器可以在多个互连设备之间中继数据包，对来自某个网络的数据包确定路线，并将其发送到互连网络中任何可能的目的网络中。

路由器如同网络中的一个节点那样工作。但是大多数节点仅仅是一个网络的成员，而路由器同时连接到两个或更多的网络中，并拥有它们所有的地址。路由器从所连接的节点上接收包，同时将它们传送到第二个连接的网络中。当一个接收包的目标节点位于这个路由器所不连接的网络中时，路由器有能力决定哪一个连接网络是这个包最好的下一个中继点。一旦路由器识别出一个包所走的最佳路径，它将通过合适的网络把数据包传递给下一个路由器。下一个路由器再检查目标地址，找出它所认为的最佳路由，然后将该数据包送往目的地址，或送往所选路径上的下一个路由器。

路由器是在具有独立地址空间、数据速率和介质的网段间存储转发信号的设备。路由器连接的所有网段，其协议是保持一致的。

2.3.4 网关

网关又被称为网间协议变换器，用以实现不同通信协议的网络（包括使用不同网络操作系统的网络）之间的互连。由于网关在技术上与它所连接的两个网络的具体协议有关，因而用于不同网络间转换连接的网关是不相同的。

一个普通的网关可用于连接两个不同的总线或网络。由网关进行协议转换，提供更高层次的接口。网关允许在具有不同协议和报文组的两个网络之间传输数据。在报文从一个网段到另一个网段的传送中，网关提供了一种把报文重新封装形成新的报文组的方式。

网关需要完成报文的接收、翻译与发送。它使用两个微处理器和两套各自独立的芯片组。每个微处理器都知道自己本地的总线语言，在两个微处理器之间设置一个基本的翻译器。I/O 数据通过微处理器，在网段之间来回传递数据。在工业数据通信中，网关最显著的应用就是把一个现场设备的信号送往另一类不同协议或更高一层的网络。例如，把 ASI 网段的数据通过网关送往 PROFIBUS - DP 网段。

2.4 通信参考模型

2.4.1 OSI 参考模型

为了实现不同厂家生产的设备之间的互连操作与数据交换，国际标准化组织 ISO/TC 97 于 1978 年建立了“开放系统互联”分技术委员会，起草了开放系统互联参考模型的建议草案，并于 1983 年成为正式的国际标准 ISO 7498。1986 年又对该标准进行了进一步的完善和补充，形成了为实现开放系统互联所建立的分层模型，简称 OSI 参考模型。这是为异种计算机互连提供的一个共同基础和标准框架，并为保持相关标准的一致性和兼容性提供了共同的参考。“开放”并不是指对特定系统实现具体的互联技术或手段，而是对标准的认同。一个系统是开放系统，是指它可以与世界上任一遵守相同标准的其他系统互联通信。

OSI 参考模型是在博采众长的基础上形成的系统互联技术。它促进了数据通信与计算机网络的发展。OSI 参考模型提供了概念性和功能性结构，将开放系统的通信功能划分为 7 个层次。各层的协议细节由各层独立进行。这样一旦引入新技术或提出新的业务要求，就可以把因功能扩充、变更所带来的影响限制在直接有关的层内，而不必改动全部协议。OSI 参考模型分层的原则是将相似的功能集中在同一层内，功能差别较大时分层处理，每层只对相邻的上下层定义接口。

OSI 参考模型把开放系统的通信功能划分为 7 个层次。从连接物理介质的层次开始，分别赋予 1，2，…，7 层的顺序编号，相应地称之为物理层、数据链路层、网络层、传输层、会话层、表示层和应用层。OSI 参考模型如图 2-21 所示。

OSI 模型有 7 层，其分层原则如下：

1）根据不同层次的抽象分层。

2）每层应当实现一个定义明确的功能。

3）每层功能的选择应该有助于制定网络协议的国际标准。

4）各层边界的选择应尽量减少跨过接口的通信量。

5）层次应足够多，以避免不同的功能混杂在同一层中，但也不能太多，否则体系结构会过于庞大。

下面从最下层开始，依次讨论 OSI 参考模型的各层。注意：OSI 模型本身不是网络体系结构的全部内容，这是因为它并未确切地描述用于各层的协议和服务，它仅仅告诉我们每一层应该做什么。不过，ISO已经为各层制定了标准，但它们并不是参考模型的一部分，而是作为独立的国际标准公布的。

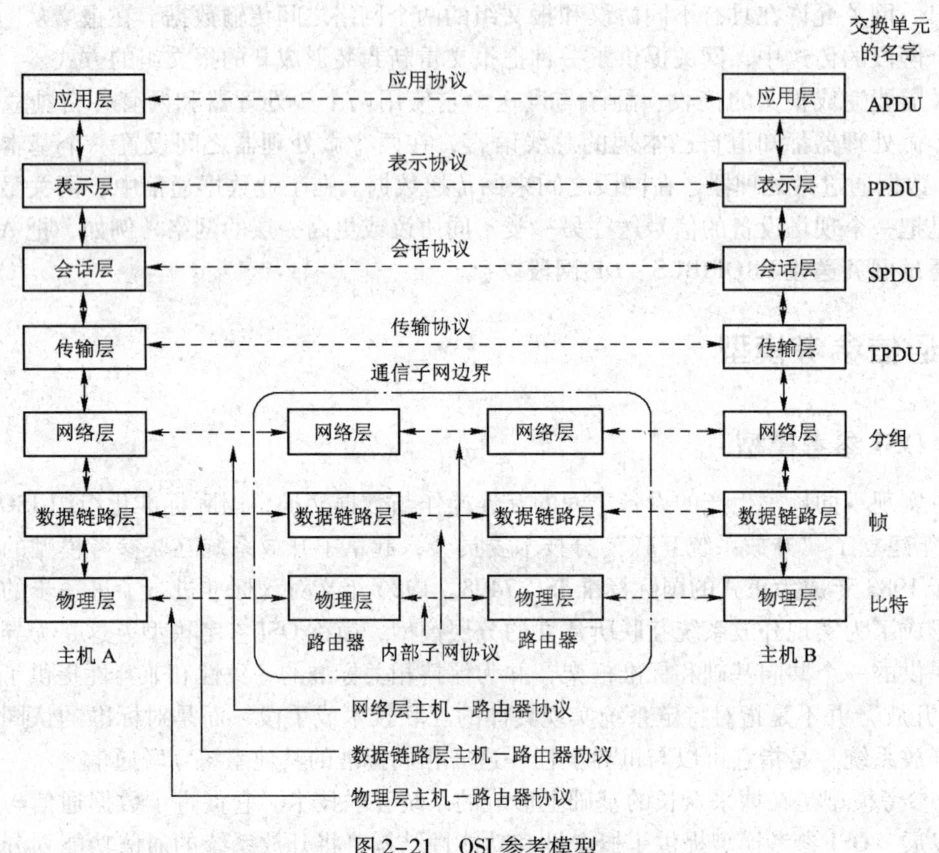

图2-21　OSI参考模型

1. 物理层

物理层（Physical Layer）涉及通信在信道上传输的原始比特流。设计上必须保证一方发出二进制“1”时，另一方收到的也是“1”而不是“0”。这里的典型问题是用多少伏特电压表示“1”，多少伏特电压表示“0”；一个比特持续多少微秒；传输是否在两个方向上同时进行；最初的连接如何建立和完成通信后连接如何终止；网络接插件有多少针以及各针的用途。这里的设计主要是处理机械的、电气的和过程的接口，以及物理层下的物理传输介质等问题。

2. 数据链路层

数据链路层（Data Link Layer）的主要任务是加强物理层传输原始比特的功能，使之对网络层显现为一条无错线路。发送方把输入数据分装在数据帧（Data Frame）里（典型的帧为几百字节或几千字节），按顺序传送各帧，并处理接收方回送的确认帧（Acknowledgement Frame）。因为物理层仅仅接收和传送比特流，并不关心它的意义和结构，所以只能依赖各链路层来产生和识别帧边界。可以通过在帧的前面和后面附加上特殊的二进制编码模式来达到这一目的。如果这些二进制编码偶然在数据中出现，则必须采取特殊措施以避免混淆。

传输线路上突发的噪声干扰可能把帧完全破坏。在这种情况下，发送方机器上的数据链路软件必须重传该帧。然而，相同帧的多次重传也可能使接收方收到重复帧，比如接收方给发送方的确认丢失以后，就可能收到重复帧。数据链路层要解决由于帧的破坏、丢失和重复所出现的问题。数据链路层可能向网络层提供几类不同的服务，每一类都有不同的服务质量和价格。

数据链路层要解决的另一个问题（在大多数层上也存在）是防止高速发送方的数据把低速的接收方“淹没”。因此，需要有某种流量调节机制，使发送方知道当前接收方还有多少缓存空间。通常流量调节和出错处理同时完成。

如果线路能用于双向传输数据，数据链路软件还必须解决新的麻烦，即从 A 到 B 数据帧的确认帧将同从 B 到 A 的数据帧竞争线路的使用权。借道（Piggybacking）就是一种巧妙的方法，我们将在以后讨论它。

广播式网络在数据链路层还要处理新的问题，即如何控制对共享信道的访问。数据链路层的一个特殊的子层——介质访问子层，就是专门处理这个问题的。

3. 网络层

网络层（Network Layer）关系子网的运行控制，其中一个关键问题就是确定分组从源端到目的端如何选择路由。路由既可以选用网络中固定的静态路由表（几乎保持不变），也可以在每一次会话开始时决定（如通过终端对话决定），还可以根据当前网络的负载状况，高度灵活地为每一个分组决定路由。

如果在子网中同时出现过多的分组，它们将相互阻塞通路，形成瓶颈。此类拥塞控制也属于网络层的范围。

当分组不得不跨越一个网络以到达目的地时，新的问题又会产生。第二个网络的寻址方法可能和第一个网络完全不同；第二个网络可能由于分组太长而无法接收；两个网络使用的协议也可能不同等。网络层必须解决这些问题，以便异种网络能够互连。

在广播网络中，选择路由的问题很简单。因此网络层很弱，甚至不存在。

4. 传输层

传输层（Transport Layer）的基本功能是从会话层接收数据，在必要时把它分成较小的单元传递给网络层，并确保到达对方的各段信息正确无误，而且这些任务都必须高效率地完成。从某种意义上讲，传输层使会话层不受硬件技术变化的影响。

5. 会话层

会话层（Session Layer）允许不同机器上的用户建立会话（Session）关系。会话层允许进行类似传输层的普通数据的传输，并提供了对某些应用有用的增强服务会话，也可被用于远程登录到分时系统或在两台机器间传递文件。

6. 表示层

表示层（Presentation Layer）完成某些特定的功能，由于这些功能常被请求，因此人们希望找到通用的解决办法，而不是让每个用户来实现。值得一提的是，表示层以下的各层只关心可靠地传输比特流，而表示层关心的是所传输的信息的语法和语义。

7. 应用层

应用层（Application Layer）包含大量人们普遍需要的协议。例如，世界上有成百种不兼容的终端型号，如果希望一个全屏幕编辑程序能工作在网络中许多不同的终端类型上，每个终端都有不同的屏幕格式、插入和删除文本的换码序列、光标移动等，其困难可想而知。

解决这一问题的方法之一是定义一个抽象的网络虚拟终端（Network Virtual Terminal），编辑程序和其他所有程序都面向该虚拟终端。而对每一种终端类型，都写一段软件来把网络虚拟终端映射到实际的终端。例如，当把虚拟终端的光标移到屏幕左上角时，该软件必须发出适当的命令使真正的终端的光标移动到同一位置。所有虚拟终端软件都位于应用层。

应用层的另一个功能是文件传输。不同的文件系统有不同的文件命名原则，文本行有不同的表示方式等。不同的系统之间传输文件所需处理的各种不兼容问题，也同样属于应用层的工作。此外，还有电子邮件、远程作业输入、名录查询和其他各种通用和专用的功能。

2.4.2 TCP/IP 参考模型

现在我们从 OSI 参考模型转向计算机网络的“祖父”——ARPANET 和其后继的因特网使用的参考模型。后面将简要介绍 ARPANET 的历史，现在只介绍它的一些很有用的关键之处。ARPANET 是由美国国防部 DoD（U. S. Department of Defense）赞助研究的网络。逐渐地，它通过租用的电话线连接了数百所大学和政府部门。当卫星和无线网络出现以后，现有的协议在和它们互连时出现了问题，需要一种新的参考体系结构，因此能无缝隙地连接多个网络的能力是从一开始就确定的主要设计目标。这个体系结构在它的两个主要协议出现以后，被称为 TCP/IP 参考模型（TCP/IP Reference Model）。

1. 互联网层

所有的这些需求导致了基于无连接互联网络层的分组交换网络。这一层被称为互联网层（Internet Layer），它是整个体系结构的关键部分。它的功能是使主机可以把分组发往任何网络并使分组独立地传向目标（可能经由不同的网络）。这些分组到达的顺序和发送的顺序可能不同，因此如果需要按顺序发送及接收时，高层必须对分组排序。必须注意到这里使用的“互联网”是基于一般意义的，虽然因特网中确实存在互联网层。

这里不妨把互联网层和邮政系统作个对比。某个国家的一个人把一些国际邮件投入邮箱，一般情况下，这些邮件大都会被投递到正确的地址。这些邮件可能会经过几个国际邮件通道，但这对用户是透明的。而且，每个国家（每个网络）都有自己的邮戳，要求的信封大小也不同，而用户是不知道投递规则的。

互联网层定义了正式的分组格式和协议，即 IP 协议（Internet Protocol）。互联网层的功能就是把 IP 分组发送到应该去的地方。分组路由和避免阻塞是这里主要的设计问题。由于这些原因，我们有理由说 TCP/IP 互联网层和 OSI 网络层在功能上非常相似。图 2-22 显示了它们的对应关系。

2. 传输层

在 TCP/IP 模型中，位于互联网层之上的那一层，现在通常被称为传输层（Transport Layer）。它的功能是使源端和目标端主机上的对等实体可以进行会话，和 OSI 的传输层作用一样。这里定义了两个端到端的协议。第一个是传输控制协议(Transmission Control Protocol, TCP)。它是一个面向连接的协议，允许从一台机器发出的字节流无差错地发往互联网上的其他机器。它把输入的字节流分成报文段并传给互联网层。在接收端，TCP 接收进程把收到的报文再组装成输出流。TCP 还要处理流量控制，以避免快速发送方向低速接收方发送过多报文而使接收方无法处理。

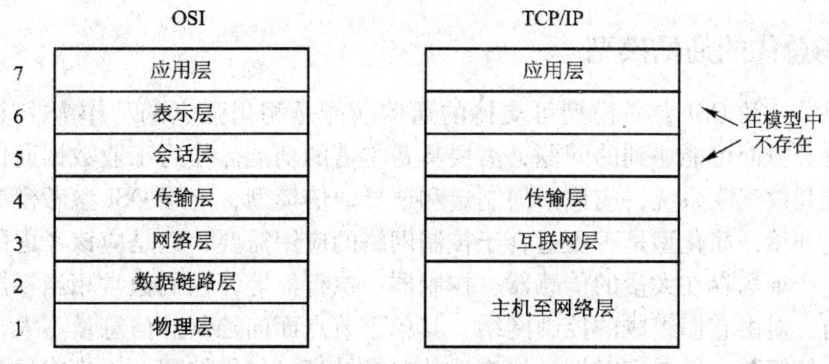

图 2-22 TCP/IP 参考模型

第二个协议是用户数据报协议（User Datagram Protocol，UDP）。它是一个不可靠的、无连接协议，用于不需要 TCP 的排序和流量控制能力而是自己完成这些功能的应用程序。它也被广泛地应用于只有一次的、客户－服务器模式的请求－应答查询，以及快速递交比准确递交更重要的应用程序，如传输语音或影像。IP、TCP 和 UDP 的关系如图 2-23 所示。自从这个模型出现以来，IP 已经在很多其他网络上实现了。

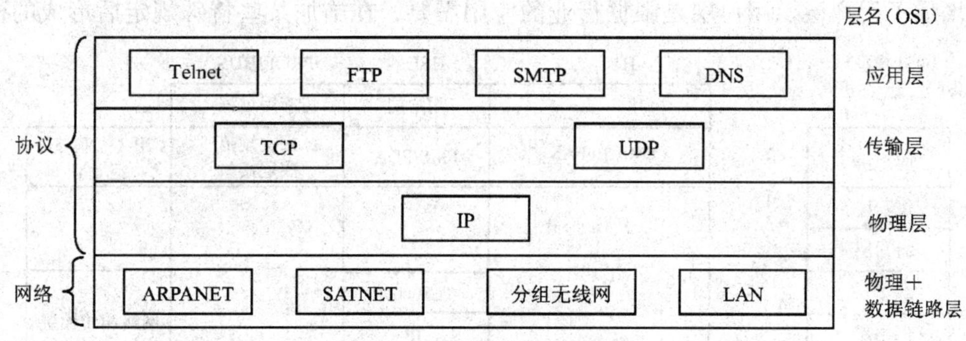

图 2-23 TCP/IP 模型中的协议与网络

3. 应用层

TCP/IP 模型没有会话层和表示层。由于没有需要，所以把它们排除在外。来自 OSI 模型的经验已经证明，它们对大多数应用程序都没有用处。

传输层的上面是应用层。它包含所有的高层协议。最早引入的是虚拟终端协议、文件传输协议和电子邮件协议，如图 2-23 所示。虚拟终端协议允许一台机器上的用户登录到远程机器上并且进行工作。文件传输协议提供了有效地把数据从一台机器移动到另一台机器的方法。电子邮件协议最初仅是一种文件传输，但是后来为它提出了专门的协议。这些年来又增加了不少的协议，例如域名服务（Domain Name Service，DNS）用于把主机名映射到网络地址；网络新闻传输协议（NNTP）用于传递新闻文章；还有超文本传输协议，用于在万维网上获取主页等。

4. 主机至网络层

互联网层的下面什么都没有，TCP/IP 参考模型没有真正描述这一部分，只是指出主机必须使用某种协议与网络连接，以便能在其上传递 IP 分组。这个协议未被定义，并且随主机和网络的不同而不同。

2.4.3 现场总线的通信模型

具有七层结构的 OSI 参考模型可支持的通信功能是相当强大的。作为一个通用参考模型，需要解决各方面可能遇到的问题，需要具备丰富的功能。作为工业数据通信的底层控制网络，要构成开放互联系统，应该如何制定和选择通信模型，七层 OSI 参考模型是否适应工业现场的通信环境，简化型是否更适合于控制网络的应用需要，这是应该考虑的首要问题。

在工业生产现场存在大量的传感器、控制器、执行器等，它们通常相当零散地分布在一个较大范围内。对由它们组成的控制网络，其单个节点面向控制的信息量不大，信息传输的任务相对也比较简单，但对实时性、快速性的要求较高。如果按照七层模式的参考模型，由于层间操作与转换的复杂性，网络接口的造价与时间开销显得过高。为满足实时性要求，也为了实现工业网络的低成本，现场总线采用的通信模型大都在 OSI 模型的基础上进行了不同程度的简化。

几种典型现场总线的通信参考模型与 OSI 模型的对照如图 2-24 所示。可以看到，它们与 OSI 模型不完全保持一致，在 OSI 模型的基础上分别进行了不同程度的简化，不过控制网络的通信参考模型仍然以 OSI 模型为基础。图 2-24 中的这几种控制网络，还在 OSI 模型的基础上增加了用户层。用户层是根据行业的应用需要，在施加某些特殊规定后形成的标准。

OSI 模型		H1	HSE	PROFIBUS	
		用户层	用户层	应用过程	
应用层	7	FMS 和 FAS	FMS/FDA	报文规范 底层接口	CIP（控制与信息协议）
表示层	6				
会话层	5				
传输层	4		TCP/UDP		网络和传输层
网络层	3		IP		
数据链路层	2	H1 数据链路层	数据链路层	数据链路层	数据链路层
物理层	1	H1 物理层	以太网物理层	物理层 (485)	物理层

图 2-24　OSI 与部分现场总线通信参考模型的对应关系

图 2-24 中的 H1 指 IEC 标准中的 61158。它采用了 OSI 模型中的 3 层，即物理层、数据链路层和应用层，隐去了第 3 ~6 层。应用层有两个子层：现场总线访问子层和现场总线报文规范子层。此外，还将从数据链路到 FAS、FMS 的全部功能集成为通信栈。

在 OSI 模型基础上增加的用户层规定了标准的功能模块、对象字典和设备描述，供用户组成所需要的应用程序，并实现网络管理和系统管理。在网络管理中，设置了网络管理代理和网络管理信息库，提供组态管理、性能管理和差错管理的功能。在系统管理中，设置了系统管理内核、系统管理内核协议和系统管理信息库，实现设备管理、功能管理、时钟管理和安全管理等功能。

HSE 即高速以太网，是 H1 的高速网段，也属于 IEC 的标准子集之一。它的从物理层到传输层的分层模型与计算机网络中常用的以太网相同。应用层和用户层的设置与 H1 基本相当。图 2-24 中应用层的 FDA 指现场设备访问是 HSE 的专有部分。

PROFIBUS 也是 IEC 的标准子集之一，也作为德国国家标准 DIN19245 和欧洲标准 EN50170。它采用了 OSI 模型的物理层、数据链路层。其 DP 型标准隐去了第 3 ~ 7 层，而 FMS 型标准则只隐去第 3 ~ 6 层，采用了应用层。此外，增加用户层作为应用过程的用户接口。

图 2-25 是 OSI 模型与另两种现场总线的通信参考模型的分层比较。其中 LonWorks 采用了 OSI 模型的全部七层通信协议，被誉为通用控制网络。图 2-25 中还给出了它各分层的作用。

OSI 模型		LonWorks		CAN
应用层	7	应用层	应用程序	
表示层	6	表示层	数据解释	
会话层	5	会话层	请求或响应、确认	
传输层	4	传输层	端端传输	
网络层	3	网络层	报文传递寻址	
数据链路层	2	数据链路层	介质访问与成帧	数据链路层
物理层	1	物理层	物理电气连接	物理层

图 2-25　OSI 模型与 LonWorks 和 CAN 的分层比较

在图 2-25 中，作为 ISO11898 标准的 CAN 只采用了 OSI 模型的下面两层，即物理层和数据链路层。这是一种应用广泛，可以封装在集成电路芯片中的协议。要用它实际组成一个控制网络，还需要增添应用层或用户层以及其他约定。

2.5　习题

1. 什么是总线与总线段？
2. 什么是总线操作？
3. 什么是总线仲裁？
4. 什么是总线定时？
5. 数字通信系统由哪几部分组成？
6. 什么是码元？
7. 什么是数字数据编码？
8. 什么是差分码？
9. 什么是曼彻斯特编码？
10. 常用的网络拓扑结构有哪几种？
11. 什么是循环冗余编码？
12. 网络互连设备主要有哪些？
13. 什么是 OSI 参考模型？它分为哪几层？
14. 现场总线的通信模型有什么特点？

第3章　通用串行通信接口技术

在通用串行通信接口中，常用的有 RS－232C 接口、RS－422 接口及 RS－485 接口。PC 及兼容计算机均具有 RS－232C 接口。当需要长距离（几百米到 1 km）传输时，则采用 RS－485 接口（二线差分平衡传输）。如果要求通信双方均可以主动发送数据，必须采用 RS－422 接口（四线差分平衡传输）。RS－232C 接口可通过转换模块变成 RS－485 接口。有些控制器（如 PLC）则直接带有 RS－485 接口，当需要多个 RS－485 接口时，可以在 PC 上插上基于 PCI 总线板卡（如 MOXA 卡）。

3.1　串行通信技术基础

在串行通信中，参与通信的两台或多台设备通常共享一条物理通路。发送者依次逐位发送一串数据信号，按一定的约定规则被接收者接收。由于串行端口通常只是规定了物理层的接口规范，所以为确保每次传送的数据报文能准确到达目的地，使每一个接收者能够接收到所有发向它的数据，必须在通信连接上采取相应的措施。

由于借助串行端口所连接的设备在功能、型号上往往互不相同，其中大多数设备除了等待接收数据之外还会有其他任务。例如，一个数据采集单元需要周期性地收集和存储数据；一个控制器需要负责控制计算或向其他设备发送报文；一台设备可能会在接收方正在进行其他任务时向它发送信息。因此，必须有能应对多种不同工作状态的一系列规则来保证串行通信的有效性。这里所讲的保证串行通信有效性的方法包括：使用轮询或者中断来检测、接收信息；设置通信帧的起始、停止位；建立连接握手；实行对接收数据的确认、数据缓存以及错误检查等。

3.1.1　串行通信基本概念

1. 连接握手

通信帧的起始位可以引起接收方的注意，但发送方并不知道，也不能确认接收方是否已经作好了接收数据的准备。利用连接握手可以使收发双方确认已经建立了连接关系，接收方已经作好准备，可以进入数据收发状态。

连接握手过程是指发送者在发送一个数据块之前使用一个特定的握手信号来引起接收者的注意，表明要发送数据，接收者则通过握手信号回应发送者，说明它已经作好了接收数据的准备。

连接握手可以通过软件，也可以通过硬件来实现。在软件连接握手中，发送者通过发送一个字节表明它想要发送数据；接收者看到这个字节时，也发送一个编码来声明自己可以接收数据；当发送者看到这个信息时，便知道它可以发送数据了。接收者还可以通过另一个编码来告诉发送者停止发送。

在普通的硬件握手方式中，接收者在准备好接收数据的时候将相应的握手信号线变为高电平，然后开始全神贯注地监视它的串行输入端口的允许发送端。这个允许发送端与接收者的已准备好接收数据的信号端相连，发送者在发送数据之前一直在等待这个信号的变化。一旦得到信号，说明接收者已处于准备好接收数据的状态，便开始发送数据。接收者可以在任何时候将握手信号线变为低电平，即便是在接收一个数据块的过程中间也可以把这根导线带入到低电平。当发送者检测到这个低电平信号时，就停止发送。而在完成本次传输之前，发送者还会继续等待握手信号线再次变为高电平，以继续被中止的数据传输。

2. 确认

接收者为表明数据已经收到而向发送者回复信息的过程称为确认。有的传输过程可能会收到报文而不需要向相关节点回复确认信息。但是在许多情况下，需要通过确认告知发送者数据已经收到。有的发送者需要根据是否收到确认信息来采取相应的措施，因而确认对某些通信过程是必需的和有用的。即便接收者没有其他信息要告诉发送者，也要为此单独发一个数据确认已经收到信息。

确认报文可以是一个特别定义过的字节，如一个标识接收者的数值。发送者收到确认报文就可以认为数据传输过程正常结束。如果发送者没有收到所希望回复的确认报文，它就认为通信出现了问题，然后将采取重发或者其他行动。

3. 中断

中断是一个信号，它通知 CPU 有需要立即响应的任务。每个中断请求对应一个连接到中断源和中断控制器的信号。通过自动检测端口事件发现中断并转入中断处理。

许多串行端口采用硬件中断。在串口发生硬件中断，或者一个软件缓存的计数器到达一个触发值时，表明某个事件已经发生，需要执行相应的中断响应程序，并对该事件作出及时的反应。这种过程也称为事件驱动。

采用硬件中断就应该提供中断服务程序，以便在中断发生时让它执行所期望的操作。很多微控制器为满足这种应用需求而设置了硬件中断。在一个事件发生的时候，应用程序会自动对端口的变化作出响应，跳转到中断服务程序。例如，发送数据、接收数据、握手信号变化、接收到错误报文等，都可能成为串行端口的不同工作状态，或称为通信中发生了不同事件，需要根据状态变化停止执行现行程序而转向与状态变化相适应的应用程序。

外部事件驱动可以在任何时间插入并且使程序转向执行一个专门的应用程序。

4. 轮询

通过周期性地获取特征或信号来读取数据或发现是否有事件发生的工作过程称为轮询。它需要足够频繁地轮询端口，以便不遗失任何数据或者事件。轮询的频率取决于对事件快速反应的需求以及缓存区的大小。

轮询通常用于计算机与 I/O 端口之间较短数据或字符组的传输。由于轮询端口不需要硬件中断，因此，可以在一个没有分配中断的端口运行此类程序。很多轮询使用系统计时器来确定周期性读取端口的操作时间。

5. 差错检验

数据通信中的接收者可以通过差错检验来判断所接收的数据是否正确。冗余数据校验、奇偶校验、校验和、循环冗余校验等都是串行通信中常用的差错检验方法。

(1) 冗余数据校验

发送冗余数据是实行差错检验的一种简单办法。发送者对每条报文都发送两次，由接收者根据这两次收到的数据是否一致来判断本次通信的有效性。当然，采用这种方法意味着每条报文都要花两倍的时间进行传输。在传送短报文时经常会用到它。许多红外线控制器就使用这种方法进行差错检验。

(2) 奇偶校验

串行通信中经常采用奇偶校验来进行错误检查。校验位可以按奇数位校验，也可以按偶数位校验。许多串口支持5~8个数据位再加上奇偶校验位的工作方式。按数据位加上校验位共有偶数个0的规则填写校验位的方式称为偶校验；而按数据位加上校验位共有奇数个0的规则填写校验位的方式称为奇校验。

接收方检验接收到的数据，如果接收到的数据违背了事先约定的奇偶校验的规则，不是所期望的数值，说明出现了传输错误，则向发送方发送出错通知。

(3) 校验和

此种差错检验方法是在通信数据中加入一个差错检验字节。对一条报文中的所有字节进行数学或者逻辑运算，计算出校验和。将校验和形成的差错检验字节作为该报文的组成部分。接收端对收到的数据重复这样的计算，如果得到了一个不同的结果，就判定通信过程发生了差错，说明它接收到的数据与发送的数据不一致。

一个典型的计算校验和的方法是将这条报文中所有字节的值相加，然后用结果的最低字节的补码作为校验和。校验和通常只有一个字节，因而不会对通信量有明显的影响。适合在长报文的情况下使用。但这种方法并不是绝对安全的，会存在很小概率的判断失误。那就是即便在数据并不完全吻合的情况下有可能出现得到的校验和一致，将有差错的通信过程判断为没有发生差错。

CRC循环冗余校验也是串行通信中常用的检错方法，它采用比校验和更为复杂的数学计算，其校验结果也更加可靠。

(4) 出错的简单处理

当一个节点检测到通信中出现的差错或者接收到一条无法理解的报文时，应该尽量通知发送报文的节点，要求它重新发送或者采取别的措施来纠正。

经过多次重发，如果发送者仍不能纠正这个差错，发送者应该跳过对这个节点的发送，发布一条出错消息，通过报警或者其他操作来通知操作人员发生了通信差错，并尽可能继续执行其他任务。

接收者如果发现一条报文比期望的报文要短，应该能最终停止连接，并让主计算机知道出现了问题，而不能无休止地等待一个报文结束。主计算机可以决定让该报文继续发送、重发或者停发，不应因发现问题而让网络处于无休止的等待状态。

3.1.2 串行异步通信数据格式

无论是RS-232接口，还是RS-485接口，均可采用串行异步收发数据格式。

在串行端口的异步传输中，接收方一般事先并不知道数据会在什么时候到达。在它检测到数据并作出响应之前，第一个数据位就已经过去了。因此，每次异步传输都应该在发送的数据之前设置至少一个起始位，以通知接收方有数据到达，给接收方一个准备接收数据、缓存数据和作出其他响应所需要的时间。而在传输过程结束时，则应由一个停止位通知接收方本次传输过程已终止，以便接收方正常终止本次通信而转入其他工作程序。

串行异步收发（UART）通信的数据格式如图 3-1 所示。

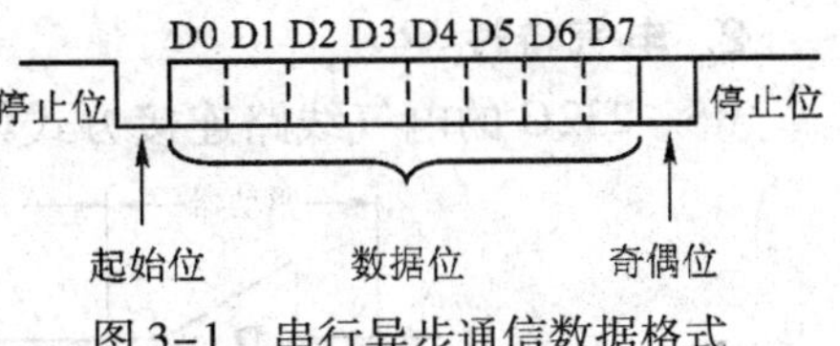

图 3-1 串行异步通信数据格式

若通信线上无数据发送，该线路应处于逻辑 1 状态（高电平）。当计算机向外发送一个字符数据时，应先送出起始位（逻辑 0，低电平），随后紧跟着数据位，这些数据构成要发送的字符信息。有效数据位的个数可以规定为 5、6、7 或 8。奇偶校验位视需要设定，紧跟其后的是停止位（逻辑 1，高电平），其位数可在 1、1.5、2 中选择其一。

3.2 RS-232C 串行通信接口技术

3.2.1 RS-232C 接口

RS-232C 的连接插头用 25 针或 9 针的 EIA 连接插头座，其主要端子分配见表 3-1。

表 3-1 RS-232C 主要端子

端脚		方向	符号	功能
25 针	9 针			
2	3	输出	TXD	发送数据
3	2	输入	RXD	接收数据
4	7	输出	RTS	请求发送
5	8	输入	CTS	为发送清零
6	6	输入	DSR	数据设备准备好
7	5		GND	信号地
8	1	输入	DCD	数据信号检测
20	4	输出	DTR	
22	9	输入	RI	

1. 信号含义

(1) 从计算机到 Modem 的信号

DTR：数据终端（DTE）准备好，告诉 Modem 计算机已接通电源，并准备好了。

RTS：请求发送，告诉 Modem 现在要发送数据。

(2) 从 Modem 到计算机的信号

DSR：数据设备（DCE）准备好，告诉计算机 Modem 已接通电源，并准备好了。

CTS：为发送清零，告诉计算机 Modem 已作好了接收数据的准备。

DCD：数据信号检测，告诉计算机 Modem 已与对端的 Modem 建立了连接。

RI：振铃指示器，告诉计算机对端电话已在振铃。

(3) 数据信号

TXD：发送数据。

RXD：接收数据。

2. 电气特性

RS－232C 的电气线路连接方式如图 3-2 所示。

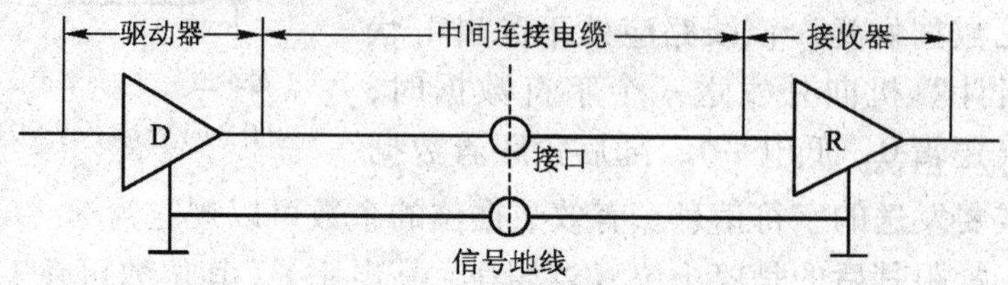

图 3-2　RS－232C 的电气连接

接口为非平衡型，每个信号用一根导线，所有信号回路共用一根地线。信号速率限于 20 kbit/s 内，电缆长度限于 15 m 之内。由于是单线，线间干扰较大。其电性能用 ±12 V 标准脉冲。值得注意的是 RS－232C 采用负逻辑。

在数据线上：传号 Mark = －15 ~ －5 V，逻辑“1”电平

空号 Space = +5 ~ +15 V，逻辑“0”电平

在控制线上：通 On = +5 ~ +15 V，逻辑“0”电平

断 Off = －15 ~ －5 V，逻辑“1”电平

RS－232C 的逻辑电平与 TTL 电平不兼容，为了与 TTL 器件相连必须进行电平转换。

由于 RS－232C 采用电平传输，在通信速率为 19.2 kbit/s 时，其通信距离只有 15 m。若要延长通信距离，必须以降低通信速率为代价。

3.2.2　RS－232C 通信接口的互连

当两台计算机经 RS－232C 接口直接通信时，两台计算机之间的联络线可用图 3-3 和图 3-4 表示。虽然不接 Modem，图中仍连接着有关的 Modem 信号线，这是由于 INT 14H 中断使用这些信号。假如程序中没有调用 INT 14H，在自编程序中也没有用到 Modem 的有关信号，两台计算机直接通信时，只连接 2、3、7（25 针 EIA）或 3、2、5（9 针 EIA）就可以了。

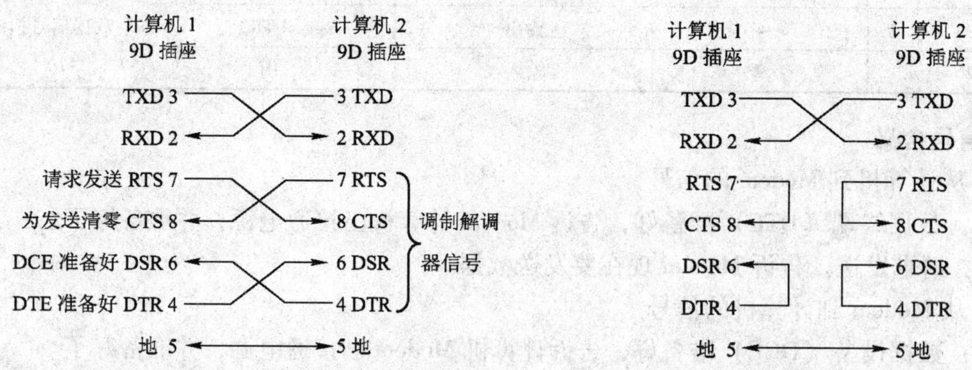

图 3-3　使用 Modem 信号的 RS－232C 接口　　图 3-4　不使用 Modem 信号的 RS－232C 接口

3.2.3　RS－232C 驱动器/接收器

为了实现采用 +5 V 供电的 TTL 和 CMOS 通信接口电路能与 RS－232C 标准接口连接，必须进行串行口的输入/输出信号的电平转换。

目前常用的电平转换器有 Motorola 公司生产的 MC1488 驱动器、MC1489 接收器，TI 公

司的 SN75188 驱动器、SN75189 接收器，以及美国 Maxim 公司生产的单一 +5 V 电源供电、多路 RS－232 驱动器/接收器，如 MAX232A 等。

MAX232A 内部具有双充电泵电压变换器，把 +5 V 变换成 ±10 V，作为驱动器的电源，具有两路发送器及两路接收器，使用相当方便。MAX232A 引脚图如图 3-5 所示，其典型应用如图 3-6 所示。

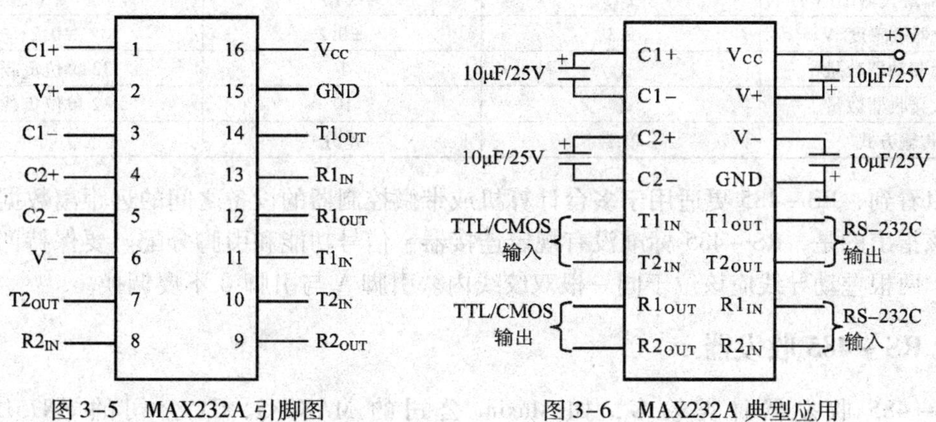

图 3-5　MAX232A 引脚图　　　　图 3-6　MAX232A 典型应用

单一 +5 V 电源供电的 RS－232C 电平转换器还有 TL232、ICL232 等。

3.3　RS－485 串行通信接口技术

由于 RS－232C 通信距离较近，当传输距离较远时，可采用 RS－485 串行通信接口。

3.3.1　RS－485 接口

RS－485 接口采用二线差分平衡传输，其信号定义如下：当采用 +5 V 电源供电时，若差分电压信号为 −2500 ~ −200 mV 时，为逻辑“0”；若差分电压信号为 +200 ~ +2500 mV 时，为逻辑“1”；若差分电压信号为 −200 ~ +200 mV 时，为高阻状态。

RS－485 的差分平衡电路如图 3-7 所示。其一根导线上的电压是另一根导线上的电压值取反。接收器的输入电压为这两根导线电压的差值（$V_A - V_B$）。

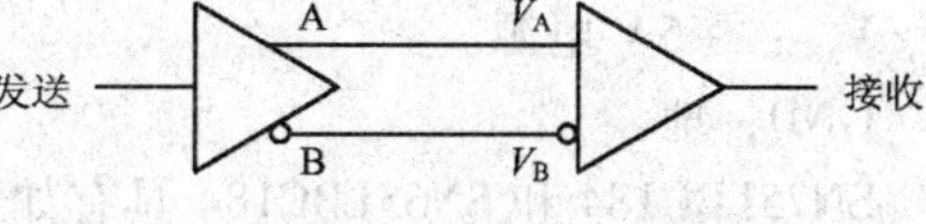

图 3-7　RS－485 的差分平衡电路

RS－485 实际上是 RS－422 的变型。RS－422 采用两对差分平衡线路，而 RS－485 只用一对。差分电路的最大优点是抑制噪声。由于在它的两根信号线上传递着大小相同、方向相反的电流，而噪声电压往往在两根导线上同时出现，一根导线上出现的噪声电压会被另一根导线上出现的噪声电压抵消，因而可以极大地削弱噪声对信号的影响。

差分电路的另一个优点是不受节点间接地电平差异的影响。在非差分（即单端）电路中，多个信号共用一根接地线，长距离传输时，不同节点接地线的电压差异可能相差好几伏，甚至会引起信号的误读。差分电路则完全不会受到接地电压差异的影响。

RS－485 价格比较便宜，能够很方便地添加到任何一个系统中，还支持比 RS－232 更长的距离、更快的速度以及更多的节点。RS－485、RS－422、RS－232C 的主要技术参数的比较见表 3-2。

表 3-2　RS－485、RS－422、RS－232C 的主要技术参数

规　　范	RS－232C	RS－422	RS－485
最大传输距离	15 m	1200 m（速率 100 kbit/s）	1200 m（速率 100 kbit/s）
最大传输速度	20 kbit/s	10 Mbit/s（距离 12 m）	10 Mbit/s（距离 12 m）
驱动器最小输出/V	±5	±2	±1.5
驱动器最大输出/V	±15	±10	±6
接收器敏感度/V	±3	±0.2	±0.2
最大驱动器数量	1	1	32 单位负载
最大接收器数量	1	10	32 单位负载
传输方式	单端	差分	差分

可以看到，RS－485 更适用于多台计算机或带微控制器的设备之间的远距离数据通信。

应该指出的是，RS－485 标准没有规定连接器、信号功能和引脚分配。要保持两根信号线相邻，两根差动导线应该位于同一根双绞线内。引脚 A 与引脚 B 不要调换。

3.3.2　RS－485 收发器

RS－485 收发器种类较多，如 Maxim 公司的 MAX485，TI 公司的 SN75LBC184、SN65LBC184，高速型 SN65ALS1176 等。它们的引脚是完全兼容的，其中 SN65ALS1176 主要用于高速应用场合，如 PROFIBUS－DP 现场总线等。下面仅介绍 SN75LBC184。

SN75LBC184 为具有瞬变电压抑制的差分收发器。SN75LBC184 为商业级，其工业级产品为 SN65LBC184。SN75LBC184 引脚图如图 3-8 所示。其中各引脚功能如下：

R：接收端。

$\overline{RE}$：接收使能，低电平有效。

DE：发送使能，高电平有效。

D：发送端。

A：差分正输入端。

B：差分负输入端。

V_{CC}：＋5 V 电源。

GND：地。

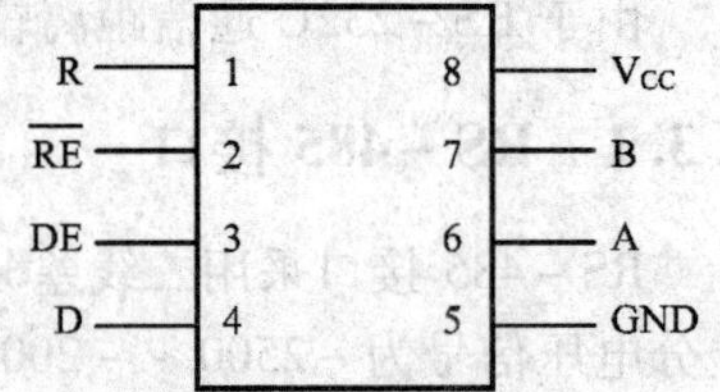

图 3-8　SN75LBC184 引脚图

SN75LBC184 和 SN65LBC184 具有如下特点：

1）具有瞬变电压抑制能力，能防雷电和抗静电放电冲击。

2）限斜率驱动器，使电磁干扰减到最小，并能减少传输线终端不匹配引起的反射。

3）总线上可挂接 64 个收发器。

4）接收器输入端开路故障保护。

5）具有热关断保护。

6）低禁止电源电流，最大 300 μA 。

7）引脚与 SN75176 兼容。

3.3.3　RS－485 接口的典型应用

RS－485 典型应用电路如图 3-9 所示。

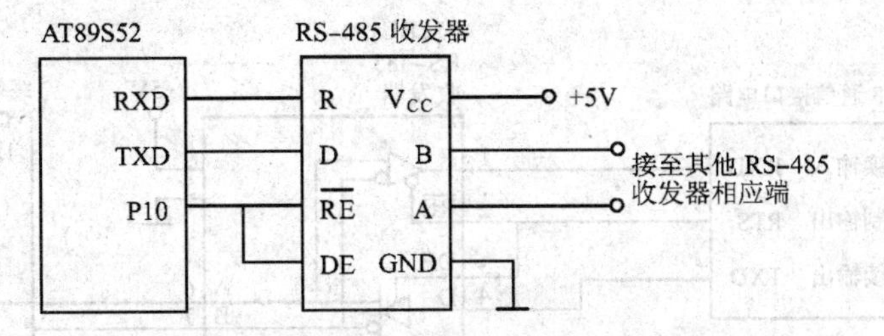

图 3-9 RS－485 典型应用电路

在图 3-9 中，RS－485 收发器可以采用 SN75LBC184、SN65LBC184、MAX485 等。当 P10 为低电平时，接收数据；当 P10 为高电平时，发送数据。

当 P10 变为高电平发送数据之前，应当延时几十个微秒的时间。尤其是在 P10 和 DE 之间接有光电耦合器时，延时时间还应更长一些。否则开始发送的几个字节数据可能会丢失。

如果采用 RS－485 组成总线型拓扑结构的分布式测控系统，在双绞线终端应接 120Ω 的终端电阻。

3.3.4 RS－485 网络互连

利用 RS－485 接口可以使一个或者多个信号发送器与接收器互连，在多台计算机或带微控制器的设备之间实现远距离数据通信，形成分布式测控网络系统。

1. RS－485 的半双工通信方式

在大多数应用条件下，RS－485 的端口连接都采用半双工通信方式。有多个驱动器和接收器共享一条信号通路。图 3-10 为 RS－485 端口半双工连接的电路图。其中 RS－485 差动总线收发器采用 SN75LBC184。

图 3-10 中的两个 120Ω 电阻是作为总线的终端电阻存在的。当终端电阻等于电缆的特征阻抗时，可以削弱甚至消除信号的反射。

特征阻抗是导线的特征参数，它的数值随着导线的直径、在电缆中与其他导线的相对距离以及导线的绝缘类型而变化。特征阻抗值与导线的长度无关，一般双绞线的特征阻抗为 100～150Ω。

RS－485 的驱动器必须能驱动 32 个单位负载加上一个 60Ω 的并联终端电阻，总的负载包括驱动器、接收器和终端电阻，不低于 54Ω。图 3-10 中两个 120Ω 电阻的并联值为 60Ω，32 个单位负载中接收器的输入阻抗会使总负载略微降低；而驱动器的输出与导线的串联阻抗又会使总负载增大。最终需要满足不低于 54Ω 的要求。

还应该注意的是，在一个半双工连接中，在同一时间内只能有一个驱动器工作。如果发生两个或多个驱动器同时启用，一个企图使总线上呈现逻辑 1，另一个企图使总线上呈现逻辑 0，则会发生总线竞争，在某些元件上就会产生大电流。因此，所有 RS－485 的接口芯片上都必须有限流和过热关闭功能，以便在发生总线竞争时保护芯片。

2. RS－485 的全双工连接

尽管大多数 RS－485 的连接是半双工的，但是也可以形成全双工 RS－485 连接。图 3-11 为两点之间的全双工 RS－485 连接电路。在全双工连接中，信号的发送和接收方向都有它自己的通路。在全双工、多节点连接中，一个节点可以在一条通路上向所有其他节点发送信息，而在另一条通路上接收来自其他节点的信息。

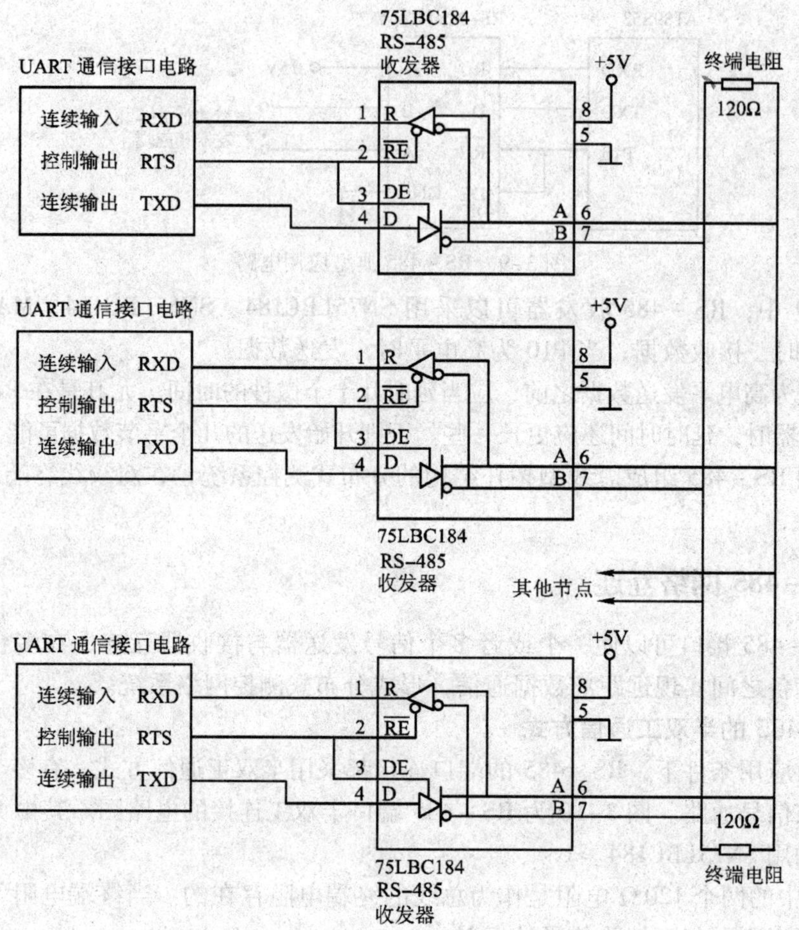

图 3-10　RS－485 端口的半双工连接电路

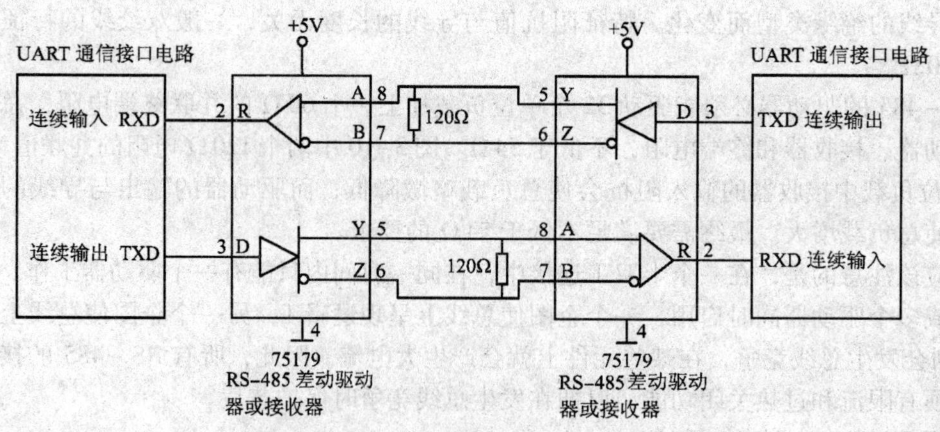

图 3-11　两个 RS－485 端口的全双工连接电路

两点之间全双工连接的通信在发送和接收上都不会存在问题。但当多个节点共享信号通路时，需要以某种方式对网络控制权进行管理。这是在全双工、半双工连接中都需要解决的问题。

3.4 Modbus 通信协议

3.4.1 概述

Modbus 协议是应用于 PLC 或其他控制器上的一种通用语言。通过此协议，控制器之间、控制器通过网络（如以太网）和其他设备之间可以实现串行通信。该协议已经成为通用工业标准。采用 Modbus 协议，不同厂商生产的控制设备可以互连成工业网络，实现集中监控。此协议定义了一个控制器能识别使用的消息结构，而不管它们是经过何种网络进行通信的。它描述了控制器请求访问其他设备的过程，如何响应来自其他设备的请求，以及怎样侦测错误并记录。它制定了消息域格式和内容的公共格式。

当在 Modbus 网络上通信时，此协议要求每个控制器必须知道它们的设备地址，识别按地址发来的消息，决定要产生何种动作。如果需要响应，控制器将生成反馈信息并用 Modbus 协议发出。在其他网络上，包含了 Modbus 协议的消息转换为在此网络上使用的帧或包结构，这种转换也扩展了根据具体的网络解决节点地址、路由路径及错误检测的方法。

1. Modbus 网络上传输

标准的 Modbus 接口使用 RS－232C 兼容串行接口，它定义了连接器的引脚、电缆、信号位、传输波特率、奇偶校验。控制器能直接或通过调制解调器组网。

控制器通信使用主－从技术，即仅某一设备（主设备）能主动传输（查询），其他设备（从设备）根据主设备查询提供的数据作出响应。典型的主设备有：主机和可编程仪表。典型的从设备有可编程控制器。

主设备可单独和从设备通信，也能以广播方式和所有从设备通信。如果单独通信，从设备返回一消息作为响应，如果是以广播方式查询的，则不做任何响应。Modbus 协议建立了主设备查询的格式：设备（或广播）地址、功能代码、所有要发送的数据、一个错误检测域。

从设备响应消息也由 Modbus 协议构成，包括确认要动作的域、任何要返回的数据和一个错误检测域。如果在消息接收过程中发生一错误，或从设备不能执行其命令，从设备将建立一错误消息并把它作为响应发送出去。

2. 其他类型网络上传输

在其他网络上，控制器使用“对等”技术通信，任何控制器都能初始化和其他控制器的通信。这样在单独的通信过程中，控制器既可作为主设备，也可作为从设备。提供的多个内部通道允许同时发生传输进程。

在消息级，Modbus 协议仍提供了主－从原则，尽管网络通信方法是“对等”的。如果一个控制器发送一消息，它只是作为主设备，并期望从设备得到响应。同样，当控制器接收到一消息，它将建立一从设备响应格式并返回给发送的控制器。

3. 查询－响应周期

（1）查询

查询消息中的功能代码告知被选中的从设备要执行何种功能。数据段包含了从设备要执行功能的任何附加信息。例如，功能代码 03 是要求从设备读保持寄存器并返回它们的内容。

数据段必须包含要告知从设备的信息：从何种寄存器开始读及要读的寄存器数量。错误检测域为从设备提供了一种验证消息内容是否正确的方法。

（2）响应

如果从设备产生一正常的响应，在响应消息中的功能代码是在查询消息中的功能代码的响应。数据段包括了从设备收集的数据，像寄存器值或状态。如果有错误发生，功能代码将被修改，以用于指出响应消息是错误的，同时数据段包含了描述此错误信息的代码。错误检测域允许主设备确认消息内容是否可用。

3.4.2 两种传输方式

控制器能设置为两种传输模式（ASCII 或 RTU）中的任何一种在标准的 Modbus 网络通信。用户选择想要的模式，包括串口通信参数（波特率、校验方式等），在配置每个控制器的时候，在一个 Modbus 网络上的所有设备都必须选择相同的传输模式和串口参数。

ASCII 模式如图 3-12 所示，RTU 模式如图 3-13 所示。

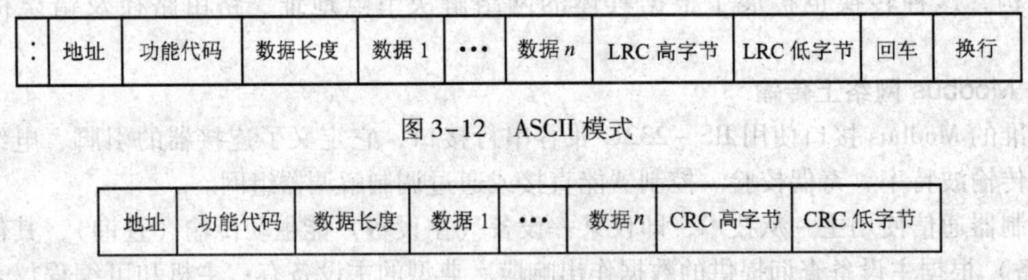

图 3-12 ASCII 模式

图 3-13 RTU 模式

所选的 ASCII 或 RTU 方式仅适用于标准的 Modbus 网络，它定义了在这些网络上连续传输的消息段的每一位，以及决定怎样将信息打包成消息域和如何解码。

在其他网络上（如 MAP 和 Modbus Plus），Modbus 消息被转成与串行传输无关的帧。

1. ASCII 模式

当控制器设置为在 Modbus 网络上以 ASCII（美国标准信息交换代码）模式通信时，消息中的每个 8 bit 字节都作为两个 ASCII 字符发送。这种方式的主要优点是字符发送的时间间隔可达到 1 s 而不产生错误。

（1）代码系统

1）十六进制，ASCII 字符 0 ~ 9，A ~ F。

2）消息中的每个 ASCII 字符都由一个十六进制字符组成。

（2）每个字节的位：

1）1 个起始位。

2）7 个数据位，最低有效位先发送。

3）1 个奇偶校验位，无校验则无。

4）1 个停止位（有校验时），2 个 bit（无校验时）。

（3）错误检测域

LRC（纵向冗余检测）。

2. RTU 模式

当控制器设置为在 Modbus 网络上以 RTU（远程终端单元）模式通信时，消息中的每个 8 bit 字节包含两个 4 bit 的十六进制字符。这种方式的主要优点是：在同样的波特率下，可比 ASCII 方式传送更多的数据。

（1）代码系统

1）8 位二进制，十六进制数 0～9，A～F。

2）消息中的每个 8 位域都由两个十六进制字符组成。

（2）每个字节的位

1）1 个起始位。

2）8 个数据位，最低有效位先发送。

3）1 个奇偶校验位，无校验则无。

4）1 个停止位（有校验时），2 个 bit（无校验时）。

（3）错误检测域

CRC（循环冗余检测）。

3.4.3 Modbus 消息帧

两种传输模式（ASCII 或 RTU）中，传输设备可以将 Modbus 消息转为有起点和终点的帧，这就允许接收的设备在消息起始处开始工作，读地址分配信息，判断哪一个设备被选中（广播方式则传给所有设备），判知何时信息已完成。部分的消息也能侦测到并且能将错误设置为返回结果。

1. ASCII 帧

使用 ASCII 模式，消息以冒号“:”字符（ASCII 码 3AH）开始，以回车换行符（ASCII 码 0DH，0AH）结束。

其他域可以使用的传输字符是十六进制的 0～9 和 A～F。网络上的设备不断侦测“:”字符，当有一个冒号接收到时，每个设备都解码下个域（地址域）来判断是否是发给自己的。

消息中字符间发送的时间间隔最长不能超过 1 s，否则接收的设备将认为传输错误。一个典型的 ASCII 消息帧如图 3-14 所示。

起始位	设备地址	功能代码	数据	LRC 校验	结束符
1 个字符	2 个字符	2 个字符	*n* 个字符	2 个字符	2 个字符

图 3-14　ASCII 消息帧

2. RTU 帧

使用 RTU 模式，消息发送至少要以 3.5 个字符时间的停顿间隔开始。在网络波特率下设置多个字符时间（比如图 3-15 中的 T1 - T2 - T3 - T4），这是最容易实现的。传输的第一个域是设备地址，可以使用的传输字符是十六进制的 0～9 和 A～F。网络设备不断侦测网络总线，包括停顿间隔时间。当第一个域（地址域）接收到，每个设备都进行解码以判断是否是发给自己的。在最后一个传输字符之后，一个至少 3.5 个字符时间的停顿标注了消息的结束，一个新的消息可在此停顿后开始。

整个消息帧必须作为一个连续的流传输。如果在帧完成之前有超过 1.5 个字符的停顿时间，接收设备将刷新不完整的消息并假定下一字节是一个新消息的地址域。同样的，如果一个新消息在小于 3.5 个字符时间内接着前一个消息开始，接收的设备将认为它是前一消息的延续。这将导致一个错误，因为在最后的 CRC 域的值不可能是正确的。一个典型的 RTU 消息帧如图 3-15 所示。

起始位	设备地址	功能代码	数据	CRC 校验	结束符
T1-T2-T3-T4	8bit	8bit	*n* 个 8bit	16bit	T1-T2-T3-T4

图 3-15　RTU 消息帧

3. 地址域

消息帧的地址域包含两个字符（ASCII）或 8 bit（RTU）。允许的从设备地址范围是 0 ~ 247（十进制）。单个从设备的地址范围是 1 ~ 247。主设备通过将从设备的地址放入消息中的地址域来选通从设备。当从设备发送响应消息时，它把自己的地址放入响应的地址域中，以便主设备知道是哪一个设备作出的响应。

地址 0 用做广播地址，以使所有的从设备都能识别。当 Modubs 协议用于更高级的网络时，广播可能不允许或以其他方式代替。

4. 功能域

消息帧中的功能代码域包含了两个字符（ASCII）或 8 bit（RTU）。允许的代码范围是十进制的 1 ~ 255。当然，有些代码是适用于所有控制器的，有些只适用于某种控制器，还有些保留以备后用。

当消息从主设备发往从设备时，功能代码域将告知从设备需要执行哪些动作。例如，去读取输入的开关状态，读一组寄存器的数据内容，读从设备的诊断状态，允许调入、记录、校验在从设备中的程序等。

当从设备响应时，它使用功能代码域来指示是正常响应（无误）还是有某种错误发生（称为异常响应）。对正常响应，从设备仅响应相应的功能代码；对异常响应，从设备返回一个在正常功能代码的最高位置 1 的代码。

例如，一主设备发往从设备的消息要求读一组保持寄存器，将产生如下功能代码：

0 0 0 0 0 0 1 1　　（十六进制 03H）

对正常响应，从设备仅响应同样的功能代码；对异常响应，它返回

1 0 0 0 0 0 1 1　　（十六进制 83H）

除功能代码因异常错误作了修改外，从设备将一特殊的代码放到响应消息的数据域中，这能告诉主设备发生了什么错误。

主设备应用程序得到异常的响应后，典型的处理过程是重发消息，或者诊断发给从设备的消息并报告给操作员。

5. 数据域

数据域是由两位十六进制数构成的，范围为 00H ~ FFH。根据网络传输模式，可以由一对 ASCII 字符组成，或者由一个 RTU 字符组成。

主设备发给从设备消息的数据域包含附加的信息：从设备必须采用该信息执行由功能代码

所定义的动作。它包括寄存器地址，读写的字节数。例如，如果主设备需要从从设备读取一组保持寄存器（功能代码 03H），数据域指定了起始寄存器以及要读的寄存器数量。如果主设备写一组从设备的寄存器（功能代码 10H），数据域则指明了要写的起始寄存器、要写的寄存器数量、数据域的数据字节数，以及要写入寄存器的数据。

如果没有错误发生，从设备返回的数据域包含请求的数据；如果有错误发生，此域包含异常代码，主设备应用程序可以用来判断采取的下一步动作。

在某种消息中数据域可以是不存在的（0 长度）。例如，主设备要求从设备响应通信事件记录（功能代码 0BH），从设备不需任何附加的信息。

6. 错误检测域

标准的 Modbus 网络有两种错误检测方法，错误检测域的内容与所选的传输模式有关。

（1）ASCII

当选用 ASCII 模式作为字符帧，错误检测域包含两个 ASCII 字符。这是使用 LRC（纵向冗余检测）方法对消息内容计算得出的，不包括开始的冒号符及回车换行符。LRC 字符附加在回车换行符前面。

（2）RTU

当选用 RTU 模式作为字符帧，错误检测域包含一个 16 bit 值（用两个 8 位的字符来实现）。错误检测域的内容是通过对消息内容进行循环冗余检测方法得出的。CRC 域附加在消息的最后，添加时先是低字节，然后是高字节。故 CRC 的高位字节是发送消息的最后一个字节。

7. 字符的连续传输

当消息在标准的 Modbus 系列网络上传输时，每个字符或字节以如下方式发送（从左到右）：

最低有效位…最高有效位

使用 ASCII 字符帧时，位顺序如图 3-16 所示。

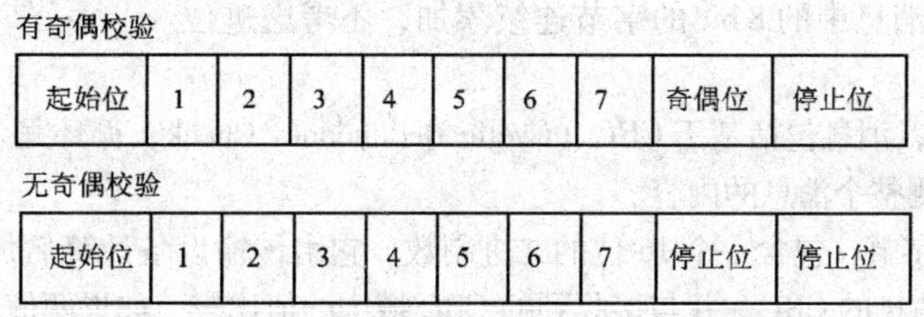

图 3-16 位顺序（使用 ASCII 字符帧）

使用 RTU 字符帧时，位顺序如图 3-17 所示。

有奇偶校验

起始位	1	2	3	4	5	6	7	8	奇偶位	停止位

无奇偶校验

起始位	1	2	3	4	5	6	7	8	停止位	停止位

图 3-17 位顺序（使用 RTU 字符帧）

3.4.4 错误检测方法

标准的 Modbus 串行网络采用两种错误检测方法。奇偶校验对每个字符都可用，帧检测（LRC 或 CRC）应用于整个消息。它们都是在消息发送前由主设备产生的，从设备在接收过程中检测每个字符和整个消息帧。

退出传输前用户要给主设备配置一预先定义的超时时间间隔，这个时间间隔要足够长，以使任何从设备都能作为正常响应。如果从设备检测到一个传输错误，消息将不会接收，也不会向主设备作出响应。这样超时事件将触发主设备来处理错误。发往不存在的从设备的消息也会产生超时。

1. 奇偶校验

用户可以配置控制器是奇校验还是偶校验，或无校验。这将决定每个字符中的奇偶校验位是如何设置的。

如果指定了奇校验或偶校验，“1”的位数将算到每个字符的位数中（ASCII 模式为 7 个数据位，RTU 模式为 8 个数据位）。例如，RTU 字符帧中包含以下 8 个数据位：1 1 0 0 0 1 0 1。

帧中“1”的总数是 4 个。如果使用了偶校验，帧的奇偶校验位将是 0，使“1”的个数仍是偶数（4 个）；如果使用了奇校验，帧的奇偶校验位将是 1，使“1”的个数是奇数（5 个）。

如果没有指定奇偶校验，传输时就没有校验位，也不进行校验检测，一附加的停止位填充至要传输的字符帧中。

2. LRC 检测

使用 ASCII 模式，消息包括基于 LRC（Longitudinal Redundancy Check，纵向冗余校验）方法的错误检测域。LRC 域检测消息域中除开始的冒号及结束的回车换行符以外的内容。

LRC 域包含一个 8 位二进制数的字节。LRC 值由传输设备来计算并放到消息帧中，接收设备在接收消息的过程中计算 LRC，并将它和接收到的消息中的 LRC 域中的值比较，如果两值不相等，说明有错误。

LRC 方法是将消息中的 8 bit 的字节连续累加，不考虑进位。

3. CRC 检测

使用 RTU 模式，消息包括基于 CRC（Cyclic Redundancy Check，循环冗余校验）方法的错误检测域。CRC 域检测整个消息的内容。

CRC 域是两个字节，包含一个 16 位的二进制数。它由传输设备计算后加入到消息中。接收设备重新计算收到消息的 CRC，并与接收到的 CRC 域中的值比较，如果两值不同，说明有错误。

CRC 是先调入一个数值是全“1”的 16 位寄存器，然后调用一个过程，将消息中连续的 8 bit 字节和当前寄存器中的值进行处理。仅每个字符中的 8 bit 数据对 CRC 有效，起始位和停止位以及奇偶校验位均无效。

CRC 产生过程中，每个 8 bit 字符都单独和寄存器内容相或（OR），结果向最低有效位方向移动，最高有效位以 0 填充。LSB 被提取出来检测，如果 LSB 为 1，寄存器单独和预置的值相或；如果 LSB 为 0，则不进行相或。整个过程要重复 8 次。在最后一位（第 8 位）完成后，下一个 8 bit 字节又单独和寄存器的当前值相或。最终寄存器中的值是消息中所有的字节都执行之后的 CRC 值。

CRC 添加到消息中时，低字节先加入，然后加入高字节。

CRC 的简单函数如下：

```
unsigned short CRC16 (puchMsg, usDataLen)
unsigned char * puchMsg; /* 要进行 CRC 校验的消息 */
unsigned short usDataLen; /* 消息中字节数 */
{
unsigned char uchCRCHi = 0xFF; /* 高 CRC 字节初始化 */
unsigned char uchCRCLo = 0xFF; /* 低 CRC 字节初始化 */
unsigned uIndex; /* CRC 循环中的索引 */
while (usDataLen --) /* 传输消息缓冲区 */
{
uIndex = uchCRCHi^ * puchMsg ++ ; /* 计算 CRC */
uchCRCHi = uchCRCLo^auchCRCHi [uIndex];
uchCRCLo = auchCRCLo [uIndex];
}
return (uchCRCHi < <8 | uchCRCLo);
}
/* CRC 高位字节值表 */
static unsigned char auchCRCHi [ ] = {
0x00, 0xC1, 0x81, 0x40, 0x01, 0xC0, 0x80, 0x41, 0x01, 0xC0,
0x80, 0x41, 0x00, 0xC1, 0x81, 0x40, 0x01, 0xC0, 0x80, 0x41,
0x00, 0xC1, 0x81, 0x40, 0x00, 0xC1, 0x81, 0x40, 0x01, 0xC0,
0x80, 0x41, 0x01, 0xC0, 0x80, 0x41, 0x00, 0xC1, 0x81, 0x40,
0x00, 0xC1, 0x81, 0x40, 0x01, 0xC0, 0x80, 0x41, 0x00, 0xC1,
0x81, 0x40, 0x01, 0xC0, 0x80, 0x41, 0x01, 0xC0, 0x80, 0x41,
0x00, 0xC1, 0x81, 0x40, 0x01, 0xC0, 0x80, 0x41, 0x00, 0xC1,
0x81, 0x40, 0x00, 0xC1, 0x81, 0x40, 0x01, 0xC0, 0x80, 0x41,
0x00, 0xC1, 0x81, 0x40, 0x01, 0xC0, 0x80, 0x41, 0x01, 0xC0,
0x80, 0x41, 0x00, 0xC1, 0x81, 0x40, 0x00, 0xC1, 0x81, 0x40,
0x01, 0xC0, 0x80, 0x41, 0x01, 0xC0, 0x80, 0x41, 0x00, 0xC1,
0x81, 0x40, 0x01, 0xC0, 0x80, 0x41, 0x00, 0xC1, 0x81, 0x40,
0x00, 0xC1, 0x81, 0x40, 0x01, 0xC0, 0x80, 0x41, 0x01, 0xC0,
0x80, 0x41, 0x00, 0xC1, 0x81, 0x40, 0x00, 0xC1, 0x81, 0x40,
0x01, 0xC0, 0x80, 0x41, 0x00, 0xC1, 0x81, 0x40, 0x01, 0xC0,
0x80, 0x41, 0x01, 0xC0, 0x80, 0x41, 0x00, 0xC1, 0x81, 0x40,
0x00, 0xC1, 0x81, 0x40, 0x01, 0xC0, 0x80, 0x41, 0x01, 0xC0,
0x80, 0x41, 0x00, 0xC1, 0x81, 0x40, 0x01, 0xC0, 0x80, 0x41,
0x00, 0xC1, 0x81, 0x40, 0x00, 0xC1, 0x81, 0x40, 0x01, 0xC0,
0x80, 0x41, 0x00, 0xC1, 0x81, 0x40, 0x01, 0xC0, 0x80, 0x41,
0x01, 0xC0, 0x80, 0x41, 0x00, 0xC1, 0x81, 0x40, 0x01, 0xC0,
0x80, 0x41, 0x00, 0xC1, 0x81, 0x40, 0x00, 0xC1, 0x81, 0x40,
0x01, 0xC0, 0x80, 0x41, 0x01, 0xC0, 0x80, 0x41, 0x00, 0xC1,
0x81, 0x40, 0x00, 0xC1, 0x81, 0x40, 0x01, 0xC0, 0x80, 0x41,
```

```
0x00, 0xC1, 0x81, 0x40, 0x01, 0xC0, 0x80, 0x41, 0x01, 0xC0,
0x80, 0x41, 0x00, 0xC1, 0x81, 0x40
};
/* CRC 低位字节值表 */
static char auchCRCLo [] = {
0x00, 0xC0, 0xC1, 0x01, 0xC3, 0x03, 0x02, 0xC2, 0xC6, 0x06,
0x07, 0xC7, 0x05, 0xC5, 0xC4, 0x04, 0xCC, 0x0C, 0x0D, 0xCD,
0x0F, 0xCF, 0xCE, 0x0E, 0x0A, 0xCA, 0xCB, 0x0B, 0xC9, 0x09,
0x08, 0xC8, 0xD8, 0x18, 0x19, 0xD9, 0x1B, 0xDB, 0xDA, 0x1A,
0x1E, 0xDE, 0xDF, 0x1F, 0xDD, 0x1D, 0x1C, 0xDC, 0x14, 0xD4,
0xD5, 0x15, 0xD7, 0x17, 0x16, 0xD6, 0xD2, 0x12, 0x13, 0xD3,
0x11, 0xD1, 0xD0, 0x10, 0xF0, 0x30, 0x31, 0xF1, 0x33, 0xF3,
0xF2, 0x32, 0x36, 0xF6, 0xF7, 0x37, 0xF5, 0x35, 0x34, 0xF4,
0x3C, 0xFC, 0xFD, 0x3D, 0xFF, 0x3F, 0x3E, 0xFE, 0xFA, 0x3A,
0x3B, 0xFB, 0x39, 0xF9, 0xF8, 0x38, 0x28, 0xE8, 0xE9, 0x29,
0xEB, 0x2B, 0x2A, 0xEA, 0xEE, 0x2E, 0x2F, 0xEF, 0x2D, 0xED,
0xEC, 0x2C, 0xE4, 0x24, 0x25, 0xE5, 0x27, 0xE7, 0xE6, 0x26,
0x22, 0xE2, 0xE3, 0x23, 0xE1, 0x21, 0x20, 0xE0, 0xA0, 0x60,
0x61, 0xA1, 0x63, 0xA3, 0xA2, 0x62, 0x66, 0xA6, 0xA7, 0x67,
0xA5, 0x65, 0x64, 0xA4, 0x6C, 0xAC, 0xAD, 0x6D, 0xAF, 0x6F,
0x6E, 0xAE, 0xAA, 0x6A, 0x6B, 0xAB, 0x69, 0sA9, 0xA8, 0x68,
0x78, 0xB8, 0xB9, 0x79, 0xBB, 0x7B, 0x7A, 0xBA, 0xBE, 0x7E,
0x7F, 0xBF, 0x7D, 0xBD, 0xBC, 0x7C, 0xB4, 0x74, 0x75, 0xB5,
0x77, 0xB7, 0xB6, 0x76, 0x72, 0xB2, 0xB3, 0x73, 0xB1, 0x71,
0x70, 0xB0, 0x50, 0x90, 0x91, 0x51, 0x93, 0x53, 0x52, 0x92,
0x96, 0x56, 0x57, 0x97, 0x55, 0x95, 0x94, 0x54, 0x9C, 0x5C,
0x5D, 0x9D, 0x5F, 0x9F, 0x9E, 0x5E, 0x5A, 0x9A, 0x9B, 0x5B,
0x99, 0x59, 0x58, 0x98, 0x88, 0x48, 0x49, 0x89, 0x4B, 0x8B,
0x8A, 0x4A, 0x4E, 0x8E, 0x8F, 0x4F, 0x8D, 0x4D, 0x4C, 0x8C
0x44, 0x84, 0x85, 0x45, 0x87, 0x47, 0x46, 0x86, 0x82, 0x42,
0x43, 0x83, 0x41, 0x81, 0x80, 0x40
};
```

如果采用 MCS－51 汇编语言，则程序设计如下：

```
CRCLO    EQU    30H       ; CRC 低字节
CRCHI    EQU    31H       ; CRC 高字节
COUNT    EQU    32H       ; 校验字节数
BUFFER   EQU    40H       ; 被校验数据首地址
```

主程序：

```
START:   MOV    CRCLO, #0FFH     ; CRC 低字节初始化
         MOV    CRCHI, #0FFH     ; CRC 高字节初始化
         MOV    R0, #BUFFER      ; 被校验数据首地址送 R0
```

```
        MOV     R7, COUNT       ; 被校验字节数送 R7
        LCALL   CRCPR           ; 调用 CRCPR 校验子程序
        SJMP    $               ; CRC 校验结果在 CRCLO 和 CRCHI 单元
```

校验子程序:

入口:被校验数据首地址送 R0,被校验字节数送 R7。

出口:CRC 校验结果在 CRCLO 和 CRCHI 单元中。

```
CRCPR:  MOV     A, @R0
        ORL     A, CRCLO
        MOV     B, A
        MOV     DPTR, #TCRCHI
        MOVC    A, @A+DPTR
        ORL     A, CRCHI
        MOV     CRCLO, A
        MOV     A, B
        MOV     DPTR, #TCRCLO
        MOVC    A, @A+DPTR
        MOV     CRCHI, A
        MOV     A, CRCLO
        INC     R0
        DJNZ    R7, CRCPR
        RET
; TCRCHI 为 CRC 高字节值表
; TCRCLO 为 CRC 低字节值表
```

3.4.5 Modbus 的编程方法

由 RTU 模式消息帧格式可以看出,在完整的一帧消息开始传输时,必须和上一帧消息之间至少有 3.5 个字符时间的间隔,这样接收方在接收时才能将该帧作为一个新的数据帧接收。另外,在本数据帧进行传输时,帧中传输的每个字符之间不能超过 1.5 个字符时间的间隔,否则,本帧将被视为无效帧,但接收方将继续等待和判断下一次 3.5 个字符的时间间隔之后出现的新一帧并进行相应的处理。

因此,在编程时首先要考虑 1.5 个字符时间和 3.5 个字符时间的设定和判断。

1. 字符时间的设定

在 RTU 模式中,1 个字符时间是指按照用户设定的波特率传输一个字节所需要的时间。

例如,当传输波特率为 2400 bit/s 时,1 个字符时间为

$11\times1/2400=4583\ \mu s$

同样,可得出 1.5 个字符时间和 3.5 个字符时间分别为

$11\times1.5/2400=6875\ \mu s$

$11\times3.5/2400=16042\ \mu s$

为了节省定时器,在设定这两个时间段时可以使用同一个定时器,定时时间取为 1.5 个字符时间和 3.5 个字符时间的最大公约数即 0.5 个字符时间,同时设定两个计数器变量为 m 和 n,用

户可以在需要开始启动时间判断时将 m 和 n 清零。而在定时器的中断服务程序中，只需要对 m 和 n 分别做加 1 运算，并判断是否累加到 3 和 7。当 $m=3$ 时，说明 1.5 个字符时间已到，此时可以将 1.5 个字符时间已到标志 T15FLG 置成 01H，并将 m 重新清零；当 $n=7$ 时，说明 3.5 个字符时间已到，此时将 3.5 个字符时间已到标志 T35FLG 置成 01H，并将 n 重新清零。

波特率从 1200 ~ 19200 bit/s，定时器定时时间均采用此方法计算。

当波特率为 38400 bit/s 时，Modbus 通信协议推荐此时 1 个字符时间为 500 μs，即定时器定时时间为 250 μs。

2. 数据帧接收的编程方法

在实现 Modbus 通信时，设每个字节的一帧信息需要 11 位，其中 1 位起始位、8 位数据位和 2 位停止位，无校验位。通过串行口的中断接收数据，中断服务程序每次只接收并处理一个字节数据，并启动定时器实现时序判断。

在接收新一帧数据时，接收完第一个字节之后，置帧标志 FLAG 为 0AAH，表明当前存在一个有效帧正在接收。在接收该帧的过程中，一旦出现时序不对，则将帧标志 FLAG 置成 55H，表明当前存在的帧为无效帧。其后，接收到本帧的剩余字节仍然放入接收缓冲区，但标志 FLAG 不再改变，直至接收到 3.5 字符时间间隔后的新一帧数据的第一个字节，主程序即可根据 FLAG 标志判断当前是否有有效帧需要处理。

Modbus 数据串行口接收中断服务程序如图 3-18 所示。

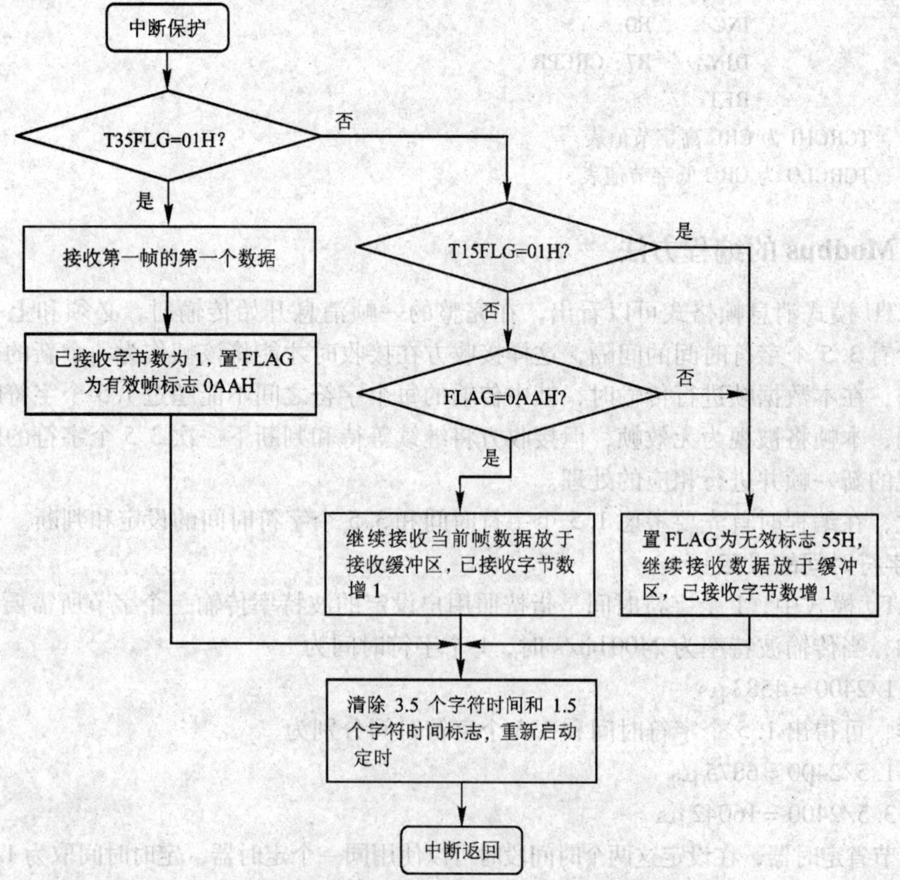

图 3-18　Modbus 数据串行口接收中断服务程序结构框图

3.4.6 PMM2000 电力网络仪表 Modbus－RTU 通信协议

1. 开关量输入

读取开关量输入的功能号为 0x02H，其发送数据格式见表 3-3，正常响应数据格式见表 3-4。表中 N 为读取寄存器的个数

表 3-3 开关量输入发送数据格式

地址	1 B	0x06
功能号	1 B	0x02
开始地址	2 B	从 0x0000 开始
读取路数	2 B	N
校验和	2 B	CRC 16

表 3-4 开关量输入正常响应数据格式

地址	1 B	0x06
功能号	1 B	0x02
字节数	1 B	N^*
状态值	N^* B	
校验和	2 B	CRC 16

如果 $N/8$ 余数为 0，则 $N^* = N/8$，否则 $N^* = N/8 + 1$。

例如：

1）读取当前开关量输入状态（DI1 ~ DI4）共 4 路，其中 DI1 = “1”，DI4 = “1”（闭合），DI2 = “0”（断开），DI3 = “0”（断开）。读到的数据应为 09H，即“0000 1001”。

主机发送数据：06 02 00 00 00 04 CRC CRC

从机正常响应数据：06 02 01 09 CRC CRC

上传数据中：09H 为 DI1 ~ DI4 状态；Bit0 ~ Bit3 对应 DI1 ~ DI4。

2）读取当前开关量输入状态（DI1 ~ DI16）共 16 路，其中 DI1 = “1”，DI4 = “1”（闭合），DI8 = “1”（闭合），DI9 = “1”，DI14 = “1”（闭合），其余断开，读到的数据应为 89H 21H，即“1000 1001 0010 0001”。

主机发送数据：06 02 00 00 00 09 CRC CRC

从机正常响应数据：06 02 02 89 21 CRC CRC

上传数据中：89H 为 DI1 ~ DI8 状态；Bit0 ~ Bit7 对应 DI1 ~ DI8；

21H 为 DI9 ~ DI16 状态；Bit0 ~ Bit7 对应 DI9 ~ DI16。

2. 继电器控制

写继电器功能号为 0x05，读继电器功能号为 0x01。继电器地址从 0x0000 开始。

（1）控制继电器输出

控制继电器输出的功能号为 0x05，其发送数据格式见表 3-5，正常响应数据格式见表 3-6。

输出值为“FF00”，表示控制继电器“合”；输出值为“0000”，表示控制继电器“分”。

表 3-5　控制继电器输出发送数据格式

地址	1 B	0x06
功能号	1 B	0x05
输出地址	2 B	从 0x0000 开始
输出值	2 B	0x0000 或 0xFF00
校验和	2 B	CRC 16

表 3-6　控制继电器输出正常响应数据格式

地址	1 B	0x06
功能号	1 B	0x05
输出地址	2 B	从 0x0000 开始
输出值	2 B	0x0000 或 0xFF00
校验和	2 B	CRC 16

例如：

继电器 2 当前状态为“开”状态，控制继电器 2 输出“合”状态。

主机发送数据：06 05 00 01 FF 00 CRC CRC

如果控制继电器成功，则返回数据内容同发送数据。

（2）查询继电器当前状态

查询继电器当前状态的功能号为 0x01，其发送数据格式见表 3-7，正常响应数据格式见表 3-8。表中 N 为读取寄存器的个数。

表 3-7　查询继电器当前状态发送数据格式

地址	1 B	0x06
功能号	1 B	0x01
开始地址	2 B	从 0x0000 开始
继电器路数	2 B	N
校验和	2 B	CRC 16

表 3-8　查询继电器当前状态正常响应数据格式

地址	1 B	0x06
功能号	1 B	0x01
字节数	1 B	N^*
继电器状态	N^*	
校验和	2 B	CRC 16

如果 $N/8$ 余数为 0，则 $N^* = N/8$，否则 $N^* = N/8 + 1$。

响应数据中继电器状态字节从右到左分别为继电器 1、继电器 2、继电器 3 和继电器 4。

例如：

读取 4 路继电器状态，当前继电器 1 状态“开”，继电器 2 状态“合”，继电器 3 状态“开”，继电器 4 状态“合”。

主机发送数据：06 01 00 00 00 04 CRC CRC

从机正常响应数据：06 01 01 0A CRC CRC

上传数据中：0AH 为继电器 1 ~ 继电器 4 状态，Bit0 ~ Bit3 对应继电器 1 ~ 继电器 4 状态。

3. 读取电力参数

读取电力参数的功能号为 0x04H，其发送数据格式见表 3-9，正常响应数据格式见表3-10。表中 N 为读取寄存器个数。

表 3-9　读取电力参数发送数据格式

地址	1 B	0x06
功能号	1 B	0x04
开始地址	2 B	从 0x0000 开始
数据长度	2 B	N
校验和	2 B	CRC 16

表 3-10　读取电力参数正常响应数据格式

地址	1 B	0x06
功能号	1 B	0x04
字节数	1 B	$2N$
寄存器值	2N	
校验和	2 B	CRC 16

例如：

主机发送数据：06 04 00 00 00 24 CRC CRC

从机正常响应数据：06 04 48…CRC CRC

4. 错误处理

当主机向从机发送数据后，从机不能正常响应数据，则从机向主机回送的错误处理数据格式见表 3-11。

表 3-11　错误处理数据格式

地址	1 B	0x06
错误代码	1 B	0x80 + 功能码
错误值	1 B	01、02、03 或 04
校验和	2 B	CRC 16

表中，01 表示无效的功能码；02 表示无效的数据地址；03 表示无效的数据值；04 表示执行功能码失败。

5. 初始化参数

RS-485 串口参数设置：默认波特率为 9600 bit/s，停止位为 2 位，数据位为 8，无校验位。

波特率支持：1200 bit/s，2400 bit/s，4800 bit/s，9600 bit/s，19200 bit/s 和 38400 bit/s。

3.5　习题

1. RS-232 接口和 RS-485 接口的区别是什么？
2. 采用 RS-485 通信接口，设计一种总线型拓扑网络。
3. 什么是 Modbus-RTU 通信协议？
4. 采用某一种单片机，自行设计 Modbus-RTU 通信协议的处理程序。

第4章　PROFIBUS现场总线

PROFIBUS（Process Fieldbus的缩写）是由Siemens等公司组织开发的一种国际化的、开放的、不依赖于设备生产商的现场总线标准。其先后成为德国和欧洲的现场总线标准（DIN19245和EN50170），并于2000年成为IEC 61158国际现场总线标准之一，2001年成为我国的机械行业标准JB/T10308.3—2001。

4.1　PROFIBUS概述

PROFIBUS由以下3个兼容部分组成。

1）PROFIBUS-DP：用于传感器和执行器级的高速数据传输，它以DIN19245的第一部分为基础，根据其所需要达到的目标对通信功能加以扩充，DP的传输速率可达12 Mbit/s，一般构成单主站系统，主站、从站间采用循环数据传输方式工作。

它的设计旨在用于设备一级的高速数据传输。在这一级，中央控制器（如PLC/PC）通过高速串行线与分散的现场设备（如I/O、驱动器、阀门等）进行通信。同这些分散的设备进行数据交换多数是周期性的。

2）PROFIBUS-PA：对于安全性要求较高的场合，制定了PROFIBUS-PA协议，这由DIN19245的第四部分描述。PA具有本质安全特性，它实现了IEC1158-2规定的通信规程。

PROFIBUS-PA是PROFIBUS的过程自动化解决方案，PA将自动化系统和过程控制系统与现场设备，如压力、温度和液位变送器等连接起来，代替了4~20 mA模拟信号传输技术，在现场设备的规划、敷设电缆、调试、投入运行和维修等方面可节约成本40%之多，并大大提高了系统功能和安全可靠性，因此PA尤其适用于石油、化工、冶金等行业的过程自动化控制系统。

3）PROFIBUS-FMS：它的设计旨在解决车间一级通用性通信任务，FMS提供大量的通信服务，用以完成以中等传输速率进行的循环和非循环的通信任务。由于它是完成控制器和智能现场设备之间的通信，以及控制器之间的信息交换，因此，它考虑的主要是系统的功能，而不是系统的响应时间，应用过程通常要求的是随机的信息交换（如改变设定参数等）。强有力的FMS服务向人们提供了广泛的应用范围和更大的灵活性，可用于大范围和复杂的通信系统。

为了满足苛刻的实时要求，PROFIBUS协议具有如下特点：

1）不支持长度大于235 B的信息段（实际最大长度为255B，数据最大长度为244B，典型长度为120B）。

2）不支持短信息组块功能。由许多短信息组成的长信息包不符合短信息的要求，因此，PROFIBUS不提供这一功能（实际使用中可通过应用层或用户层的制定或扩展来克服这一约束）。

3）本规范不提供由网络层支持运行的功能。

4）除规定的最小组态外，根据应用需求可以建立任意的服务子集。这对小系统（如传感器等）尤其重要。

5）其他功能是可选的，如口令保护方法等。

6）网络拓扑是总线型，两端带终端器或不带终端器。

7）介质、距离、站点数取决于信号特性，如对于屏蔽双绞线，单段长度小于或等于1.2 km，不带中继器，每段32个站点。（网络规模：双绞线，最大长度为9.6 km；光纤，最大长度为90 km；最大站数，127个）

8）传输速率取决于网络拓扑和总线长度，从9.6 kbit/s到12 Mbit/s不等。

9）可选第二种介质（冗余）。

10）在传输时，使用半双工、异步、滑差（Slipe）保护同步（无位填充）。

11）对于报文数据的完整性，使用海明距离（HD=4）、同步滑差检查和特殊序列，以避免数据的丢失和增加。

12）地址定义范围为0～127（对广播和群播而言，127是全局地址），对区域地址、段地址的服务存取地址（链路服务存取点，LSAP）的地址扩展，每个6 bit。

13）使用两类站：主站（主动站，具有总线存取控制权）和从站（被动站，没有总线存取控制权）。如果对实时性要求不苛刻，最多可用32个主站，总站数可达127个。

14）总线存取基于混合、分散、集中3种方式，主站间用令牌传输，主站与从站之间用主—从方式。令牌在由主站组成的逻辑令牌环中循环。如果系统中仅有一个主站，则不需要令牌传输。这是一个单主站—多从站的系统。最小的系统配置由一个主站和一个从站或两个主站组成。

15）数据传输服务有两类。

- 非循环的：有/无应答要求的发送数据；有应答要求的发送和请求数据。
- 循环的（轮询）：有应答要求的发送和请求数据。

PROFIBUS广泛应用于制造业自动化、流程工业自动化，以及楼宇、交通、电力等其他自动化领域，PROFIBUS的典型应用如图4-1所示。

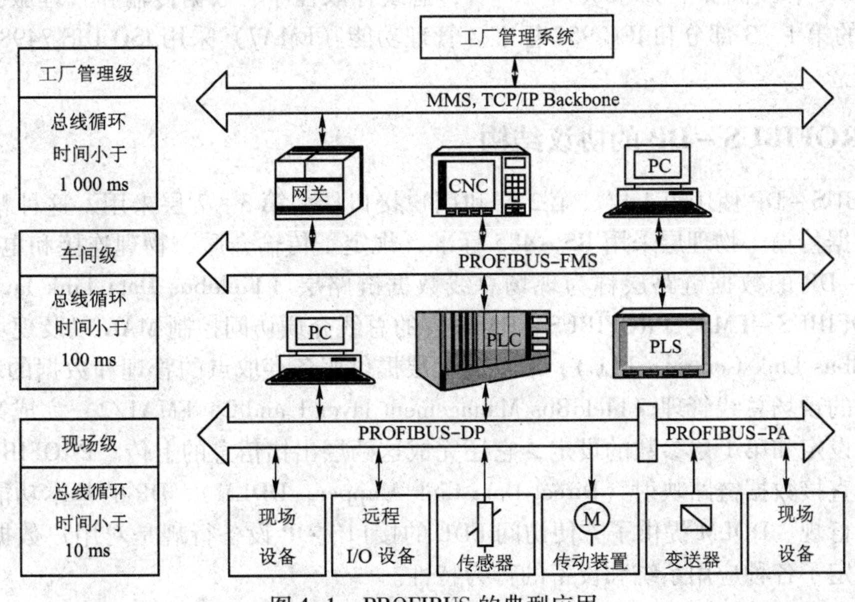

图4-1 PROFIBUS的典型应用

4.2 PROFIBUS 的协议结构

PROFIBUS 的协议结构如图 4-2 所示。

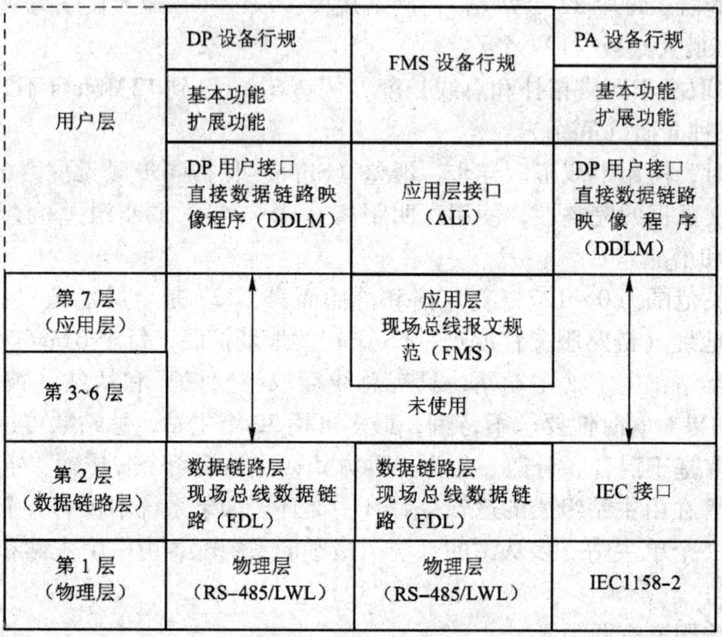

	DP	FMS	PA
用户层	DP 设备行规 基本功能 扩展功能 DP 用户接口 直接数据链路映像程序（DDLM）	FMS 设备行规 应用层接口 （ALI）	PA 设备行规 基本功能 扩展功能 DP 用户接口 直接数据链路映像程序 （DDLM）
第 7 层 （应用层）		应用层 现场总线报文规范（FMS）	
第 3~6 层		未使用	
第 2 层 （数据链路层）	数据链路层 现场总线数据链路（FDL）	数据链路层 现场总线数据链路（FDL）	IEC 接口
第 1 层 （物理层）	物理层 （RS-485/LWL）	物理层 （RS-485/LWL）	IEC1158-2

图 4-2　PROFIBUS 的协议结构

从图 4-2 中可以看出，PROFIBUS 协议采用了 ISO/OSI 模型中的第 1 层、第 2 层，必要时还采用第 7 层。第 1 层和第 2 层的导线和传输协议依据美国标准 EIA RS-485、国际标准 IEC 870-5-1 和欧洲标准 EN 60870-5-1，总线存取程序、数据传输和管理服务基于 DIN 19241 标准的第 1~3 部分和 IEC 955 标准。管理功能（FMA7）采用 ISO DIS 7498-4（管理框架）的概念。

4.2.1 PROFIBUS-DP 的协议结构

PROFIBUS-DP 使用第 1 层、第 2 层和用户接口层，第 3~7 层未用，这种精简的结构确保高速数据传输。物理层采用 RS-485 标准，规定了传输介质、物理连接和电气等特性。PROFIBUS-DP 的数据链路层称为现场总线数据链路层（Fieldbus Data Link layer，FDL），包括与 PROFIBUS-FMS、PROFIBUS-PA 兼容的总线介质访问控制 MAC 以及现场总线链路控制（Fieldbus Link Control，FLC），FLC 向上层提供服务存取点的管理和数据的缓存。第 1 层和第 2 层的现场总线管理（FieldBus Management layer 1 and 2，FMA1/2）完成第 2 层待定总线参数的设定和第 1 层参数的设定，它还完成这两层出错信息的上传。PROFIBUS-DP 的用户层包括直接数据链路映射（Direct Data Link Mapper，DDLM）、DP 的基本功能、扩展功能以及设备行规。DDLM 提供了方便访问 FDL 的接口，DP 设备行规是对用户数据含义的具体说明，规定了各种应用系统和设备的行为特性。

这种为高速传输用户数据而优化的 PROFIBUS 协议特别适用于可编程控制器与现场级分

散 I/O 设备之间的通信。

4.2.2 PROFIBUS－FMS 的协议结构

PROFIBUS－FMS 使用了第 1 层、第 2 层和第 7 层。应用层（第 7 层）包括 FMS（现场总线报文规范）和 LLI（低层接口）。FMS 包含应用协议和提供的通信服务。LLI 建立各种类型的通信关系，并给 FMS 提供对第 2 层的不依赖于设备的访问。

FMS 处理单元级（PLC 和 PC）的数据通信。功能强大的 FMS 服务可在广泛的应用领域内使用，并为解决复杂通信任务提供了很大的灵活性。

PROFIBUS－DP 和 PROFIBUS－FMS 使用相同的传输技术和总线存取协议。因此，它们可以在同一根电缆上同时运行。

4.2.3 PROFIBUS－PA 的协议结构

PROFIBUS－PA 使用扩展的 PROFIBUS－DP 协议进行数据传输。此外，它执行规定现场设备特性的 PA 设备行规。传输技术依据 IEC 1158－2 标准，确保本质安全和通过总线对现场设备供电。使用段耦合器可将 PROFIBUS－PA 设备很容易地集成到 PROFIBUS－DP 网络之中。

PROFIBUS－PA 是为达到过程自动化工程中的高速、可靠的通信要求而特别设计的。用 PROFIBUS－PA 可以把传感器和执行器连接到通常的现场总线（段）上，即使在防爆区域的传感器和执行器也可如此。

4.3 PROFIBUS－DP 现场总线系统

由于 Siemens 公司在离散自动化领域具有较深的影响，并且 PROFIBUS－DP 在国内具有广大的用户，因此，本节以 PROFIBUS－DP 为例介绍 PROFIBUS 现场总线系统。

4.3.1 DP 的 RS－485 传输技术和安装要点

1. 传输技术

由于 DP 与 FMS 系统使用了同样的传输技术和统一的总线访问协议，因而，这两套系统可在同一根电缆上同时操作。RS－485 传输是 PROFIBUS 最常用的一种传输技术，这种技术通常称之为 H2，采用的电缆是屏蔽双绞线。RS－485 传输技术的基本特征有：

1）网络拓扑：总线型拓扑结构，总线两端有有源的终端电阻。

2）传输速率：9.6k～12Mbit/s。

3）介质：屏蔽双绞电缆，也可取消屏蔽，取决于环境条件（EMC）。

4）站点数：每段 32 个站（不带中继），可多到 127 个站（带中继）。

5）插头连接：最好使用 9 针 D 型插头。

2. 安装要点

全部设备均与总线连接，每个分段上最多可接 32 个站（主站或分段站），每段的头和尾各有一个总线终端电阻，确保操作运行不发生误差。两个总线终端电阻必须永远有电源，当分段站超过 32 个时，必须使用中继器以连接各总线段，串联的中继器一般不超过 3 个。

注意：中继器没有站地址，但被计算机设置在每段的最多站数中。

电缆最大长度取决于传输速率，如使用 A 型电缆，则传输速率与电缆长度的关系见表 4-1。

表 4-1 传输速率与电缆长度的关系

波特率/kbit/s	9.6	19.2	93.75	187.5	500	1500	12000
距离/（段/m）	1200	1200	1200	1000	400	200	100

A 型电缆参数包括：浪涌阻抗，当测量频率为 3 ~ 20 MHz 时，其为 135 ~ 165 Ω；电缆电容，其小于 30 pF/m；回路电阻，其小于 110 Ω/km；导线截面积，其大于 0.34 mm^2。

利用 RS－485 传输技术的 PROFIBUS 网络最好使用 9 针 D 型插头。

当连接各站时，应确保数据线非拧绞，系统在高电磁发射环境（如汽车制造业）下运行时应使用带屏蔽的电缆，这样可提高电磁兼容性（EMC）。

如果使用屏蔽双绞线和屏蔽箔，应在两端与保护接地连接，并通过尽可能的大面积屏蔽接线来覆盖，以保持良好的传导性。另外，建议数据线必须与高压线隔离。

超过 500 kbit/s 的数据传输速率时应避免使用短截线，应使用市场上现有的插头可使数据输入和输出电缆直接与插头连接，而且总线插头连接可在任何时候接通或断开而并不中断其他站的数据通信。

4.3.2 PROFIBUS－DP 的三个版本

PROFIBUS－DP 经过功能扩展，一共有 DP－V0、DP－V1 和 DP－V2 三个版本，有时将 DP－V1 简写为 DPV1。

1. DP－V0 的基本功能

（1）总线存取方法

各主站间为令牌传送，主站与从站间为主－从循环传送，支持单主站或多主站系统，总线上最多 126 个站。可以采用点对点用户数据通信、广播（控制指令）方式和循环主－从用户数据通信。

（2）循环数据交换

DP－V0 可以实现中央控制器（PLC、PC 或过程控制系统）与分布式现场设备（从站，如 I/O、阀门、变送器和分析仪等）之间的快速循环数据交换，主站发出请求报文，从站收到后返回响应报文。这种循环数据交换是在被称为 MS0 的连接上进行的。

总线循环时间应小于中央控制器的循环时间（约 10 ms），DP 的传送时间与网络中站的数量和传输速率有关。每个从站可以传送 224B 的输入或输出。

（3）诊断功能

经过扩展的 PROFIBUS－DP 诊断，能对站级、模块级、通道级三级故障进行诊断和快速定位，诊断信息在总线上传输并由主站采集。

本站诊断操作：对本站设备的一般操作状态的诊断。例如，温度过高，压力过低。

模块诊断操作：对站点内部某个具体的 I/O 模块的故障定位。

通道诊断操作：对某个输入/输出通道的故障定位。

（4）保护功能

所有信息的传输按海明距离（HD＝4）进行。对DP从站的输出进行存取保护，DP主站用监控定时器监视与从站的通信，对每个从站都有独立的监控定时器。在规定的监视时间间隔内，如果没有执行用户数据传送，将会使监控定时器超时，通知用户程序进行处理。如果参数“Auto_Clear”为1，DPM1将退出运行模式，并将所有有关的从站的输出置于故障安全状态，然后进入清除（Clear）状态。

DP从站用看门狗（Watchdog Timer，监控定时器）检测与主站的数据传输，如果在设置的时间内没有完成数据通信，从站自动地将输出切换到故障安全状态。

在多主站系统中，从站输出操作的访问保护是必要的。这样可以保证只有授权的主站才能直接访问。其他从站可以读它们的输入的映像，但是不能直接访问。

（5）通过网络的组态功能与控制功能

通过网络可以实现下列功能：动态激活或关闭DP从站；对DP主站（DPM1）进行配置，可以设置站点的数目、DP从站的地址、输入/输出数据的格式、诊断报文的格式等，以及检查DP从站的组态。控制命令可以同时发送给所有的从站或部分从站。

（6）同步与锁定功能

主站可以发送命令给一个从站或同时发给一组从站。接收到主站的同步命令后，从站进入同步模式。这些从站的输出被锁定在当前状态。在这之后的用户数据传输中，输出数据存储在从站，但是它的输出状态保持不变。同步模式用“Unsync”命令来解除。

“锁定”（Freeze）命令使指定的从站组进入锁定模式，即将各从站的输入数据锁定在当前状态，直到主站发送下一个锁定命令时才可以刷新。可用“Unfreeze”命令来解除锁定模式。

（7）DPM1和DP从站之间的循环数据传输

DPM1与有关DP从站之间的用户数据传输是由DPM1按照确定的递归顺序自动进行的。在对总线系统进行组态时，用户定义DP从站与DPM1的关系，确定哪些DP从站被纳入信息交换的循环。

DMP1和DP从站之间的数据传送分为3个阶段：参数化、组态和数据交换。在前两个阶段进行检查，每个从站将自己的实际组态数据与从DPM1接收到的组态数据进行比较。设备类型、格式、信息长度与输入/输出的个数都应一致，以防止由于组态过程中的错误造成系统的检查错误。

只有系统检查通过后，DP从站才进入用户数据传输阶段。在自动进行用户数据传输的同时，也可以根据用户的需要向DP从站发送用户定义的参数。

（8）DPM1和系统组态设备间的循环数据传输

PROFIBUS－DP允许主站之间的数据交换，即DPM1和DPM2之间的数据交换。该功能使组态和诊断设备通过总线对系统进行组态，改变DPM1的操作方式，动态地允许或禁止DPM1与某些从站之间交换数据。

2. DP－V1的扩展功能

（1）非循环数据交换

除了DP－V0的功能外，DP－V1最主要的特征是具有主站与从站之间的非循环数据交换功能，可以用它来进行参数设置、诊断和报警处理。非循环数据交换与循环数据交换是并行执行的，但非循环数据交换的优先级较低。

1 类主站 DPM1 可以通过非循环数据通信读写从站的数据块，数据传输在 DPM1 建立的 MS1 连接上进行，可以用主站来组态从站以及设置从站的参数。

在启动非循环数据通信之前，DPM2 用初始化服务建立 MS2 连接。MS2 用于读、写和数据传输服务。一个从站可以同时保持几个激活的 MS2 连接，但是连接的数量受到从站的资源的限制。DPM2 与从站建立或中止非循环数据通信连接，读写从站的数据块。数据传输功能向从站非循环地写指定的数据，如果需要，可以在同一周期读数据。

对数据寻址时，PROFIBUS 假设从站的物理结构是模块化的，即从站由称为“模块”的逻辑功能单元构成。在基本 DP 功能中这种模型也用于数据的循环传送。每一模块的输入/输出字节数为常数，在用户数据报文中按固定的位置来传送。寻址过程基于标识符，用它来表示模块的类型，包括输入、输出或二者的结合，所有标识符的集合产生了从站的配置。在系统启动时由 DPM1 对标识符进行检查。

循环数据通信也是建立在这一模型的基础上的。所有能被读写访问的数据块都被认为属于这些模块，它们可以用槽号和索引来寻址。槽号用于确定模块的地址，索引号用于确定指定给模块的数据块的地址，每个数据块最大为 244B。读写服务寻址如图 4-3 所示。

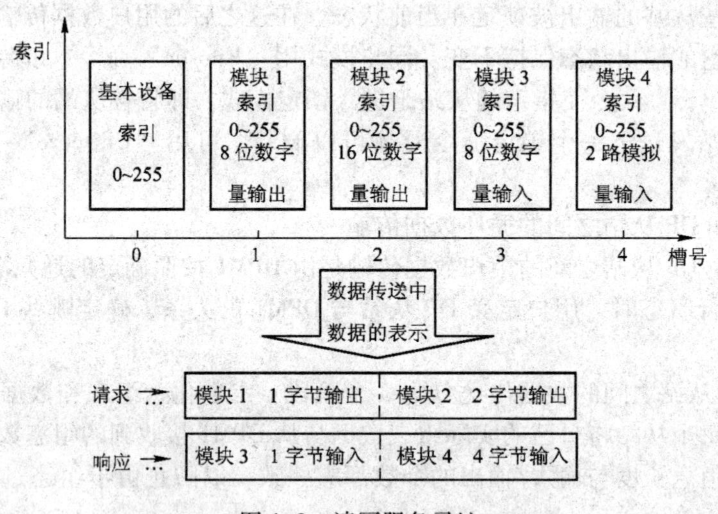

图 4-3　读写服务寻址

对于模块化的设备，模块被指定槽号，从 1 号槽开始，槽号按顺序递增，0 号留给设备本身。紧凑型设备被视为虚拟模块的一个单元，也可以用槽号和索引来寻址。

在读/写请求中，通过长度信息可以对数据块的一部分进行读写。如果读/写数据块成功，DP 从站发送正常的读写响应。反之将发送否定的响应，并对问题进行分类。

（2）工程内部集成的 EDD 与 FDT/DTM

在工业自动化中，由于历史的原因，GSD（电子设备数据）文件使用得较多，它适用于较简单的应用；EDD（Electronic Device Description，电子设备描述）适用于中等复杂程序的应用；FDT/DTM（Field Device Tool/Device Type Manager，现场设备工具/设备类型管理）是独立于现场总线的“万能”接口，适用于复杂的应用场合。

(3) 基于 IEC 61131 - 3 的软件功能块

为了实现与制造商无关的系统行规，应为现存的通信平台提供应用程序接口（API），即标准功能块。PNO（，PROFIBUS 用户组织）推出了基于 IEC 61131 - 3 的通信与代理（Proxy）功能块。

(4) 故障安全通信（PROFIsafe）

PROFIsafe 定义了与故障安全有关的自动化任务，以及故障 - 安全设备怎样用故障 - 安全控制器在 PROFIBUS 上通信。PROFIsafe 考虑了在串行总线通信中可能发生的故障，例如，数据的延迟、丢失、重复，不正确的时序、地址和数据的损坏。

PROFIsafe 采取了下列的补救措施：输入报文帧的超时及其确认；发送者与接收者之间的标识符（口令）；附加的数据安全措施（CRC 校验）。

(5) 扩展的诊断功能

DP 从站通过诊断报文将突发事件（报警信息）传送给主站，主站收到后发送确认报文给从站。从站收到后只能发送新的报警信息，这样可以防止多次重复发送同一报警报文。状态报文由从站发送给主站，并且不需要主站确认。

3. DP - V2 的扩展功能

(1) 从站与从站间的通信

在 2001 年发布的 PROFIBUS 协议功能扩充版本 DP - V2 中，广播式数据交换实现了从站之间的通信，从站作为出版者（Publisher），不经过主站直接将信息发送给作为订户（Subscribers）的从站。这样从站可以直接读入别的从站的数据。这种方式最多可以减少 90% 的总线响应时间。从站与从站的数据交换如图 4-4 所示。

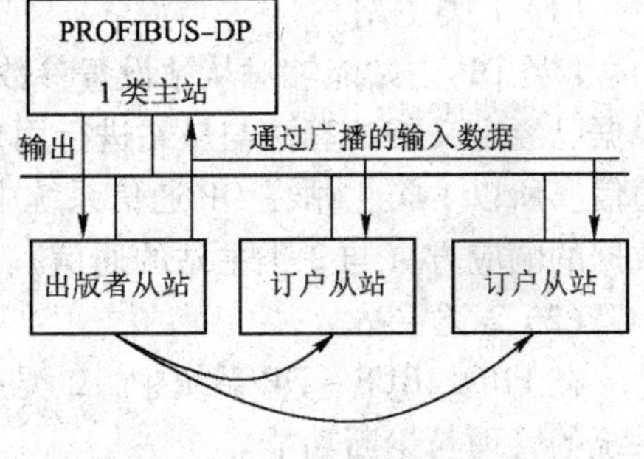

图 4-4　从站与从站的数据交换

(2) 同步（Isochronous）模式功能

同步功能激活主站与从站之间的同步，误差小于 1 ms。通过“全局控制”广播报文，所有有关的设备被周期性地同步到总线主站的循环。

(3) 时钟控制与时间标记

通过用于时钟同步的新的连接 MS3，实时时间（Real Time）主站将时间标记（Time Stamps）发送给所有的从站，将从站的时钟同步到系统时间，误差小于 1 ms。利用这一功能可以实现高精度的事件追踪。在有大量主站的网络中，对于获取定时功能特别有用。主站与从站之间的时钟控制通过 MS3 服务来进行。

(4) HARTonDP

HART 是一种应用较广的现场总线。HART 规范将 HART 的客户 - 主机 - 服务器模型映射到 PROFIBUS，HART 规范位于 DP 主站和从站的第 7 层之上。HART - client（客户）功能集成在 PROFIBUS 的主站中，HART 的主站集成在 PROFIBUS 的从站中。为了传送 HART 报文，定义了独立于 MS1 和 MS2 的通信通道。

(5) 上载与下载（区域装载）

这一功能允许用少量的命令装载任意现场设备中任意大小的数据区。例如，不需要人工装载就可以更新程序或更换设备。

(6) 功能请求（Function Invocation）

功能请求服务用于 DP 从站的程序控制（启动、停止、返回或重新启动）和功能调用。

(7) 从站冗余

在很多应用场合，要求现场设备的通信有冗余功能。冗余的从站有两个 PROFIBUS 接口，一个是主接口，另一个是备用接口。它们可能是单独的设备，也可能分散在两个设备中。这些设备有两个带有特殊的冗余扩展的独立的协议堆栈，冗余通信在两个协议堆栈之间进行，可能是在一个设备内部，也可能是在两个设备之间。

在正常情况下，通信只发送给被组态的主要从站，它也发送给后备从站。在主要从站出现故障时，后备从站接管它的功能。可能是后备从站自已检查到故障，或主站请求它这样做。主站监视所有的从站，出现故障时立即发送诊断报文给后备从站。

冗余从站设备可以在一条 PROFIBUS 总线或两条冗余的 PROFIBUS 总线上运行。

4.3.3 PROFIBUS - DP 系统组成、系统结构和总线访问控制

1. 系统组成

PROFIBUS - DP 总线系统设备包括主站（主动站，有总线访问控制权，包括 1 类主站和 2 类主站）和从站（被动站，无总线访问控制权）。当主站获得总线访问控制权（令牌）时，它能占用总线，可以传输报文，而从站仅能应答所接收的报文或在收到请求后传输数据。

(1) 1 类主站

1 类 DP 主站能够对从站设置参数，检查从站的通信接口配置，读取从站诊断报文，并根据已经定义好的算法与从站进行用户数据交换。1 类主站还能用一组功能与 2 类主站进行通信。所以 1 类主站在 DP 通信系统中既可作为数据的请求方（与从站的通信），也可作为数据的响应方（与 2 类主站的通信）。

(2) 2 类主站

在 PROFIBUS - DP 系统中，2 类主站是一个编程器或一个管理设备，可以执行一组 DP 系统的管理与诊断功能。

(3) 从站

从站是 PROFIBUS - DP 系统通信中的响应方，它不能主动发出数据请求。DP 从站可以与 2 类主站（对其设置参数并完成对其通信接口的配置）或 1 类主站进行数据交换，并向主站报告本地诊断信息。

2. 系统结构

一个 DP 系统既可以是一个单主站结构，也可以是一个多主站结构。主站和从站采用统一编址方式，可选用 0 ~ 127 共 128 个地址，其中 127 为广播地址。一个 PROFIBUS - DP 网络最多可以有 127 个主站，在应用实时性要求较高时，主站个数一般不超过 32 个。

单主站结构是指网络中只有一个主站，且该主站为 1 类主站，网络中的从站都隶属于这个主站，从站与主站进行主从数据交换。

多主站结构是指在一条总线上连接几个主站，主站之间采用令牌传递方式获得总线控制权，获得令牌的主站和其控制的从站之间进行主从数据交换。总线上的主站和各自控制的从站构成多个独立的主从结构子系统。

典型 DP 系统的组成结构如图 4-5 所示。

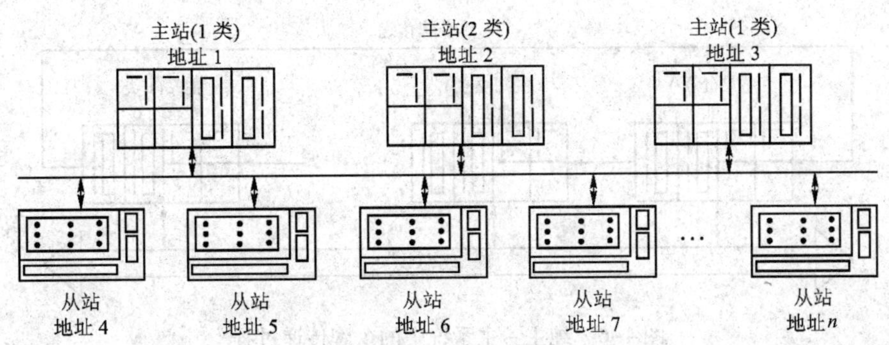

图 4-5　典型 DP 系统的组成结构

3. 总线访问控制

PROFIBUS-DP 系统的总线访问控制要保证两个方面的需求：一方面，总线主站节点必须在确定的时间范围内获得足够的机会来处理它自己的通信任务；另一方面，主站与从站之间的数据交换必须是快速且具有很少的协议开销。

DP 系统支持使用混合的总线访问控制机制，主站之间采取令牌控制方式，令牌在主站之间传递，拥有令牌的主站拥有总线访问控制权；主站与从站之间采取主从的控制方式，主站具有总线访问控制权，从站仅在主站要求它发送时才可以使用总线。

当一个主站获得了令牌，它就可以执行主站功能，与其他主站节点或所控制的从站节点进行通信。总线上的报文用节点地址来组织，每个 PROFIBUS 主站节点和从站节点都有一个地址，而且此地址在整个总线上必须是唯一的。

在 PROFIBUS-DP 系统中，这种混合总线访问控制方式允许有如下的系统配置：

- 纯主-主系统（执行令牌传递过程）。
- 纯主-从系统（执行主-从数据通信过程）。
- 混合系统（执行令牌传递和主-从数据通信过程）。

（1）令牌传递过程

连接到 DP 网络的主站按节点地址的升序组成一个逻辑令牌环。控制令牌按顺序从一个主站传递到下一个主站。令牌提供访问总线的权利，并通过特殊的令牌帧在主站间传递。具有 HAS（Highest Address Station，最高站地址）的主站将令牌传递给具有最低总线地址的主站，以使逻辑令牌环闭合。

令牌经过所有主站节点轮转一次所需的时间称为令牌循环时间（Token Rotation Time）。现场总线系统中令牌轮转一次所允许的最大时间称为目标令牌时间（Target Rotation Time，T_{TR}），其值是可调整的。

在系统的启动总线初始化阶段，总线访问控制通过辨认主站地址来建立令牌环，并将主站地址都记录在活动主站表（List of Active Master Stations，LAS，记录系统中所有主站地址）中。对于令牌管理而言，有两个地址概念特别重要：前驱站（Previous Station，PS）地址，传递令牌给自己的站的地址；后继站（Next Station，NS）地址，将要传递令牌的目的站地址。在系统运行期间，为了从令牌环中去掉有故障的主站或在令牌环中添加新的主站而不影响总线上的数据通信，需要修改 LAS。纯主-主系统中的令牌传递过程如图 4-6 所示。

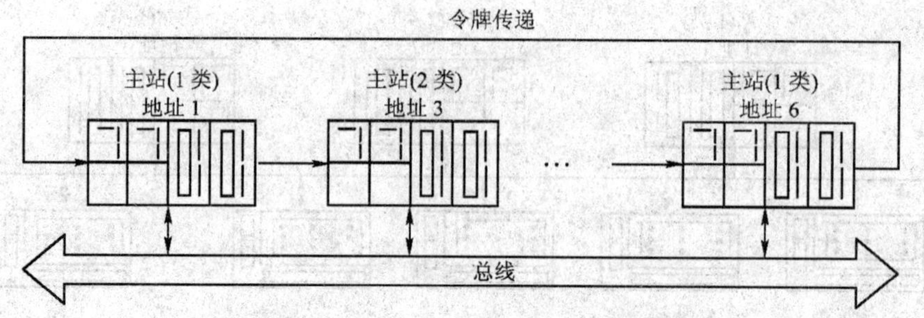

图 4-6　纯主 - 主系统中的令牌传递过程

（2）主 - 从数据通信过程

一个主站在得到令牌后，可以主动发起与从站的数据交换。主 - 从访问过程允许主站访问主站所控制的从站设备，主站可以发送信息给从站或从从站获取信息，其数据传递如图 4-7 所示。

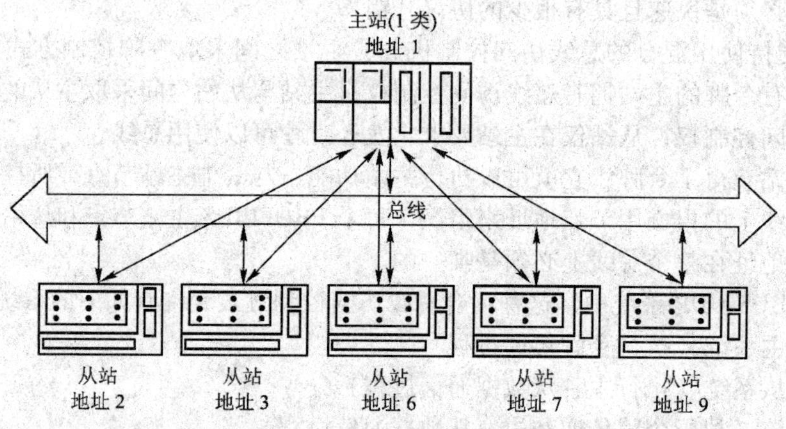

图 4-7　主 - 从数据通信过程

如果一个 DP 总线系统中有若干从站，而它的逻辑令牌环只含有一个主站，这样的系统称为纯主 - 从系统。

4.3.4　PROFIBUS - DP 系统工作过程

下面以图 4-8 所示的 PROFIBUS - DP 系统为例，介绍 PROFIBUS 系统的工作过程。这是一个由多个主站和多个从站组成的 PROFIBUS - DP 系统，包括：2 个 1 类主站，1 个 2 类主站和 4 个从站。2 号从站和 4 号从站受控于 1 号主站，5 号从站和 9 号从站受控于 6 号主站，主站在得到令牌后对其控制的从站进行数据交换。通过用户设置，2 类主站可以对 1 类主站或从站进行管理监控。上述系统搭建过程可以通过特定的组态软件（如 Step7）组态而成，由于篇幅所限，这里只讨论 1 类主站和从站的通信过程，而不讨论有关 2 类主站的通信过程。

系统从上电到进入正常数据交换工作状态的整个过程可以概括为以下 4 个工作阶段。

1．主站和从站的初始化

上电后，主站和从站进入 Offline 状态，执行自检。当所需要的参数都被初始化后（主站需要加载总线参数集，从站需要加载相应的诊断响应信息等），主站开始监听总线令牌，而从站开始等待主站对其设置参数。

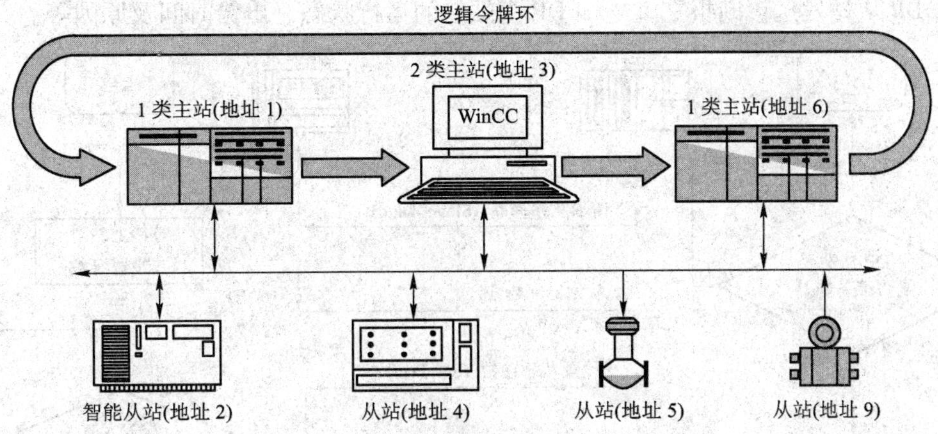

图 4-8 PROFIBUS - DP 系统实例

2. 总线上令牌环的建立

主站准备好进入总线令牌环，处于听令牌状态。在一定时间（Time - out）内主站如果没有听到总线上有信号传递，就开始自己生成令牌并初始化令牌环。然后该主站做一次对全体可能主站地址的状态询问，根据收到应答的结果确定活动主站表和本主站所辖站地址范围 GAP，GAP 是指从本站地址（This Station，TS）到令牌环中的后继站地址 NS 之间的地址范围。LAS 的形成即标志着逻辑令牌环初始化的完成。

3. 主站与从站通信的初始化

DP 系统的工作过程如图 4-9 所示。在主站可以与 DP 从站设备交换用户数据之前，主站必须设置 DP 从站的参数并配置此从站的通信接口，因此，主站首先检查 DP 从站是否在总线上。如果从站在总线上，则主站通过请求从站的诊断数据来检查 DP 从站的准备情况。如果 DP 从站报告它已准备好接收参数，则主站给 DP 从站设置参数数据并检查通信接口配置，在正常情况下 DP 从站将分别给予确认。收到从站的确认回答后，主站再请求从站的诊断数据，以查明从站是否准备好进行用户数据交换。只有在这些工作正确完成后，主站才能开始循环地与 DP 从站交换用户数据。在上述过程中，交换了下述 3 种数据。

（1）参数数据

参数数据包括预先给 DP 从站的一些本地和全局参数以及一些特征和功能。参数报文的结构除包括标准规定的部分外，必要时还包括 DP 从站和制造商特有的部分。参数报文的长度不超过 244 个字节，重要的参数包括从站状态参数、看门狗定时器参数、从站制造商标识符、从站分组及用户自定义的从站应用参数等。

（2）通信接口配置数据

DP 从站的输入/输出数据的格式通过标识符来描述。标识符指定了在用户数据交换时输入/输出字节或字的长度，以及数据的一致刷新要求。在检查通信接口配置时，主站发送标识符给 DP 从站，以检查在从站中实际存在的输入/输出区域是否与标识符所设定的一致。如果一致，则可以进入主从用户数据交换阶段。

（3）诊断数据

在启动阶段，主站使用诊断请求报文来检查是否存在 DP 从站和从站是否准备接收参数报文。由 DP 从站提交的诊断数据包括符合标准的诊断部分，以及此 DP 从站专用的外部诊断信息。DP 从站发送诊断报文，告知 DP 主站它的运行状态、出错时间及原因等。

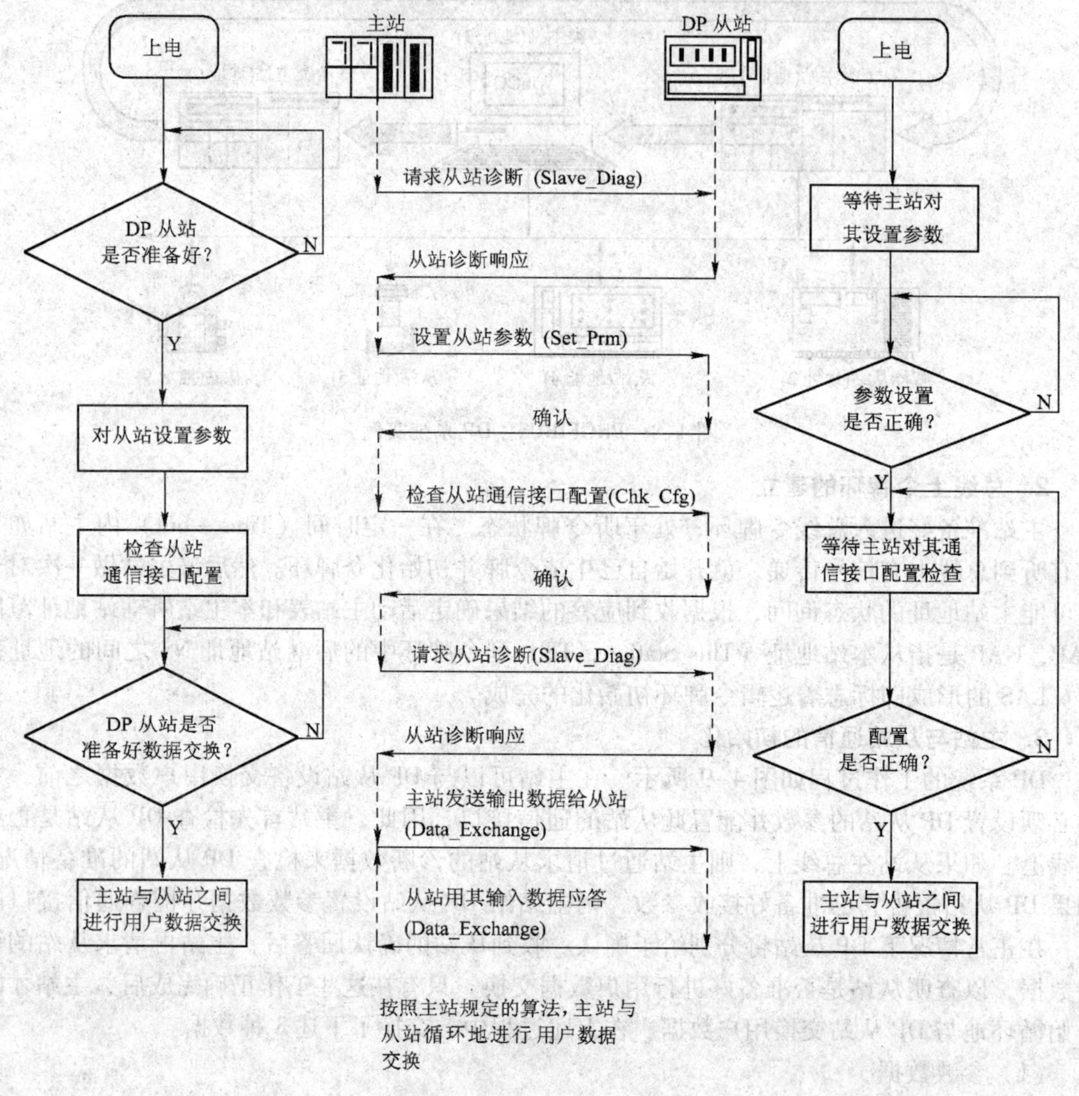

图 4-9　DP 系统的工作过程

4. 用户的交换数据通信

如果前面所述的过程没有错误，而且 DP 从站的通信接口配置与主站的请求相符，则 DP 从站发送诊断报文，报告它已为循环地交换用户数据作好准备。从此时起，主站与 DP 从站交换用户数据。在交换用户数据期间，DP 从站只响应对其设置参数和通信接口配置检查正确的主站发来的 Data_Exchange 请求帧报文，如循环地向从站输出数据或者循环地读取从站数据。其他主站的用户数据报文均被此 DP 从站拒绝。在此阶段，当从站出现故障或其他诊断信息时，将会中断正常的用户数据交换。DP 从站可以通过将应答时的报文服务级别从低优先级改变为高优先级来告知主站当前有诊断报文中断或其他状态信息。然后，主站发出诊断请求，请求 DP 从站的实际诊断报文或状态信息。处理后，DP 从站和主站返回到交换用户数据状态，主站和 DP 从站可以双向交换最多 244 个字节的用户数据。DP 从站报告出现诊断报文的流程如图 4-10 所示。

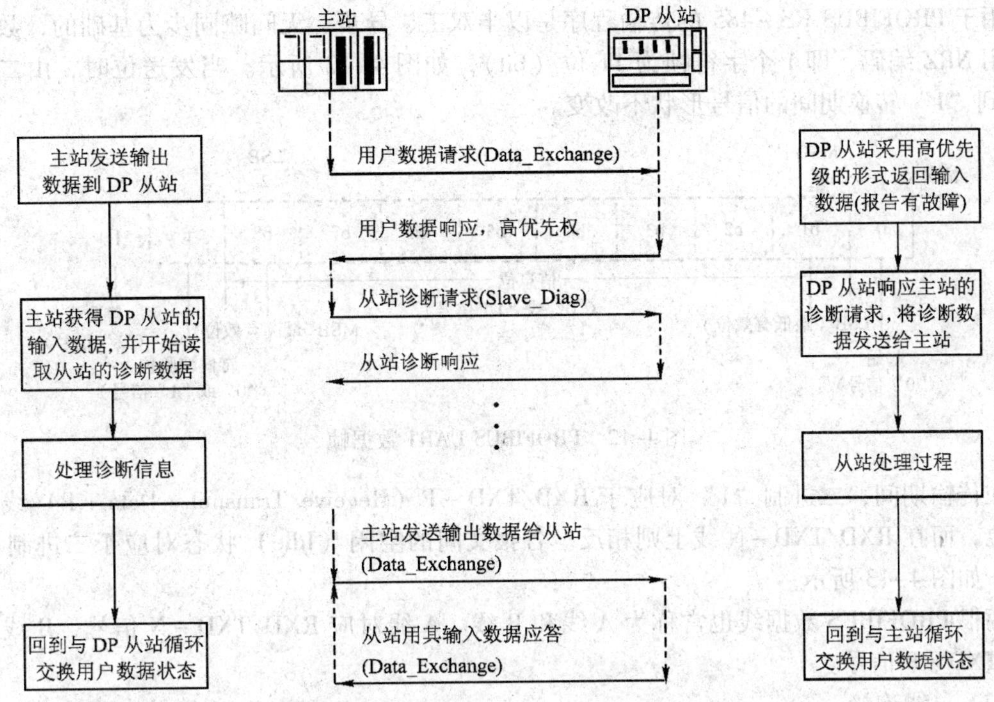

图 4-10　DP 从站报告当前有诊断报文的流程

4.4　PROFIBUS－DP 的通信模型

4.4.1　PROFIBUS－DP 的物理层

PROFIBUS－DP 的物理层支持屏蔽双绞线和光纤电缆两种传输介质。

1. DP（RS－485）的物理层

对于屏蔽双绞电缆的基本类型来说，PROFIBUS 的物理层（第 1 层）实现对称的数据传输，符合 EIA RS－485 标准（也称为 H2）。一个总线段内的导线是屏蔽双绞电缆，段的两端各有一个终端器，如图 4-11 所示。传输速率从 9.6 kbit/s 到 12 Mbit/s 可选，所选用的波特率适用于连接到总线（段）上的所有设备。

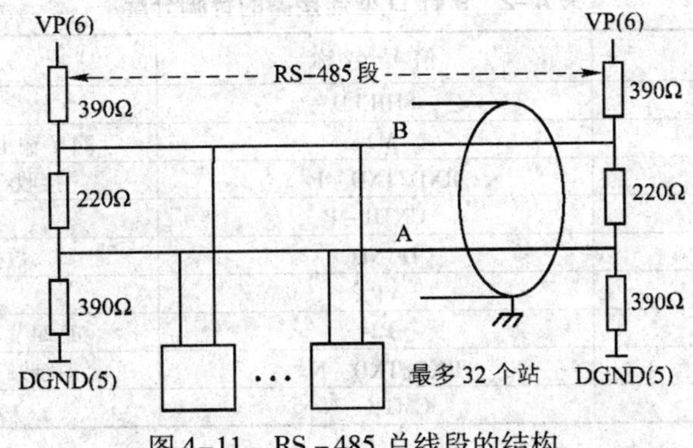

图 4-11　RS－485 总线段的结构

（1）传输程序

用于 PROFIBUS RS－485 的传输程序是以半双工、异步、无间隙同步为基础的，数据的发送用 NRZ 编码，即 1 个字符帧为 11 位（bit），如图 4-12 所示。当发送位时，由二进制“0”到“1”转换期间的信号形状不改变。

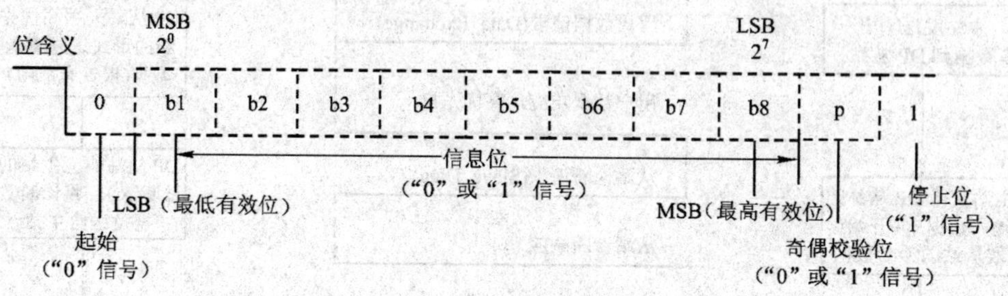

图 4-12　PROFIBUS UART 数据帧

在传输期间，二进制“1”对应于 RXD/TXD－P（Receive/Transmit－Data－P）线上的正电位，而在 RXD/TXD－N 线上则相反。各报文间的空闲（Idle）状态对应于二进制“1”信号，如图 4-13 所示。

两根 PROFIBUS 数据线也常称为 A 线和 B 线。A 线对应 RXD/TXD－N 信号，B 线对应 RXD/TXD－P 信号。

（2）总线连接

国际性的 PROFIBUS 标准 EN 50170 推荐使用 9 针 D 型连接器，用于总线站与总线的相互连接。D 型连接器的插座与总线站相连接，而 D 型连接器的插头与总线电缆相连接。9 针 D 型连接器如图 4-14 所示。

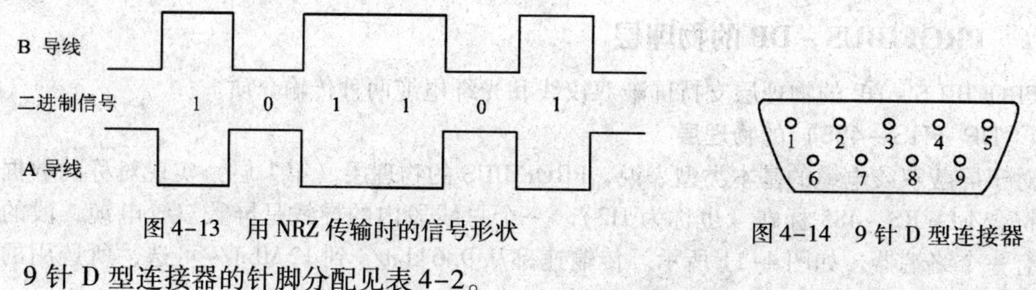

图 4-13　用 NRZ 传输时的信号形状

图 4-14　9 针 D 型连接器

9 针 D 型连接器的针脚分配见表 4-2。

表 4-2　9 针 D 型连接器的针脚分配

针脚号	信号名称	设计含义
1	SHIELD	屏蔽地
2	M24	24 V 输出电压的地（辅助电源）
3	RXD/TXD－P①	接收/发送数据－正，B 线
4	CNTR－P	方向控制信号 P
5	DGND①	数据基准电位（地）
6	VP①	供电电压－正
7	P24	正 24 V 输出电压（辅助电源）
8	RXD/TXD－N①	接收/发送数据－负，A 线
9	CMTR－N	方向控制信号 N

① 该类信号是强制性的，它们必须使用。

(3) 总线终端器

根据 EIA RS-485 标准，在数据线 A 和 B 的两端均加接总线终端器。PROFIBUS 的总线终端器包含一个下拉电阻（与数据基准电位 DGND 相连接）和一个上拉电阻（与供电正电压 VP 相连接）（见图 4-11）。当在总线上没有站发送数据时，也就是说在两个报文之间总线处于空闲状态时，这两个电阻确保在总线上有一个确定的空闲电位。几乎在所有标准的 PROFIBUS 总线连接器上都组合了所需要的总线终端器，而且可以由跳接器或开关来启动。

当总线系统运行的传输速率大于 1.5 Mbit/s 时，由于所连接站的电容性负载而引起导线反射，因此，必须使用附加有轴向电感的总线连接插头，如图 4-15 所示。

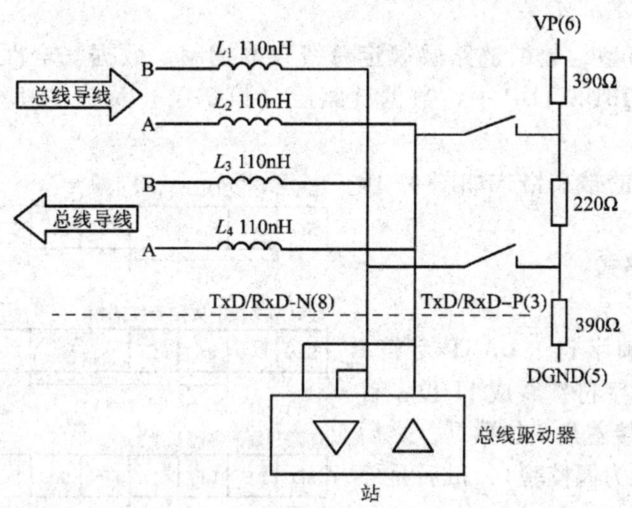

图 4-15　传输速率大于 1.5 Mbit/s 的连接结构

RS-485 总线驱动器可采用 SN75176，当通信速率超过 1.5 Mbit/s 时，应当选用高速型总线驱动器，如 SN75ALS1176 等。

2. DP（光纤电缆）的物理层

PROFIBUS 第 1 层的另一种类型是以 PNO 的导则“用于 PROFIBUS 的光纤传输技术”（版本 1.1，1993 年 7 月版）为基础的，它通过光纤导体中光的传输来传送数据。光纤电缆允许 PROFIBUS 系统站之间的距离最大为 15 km。光纤电缆对电磁干扰不敏感，并能确保总线站之间的电气隔离。近年来，由于光纤的连接技术已大大简化，因此，这种传输技术已经普遍地用于现场设备的数据通信，特别是用于塑料光纤的简单单工连接器的使用成为这一发展的重要组成部分。

用玻璃或塑料纤维制成的光纤电缆可用做传输介质。根据所用导线的类型，目前玻璃光纤能处理的连接距离达到 15 km，而塑料光纤只能达到 80 m。

为了把总线站连接到光纤导体，有几种连接技术可以使用。

(1) OLM 技术

类似于 RS-485 的中继器，OLM（Optical Link Module，光链路模块）有两个功能隔离的电气通道，并根据不同的模型占有一个或两个光通道。OLM 通过一根 RS-485 导线与各个总线站或总线段相连接。

(2) OLP 技术

OLP（Optical Link Plug，光链路插头）可将很简单的被动站（从站）用一个光纤电缆环连接。OLP 直接插入总线站的 9 针 D 型连接器。OLP 由总线站供电而不需要它们自备电源。但总线站的 RS-485 接口的 +5 V 电源必须保证能提供至少 80 mA 的电流。

主动站（主站）与 OLP 环连接需要一个光链路模块。

(3) 集成的光纤电缆连接

使用集成在设备中的光纤接口将 PROFIBUS 节点与光纤电缆直接连接。

4.4.2 PROFIBUS-DP 的数据链路层

根据 OSI 参考模型，数据链路层规定总线存取控制、数据安全性以及传输协议和报文的处理。在 PROFIBUS-DP 中，数据链路层（第 2 层）称为 FDL 层（现场总线数据链路层）。

PROFIBUS-DP 的报文格式如图 4-16 所示。

1. 帧字符和帧格式

(1) 帧字符

每个帧由若干帧字符（UART 字符）组成，它把一个 8 位字符扩展成 11 位：首先是一个开始位 0，接着是 8 位数据，之后是奇偶校验位（规定为偶校验），最后是停止位 1。

(2) 帧格式

第 2 层的报文格式（帧格式）如图 4-16 所示。

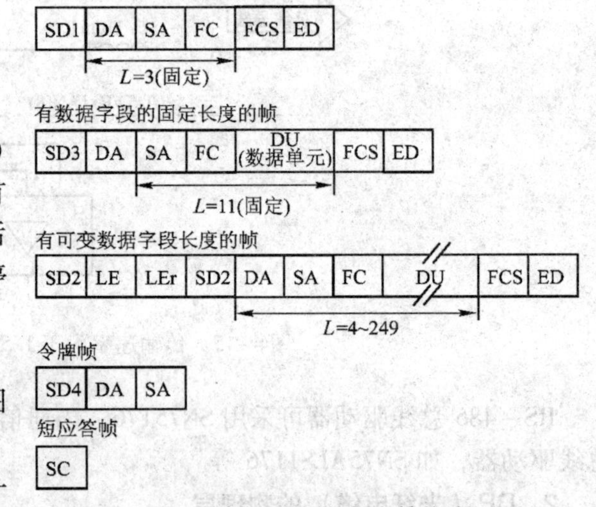

图 4-16 FDL 层的报文帧格式

图中，L 为信息字段长度；SC 为单一字符（E5H），用在短应答帧中；SD1 ~ SD4 为开始符，区别不同类型的帧格式：

SD1 = 0x10，SD2 = 0x68，SD3 = 0xA2，SD4 = 0xDC；LE/LEr 为长度字节，指示数据字段的长度，LEr = LE；DA 为目的地址，指示接收该帧的站；SA 为源地址，指示发送该帧的站；FC 为帧控制字节，包含用于该帧服务和优先权等的详细说明；DU 为数据字段，包含有效的数据信息；FCS 为帧校验字节，不进位加所有帧字符的和；ED 为帧结束界定符(16H)。

这些帧既包括主动帧，也包括应答/回答帧，帧中字符间不存在空闲位（二进制 1）。主动帧和应答/回答帧的帧前的间隙有一些不同。每个主动帧帧头都有至少 33 个同步位，也就是说每个通信建立握手报文前必须保持至少 33 位长的空闲状态（二进制 1 对应的电平信号），这 33 个同步位长作为帧同步时间间隔，称为同步位（SYN）。而应答帧和回答帧前没有这个规定，响应时间取决于系统设置。应答帧与回答帧也有一定的区别：应答帧是指在从站向主站的响应帧中无数据字段的帧，而回答帧是指响应帧中存在数据字段的帧。另外，短应答帧只作应答使用，它是无数据字段固定长度的帧的一种简单形式。

（3）帧控制字节

FC 的位置在帧中 SA 之后，用来定义报文类型，表明该帧是主动请求帧，还是应答/回答帧。FC 还包括了防止信息丢失或重复的控制信息，见表 4-3。

表 4-3　帧控制字节的定义

<table>
<tr><td>位序</td><td>B7</td><td colspan="2">B6</td><td>B5</td><td>B4</td><td>B3</td><td>B2</td><td>B1</td><td>B0</td></tr>
<tr><td rowspan="2">含义</td><td rowspan="2">Res</td><td rowspan="2">Frame</td><td>1</td><td>FCB</td><td>FCV</td><td colspan="4" rowspan="2">Function</td></tr>
<tr><td>0</td><td colspan="2">Stn – Type</td></tr>
</table>

表中，Res 为保留位（发送方将设置此位为二进制“0”）；Frame 为帧类型，1 为请求帧，0 为应答帧/回答帧；FCB（Frame Count Bit）为帧计数位，0、1 交替出现（帧类型 B6 =1）；FCV（Frame CountBit Valid）为帧计数位有效（帧类型 B6 =1），0 表示 FCB 的交替功能开始或结束，1 表示 FCB 的交替功能有效（后面有详细说明）；Stn – Type 为站类型和 FDL 状态（帧类型 B6 =0），其解释见表 4-4；Function 为功能码，其解释见表 4-5 和 4-6。

表 4-4　Stn – Type 的定义（帧类型 B6 =0）

B5	B4	解　释
0	0	从站
0	1	未准备进入逻辑令牌环的主站
1	0	准备进入逻辑令牌环的主站
1	1	已在逻辑令牌环中的主站

表 4-5　主动帧的功能码（帧类型 B6 =1）

编 码 号	功　能
0，1，2	保留
3	具有低优先级的有应答要求的发送数据
4	具有低优先级的无应答要求的发送数据
5	具有高优先级的有应答要求的发送数据
6	具有高优先级的无应答要求的发送数据
7	保留（请求诊断数据）
8	保留
9	有回答要求的 FDL 状态请求
10，11	保留
12	具有低优先级的发送并请求数据
13	具有高优先级的发送并请求数据
14	有回答要求的标识用户数据请求
15	有回答要求的链路服务存取点状态请求

表 4-6　响应帧的功能码（帧类型 B6 =1）

编　码　号	功　　能
0	应答肯定
1	应答肯定，FDL/FMA 1/2 用户错
2	应答否定，对于请求无资源（且无回答 FDL 数据）
3	应答否定，无服务被激活
4 ~6	保留
7	保留（请求诊断数据）
8	低优先级回答 FDL/FMA 1/2 数据（且发送数据 "ok"）
9	应答否定，无回答 FDL/FMA 1/2 数据（且发送数据 "ok"）
10	高优先级回答 FDL 数据，对于请求无资源
11	保留
12	低优先级回答 FDL 数据，对于请求无资源
13	高优先级回答 FDL 数据，对于请求无资源
14，15	保留

（4）扩展帧

在有数据字段的帧（开始符是 SD2 和 SD3）中，DA 和 SA 的最高位（第 7 位）指示是否存在地址扩展位（EXT），0 表示无地址扩展，1 表示有地址扩展。PROFIBUS - DP 协议使用 FDL 的服务存取点（SAP）作为基本功能代码，地址扩展的作用在于指定通信的目的服务存取点（DSAP）、源服务存取点（SSAP）或者区域/段地址，其位置在 FC 字节后，DU 的最开始的一个或两个字节。在相应的应答帧中也要有地址扩展位，而且在 DA 和 SA 中可能同时存在地址扩展位，也可能只有源地址扩展或目的地址扩展。注意：数据交换功能（data_exch）采用默认的服务存取点，在数据帧中没有 DSAP 和 SSAP，即不采用地址扩展帧。

（5）报文循环

在 DP 总线上一次报文循环过程包括主动帧和应答/回答帧的传输。除令牌帧外，其余 3 种帧：无数据字段的固定长度的帧、有数据字段的固定长度的帧和有数据字段无固定长度的帧，既可以是主动请求帧，也可以是应答/回答帧（令牌帧是主动帧，它不需要应答/回答）。

2. FDL 的 4 种服务

FDL 可以为其用户，也就是为 FDL 的上一层提供 4 种服务：发送数据需应答（SDA），发送数据无需应答（SDN），发送且请求数据需应答（SRD）及循环发送且请求数据需应答（CSRD）。用户想要 FDL 提供服务，必须向 FDL 申请，而 FDL 执行之后会向用户提交服务结果。用户和 FDL 之间的交互过程是通过一种接口来实现的，在 PROFIBUS 规范中称之为服务原语。

（1）发送数据需应答

SDA 服务的执行过程中原语的使用如图 4-17 所示。

在图 4-17 中，两条竖线表示 FDL 层的界限，两线之间部分就是整个网络的数据链路层。左边竖线的外侧为本地 FDL 用户，假设本地 FDL 地址为 m；右边竖线外侧为远程 FDL 用户，假设远程 FDL 地址为 n。

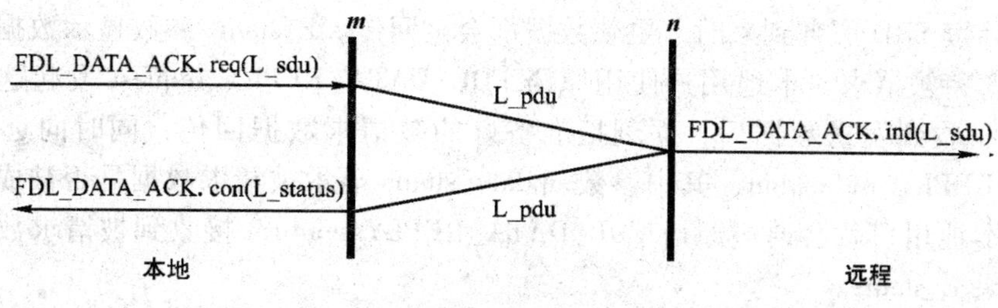

图 4-17　SDA 服务

服务的执行过程是：本地的用户首先使用服务原语 FDL_DATA_ACK. request 向本地 FDL 设备提出 SDA 服务申请。本地 FDL 设备收到该原语后，按照链路层协议组帧，并发送到远程 FDL 设备，远程 FDL 设备正确收到后利用原语 FDL_DATA_ACK. indication 通知远程用户并把数据上传。与此同时，又将一个应答帧发回本地 FDL 设备。本地 FDL 设备则通过原语 FDL_DATA_ACK. confirm 通知发起这项 SDA 服务的本地用户。

本地 FDL 设备发送数据后，它会在一段时间内等待应答，这个时间称为时隙时间 T_{SL}（Slot Time，可设定的 FDL 参数）。如果在这个时间内没有收到应答，本地 FDL 设备将重新发送，最多重复 k = max_retry_limit（最大重试次数，是可设定的 FDL 参数）次。在重试 k 次仍无应答，则将无应答结果通知本地用户。

（2）发送数据无需应答

SDN 服务的执行过程中原语的使用如图 4-18 所示。

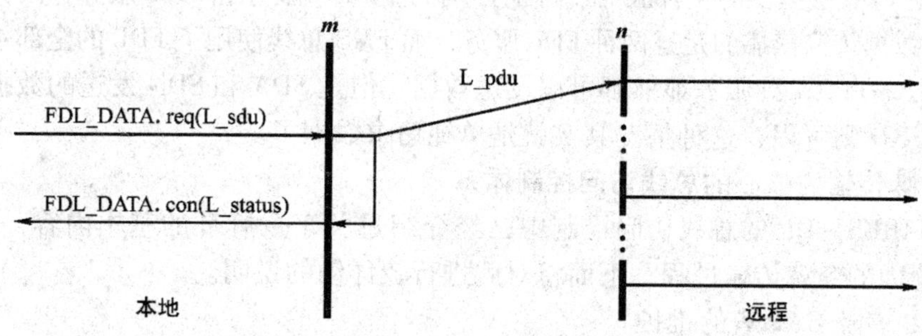

图 4-18　SDN 服务

从图 4-18 中可以看出 SDN 服务与 SDA 服务的区别：① SDN 服务允许本地用户同时向多个，甚至所有远程用户发送数据。② 所有接收到数据的远程站不做应答。当本地用户使用原语 FDL_DATA. request 申请 SDN 服务后，本地 FDL 设备向所要求的远程站发送数据的同时立刻传递原语 FDL_DATA. confirm 给本地用户，原语中的参数 L_status 此时仅可以表示发送成功，或者本地的 FDL 设备错误，不能显示远程站是否正确接收。

（3）发送且请求数据需应答

SRD 服务的执行过程中原语的使用如图 4-19 所示。

SRD 服务除了可以像 SDA 服务那样向远程用户发送数据外，自身还是一个请求，请求远程站的数据回传，远程站把应答和被请求的数据组帧，回传给本地站。

执行顺序是：远程用户将要被请求的数据准备好，通过原语 FDL_REPLY_UPDATE. request 把要被请求的数据交给远程 FDL 设备，并收到远程 FDL 设备回传的 FDL_REPLY_UPDATE. confirm。参数 Transmit 用来确定远程更新数据回传一次还是多次，如果回传多次，则在后续 SRD 服务到来时，更新数据都会被回传。L_status 参数显示数据是否成功装入，无误后等待被请求。本地用户使用原语 FDL_DATA_REPLY. request 发起这项服务，远程站 FDL 设备收到发送数据后，立刻把准备好的被请求数据回传，同时向远程用户发送 FDL_DATA_REPLY. indication，其中参数 updata_status 显示被请求数据是否被成功地发送出去。最后，本地用户就会通过原语 FDL_DATA_REPLY. confirm 接收到被请求数据 L_sdu 和传输状态结果 L_status。

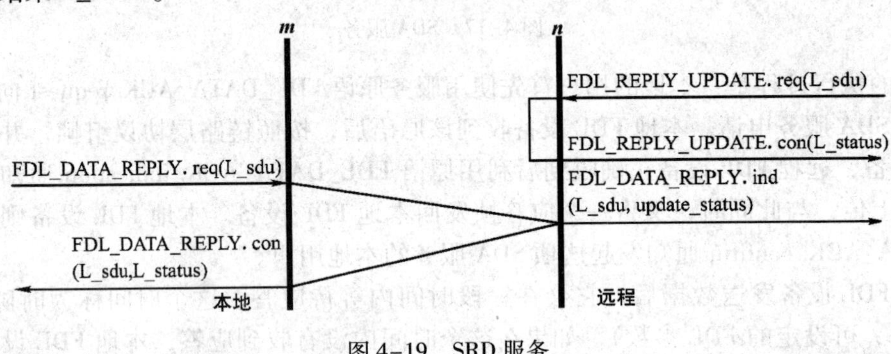

图 4-19　SRD 服务

（4）循环发送且请求数据需应答

CSRD 是 FDL 4 种服务中最复杂的一种。CSRD 服务在理解上可以认为是对多个远程站自动循环地执行 SRD 服务。

以上就是 FDL 层提供的 4 种服务。特别强调的是 SDN 服务和 SRD 服务，因为 PROFIBUS - DP 总线的数据传输依靠的是这两种 FDL 服务，而 FMS 总线使用了 FDL 的全部 4 种服务。

此外还有一点，4 种服务显然都可以发送数据，但是 SDA 和 SDN 发送的数据不能为空，而 SRD 和 CSRD 则可以，这种情况其实就是单纯请求数据了。

3. 以令牌传输为核心的总线访问控制体系

在 PROFIBUS - DP 的总线访问控制中已经介绍过关于令牌环的基本内容，为了更好地理解 DP 系统中的令牌传输过程，下面将对此进行较详细的说明。

（1）GAP 表及 GAP 表的维护

GAP 是指令牌环中从本站地址到后继站地址之间的地址范围 GAP 表（GAPL）为 GAP 范围内所有站的状态表。

每一个主站中都有一个 GAP 维护定时器，定时器溢出即向主站提出 GAP 维护申请。主站收到申请后，使用询问 FDL 状态的 Request FDL Status 主动帧询问自己 GAP 范围内的所有地址。通过是否有返回和返回的状态，主站就可以知道自己的 GAP 范围内是否有从站从总线上脱落，是否有新站添加，并及时修改自己的 GAPL。具体如下：

1）如果在 GAP 表维护中发现有新从站，则把它们记入 GAPL。

2）如果在 GAP 表维护中发现原先在 GAP 表中的从站在多次重复请求的情况下没有应答，则把该站从 GAPL 中除去，并登记该地址为未使用地址。

3）如果在 GAP 表维护中发现有一个新主站且处于准备进入逻辑令牌环的状态，该主站将自己的 GAP 范围改变到新发现的这个主站，并且修改活动主站表，在传出令牌时把令牌交给此新主站。

4）如果在 GAP 表维护中发现在自己的 GAP 范围中有一个处于已在逻辑令牌环中状态的

主站，则认为该站为非法站，接下来询问 GAP 表中的其他站点。传递令牌时仍然传给自己的 NS，从而跳过该主站。该主站发现自己被跳过后，会从总线上自动撤下，即从 Active_Idle 状态进入 Listen_Token 状态，重新等待进入逻辑令牌环。

（2）令牌传递

某主站要交出令牌时，按照活动主站表传递令牌帧给后继站。传出后，该主站开始监听总线上的信号，如果在一定时间（时隙时间）内听到总线上有帧开始传输，不管该帧是否有效，都认为令牌传递成功，该主站就进入 Active_Idle 状态。

如果时隙时间内总线没有活动，就再次发出令牌帧。如此重复至最大重试次数，如果仍然不成功，则传递令牌给活动主站表中后继主站的后继主站。依此类推，直到最大地址范围内仍然找不到后继，则认为自己是系统内唯一的主站，将保留令牌，直到 GAP 维护时找到新的主站。

（3）令牌接收

如果一个主站从活动主站表中自己的前驱站收到令牌，则保留令牌并使用总线。如果主站收到的令牌帧不是前驱站发出的，则认为是一个错误而不接收令牌。如果此令牌帧被再次收到，该主站则认为令牌环已经修改，将接收令牌并修改自己的活动主站表。

（4）令牌持有站的传输

一个主站持有令牌后，工作过程如下：

首先计算上次令牌获得时刻到本次令牌获得时刻经过的时间，该时间为实际轮转时间（T_{RR}），表示的是令牌实际在整个系统中轮转一周耗费的时间。每一次令牌交换都会计算一个新的 T_{RR}；主站内有参数目标轮转时间 T_{TR}，其值由用户设定，它是预设的令牌轮转时间。一个主站在获得令牌后，就是通过计算 $T_{TR} - T_{RR}$ 来确定自己可以持有令牌的时间。

（5）从站 FDL 状态及工作过程

为了方便理解 PROFIBUS - DP 站点 FDL 的工作过程，将其划分为几个 FDL 状态，其工作过程就是在这几个状态之间不停转换的过程。

PROFIBUS - DP 从站有两个 FDL 状态：Offline 和 Passive_Idle。当从站上电、复位或发生某些错误时进入 Offline 状态。在这种状态下从站会自检，完成初始化及运行参数设定，此状态下不做任何传输。从站运行参数设定完成后自动进入 Passive_Idle 状态。此状态下监听总线并对询问自己的数据帧作相应反应。

（6）主站 FDL 状态及工作过程

主站的 FDL 状态转换图如图 4-20 所示。主站的工作过程及状态转换比较复杂，这里以 3 种典型情况进行说明。

1）令牌环的形成。假定一个 PROFIBUS - DP 系统开始上电，该系统有几个主站，令牌环的形成工作过程如下：

每个主站初始化完成后从 Offline 状态进入 Listen_Token 状态，监听总线。主站在一定时间 Ttime - out（T_{TO}，超时时间）内没有听到总线上有信号传递，就进入 Claim_Token 状态，自己生成令牌并初始化令牌环。由于 T_{TO} 是一个关于地址 n 的单调递增函数，同样条件下整个系统中地址最低的主站最先进入 Claim_Token 状态。

最先进入 Claim_Token 状态的主站，获得自己生成的令牌后，马上向自己传递令牌帧两

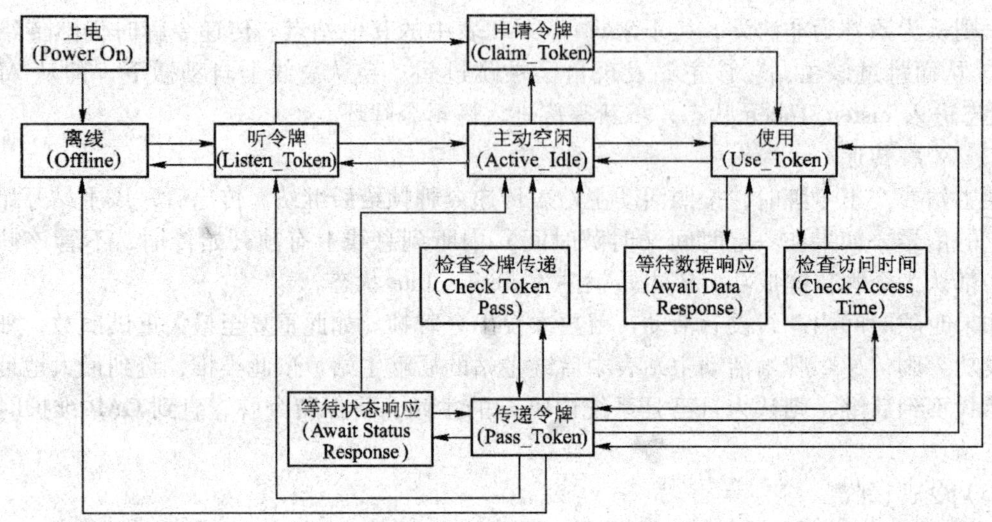

图 4-20　FDL 状态转换图

次，通知系统内的其他还处于 Listen_Token 状态的主站令牌传递开始，其他主站把该主站记入自己的活动主站表。然后该主站做一次对全体可能地址的询问（Request FDL Status），根据收到应答的结果确定自己的 LAS 和 GAP。LAS 的形成即标志着逻辑令牌环初始化的完成。

2）主站加入已运行的 PROFIBUS - DP 系统的过程。假定一个 PROFIBUS - DP 系统已经运行，一个主站加入令牌环的过程如下：

主站上电后在 Offline 状态下完成自身初始化。之后进入 Listen_Token 状态，在此状态下，主站听总线上的令牌帧，分析其地址，从而知道该系统上已有哪些主站。主站会听两个完整的令牌循环，即每个主站都被它作为令牌帧源地址记录两次。这样主站就获得了可靠的活动主站表。

如果在听令牌的过程中发现两次令牌帧的源地址与自己地址一样，则认为系统内已有自己地址的主站，于是进入 Offline 状态并向本地用户报告此情况。

在听两个令牌循环的时间里，如果主站的前驱站进入 GAP 维护，询问 Request FDL Status，则回复未准备好。而在主站表已经生成之后，主站再询问 Request FDL Status，主站回复准备进入逻辑令牌环，并从 Listen_Token 状态进入 Active_Idle 状态。这样，主站的前驱站会修改自己的 GAP 和 LAS，并把该主站作为自己的后继站。

主站在 Active_Idle 状态下，监听总线，能够对寻址自己的主动帧作应答，但没有发起总线活动的权力。直到前驱站传送令牌帧给它，它保留令牌并进入 Use_Token 状态。如果在监听总线的状态下，主站连续听到两个 SA = TS（源地址 = 本站地址）的令牌帧，则认为整个系统出错，令牌环开始重新初始化，主站转入 Listen_Token 状态。

主站在 Use_Token 状态下，按照前面所说的令牌持有站的传输过程进行工作。令牌持有时间到达后，进入 Pass_Token 状态。

特别说明，主站的 GAP 维护是在 Pass_Token 状态下进行的。如不需要 GAP 维护或令牌持有时间用尽，主站将把令牌传递给后继站。

主站在令牌传递成功后，进入 Active_Idle 状态，直到再次获得令牌。

3）令牌丢失。假设一个已经开始工作的 PROFIBUS - DP 系统出现令牌丢失，这样也会出现总线空闲的情况。每一个主站此时都处于 Active_Idle 状态，FDL 发现在超时时间（T_{TO}）内无总线活动，则认为令牌丢失并重新初始化逻辑令牌环，进入 Claim_Token 状态，此时重复第一种情况的处理过程。

4. 现场总线第 1/2 层管理（FMA 1/2）

前面介绍了 PROFIBUS - DP 规范中 FDL 为上层提供的服务。而事实上，FDL 的用户除了可以申请 FDL 的服务之外，还可以对 FDL 以及物理层（PHY）进行一些必要的管理。例如，强制复位 FDL 和 PHY，设定参数值，读状态，读事件及进行配置等。在 PROFIBUS - DP 规范中，这一部分称为 FMA 1/2（现场总线第 1/2 层管理）。

FMA 1/2 用户和 FMA 1/2 之间的接口服务功能主要有：

- 复位物理层、数据链路层（Reset FMA 1/2），此服务是本地服务。
- 请求和修改数据链路层、物理层，以及计数器的实际参数值（Set Value/Read Value FMA 1/2），此服务是本地服务。
- 通知意外的事件、错误和状态改变（Event FMA 1/2），此服务可以是本地服务，也可以是远程服务。
- 请求站的标识和链路服务存取点配置（Ident FMA 1/2、LSAP Status FMA 1/2），此服务可以是本地服务，也可以是远程服务。
- 请求实际的主站表（Live List FMA 1/2），此服务是本地服务。
- SAP 激活及解除激活（（R） SAP Activate/SAP Deactivate FMA 1/2），此服务是本地服务。

4.4.3 PROFIBUS - DP 的用户层

1. 概述

用户层包括 DDLM 和用户接口/用户（User Interface/User）等，它们在通信中实现各种应用功能（在 PROFIBUS - DP 协议中没有定义第 7 层（应用层），而是在用户接口中描述其应用）。DDLM 是预先定义的直接数据链路映射程序，将所有的在用户接口中传送的功能都映射到第 2 层（FDL）和 FMA 1/2 服务。它向第 2 层发送功能调用中 SSAP、DSAP 和 Serv_class 等必需的参数，接收来自第 2 层的确认和指示并将它们传送给用户接口/用户。

PROFIBUS - DP 系统的通信模型如图 4-21 所示。

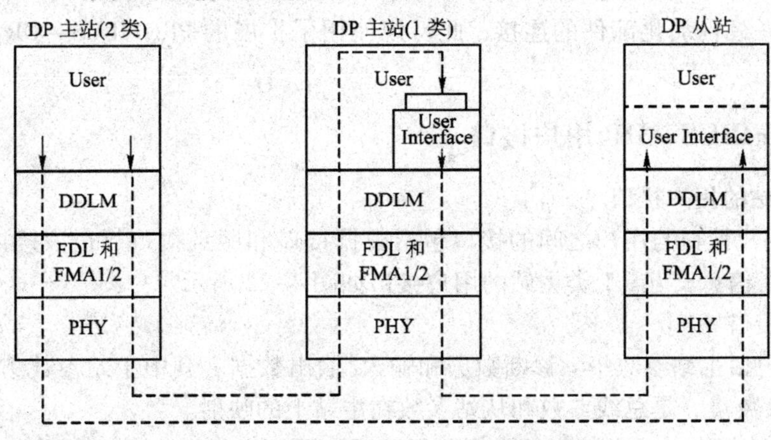

图 4-21 PROFIBUS - DP 系统的通信模型

在图 4-21 中，2 类主站中不存在用户接口，DDLM 直接为用户提供服务。在 1 类主站中除 DDLM 外，还存在用户、用户接口以及用户与用户接口之间的接口。用户接口与用户之间的接口被定义为数据接口与服务接口，在该接口上处理与 DP 从站之间的通信。在 DP 从站中，存在着用户与用户接口，而用户和用户接口之间的接口被创建为数据接口。主站 - 主站之间的数据通信由 2 类主站发起，在 1 类主站中数据流直接通过 DDLM 到达用户，不经过用户接口及其接口之间的接口。而 1 类主站与 DP 从站两者的用户经由用户接口，利用预先定义的 DP 通信接口进行通信。

在不同的应用中，具体需要的功能范围必须与具体应用相适应，这些适应性定义称为行规。行规提供了设备的可互换性，保证不同厂商生产的设备具有相同的通信功能。

2. PROFIBUS - DP 行规

PROFIBUS - DP 只使用了第 1 层和第 2 层。而用户接口定义了 PROFIBUS - DP 设备可使用的应用功能以及各种类型的系统和设备的行为特性。

PROFIBUS - DP 协议的任务只是定义用户数据怎样通过总线从一个站传送到另一个站。在这里，传输协议并没有对所传输的用户数据进行评价，这是 DP 行规的任务。由于精确规定了相关应用的参数和行规的使用，从而使不同制造商生产的 DP 部件能容易地交换使用。目前已制定了如下的 DP 行规：

1）NC/RC 行规（3. 052）。该行规介绍了人们怎样通过 PROFIBUS - DP 对操作机床和装配机器人进行控制。根据详细的顺序图解，从高一级自动化设备的角度，介绍了机器人的动作和程序控制情况。

2）编码器行规（3. 062）。本行规介绍了回转式、转角式和线性编码器与 PROFIBUS - DP 的连接，这些编码器带有单转或多转分辨率。有两类设备定义了它们的基本和附加功能，如标定、中断处理和扩展诊断。

3）变速传动行规（3. 071）。传动技术设备的主要生产厂商共同制定了 PROFIDRIVE 行规。行规具体规定了传动设备怎样参数化，以及设定值和实际值怎样进行传递，这样不同厂商生产的传动设备就可互换，此行规也包括了速度控制和定位必需的规格参数。传动设备的基本功能在行规中有具体规定，但根据具体应用留有进一步扩展和发展的余地。行规描述了 DP 或 FMS 应用功能的映像。

4）操作员控制和过程监视行规（HMI）。HMI 行规具体说明了通过 PROFIBUS - DP 把这些设备与更高一级自动化部件的连接，此行规使用了扩展的 PROFIBUS - DP 的功能来进行通信。

4. 4. 4 PROFIBUS - DP 用户接口

1. 1 类主站的用户接口

1 类主站用户接口与用户之间的接口包括数据接口和服务接口。在该接口上处理与 DP 从站通信的所有信息交互。1 类主站的用户接口如图 4-22 所示。

（1）数据接口

数据接口包括主站参数集、诊断数据和输入/输出数据。其中主站参数集包含总线参数集和 DP 从站参数集，是总线参数和从站参数在主站上的映射。

1）总线参数集。总线参数集的内容包括总线参数长度、FDL 地址、波特率、时隙时间、最小和最大响应从站延时、静止和建立时间、令牌目标轮转时间、GAL 更新因子、最高站地址、最大重试次数、用户接口标志、最小从站轮询时间间隔、请求方得到响应的最长时间、主站用户数据长度、主站（2 类）的名字和主站用户数据。

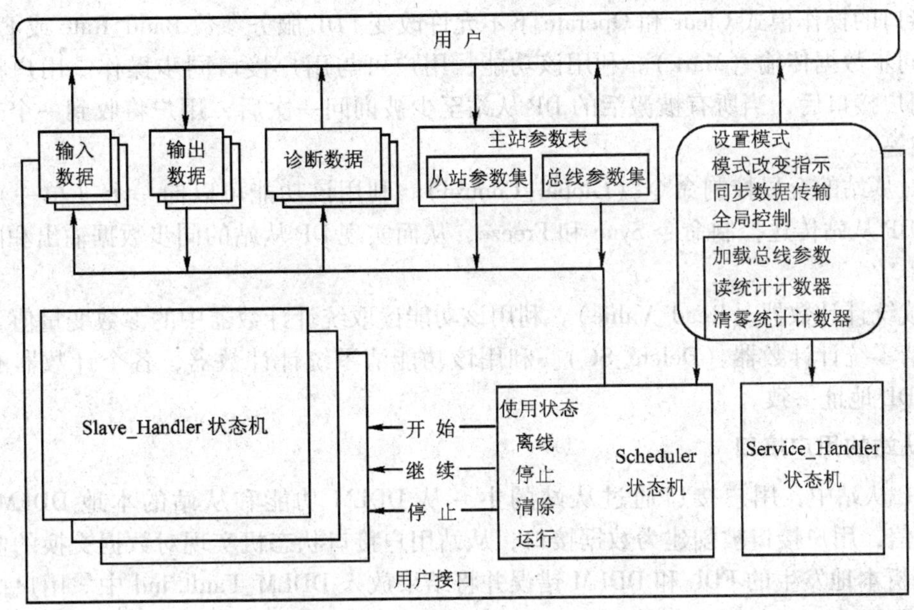

图 4-22　1 类主站的用户接口

2）DP 从站参数集。DP 从站参数集的内容包括从站参数长度、从站标志、从站类型、参数数据长度、参数数据、通信接口配置数据长度、通信接口配置数据、从站地址分配表长度、从站地址分配表、从站用户数据长度和从站用户数据。

3）诊断数据。诊断数据（Diagnostic_Data）是指由用户接口存储的 DP 从站诊断信息、系统诊断信息、数据传输状态表（Data_Transfer_List）和主站状态（Master_Status）的诊断信息。

4）输入/输出数据。输入/输出数据包括 DP 从站的输入数据（Input Data）和 1 类主站用户的输出数据（Output Data）。该区域的长度由 DP 从站制造商指定，输入和输出数据的格式由用户根据其 DP 系统来设计，格式信息保存在 DP 从站参数集的 Add_Tab 参数中。

（2）服务接口

通过服务接口，用户可以在用户接口的循环操作中异步调用非循环功能。非循环功能分为本地功能和远程功能。本地功能由 Scheduler 或 Service_Handler 处理，远程功能由 Scheduler 处理。用户接口不提供附加出错处理。在这个接口上，服务调用顺序执行，只有在接口上传送了 Mark. req 并产生 Global_Control. req 的情况下才允许并行处理。服务接口包括以下几种服务。

1）设定用户接口操作模式（Set_Mode）。用户可以利用该功能设定用户接口的操作模式（USIF_State），并可以利用功能 DDLM_Get_Master_Diag 读取用户接口的操作模式。2 类主站也可以利用功能 DDLM_Download 来改变操作模式。

2）指示操作模式改变（Mode_Change）。用户接口用该功能指示其操作模式的改变。如果用户通过功能 Set_Mode 改变操作模式，该指示将不会出现。如果在本地接口上发生了一个严重的错误，则用户接口将操作模式改为 Offline，此时与 Error_Action_Flag 无关。

3）加载总线参数集（Load_Bus_Par）。用户用该功能加载新的总线参数集。用户接口将新装载的总线参数集传送给当前的总线参数集并将改变的 FDL 服务参数传送给 FDL 控制。在用户接口的操作模式 Clear 和 Operate 下不允许改变 FDL 服务参数 Baud_Rate 或 FDL_Add。

4）同步数据传输（Mark）。利用该功能，用户可与用户接口同步操作。用户将该功能传送给用户接口后，当所有被激活的 DP 从站至少被询问一次后，用户将收到一个来自用户接口的应答。

5）对从站的全局控制命令（Global_Control）。利用该功能可以向一个（单一）或数个（广播）DP 从站传送控制命令 Sync 和 Freeze，从而实现 DP 从站的同步数据输出和同步数据输入功能。

6）读统计计数器（Read_Value）。利用该功能读取统计计数器中的参数变量值。

7）清零统计计数器（Delete_SC）。利用该功能清零统计计数器，各个计数器的寻址索引与其 FDL 地址一致。

2. 从站的用户接口

在 DP 从站中，用户接口通过从站的主 - 从 DDLM 功能和从站的本地 DDLM 功能与 DDLM 通信，用户接口被创建为数据接口，从站用户接口状态机实现对数据交换的监视。用户接口分析本地发生的 FDL 和 DDLM 错误并将结果放入 DDLM_Fault. ind 中。用户接口保持与实际应用过程之间的同步，并用该同步的实现依赖于一些功能的执行过程。在本地，同步由 3 个事件来触发：新的输入数据、诊断信息（Diag_Data）改变和通信接口配置改变。主站参数集中 Min_Slave_Interval 参数的值应根据 DP 系统中从站的性能来确定。

4.5 PROFIBUS - DP 的总线设备类型

4.5.1 概述

PROFIBUS - DP 协议是为自动化制造工厂中分散的 I/O 设备和现场设备所需要的高速数据通信而设计的。典型的 DP 配置是单主站结构，如图 4-23 所示。DP 主站与 DP 从站间的

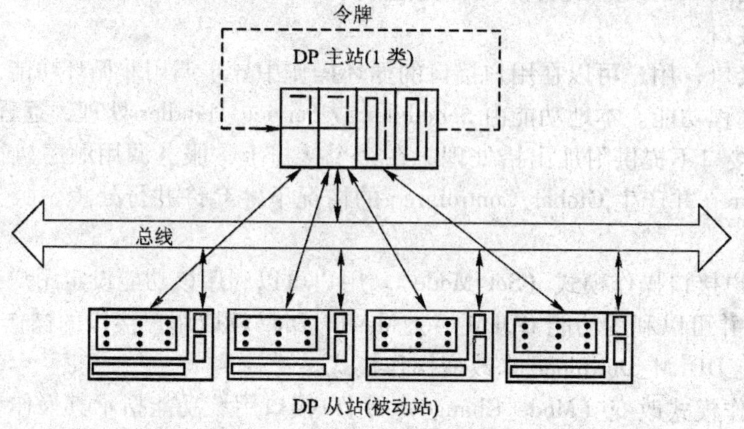

图 4-23　DP 单主站结构

通信基于主-从原理。也就是说，只有当主站请求时总线上的 DP 从站才可能活动。DP 从站被 DP 主站按轮询表依次访问。DP 主站与 DP 从站间的用户数据连续地交换，而并不考虑用户数据的内容。

在 DP 主站上处理轮询表的情况如图 4-24 所示。

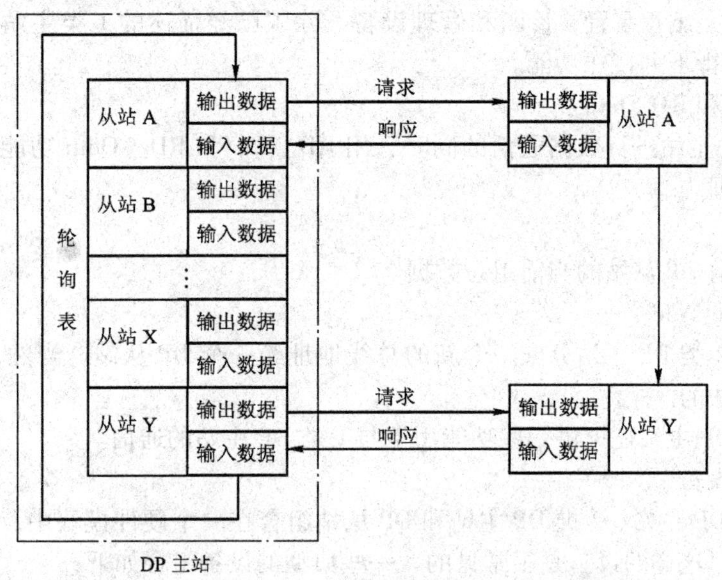

图 4-24　在 DP 主站上处理轮询表的示意图

DP 主站与 DP 从站间的一个报文循环由 DP 主站发出的请求帧（轮询报文）和由 DP 从站返回的有关应答或响应帧组成。

由于按 EN 50170 标准规定的 PROFIBUS 节点在第 1 层和第 2 层的特性，一个 DP 系统也可能是多主站结构。实际上，这就意味着一条总线上连接几个主站节点，在一个总线上 DP 主站/从站、FMS 主站/从站和其他的主动节点或被动节点也可以共存。

4.5.2　DP 设备类型

1. 1 类 DP 主站

1 类 DP 主站循环地与 DP 从站交换用户数据。它使用如下的协议功能执行通信任务。

（1）Set_Prm 和 Chk_Cfg

在启动、重启动和数据传输阶段，DP 主站使用 Set_ Prm 和 Chk_ Cfg 功能发送参数集给 DP 从站。它发送所有参数，而不管它们是不是对整个总线普遍适用，或是对某些特别重要。对个别 DP 从站而言，其输入和输出数据的字节数在组态期间进行定义。

（2）Data_Exhcange

此功能循环地与指定给它的 DP 从站进行输入/输出数据交换。

（3）Slave_Diag

在启动期间或循环的用户数据交换期间，用此功能读取 DP 从站的诊断信息。

（4）Global_Control

DP 主站使用此控制命令将它的运行状态告知给各 DP 从站。此外，还可以将控制命令发送给个别从站或规定的 DP 从站组，以实现输出数据和输入数据的同步（“Sync” 和 “Freeze” 命令）。

2. DP 从站

DP 从站只与装载此从站的参数并组态它的 DP 主站交换用户数据。DP 从站可以向此主站报告本地诊断中断和过程中断。

3. 2 类 DP 主站

2 类 DP 主站是编程装置，诊断和管理设备。除了已经描述的 1 类主站的功能外，2 类 DP 主站通常还支持下列特殊功能。

（1）RD_Inp 和 RD_Outp

在与 1 类 DP 主站进行数据通信的同时，用 RD_ Inp 和 RD_ Outp 功能可读取 DP 从站的输入和输出数据。

（2）Get_Cfg

用此功能读取 DP 从站的当前组态数据。

（3）Set_Slave_Add

此功能允许 2 类 DP 主站分配一个新的总线地址给一个 DP 从站。当然，此从站是支持这种地址定义方法的。

此外，2 类 DP 主站还提供一些功能用于与 1 类 DP 主站的通信。

4. DP 组合设备

可以将 1 类 DP 主站、2 类 DP 主站和 DP 从站组合在一个硬件模块中，形成一个 DP 组合设备。实际上，这样的设备是很常见的。一些典型的设备组合如下：

- 1 类 DP 主站与 2 类 DP 主站的组合。
- DP 从站与 1 类 DP 主站的组合。

4.6 设备数据库文件（GSD）

4.6.1 GSD 文件的作用和组成

PROFIBUS 设备具有不同的性能特征，特性的不同在于现有功能（即 I/O 信号的数量和诊断信息）的不同，或可能的总线参数，如波特率和时间的监控不同。这些参数对每种设备的类型和每家生产厂商来说均各有差别，为达到 PROFIBUS 简单的即插即用配置，这些特性均在电子数据单中有具体说明，有时称为设备数据库文件或 GSD 文件。标准化的 GSD 数据将通信扩大到操作员控制一级，使用基于 GSD 的组态工具可将不同厂商生产的设备集成在一个总线系统中，组态过程非常简单，并且用户界面友好。

对一种设备类型的特性，GSD 以一种准确定义的格式给出其全面而明确的描述。GSD 文件由生产厂商分别针对每一种设备类型准备并以设备数据库清单的形式提供给用户，这种明确定义的文件格式便于读出任何一种 PROFIBUS - DP 设备的设备数据库文件，并用在组态总线系统时自动使用这些信息。GSD 由以下三部分组成。

（1）总体说明

包括厂商和设备名称、软硬件版本情况、支持的波特率、可能的监控时间间隔及总线插头的信号分配。

（2）DP 主设备相关规格

包括所有只适用于 DP 主设备的参数，如可连接的从设备的最多参数，或加载和卸载能力。从设备没有这些规定。

(3) 从设备的相关规格

包括与从设备有关的所有规定，如 I/O 通道的数量和类型，诊断测试的规格及 I/O 数据的一致性信息。

所有 PROFIBUS - DP 设备的 GSD 文件均按 PROFIBUS 标准进行了符合性试验，在 PROFIBUS 用户组织的网站中有 GSD 库。

每种类型的 DP 从设备和每种类型的 1 类 DP 主设备都有一个标识号。主设备用此标识号识别哪种类型设备连接后不产生协议的额外开销。主设备将所连接的 DP 设备的标识号与在组态数据中用组态工具指定的标识号进行比较，直到具有正确站址的正确的设备类型连接到总线上后，用户数据才开始传输。这可避免组态错误，从而大大提高安全级别。

厂商必须为每种 DP 从设备类型和每种 1 类 DP 主设备类型向 PROFIBUS 用户组织申请标识号，各地区办事处均可领取申请表格。

4.6.2 GSD 文件的使用说明

1. 谁需要 GSD 文件

对于每个 1 类主站和所有的从站都需要 GSD 文件，由设备生产商提供。

2. GSD 文件可以做什么

PROFIBUS - DP 主站的配置工具解释配置从站的 GSD 文件，并产生一个参数化文件集，供 1 类主站使用。2 类主站也需要一类主站的 GSD 文件，作用就是将配置数据如何下载到 1 类主站中。如果 1 类主站支持下载和上载服务，配置数据可以在线下载到 1 类主站中。

基于 GSD 文件的内容，1 类主站可以配置以下信息，比如总线的扩展能力，从站支持哪种服务，数据交换以什么格式。

3. 配置工具如何处理 GSD 文件

在配置过程中使用到 GSD 文件，每一个 1 类设备的生产商都提供一个 GSD 文件配置工具，能够解释 GSD 文件的内容，只需要将所需的 GSD 文件复制到 PC 硬盘上即可，配置工具说明了应该复制到哪个文件夹中。配置过程中该配置工具解释连接到总线上的现场设备的 GSD 文件。另外，还能检查 GSD 文件结构的正确性。

配置完成之后，用户还能够选择以什么方式将配置数据下载到 1 类主站中（磁盘、Flash - EPROM、在线）。

4. 用户如何得到 GSD 文件

设备生产商提供针对他们各自设备的 GSD 文件，和产品一起给用户。配置工具中也提供部分 GSD 文件，一些 GSD 文件可以通过以下途径得到。

1）通过 Internet。http://www.ad.siemens.de 网站提供 Siemens 公司的所有 GSD 文件

2）通过 PTO（PROFIBUS Trade Organizaton）。可在 hppt://www.profibus.com 网站下载 PTO 提供的 GSD 文件。

3）通过磁盘。由设备生产商提供。

5. 如何编写 GSD 文件

GSD 文件是 ASCII 格式的，通过标准的关键词描述设备属性，可以用任何文本编辑器编写。

6. 如何验证 GSD 文件的正确性

GSD 文件创建以后，必须通过 GSD Checker 检查文件的正确性。GSD Checker 可以从 http://www.profibus.com 网站上下载。

如果 GSD 文件中有错误，GSD 文件将标出错误所在的行；如果没有错误，GSD Checker 显示 GSD( )OK。

4.6.3 GSD 文件的格式

GSD 文件是与语言无关的，如果用某种语言创建，可从扩展名的最后一个字母区分出。

Default（与语言无关）： ?=d
German ?=g
English ?=e
French ?=f
Italian ?=I
Portuguses ?=p
Spanish ?=s

例如，Abc_0008.gsd，其中 Abc_=任意 4 个字符；0008=PNO 分配的标识号；.gsd=default。

1. GSD 文件中 PROFIBUS-DP 关键词

GSD 文件的每一行都以一个关键词开始，以下描述了各关键词的具体含义。各公司可以按规定定义自己的关键词，自己定义的关键词只能被自己公司的配置软件读出，在其他公司的配置软件中却不能使用。整个 PROFIBUS-DP 的 GSD 文件由关键词#Profibus_DP 开始。

下面列举一些常用关键词的具体用法。其中：Mandatory（M）表示必需的；Optional（O）表示可选的；Optional with default（D）表示可选的，默认值是 0；At least one of the group（G）：至少选组中之一。

（1）GSD_Revision（M，从开始）
含义：GSD 文件格式的版本号。
类型：Unsigned8。
例如，GSD_Revision=1

（2）Vendor_Name（M）
含义：销售商名称
类型：Visible String（32）。
例如，Vendor_Name="Corp_ABC&Co"。

（3）Model_Name（M）
含义：DP 设备的控制器类型。
类型：Visible String（32）。
例如，Model_Name="Modular I/O Station"。

(4) Revision (M)
含义：DP 设备的版本号。
类型：Visible String (32)。
例如，Revision = "Version 01"。

(5) Revision_Number (O，从 GSD_Revision 1 开始)
含义：版本 ID，该 ID 必须与 slave - specific diagnosis 中的 Revision_Number 一致。
类型：Unsigned8 (1 bis 63)。
例如，Revision_Number =05。

(6) Ident_Number (M)
含义：标示 DP 设备的类型，每一个现场设备必须有一个由 PNO 分配的唯一的标识号。不同的现场设备可以使用相同的标识号。这个标识号必须与现场设备中初始化时的标识号一致。
类型：Unsigned16。
例如，Ident_Number =0x00A2。

(7) Protocol_Ident (M)
含义：DP 设备使用的协议。
类型：Unsigned8。其中，0 为 PROFIBUS - DP 协议；16 ~255 为生产商可以使用的协议。
例如，Protocol_Ident =0。

(8) Station_Type (M)
含义：DP 设备类型。
类型：Unsigned8。其中，0 表示 DP 从站；1 表示 DP 主站 (1 类主站)。
例如，Station_Type =0。

(9) FMS_supp (D)
含义：设备是 FMS/DP 混合设备。
类型：Boolean (1：True)
例如，FMS_supp =0　　　　；纯 DP 设备

(10) Hardware_Release (M)
含义：DP 设备的硬件版本号。
类型：Visible String (32)。
例如，Hardware_Release = "Hardware Release HW =0. 1"。

(11) Software_Release (M)
含义：DP 设备的软件版本号。
类型：Visible String (32)。

例如，Software_Release = "Software Release HW = 1. 01"。

(12) 9. 6_supp (G)
含义：DP 设备支持 9. 6kBaud
类型：Boolean (1：True)。
例如，9. 6_supp = 1。

(13) 19. 2_supp (G)
含义：DP 设备支持 19. 2kBaud
类型：Boolean (1：True)
例如，19. 2_supp = 1。

(14) 31. 25_supp (G)
含义：DP 设备支持 31. 25kBaud
类型：Boolean (1：True)
例如，31. 25_supp = 1。

(15) 45. 45_supp (G)
含义：DP 设备支持 45. 45kBaud
类型：Boolean (1：True)。
例如，45. 45_supp = 1。

(16) 93. 75_supp (G)
含义：DP 设备支持 93. 75kBaud
类型：Boolean (1：True)
例如，93. 75_supp = 1。

(17) 187. 5_supp (G)
含义：DP 设备支持 187. 5kBaud
类型：Boolean (1：True)。
例如，187. 5_supp = 1。

(18) 500_supp (G)
含义：DP 设备支持 500kBaud
类型：Boolean (1：True)。
例如，500_supp = 1。

(19) 1. 5M_supp (G)
含义：DP 设备支持 1. 5M Baud

类型：Boolean（1：True）。
例如，1.5M_supp=1。

（20）3M_supp（G）
含义：DP设备支持3M Baud
类型：Boolean（1：True）。
例如，3M_supp=1。

（21）6M_supp（G）
含义：DP设备支持6M Baud
类型：Boolean（1：True）。
例如，6M_supp=1。

（22）12M_supp（G）
含义：DP设备支持12M Baud
类型：Boolean（1：True）
例如，12M_supp=1。

（23）MaxTsdr_9.6（G，Value=60）
含义：在9.6kBaud时从站必须响应从站的最大延迟时间。
类型：Unsigned16。
单位：bit time。

（24）MaxTsdr_19.2（G，Value=60）
含义：在19.2kBaud时从站必须响应从站的最大延迟时间。
类型：Unsigned16。
单位：bit time。

（25）MaxTsdr_31.25（G，Value=60）
含义：在31.25kBaud时从站必须响应从站的最大延迟时间。
类型：Unsigned16。
单位：bit time。

（26）MaxTsdr_45.5（G，Value=60）
含义：在45.5kBaud时从站必须响应从站的最大延迟时间。
类型：Unsigned16。
单位：bit time。

（27）MaxTsdr_93.75（G，Value=60）

含义：在 93.75kBaud 时从站必须响应从站的最大延迟时间。
类型：Unsigned16。
单位：bit time。

(28) MaxTsdr_187.5 (G, Value = 60)
含义：在 187.5kBaud 时从站必须响应从站的最大延迟时间。
类型：Unsigned16。
单位：bit time。

(29) MaxTsdr_500 (G, Value = 100)
含义：在 500kBaud 时从站必须响应从站的最大延迟时间。
类型：Unsigned16。
单位：bit time。

(30) MaxTsdr_1.5M (G, Value = 150)
含义：在 1.5MBaud 时从站必须响应从站的最大延迟时间。
类型：Unsigned16。
单位：bit time。

(31) MaxTsdr_3M (G, Value = 250)
含义：在 3MBaud 时从站必须响应从站的最大延迟时间。
类型：Unsigned16。
单位：bit time。

(32) MaxTsdr_6M (G, Value = 450)
含义：在 6MBaud 时从站必须响应从站的最大延迟时间。
类型：Unsigned16。
单位：bit time。

(33) MaxTsdr_12M (G, Value = 800)
在 12MBaud 时从站必须响应从站的最大延迟时间。
类型：Unsigned16。
单位：bit time。

2. 与从站相关的关键词

(1) Freeze_Mode_supp (D)
含义：DP 设备支持锁定模式，在上电期间，参数报文规定了从站设备是否支持锁定模式。
类型：Boolean (1: True)。

（2）Sync_Mode_supp （D）

含义：DP 设备支持同步模式，在上电期间，参数报文规定了从站设备是否支持同步模式。

类型：Boolean （1：True）。

（3）Auto_Baud_supp （D）

含义：DP 设备是否支持自动配置通信波特率。

类型：Boolean （1：True）。

（4）Set_Slave_Add_supp （D）

含义：DP 设备是否支持设置从站地址。

类型：Boolean （1：True）。

（5）Max_Input_Len （M）

含义：输入数据的最大字节数。

类型：Unsigned8。

（6）Max_Output_Len （M）

含义：输出数据的最大字节数。

类型：Unsigned8。

（7）Max_Data_Len：（M）

通信数据的最大字节数，是最大输入数据和最大输出数据字节数的和。

类型：Unsigned8

4.7 习题

1. PROFIBUS 现场总线由哪几部分组成？
2. PROFIBUS 协议有哪些主要特点？
3. PROFIBUS – DP 现场总线有哪几个版本？
4. 说明 PROFIBUS – DP 系统的组成结构。
5. 简述 PROFIBUS – DP 系统的工作过程。
6. PROFIBUS – DP 的物理层支持哪几种传输介质？
7. 画出 PROFIBUS – DP 现场总线的 RS – 485 总线段结构。
8. 说明 PROFIBUS – DP 用户接口的组成。
9. 什么是 GSD 文件？它主要由哪几部分组成？

第 5 章　PROFIBUS－DP 通信控制器与网络接口卡

5.1　概述

PROFRIBUS－DP 协议的实现有两种方式：一种是通过软件实现，原则上只要微处理器或微控制器配有内部或外部的异步串行通信接口，PROFIBUS－DP 协议在任何微处理器或微控制器上都可以实现。但是，如果协议的传输速率超过 500 kbit/s 时，则应当采用另一种方式——ASIC 通信控制器。

采用何种方式，主要取决于现场设备的复杂程度、需要的性能和功能。关于 PROFIBUS 通信控制器见表 5-1。

表 5-1　PROFIBUS 通信控制器

厂　商	芯　片	类　型	特　点	FMS	DP	PA
IAM	PBS	从	可依赖微处理器的 I/O 芯片，3 Mbit/s 完成第 2 层实现	●	●	
IAM	PBM	主	可依赖微处理器的 I/O 芯片，3 Mbit/s 完成第 2 层实现	●	●	
Motorda	68302	主－从	带 PROFIBUS 核心功能的 16 位微控制器，500 kbit/s，第 2 层部分实现	●	●	
Motorda	68360	主－从	带 PROFBUS 核心功能的 32 位微控制器，500 kbit/s，第 2 层部分实现	●	●	
Siemens	SIM 1	Modem	Modem 芯片连接本质安全的 IEC 传输技术			●
Siemens	SPC 4	从	可依赖微处理器的 I/O 芯片，12 Mbit/s，第 2 层和 DP 实现	●	●	●
Siemens	SPC 3	从	可依赖微处理器的 I/O 芯片，12 Mbit/s，第 2 层和 DP 实现		●	
Siemens	SPM 2	从	单芯片，DP 全实现，64I/O 位直接与芯片连接		●	
Siemens	ASPC 2	主	可依赖微处理器的 I/O 芯片，12 Mbit/s，第 2 层完全实现	●	●	●
Siemens	LSPM 2	从	低成本芯片，DP 全实现，32I/O 位直接与芯片连接		●	
Delta-t	IXI	主－从	单芯片或可依赖微处理器的 I/O 芯片，1.5 Mbit/s，可加载协议	●	●	●
SMAR	PA－ASIC	Modem	Modem 芯片，连接本质安全的传输技术（PROFIBUS－PA）			●
Profichip	MPI12x	从	MPI12x 是带有 8 位微处理器的通信接口专用集成电路芯片，用于 MPI 和 PROFIBUS－DP 从站的产品开发		●	
Profichip	VPC3	从	VPC3＋C 是一个带有 8 位微处理器接口的通信芯片，用于智能 PROFIBUS－DP 从站的应用，集成有全部 PROFIBUS－DP 协议。自动识别和支持可达 12 Mbit/s 数据传输率。引脚、功能和软件与西门子 SPC3 兼容		●	
Profichip	VPCLS2	从	PROFIBUS－DP 从站简单型专用集成电路芯片		●	

注：● 代表该芯片支持的功能。

1. 简单 DP 从站的实现

这是最简单的协议实现方式。在单片中包括了协议的全部功能，不需要任何微处理器或软件，只需外加总线接口驱动装置、晶振和电力电子。如 Siemens 的 SPM2 ASIC 或 Delta - t 的 IXI 芯片，使用这些 ASIC 芯片只受 I/O 数据位数多少的限制。

2. 智能化 DP 从站的实现

在此方式中，PROFIBUS 协议的关键时间部分由协议芯片实现，其余部分由微控制器的软件完成。目前所提供的智能化从站设备所用通信控制器有 Siemens 公司的 SPC3 和 SPC4，Delta - t 公司的 IXI 和 IAM 公司的 PBS。这些 ASIC 芯片提供的接口是通用性的，可以与 8 位或 16 位微处理器和微控制器直接连接。Motorol - a 及其他公司还提供了微处理器内集成 PROFIBUS - DP 协议的芯片。

3. 复杂 DP 主站的实现

在此方式中，PROFIBUS - DP 协议的关键部分由通信控制器实现，其余部分由微处理器或微控制器的软件完成。目前主站通信控制器有 Siemens 公司的 ASPC2，Delta - t 公司的 IXI 和 IAM 公司的 PBM，这些芯片均可以与各种通用的微处理器和微控制器接口。

5.2 从站通信控制器 SPC3

5.2.1 ASICs 介绍

Siemens 为 PLC 之间简单高速的数字通信提供了用户 ASICs。参照 PROFIBUS DIN 19245 第 1 部分和第 3 部分设计的这些 ASICs，支持并可以完全处理 PLC 站之间的数据通信。

下列的 ASICs 与微处理器结合可提供智能从站的解决方案。

SPC（Siemens PROFIBUS Controller）的设计基于 OSI 参考模型的第 1 层，需要附加一个微处理器，用于实现第 2 层和第 7 层的功能。

SPC2 中已经集成了第 2 层的执行总线协议的部分，附加微处理器执行第 2 层的其余功能，即接口服务和管理。

ASPC2 已经集成了第 2 层的大部分功能，但仍需要微处理器。可以支持 12 Mbit/s 总线。主要用于复杂的主站设计。

SPC3 由于集成了全部 PROFIBUS - DP 协议，有效地减轻了处理器的压力，因此可用于 12 Mbit/s 总线。

SPC4 支持 DP、FMS 和 PA 协议类型，且可以工作于 12 Mbit/s 总线。

然而，在自动化工程领域也有一些简单的设备，如开关、热元件，不需要微处理器记录它们的状态。另一种称为 LSPM2（Lean Siemens PROFIBUS Multiplexer）或 SPM2 的 ASICs 是适应这些设备的低成本改造。这两种 ASIC 都可以作为总线系统上的从站（根据 DIN E 19245 T3），工作在 12 Mbit/s 总线上。主站在 7 层模型的第 2 层寻址这些 ASICs，2 个 ASICs 收到正确的报文后，自动生成所要求的响应报文。

LSPM2 与 SPM2 有相同的功能，只是减少了 I/O 端口和诊断端口的数量。

5.2.2 SPC3 功能简介

SPC3 为 PROFIBUS 智能从站提供了廉价的配置方案，可支持以下的处理器：

Intel：　　　　80C31，80×86

Siemens：　　　80C166/165/167

Motorola：　　　HC11，HC16，HC916

与 SPC2 相比，SPC3 存储器内部管理和组织有所改进，并支持 PROFIBUS - DP。

SPC3 只集成了传输技术的部分功能，而没有集成模拟功能（RS - 485 驱动器）、FDL（Fieldbus Data Link，现场总线数据链路）传输协议。它支持接口功能、FMA 功能和整个 DP 从站协议（USIF，用户接口让用户很容易访问第 2 层）。第 2 层的其余功能（软件功能和管理）需要通过软件来实现。

SPC3 内部集成了 1.5KB 的双口 RAM 作为 SPC3 与软件/程序的接口。整个 RAM 被分为 192 段，每段 8 个字节。用户寻址由内部 MS（Microsequencer）通过基址指针（Base - Pointer）来实现。基址指针可位于存储器的任何段。所以，任何缓存都必须位于段首。

如果 SPC3 工作在 DP 方式下，SPC3 将自动完成所有的 DP - SAPs 的设置。在数据缓冲区生成各种报文（如参数数据和配置数据），为数据通信提供 3 个可变的缓存器，2 个输出，1 个输入。通信时经常用到变化的缓存器，因此不会发生任何资源问题。SPC3 为最佳诊断提供两个诊断缓存器，用户可存入刷新的诊断数据。在这一过程中，有一诊断缓存总是分配给 SPC3。

总线接口是一个参数化的 8 位同步/异步接口，可使用各种 Intel 和 Motorola 处理器/微处理器。用户可通过 11 位地址总线直接访问 1.5KB 的双口 RAM 或参数存储器。

处理器上电后，程序参数（站地址、控制位等）必须传送到参数寄存器和方式寄存器。

任何时候状态寄存器都能监视 MAC 的状态。

各种事件（诊断、错误等）都能进入中断寄存器，通过屏蔽寄存器使能，然后通过响应寄存器响应。SPC3 有一个共同的中断输出。

看门狗定时器有 3 种状态：Baud_Search、Baud_Control 和 Dp_Control。

微顺序控制器（MS）控制整个处理过程。

程序参数（缓存器指针、缓存器长度、站地址等）和数据缓存器包含在内部 1.5KB 双口 RAM 中。

在 UART 中，并行、串行数据相互转换，SPC3 能自动调整波特率。

空闲定时器（Idle Timer）直接控制串行总线的时序。

5.2.3 SPC3 引脚介绍

SPC3 为 44 引脚 PQFP 封装，其引脚说明见表 5-2。

表 5-2　SPC3 引脚说明

引脚	引脚名称	描　述		源/目的
1	XCS	片选	C32 方式：接 VDD C165 方式：片选信号	CPU（80C165）
2	XWR/E_Clock	写信号/EI_CLOCK 对 Motorola 总线时序		CPU
3	DIVIDER	设置 CLKOUT2/4 的分频系数 低电平表示 4 分频		
4	XRD/R_W	读信号/Read_Write Motorola		CPU
5	CLK	时钟脉冲输入		系统
6	V_{SS}	地		
7	CLKOUT2/4	2 或 4 分频时钟脉冲输出		系统，CPU
8	XINT/MOT	<log> 0 = Intel 接口 <log> 1 = Motorola 接口		系统
9	X/INT	中断		CPU，中断控制
10	AB10	地址总线	C32 方式：<log>0 C165 方式：地址总线	
11	DB0	数据总线	C32 方式：数据/地址复用 C165 方式：数据/地址分离	CPU，存储器
12	DB1			
13	XDATAEXCH	PROFIBUS - DP 的数据交换状态		LED
14	XREADY/XDTACK	外部 CPU 的准备好信号		系统，CPU
15	DB2	数据总线	C32 方式：数据地址复用 C165 方式：数据地址分离	CPU，存储器
16	DB3			
17	V_{SS}	地		
18	V_{DD}	电源		
19	DB4	数据总线	C32 方式：数据地址复用 C165 方式：数据地址分离	CPU，存储器
20	DB5			
21	DB6			
22	DB7			
23	MODE	<log> 0 = 80c166 数据地址总线分离；准备信号 <log> 1 = 80c32 数据地址总线复用；固定定时		系统
24	ALE/AS	地址锁存使能	C32 方式：ALE C165 方式：<log>0	CPU（80C32）
25	AB9	地址总线	C32 方式：<log>0 C165 方式：地址总线	CPU（C165），存储器
26	TXD	串行发送端口		RS - 485 发送器
27	RTS	请求发送		RS - 485 发送器
28	VSS	地		
29	AB8	地址总线	C32 方式：<log>0 C165 方式：地址总线	

（续）

引脚	引脚名称	描　述	源/目的
30	RXD	串行接收端口	RS－485 接收器
31	AB7	地址总线	系统，CPU
32	AB6	地址总线	系统，CPU
33	XCTS	清除发送 <log>0＝发送使能	FSK Modem
34	XTEST0	必须接 V_{DD}	
35	XTEST1	必须接 V_{DD}	
36	RESET	接 CPU RESET 输入	
37	AB4	地址总线	系统，CPU
38	V_{SS}	地	
39	V_{DD}	电源	
40	AB3	地址总线	系统，CPU
41	AB2	地址总线	系统，CPU
42	AB5	地址总线	系统，CPU
43	AB1	地址总线	系统，CPU
44	AB0	地址总线	系统，CPU

注：1. 所有以 X 开头的信号低电平有效。

2. $V_{DD}=+5\,V$，$V_{SS}=GND$。

5.2.4 SPC3 存储器分配及参数

1. SPC3 存储器分配

SPC3 内部 1.5KB 双口 RAM 的分配见表 5-3。

表 5-3　SPC3 内存分配

地　址	功　能	
000H	处理器参数锁存器/寄存器（22B）	内部工作单元
016H	组织参数（42B）	
040H . . . 5FFH	DP 缓存器　Data In(3) Data Out(3) Diagnostics(2) Parameter Setting Data(1) Configuration Data(2) Auxiliary Buffer(2) SSA-Buffer(1)	

注：硬件为禁止超出地址范围，也就是如果用户写入或读取超出存储器末端，用户将得到一个新的地址，即原地址减去 400H。禁止覆盖处理器参数，在这种情况下，SPC3 产生访问中断。如果由于 MS 缓冲器初始化有误导致地址超出范围，也会产生这种中断。

① Date In 指数据由 PROFIBUS 从站到主站。

② Date Out 指数据由 PROFIBUS 主站到从站。

内部锁存器/寄存器位于前22个字节，用户可以读取或写入。一些单元只读或只写，用户不能访问的内部工作单元也位于该区域。

组织参数位于以16H开始的单元，这些参数影响整个缓存区（主要是DP－SAPs）的使用。另外，一般参数（站地址、标识号等）和状态信息（全局控制命令等）都存储在这些单元中。

与组织参数的设定一致，用户缓存（User－Generated Buffer）位于40H开始的单元，所有的缓存器都开始于段地址。

SPC3的整个RAM被划分为192段，每段包括8B，物理地址是按8的倍数建立的。

2．处理器参数（锁存器/寄存器）

这些单元只读或只写，在Motorola方式下SPC3访问00H～07H单元（字寄存器），并进行地址交换，也就是高低字节交换，内部参数锁存器分配见表5-4和表5-5。

表5-4　内部参数锁存器分配（读访问）

地址（Intel/Motorola）		名称	位号	说明
00H	01H	Int_Req_Reg	7…0	中断控制寄存器
01H	00H	Int_Req_Reg	15…8	
02H	03H	Int_Reg	7…0	
03H	02H	Int_Reg	15…8	
04H	05H	Status_Reg	7…0	状态寄存器
05H	04H	Status_Reg	15…8	状态寄存器
06H	07H	Reserved		保留
07H	06H			
08H		Din_Buffer_SM	7…0	Dp_Din_Buffer_State_Machine 缓存器设置
09H		New_DIN_Buffer_Cmd	1…0	用户在N状态下得到可用的DP Din缓存器
0AH		DOUT_Buffer_SM	7…0	DP_Dout_Buffer_State_Machine 缓存器设置
0BH		Next_DOUT_Buffer_Cmd	1…0	用户在N状态下得到可用的DP Dout缓存器
0CH		DIAG_Buffer_SM	3…0	DP_Diag_Buffer_State_Machine 缓存器设置
0DH		New_DIAG_Buffer_Cmd	1…0	SPC3中用户得到可用的DP Diag缓存器
0EH		User_Prm_Data_OK	1…0	用户肯定响应Set_Param报文的参数设置数据
0FH		User_Prm_Data_NOK	1…0	用户否定响应Set_Param报文的参数设置数据
10H		User_Cfg_Data_OK	1…0	用户肯定响应Check_Config报文的配置数据
11H		User_Cfg_Data_NOK	1…0	用户否定响应Check_Config报文的配置数据
12H		Reserved		保留
13H		Reserved		保留
14H		SSA_Bufferfreecmd		用户从SSA缓存器中得到数据并重新使该缓存使能
15H		Reserved		保留

表 5-5　内部参数锁存器分配（写访问）

地址（Intel/Motorola）		名称	位号	说明
00H	01H	Int_Req_Reg	7…0	中断控制寄存器
01H	00H	Int_Req_Reg	15…8	
02H	03H	Int_Ack_Reg	7…0	
03H	02H	Int_Ack_Reg	15…8	
04H	05H	Int_Mask_Reg	7…0	
05H	04H	Int_Mask_Reg	15…8	
06H	07H	Mode_Reg0	7…0	对每位设置参数
07H	06H	Mode_Reg0_S	15…8	
08H		Mode_Reg1_S	7…0	
09H		Mode_Reg1_R	7…0	
0AH		WD_Baud_Ctrl_Val	7…0	波特率监视基值（Root Value）
0BH		MinTsdr_Val	7…0	从站响应前应该等待的最短时间
0CH		保留		
0DH				
0EH				
0FH				
10H				
11H				
12H				
13H				
14H				
15H				

3. 组织参数（RAM）

用户把组织参数存储在特定的内部 RAM 中，用户可读也可写。组织参数说明见表 5-6。

表 5-6　组织参数说明

地　址（Intel/Motorola）		名称	位号	说　明
16H		R_TS_Adr	7…0	设置 SPC3 相关从站地址
17H		保留		默认为 0FFH
18H	19H	R_User_WD_Value	7…0	16 位看门狗定时器的值，DP 方式下监视用户
19H	18H	R_User_WD_Value	15…8	
1AH		R_Len_Dout_Buf		3 个输出数据缓存器的长度
1BH		R_Dout_Buf_Ptr1		输出数据缓存器 1 的段基值
1CH		R_Dout_Buf_Ptr2		输出数据缓存器 2 的段基值
1DH		R_Dout_Buf_Ptr3		输出数据缓存器 3 的段基值

（续）

地　址 （Intel/Motorola）	名称	位号	说　明
1EH	R_Len_Din_Buf		3 个输入数据缓存器的长度
1FH	R_Din_Buf_Ptr1		输入数据缓存器 1 的段基值
20H	R_Din_Buf_Ptr2		输入数据缓存器 2 的段基值
21H	R_Din_Buf_Ptr3		输入数据缓存器 3 的段基值
22H	保留		默认为 00H
23H			默认为 00H
24H	R_Len_Diag_Buf1		诊断缓存器 1 的长度
25H	R_Len Diag Buf2		诊断缓存器 2 的长度
26H	R_Diag_Buf_Ptr1		诊断缓存器 1 的段基值
27H	R_Diag_Buf_Ptr2		诊断缓存器 2 的段基值
28H	R_Len_Cntrl Buf1		辅助缓存器 1 的长度，包括控制缓存器，如 SSA_Buf、Prm_Buf、Cfg_Buf、Read_Cfg_Buf
29H	R_Len_Cntrl_Buf2		辅助缓存器 2 的长度，包括控制缓存器，如 SSA_Buf、Prm_Buf、Cfg_Buf、Read_Cfg_Buf
2AH	R _Aux _Buf _Sel		Aux_buffers1/2 可被定义为控制缓存器，如 SSA _Buf、Prm_Buf、Cfg_Buf
2BH	R_Aux_Buf_Ptr1		辅助缓存器 1 的段基值
2CH	R_Aux_Buf_Ptr2		辅助缓存器 2 的段基值
2DH	R_Len_SSA_Data		在 Set _Slave_Address_Buffer 中输入数据的长度
2EH	R_SSA_Buf_Ptr		Set _Slave_Address_Buffer 的段基值
2FH	R_Len_Prm_Data		在 Set_Param_Buffer 中输入数据的长度
30H	R_Prm_Buf_Ptr		Set_Param_Buffer 段基值
31H	R_Len_Cfg_Data		在 Check_Config_Buffer 中输入数据的长度
32H	R_Cfg_Buf_Ptr		Check_Config_Buffer 段基值
33H	R_Len_Read_Cfg_Data		在 Get_Config_Buffer 中输入数据的长度
34H	R_Read_Cfg_Buf_Ptr		Get_Config_Buffer 段基值
35H	保留		默认 00H
36H			默认 00H
37H			默认 00H
38H			默认 00H
39H	R_Real_No_Add_Change		这一参数规定了 DP 从站地址是否可改变
3AH	R_Ident_Low		标识号低位的值
3BH	R_Ident_High		标识号高位的值
3CH	R_GC_Command		最后接收的 Global_Control_Command
3DH	R_Len_Spec_Prm_Buf		如果设置了 Spec_Prm_Buffer_Mode（参见方式寄存器 0），这一单元定义为参数缓存器的长度

5.2.5 ASIC 接口

下面将要介绍的寄存器规定了 ASIC 硬件功能和报文处理过程。

1. 方式寄存器

控制器直接访问或设置的参数与 SPC3 中的方式寄存器 0 和方式寄存器 1 有关。

(1) 方式寄存器 0

在离线状态下（如合上开关）设置方式寄存器 0，当方式寄存器中所有的处理器参数、组织参数被装载后，SPC3 才离开离线状态（START_SPC3 =1，方式寄存器 1）。方式寄存器 0 各位的定义见表 5-7。

表 5-7 方式寄存器 0（地址 06H、07H）

Bit0	DIS_START_CONTROL 在 UART 中监视起始位，在 DP 方式下 Set_Param 报文覆盖该单元（参见 user_specific 数据） 0 = 使能起始位监视 1 = 关闭起始位监视
Bit1	DIS_STOP_CONTROL 在 UART 中监视停止位，在 DP 方式下 Set_Param 报文覆盖该单元（参见 user_specific 数据） 0 = 使能停止位监视 1 = 关闭停止位监视
Bit2	EN_FDL_DDB Reserved 0 = 关闭 FDL_DDB 接收
Bit3	MinTSDR 复位后 DP 操作或 combi 操作的 MinTSDR 默认设置 0 = 纯 DP 操作（默认设置） 1 = combi 操作
Bit4	INT_POL 中断输出的极性 0 = 中断输出低有效 1 = 中断输出高有效
Bit5	EARLY_RDY 准备信号前移 0 = 当数据有效（读）或数据接收（写）时产生准备好信号 1 = 准备好信号前移 1 个时钟脉冲
Bit6	Sync_Supported 支持同步方式 0 = 不支持同步方式 1 = 支持同步方式
Bit7	Freeze_Supported 支持锁定方式 0 = 不支持锁定方式 1 = 支持锁定方式

（续）

Bit8	DP_MODE
	DP 方式使能
	0 = 关闭 DP 方式 1 = DP 方式使能，SPC3 设置所有的 DP_SAPs
Bit9	EOI_TIME base
	中断脉冲结束的时间基值（Time Base）
	0 = 中断无效时间至少 1 μs 1 = 中断无效时间至少 1 ms
Bi10	User_Time base
	User_Time_Clock_Interrupt 周期的时间基值
	0 = User_Time_Clock_Interrupt，每 1 ms 发生一次 1 = User_Time_Clock_Interrupt，每 10 ms 发生一次
Bit11	WD_Test
	看门狗定时器的测试方式，非运行方式
	0 = 在运行方式下 WD 工作 1 = 不允许
Bit12	Spec_Prm_Buf_Mode
	特殊参数缓存器
	0 = 无特殊参数缓存器 1 = 特殊参数缓存器方式，参数数据直接存储在特殊参数缓存器
Bit13	Spec_Clear_Mode
	特殊清除方式（故障安全模式）
	0 = 不是特殊清除方式 1 = 特殊清除方式，SPC3 接收 data unit = 0 的数据报文

（2）方式寄存器 1（Mode－REG1，可写）

一些控制位必须在操作中改变，这些控制位与方式寄存器 1 有关，可以单独被设置（Mode_Reg_S），也可以单独被清除（Mode_Reg_R），设置或清除时必须在位地址写入逻辑 1。方式寄存器 1S（地址 08H）和方式寄存器 1R（地址 09H）各位的定义见表 5-8。

表 5-8 方式寄存器 1S（地址 08H）和方式寄存器 1R（地址 09H）

Bit0	START_SPC3
	退出离线状态
	1 = SPC3，退出离线状态，进入 Passive-Idle 状态，并且启动总线定时器和看门狗定时器，设置 Go_Offline = 0
Bit1	EOI
	中断结束
	1 = 中断结束，SPC3 中断输出无效，并重新设置 EOI = 0
Bit2	Go_Offline
	进入离线状态
	1 = 在当前请求结束后，SPC3 进入离线状态，并重新设置 Go_Offline = 0

（续）

Bit3	User_Leave_Master
	要求 DP_SM 进入 Wait_Prm 状态
	1 = 用户使 DP_SM 进入 Wait_Prm 状态，并重新设置 User_Leave_Master = 0
Bit4	En_Change_Cfg_Buffer
	缓存器交换使能（Cfg buffer for Read_Cfg buffer）
	0 = 通过 User_Cfg_Data_Okay_Cmd，只读配置缓存器，不可交换配置缓存器 1 = 通过 User_Cfg_Data_Okay_Cmd，只读配置缓存器，可以交换配置缓存器
Bit5	Res_User_WD
	重新设置 User_WD_Timer
	1 = SPC3，重新将 Res_User_WD_Timer 参数化为 User_WD_Value 的值，然后 SPC3 重新设 Res_User_WD 为 0

2. 状态寄存器

状态寄存器反映 SPC3 当前的状态并且为只读，状态寄存器各位的定义见表 5-9。

表 5-9　状态寄存器（只读，地址 04H、05H）

Bit0	Offline/Passive-Idle
	Offline/Passive-Idle 状态
	0 = SPC3，处于 offline 状态 1 = SPC3，处于 passive idle 状态
Bit1	FDL_IND_ST
	临时缓存器中有无 FDL 标识（Indication）
	0 = 临时缓存器中有 FDL 标识 1 = 临时缓存器中无 FDL 标识
Bit2	Diag_Flag
	状态诊断缓存器
	0 = DP 主站得到诊断缓存器的数据 1 = DP 主站还未得到诊断缓存器的数据
Bit3	RAM Access Violation
	存取内存 > 1.5 KB
	0 = 无地址冲突 1 = 如果地址大于 1536 B，从当前地址中减去 1024 B，然后访问这一新的地址
Bit4，5	DP – State 1…0
	DP 状态机的状态
	00 = Wait_Prm 状态 01 = Wait_Cfg 状态 10 = Data_EX 状态 11 = 不允许
Bit6，7	WD – State 1…0
	看门狗状态机制的状态
	00 = Baud_Search 状态 01 = Baud_Control 状态 10 = DP_Control 状态 11 = 不允许

（续）

Bit8 ~ Bit11	Baud Rate3…0
	SPC3 正常工作的波特率
	0000 = 12 Mbit/s 0001 = 6 Mbit/s 0010 = 3 Mbit/s 0011 = 1.5 Mbit/s 0100 = 500 kbit/s 0101 = 187.5 kbit/s 0110 = 93.75 kbit/s 0111 = 45.45 kbit/s 1000 = 19.2 kbit/s 1001 = 9.6 kbit/s 其他 = 不允许
Bit12 ~ Bit15	SPC3 – Release3…0
	Release no. for SPC3
	0000 = Release 0 Rest = 不允许

3. 中断控制器

通过中断控制器通知处理器各种中断信息和错误事件。中断控制器最多可存储 16 个中断事件。中断事件传送到共同的中断输出，中断控制器不提供优先级和中断矢量（与 8259 不兼容）。

中断控制器包括中断请求寄存器（IRR）、中断屏蔽寄存器（IMR）、中断寄存器（IR）和中断响应寄存器（IAR）。

中断事件存储在 IRR 中，个别事件通过 IMR 被屏蔽，IRR 中的中断输入与中断屏蔽无关。没有被 IMR 屏蔽的中断信号经过网络综合产生 X/INT 中断。用户调试时可在 IRR 中设置各种中断。

中断处理器处理过的中断（New_Prm_Data、New_DDB_Prm_Data 和 New_Cfg_Data 除外）必须通过 IAR 清除，在相应位上写入 1 即可清除。如果前一个已经确认的中断正在等待时，IRR 中又接受到一个新的中断请求，则此中断被保留。接着处理器使能屏蔽，则确保 IRR 中没有以前的输入。出于安全考虑，使能屏蔽之前必须清除 IRR 中的位。

退出中断程序之前，处理器必须在方式寄存器中设置 “end of interrupt-signal(EOI) = 1”，此跳变使中断线失效。如果另一个中断仍保留着，则至少经过 1μs 或 1 ~ 2 ms 中断失效时间后，该中断输出将再次激活。中断失效时间可以通过 EOI_Timebase 位设置，这样可以利用边沿触发的中断输入再次进入中断程序。

中断输出的极性可以通过 INT_Pol 方式位设置，硬件复位后输出低电平有效。中断请求寄存器各位的定义见表 5-10。

表 5-10 中断请求寄存器（可写、可读，地址 00H、01H）

Bit0	MAC_Reset
	当处理完当前的请求后，SPC3 进入离线状态（通过设置 Go_Offline 位或由于 RAM 访问冲突）
Bit1	Go/Leave_Data_EX
	DP_SM 进入或离开 DATA_EX 状态

（续）

Bit2	Baudrate_Detect
	SPC3 找到合适的波特率，并离开 Baud_Search 状态
Bit3	WD_DP_Control_Timeout
	在 DP_Control WD 状态下，看门狗定时器溢出
Bit4	User_Timer_Clock
	User_Timer_Clock 的时间基值溢出（1/10 ms）
Bit5	Res
	保留
Bit6	Res
	保留
Bit7	Res
	保留
Bit8	New_GC_Command
	SPC3 接收到带有变化的 GC_Command - Byte 的 Globle_Control 报文，并把这一字节存储在 R_GC_Command 内存单元中
Bit9	New_SSA_Data
	SPC3 接收到 Set_Slave_Address 报文，使 SSA 缓存器中的数据可用
Bit10	New_Cfg_Data
	SPC3 接收到 Check_Cfg 报文，使 Cfg 缓存器中的数据可用
Bit11	New_Prm_Data
	SPC3 接收到 Set_Param 报文，使 Prm 缓存器中的数据可用
Bit12	Diag_Buffer_Changed
	由于 New_Diag_Cmd 的请求，SPC3 交换诊断缓存器，并使原来的缓存器对用户可用
Bit13	DX_OUT
	SPC3 接收到 Write_Read_Data 报文，使新的输出数据在 N 状态下对用户可用。对于 Power_On 或 Leave_Master，SPC3 清除 N 缓存器并产生中断
Bit14	Res
	保留
Bit15	Res
	保留

其他的中断控制寄存器各位的定义见表 5-11。

表 5-11　IR、IMR 和 IAR

地址	寄存器	读/写	复位状态	说明	
02H/03H	IR	只读	清除所有位		
04H/05H	IMR	可写，在操作中可改变	设置所有位	Bit = 1	设置屏蔽，中断失效
				Bit = 0	清除屏蔽，允许中断
02H/03H	IAR	可写，在操作中可改变	清除所有位	Bit = 1	IRR 位清除
				Bit = 0	IRR 位未发生变化

New_Prm_Data、New_Cfg_Data 输入不能通过中断响应寄存器清除，只能通过用户确认后由状态机制来清除（如 User_Prm_Data_Okay 等）。

4. 看门狗定时器

（1）自动确定波特率

SPC3 能自动确定波特率。每次复位或在 Baud_Control_State WD 溢出后，SPC3 自动进入 Baud_Search 状态。

协议规定 SPC3 从最高的波特率开始查询。在监控时间内，如果没有接收到 SD1、SD2 或 SD3 报文，并且没有错误，SPC3 将从下一级波特率开始查询。一旦确定正确的波特率，SPC3 就进入 Baud_Control 状态，并且监视此波特率。监视时间可参数化（WD_Baud_Control_Val）。看门狗的时钟频率是 100 Hz（10 ms），每接收到一个发往本站的无误报文后，看门狗自动复位。如果看门狗时间溢出，SPC3 就重新进入 Baud_Search 状态。

（2）波特率监视

在 Baud_Control 状态下，看门狗不停地监视波特率。每接收到发往本站的正确报文后，看门狗都自动复位。监视时间是 WD_Baud_Control_Val（用户设置参数）与时间基值（10 ms）的乘积。如果监视时间溢出，WD_SM 就重新回到 Baud_Search 状态。如果用户执行 SPC3 的 DP 协议（在方式寄存器中 DP_Mode = 1），并接收到能响应时间监视（WD_On = 1）的 Set_Param 报文后，看门狗工作在 DP_Control 状态。若 WD_On = 0，看门狗一直工作在波特率监视状态。当定时器时间溢出时，PROFIBUS – DP 状态机制也不复位。也就是说，从站一直工作在数据交换状态。

（3）响应时间监视

DP_Control 状态能响应 DP 主站的时间监视。设置的时间值（Twd）是看门狗因数与有效时间基值（1ms 或 10ms）的乘积，即

Twd = WD_Fact_1 × WD_Fact_2（1ms 或 10ms）

用户可通过参数设置报文（取值可以是 1 ~ 255）装载两个看门狗（WD_Fact_1 和 WD_Fact_2）因数和时间基值。

例外：WD_Fact_1 = WD_Fact_2 = 1 不允许，电路不检测这种设置。

监视时间可以是 2ms ~ 650s 之间的值，取决于看门狗因子，与波特率无关。

如果监视时间溢出，SPC3 就回到 Baud_Control 状态，SPC3 产生 WD_DP_Control_Timeout 中断。另外，DP 状态机制复位，也就是产生缓存器管理的复位。

如果其他主站接收 SPC3，则转入 Baud_Control（WD_On = 0）状态，或在 DP_Control 下产生延时（WD_On = 1），与响应时间监视使能有关（WD_On = 0）。

5.2.6 PROFIBUS – DP 接口

1. DP 缓存器结构

DP_Mode = 1（参见方式寄存器 0）时，SPC3 DP 方式使能。在这种过程中，下列 SAPs 服务于 DP 方式。

- Default SAP：数据交换（Write_Read_Data）。
- SAP53：DDB 参数设置报文选择（Set_DDB_Param）。
- SAP55：改变站地址（Set_Slave_Address）。

- SAP56：读输入（Read_Inputs）。
- SAP57：读输出（Read_Outputs）。
- SAP58：DP 从站的控制命令（Global_Control）。
- SAP59：读配置数据（Get_Config）。
- SAP60：读诊断信息（Slave_Diagnosis）。
- SAP61：发送参数设置数据（Set_Param）。
- SAP62：检查配置数据（Check_Config）。

DP 从站协议完全集成在 SPC3 中，并独立执行。用户必须相应地参数化 SPC3，处理和响应传送报文。除了 Default SAP、SAP56、SAP57 和 SAP58，其他的 SAPs 一直使能，这 4 个 SAPs 在 DP 从站状态机制进入数据交换状态才使能。用户也可以让 SAP55 无效，这时相应的缓存器指针 R_SSA_Buf_Ptr 设置为 00H。在 RAM 初始化时可以让 DDB 单元无效。

DP_SAP 缓存器结构如图 5-1 所示。

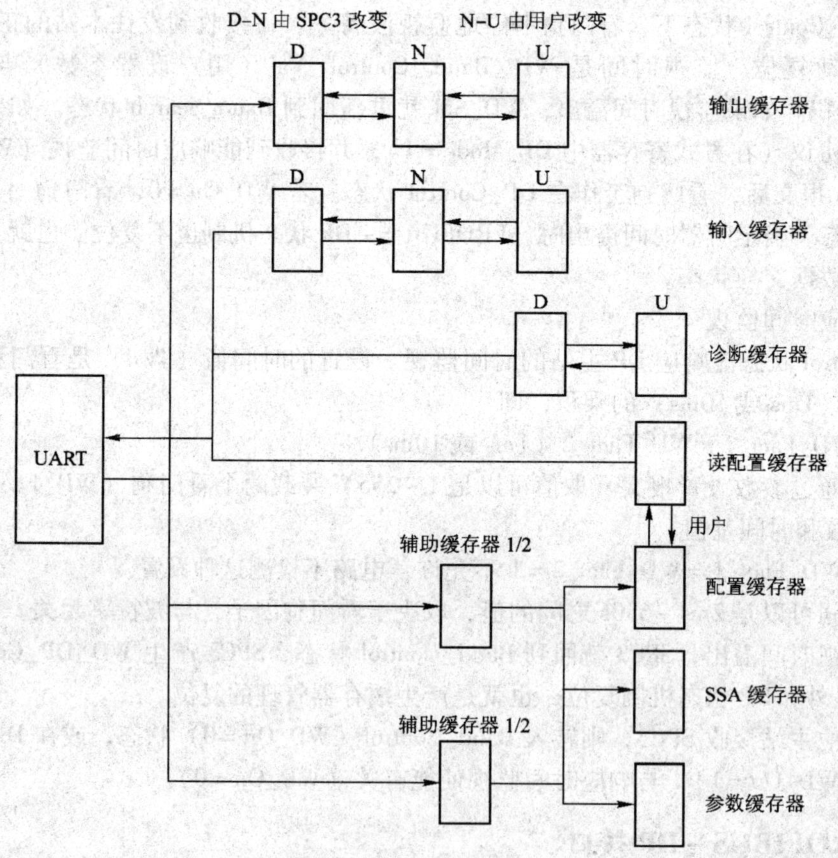

图 5-1　DP - SAP 结构

用户可在离线状态下配置所有的缓存器（长度和指针），在操作中除了 Dout/Din 缓存器长度外，其他的缓存配置不可改变。

用户在配置报文以后（Check_Config），等待参数化时，仍可改变这些缓存器。在数据交换状态下只可接收相同的配置。

输出数据和输入数据都有 3 个长度相同的缓存器可用，这些缓存器的功能是可变的。一个缓存器分配给 D（数据传送），一个缓存器分配给 U（用户），第 3 个缓存器出现在 N

（Next State）或 F（Free State）状态，然而其中一个状态不常出现。

两个诊断缓存器长度可变。一个缓存器分配给 D，用于 SPC3 发送数据；另一个缓存器分配给 U，用于准备新的诊断数据。

SPC3 首先为不同的参数设置报文（Set_Slave_Address 和 Set_Param）和配置报文（Check_Config），并读取到辅助缓存 1 和辅助缓存 2 中。

对于 SPC3，输入缓冲区有 3 个，并且长度一样；输出缓冲区也有 3 个，长度也一样。输入、输出缓冲区都有 3 个状态，分别是 U、N、D。在同一时刻，各个缓冲区处于相互不同的状态。08H ~ 0BH 单元表明了各个缓冲区的状态，并且表明了当前用户可用的缓冲区。U 状态的缓冲区分配给用户使用，D 状态的缓冲区分配给总线使用。N 状态是 U、D 状态的中间状态。

（1）输出数据缓冲区状态的转变

当持有令牌的主站向本地从站发送输出数据时，SPC3 在 D 缓存中读取接收到的输出数据。当 SPC3 接收到的输出数据没有错误时，就将新填充的缓冲区由 D 状态转为 N 状态，并且产生 DX_OUT 中断。这时用户读取 Next_Dout_Buffer_Cmd 寄存器，处于 N 状态的输出缓冲区由 N 状态变为 U 状态；用户同时知道哪一个输出缓冲区处于 U 状态，通过读取输出缓冲区得到当前输出数据。

如果用户程序循环时间短于总线周期时间，也就是说用户非常频繁地查询 Next_Dout_Buffer_Cmd 寄存器。用户使用 Next_Dout_Buffer_Cmd 寄存器在 N 状态下得不到新缓存，因此，缓存器的状态将不会发生变化。在 12Mbit/s 情况下，用户程序循环时间长于总线周期时间，这就有可能使用户取得新缓存之前在 N 状态下得到输出数据，保证了用户能得到最新的输出数据。但是，在通信速率比较低的情况下，只有在主站得到令牌，并且与本地从站通信后，用户才能在输出缓冲区中得到最新数据。如果从站比较多，输入、输出的字节数又比较多，用户得到最新数据通常要花费很长的时间。值得庆幸的是，PROFIBUS - DP 的通信速率可以设置得比较快。

用户通过读取 Dout_Buffer_SM 寄存器（地址 0AH）的状态，可以查询每个输出缓冲区处于 Nil、Dout_Buf_Ptr1 - 1、Dout_Buf_Ptr1 - 2、Dout_Buf_Ptr1 - 3 中的哪个状态。

用户读取 Next_Dout_Buffer_Cmd（地址 0BH）寄存器，可以得到交换后哪一个缓存处于 U 状态，即属于用户，或者没有发生缓冲区变化。然后用户可以从处于 U 状态的输出数据缓冲区中得到最新的输出数据。

（2）输入数据缓冲区状态的转变

输入数据缓冲区有 3 个，长度一样（初始化时已经规定）。输入数据缓冲区也有 3 个状态，即 U、N、D 状态。同一时刻，3 个缓冲区处于不同的状态，即一个缓冲区处于 U 状态，一个处于 N 状态，一个处于 D 状态。处于 U 状态的缓冲区用户可以使用，并且在任何时候用户都可以更新；处于 D 状态的缓冲区由 SPC3 使用，SPC3 将处于 D 状态缓冲区中的输入数据发送到主站。

SPC3 从 D 缓存中发送输入数据。在发送以前，处于 N 状态的输入缓冲区转为 D 状态，同时处于 U 状态的输入缓冲区变为 N 状态，原来处于 D 状态的输入缓冲区变为 U 状态。处于 D 状态的输入缓冲区中的数据发送到主站。用户可使用 U 状态下的输入缓冲区，通过读取 New_Din_Buffer_Cmd 寄存器，用户可以知道哪一个输入缓冲区属于用户。如果用户赋值周期时间短于总线周期时间，将不会发送每次更新的输入数据，只能发送最新的数据。但在12 Mbit/s 速率下，用户赋值时间长于总线周期时间。在此时间内，用户可多次发送当前的最新数据。但是在波特率比较低的情况下，不能保证每次更新的数据都能及时发送。用户把输入数据写入处于 U 状态的输入缓冲区，只有 U 状态变为 N 状态，再变为 D 状态，SPC3 才能将该数据发送到主站。

用户通过读取 Din_Buffer_SM（08H）单元，可以查询每个输入缓冲区处于 Nil、Din_Buf_Ptr1 -1、Din_Buf_Ptr1 -2、Din_Buf_Ptr1 -3 中的哪个状态。

读取 New_Din_Buffer_Cmd 寄存器（地址 09H），用户可得到交换后哪一个缓存属于用户。与相应的目标缓存器（SSA 缓存器、PRM 缓存器和 CFG 缓存器）交换数据时，相互交换的缓存器必须有相同的长度，用户可在 R_Aux_Buf_Sel 参数单元定义中使用上述哪一个辅助缓存。辅助缓存器 1 一直可用，辅助缓存器 2 可选。如果 DP 报文的数据不同，比如设置参数报文长度大于其他报文，则使用辅助缓存器 2（Aux_Sel_Set_Param =1），其他的报文则通过辅助缓存器 1（Aux_Sel_Set_Param）读取。如果缓存器太小，SPC3 将响应“无资源”。

辅助缓存器管理见表 5-12。

表 5-12　辅助缓存器管理

RAM 寄存器地址	位地址								说　明
2AH	7	6	5	4	3	2	1	0	
	0	0	0	0	0	Set_Slave_Adr	Check_Cfg	Set_Prm	R_Aux_Buf_Sel
						X1	X1	X1	
						0	0	0	Aux_buffer1
						1	1	1	Aux_buffer2

用户可用 Read_Cfg 缓存器读取 Get_Config 缓存中的配置数据，但二者必须有相同的长度。

在 D 状态下，可以从 Din 缓存器中进行 Read_Input_Data 操作；在 U 状态下，可以从 Dout 缓存器中进行 Read_Output_Data 操作。

由于 SPC3 内部只有 8 位地址寄存器，因此，所有的缓存器指针都是 8 位段地址。访问 RAM 时，SPC3 将段地址左移 3 位，与 8 位偏移地址相加，得到 11 位物理地址。关于缓存器的起始地址，这 8 个字节是明确规定的。

2. DP 服务描述

（1）Set_Slave_Address（SAP55）

1）Set_Slave_Address 顺序。

用户通过设置 R_SSA_Buf_Ptr =00H，使设定从站地址顺序的功能失效，必须确定从站地址。例如，可通过拨码开关读取站地址，写入 R_TS_Adr 寄存器。

用户也可以使用非易失存储器（如 E^2PROM）支持这种功能。在外部 E^2PROM 中，可以存储从站地址和 Real_No_Add_Change（True = FFH）参数。由于电源故障造成系统重启时，用户必须重新装载 R_TS_Adr 和 R_Real_No_Add_Change 寄存器。

如果 SAP55 使能，并且 Set_Slave_Address 报文已正确接收，SPC3 把网络数据放入 Aux-Buffer1/2 中，然后把 Aux-Buffer1/2 转换为 SSA 缓存器，将数据长度存放到 R_Len_SSA_data 中，产生 New_SSA_Data 中断，并存储新的站地址和新的 Real_No_Add_Change 参数。用户

不必再把改变的参数传送给 SPC3。当用户读取该缓存器后，用户就可以对地址 14H 执行读操作，使用 SSA_Buffer_Free_Cmd，让 SPC3 再次准备好接收新的设置从站地址的报文（如来自其他的主站）。

当有错误产生时，SPC3 能独立响应。

SSA_Buffer_Free_Cmd 编码见表 5-13。

表 5-13　SSA_Buffer_Free_Cmd 编码

控制寄存器地址	位地址								说　明
	7	6	5	4	3	2	1	0	
14H	0	0	0	0	0	0	0	0	SSA_Buffer_Free_Cmd
	无关								

2）Set_Slave_Address 报文结构。

SSA 缓存器中网络数据的存储格式见表 5-14。

表 5-14　SSA 缓存器中网络数据的存储格式

字节	位地址								说　明
	7	6	5	4	3	2	1	0	
0									New_Slave_Address
1									Ident_Number_High
2									Ident_Number_Low
3									No_Add_Chg
4 ~ 243									Rem_Slave_Data 其他使用数据

（2）Set_Param（SAP61）

1）参数数据结构。

SPC3 给前 7 个字节赋值（不包括用户参数数据），或给前 8 个字节赋值（包括用户参数数据），前 7 个字节是按标准规定的，第 8 个字节与 SPC3 特殊参数有关。其余字节与应用有关。Set_Param 报文的数据格式见表 5-15。

表 5-15　Set_Param 报文的数据格式

字节	位地址								说　明
	7	6	5	4	3	2	1	0	
0	Lock Req	Unlo Req	Sync Req	Free Req	WD on	Res	Res	Res	站状态
1									WD_Fact_1
2									WD_Fact_2
3									MinTSDR
4									Ident_Number_High
5									Ident_Number_Low
6									Group_Ident
7	0	0	0	0	0	WD_Base	Dis_Stopbit	Dis_Startbit	Spec_User_Prm_Byte
8 ~ 243									User_Prm_Data

Set_Param 报文数据第 7 个字节的位定义见表 5-16。

表 5-16　Set_Param 报文数据第 7 个字节的位定义

位地址	Spec_User_Prm_Byte		
	名 称	说 明	默认状态
0	Dis_Start bit	接收器起始位监视关闭	1，关闭起始位监视
1	Dis_Stop bit	接收器停止位监视关闭	0，停止位监视使能
2	WD_Base	规定了看门狗时钟的时间基值 0：时间基值为 10 ms 1：时间基值为 1 ms	0，时间基值为 10 ms
3 ~ 7	Res	参数化为 0	0

2）参数数据处理顺序。

在多于 7 个数据字节有效的情况下，SPC3 执行以下响应：

SPC3 把辅助缓存器 1/2（所有的数据都输入到这里）转换为参数缓存器，把输入数据的长度存储到 R_Len_Prm_Data，并触发 New_Prm_Data 中断。用户必须检查 User_Prm_Data，返回值为 User_Prm_Data_Okay_Cmd 或 User_Prm_Data_Not_Okay_Cmd。所有的报文都输入到该缓存中，也就是与应用有关的参数数据只存储在从第 8 个字节开始的单元中。

用户响应（User_Prm_Data_Okay_Cmd 或 User_Prm_Data_Not_Okay_Cmd）触发 New_Prm_Data 中断，在 IAR 寄存器中用户不响应该中断。User_Prm_Data_Not_Okay_Cmd 报文设置相关的诊断位，并转入 Wait_Prm。

User_Prm_Data_Okay_Cmd 和 User_Prm_Data_Not_Okay_Cmd 可进行读访问，相关信号如下：

User_Prm_Finished　　当前无其他的参数报文

Prm_Conflict　　当前有其他的参数报文，再一次处理

Not_allowed　　当前总线状态下不允许访问

User_Prm_Data_Okay_Cmd 编码和 User_Prm_Data_Not_Okay_Cmd 编码分别见表 5-17 和表 5-18。

表 5-17　User_Prm_Data_Okay_Cmd 编码

控制寄存器地址	位 地 址								说　明
	7	6	5	4	3	2	1	0	
0EH	0	0	0	0	0	0			User_Prm_Data_Okay
							0	0	User_Prm_Finished
							0	1	Prm_Conflict
							1	1	Not_Allowed

表 5-18　User_Prm_Data_Not_Okay_Cmd 编码

控制寄存器地址	位 地 址								说　明
	7	6	5	4	3	2	1	0	
0FH	0	0	0	0	0	0			User_Prm_Data_Not_Okay
							0	0	User_Prm_Finished
							0	1	Prm_Conflict
							1	1	Not_Allowed

如果同时接收到其他的 Set_Param 报文，将返回 Prm_Conflict 信号以响应第一个报文。无论是肯定响应，还是否定响应，此时 SPC3 新的参数缓存器都可用，用户可以重新响应新的 Set_Param 报文。

（3）Check_Config（SAP62）

用户给配置数据赋值。SPC3 接收到有效的 Check_Config 报文后，SPC3 把辅助缓存器 1/2（所有的数据都输入到这里）转换成配置缓存器，把输入数据的长度存储到 R_Len_Cfg_Data 中，并产生 New_Cfg_Data 中断。

用户必须检查 User_Config_Data 寄存器，返回值为 User_Cfg_Data_Okay_Cmd 或 User_Cfg_Data_Not_Okay_Cmd（对 Cfg_SM 的响应），网络数据按标准格式输入到该缓存器中。

用户响应（User_Cfg_Data_Okay_Cmd 或 User_Cfg_Data_Not_Okay_Cmd）产生 New_Cfg_Data 中断，在 IAR 寄存器中用户不响应该中断。

如果配置不正确，则改变诊断位，并转入 Wait_Prm。

对于正确的配置，如果当前无 Din 缓存器（R_Len_Din_Buf = 00H），并且参数设置报文和配置报文的触发计数器为 0，则立即进入数据交换状态。否则，只有使用 New_Din_Buffer_Cmd 使 N 缓存器可用后才进入数据交换状态。当进入数据交换状态时，SPC3 产生 Go/Leave_Data_Exchange 中断。

如果从配置缓存器中接收到正确的配置数据，将导致 Read_Cfg 缓存器的变化（该变化包括 Get_Config 报文的数据），用户必须在 User_Cfg_Data_Okay_Cmd 响应之前使 Read_Cfg 缓存器中的 Read_Cfg 数据可用。SPC3 接收到响应之后且方式寄存器 1 中的 EN_Change_Cfg_Buffer = 1，则交换 Cfg 缓存器和 Read_Cfg 缓存器。

在响应期间，用户可接收有冲突的信息和无冲突的信息。如果处理第一个 Check_Config 报文的同时接收到其他的 Check_Config 报文，将返回 Check_Conflict 信号以响应第一个报文。无论是肯定响应，还是否定响应，此时 SPC3 新的参数缓存器都可用，用户可以重新响应新的 Set_Cfg 报文。

可以对 User_Cfg_Data_Okay_Cmd 和 User_Cfg_Data_Not_Okay_Cmd 单元进行读操作，返回值为 Not_Allowed、User_Cfg_Finished 和 Cfg_Conflict。如果在上电过程中同时出现 New_Prm_Data 和 New_Cfg_Data，用户必须先响应 Set_Param，然后再响应 Check_Config。

User_Cfg_Data_Okay_Cmd 编码和 User_Cfg_Data_Not_Okay_Cmd 编码分别见表 5-19 和表 5-20。

表 5-19 User_Cfg_Data_Okay_Cmd 编码

控制寄存器地址	位地址								说明
	7	6	5	4	3	2	1	0	
10H	0	0	0	0	0	0			User_Cfg_Data_Okay
							0	0	User_Cfg_Finished
							0	1	Cfg_Conflict
							1	1	Not_Allowed

表 5-20　User_Cfg_Data_Not_Okay_Cmd 编码

控制寄存器地址	位地址								说　明
	7	6	5	4	3	2	1	0	
11H	0	0	0	0	0	0			User_Cfg_Data_Not_Okay
							0	0	User_Cfg_Finished
							0	1	Cfg_Conflict
							1	1	Not_Allowed

(4) Slave_Diagnosis (SAP60)

1) 诊断处理顺序。诊断有两个缓存器可用，这两个缓存器均可以改变长度。SPC3 有一个缓存器用于发送诊断请求，同时用户在另外一个缓存器中预处理诊断数据。如果新的诊断数据将被发送，用户可使用 New_Diag_Cmd 请求交换诊断缓存器。用户通过 Diag_Buffer_Changed 中断确认诊断缓存器的交换。

当缓存器交换以后，将设置内部的 Diag_Flag 位。如果 Diag_Flag 激活，SPC3 将在下一个 Write_Read_Data 具有高优先级响应数据时响应主站，表明从站已经存在诊断数据，这时主站可以使用 Slave_Diagnosis 报文得到从站的诊断数据，并使 Diag_Flag 复位。然而，如果 Diag. Stat_Diag = 1（静态诊断，见诊断缓存器的结构），当相关主站得到诊断数据以后，Diag_Flag 仍保持激活状态。用户可以在新旧数据交换以前通过状态寄存器中的 Diag_Flag 状态判断主站是否得到了诊断数据。

诊断缓存器的状态代码存储在 Diag_Buffer_SM 处理器参数中。Diag_Buffer_SM 分配见表 5-21。

表 5-21　Diag_Buffer_SM 分配

控制寄存器地址	位地址								说　明
	7	6	5	4	3	2	1	0	
0CH	0	0	0	0	D_Buf2		D_Buf1		Diag_Buffer_SM
					X1	X2	X1	X2	
					0	0	0	0	D_Buf1 或 D_Buf2
					0	1	0	1	用户
					1	0	1	0	SPC3
					1	1	1	1	SPC3_Send_Mode

New_Diag_Buffer_Cmd 通过读访问，可以确定在缓存器交换后哪一个处理器参数属于用户，或者两个缓存器都分配给 SPC3（No Buffer、Diag_Buf1 和 Diag_Buf2）。New_Diag_Buffer_Cmd 编码见表 5-22。

表 5-22　New_Diag_Buffer_Cmd 编码

控制寄存器地址	位地址								说　明
	7	6	5	4	3	2	1	0	
0DH	0	0	0	0	0	0			New_Diag_Cmd
							0	0	No Buffer
							0	1	Diag_Buf1
							1	0	Diag_Buf2

2）诊断缓存器的结构。用户传送的 SPC3 的诊断缓存器的结构见表 5-23。除了第一个字节的低 3 位，前 6 个字节都是 Spaceholder，第一个字节的低 3 位分别是 Diag. Ext_Diag、Diag. Stat_Diag 和 Diag. Ext_Diag_Overflow，其余的位自由安排。当发送时，SPC3 按标准预处理前 6 个字节。

表 5-23　SPC3 诊断缓存器的结构

字节	位地址								说　明
	7	6	5	4	3	2	1	0	
0						Ext_Diag_Overflow	Stat_Diag	Ext_Diag	Spaceholder
1									Spaceholder
2									Spaceholder
3									Spaceholder
4									Spaceholder
5									Spaceholder
6 ~ *n*	用户必须输入								Ext_Diag_Data（*n* 最大为 243）

用户在 SPC3 内部诊断数据后，必须把 Ext_Diag_Data 输入到缓存器中，有 3 种不同格式：Device-related、ID-related 和 Port-related。除了 Ext_Diag_Data，缓存器长度还包括 SPC3 的诊断字节（R-Len_Diag_Buf1 和 R_Len_Diag_Buf2）。

（5）Write_Read_Data/Data_Exchange（Default_SAP）

1）写输出（Writing Outputs）。SPC3 读取 D 缓存器中的输出数据。SPC3 接收到正确的输出数据报文后，SPC3 将 D 缓存器的数据填入到 N 缓存器中，同时产生 DX_OUT 中断。这时用户从 N 中得到当前的输出数据，通过 Next_Dout_Buffer_Cmd 使缓存器由 N 变为 U，这时当前使用数据返回到主站的 Read_Outputs。

如果用户程序周期短于总线周期，则用户通过 Next_Dout_Buffer_Cmd 在 N 缓存器中找不到新的缓存器，因此，禁止缓存器交换。在通信速率为 12 Mbit/s 情况下，用户程序周期长于总线周期，这就使用户在得到新的缓存器之前从 N 中得到新的输出数据，从而保证用户能得到最新的数据。

由于 Power_On、Leave_Master 和 Global_Control_Telgram 清除，SPC3 清除 D 缓存器，然后将 D 缓存器的内容填入到 N 缓存器。在上电期间（进入 Wait_Prm 状态）也会发生以上情况。如果用户得到这一缓存器，它将在 Next_Dout_Buffer_Cmd 期间清除 U 缓存器。如果在 Check_Config 报文后，用户打算增多输出数据，则必须在 N 状态下删除（可能只在 Wait_Cfg 状态的上电期间）。

如果 Diag. Sync_Mode =1，当接收到 Write_Read_Data 报文时，D 缓存器可被填充，但不会交换，可能在下一个 Sync 或 Unsync 交换。

用户可读取缓存器管理的状态，有 4 种状态：Nil、Dout_Buf_Ptr1 -1、Dout_Buf_Ptr1 -2 和 Dout_Buf_Ptr1 -3，当前数据指针在 N 状态下。Dout_Buffer 管理见表 5-24。

表 5-24　Dout_Buffer 管理

<table>
<tr><th rowspan="2">控制寄存器地址</th><th colspan="8">位 地 址</th><th rowspan="2">说　明</th></tr>
<tr><th>7</th><th>6</th><th>5</th><th>4</th><th>3</th><th>2</th><th>1</th><th>0</th></tr>
<tr><td>0AH</td><td colspan="2">F</td><td colspan="2">U</td><td colspan="2">N</td><td colspan="2">D</td><td>Dout_Buffer_SM</td></tr>
<tr><td rowspan="4"></td><td>0</td><td>0</td><td>0</td><td>0</td><td>0</td><td>0</td><td>0</td><td>0</td><td>Nil</td></tr>
<tr><td>0</td><td>1</td><td>0</td><td>1</td><td>0</td><td>1</td><td>0</td><td>1</td><td>Dout_Buf_Ptr1</td></tr>
<tr><td>1</td><td>0</td><td>1</td><td>0</td><td>1</td><td>0</td><td>1</td><td>0</td><td>Dout_Buf_Ptr2</td></tr>
<tr><td>1</td><td>1</td><td>1</td><td>1</td><td>1</td><td>1</td><td>1</td><td>1</td><td>Dout_Buf_Ptr3</td></tr>
</table>

用户读取 Next_Dout_Buffer_Cmd 后，可得到用户缓存器的信息，判断缓存器是否发生变化，或发生变化后哪一个缓存器属于用户。Next_Dout_Buffer_Cmd 编码见表 5-25。

表 5-25　Next_Dout_Buffer_Cmd 编码

<table>
<tr><th rowspan="2">控制寄存器地址</th><th colspan="8">位 地 址</th><th rowspan="2">说　明</th></tr>
<tr><th>7</th><th>6</th><th>5</th><th>4</th><th>3</th><th>2</th><th>1</th><th>0</th></tr>
<tr><td>0BH</td><td>0</td><td>0</td><td>0</td><td>0</td><td>U_Buffer_Cleared</td><td>State_U_Buffer</td><td colspan="2">Ind_U_Buffer</td><td>Next_Dout_Buf_Cmd</td></tr>
<tr><td colspan="5" rowspan="7"></td><td rowspan="5"></td><td rowspan="3"></td><td>0</td><td>1</td><td>Dout_Buf_Ptr1</td></tr>
<tr><td>1</td><td>0</td><td>Dout_Buf_Ptr2</td></tr>
<tr><td>1</td><td>1</td><td>Dout_Buf_Ptr3</td></tr>
<tr><td>0</td><td colspan="2" rowspan="4"></td><td>No New U Buffer</td></tr>
<tr><td>1</td><td>New U Buffer</td></tr>
<tr><td>0</td><td rowspan="2"></td><td>U 缓存包含数据</td></tr>
<tr><td>1</td><td>U 缓存被清除</td></tr>
</table>

用户必须在初始化时清除 U 缓存器，保证在第一个数据周期之前为 Read_Output 报文发送定义好的数据。

2）读输入（Reading Inputs）。SPC3 从 D 缓存器中发送输入数据。在发送以前，SPC3 从 N 缓存器得到 Din 缓存器数据，然后放到 D 缓存器中。如果当前 N 状态下无新的输入数据，将没有变化。

用户使 U 缓存器中新的数据可用，通过 New_Din_Buffer_Cmd，缓存器从 U 变为 N。若用户的准备周期短于总线周期，则不会发送全部的输入数据，而只发送当前数据。在 12 Mbit/s的通信速率下，如果用户准备时间长于总线周期时间，用户可连续多次发送相同的数据。

在 Start - Up 期间，所有的参数报文和配置报文得到确认以后，SPC3 进入数据交换状态。用户可通过 New_Din_Buffer_Cmd 在 N 缓存器中得到第一个有效的 Din 缓存器。

如果 Diag. Freeze_Mode = 1，在发送之前没有缓存器交换。

用户可读取状态机单元的状态，有 4 种状态：Nil、Dout_Buf_Ptr1、Dout_Buf_Ptr2 和 Dout_Buf_Ptr3，当前数据指针在 N 状态下。数据输入缓存管理见表 5-26。

表 5-26　数据输入缓存管理

控制寄存器地址	位地址								说　明
	7	6	5	4	3	2	1	0	
08H	F		U		N		D		Din_Buffer_SM
	0	0	0	0	0	0	0	0	Nil
	0	1	0	1	0	1	0	1	Din_Buf_Ptr1
	1	0	1	0	1	0	1	0	Din_Buf_Ptr2
	1	1	1	1	1	1	1	1	Din_Buf_Ptr3

当读取 New_Din_Buffer_Cmd 时，用户可得知交换后哪一个缓存属于用户。New_Din_Buffer_Cmd 编码见表 5-27。

表 5-27　New_Din_Buffer_Cmd 编码

控制寄存器地址	位地址								说　明
	7	6	5	4	3	2	1	0	
09H	0	0	0	0	0	0			New_Din_Buf_Cmd
							0	1	Din_Buf_Ptr1
							1	0	Din_Buf_Ptr2
							1	1	Din_Buf_Ptr3

3）用户看门狗定时器（User_Watchdog_Timer）。当上电（在数据交换状态）后，如果用户没有读取接收到的 Din 缓存器中的数据或没有使新的 Dout 缓存器可用时，SPC3 继续响应 Write_Read_Data 报文。如果用户处理器故障，主站将接收不到该信息。因此，需要在 SPC3 中执行 User_Watchdog_Timer。

User_WD_Timer 是一个内部为 16 位的 RAM 单元，起始值是 R_User_WD_Value15…0。用户每从 SPC3 中接收到一个 Write_Read_Data 报文，该 RAM 单元的值就减 1。如果定时器达到 0000H，SPC3 就进入 Wait_Prm 状态，DP_SM 产生 Leave_Master，用户必须周期性地设置定时器的初始值。因此，必须在方式寄存器 1 中设置 Res_User_WD = 1。直至接收到下一个 Write_Read_Data 报文，SPC3 把 User_Wd_Timer 的值装载到 R_User_Wd_Value15…0 中，并设置 Res_User_Wd = 0（方式寄存器 1）。在 Power_Up 期间，用户必须设置 Res_User_Wd = 1，才能使 User_Wd_Timer 设置为参数化值。

（6）Global_Control（SAP58）

Global_Control 报文的第一个有效字节存储在 R_GC_Command RAM 单元，内部处理该报文第二个字节（Group_Select）。Global_Control 报文数据格式见表 5-28 所示。

表 5-28　Global_Control 报文数据格式（地址 3CH）

Bit0	Reserved
	保留
Bit1	Clear_Data
	使用该命令，在 D 缓存器中输出数据被删除，并变为 N 缓存器
Bit2	Unfreeze
	使用该命令，取消锁定输入数据
Bit3	Freeze
	从 N 得到输入数据后放到 D 缓存器中，并锁定，直到主站发送下一个锁定命令，才能得到新的输入数据
Bit4	Unsync
	取消同步命令
Bit5	Sync
	通过 Write_Read_Data 报文，从 D 缓存器中得到输出数据后放到 N 缓存器中。在主站发送下一个同步命令之前，要发送的输出数据一直保持在 D 缓存器中。
Bit6	Reserved
	用于扩展功能
Bit7	Reserved
	用于扩展功能

如果接收到最后一个 Global_Control 报文时，Control_Command 字节改变，SPC3 产生 New_GC_Command 中断。在初始化过程中，SPC3 预先设置 R_GC_Command RAM 单元为 00H，用户可读写该单元。

只有在方式寄存器中使同步和锁定使能，才能执行以上功能。

（7）Read_Inputs（SAP56）

SPC3 得到输入数据，就像处理 Write_Read_Data 报文一样。在发送之前，缓存器由 N 转为 D。如果在 N 缓存器中有新的输入数据，并且 Diag. Freeze_Mode = 1，将无缓存器改变。

（8）Read_Outputs（SAP57）

SPC3 在 U 缓存器中从 Dout 缓存器中得到输出数据。在启动期间应预先设置输出数据为 0，才能发送有效的数据。如果在调用和重复期间，缓存器由 N 变为 U（通过 Next_Dout_Buffer_Cmd），则在重复期间发送新的输出数据。

（9）Get_Config（SAP59）

用户在 Read_Cfg 缓存器中得到有效的配置数据。在 Check_Config 报文后，配置数据发生变化，用户可以把变化后的配置数据写入配置缓存器中，置 En_Change_Cfg_Buffer = 1（见方式寄存器 1），SPC3 交换 Cfg 缓存器与 Read_Cfg 缓存器。如果在操作中配置数据发生变化，用户必须通过 Go Offline 返回到 Wait_Prm 状态。

5.2.7　通用处理器总线接口

SPC3 有一个 11 位地址总线的并行 8 位接口。SPC3 支持基于 Intel 的 80C51/52（80C32）处理器和微处理器，Motorola 的 HC11 处理器和微处理器，以及 Siemens 80C166、Intel X86、Motorola HC16 和 HC916 系列处理器和微处理器。由于 Motorola 和 Intel 的数据格式不兼容，

SPC3 在访问 16 位寄存器（中断寄存器、状态寄存器、方式寄存器 0）和 16 位 RAM 单元（R_User_Wd_Value）时，自动进行字节交换。这就使 Motorola 处理器能够正确读取 16 位单元的值。通常对于读或写，要通过两次访问完成（8 位数据线）。

由于使用了 11 位地址总线，SPC3 不再与 SPC2（10 位地址总线）完全兼容。然而，SPC2 的 XINTCI 引脚在 SPC3 的 AB10 引脚处，且这一引脚至今未用。而 SPC3 的 AB10 输入端有内置下拉电阻。如果 SPC3 使用 SPC2 硬件，用户只能使用 1KB 的内部 RAM。否则，AB10 引脚必须置于相同的位置。

总线接口单元（BIU）和双口 RAM 控制器（DPC）控制着 SPC3 处理器内部 RAM 的访问。另外，SPC3 内部集成了一个时钟分频器，能产生 2 分频（DIVIDER = 1）或 4 分频（DIVIDER = 0）输出，因此，不需附加费用就可实现与低速控制器相连。SPC3 的时钟脉冲是 48 MHz。

1. 总线接口单元

总线接口单元（BIU）是连接处理器/微处理器的接口，有 11 位地址总线，是同步或异步 8 位接口。接口配置由 2 个引脚（XINT/MOT 和 MODE）决定，XINT/MOT 引脚决定连接的处理器系列（总线控制信号，如 XWR、XRD、R_W 和数据格式），MODE 引脚决定同步或异步。

在 C32 方式下必须使用内部锁存器和内部译码器。

2. 双口 RAM 控制器

SPC3 内部 1.5 KB 的 RAM 是单口 RAM。然而，由于内部集成了双口 RAM 控制器，允许总线接口和处理器接口同时访问 RAM。此时，总线接口具有优先权，从而使访问时间最短。如果 SPC3 与异步接口处理器相连，SPC3 产生 Ready 信号。

3. 接口信号

在复位期间，数据输出总线呈高阻状态。微处理器总线接口信号见表 5-29。

表 5-29 微处理器总线接口信号

名　称	输入/输出	类　型	说　明
DB(7…0)	I/O	Tristate	复位时高阻
AB(10…0)	I		AB10 带下拉电阻
MODE	I		设置同步/异步接口
XWR/E_CLOCK	I		Intel：写；Motorola：E_CLK
XRD/R_W	I		Intel：读；Motorola：读/写
XCS	I		片选
ALE/AS	I		Intel/Motorola：地址锁存允许
DIVIDER	I		CLKOUT2/4 的分频系数为 2 或 4
X/INT	O	Tristate	极性可编程
XRDY/XDTACK	O	Tristate	Intel/Motorola：准备好信号
CLK	I		48 MHz
XINT/MOT	I		设置 Intel/Motorola 方式
CLKOUT2/4	O	Tristate	24/12 MHz
RESET	I	Schmitt - trigger	最少 4 个时钟周期

5.2.8 UART

发送器将并行数据结构转变为串行数据流。在发送第一个字符之前，产生 Request-to-Send（RTS）信号，XCTS 输入端用于连接调制器。RTS 激活后，发送器必须等到 XCTS 激活后才能发送第一个报文字符。

接收器将串行数据流转换成并行数据结构，并以 4 倍的传输速率扫描串行数据流。为了测试，可关闭停止位（方式寄存器 0 中的 DIS_STOP_CONTROL = 1 或 DP 的 Set_Param_Telegram 报文），PROFIBUS 协议的一个要求是报文字符之间不允许出现其他状态，SPC3 发送器保证满足此规定。通过 DIS_START_CONTROL = 1（模式寄存器 0 或 DP 的 Set_Param 报文中），关闭起始位测试。

5.2.9 PROFIBUS - DP 的 RS - 485 传输接口电路

PROFIBUS 接口数据通过 RS - 485 传输，SPC3 通过 RTS、TXD、RXD 引脚与电流隔离接口驱动器相连。PROFIBUS - DP 的 RS - 485 传输接口电路如图 5-2 所示。

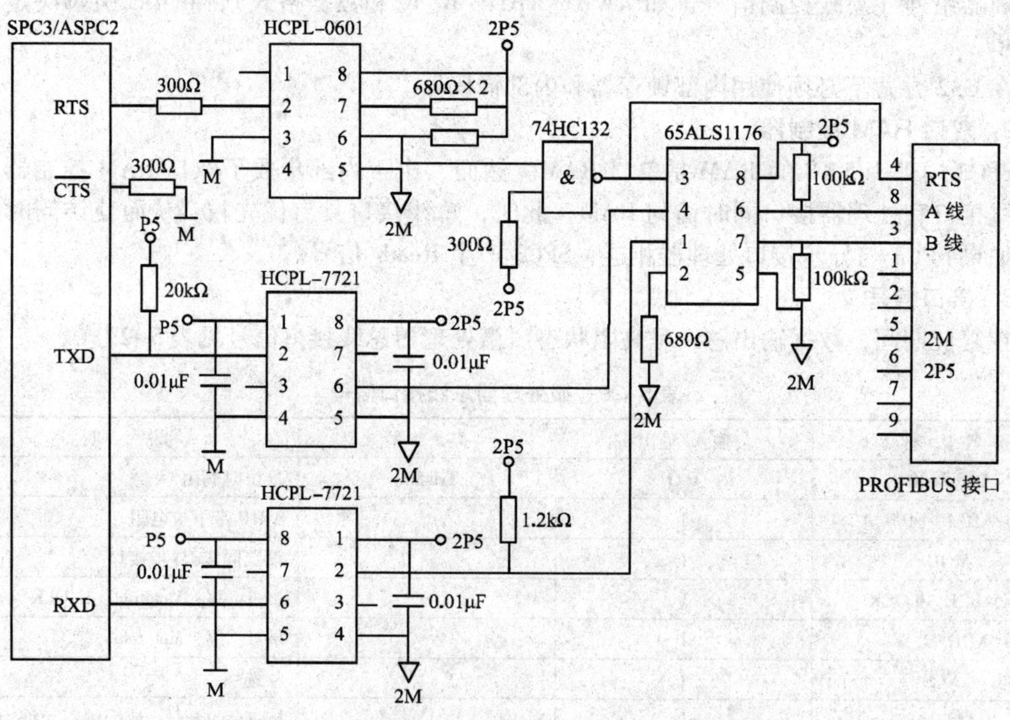

图 5-2 PROFIBUS - DP 的 RS - 485 传输接口电路

PROFIBUS 接口是带有下列引脚的 9 针 D 型接插件，其引脚定义如下：

引脚 1：Free

引脚 2：Free

引脚 3：B 线

引脚 4：请求发送（RTS）

引脚 5：5V 地（M5）

引脚6：5V 电源（P5）

引脚7：Free

引脚8：A 线

引脚9：Free

必须使用屏蔽线连接接插件，根据 DIN 19245，Free 针可选用。如果使用，必须符合 DIN192453 标准。

在图5-2 中，M、2M 为不同的电源地；P5、2P5 为两组不共地的 +5V 电源；A、B 为 PROFIBUS - DP 的通信线；74HC132 为施密特与非门。

5.2.10 PROFIBUS - DP 从站的状态机制

PROFIBUS - DP 从站的状态机制很好地说明了 DP 从站是如何工作的。图5-3 所示为经简化了的状态机制，用椭圆表示状态机制的状态，从一个状态转换为另一个状态称为事件，垂直箭头表示转换。

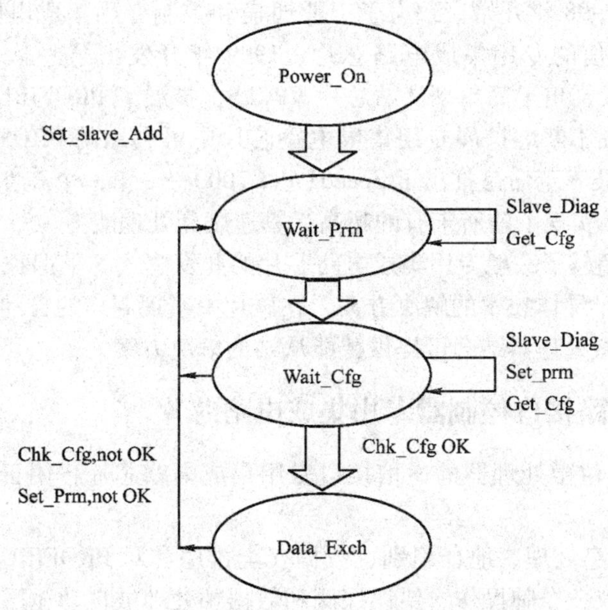

图5-3 PROFIBUS - DP 从站的状态机制

1. Power_On（通电）

仅在 Power_On 状态，从站接收二类主站的 Set_Slave_Add 报文以改变从站地址，从站应具有非易失性存储器从站存储地址。

2. Wait_Prm（等待参数化）

内部启动后，从站期望参数化报文或 Get_Cfg 报文。此时，从站排斥其他形式的报文或拒绝处理，此时数据通信不能进行。

参数化报文至少含有根据标准要求的信息（如标识号、同步、锁定能力等）。此外，它还含有与用户有关的参数数据并由用户定义这些数据。

3. Wait_Cfg（等待组态）

组态报文中规定输入、输出字节数，在每次报文循环中，主站告知从站有多少个 I/O 字节要交换。此外，可应用 Get_Cfg 报文使每一主站扫描任一从站的组态数据。从站在任何状态都能接收 Get_Cfg 报文。

4. Data_Exchange（数据交换）

当参数化和组态已被接收时，主站会对从站进行再次诊断，确保它对从站的参数化和组态是正确无误的，然后进入数据交换阶段。此时，从站能接收以下报文：Data_Exchange、Read_Inputs、Read_Outputs、Slave_Diag、Chk_Cfg、Set_Prm、Get_Cfg 和 Global_Control 等。

5. Watchdog（看门狗）

在参数化时，从站接收到看门狗定时器的值。如果总线拥挤而未能触发看门狗，状态机制进入故障安全状态等待参数化。

5.3 从站通信控制器 VPC3 系列

Profichip 公司自 1998 年开始，致力于工业通信和控制专用集成电路芯片的研发。除了用于 PLC 系统内部通信的专用集成电路芯片，1999 年开发出第一款 PROFIBUS 从站芯片 VPC3 +。在 2000 年又推出了简单型从站芯片 VPCLS，扩展了 PROFIBUS 从站专用集成电路芯片。从此，Profichip 不断地扩展专用集成电路芯片中可利用的 PROFIBUS 特点。Profichip 的另一个里程碑式的技术革命是推出了 Speed7 PLC7000——第一个高性能 PLC 的 CPU 芯片。基于 Step7 语言编程，实现了前所未有的超高运算速度和处理能力。

Profichip 的理念超越了一般专用集成电路芯片的开发模式。采用独特的设计思路，面向应用的需求，提供硅半导体技术的解决方案，在硅片中实现用户的自动控制思想。

下列的 ASICs 与微处理器结合可提供智能从站的解决方案。

5.3.1 MPI12x 多路接口控制器专用集成电路芯片

MPI12x 是带有 8 位微处理器的通信接口专用集成电路芯片，用于 MPI 和 PROFIBUS - DP 从站的产品开发。

MPI12x 可完成信息处理、地址识别、数据安全排序和对 PROFIBUS 的协议处理。PROFIBUS 是优先传输协议，令牌操作、错误探测和数据预处理被自动地执行，减缓了处理器的各项饱和时间任务及耗时计算。支持数据传输率达到 12 Mbit/s，在硬件中集成有 PROFIBUS 协议，4 KB 的通信 RAM 和可组态微处理器接口，这些特性支持建立高性能的 MPI 应用。此外，这种芯片还带有已被广泛使用的 VPC3 + 系列芯片的 PROFIBUSDP 从站核（包含DP - V2 服务）。

MPI12x 处理器接口支持以下通用的微处理器系列。

- Intel：80C31 和 80X86。
- Siemens：80C166/165/167。
- Motorola：HC11 - 、HC16 - 和 HC916。

1. 特性

- MPI 通信速率可达 12 Mbit/s，包括令牌和底层 PB 处理。
- 附带有 PROFIBUS - DP 从站核（VPC3 + C 兼容）。

- 集成4KB的SRAM。
- 可组态的8位微处理器接口。
- 3.3V单一供电电压，5V容限输入。
- EVA工具包。
- 软件堆栈。
- PQFP44封装（符合RoHS）。

2. 开发工具包——MPI（微控制器板卡）

- C51兼容处理器（20MHz）。
- 2KB内置RAM。
- 64KB代码存储器（ISP闪存）。
- USB1.1设备控制器。
- UART、SPI、IDE、TWI、I2C和10-bitADC。
- 32KB外部RAM。
- LCD显示，MMC卡座，实时时钟。

3. MPI板卡

- MPI12x专用集成电路芯片。
- 48MHz时钟发生器。
- RS-485接口（Opto/ADuM）。
- 光纤接口。
- FPGA（备于未来使用）。
- 基本注册软件堆栈。

5.3.2 VPC3+C PROFIBUS-DP从站专用集成电路芯片

VPC3+C是一个带有8位微处理器接口的通信芯片，用于智能PROFIBUS-DP从站的应用，集成有全部PROFIBUS-DP协议。自动识别和支持可达12Mbit/s的数据传输率。

VPC3+C可完成信息处理、地址识别、数据安全排序和对PROFIBUS-DP的协议处理。4KB的通信RAM和可组态处理器接口，在建立高性能PROFIBUS从站应用时，具有明显的优势特点。依据DP-V1协议，还支持非循环通信和报警信息。依据DP-V2协议，提供从站与从站的通信，包括数据交换广播（DXB）和同步模式（IsoM）。该芯片可工作于3.3V或5V供电电压，5V容限输入。

1. 特性

- 引脚、功能和软件与Siemens公司的SPC3兼容。
- 支持PROFIBUS-DPV0、PROFIBUS-DPV1和PROFIBUS-DPV2协议（DxB+IsoM）。
- 4KB通信RAM。
- 可组态8位微处理器接口。
- 支持5V或3.3V供电电压，5V容限输入。
- 低功耗。
- 软件堆栈（包括新的I&M功能）和EVA工具包。

- PQFP44 封转（符合 RoHS）。
- PNO 认证。

2．开发工具包——VPC3 + C

1）微控制器板卡。

- C51 兼容处理器（20 MHz）。
- 2 KB 内置 RAM。
- 64 KB 代码存储器（ISP 闪存）。
- USB1.1 设备控制器，RS - 232。
- UART、SPI、IDE、TWI、I2C 和 10-bitADC。
- 32 KB 外部 RAM。
- LCD 显示，MMC 卡座，实时时钟。

2）PROFIBUS 板卡。

- VPC3 + C 从站专用集成电路芯片。
- 48 MHz 时钟发生器。
- RS - 485 接口（Opto/ADuM）。
- 光纤接口。
- FPGA（备于未来使用）。
- 注册软件堆栈。

5.3.3 VPCLS2 PROFIBUS - DP 从站简单型专用集成电路芯片

1．特性

- 支持 PROFIBUS - DP 协议。
- 异步接口符合 PROFIBUS - DP 协议要求。
- 最大数据传输率为 12 Mbit/s。
- 自动识别数据传输率。
- 40 位 I/O，1 ~ 3 字节可组态为诊断输入。
- 外部转换寄存器或 E^2PROM 用于 ID 号和站地址。
- 供电电压为 5 V。
- PQFP80 封装（符合 RoHS）。

2．开发工具包——VPCLS2

- 完全即插即用型 PROFIBUS - DP 从站，基于 VPCLS2，包含 GSD 例子文件，针对 PROFIBUS 初学者的完整套件，可缩短开发时间和降低开发成本。
- 40 位 I/O，1 ~ 3 字节可组态为诊断输入。
- 端口可从外部或板上通过 IP 开关和 LED 访问。
- 通过跳线插针组态。
- PROFIBUS 通过 RS - 485 或光纤接口连接。
- 所有相关信号被引到接口连接器上。
- 供电电压适应范围广（DC 7 ~ 24V）。

5.4 主站通信控制器 ASPC2 与网络接口卡

5.4.1 ASPC2 介绍

ASPC2 是 Siemens 公司生产的主站通信控制器，该通信控制器可以完全处理 PROFIBUS EN 50170 的第一层和第二层，同时 ASPC2 还为 PROFIBUS - DP 和使用段耦合器的 PROFIBUS - PA 提供一个主站。

ASPC2 通信控制器用做一个 DP 主站时，需要庞大的软件（约 64 KB），软件使用要有许可证且需要支付费用。

如此高度集成的控制芯片可以用于制造业和过程工程中。对于可编程控制器、个人计算机、电机控制器、过程控制系统直至下面的操作员监控系统来说，ASPC2 有效地减轻了通信任务。

PROFIBUS ASIC 可用于从站应用，链接低级设备（如控制器、执行器、测量变送器和分散 I/O 设备）。

1. ASPC2 通信控制器的特性

- 单片支持 PROFIBUS - DP、PROFIBUS - FMS 和 PROFIBUS - PA。
- 用户数据吞吐量高。
- 支持 DP 在非常快的反应时间内通信。
- 支持所有令牌管理和任务处理。
- 与所有普及的处理器类型优化连接，无需在处理器上安置时间帧。

2. ASPC2 与主机接口

- 处理器接口，可设置为 8 位或 16 位，可设置为 Intel/Motorola 的字节顺序。
- 用户接口，ASPC2 可外部寻址 1 MB 作为共享 RAM。
- 存储器和微处理器可与 ASIC 连接为共享存储器模式或双口存储器模式。
- 在共享存储器模式下，几个 ASIC 共同工作等价于一个微处理器。

3. 支持的服务

- 标识。
- 请求 FDL 状态。
- 发送数据无需应答（SDN）广播或多点广播。
- 发送数据需应答（SDA）。
- 发送且请求数据需应答（SRD）。
- SRD 带分布式数据库（ISP 扩展）。
- SM 服务（ISP 扩展）。

4. 支持的传输速率

ASPC2 支持的传输速率如下：

- 9.6 kbit/s、19.2 kbit/s、93.75 kbit/s、187.5 kbit/s 和 500 kbit/s。
- 1.5 Mbit/s、3 Mbit/s、6 Mbit/s 和 12 Mbit/s。

5. 响应时间

- 短确认（如 SDA）：From 1 ms（11 bit time）。
- 典型值（如 SDR）：From 3 ms。

6. 站点数

- 最大期望值为 127 个主站或从站；
- 每站 64 个服务访问点（SAP）及一个默认 SAP。

7. 传输方法依据

- EN50170 PROFIBUS 标准的第一部分和第三部分。
- ISP 规范 3.0（异步串行接口）。

8. 环境温度

- 工作温度：-40 ~ +85℃。
- 存放温度：-65 ~ +150℃。
- 工作期间芯片温度：-40 ~ +125℃。

9. 物理设计

采用 100 引脚的 P-MQFP 封装。

5.4.2 CP5611 网络接口卡

CP5611 是 Siemens 公司推出的网络接口卡，购买时需另付软件使用费。CP5611 用于工控机连接到 PROFIBUS 和 SIMATIC S7 的 MPI，支持 PROFIBUS 的主站和从站、PG/OP 及 S7 通信。其 OPC Server 软件包已包含在通信软件中供货，但是需要 SOFTNET 的支持。

1. CP5611 网络接口卡的主要特点

1）不带有微处理器。

2）经济的 PROFIBUS 接口。

- 1 类 PROFIBUS-DP 主站或 2 类 SOFTNET-DP 可进行扩展。
- 支持 PROFIBUS-DP 从站与 SOFTNET-DP 从站。
- 带有 SOFTNET S7 的 S7 通信。

3）作为 OPC 的标准接口。

4）CP5611 是基于 PCI 总线的 PROFIBUS-DP 网络接口卡，可以插在 PC 及其兼容机的 PCI 总线插槽上，在 PROFIBUS-DP 网络中作为主站或从站使用。

5）作为 PC 上的编程接口，可使用 NCM PC 和 STEP 7 软件。

6）作为 PC 上的监控接口，可使用 WinCC、Fix、组态王和力控等软件。

7）支持的通信速率最大为 12 Mbit/s。

8）可在工业环境中应用。

2. CP5611 与从站通信的过程

当 CP5611 作为网络上的主站时，CP5611 通过轮询方式与从站进行通信。这就意味着主站要想和从站通信，首先发送一个请求数据帧，从站得到请求数据帧后，向主站发送一个响应帧。请求数据帧包含主站给从站的输出数据，如果当前没有输出数据，则向从站发送一个空帧。从站必须向主站发送响应帧，响应帧包含从站给主站的输入数据，如果没有输入数据，也必须发送一个空帧，才完成一次通信。通常按地址增序轮询所有的从站，当与最后一个从站通信完成后，接着再进行下一个周期的通信。这样就保证所有的数据（包括输出数据和输入数据）都是最新的。

通信过程中的主要报文有：令牌报文，固定长度没有数据单元的报文，固定长度带数据单元的报文，以及变数据长度的报文。

5.4.3 CP5613 网络接口卡

CP5613 是 Siemens 公司推出的基于 PCI 总线的 PROFIBUS – DP 网络接口卡，其报价已包括软件使用费。目前，一般该网络接口卡主要用于工控机连接到 PROFIBUS，一个 PROFIBUS 接口，仅支持 DP 主站、PG/OP 和 S7 通信。其 OPC Server 软件包已包含在通信软件中供货。

CP5613 网络接口卡主要具有如下特点：

- 集成微处理器。
- 经由双端口 RAM 能最快速地访问过程数据。
- 由于减轻主机 CPU 的负载，工控机的计算性能得以提高。
- OPC 作为标准接口，OPC Server 软件包已包含在通信软件的供货范围内。
- 在一个 DP 循环过程中，保持数据的一致性。
- 依靠即插即用和诊断工具，缩短调试时间。
- 通过等距模式支持，实现运动控制应用。
- 用双端口 RAM，易于移植到其他操作系统。
- 可用于高温的工业环境。

另外，带有微处理器的网络接口卡还有 CP5613 FO、CP5614 和 CP5614 FO。CP5613 FO 用于光纤通信，其他特点与 CP5613 相同。CP5614 用于工控机连接到 PROFIBUS，有两个 PROFIBUS 接口，支持 DP 主站和从站、PG/OP 及 S7 通信，其 OPC Server 软件包已包含在通信软件中供货。CP5614 FO 用于光纤通信，其他特点与 CP5614 相同。

5.4.4 CP5511 和 CP5512 网络接口卡

CP5511 和 CP5512 是用于带有 PCMCIA 插槽的编程器或便携式 PC 连接到 PROFIBUS 和 SIMATIC S7 的 MPI。支持 PROFIBUS 主站和从站、PG/OP 及 S7 通信。其 OPC Server 软件包已包含在通信软件中供货，但是需要 SOFTNET 的支持。

5.4.5 CP5611 和 CP5613 的安装及组态

安装 CP5611 和 CP5613，建议使用如下软硬环境：Windows2000，Siemens 的 CP5611/CP5613 卡，组态软件可使用 COM PROFIBUS、NCM 或 STEP7，并安装驱动程序 SOFTNET – DP。这里仅以使用 COM PROFIBUS 组态为例，介绍组态的操作步骤。

1）添加 GSD 文件。将 GSD 文件（如济南莱恩达网络仪表科技有限公司生产的 PMM2000 电力网络仪表的 GSD 文件为 rend0008.gsd）复制到 COM PROFIBUS 安装路径的 GSD 目录下，然后打开“COM PROFIBUS”文件夹，在 DP slave、General……路径下，将会出现 PMM2000 电力网络仪表的图标，名称为 RENDPRO（FBPRO – PMM2000）。

2）添加主站。添加主站 CP5611 或 CP5613。

3）添加从站并配置。添加仪表 RENDPRO，设置仪表地址，要与仪表的实际地址相符。设置输入、输出字节数，输入为 80 个字节，输出为 1 个字节。

4）设置网络通信速率。

5）导出 NCM 文件，扩展名为 . ldb。

6）打开 Setting the PG/PC Interface 程序，设置“Access Point of the Application”为“CP_L2_1”；设置“Interface Parameter Assignment”为“CP5611（PROFIBUS－DP MASTER）”；双击“Properties”按钮，导入 COM PROFIBUS 生成的 NCM 文件（由上一步生成）。

5.5 习题

1. PROFIBUS－DP 协议实现方式有哪几种？
2. SPC3 与 INTEL 总线 CPU 接口时，其 XINT/MOT 和 MODE 引脚如何配置？
3. SPC3 是如何与 CPU 接口的？
4. 简述 PROFIBUS－DP 从站的状态机制。
5. CP5611 板卡的功能是什么？
6. 设计一种 PROFIBUS－DP 的 RS－485 传输接口电路，通信速率在 1.5 Mbit/s 以下。
7. 简述 VPC3 与 SPC3 的不同之处。

第 6 章　PROFIBUS - DP 应用系统设计

6.1　PROFIBUS - DP 开发包 4

目前开发 PROFIBUS - DP，主要是开发它的从站，主站的开发因费用较高，工作进展较慢。

Siemens 公司为了方便用户利用其通信控制器芯片开发 PROFIBUS 产品，提供了一些相关的开发套件，其中开发包 4（Package 4）是专门为 Siemens 的从站 ASIC 芯片 SPC3 开发而提供的，它包括 SPC3 与单片微控制器的接口电路图以及主站和从站的所有源代码。有了开发包 4，将会加快用户 PROFIBUS - DP 产品的开发。Siemens 公司所提供的接口模块的优点在于开发人员不需要再开发附加的外围电路，不同的接口模块可用于各种需求及应用场合。

6.1.1　开发包 4 的组成

开发包 4 很容易将一个产品快速连接到 PROFIBUS - DP 上。开发包 4 主要由硬件、软件和应用文档组成，主站和从站都可以使用开发包 4 进行开发，最大数据传输速率为 12 Mbit/s。

1. 硬件组成

（1）IM180 主站接口模块

IM180 可将第三方设备作为主站连接到 PROFIBUS - DP 上。该模块可独立完成总线控制。IM180 可接替 PLC、PC、驱动器、人机接口的通信处理任务，最大数据传输速率为 12 Mbit/s。

1）组成。IM180 接口模块主要由 ASPC2、80C165 微处理器和 Flash EPROM、RAM 组成。ASPC2 由 48 MHz 晶振提供脉冲。模块尺寸为 100 mm × 100 mm，适合 Face-to-Face 方式的安装。IM180 还需要一块母板，这块母板是 IM181，是一块 ISA 短卡，可用于一般编程设备或 PC。

2）操作。专用集成电路 ASPC2 芯片可独立处理总线协议，与主系统的通信通过双口 RAM 完成。数据交换由应用程序完成。

3）主要技术指标。

- 最大数据传输速率为 12 Mbit/s。
- PROFIBUS - DP 协议由 ASPC2 处理。ASPC2 芯片使用 48 MHz 晶振。
- 模块核心组件：80C165CPU、40 MHz 晶振、2 × 128KB RAM、256KW EPROM。
- 主系统接口：16/8 位数据总线连接双口 RAM（8K × 16bit）；64 针连接器（4 排），可选的 16/8 位数据总线连接表。

• 通过双口 RAM 实现高效数据交换。

• DC -5V 供电。

• 工作温度：0 ~70℃。

• 外形尺寸为 100mm × 100mm。

4）固态程序。固态程序运行于微处理器，完成全部的协议处理和所有主站具有的功能。

5）驱动。提供 Windows NT 的驱动。

6）演示软件。IM180/181 演示软件可演示在 DOS 环境下使用 IM180 双口 RAM 的方法和使用 IM180 用户接口的各种操作。

7）配置。IM180 可使用 COM PROFIBUS 软件包完成配置。用户不必开发自己的配置工具。

IM180 主站接口模块框图如图 6-1 所示。

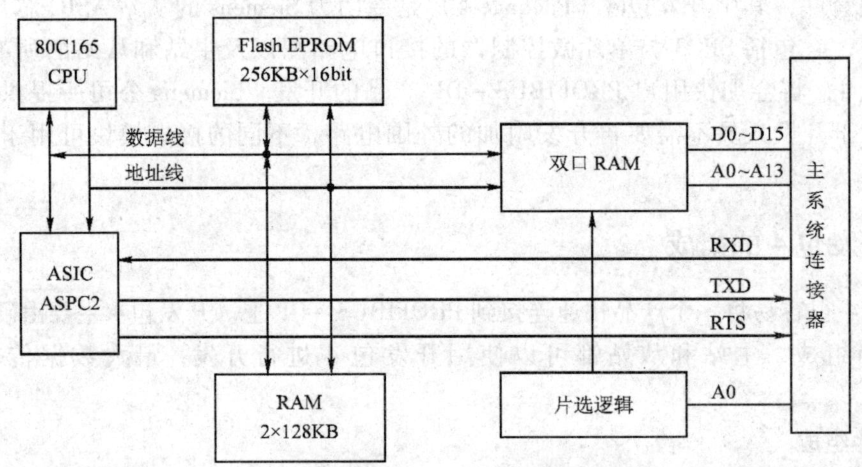

图 6-1　IM180 主站接口模块框图

(2) IM183 -1 从站接口模块

IM183 -1 可将第三方设备作为从站简便地连接到 PROFIBUS - DP 上。最大数据传输速率为 12 Mbit/s。IM183 -1 用于智能从站。

1）组成。IM183 -1 接口模块主要由 ASIC 芯片 SPC3、80C32 微处理器、EPROM、RAM 和一个用于 PROFIBUS - DP 的 RS -485 接口组成。IM183 -1 还提供一个 RS -232 接口，可将具有 RS -232 接口设备，如 PC 连接到 PROFIBUS - DP 上。SPC3 由 48 MHz 晶振提供脉冲源。IM183 -1 模块尺寸如支票大小，适合 Face-to-Face 方式的安装。

2）操作。专用集成电路 SPC3 芯片可独立处理总线协议，通过数据和地址总线与微控制器连接，数据交换操作由应用程序完成。

3）主要技术指标。

• 最大数据传输速率为 12 Mbit/s，可自动检测总线数据传输速率。

• PROFIBUS 协议由 SPC3 ASIC 处理，SPC3 芯片使用 48 MHz 晶振。

• 模块核心组件：80C32CPU、20 MHz 晶振、32 KB SRAM、32 KB/64 KB EPROM。

• 连接器：50 针连接器用于连接主设备；14 针连接器用于连接 RS -232；10 针连接器

用于连接 RS－485。

- 可软件复位 SPC3。
- 隔离的 RS－485 用于连接 PROFIBUS－DP。
- DC－5V 供电；典型功耗为 11 mA；具有反向保护。
- 工作温度：0～70℃。
- 外形尺寸为 86mm×76mm。

4）固态程序。固态程序（以 C 源码方式提供）可实现在 SPC3 内部寄存器与应用接口之间的连接。固态程序的运行基于微处理器，为应用提供了简单集成化的接口。固态程序大约为 6 KB 并包含了一定的实例。使用 IM183－1 并不是一定要使用固态程序，因为 SPC3 中的寄存器是完全格式化的，使用固态程序可使用户节省自主开发的时间。

IM183－1 接口模块框图如图 6-2 所示。

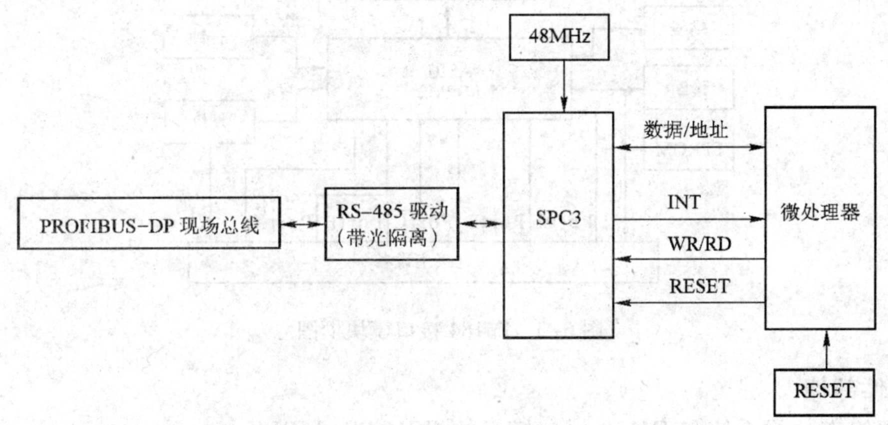

图 6-2 IM183－1 接口模块框图

（3）IM184 从站接口模块

IM184 可将第三方设备作为从站简便地连接到 PROFIBUS－DP 上。最大数据传输速率为 12Mbit/s。IM184 用于简单从站，如传感器和执行机构。

1）组成。IM184 接口模块主要由 ASIC 芯片 LSPM2、E^2PROM 扩展槽和一个用于 PROFIBUS－DP 的 RS－485 接口组成。LED 可显示“Run”、“Bus Error”和“Diagnostics”状态。LSPM2 由 48 MHz 晶振提供脉冲源。IM184 模块尺寸如支票夹大小，适合 Face-To-Face 方式的安装。

2）操作。专用集成电路 LSPM2 芯片可独立处理总线协议，与主系统的通信通过连接器连接，因此，输入、输出信号也必须由连接器的端子提供。

3）主要技术指标。

- 最大数据传输速率为 12 Mbit/s，可自动检测总线数据传输速率。
- PROFIBUS 协议由 LSPM2 ASIC 处理，LSPM2 芯片使用 48 MHz 晶振。
- 32 个可配置输入/输出，其中最多可有 16 个诊断输入。
- 8 个独立的诊断输入。
- 连接器：2×34 针连接器用于连接主设备；10 针连接器用于连接 RS－485。

- 隔离的 RS－485 用于连接 PROFIBUS－DP。
- E^2PROM 插槽，64×16 bit。
- DC－5V 供电；典型功耗为 150 mA；具有反向保护。
- 工作温度：0～70℃。
- 外形尺寸为 85 mm×64 mm。

4）固态程序。IM184 不需要任何固态程序，模块上的 ASIC 可处理全部协议。

IM184 接口模块框图如图 6-3 所示。

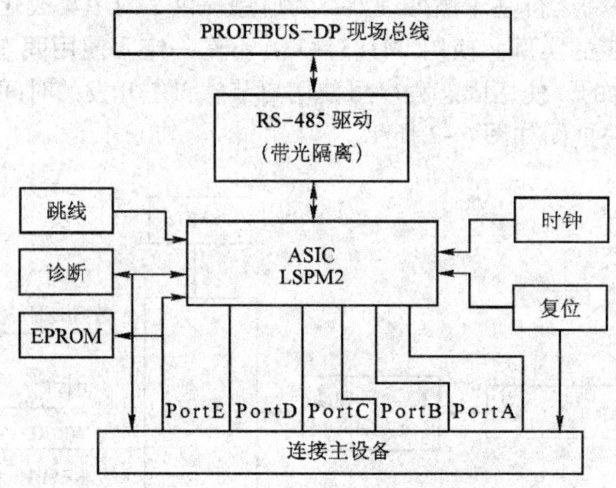

图 6-3　IM184 接口模块框图

2. 软件部件

- 用于组态总线系统和 IM180 接口模板的 COM PROFIBUS。
- 用于 IM183－1 和 IM180 接口模板的固件，它包括主站与从站的源代码。
- 演示软件，它特别适宜于开发包的配置。

3. 文档

Siemens 的严谨作风是大家有目共睹的，提供相当详细的资料。为了减少用户的查找工作，现列出最关键的两份资料：Spc3. pdf，此文件是从站芯片 SPC3 的器件手册；IM180_e. pdf，此文件是主站接口板 IM180 的用户手册。

6.1.2　硬件安装

首先打开两张随开发包 4 附带光碟中的“IM180_e. pdf”文件，找到有关主站接口卡 IM181－1 的设置与安装说明，按照说明设置 IM181－1 的双口 RAM 基址与中断号、I/O 地址。然后打开“Dpmt. cfg”文件，将修改后的硬件参数在文件的对应位置修改。接着将带有 IM181－1 ISA 接口板的主站模板 IM180 安装在一台计算机上或一个 PLC 上。最后将智能从站模块 IM183 和简单从站模块 IM184 接上电源和电缆。

6.1.3　软件使用

1. GSD 编辑器 GSDEdit. exe 和 GSD 检验工具 Gsdcheck. exe

获取途径：www. Profibus. com。

为了使 PROFIBUS 能成为一个国际性的、开放的总线，PROFIBUS 要求生产商必须遵守一个互操作的规约 EN50170 V. 2 “Device Description Data Files GSD”。简单地说，它要求生产商为每个 PROFIBUS 设备提供一个 GSD 文件，这个文件对设备的通信属性进行了一个比较明确的描述。IM184 接口模块的 GSD 文件如下：

```
;GSD-File for IM184                SIEMENS AG
;MLFB : 6ES7 184 - 0AA00 - 0XA0
;Sync_supp, Freeze_supp, Auto_Baud_supp, 12MBaud
;Stand : 14. 11. 96 fr
;File : SIEMFFFF. GSD
#Profibus_DP
;Unit-Definition - List:
GSD-Revision = 1
Vendor_Name = "SIEMENS"
Model_Name = "TEST IM184"
Revision = "Rev. 1"
Ident_Number = 0xFFFF
Protocol_Ident = 0
Station_Type = 0
Hardware_Release = "Axxx"
Software_Release = "Vxxx"
9. 6_supp = 1
19. 2_supp = 1
93. 75_supp = 1
187. 5_supp = 1
500_supp = 1
1. 5M_supp = 1
3M_supp = 1
6M_supp = 1
12M_supp = 1
  ...
```

从上面的内容可以看出，这个文件有许多关于总线参数定义和生产商的名称的定义等。有了这个文件，主站才能知道从站的速度如何，是不是支持波特率自适应等。另外，PROFIBUS 的用户组织为方便生产商开发，提供了一些很便捷的软件，用于 GSD 文件的产生和检验的小工具，用户可以从网上下载，也可以从 PROFIBUS 技术支持中心免费得到。

GSD 编辑器用于开发者方便地产生自己所需的 GSD 文件。如果有开发包 4 的工程师使用 GSD 编辑器，可以从开发包 4 内找到开发包内所有模块的 GSD 文件，那么用户只要对一些相应的地方作一些修改就可以了，然后使用 Gsdcheck. exe 对这个文件进行检验，看它是否符合 GSD 协议。如果没有开发包 4 也没关系，可以在 GSD 编辑器中新建一个文件，并根据自己设备的类型选择各个属性。如果想简单点的话，可以从网上或从当地的 PROFIBUS 技术支持中心免费获取所有注册过的 PROFIBUS 设备的 GSD 文件，或许能从中找到一个与自己开发类似的设备，并在它上面进行修改。

2. PROFIBUS 总线配置软件 COM PROFIBUS（Comet. exe）

获取途径：开发包 4。

COM PROFIBUS 软件对系统的配置和参数化是非常简单的。先将各个设备的 GSD 文件复制到 COM PROFIBUS 的相应路径下，再新建一个项目文件，然后在项目文件中加入各个设备，并设置好设备的属性和总线参数，最后导出一个二进制的参数化文件并将这个文件送到主站的参数化块内。开发包 4 内有演示系统的项目文件 Ekit4v3. et2，可以用 COM PROFIBUS 打开这个项目文件，在 COM PROFIBUS 内双击项目文件，会看到一个由一个主站（IM180）和两个从站（IM183、IM184）组成的小型系统。通过这个软件的帮助文件，用户可以很快地学会如何配置系统和产生一个二进制文件。当然，也可以输出一个 ASIC 文件来验证系统是不是符合要求。演示系统的二进制文件在开发包 4 内已经有了（Ekit4v3. 2bf）。在 COM PROFIBUS 中的一个功能是，如果有 V3. 0 版以上的 IM180，可通过 COM PROFIBUS 在线参数化系统如同 PROFIBUS 的 2 类主站一样。最后补充一句，Siemens 公司的 STEP7 中也可以做上述工作，不过要按照使用说明书复制几个文件到相应的目录下。

3. 主站演示软件 DPMT. EXE

获取途径：开发包 4。

安装好硬件后，可以运行光盘中的主站演示软件 DPMT. EXE。如果接口卡 IM181 设置正确，它会提示“Hardware reset to IM180?（jJyY）”。这时输入“Y”，如果成功进入系统，则表明硬件安装成功；如果提示“!!! SYSTEM ERROR FUNCTION !!!”，则表明设置不对，软件没有找到主站卡，这时应该检查 PC 上的硬件是否有冲突。

硬件安装成功后会出现一个简明的界面，可以根据开发包的说明文档进行一些简单测试。

6.2 PROFIBUS－DP 从站的开发

从站的设计分两种，一种是利用现成的从站接口模块如 IM183、IM184 开发，这时只要通过 IM183/184 上的接口开发即可；另一种是利用芯片进行深层次的开发。对于简单的开发，如远程 I/O 测控，使用 LSPM 系列就能满足要求，但是如果开发一个比较复杂的智能系统，最好选择 SPC3。下面介绍采用 SPC3 进行 PROFIBUS－DP 从站的开发过程。

6.2.1 硬件电路

SPC3 通过一块内置的 1.5KB 双口 RAM 与 CPU 接口，它支持多种 CPU，包括 Intel、Siemens、Motorola 等。

SPC3 与 AT89S52 CPU 的接口电路如图 6-4 所示。

在图 6-4 中，光隔离及 RS－485 驱动部分可采用图 6-2 所示的电路。

SPC3 中，双口 RAM 的地址为 1000H～15FFH。

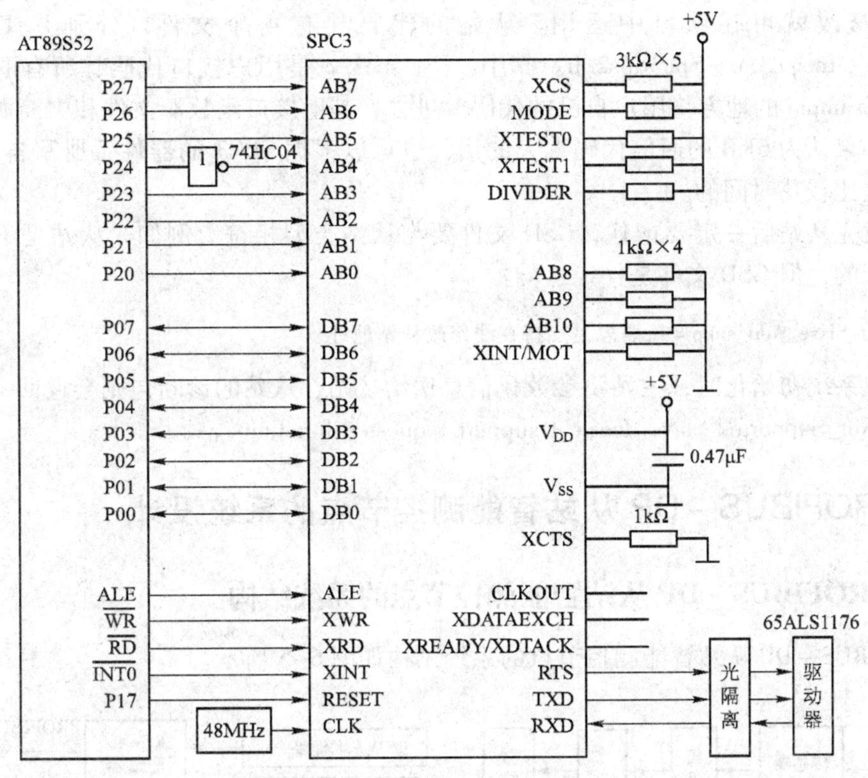

图 6-4　SPC3 与 AT89S52 CPU 的接口电路

6.2.2　软件开发

SPC3 的软件开发难点是在系统初始化时对其 64 B 的寄存器进行配置，这个工作必须与设备的 GSD 文件相符，否则将会导致主站对从站的误操作。这些寄存器包括输入、输出、诊断、参数等缓冲区的基地址以及大小等，用户可在器件手册中找到具体的定义。当设备初始化完成后，芯片开始进行波特率扫描。为了解决现场环境与电缆延时对通信的影响，Siemens 所有的 PROFIBUS ASIC 系列芯片都支持波特率自适应性。当 SPC3 加电或复位时，它将自己的波特率设置最高。如果设定的时间内没有接收到 3 个连续完整的包，则将它的波特率调低一个档次并开始新的扫描，直到找到正确的波特率为止。当 SPC3 正常工作时，它会进行波特率跟踪。如果接收到一个发给自己的错误包，它会自动复位并延时一个指定的时间再重新开始波特率扫描，同时它还支持对主站回应超时的监测。当主站完成所有轮询后，如果还有多余的时间，它将开始通道维护和新站扫描。这时它将对新加入的从站进行参数化，并对其进行预定的控制。

SPC3 完成了物理层和数据链路层的功能，与数据链路层的接口是通过服务存取点来完成的。SPC3 支持 10 种服务，这些服务大部分都由 SPC3 自动完成，用户只能通过设置寄存器来影响它。SPC3 是通过中断与单片微控制器进行通信的，但是单片微控制器的中断显然不够用，所以 SPC3 内部有一个中断寄存器，当接收到中断后再去中断寄存器中查中断号来确定具体操作。

在开发包 4 中有 SPC3 接口单片微控制器的 C 源代码（Keil C51 编译器），用户只要对其做少量修改就可在项目中运用。从站的代码共有 4 个文件，分别是 Userspc3. c、Dps2spc3. c、Intspc3. c、Spc3dps2. h。其中，Userspc3. c 是用户接口代码，所有的工作就是找到标有 Example 的地方将用户自己的代码放进去，其他接口函数源文件和中断源文件都不必修改。如果认为 6KB 的通信代码太大的话，也可以根据 SPC3 的器件手册写自己的程序，当然这样是比较花时间的。

在开发完从站后一定要记住，GSD 文件要与从站类型相符。例如，从站是不许在线修改从站地址的，但 GSD 文件是：

Set_Slave_Add_supp = 1；意思是支持在线修改从站地址

那么在系统初始化时，主站将参数化信息送给从站，从站的诊断包则会返回一个错误代码“Diag. Not_Supported Slave doesn't support requested function”。

6.3　PROFIBUS – DP 从站智能测控节点的系统设计

6.3.1　PROFIBUS – DP 从站智能测控节点的系统结构

PROFIBUS – DP 从站智能测控节点的系统结构如图 6-5 所示。

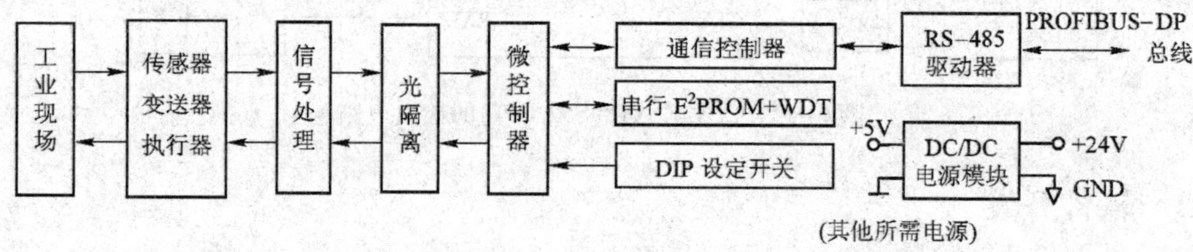

图 6-5　PROFIBUS – DP 从站智能测控节点系统结构图

下面以 FBPRO – 8DI 八路隔离型数字量输入智能节点和 FBPRO – 4MV 四通道隔离型毫伏信号输入智能节点为例，介绍 PROFIBUS – DP 从站智能测控节点的系统设计。

6.3.2　FBPRO – 8DI 八路隔离型数字量输入智能节点的系统设计

1. 硬件结构

FBPRO – 8DI 八路数字量输入智能节点的硬件框图如图 6-6 所示。

在图 6-6 中，微控制器选用 Philips 公司的 P89C51RD2，采用 74HC245 读取从站地址和数字量的输入状态，通信控制器采用 Siemens 公司的 SPC3，X5045 为 Xicor 公司的串行 E^2PROM 和 WDT 一体化电路，DC – DC 电路选用功率为 2W 的电源模块，VD1 为状态指示灯，RS – 485 驱动器采用 TI 公司的 65ALS1176。

在该智能节点的设计中，读取数字量输入的口地址为 0DFFFH，SPC3 的起始地址为 1000H，设定智能节点从站地址号的口地址为 7FFFH。

2. 数字量输入电路

数字量输入电路如图 6-7 所示。

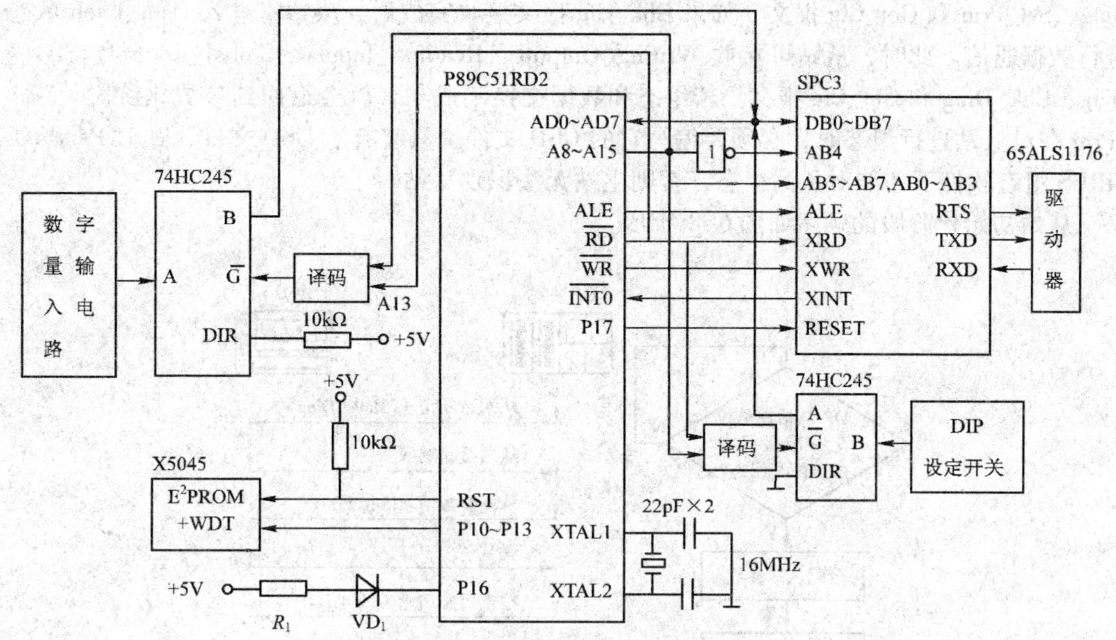

图 6-6　FBPRO-8DI 智能节点的硬件框图

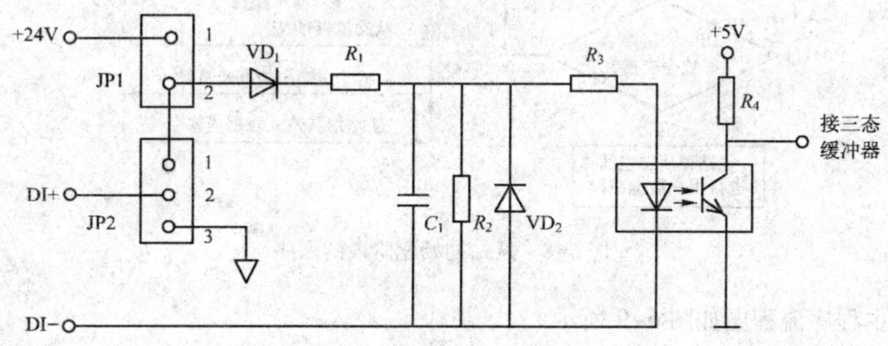

图 6-7　数字量输入电路

当跳线器 JP1 的 1—2 短路，跳线器 JP2 的 1—2 断开、2—3 短路时，输入端 DI + 和 DI - 可以接一干接点信号。

当跳线器 JP1 的 1—2 断开，跳线器 JP2 的 1—2 短路、2—3 断开时，输入端 DI + 和 DI - 可以接一有源接点。

在图 6-7 中，数字量输入端所用的电源为 +24V，也可以是 +15V 或 +5V 电源，只需改变电阻 *R*1 的阻值即可。

3. 软件设计

从站程序包括 3 个部分：SPC3 的初始化程序、SPC3 的中断处理程序和具体的 I/O 应用程序。程序采用结构化编程思想，以便于以后的功能拓展。

在 Power_On 状态，从站能从 2 类主站接收 Set_Slave_Add 报文来改变它的地址，然后从站进入 Wait_Prm 状态，等待参数化，此状态从站可以接收 Get_Cfg 和 Slave_Diag 报文。参数化完成后，从站进入 Wait_Cfg 状态，等待 Chk_Cfg 报文。另外，此状态从站可接收 Slave_

Diag、Set_Prm 和 Get_Cfg 报文。如果 Chk_Cfg 报文接收完成后，从站将进入 Data_Exch 状态进行数据通信。此时，从站可接收 Writing_Outputs、Reading_Inputs、Global_Control、Slave_Diag、Chk_Diag 和 Get_Cfg 报文。若组态和数据交换不成功，就会返回到参数化阶段。Wait_Prm 在对从站进行组态时，必须要编写它的 GSD 文件。只有有了 GSD 文件，在 COM PROFIBUS 组态软件下才能对从站组态，否则主站无法识别从站。

从站初始化阶段的顺序如图 6-8 所示。

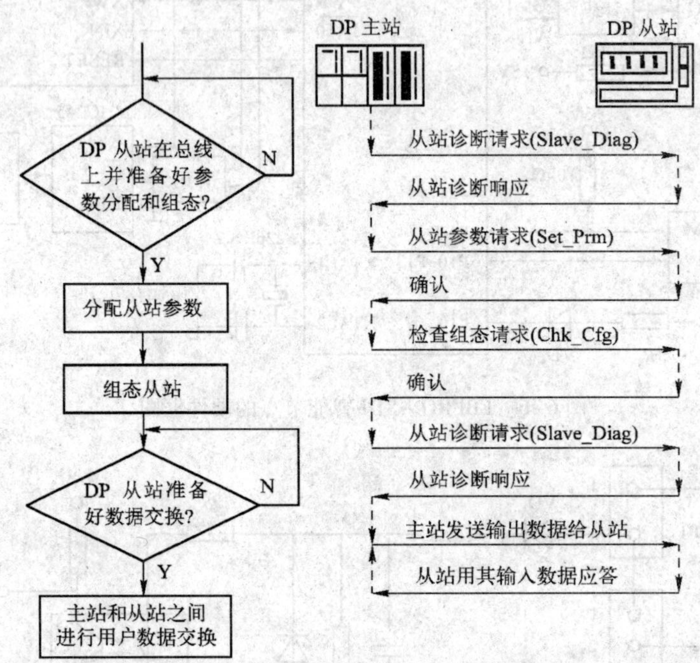

图 6-8　从站初始化阶段的顺序

从站主程序流程图如图 6-9 所示。

SPC3 初始化包括设置 SPC3 允许的中断，写入从站识别号和地址，设置 SPC3 方式寄存器，设置诊断缓冲区、参数缓冲区，配置诊断缓冲区、参数缓冲区、地址缓冲区，初始化长度，并根据以上初始值求出各个输入、输出缓冲区的指针及辅助缓冲区的起始地址和范围。中断程序流程图如图 6-10 所示。

数据输入和输出处理（输入、输出相对于主站而言）及用户诊断数据输入放在应用程序循环中。在一个应用循环中，由应用来刷新输入 BUF 中的数据，以保证所有输入数据是最新的数据。而 SPC3 在接收到由 PROFIBUS 主站传送的不同输出数据时，会产生输出标志位（同样位于中断请求字单元），CPU 通过在应用循环中轮循标志位来接收主站数据。对于特定应用的诊断信息，需要实时传递到主站。主应用程序在应用循环中判断是否有可用的诊断 BUF 存在，当有空闲 BUF 时应用程序输入诊断信息，并请求更新。对于实时性要求严格的系统，应采用中断方式进行输出数据和诊断数据处理。

当上位机向从站发送数据后，在输出缓冲器中可以得到的输出数据。在 SPC3 中有 3 个输出缓冲器，通过下面的程序段可以确定输出数据缓冲器的起始地址。

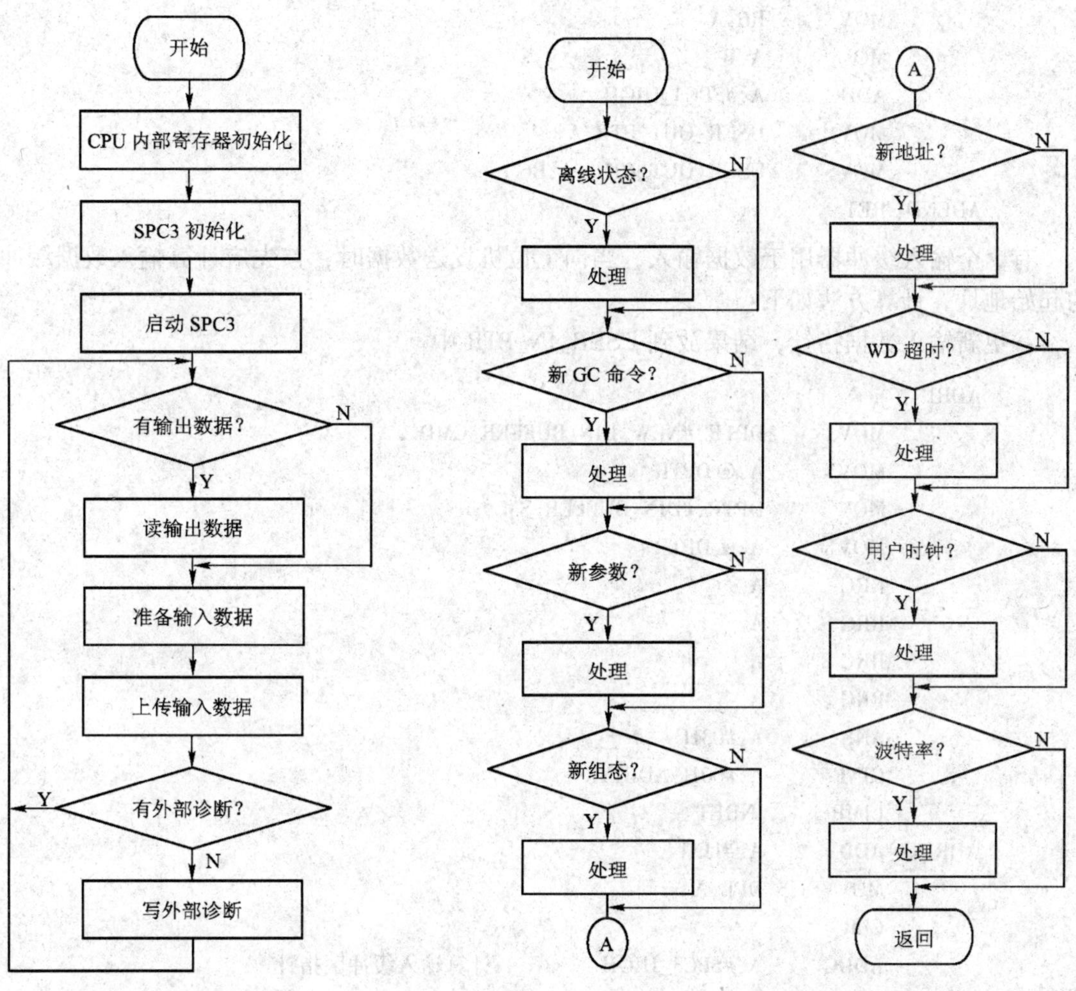

图 6-9　主程序流程图　　　　图 6-10　中断程序流程图

；更新输出数据指针，结果放到 USER_OUT_PTR 中

```
ADROUT:
        MOV     DPTR,#NEW_DOUT_BUFFER_CMD
        MOVX    A,@ DPTR
        JB      ACC.3,ADEND
        JNB     ACC.2,ADEND
        ANL     A,#03H
        ADD     A,#1AH
        MOV     DPL,A
        CLR     A
        ADDC    A,#SPC3_HIGH            ;计算输出缓冲区指针
        MOV     DPH,A
        MOVX    A,@ DPTR
        MOV     B,#08H
        MUL     AB
```

```
        MOV     R6,A
        MOV     A,B
        ADDC    A,#SPC3_HIGH
        MOV     USER_OUT_PTR,A
        MOV     USER_OUT_PTR+1,R6
ADEND:  RET
```

有3个输入缓冲器用于数据输入，当向上位机发送数据时，首先应计算输入数据缓冲器的起始地址，计算方法如下：

```
;更新输入数据指针，结果放到 USER_IN_PTR 中
ADRIN:
        MOV     DPTR,#NEW_DIN_BUFFER_CMD
        MOVX    A,@DPTR
        MOV     DPTR,#DIN_BUFFER_SM
        MOVX    A,@DPTR
        RRC     A
        RRC     A
        RRC     A
        RRC     A
        ANL     A,#03H
        CJNE    A,#00H,ADRIN1
        LJMP    INRET
ADRIN1: ADD     A,#1EH
        MOV     DPL,A
        CLR     A
        ADDC    A,#SPC3_HIGH            ;计算输入缓冲区指针
        MOV     DPH,A
        MOV     A,@DPTR
        MOV     B,#08H
        MUL     AB
        MOV     R6,A
        MOV     A,B
        ADDC    A,#SPC3_HIGH
        MOV     USER_IN_PTR,A
        MOV     USER_IN_PTR+1,R6
INRET:  RET
```

FBPRO-8DI 八通道隔离型数字量输入智能节点程序清单如下，其中数据格式为8个字节输出，4个字节输入，第一个字节为地址，第二个字节为功能码，第三个字节为字节长度，第四个字节为开关状态。

（1）P89C51RD2 内部单元定义

```
UPSETDATA           EQU     0B0H        ;存储主站输出数据
COUNT               EQU     30H
```

```
T20MS                   EQU     31H
NUM                     EQU     32H
USER_IN_PTR             EQU     50H         ;存放 SPC3 输入数据缓冲区的指针
USER_OUT_PTR            EQU     55H         ;存放 SPC3 输出数据缓冲区的指针
```

（2）常数定义

```
SPC3                    EQU     1000H       ;SPC3 片选信号
SPC3_LOW                EQU     00H         ;SPC3 片选信号低字节
SPC3_HIGH               EQU     10H         ;SPC3 片选信号高字节
REAL_NO_ADD_CHG         EQU     1           ;1 = 不允许地址改变,0 = 允许地址改变
```

（3）SPC3 内部单元定义

1）00H ~ 15H 可读的寄存器单元。

```
IR_LOW                  EQU     SPC3 + 02H  ;中断寄存器低字节单元
IR_HIGH                 EQU     SPC3 + 03H  ;中断寄存器高字节单元
STATUS_REG_LOW          EQU     SPC3 + 04H  ;状态寄存器低字节单元
STATUS_REG_HIGH         EQU     SPC3 + 05H  ;状态寄存器高字节单元
DIN_BUFFER_SM           EQU     SPC3 + 08H
NEW_DIN_BUFFER_CMD      EQU     SPC3 + 09H  ;表明当前可用的输入缓冲区
DOUT_BUFFER_SM          EQU     SPC3 + 0AH
NEW_DOUT_BUFFER_CMD     EQU     SPC3 + 0BH  ;表明当前可用的输出缓冲区
DIAG_BUFFER_SM          EQU     SPC3 + 0CH
NEW_DIAG_PUFFER_CMD     EQU     SPC3 + 0DH  ;表明当前可用的诊断缓冲区
USER_PRM_DATA_OK        EQU     SPC3 + 0EH  ;参数化数据正确
USER_PRM_DATA_NOK       EQU     SPC3 + 0FH  ;参数化数据不正确
USER_CFG_DATA_OK        EQU     SPC3 + 10H  ;配置数据正确
USER_CFG_DATA_NOK       EQU     SPC3 + 11H  ;配置数据不正确
SSA_BUFFERFREE_CMD      EQU     SPC3 + 14H  ;使新的 SSA 缓冲区可用
```

2）00H ~ 15H 可写的寄存器单元。

```
IRR_LOW                 EQU     SPC3 + 00H
IRR_HIGH                EQU     SPC3 + 01H
IAR_LOW                 EQU     SPC3 + 02H  ;中断响应寄存器低字节单元
IAR_HIGH                EQU     SPC3 + 03H  ;中断响应寄存器高字节单元
IMR_LOW                 EQU     SPC3 + 04H  ;中断屏蔽寄存器低字节单元
IMR_HIGH                EQU     SPC3 + 05H  ;中断屏蔽寄存器高字节单元
MODE_REG0               EQU     SPC3 + 06H  ;方式寄存器 0
MODE_REG0_S             EQU     SPC3 + 07H  ;方式寄存器 0_S
MODE_REG1_S             EQU     SPC3 + 08H  ;方式寄存器 1_S
MODE_REG1_R             EQU     SPC3 + 09H  ;方式寄存器 1_R
WD_BAUD_CTRL_VAL        EQU     SPC3 + 0AH
MINTSDR_VAL             EQU     SPC3 + 0BH
```

3）00H ~ 15H 可写的寄存器的值。

```
D_IMR_LOW               EQU   0F1H          ;中断屏蔽寄存器低字节单元的值
D_IMR_HIGH              EQU   0F0H          ;中断屏蔽寄存器高字节单元的值
D_MODE_REG0             EQU   0C0H          ;方式寄存器 0 的值
D_MODE_REG0_S           EQU   05H           ;方式寄存器 0_S 的值
D_MODE_REG1_S           EQU   20H           ;方式寄存器 1_S 的值
D_MODE_REG1_R           EQU   00H           ;方式寄存器 1_R 的值
D_WD_BAUD_CTRL_VAL      EQU   1EH
D_MINTSDR_VAL           EQU   00H
```

4）16H ~ 3DH 单元。

```
R_TS_ADR                EQU   SPC3 + 16H    ;从站地址单元
R_FDL_SAP_LIST_PTR      EQU   SPC3 + 17H
R_USER_WD_VALUE_LOW     EQU   SPC3 + 18H    ;SPC3 内部看门狗低字节单元
R_USER_WD_VALUE_HIGH    EQU   SPC3 + 19H    ;SPC3 内部看门狗高字节单元

R_LEN_DOUT_BUF          EQU   SPC3 + 1AH    ;输出数据缓冲区长度单元
R_DOUT_BUF_PTR1         EQU   SPC3 + 1BH    ;输出数据缓冲区 1 指针单元
R_DOUT_BUF_PTR2         EQU   SPC3 + 1CH    ;输出数据缓冲区 2 指针单元
R_DOUT_BUF_PTR3         EQU   SPC3 + 1DH    ;输出数据缓冲区 3 指针单元

R_LEN_DIN_BUF           EQU   SPC3 + 1EH    ;输入数据缓冲区长度单元
R_DIN_BUF_PTR1          EQU   SPC3 + 1FH    ;输入数据缓冲区 1 指针单元
R_DIN_BUF_PTR2          EQU   SPC3 + 20H    ;输入数据缓冲区 2 指针单元
R_DIN_BUF_PTR3          EQU   SPC3 + 21H    ;输入数据缓冲区 3 指针单元
R_LEN_DDBOUT_PUF        EQU   SPC3 + 22H
R_DDBOUT_BUF_PTR        EQU   SPC3 + 23H
R_LEN_DTAG_BUF1         EQU   SPC3 + 24H    ;诊断缓冲区 1 长度单元
R_LEN_DIAG_BUF2         EQU   SPC3 + 25H    ;诊断缓冲区 2 长度单元
R_DIAG_PUF_PTR1         EQU   SPC3 + 26H    ;诊断缓冲区 1 指针单元
R_DIAG_PUF_PTR2         EQU   SPC3 + 27H    ;诊断缓冲区 2 指针单元
R_LEN_CNTRL_PBUF1       EQU   SPC3 + 28H
R_LEN_CNTRL_BPUF2       EQU   SPC3 + 29H
R_AUX_PUF_SEL           EQU   SPC3 + 2AH    ;表明使用哪一个辅助缓冲区单元
R_AUX_BUF_PTR1          EQU   SPC3 + 2BH    ;辅助缓冲区 1 指针单元
R_AUX_BUF_PTR2          EQU   SPC3 + 2CH    ;辅助缓冲区 2 指针单元
R_LEN_SSA_DATA          EQU   SPC3 + 2DH    ;SSA 缓冲区长度单元
R_SSA_BUF_PTR           EQU   SPC3 + 2EH    ;SSA 缓冲区指针单元
R_LEN_PRM_DATA          EQU   SPC3 + 2FH    ;参数缓冲区长度单元
R_PRM_BUF_PTR           EQU   SPC3 + 30H    ;参数缓冲区指针单元
R_LEN_CFG_DATA          EQU   SPC3 + 31H    ;配置缓冲区长度单元
R_CFG_BUF_PTR           EQU   SPC3 + 32H    ;配置缓冲区指针单元
```

```
R_LEN_READ_CFG_DATA          EQU    SPC3 + 33H
R_READ_CFG_BUF_PTR           EQU    SPC3 + 34H
R_LENDDB_PRM_DATA            EQU    SPC3 + 35H
R_DDB_PRM_BUF_PTR            EQU    SPC3 + 36H
R_SCORE_EXP_BYTE             EQU    SPC3 + 37H
R_SOCRE_ERROR_BYTE           EQU    SPC3 + 38H
R_REAL_NO_ADD_CHANGE         EQU    SPC3 + 39H    ;从站的地址是否可变
R_IDENT_LOW                  EQU    SPC3 + 3AH    ;标识号低字节单元
R_IDENT_HIGH                 EQU    SPC3 + 3BH    ;标识号高字节单元
R_GC_COMMAND                 EQU    SPC3 + 3CH    ;GC 命令单元
R_LEN_SPEC_PRM_BUF           EQU    SPC3 + 3DH    ;特殊缓冲区的指针单元
```

5）16H ~ 3DH 寄存器单元填充的数据。

```
D_TS_ADR                     EQU    06H           ;地址数据
D_FDL_SAP_LIST_PTR           EQU    79H
D_USER_WD_VALUE_LOW          EQU    20H           ;看门狗参数
D_USER_WD_VALUE_HIGH         EQU    4EH
```

（4）设置输入输出数据的长度

```
D_LEN_DOUT_BUF               EQU    8             ;8 个字节输出,输出数据缓冲区
D_DOUT_BUF_PTR1              EQU    08H
D_DOUT_BUF_PTR2              EQU    09H
D_DOUT_BUF_PTR3              EQU    0AH

D_LEN_DIN_PUF                EQU    8             ;8 个字节输入,输入数据缓冲区
D_DIN_BUF_PTR1               EQU    0BH
R_DIN_BUF_PTR2               EQU    1FH
R_DIN_BUF_PTR3               EQU    33H

D_LEN_DDBOUT_BUF             EQU    00H
D_DDBOUT_BUF_PTR             EQU    00H
D_LEN_DIAG_BUF1              EQU    08H
D_LEN_DIAG_BUF2              EQU    08H
D_DIAG_PUF_PTR1              EQU    47H
D_DIAG_PUF_PTR2              EQU    48H
D_LEN_CNTRL_PBUF1            EQU    18H
D_LEN_CNTRL_PBUF2            EQU    18H
D_AUX_PUF_SEL                EQU    00H
D_AUX_BUF_PTR1               EQU    49H
D_AUX_BUF_PTR2               EQU    4CH
D_LEN_SSA_DATA               EQU    10H
D_SSA_BUF_PTR                EQU    4FH
D_LEN_PRM_DATA               EQU    10H
```

```
D_PRM_BUF_PTR           EQU    51H
D_LEN_CFG_DATA          EQU    10H
D_CFG_BUF_PTR           EQU    53H
D_LEN_READ_CFG_DATA     EQU    08H
D_READ_CFG_BUF_PTR      EQU    55H
D_LENDDB_PRM_DATA       EQU    00H
D_DDB_PRM_BUF_PTR       EQU    00H
D_SCORE_EXP_BYTE        EQU    00H
D_SOCRE_ERROR_BYTE      EQU    00H
D_REAL_NO_ADD_CHANGE    EQU    0FFH
D_IDENT_LOW             EQU    08H
D_IDENT_HIGH            EQU    00H
D_GC_COMMAND            EQU    00H
D_LEN_SPEC_PRM_BUF      EQU    00H
```

（5）程序开始

```
          ORG     0000
          LJMP    MAIN
          ORG     0003H
          LJMP    INTEX0
          ORG     000BH
          JMP     TIMER0
          ORG     100H
MAIN：    MOV     SP,#60H
          CPL     P1.6
          MOV     COUNT,#10
          MOV     TMOD,#01H
          MOV     TH0,#0B1H
          MOV     TL0,#0DFH                    ;定时 20ms
          SETB    P1.7                         ;SPC3 复位
          LCALL   D20M
          CLR     P1.7
          CLR     EX0                          ;关中断
          SETB    EX0                          ;设置优先级
          LCALL   CLEAR
          LCALL   SPC3_RESET                   ;调用 SPC3 初始化
DATA_EX：
          SETB    EX0
          SETB    EA
          SETB    TR0
          SETB    ET0
          LCALL   ADROUT
          LCALL   ADRIN
```

(6) 主循环程序

```
START_LOOP:
        CPL     P1.0
        CPL     P1.0
        MOV     DPTR,#MODE_REG1_S              ;触发 SPC3 看门狗
        MOV     A,#20H
        MOVX    @DPTR,A
        MOV     A,T20MS
        CJNE    A,#01H,LOOP1

        MOV     T20MS,#00H
        LCALL   DATAEX

LOOP1:  MOV     DPTR,#IRR_HIGH                 ;诊断变化
        MOVX    A,#DPTR
        JNB     ACC.4,END_LOOP
        MOV     DPTR,#IAR_HIGH
        MOV     A,#10H
        MOVX    @DPTR,A
END_LOOP:
        JMP     START_LOOP
```

(7) SPC3 复位程序

```
SPC3_RESET:
        MOV     DPTR,#IMR_LOW                  ;设置 SPC3 内部中断
        MOV     A,#D_IMR_LOW
        MOVX    @DPTR,A
        INC     DPTR
        MOV     A,#D_IMR_HIGH
        MOVX    @DPTR,A
        MOV     DPTR,#R_USER_WD_VALUE_LOW      ;设置看门狗参数
        MOV     A,#D_USER_WD_VALUE_LOW
        MOVX    @DPTR,A
        INC     DPTR
        MOV     A,#D_USER_WD_VALUE_HIGH
        MOVX    @DPTR,A
        MOV     DPTR,#R_IDENT_LOW              ;设置本模块表示号
        MOV     A,#D_IDENT_LOW
        MOVX    @DPTR,A
        MOV     DPTR,#7FFFH                    ;设置从站地址并保存
        MOVX    A,@DPTR
```

```
        MOV     DPTR,#R_TS_ADR
        MOV     A,#D_TS_ADR
        MOVX    @DPTR,A
        MOV     NUM,A
        MOV     DPTR,#MODE_REG0                 ;将节点号放入 NUM 中
        MOV     A,#D_MODE_REG0                  ;设置 SPC3 方式寄存器
        MOVX    @DPTR,A
        INC     DPTR
        MOV     A,#D_MODE_REGO_S
        MOVX    @DPTR,A
        MOV     A,#REAL_NO_ADD_CHG              ;不允许从站地址改变
        MOV     DPTR,#R_REAL_NO_ADD_CHANGE
        CJNE    A,#1,RR1
        MOV     A,#0FFH
        MOVX    @DPTR,A
        JMP     RJ2
RR1:    MOV     A,#0
        MOVX    @DPTR,A
        MOV     R6,#00H
RJ2:    MOV     DPTR,@STRTUS_REG_LOW            ;SPC3 是否离线
        MOVX    A,@DPTR
        ANL     A,#01H
RR3:    JZ      RR4
        DJNZ    R6,RR2
        LJMP    MAIN
RR4:    MOV     DPTR,#R_DIAG_PUF_PTR1           ;如果 SPC3 离线,初始化 SPC3
        MOV     A,#D_DIAG_PUF_PTR1
        MOVX    @DPTR,A
        INC     DPTR
        MOV     A,#D_DIAG_PUF_PTR2
        MOVX    @DPTR,A
        MOV     DPTR,#R_CFG_BUF_PTR
        MOV     A,#D_CFG_BUF_PTR
        MOVX    @DPTR,A
        MOV     DPTR,#R_READ_CFG_BUF_PTR
        MOV     A,#D_READ_CFG_BUF_PTR
        MOVX    @DPTR,A
        MOV     DPTR,#R_PRM_BUF_PTR
        MOV     A,#D_PRM_BUF_PTR
        MOVX    @DPTR,A
        MOV     DPTR,#R_AUX_BUF_PTR1
        MOV     A,#D_AUX_BUF_PTR1
        MOVX    @DPTR,A
```

```
INC     DPTR
MOV     A,#D_AUX_BUF_PTR2
MOVX    @DPTR,A
MOV     DPTR,#R_LEN_DIAG_BUF1
MOV     A,#D_LEN_DIAG_BUF1
MOVX    @DPTR,A
INC     DPTR
MOV     A,#D_LEN_DIAG_BUF2
MOVX    @DPTR,A
MOV     DPTR,#R_LEN_CFG_DATA
MOV     A,#D_LEN_CFG_DATA
MOVX    @DPTR,A
MOV     DPTR,#R_LEN_PRM_DATA
MOV     A,#D_LEN_PRM_DATA
MOVX    @DPTR,A
MOV     DPTR,#R_LEN_CNTRL_PBUF1
MOV     A,#D_LEN_CNTRL_PBUF1
MOVX    @DPTR,A
MOV     DPTR,#R_LEN_READ_CFG_DATA
MOV     A,#D_LEN_READ_CFG_DATA
MOVX    @DPTR,A
MOV     DPTR,#R_FDL_SAP_LIST_PTR
MOV     A,#D_FDL_SAP_LIST_PTR
MOVX    @DPTR,A
MOV     DPTR,#R_LEN_DOUT_BUF                ;输出数据缓冲区长度和指针
MOV     A,#D_LEN_DOUT_BUF
MOVX    @DPTR,A
MOV     DPTR,#R_DOUT_BUF_PTR1
MOV     A,#D_DOUT_BUF_PTR1
MOVX    @DPTR,A
INC     DPTR
MOV     A,#D_DOUT_BUF_PTR2
MOVX    @DPTR,A
INC     DPTR
MOV     A,#D_DOUT_BUF_PTR3
MOVX    @DPTR,A
MOV     DPTR,#R_LEN_DIN_BUF                 ;输入数据缓冲区长度和指针
MOV     A,#D_LEN_DIN_BUF
MOVX    @DPTR,A
MOV     DPTR,#R_DIN_BUF_PTR1
MOV     A,#D_DIN_BUF_PTR1
MOVX    @DPTR,A
INC     DPTR
```

```
        MOV     A,#D_DIN_BUF_PTR2
        MOVX    @DPTR,A
        INC     DPTR
        MOV     A,#D_DIN_BUF_PTR3
        MOVX    @DPTR,A
        MOV     DPTR,@WD_BAUD_CTRL_VAL          ;设置 SPC3 看门狗定时器的值
        MOV     A,#D_WD_BAUD_CTRL_VAL
        MOVX    @DPTR,A
        MOV     DPTR,@MODE_REG1_S               ;启动 SPC3
        MOVX    A,@DPTR
        ORL     A,#01H
        MOVX    @DPTR,A
        RET
```

(8) 延时子程序

```
D20M:   MOV     R7,#20H
D20M1:  MOV     R6,#00H
D20M2:  DJNZ    R6,D20M2
        DJN Z   R7,D20M1
        RET
```

(9) SPC3 中断断子程序

```
INTEX0: PUSH    ACC
        PUSH    B
        PUSH    DPH
        PUSH    DPL
        PUSH    PSW
        SETB    RS0
        SETB    RS1
        MOV     DPTR,#IR_LOW                    ;参数化
        MOVX    A,@DPTR
        JNB     ACC.1,INTE1
        MOV     A,#02H
        MOVX    @DPTR,A

INTE1:  MOV     DPTR,#IAR_HIGH
        MOVX    A,@DPTR
        JNB     ACC.0,INTE2
        MOV     A,#01H
        MOVX    @DPTR,A

INTE2:  MOV     DPTR, #IAR_HIGH                 ;参数化
        MOVX    A, @DPTR
```

```
        JNB     ACC.3,INTE3

INTE2_1:
        MOV     DPTR,#USER_PRM_DATA_OK
        MOVX    A,@DPTR
        MOV     R7,A
        CJNE    R7,#01H,INTE3
        JMP     INTE2_1

INTE3:  MOV     DPTR,#IAR_HIGH
        MOVX    A,@DPTR
        JNB     ACC.2,INTE4

INTE3_1: MOV    DPTR,#USER_CFG_DATA_OK
        MOVX    A,@DPTR
        MOV     R7,A
        CJNE    R7,#01H,INTE4
        JMP     INTE3_1
INTE4:  MOV     DPTR,#IAR_HIGH
        MOVX    A,@DPTR
        JNB     ACC.1,INTE5
        MOV     A,#02H
        MOVX    @DPTR,A
INTE5:  MOV     DPTR,#IR_LOW
        MOVX    A,@DPTR
        JNB     ACC.3,INTE6
        LCALL   wd_dp_mode_timeout_function
        MOV     DPTR,#IR_LOW
        MOV     A,#08H
        MOVX    @DPTR,A

INTE6:  MOV     DPTR,#IR_LOW
        MOVX    A,@DPTR
        JNB     ACC.4,INTE7
        MOV     A,#10H
        MOVX    @DPTR,A

INTE7:  MOV     DPTR,#IR_LOW
        MOVX    A,@DPTR
        JNB     ACC.2,INTE8
        MOV     A,#04H
        MOVX    @DPTR,A
```

```
INTE8:  MOV     DPTR,#1008H                    ;中断结束
        MOV     A,#02H
        MOVX    @DPTR,A
        CLR     RS0
        CLR     RS1
        POP     PSW
        POP     DPL
        POP     DPH
        POP     B
        POP     ACC
        RETI
```

(10) 更新输入数据缓冲区指针

```
ADRIN:  MOV     DPTR,#NEW_DIN_BUFFER_CMD
        MOVX    A,@DPTR
        MOV     DPTR,#DIN_BUFFER_SM
        MOVX    A,@DPTR
        RRC     A
        RRC     A
        RRC     A
        RRC     A
        ANL     A,#03H
        CJNE    A,#00H,ADRIN1
        LJMP    INRET
ADRIN1: ADD     A,#1EH
        MOV     DPL,A
        CLR     A
        ADDC    A,#SPC3_HIGH
        MOV     DPH,A
        MOVX    A,#DPTR
        MOV     B,#08H
        MUL     AB
        MOV     R6,A
        MOV     A,B
        ADDC    A,#SPC3_HIGH
        MOV     USER_IN_PTR,A
        MOV     USER_IN_PTR+1,R6
INRET:  RET
```

(11) 更新输出数据指针并将结果放到 USER_OUT_ PRT 中

```
ADROUT: MOV     DPTR,#NEW_DOUT_BUFFER_CMD
        MOVX    A,@DPTR
        JB      ACC.3,ADEND
```

```
        JNB     ACC.2,ADEND
        ANL     A,#03H
        ADD     A,#1AH
        MOV     DPL,A
        CLR     A
        ADDC    A,#SPC3_HIGH
        MOV     DPH,A
        MOVX    A,@DPTR
        MOV     B,#08H
        MUL     AB
        MOV     R6,A
        MOV     A,B
        ADDC    A,#SPC3_HIGH
        MOV     USER_OUT_PTR,A
        MOV     USER_OUT_PTR+1,R6
        MOV     A,COUNT
        DEC     A
        MOV     COUNT,A
        JNZ     ADEND
        cpl     P1.6
        MOV     COUNT,#10
ADEND:
        RET
```

(12) 清除 SPC3 内部的 RAM

```
CLEAR:  MOV     DPTR,#R_TS_ADR
        MOV     A,#00H
CLEAR1: MOVX    @DPTR,A
        INC     DPTR
        MOV     R7,DPL
        CJNE    R7,#00H,CLEAR1
        MOV     R7,DPH
        CJNE    R7,#16H,CLEAR1
        RET
DATAEX:
        LCALL   ADROUT
        MOV     DPH,USER_OUT_PTR
        MOV     DPL,USER_OUT_PTR+1
        MOV     R1,#UPSETDATA                   ;上位机输出数据暂存
        MOV     B,#8
MOVD:   CLR     C
        MOVX    A,#DPTR
        MOV     @R1,A
```

```
        INC     DPTR
        INC     R1
        DJNZ    B,MOVD
DATA_IN:
        LCALL   ADRIN
        MOV     DPTR,#0DFFFH              ;8DI 数据,读取八路开关量输入数据
        MOVX    A,@ DPTR
        CPL     A
        MOV     B,A
        MOV     DPH,USER_IN_PTR
        MOV     DPL,USER_IN_PTR + 1
        MOV     A,NUM
        MOVX    @ DPTR,A
        INC     DPTR
        MOV     A,#02H
        MOVX    @ DPTR,A
        INC     DPTR
        MOV     A,#5
        MOVX    @ DPTR,A
        INC     DPTR
        MOV     A,B
        MOVX    @ DPTR,A
        INC     DPTR
        RET
TIMER0:
        PUSH    ACC
        MOV     TH0,#0B1H
        MOV     TL0,#0DFH                 ;定时 20ms
        MOV     A,T20MS
        MOV     A,#01H
        MOV     T20MS,A
        POP     ACC
        RETI
```

（13）wd_ dp_ mode_ timeout_ function 子程序

```
wd_dp_mode_timeout_function:
        MOV     DPTR,#SPC3 +04H           ;状态寄存器地址
        MOVX    A,@ DPTR                  ;读状态寄存器
        SWAP    A
        RRC     A
        RRC     A
        ANL     A,#03H
        MOV     DPTR,#SPC3 +0CH           ;DIAG_Buffer_SM 地址
```

```
        MOVX    A,@DPTR                 ;读 DIAG_Buffer_SM
        MOV     R7,A
        ANL     A,#03H
        MOV     R6,A
        CJNE    R6,#01H,DP_DIAG1
        MOV     R6,#06H
        MOV     DPTR,#SPC3 +024H        ;诊断缓冲区 1 的长度地址
        MOV     A,R6
        MOVX    @DPTR,A                 ;诊断缓冲区 1 的长度为 6
        MOV     R4,#00H
        MOV     R7,A
        SJMP    DP_DIAG3
DP_DIAG1:
        MOV     A,R7
        ANL     A,#0CH
        MOV     R7,A
        CJNE    R7,#04H,DP_DIAG2
        MOV     R7,#06H
        MOV     DPTR,#SPC3 +025H        ;诊断缓冲区 2 的长度地址
        MOV     A,R7
        MOVX    @DPTR,A                 ;诊断缓冲区 2 的长度为 6
        SJMP    DP_DIAG3
DP_DIAG2:
        MOV     R7,#0FFH
DP_DIAG3:
        MOV     DPTR,#SPC3 +0CH         ;状态寄存器地址
        MOVX    A,@DPTR                 ;读状态寄存器
        ANL     A,#03H
        MOV     R7,A
        CJNE    R7,#01H,DP_DIAG4
        MOV     R4,#00H
        MOV     DPTR,#SPC3 +026H        ;诊断缓冲区 1 的段基址地址
        MOVX    A,@DPTR                 ;读诊断缓冲区 1 的段基址
        MOV     B,#08H
        MUL     AB
        ADD     A,#LOW(SPC3)            ;加 SPC3 的低字节
        MOV     R7,A
        MOV     A,B
        ADDC    A,#HIGH(SPC3)           ;加 SPC3 的高字节
        MOV     DPL,R7
        MOV     DPH,A
        MOV     A,R4
        MOVX    @DPTR,A                 ;清诊断缓冲区 1
```

```
        MOV     R7,A
        MOV     R6,A
        SJMP    DP_DIAG6
DP_DIAG4:
        MOV     DPTR,#SPC3 +0CH                 ;状态寄存器地址
        MOVX    A,@ DPTR                        ;读状态寄存器
        ANL     A,#0CH
        MOV     R7,A
        CJNE    R7,#04H,DP_DIAG5
        MOV     R4,#00H
        MOV     DPTR,#SPC3 +027H                ;诊断缓冲区 2 的段基址地址
        MOVX    A,@ DPTR                        ;读诊断缓冲区 2 的段基址
        MOV     B,#08H
        MUL     AB
        ADD     A,#LOW(SPC3)                    ;加 SPC3 的低字节
        MOV     R7,A
        MOV     A,B
        ADDC    A,#HIGH(SPC3)                   ;加 SPC3 的高字节
        MOV     DPL,R7
        MOV     DPH,A
        MOV     A,R4
        MOVX    @ DPTR,A                        ;清诊断缓冲区 2
        MOV     R7,A
        MOV     R6,A
        SJMP    DP_DIAG6
DP_DIAG5:
        MOV     R6,#0FFH
        MOV     R7,#0FFH
DP_DIAG6:
        MOV     DPTR,#SPC3 +0DH                 ;New_DIAG_Buffer_Cmd 地址
        MOVX    A,@ DPTR                        ;读 New_DIAG_Buffer_Cmd
        ANL     A,#03H
        ADD     A,#0FEH
        JZ      DP_DIAG7
        INC     A
        JNZ     DP_DIAG9
        MOV     DPTR,#SPC3 +026H                ;当前诊断缓冲区为 Diag_Buf1
        SJMP    DP_DIAG8
DP_DIAG7:
        MOV     DPTR,#SPC3 +027H                ;当前诊断缓冲区为 Diag_Buf2
DP_DIAG8:
        MOVX    A,@ DPTR                        ;读诊断缓冲区 1 或 2 的段基址
        MOV     B,#08H
```

```
        MUL     AB
        ADD     A,#LOW(SPC3)
        MOV     R7,A
        MOV     A,B
        ADDC    A,#HIGH(SPC3)
        MOV     R6,A                        ;取得诊断缓冲区为 Diag_Buf1 或
                                            Diag_Buf2 的地址
        RET
DP_DIAG9:
        CLR     A                           ;没有得到诊断缓冲区
        MOV     R6,A
        MOV     R7,A
        RET
        END
```

6.3.3 A/D 转换器 ADS1216 及其应用

ADS1216 是一种精密的、宽动态范围的 Δ－ΣA/D 转换器，具有 24 位分辨率，可工作在 2.7～5.25V 电压下。该 Δ－Σ A/D 转换器具有 24 位无遗漏码性能和 22 位有效分辨率，8 个输入通道多路复用。当直接与传感器和低电压信号连接时，内部缓冲器可选择提供非常高的输入阻抗并提供了可熔电流源，允许检测传感器的开路或短路。一个 8 位数/模（D/A）转换器提供 FSR（全范围）内的 50% 的偏差校正。

可编程增益放大器（PGA）提供 1～128 的可选增益，当增益为 128 时，有效分辨率为 19 位。A/D 转换通过二阶 Δ－Σ 和可编程 Sinc 滤波器完成，参考电压为差分输入，片内电流 DAC 通过外部电阻设定最大独立工作电流。

串行接口与 SPI 兼容，8 位数字 I/O 口可用于输出或输入。ADS1216 主要用于工业过程控制、便携式仪器、智能变送器、压力传感器、热电偶及热电阻信号的测量，其特点如下：

- 24 位无遗漏码。
- 0.0015% 积分非线性误差。
- 22 位有效分辨率（PGA＝1），或 19 位有效分辨率（PGA＝128）。
- PGA 增益从 1～128 可选。
- 单周期设置模式。
- 可编程数据输出，速率可达到 1 kHz。
- 1.25/2.5 V 片内基准电压。
- 0.1～2.5 V 片外差分基准电压。
- 片内校准。
- SPI 串行接口。
- 工作电压为 2.7～5.25 V。
- 功耗小于 1 mW。

1. 引脚说明

ADS1216 为 48 引脚 TQFP 封装，其引脚如图 6-11 所示。

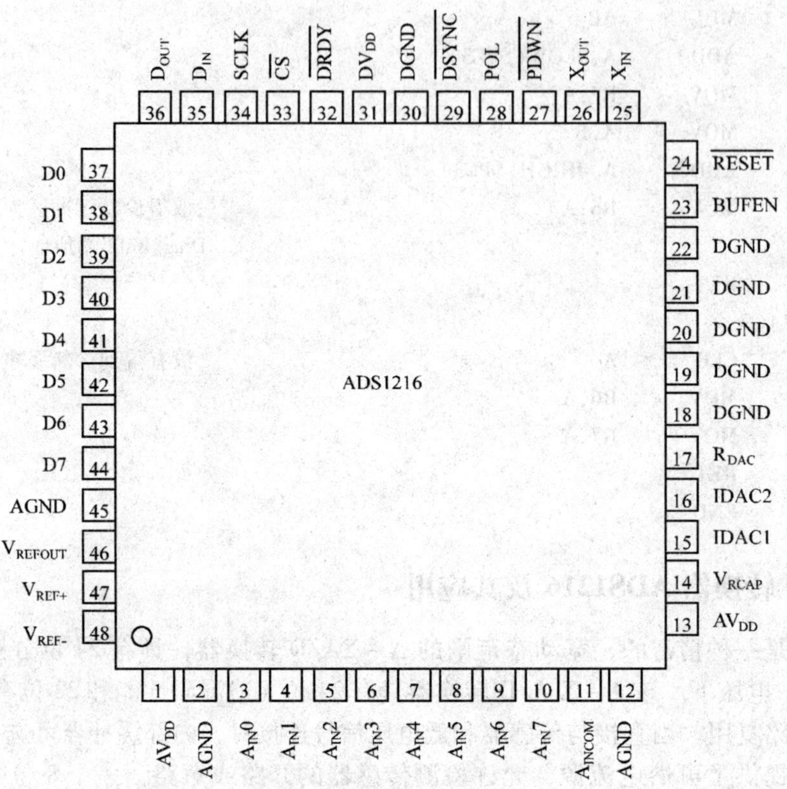

图 6-11 ADS1216 引脚图

ADS1216 引脚介绍如下：

AV_{DD}——模拟电源。

AGND——模拟地。

$A_{IN}0 \sim A_{IN}7$——模拟输入通道 0 ~ 模拟输入通道 7。

A_{INCOM}——模拟输入公共端。

V_{RCAP}——V_{REF}旁路电容。

IDAC1——电流 DAC1 输出。

IDAC2——电流 DAC2 输出。

R_{DAC}——电流 DAC 电阻。

BUFEN——缓冲使能。

$\overline{\text{RESET}}$——低有效，复位整个芯片。

X_{IN}——时钟输入。

X_{OUT}——时钟输出，使用晶振或谐振器。

$\overline{\text{PDWN}}$——低有效，低功耗功能。

POL——串行时钟极性。

$\overline{\text{DSYNC}}$——低有效，同步控制。

DGND—— 数字地。

DV_{DD}——数字电源。

$\overline{DRDY}$——低有效，数据准备好。

$\overline{CS}$——低有效，芯片选择。

SCLK——串行时钟。

D_{IN}——串行数据输入。

D_{OUT}——串行数据输出。

D0 ~ D7——数字量输入/输出接口 0 ~ 7。

V_{REFOUT}——参考电压输出。

V_{REF+}——正差分参考输入。

V_{REF-}——负差分参考输入。

2. 应用说明

（1）多路输入选择器

多路输入选择器可选择在任意输入通道进行差分输入的任意组合。在 ADS1216 中，如果通道 1 被选择作为正差分输入通道，任何其他通道可选为负差分输入通道。使用这种方法，可以配置 8 种全差分输入通道。

（2）温度传感器

一个片内二极管可用做温度传感器。当输入 MUX 的配置缓冲器全部置 1 时，二极管连到 A/D 转换器的输入上。

（3）可熔电流源（Burnout Current Sources）

当 ACR（寄存器）的 BOCS 位被置位时，多路输入选择器中的两个电流源被使能。正输入通道的电流源提供大约 2 μA 的电流，负输入通道的电流源接收大约 2 μA 的电流，允许对差分输入对的开路（满刻度读数）和短路（0 V 差分读数）检测。

（4）IDAC1 和 IDAC2

ADS1216 有两个 8 位电流输出 DAC，可被独立控制。可通过 R_{DAC}、ACR 寄存器的范围选择位和 IDAC 寄存器内的 8 位数字值设置输出电流。输出电流 =（$V_{REF}/8R_{DAC}$）(DAC 代码)（IDAC1 寄存器或 IDAC2 寄存器的值）。V_{REFOUT} = 2.5 V 且 R_{DAC} = 150 kΩ 时，满刻度输出可被选为 0.5 mA、1 mA 或 2 mA。相应的电压范围为 0 ~ 1 V 内的 AV_{DD}。当使用 ADS1216 的内部电压基准时，可用做 IDAC 的参考电压。通过禁止内部参考电压，且将外部参考电压输入连到 V_{REFOUT} 引脚，IDAC 可使用外部参考电压。

（5）可编程增益放大器

可编程增益放大器可设置增益为 1、2、4、8、32、64 或 128。使用 PGA 能改善 A/D 转换器的有效分辨率。

（6）校准

ADS1216 或整个系统的偏置或增益误差可通过校准来降低。ADS1216 的内部校准称自校准，通过 3 个命令实现。对于系统校准，输入端必须输入适当的信号。

（7）参考电压

ADS1216 可以使用内部或外部参考电压。上电时，被配置为内部参考电压 2.5 V。参考电压的选择通过状态配置寄存器来实现。内部参考电压可选为 1.25 V 或 2.5 V。

(8) V_{RCAP}引脚

此引脚只对内部 V_{REF}电路提供用于噪声滤波的旁路电容，推荐使用 0.1 μF 陶瓷电容。如果使用外部 V_{REF}电路，此引脚可悬空。

(9) 时钟发生器

ADS1216 使用的时钟源可由晶体、陶瓷谐振器、振荡器或外部时钟提供。当使用晶体时，晶体频率为 2.4576 MHz 或 4.9152 MHz。

(10) 数字 I/O 接口

ADS1216 有 8 个专用的数字 I/O 引脚。数字 I/O 引脚的默认上电状态是输入。所有的数字 I/O 引脚可分别被配置为输入或输出。它们通过 DIR 控制寄存器配置。DIR 寄存器定义引脚是输入还是输出；DIO 寄存器定义数字输出的状态。当数字 I/O 引脚被配置为输入时，DIO 被用做读引脚的状态。

(11) $\overline{\text{DSYNC}}$操作

$\overline{\text{DSYNC}}$在外部事件作用下提供 A/D 转换的精确同步。同步可通过$\overline{\text{DSYNC}}$引脚或 DSYNC 命令来实现。

(12) 存储器

ADS1216 使用两种类型的存储器：寄存器和 RAM。16 个寄存器直接控制各种功能（PGA、DAC 值等），并且可以直接读写。总体来说，寄存器包含配置所需的所有信息，如数据格式、多路选择器设置、校准设置等。

对寄存器和 RAM 的读写以字节为单位进行。然而，寄存器和 RAM 之间的复制以区为单位进行。RAM 独立于寄存器，也就是说，RAM 可被用做通用的 RAM。

ADS1216 支持 8 个模拟输入的任意组合。因为这种灵活性，ADS1216 很容易支持 8 个独立的设置——一个输入通道对应一个设置。为了便于这种使用，有 8 个分别的寄存器区可用。因此，每个配置信息可被写一次，在需要的时候重新调用，这样不必重新发送所有的配置数据。另外，还提供了用于检验 RAM 完整性的校验和命令。

RAM 提供了 8 个“区”，每个区包括 16 个字节，因此 RAM 的总容量是 128 个字节。RAM 在上电时可通过串行接口直接读写。区允许分别存储每个输入的设置。

RAM 地址是线性的，因此可通过自增量指针访问 RAM。可以连续地在整个存储器映像中访问 RAM，而不需要分别寻址每一个区。例如，如果正在访问区 0 的偏移为 0xF 的单元（区 0 的最后一个单元），下一个访问单元将是区 1 的偏移为 0x0 的单元。区 7 的偏移为 0xF 的单元后的任何访问都会返回到区 0 的偏移为 0x0 的单元。

3. 寄存器定义

1) SETUP（地址 00H）：设置寄存器。

复位值 = iii01110B

位 7 … 位 0

ID	ID	ID	SPEED	REF EN	REF HI	BUF EN	BIT ORDER

位 5 ~ 7　出厂编程位

位 4　　SPEED：调节器时钟速率

0：$f_{MOD}=f_{OSC}/128$（默认）

1：$f_{MOD}=f_{OSC}/256$

位3　　REF EN：内部参考电压使能

0 = 内部参考电压禁止

1 = 内部参考电压使能（默认）

位2　　REF HI：内部参考电压选择

0 = 内部参考电压 = 1.25 V

1 = 内部参考电压 = 2.5 V（默认）

位1　　BUF EN：缓冲器使能

0 = 缓冲器禁止

1 = 缓冲器使能（默认）

位0　　BIT ORDER：设置位传送顺序

0 = 先传送最高有效位（默认）

1 = 先传送最低有效位

数据总是先传进或传出最高有效位。此配置位只是控制传出字节的位顺序。

2）MUX（地址 01H）：多路选择器控制寄存器。

复位值 = 01H

位7　　　　位0

PSEL3	PSEL2	PSEL1	PSEL0	NSEL3	NSEL2	NSEL1	NSEL0

位4～7　　PSEL0～PSEL3：阳极通道选择

0000 = $A_{IN}0$（默认）

0001 = $A_{IN}1$

0010 = $A_{IN}2$

0011 = $A_{IN}3$

0100 = $A_{IN}4$

0101 = $A_{IN}5$

0110 = $A_{IN}6$

0111 = $A_{IN}7$

1××× = A_{INCOM}（除去位全为 1 的情况）

1111 = 温度传感器二极管阳极

位0～3　　NESL0～NESL3：阴极通道选择

0000 = $A_{IN}0$

0001 = $A_{IN}1$

0010 = $A_{IN}2$

0011 = $A_{IN}3$

0100 = $A_{IN}4$

0101 = $A_{IN}5$

0110 = $A_{IN}6$

0111 = $A_{IN}7$

1××× = A_{INCOM}（除去位全为 1 的情况）

1111 = 温度传感器二极管阴极模拟地

3）ACR（地址 02H）：模拟控制寄存器。

复位值 = 00H

位 7 位 0

BOCS	IDAC2R1	IDAC2R0	IDAC1R1	IDAC1R0	PGA2	PGA1	PGA0

位 7　BOCS：可熔电流源

0 = 非使能（默认）

1 = 使能

位 5、6　IDAC2R0 和 IDAC2R1：IDAC2 的满刻度范围选择

00 = 关（默认）

01 = 范围 1

10 = 范围 2

11 = 范围 3

位 3、4　IDAC1R0 和 IDAC1R1：IDAC1 的满刻度范围选择

00 = 关（默认）

01 = 范围 1

10 = 范围 2

11 = 范围 3

位 0 ~ 2　PGA0 ~ PGA2：可编程增益放大器增益选择

000 = 1（默认）

001 = 2

010 = 4

011 = 8

100 = 16

101 = 32

110 = 64

111 = 128

4）IDAC1（地址 03H）：电流 DAC1。

复位值 = 00H

位 7 位 0

IDAC1_7	IDAC1_6	IDAC1_5	IDAC1_4	IDAC1_3	IDAC1_2	IDAC1_1	IDAC1_0

DAC 代码位可将 DAC1 的输出范围设为 0 至满刻度。满刻度电流值由此字节、V_{REF}、R_{DAC}和 ACR 寄存器的 DAC1 范围位设置。

5）IDAC2（地址 04H）：电流 DAC2。

复位值 =00H

位 7 位 0

IDAC2_7	IDAC2_6	IDAC2_5	IDAC2_4	IDAC2_3	IDAC2_2	IDAC2_1	IDAC2_0

DAC 代码位可将 DAC2 的输出范围设为 0 至满刻度。满刻度电流值由此字节、V_{REF}、R_{DAC}和 ACR 寄存器的 DAC2 范围位设置。

6）ODAC（地址 05H）：偏移 DAC 设置。

复位值 =00H

位 7 位 0

SIGN	OSET6	OSET5	OSET4	OSET3	OSET2	OSET1	OSET0

位 7 SIGN：偏移标志

0 = 阳极

1 = 阴极

位 0 ~ 6 OSET0 ~ OSET6：偏移

偏移 =（V_{REF}/2PGA）(Code/127）

7）DIO（地址 06H）：数字 I/O。

复位值 =00H

位 7 位 0

DIO7	DIO6	DIO5	DIO4	DIO3	DIO2	DIO1	DIO0

如果在 DIR 寄存器中 I/O 引脚被配置为输出，那么写入这个寄存器的值会出现在数字 I/O 引脚上。读此寄存器会返回数字 I/O 引脚值。

8）DIR（地址 07H）：数字 I/O 的方向控制。

复位值 = FFH

位 7 位 0

DIR7	DIR6	DIR5	DIR4	DIR3	DIR2	DIR1	DIR0

DIR0 ~ DIR7 的某一位为 0，表示对应的数字量输入/输出接口是输出：某一位为 1，表示对应的数字量输入/输出接口是输入。默认上电状态是输入。

9）DEC0（地址 =08H）：抽取寄存器（最低有效 8 位）。

复位值 =80H

位 7 位 0

DEC07	DEC06	DEC05	DEC04	DEC03	DEC02	DEC01	DEC00

抽取值用 11 位定义了范围 20 ~ 2047。此寄存器是最低有效 8 位。3 个最高有效位包含在 M/DEC1 寄存器中。默认数据速率是 2.4567 MHz 晶振下的 10 Hz。

10）M/DEC1（地址 09H）：模式和抽取寄存器。

复位值 = 07H

位 7 位 0

$\overline{DRDY}$	U/$\overline{B}$	SMODE1	SMODE0	Reserved	DEC10	DEC09	DEC08

位 7 $\overline{DRDY}$：数据准备好（只读）

此位复制$\overline{DRDY}$引脚的状态。

位 6 U/$\overline{B}$：数据格式。

0 = 双极，1 = 单极

ADS1216 数据格式见表 6-1。

表 6-1 ADS1216 数据格式

U/$\overline{B}$	模拟输入	数字输出	U/$\overline{B}$	模拟输入	数字输出
0	+ FSR Zero - FSR	0x7FFFFF 0x000000 0x800000	1	+ FSR Zero - FSR	0xFFFFFF 0x000000 0x000000

位 4、5 SMODE0 和 SMODE1：设置模式

00 = 自动（默认）

01 = Fast Settling（快速建立）滤波器

10 = Sinc^2 滤波器

11 = Sinc^3 滤波器

位 0 ~ 2 DEC8 ~ DEC10：抽取值的最高有效位

11）OCR0（地址 0AH）：偏移校准系数（低有效字节）。

复位值 = 00H

位 7 位 0

OCR07	OCR06	OCR05	OCR04	OCR03	OCR02	OCR01	OCR00

12）OCR1（地址 0BH）：偏移校准系数（中间字节）。

复位值 = 00H

位 7 位 0

OCR15	OCR14	OCR13	OCR12	OCR11	OCR10	OCR09	OCR08

13）OCR2（地址 0CH）：偏移校准系数（高有效字节）。

复位值 = 00H

位 7 位 0

OCR23	OCR22	OCR21	OCR20	OCR19	OCR18	OCR17	OCR16

14）FSR0（地址 0DH）：满刻度寄存器（低有效字节）。

复位值 = 24H

位 7 位 0

FSR07	FSR06	FSR05	FSR04	FSR03	FSR02	FSR01	FSR00

15）FSR1（地址 0EH）：满刻度寄存器（中间字节）。

复位值 = 90H

位 7 位 0

FSR15	FSR14	FSR13	FSR12	FSR11	FSR10	FSR09	FSR08

16）FSR2（地址 0FH）：满刻度寄存器（高有效字节）。

复位值 = 67H

位 7 位 0

FSR23	FSR22	FSR21	FSR20	FSR19	FSR18	FSR17	FSR16

4. 命令

ADS1216 的操作命令见表 6-2。一些命令是独占的（如 $\overline{\text{RESET}}$），然而其他命令需要附加字节（如 WREG 需要操作码、计数和数据字节）。操作码规定在数据准备好之前（如 RDATA），输出数据最少需要 4 个 f_{OSC} 周期。

表 6-2 ADS1216 操作命令

命　令	描　述	操 作 码	第二个命令字节
RDATA	读数据	0000 0001(01H)	—
RDATAC	连续读数据	0000 0011(03H)	—
STOPC	停止连续数据输出	0000 *rrrr*(0FH)	—
RREG	读寄存器	0001 *rrrr*(1xH)	*xxxx_nnnn*(#寄存器 - 1)
RRAM	读 RAM	0010 0*aaa*(2xH)	*xnnn_nnnn*(#字节 - 1)
CREG	复制寄存器到 RAM 区	0100 0*aaa*(4xH)	—
CREGA	复制寄存器到所有的 RAM 区	0100 1000(48H)	—
WREG	写寄存器	0101 *rrrr*(5xH)	*xxxx_nnnn*(#寄存器 - 1)
WRAM	写 RAM	0110 0*aaa*(6xH)	*xnnn_nnnn*(#字节 - 1)
CRAM	复制 RAM 区到寄存器	1100 0*aaa*(CxH)	—
CSRAMX	计算 RAM 区的校验和	1101 0*aaa*(DxH)	—
CSARAMX	计算所有 RAM 区的校验和	1101 1000(D8H)	—
CSREG	计算寄存器的校验和	1101 1111(DFH)	—
CSRAM	计算 RAM 区的校验和	1110 0*aaa*(ExH)	—

（续）

命　　令	描　　述	操　作　码	第二个命令字节
CSARAM	计算所有 RAM 区的校验和	1110 1000(E8H)	—
SELFCAL	偏移和增益自校准	1111 0000(F0H)	—
SELFOCAL	偏移自校准	1111 0000(F1H)	—
SELFGCAL	增益自校准	1111 0010(F2H)	—
SYSOCAL	系统偏移校准	1111 0011(F3H)	—
SYSGCAL	系统增益校准	1111 0100(F4H)	—
$\overline{\text{DSYNC}}$	同步$\overline{\text{DRDY}}$	1111 1100(FCH)	—
SLEEP	睡眠模式	1111 1101(FDH)	—
$\overline{\text{RESET}}$	复位至上电值	1111 1110(FEH)	—

注：n=计数（0~127）；r=寄存器（0~15）；x=无关位；a=RAM 组地址（0~7）。

A/D 首先接收最高位，数据输出格式由 ACR 寄存器中的 BIT ORDER 位设置。

串行外围接口（SPI）允许一个控制器与 ADS1216 同步通信。ADS1216 只工作在从模式。

在一次 SPI 传送中，数据同时发送和接收。SCLK 信号同步两个串行数据线：D_{IN}和D_{OUT}上的信息的移位和采样。$\overline{\text{CS}}$为 ADS1216 的片选信号。$\overline{\text{CS}}$为高电平时，ADS1216 总线浮空。

时钟极性由 POL 引脚指定，POL 选择高有效或低有效，对传送格式没有影响。

ADS1216 的可编程功能由片内寄存器组来控制。数据通过部分串行接口写入这些寄存器，此接口也提供片内寄存器的读访问功能。

ADS1216 的串行接口包括 4 个信号：$\overline{\text{CS}}$、SCLK、D_{IN}和D_{OUT}。D_{IN}用于将数据传送到片内寄存器，而D_{OUT}用于访问片内寄存器中的数据。SCLK 是器件的串行时钟输入，且所有的数据传送（或是D_{IN}上的，或是D_{OUT}上的）与 SCLK 相关。$\overline{\text{DRDY}}$用做状态信号，标志数据何时准备好，并从 ADS1216 的数据寄存器中读取。当 DOR（数据输出寄存器）中有一个新的数据字可用时，$\overline{\text{DRDY}}$变为低电平。当从数据寄存器的读操作完成后，$\overline{\text{DRDY}}$被复位到高电平。在输出寄存器更新前，$\overline{\text{DRDY}}$也变为高电平，以此来标志何时不读器件，以保证当寄存器被更新时不读数据。

$\overline{\text{CS}}$用做选择器件。它可在多个部件被连接到串行总线的系统中用于对 ADS1216 解码。

通过置$\overline{\text{CS}}$输入为低电平，ADS1216 串行接口可以工作在三线模式。在这种情况下，SCLK、D_{IN}和D_{OUT}被用于与 ADS1216 通信。可以通过访问 M/DEC1 寄存器的位 7 来获得$\overline{\text{DRDY}}$的状态。

5. ADS1216 与 CPU 的接口

（1）硬件电路设计

ADS1216 与 AT89S52 CPU 的接口电路如图 6-12 所示。

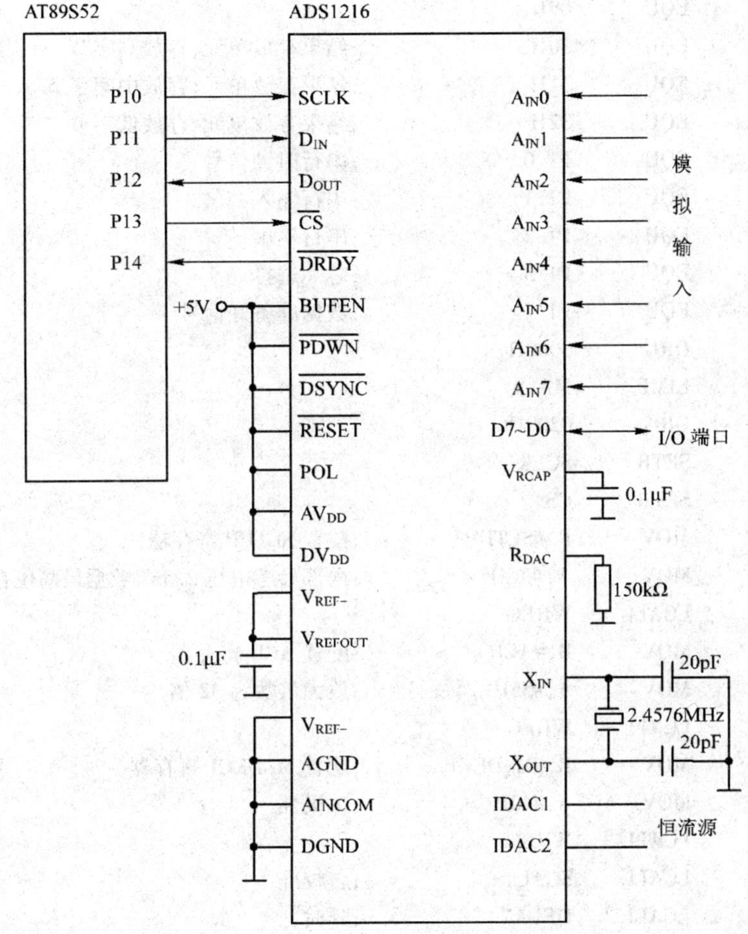

图 6-12　ADS1216 与 AT89S52 CPU 的接口电路

在图 6-12 中，AT89S52 通过 P1 口与 ADS1216 相连，ADS1216 采用内部参考电压，因此将 V_{REF+} 接到 V_{REFOUT}，对地接 0.1 μF 的滤波电容。IDAC1 和 IDAC2 为可编程恒流源输出，用于测量热电阻信号，接线方式可为二线制、三线制和四线制。模拟输入 $A_{IN}0$ ~ $A_{IN}7$ 可直接接收毫伏电压信号，根据输入信号的幅度选择 ADS1216 内部 PGA 的增益，D0 ~ D7 可用做扩展 I/O 端口。

（2）程序设计

ADS1216 程序设计如下：

1）预定义。

```
SETUP    EQU    00H        ;定义寄存器
MUX      EQU    01H
ACR      EQU    02H
IDAC1    EQU    03H
IDAC2    EQU    04H
DIO      EQU    06H
DIR      EQU    07H
```

```
M_DEC1    EQU    09H
ADR1      EQU    30H              ;结果存放单元,存放高字节
ADR2      EQU    31H              ;结果存放单元,存放中间字节
ADR3      EQU    32H              ;结果存放单元,存放低字节
SCLK      EQU    P1.0             ;串行时钟信号
DIN       EQU    P1.1             ;串行输入
DOUT      EQU    P1.2             ;串行输出
CS        EQU    P1.3             ;芯片选择
DRDY      EQU    P1.4             ;数据准备好信号
          ORG    0000H
          LJMP   MAIN
          ORG    0200H
MAIN:     SETB   SCLK
          SETB   CS
          MOV    B,#SETUP         ;配置 SETUP 寄存器
          MOV    A,#0CH           ;内部参考电压 2.5V,数据最高位在前
          LCALL  WREG
          MOV    B,#ACR           ;配置 ACR 寄存器
          MOV    A,#55H           ;放大倍数为 32 倍
          LCALL  WREG
          MOV    B,#M_DEC1        ;配置 M/DEC1 寄存器
          MOV    A,#40H           ;单极性
          LCALL  WREG
          LCALL  SCAL             ;自校准
          LCALL  DELAY            ;延时
          MOV    B,#MUX           ;配置 MUX 寄存器
          MOV    A,#01H           ;选择 AIN0、AIN1 的差分输入
          LCALL  WREG
          LCALL  DRDYTRUE
          MOV    R0,#ADR1         ;赋结果单元首地址
          LCALL  RDATA            ;取 A/D 采样结果并送至指定单元
          SJMP   $
```

2）时钟子程序。

① 入口：无。

② 出口：无。

```
CLOCK:    MOV    R7,#10H
          CLR    SCLK
LCLK1:    NOP
          NOP
          DJNZ   R7,LCLK1
HCLK:     MOV    R7,#10H
          SETB   SCLK
```

```
HCLK1:   NOP
         NOP
         DJNZ     R7,HCLK1
         RET
```

3）送数据子程序，将数据从累加器 A 送到 ADS1216。

① 入口：待送数据放在 A 中。

② 出口：无。

```
WRE:     MOV      R7,#08H
WRE1:    RLC      A
         MOV      DIN,C
         LCALL    CLOCK
         DJNZ     R7,WRE1
         RET
```

4）写寄存器子程序，将 A 中数据送至 B 中数据所指定的寄存器。

① 入口：待写数据放在 A 中，目标寄存器偏移地址在 B 中。

② 出口：无。

```
WREG:    LCALL    DRDYTRUE
         CLR      CS
         MOV      R6,A
         ORL      B,#50H
         MOV      A,B
         LCALL    WRE
         MOV      A,00H
         LCALL    WRE
         MOV      A,R6
         LCALL    WRE
         NOP
         NOP
         SETB     CS
         RET
```

5）等待 DRDY 信号有效子程序。

① 入口：无。

② 出口：无。

```
DRDYTRUE: NOP
DRDYT1:   MOV      C,DRDY
          JC       DRDYT1
DRDYT2:   MOV      C,DRDY
          JNC      DRDYT2
          RET
```

6）数据输出子程序，单字节数据从 ADS1216 输出至 A 中。

① 入口：无。

② 出口：输出单字节数据放在 A 中。

```
RDA：       MOV     R7,08H
REA1：      MOV     C,DOUT
            RLC     A
            LCALL   CLOCK
            DJNZ    R7,RDA1
            NOP
            NOP
            RET
```

7）读取 A/D 转换结果子程序。

① 入口：R0 中放置存放结果单元首地址。

② 出口：3 字节转换结果输出至指定结果单元，首地址单元存放最高字节。

```
RDATA：     LCALL   DRDYTRUE
RDAT1：     MOV     A,#01H
            LCALL   WRE
            LCALL   WAIT
            LCALL   RDA
            MOV     @R0,A
            INC     R0
            LCALL   RDA
            MOV     @R0,A
            INC     R0
            LCALL   RDA
            MOV     @R0,A
            NOP
            NOP
            SETB    CS
            RET
```

8）短时间延时子程序，等待 D_{OUT}有数据输出。

① 入口：无。

② 出口：无。

```
WAIT：      MOV     R7,#20H
            NOP
            DJNZ    R7,WAIT
            NOP
            NOP
            RET
```

9）系统自校准。

① 入口：无。

② 出口：无。

```
SCAL:    LCALL   DRDYTRUE
         CLR     CS
         MOV     A,#0F0H
         LCALL   WRE
         NOP
         NOP
         SETB    CS
         RET
```

10）延时子程序。

① 入口：无。

② 出口：无。

```
DELAY:   MOV     R7,#80H
DELY1:   MOV     R6,#00H
DELY2:   NOP
         DJNZ    R6,DELY2
         DJNZ    R7,DELY1
         RET
         END
```

6.3.4 FBPRO－4MV 四通道隔离型毫伏信号输入智能节点的系统设计

1. FBPRO－4MV 智能节点的主要技术指标

FBPRO－4MV 智能节点的主要技术指标如下：

- 采用流行的 ADAM 模块结构设计，同时测量四路毫伏电压信号或三路热电偶信号，并带有热电偶冷端补偿。
- 毫伏信号输入范围：±19.5 mV、±39 mV、±78 mV、±156 mV、±312 mV、±625 mV、±1250 mV、±2500 mV。
- 热电偶类型：K、E、B、S、J、R、T、N。
- 通过组态软件配置所需信息，每一路可选择输入信号范围和类型及对应的工程量量程、上下限报警点等，并记忆于智能节点上的非易失性存储器中。
- 根据所配置的信息，智能节点实现自动测量。
- 采用高性能、高精度、内置 PGA 的具有 24 位分辨率的 Δ－Σ 模数转换器 ADS1216 进行测量，传感器或变送器信号可直接接入。
- 具有低通滤波、过压保护及热电偶断路或短路检测功能。
- 单片机部分与模拟信号测量之间采用了光隔离措施，抗干扰能力强。
- 可安装于测量现场，通过 PROFIBUS－DP 总线将每一路的测量信息传送到监控计算机，方便地组成智能分布式系统。

2. FBPRO－4MV/3TC 智能节点的硬件组成

FBPRO－4MV 智能节点选用 P89C51RD2 为微处理器，以 Siemens 公司生产的 SPC3 芯片为 PROFIBUS 协议核心，由 TI 公司生产的高精度 24 位 Δ－Σ 模数转换器 ADS1216，以及 Xicor 公司的 WTD 电路 X5045、总线驱动器 65ALS1176、DC－DC 电源模块等组成。

该智能节点采用 Siemens 公司的 PROFIBUS－DP 现场总线控制器 SPC3 与 65ALS1176 总线驱动器组成通信接口，实现网络通信，以构成智能分布系统。SPC3 内部有地址锁存器，不需要外部另加锁存器。ALE 信号可以分离出 SPC3 所需的地址信号，通过 11 位地址总线和 8 位数据线访问 SPC3 内部 1.5KB 的 RAM。SPC3 需要的 48MHz 的晶振通过一有源晶振提供。使用 P10 通过软件复位 SPC3。SPC3 中断输出接 P89C51RD2 的外部中断 INT0。使用查询方式进行主站和从站的通信。

65ALS1176 是专门为 PROFIBUS－DP 通信提供的总线驱动器，允许的最高通信速率可达 35 Mbit/s，完全可以满足 PROFIBUS－DP 现场总线 12 Mbit/s 的要求。另外，在条件比较恶劣的场合必须使用光隔离器。能满足 12 Mbit/s 通信速率的光隔离器推荐使用 HCPL7721。

3. 测量原理

测量电路如图 6－13 所示。ADS1216 内部主要由多路选择器（MUX）、输入缓冲器（BUF）、可编程增益放大器、二阶 Δ－Σ 调制器、可编程数字滤波器、16 个状态/控制寄存器、128 个字节的 RAM、串行 SPI 接口、两个 8 位的 DAC、内部参考电压产生器以及时钟发生器等组成。

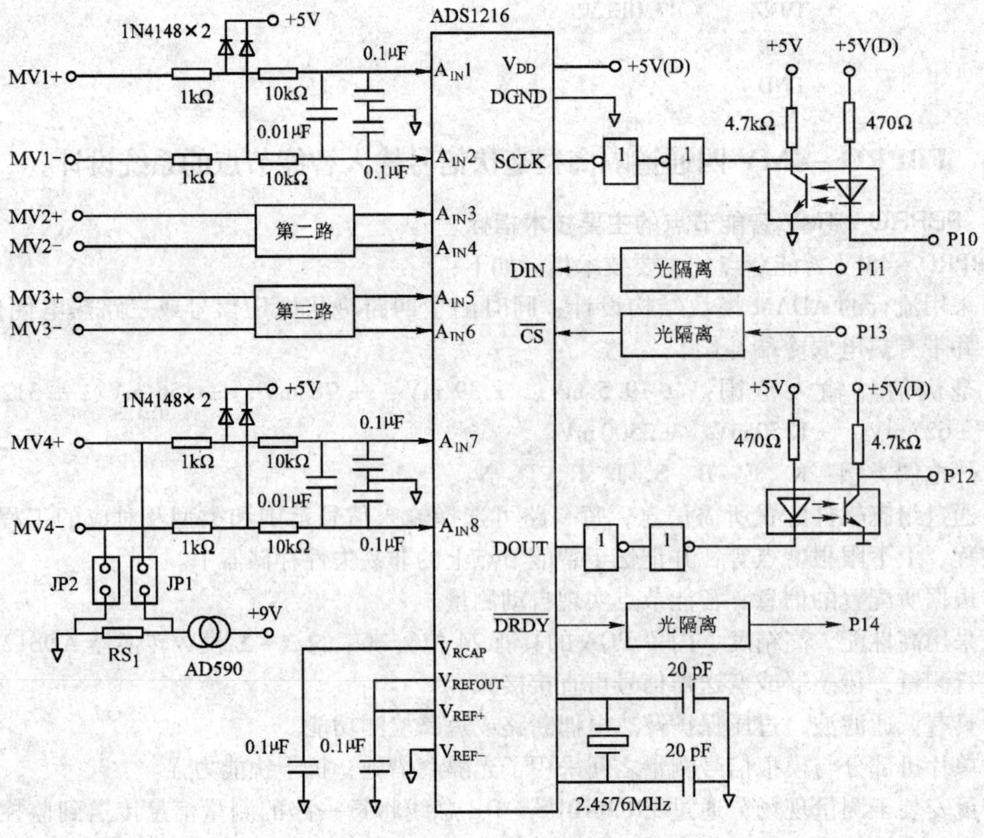

图 6－13　测量原理图

输入缓冲器用于在信号通路中隔离开关电容器阵列与外部电路。在没有输入缓冲器时，ADS1216 的输入阻抗为 5 MΩ；当使用 ADS1216 内部缓冲器时，其输入电压的波动减小，输入电流增大。ADS1216 的内部输入缓冲器是通过 BUFFER 引脚和内部 ACR 寄存器的 BUFFER 位共同控制的。

ADS1216 内部的 PGA 的放大倍数可以通过 ACR 寄存器设定为 1～128，增益步长为 2。

ADS1216 内部的调节器是一个二阶 Δ－Σ 系统。调节器以 f_{MOD} 的频率工作，f_{MOD} 时钟频率来自外部时钟 f_{OSC}。频率的分割来自设置寄存器的 SPEED 位。设计时，通过 SPEED 位为 1 或 0，可以将 f_{MOD} 的频率设置为 $f_{OSC}/256$ 或 $f_{OSC}/128$。

通过数字滤波器可提高 ADC 的转换精度和分辨率。数字滤波有一定的建立时间。ADS1216 内部可以分为快速建立、$Sinc^2$ 和 $Sinc^3$ 等 3 种滤波方式。快速方式建立时间最短，但滤波精度也最低；而 $Sinc^3$ 的建立时间最长，但滤波精度最高。

ADS1216 提供两种参考电压供给方式，上电默认参考电压是内部 2.5 V。参考电压的选择可通过 SETUP 寄存器的设置来完成。内部参考电压可选择 1.25 V。

另外，ADS1216 还具有 8 位可编程 I/O 口及二路可编程恒流源。它采用 SPI 总线与微处理器交换信息。微处理器利用其 P10、P11、P12、P13 及 P14 向 ADS1216 发送启动操作命令字并选择某一模入通道。例如，当第一路的差分输入信号为 ±19.5 mV 时，可选择 PGA 为 128，在 ADS1216 内部将 ±19.5 mV 放大为 ±2500 mV 进行模数转换，转换后的数字量再由微处理器发出读操作命令字，读取 24 位转换结果，一般有效位为 16 位，其余各路的测量原理与此类似。

如果第一路到第三路中有一路为热电偶输入信号时，第四路不能用做外部测量，这时将 JP1 和 JP2 跳线器短路，利用集成温度传感器 AD590 进行热电偶冷端补偿。AD590 为恒流源器件，温度变化 1℃ 时，其输出电流变化 1 μA。当温度为 0℃ 时，其输出电流为 273 μA。RS1 为取样电阻，从 RS1 取得的 MV 信号在 ADS1216 内部进行放大处理，并转换成数字量，微处理器读取转换结果后计算出对应的冷端补偿温度 $T_{补}$ 后，根据 $T_{补}$ 查表得到当前所选择的热电偶对应的 MV 输出 $V_{补}$。若此时测得的热电偶所对应的 MV 输出为 $V_{测}$，则实际温度值对应的 MV 输出为 $V_{实} = V_{测} + V_{补}$，由 $V_{实}$ 查表即可得到实际的测量温度，实现了热电偶的冷端补偿，其补偿范围宽、精度高。$\overline{CS}$ 为 ADS1216 的片选信号，用于多片相连。$\overline{DRDY}$ 为数据准备好信号，当输出低电平时表示 A/D 转换结束，转换结果可以通过 SPI 接口从 24 位的数据输出寄存器中读出。ADS1216 每次启动时，均可以进行偏移校准和增益校准，由微处理器通过操作命令字完成。V_{REFOUT} 为内部参考电压输出，V_{REF+}、V_{REF-} 为外部参考电压输入。本例中，将 V_{REFOUT} 接到 V_{REF+}，V_{REF-} 接地，使用内部参考电压（2.5 V）。V_{RCAP} 引脚外接一个 0.1 μf 的独石电容对内部参考电压进行滤波。

4. 测量和通信程序设计

ADS1216 内提供了 16 个可直接读写的寄存器，用于配置其工作状态，可直接配置数据格式、PGA、通道选择等。ADS1216 还提供了 128 个字节的 RAM，通过指令直接读写。其配置数据含义见表 6-3 所示，测量程序框图如图 6-14 所示。

在寄存器配置结束后，可以通过配置 MUX 选择差分输入通道，启动 A/D 转换。另外，ADS1216 的 $\overline{DRDY}$ 信号变为有效后表明数据转换结束，结果保存在 24 位的数据输出寄存器内，可以通过专用的指令利用 SPI 接口读出 A/D 转换结果。

表 6-3　配置数据

寄存器名称	配置数据	配置数据含义
SETUP	0CH	采用内部 2.5 V 参考电压，数据传输首先传送 MSB
ACR	04H	PGA = 16，不使用恒流源
M/DEC1	00H	A/D 转换结果数据格式为单极性，范围为 000000H ~ 7FFFFFH
MUX	01H	选择差分输入通道 $A_{IN}1-A_{IN}2$
	23H	选择差分输入通道 $A_{IN}3-A_{IN}4$
	45H	选择差分输入通道 $A_{IN}5-A_{IN}6$
	67H	选择差分输入通道 $A_{IN}7-A_{IN}8$

系统主程序为循环结构，主程序的流程图如图 6-15 所示。

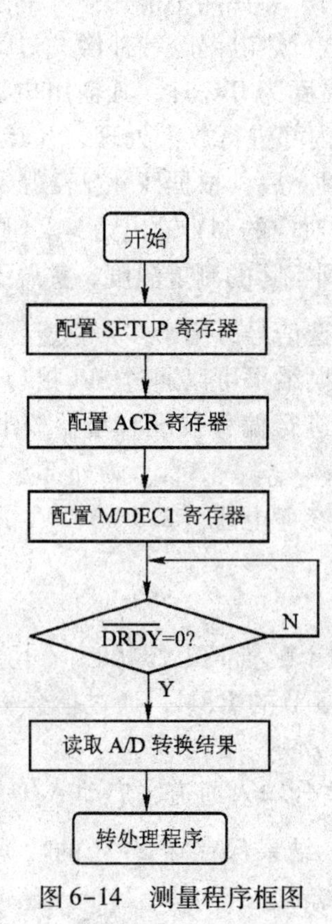

图 6-14　测量程序框图

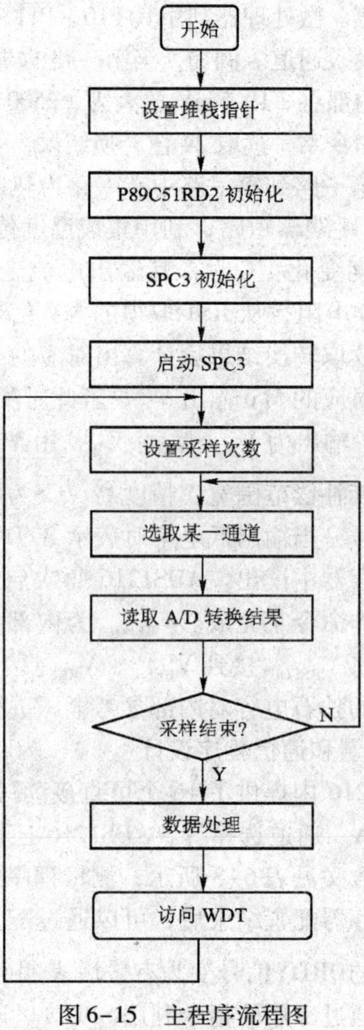

开始
设置堆栈指针
P89C51RD2 初始化
SPC3 初始化
启动 SPC3
设置采样次数
选取某一通道
读取 A/D 转换结果
采样结束?
N
Y
数据处理
访问 WDT

图 6-15　主程序流程图

在上电以后，首先对微处理器和 SPC3 进行初始化工作。微处理器的初始化包括对定时器、中断优先级、中断类型的设置；SPC3 的初始化包括设置从站站地址及状态寄存器等。然后从站检查该参数数据是否与主站发送的参数化报文数据一致，只有完全一致，才能对从站进行配置，设置从站的输入、输出字节数，诊断字节数以及它们的指针等。之后，将此配置数据与主站的配置数据进行比较，完全一致后启动 SPC3，从站进入与主站的数据交换阶段，这一过程也就是 DP 从站的状态机。

由于 SPC3 内部集成了完整的 PROFIBUS – DP 协议，因此用户不用参与处理 PROFIBUS 状态机。P89C51RD2 根据 SPC3 产生的中断，对 SPC3 接收到的主站发出的输出数据转存，将计算出的电压信号处理后通过 SPC3 发给主站，并根据要求处理外部诊断等。主站可选用 Siemens 公司的 CP5611 或 PLC。中断程序主要用来处理 PRM 报文、CFG 报文和 SSA 报文等。

6.3.5 FBPRO – 8DI 智能节点的设备数据库文件

在本设计中，使用的组态软件是 COM PROFIBUS，FBPRO – 8DI 智能节点的 GSD 文件如下：

```
#Profibus_DP                        ;DP 设备的 GSD 文件均以此关键字开头
GSD_Revision = 1                    ;GSD 文件版本
Vendor_Name = "sdu"                 ;设备制造商
Model_Name = "DP Slave"             ;产品名称
Revision = "Version 01"             ;产品版本
Revision_Number = 01                ;产品版本号(可选)
Ident_Number = 0x0008               ;产品识别号
Protocol_Ident = 0                  ;协议类型(0 表示 DP)
Station_Type = 0                    ;站类型(0 表示从站)
FMS_Supp = 0                        ;不支持 FMS,纯 DP 从站
Hardware_Realease = "HW1. 0"        ;硬件版本
Software_Realease = "SW1. 0"        ;软件版本
9. 6_supp = 1                       ;支持 9. 6 kbit/s 波特率
19. 2_supp = 1                      ;支持 19. 2 kbit/s 波特率
93. 75_supp = 1                     ;支持 93. 75 kbit/s 波特率
187. 5_supp = 1                     ;支持 187. 5 kbit/s 波特率
500_supp = 1                        ;支持 500 kbit/s 波特率
1. 5M_supp = 1                      ;支持 1. 5 Mbit/s 波特率
3M_supp = 1                         ;支持 3 Mbit/s 波特率
6M_supp = 1                         ;支持 6 Mbit/s 波特率
12M_supp = 1                        ;支持 12 Mbit/s 波特率
MaxTsdr_9. 6 = 60                   ;9. 6 kbit/s 波特率时最大从站延迟时间
MaxTsdr_19. 2 = 60                  ;19. 2 kbit/s 波特率时最大从站延迟时间
MaxTsdr_93. 75 = 60                 ;93. 75 kbit/s 波特率时最大从站延迟时间
MaxTsdr_187. 5 = 60                 ;187. 5 kbit/s 波特率时最大从站延迟时间
```

```
MaxTsdr_500 = 100                    ;500 kbit/s 波特率时最大从站延迟时间
MaxTsdr_1.5M = 150                   ;1.5 Mbit/s 波特率时最大从站延迟时间
MaxTsdr_3M = 250                     ;3 Mbit/s 波特率时最大从站延迟时间
MaxTsdr_6M = 450                     ;6 Mbit/s 波特率时最大从站延迟时间
MaxTsdr_12M = 800                    ;12 Mbit/s 波特率时最大从站延迟时间
Repeater_Ctrl_Sig = 0                ;不提供 RTS 信号
24V_Pins = 0                         ;不提供 24 V 电压
Implementation_Type = "SPC3"         ;采用的解决方案
Freeze_Mode_supp = 0                 ;不支持锁定模式
Sync_Mode_supp = 0                   ;不支持同步模式
Auto_Baud_supp = 1                   ;支持自动波特率检测
Set_Slave_Add_supp = 0               ;不支持改变从站地址
Fail_Safe = 0                        ;故障安全模式类型
Max_User_Prm_Data_Len = 0            ;最大用户参数数据长度(0 ~ 237)
User_Prm_Data_Len = 0                ;用户参数长度
Min_Slave_Intervall = 22             ;最小从站响应循环间隔
Modular_Station = 1                  ;是否为模块站
Max_Module = 1                       ;从站最大模块数
Max_Input_Len = 8                    ;最大输入数据长度
Max_Output_Len = 8                   ;最大输出数据长度
Max_Data_Len = 16                    ;最大数据的数据长度(输入、输出之和)
Max_Diag_Data_Len = 6                ;最大诊断数据长度(6 ~ 244)
Slave_Family = 3                     ;从站类型
Module = "Module1" 0x23,0x13         ;输入、输出各为 4 个字节
EndModule
Module = "Module2" 0x27,0x17         ;输入、输出各为 8 个字节
EndModule
```

在这里，需要注意以下几点：

1）标识号应向 PROFIBUS 用户组织申请，在 GSD 文件中设定的标识号要与在从站的程序中设定的标识号一致。

2）Max_Output_Len 和 Max_Input_Len 的设定应满足从站的要求。例如，从站要求有 8 个字节的输入数据和 8 个字节的输出数据，在这里可以设定 Max_Output_Len = 8，Max_Input_Len = 8，Max_Data_Len 的值设定为 Max_Output_Len 与 Max_Input_Len 的和。

3）4 个字节的输入和 4 个字节的输出的实现语句如下。

```
Module = "Module1"  0x23,0x13      ;4 个字节输入,4 个字节输出
```

4）8 个字节的输入和 8 个字节的输出的实现语句如下。

```
Module = "Module2"  0x27,0x17      ;8 个字节输入,8 个字节输出
```

输入、输出长度的字节个数计算方法如图 6-16 所示。

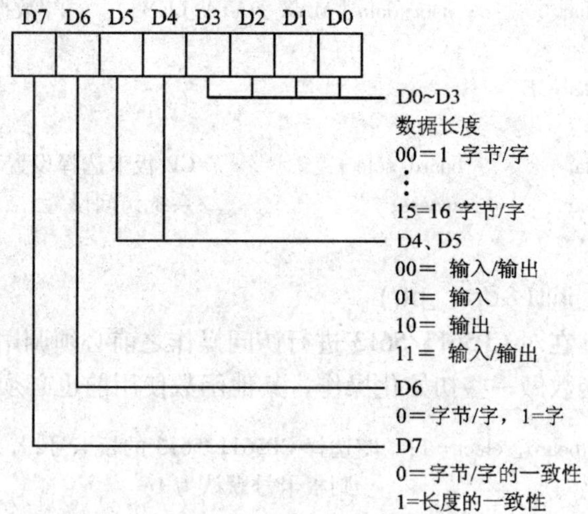

图 6-16 输入输出长度的字节个数计算方法

6.4 PROFIBUS - DP 主站通信程序设计

如果已经设计好了能完成某种功能的从站，就可以编写主站测试程序来测试从站的性能。下面采用 CP5611 网络接口卡，以 FBPRO - 8DI 八路数字量输入智能节点为例，介绍 PROFIBUS - DP 主站通信程序设计，编程环境使用 Visual C ++6.0。本程序能够完成应用程序的初始化、数据读入、数据输出和应用程序的复位等基本操作。

PROFIBUS - DP 主站通信程序设计步骤如下：

1）在 Visual C ++6.0 下创建一个应用程序。

2）将 CP5611 网络接口卡提供的 DPN_USER. H 和 DPLIB. LIB 两个文件复制到刚刚新建的项目根目录下，并且添加到应用程序中。

3）在 Visual C ++6.0 环境下编写通信程序。

6.4.1 通信程序中主要函数介绍

1. 定义变量

```
dpn_interface dpn_ptr;                    //使用前必须首先定义
dpn_interface 的结构：
struct dpn_interface
    {
        struct   REFERENCE     reference;      //子结构体
        unsigned char          stat_nr;        //站地址
        unsigned char          length;         //返回数据长度
        unsigned short int     error_code;     //错误代码
        unsigned char          slv_state;      //DP 从站状态
        unsigned char          sys_state;      //DP 主站状态
        unsigned char          sys_event;      //事件信息
```

```
    unsigned char           user_data [MAX_DATA_LEN];      //数据区
};
struct REFERENCE
{
    unsigned char           board_select;          //CP 板卡选择设置
    unsigned char           access;                //系统访问设置
};
```

2. 初始化函数 dpn_init(&dpn _ptr)

编写上位机程序时，在对 CP5611/5613 进行访问操作之前必须调用初始化函数。使用初始化函数之前，必须对该函数做一些初始化操作，其他函数使用前也必须先对变量初始化。

```
dpn_ptr. reference. board_select = 1;   //选择 CP5611/5613 的板卡号,若系统中只有一块板卡,
                                          则板卡号默认为 1
dpn_ptr. reference. access = (DPN_SYS_NOT_CENTRAL) | (DPN_ROLE_NOT_CENTRAL);
                                        //系统中不设置高级任务和高级请求,以上两项一般固定
dpn _ptr. length = 126;                 //length = profibus 网络中最大的从站地址
int j = 0;
for( j = 0;j < 126;j ++ )               //设置设备读写属性
{
    if("网络中存在该地址")
    {
        dpn_ptr. user_data[j] = DPN_SLV_WRITE_READ;
        //如果网络中存在本地址,则将属性设置为 DPN_SLV_WRITE_READ,否则为 0
    }
    else
        dpn_ptr. user_data[j] = 0;
}
//例如 FBPRO - 8DI 地址为 2,应该设置 dpn_ptr. user_data[2] = DPN_SLV_WRITE_READ;
dpn_init(&dpn _ptr);                    //调用初始化函数
```

如果有错误，可以参考初始化函数的返回值来解决。

int error = dpn_ptr. error_code 有以下几种错误情况：

```
#define        DPN_NO_ERROR              0x0000
#define        DPN_ACCESS_ERROR          0x0080
#define        DPN_APPL_LIMIT_ERROR      0x0081
#define        DPN_CENTRAL_ERROR         0x0082
#define        DPN_CLOSE_ERROR           0x0083
#define        DPN_LENGTH_ERROR          0x0084
#define        DPN_MEM_BOARD_ERROR       0x0085
#define        DPN_MEM_HOST_ERROR        0x0086
#define        DPN_MODE_ERROR            0x0087
#define        DPN_NO_DBASE_ERROR        0x0088
#define        DPN_OPEN_ERROR            0x0089
#define        DPN_RECEIVE_ERROR         0x008a
```

```
#define    DPN_REFERENCE_ERROR          0x008b
#define    DPN_REFERENCE_PTRFF_ERROR    0x008c
#define    DPN_SEND_ERROR               0x008d
#define    DPN_SLV_STATE_ERROR          0x008e
#define    DPN_STAT_NR_ERROR            0x008f
#define    DPN_USER_DATA_ERROR          0x0090
#define    DPN_WRONG_BOARD_ERROR        0x0091
#define    DPN_SYS_STATE_ERROR          0x0092
#define    DPN_GLB_CTRL_ERROR           0x0093
#define    DPN_BOARD_ERROR              0x0094
#define    DPN_WD_EXPIRED_ERROR         0x0095
#define    DPN_OPEN_LICENSE_ERROR       0x0096
#define    DPN_LOAD_L2_VXD_ERROR        0x0097
#define    DPN_OPEN_L2_VXD_ERROR        0x0098
```

各错误代码的含义如下：

1）DPN_NO_ERROR：无错误。返回值是有效的，并且必须进行判断。

2）DPN_ACCESS_ERROR：调用的 DP 应用程序无权写该函数或从站。

3）DPN_APPL_LIMIT_ERROR：超出多用户操作中 DP 应用程序的最大允许数目。

4）DPN_CENTRAL_ERROR：函数必须且仅能由中央 DP 应用程序调用。

5）DPN_CLOSE_ERROR：关闭 DP 应用程序出错。

6）DPN_LENGTH_ERROR：dpn_interface、dpn_interface_s 和 dpn_interface_s_ext 结构体的元素"length"超出允许数值范围，或者 dpn_out_slv、dpn_out_slv_m 和 dpn_out_slv_m_ext 的数据长度与配置值不匹配。

7）DPN_MEM_BOARD_ERROR：CP 上没有足够的空闲内存。

8）DPN_MEM_HOST_ERROR：主站上没有足够的空闲内存。

9）DPN_MODE_ERROR：当前无法执行函数调用。调用 dpn_set_mode( ) 函数时发生该错误，可能是因为在改变操作方式时试图跳过一个状态。

10）DPN_NO_DBASE_ERROR：DP 数据库无入口或入口错误。

11）DPN_OPEN_ERROR：DP 应用程序注册错误（例如，未下载驱动，未插入 CP 等）。

12）DPN_RECEIVE_ERROR：CP 对接口驱动的确认错误。

13）DPN_REFERENCE_DIFF_ERROR：多用户方式错误。调用 dpn_init( ) 函数时，reference 结构体元素的入口与统一 CP 上注册的其他 DP 应用程序的 dpn_init（）函数不匹配。

14）DPN_REFERENCE_ERROR：dpn_interface、dpn_interface_m 和 dpn_ifc_m_ext 结构体的元素 reference 无效。

15）DPN_SEND_ERROR：接口驱动对 CP 的调用错误。

16）DPN_SLV_STATE_ERROR：dpn_interface 结构体的 slv_state 元素无效。

17）DPN_STAT_NR_ERROR：dpn_interface、dpn_interface_s 和 dpn_interface_s_ext 结构体的元素 stat_nr 无效，或者数据库中不存在从站。

18）DPN_USER_DATA_ERROR：dpn_interface 结构体的一个或多个 user_data 数组无效。

19）DPN_WRONG_BOARD_ERROR：dpn_interface 结构体的 reference. board 元素无效。

输入有效值（1～4）以匹配安装 CP（CP_L2_1 对应 1，CP_L2_2 对应 2）。

20）DPN_SYS_STATE_ERROR：dpn_interface 结构体的 sys_state 元素无效。

21）DPN_GLB_CTRL_ERROR：调用 dpn_global_crtl( )函数时控制命令的数值范围非法。

22）DPN_BOARD_ERROR：CP 固件错误（例如，第二层无法正常启动）。

23）DPN_WD_EXPIRED_ERROR：DP 应用程序的运行监控信号检测到超时，从而导致任务无法执行。

24）DPN_OPEN_LICENSE_ERROR：无法打开授权。

25）DPN_LOAD_L2_VXD_ERROR：无法装载 SOFTNET CP 需要的第二层驱动。

26）DPN_OPEN_L2_VXD_ERROR：无法打开 SOFTNET CP 需要的第二层驱动。该错误在第二层驱动启动时显示。可能的原因：总线短路，软入口已经使用，内部 AMPRO2 错误，信息服务器（SIM9SYNC）未运行。

只有当初始化正确后，才能进行下一步操作。如果出现错误，可能原因有以下几种：

- 已经调用了初始化函数，并且已经成功，但没有调用复位函数，又一次调用了初始化函数。
- 对 dpn_ptr. user_data［j］的值超出了以下 3 种状态设置：DPN_SLV_WRITE_READ、DPN_SLV_READ 或 DPN_SLV_NO_ACCESS。
- 设置了 DPN_SLV_WRITE_READ 或 DPN_SLV_READ 属性的模块，但没有在配置软件中进行正确配置。
- dpn_ptr. reference. board_select 和 dpn_ptr. reference. access 属性设置不正确。
- Set PG/PC 设置不正确，也不能初始化成功。
- 没有正确安装 CP5611 网络接口卡的驱动程序。
- 在初始化前没有将配置好的参数文件正确下载到系统中。

3. 数据输出函数 dpn_out_slv(&ptr_ptr)

数据输出函数将有效数据传送到 DP 从站。通过该函数可以将上位机的控制命令发到指定的 DP 从站，完成对从站的控制操作。例如，下面程序段是向地址为 m_ptradd 的 DP 从站发送了 8 个字节的有效数据。

```
dpn_ptr. reference. board_select = 1;
dpn_ptr. reference. access = (DPN_SYS_NOT_CENTRAL) | (DPN_ROLE_NOT_CENTRAL);
ptr_ptr. stat_nr = m_ptradd;    //从站地址
ptr_ptr. length = 8;            //与从站的参数化数据必须一致,本例中为8个字节输出,8个字节输入
ptr_ptr. user_data[0] = 0;      //以下是上位机 PC 到从站的8个字节的输出数据,数据可自定义
ptr_ptr. user_data[1] = 0;
ptr_ptr. user_data[2] = 0;
ptr_ptr. user_data[3] = 0;
ptr_ptr. user_data[4] = 0;
ptr_ptr. user_data[5] = 0;
ptr_ptr. user_data[6] = 0;
ptr_ptr. user_data[7] = 0;
dpn_out_slv(&ptr_ptr);
```

4. 数据读入函数 dpn_in_slv(&dpn_ptr)

数据输入函数读入 DP 从站的有效数据。通过该函数可以将 DP 从站的数据读入到上位机，完成对从站的监控操作。例如，下面程序段是读入地址为 m_ptradd 的 DP 从站 8 个字节的有效数据。

```
dpn_ptr. reference. board_select = 1;
dpn_ptr. reference. access = (DPN_SYS_NOT_CENTRAL) | (DPN_ROLE_NOT_CENTRAL);
dpn_ptr. stat_nr = m_ptradd;           //从站地址
dpn_ptr. length = 255;                 //此处必须设置为 255
dpn_in_slv(&dpn_ptr);                  //返回值
a1 = ptr_ptr. user_data[0];            //以下是从站到 PC 的 8 个字节的输入数据
a2 = ptr_ptr. user_data[1];
a3 = ptr_ptr. user_data[2];
a4 = ptr_ptr. user_data[3];
a5 = ptr_ptr. user_data[4];
a6 = ptr_ptr. user_data[5];
a7 = ptr_ptr. user_data[6];
a8 = ptr_ptr. user_data[7];
int len = dpn_ptr. length;             //返回实际数据长度
int error = dpn_ptr. error_code;       //返回错误代码,没有错误返回 0
int slvstate = dpn_ptr. slv_state;     //返回从站状态,有以下取值
#define    DPN_SLV_STAT_OFFLINE                0x00
#define    DPN_SLV_STAT_NOT_ACTIVE             0x01
#define    DPN_SLV_STAT_READY                  0x02
#define    DPN_SLV_STAT_READY_DIAG             0x03
#define    DPN_SLV_STAT_NOT_READY              0x04
#define    DPN_SLV_STAT_NOT_READY_DIAG         0x05
int sysstate = dpn_ptr. sys_state;     //返回系统状态,有以下取值
#define    DPN_SYS_OFFLINE                     0x00
#define    DPN_SYS_STOP                        0x40
#define    DPN_SYS_CLEAR                       0x80
#define    DPN_SYS_OPERATE                     0xc0
```

返回的从站状态类型代码的含义如下：

- DPN_SLV_STAT_OFFLINE：DP 从站不在数据传输段（CP 启动）。
- DPN_SLV_STAT_NOT_ACTIVE：从站在本地数据库中未激活。
- DPN_SLV_STAT_READY：DP 从站处于数据传输段。
- DPN_SLV_STAT_READY_DIAG：DP 从站处于数据传输段并且有诊断数据存在。
- DPN_SLV_STAT_NOT_READY：DP 从站不在数据传输段。
- DPN_SLV_STAT_NOT_READY_DIAG：DP 从站不在数据传输段并且有诊断数据存在。

返回的系统状态代码的含义如下：

1) DPN_SYS_OFFLINE（Offline 模式）：停止与所有主站和 DP 从站的通信，FDL 从令牌环中退出。用户接口等待一个启动信号。

2）DPN_SYS_STOP（Stop 模式）：总线参数集装入 FDL，FDL 为活动状态，能处理与 2 类主站的通信，不能轮询 DP 从站。

3）DPN_SYS_CLEAR（Clear 模式）：对从站设置参数，检查通信接口配置并读取这些 DP 从站用户的数据。输出数据将被忽略。

4）DPN_SYS_OPERATE（Operate 模式）：1 类主站与指定的 DP 从站进行用户数据交换。来自 DP 从站的输入数据传送给用户，用户的输出数据传送给 DP 从站。用户接口退出 Operate 模式时，主站将通过功能 Global_Control 清除所有 DP 从站的输出。

初始化函数的返回值没有错误后，可以进行其他函数的操作。但有时并不能达到用户期望的结果，比如数据不能读取到上位机，或者上位机的数据不能正确下载到从站中。初始化正确但是不能正常通信的可能原因有以下几种：

- 从站没有工作。
- 从站电源指示灯亮，但是电源电压低，微处理器没有工作。
- 通信电缆没有连接好。
- 通信电缆太长或通信速度太快。
- 没有正确设置终端电阻。
- 地址设置不一致。

5. 读取总线参数函数 dpn_read_bus_par(&dpn_ptr)

```
dpn_ptr. reference. board_select = 1;
dpn_ptr. reference. access = (DPN_SYS_NOT_CENTRAL) | (DPN_ROLE_NOT_CENTRAL);
dpn_ptr. length = 255;      //此处长度 255 固定
dpn_read_bus_par( &dpn_ptr);
```

返回值，user_data[ ]为总线参数，总线参数的结构如下所示。

```
struct dpn_buspar
{
    unsigned short int    Reserved;             //保留
    unsigned char         FdlAdd;               //FDL 地址
    unsigned char         Baudrate;             //波特率
    unsigned short int    Tsl;                  //时间间隙
    unsigned short int    MinTsdr;              //最小响应从站延时
    unsigned short int    MaxTsdr;              //最大响应从站延时
    unsigned char         Tqui;                 //静止时间
    unsigned char         Tset;                 //建立时间
    unsigned long         Ttr;                  //令牌目标轮询时间
    unsigned char         G;                    //GAP 更新因子
    unsigned char         Has;                  //最高站地址
    unsigned char         MaxRetryLimit;        //最大重试次数
    unsigned char         BpFlag;               //用户标志
    unsigned short int    MinSlaveInterval;     //最小从站轮询时间间隔
    unsigned short int    PollTimeout;          //请求方得到响应的最长时间
    unsigned short int    DataControlTime;      //数据控制时间
};
```

6. 复位函数 dpn_reset(&dpn_ptr)

退出时程序要复位，程序代码如下所示。

```
dpn_ptr. reference. board_select = 1;
dpn _ptr. reference. access = (DPN_SYS_NOT_CENTRAL) | (DPN_ROLE_NOT_CENTRAL);
dpn_reset(&dpn_ptr);
```

程序正确复位后 error_code = 0。

6.4.2 主站通信程序开发实例

在熟悉了主要的通信函数后，本节给出了 FBPRO - 8DI 即八通道隔离型数字量输入智能节点的上位机开发程序实例，程序中省略了对话框的部分初始化程序，着重给出了 PROFIBUS - DP 通信程序部分，希望能对读者的上位机通信开发起到抛砖引玉的作用。

```
void CMy8DIDlg::initpro() //初始化
{
dpn_ptr. reference. access = (DPN_SYS_NOT_CENTRAL) | (DPN_ROLE_NOT_CENTRAL);
dpn_ptr. reference. board_select = 1;
//以上两行一般固定不变
dpn_reset(&dpn_ptr);                                  //复位

    for(int j = 0;j < 126;j ++ )                      //设置设备读写属性
    {
        if(devFlag[j]) //网络中存在该地址
    {
        dpn_ptr. user_data[j] = DPN_SLV_WRITE_READ;
    }
    else
        dpn_ptr. user_data[j] = 0;
    }
dpn_ptr. length = 126;
dpn_ptr. reference. access = (DPN_SYS_NOT_CENTRAL) | (DPN_ROLE_NOT_CENTRAL);
dpn_ptr. reference. board_select = 1;
//以上两行一般固定不变
dpn_init(&dpn_ptr);                                   //调用初始化函数

int error = dpn_ptr. error_code;  //初始化出错处理,错误类型参考 6.4.1 节的错误代码介绍
    if(error)
    {
        initcardflag = false;                         //板卡初始化失败标志
        CFunction fun;
        fun. proErrorCode(error);
    }
    else
    {
```

```
            initcardflag = true;                          //板卡初始化成功标志
            MessageBox("初始化成功 ","信息",MB_OK);
        }
}
void Cdi::OnButtonStart()                                 //选择是否开始通信
{
        if(! UpdateData(true))
        {
            return;
        }
        addr = m_addr;                                    //取从站输入地址

        if(startflag)                                     //开始标志
        {
            GetDlgItem(IDC_BUTTON_START) - >SetWindowText("停止");
            m_state = "  开始通信";
            SetTimer(1,200,NULL);
            timeflag = true;                              //定时标志
        }
        else
        {
            GetDlgItem(IDC_BUTTON_START) - >SetWindowText("开始");
            m_state = "  停止通信";
            KillTimer(1);
            timeflag = false;
        }
        startflag = ! startflag;
        UpdateData(false);
}

//定时读取从站数据
void Cdi::OnTimer(UINT nIDEvent)
{
        CFunction fun;
        BYTE bytedata[255];                               //接收数据
        int intdata[10];
        bool okflag = false;                              //通信标志
        CString str;

dpn_ptr. reference. access = (DPN_SYS_NOT_CENTRAL)|(DPN_ROLE_NOT_CENTRAL);
dpn_ptr. reference. board_select = 1;
//以上两行一般固定不变
dpn_ptr. stat_nr = addr;                                  //八通道输入数字量数据
```

```
        dpn_ptr. user_data[0] =2;                         //从站地址
        dpn_ptr. user_data[1] =2;                         //读取从站数据命令码
        dpn_ptr. user_data[2] =0;
        dpn_ptr. user_data[3] =0;
        dpn_ptr. user_data[4] =0;
        dpn_ptr. user_data[5] =0;
        dpn_ptr. user_data[6] =0;
        dpn_ptr. user_data[7] =0;
        dpn_ptr. length =8;                               //长度可设置,但必须与从站定义一致
        dpn_out_slv(&dpn_ptr);                            //调用数据输出函数,发命令给从站

    dpn_ptr. reference. access =(DPN_SYS_NOT_CENTRAL)|(DPN_ROLE_NOT_CENTRAL);
    dpn_ptr. reference. board_select =1;
        dpn_ptr. stat_nr = addr;
        dpn_ptr. length =255;                             //长度值 255 固定
        dpn_in_slv(&dpn_ptr);                             //调用数据读入函数,读入从站的输入数据
        int len = dpn_ptr. length;
        int error = dpn_ptr. error_code;                  //返回错误代码,无错误返回 0
        int slvstate = dpn_ptr. slv_state;
                            //返回从站状态,类型参考 6.4.1 节返回的从站状态代码类型介绍

        if(error)
        {
            str = fun. csErrorCode(error);
            m_state ="通信错误" +str;
            m_sysslv ="";
                }
        else
        {
            str = str + fun. slvstate(dpn_ptr. slv_state);
            m_sysslv = str;
            for(int i =0;i < len;i ++)                    //读入从站数据
            {
                bytedata[i] = dpn_ptr. user_data[i];
            }
            if(bytedata[1] = =2)
            {
                fun. ByteToBit(bytedata[3], intdata);
                        //数据处理,bytedata[3]中保存了八路输入状态
                m_di1. Format("%d",intdata[0]);       //以下为输入状态显示
                m_di2. Format("%d",intdata[1]);
                m_di3. Format("%d",intdata[2]);
                m_di4. Format("%d",intdata[3]);
                m_di5. Format("%d",intdata[4]);
                m_di6. Format("%d",intdata[5]);
```

```
            m_di7.Format("%d",intdata[6]);
            m_di8.Format("%d",intdata[7]);
            okflag = true;                          //通信成功标志
        }
    }
    if(! okflag)
    {
        //通道显示初始化
        m_di1 = "0";
        m_di2 = "0";
        m_di3 = "0";
        m_di4 = "0";
        m_di5 = "0";
        m_di6 = "0";
        m_di7 = "0";
        m_di8 = "0";
        m_state = "通信错误(接收到无效数据)";
    }
    UpdateData(false);
    CDialog::OnTimer(nIDEvent);
}


//读入数据处理
void CFunction::ByteToBit(BYTE inbyte, int outint[])
{
    for(int i=0;i<8;i++)
    {
        outint[i] = inbyte%2;
        inbyte/ =2;
    }
}
```

FBPRO－8DI 实例程序运行界面如图 6-17 所示。

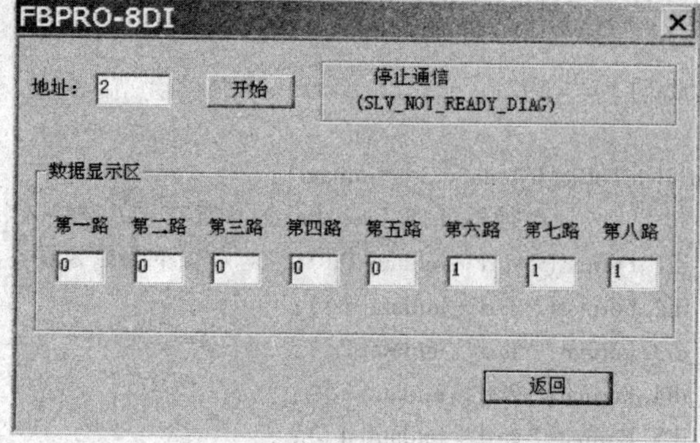

图 6-17　FBPRO－8DI 实例程序运行界面

界面中各个通道的数值表明了地址为 2 的 DP 从站的各路输入状态。图 6-17 中第一路~第五路为断开状态，第六路~第八路为闭合状态。

6.5 PROFIBUS - DP 从站的测试过程

下面以 FBPRO-8DI 八路数字量输出智能节点为例，介绍 PROFIBUS-DP 从站的测试过程。

6.5.1 安装硬件和驱动程序

将从 Siemens 公司购买的工具软件 COM PROFIBUS V5.1、CP5611 网络接口卡及 CP5611 驱动程序安装到计算机。

6.5.2 复制 GSD 文件

将设备生产商提供的 GSD 文件“REND0008.GSD”复制到 COM PROFIBUS 安装文件的“gsd”文件夹中，一般在“C:\SIEMENS\CPBV51\gsd”目录下。

6.5.3 启动 COM PROFIBUS

在“开始”菜单中选择“所有程序”→“Siemens COM PROFIBUS V5.1”→“COM PROFIBUS V5.1”命令，济南莱恩达网络仪表科技有限公司的从站设备便出现在“DP Slave”项目下，如图 6-18 所示。

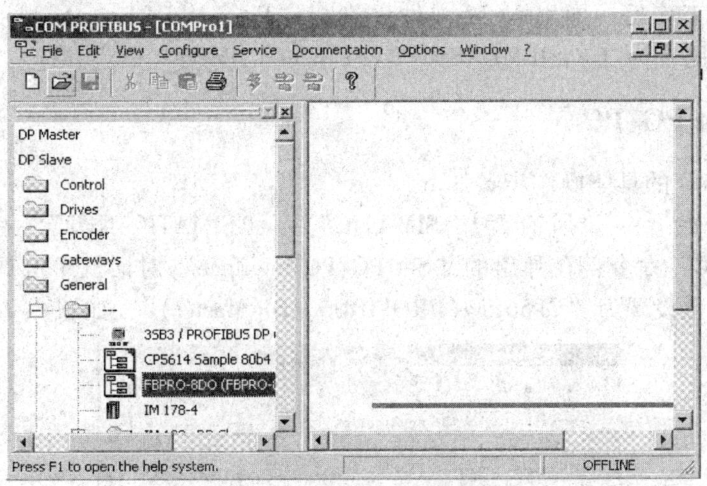

图 6-18　COM PROFIBUS 初始界面

6.5.4 添加主站和从站

添加主站和从站，如图 6-19 所示。网络接口卡使用 CP5611，从站使用 FBPRO-8DI 智能节点，设置从站的输入、输出均为 8 个字节，地址为 7（与从站的初始化值必须一致），设置网络的通信波特率（9.6 kbit/s ~ 12 Mbit/s）。具体的操作步骤如下：

1）选择“DP Slave”→“General”命令，双击 GSD 文件对应的从站模块 FBPRO-8DO（FBPRO-8DI 与 FBPRO-8DO 共用一个 GSD 文件）生成从站。双击图 6-19 中的“DP Slave”图标，弹出“DP-Slave properties”对话框，设置从站地址为 7。

2）单击该对话框中的“Configure”选项卡中的“Module”按钮，根据选用的从站设置输入、输出字节数，本例设置输入、输出均为 8 个字节。

3）使用鼠标右键单击图 6-19 中的“CP5x11”图标，在弹出的快捷菜单中选择“Export and load NCM file”命令，然后在弹出的对话框中单击“是”按钮，确认替换原来的 COMPro1. ldb 文件，导出 COMPro1. ldb 文件，NCM 文件生成并成功导出。

更详细的操作方式可参见 COM PROFIBUS 的帮助文件。

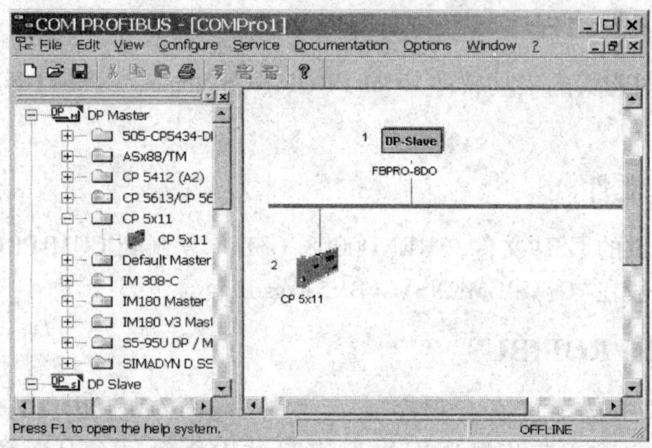

图 6-19　添加主站和从站

4）完成上述工作后，导出 NCM 文件（选择“File”→“Export”→“NCM File”命令），导出的文件路径为“C:\SIEMENS\CPBV51\ncm\COMPro1. ldb”。

6.5.5　启动 Set PG/PC

启动 Set PG/PC 的具体操作步骤如下：

1）选择“开始”→“所有程序 SIMATIC”→“SIMATIC NET”→“SETTING”→“SET PG”→“PC”命令，在弹出的“Set PG/PC Interface”对话框中选择访问点为“CP_L2_1”，将接口参数设置为“CP5611（PROFIBUS - DP Master）”，如图 6-20 所示。

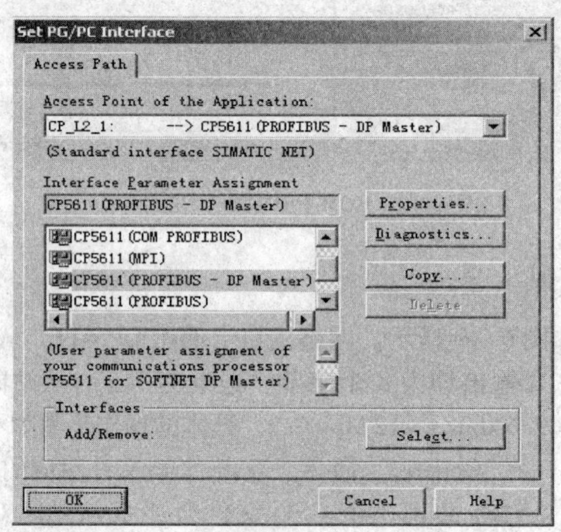

图 6-20　设置 Set PG/PC 属性

2）单击“Properties”按钮，弹出“Properties - CP5611（PROFIBUS - DP Master）”对话框。在“PROFIBUS DP database”文本框中导入由 COM PROFIBUS 配置软件生成的 COM-Pro1. ldb 文件，单击“确定”按钮即可。默认安装下，COMPro1. ldb 的路径为 C:\SIEMENS\CPBV51\ncm\COMPro1. ldb，在该路径下选择刚才导出的 NCM 文件，如图 6-21 所示。

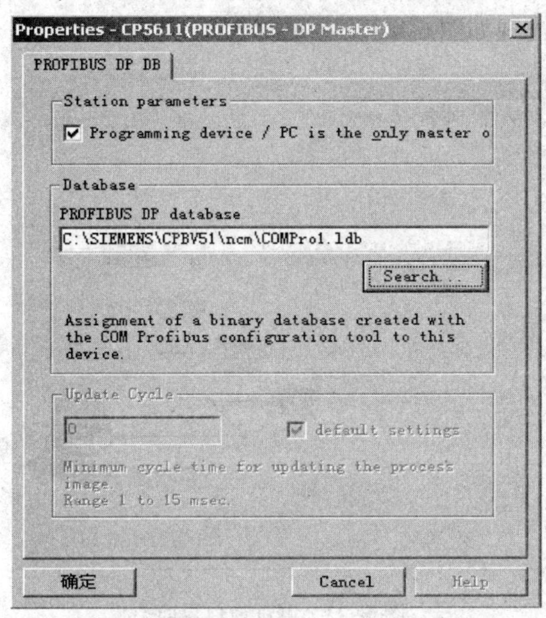

图 6-21　导入数据库文件

3）单击“Test”按钮，可以对网络进行测试，如查看总线的参数和连接在网络上的节点（主站或从站），如图 6-22 所示。总线通信波特率是 19. 2 kbit/s，主站地址为 1，连在网络上的从站地址是 7。

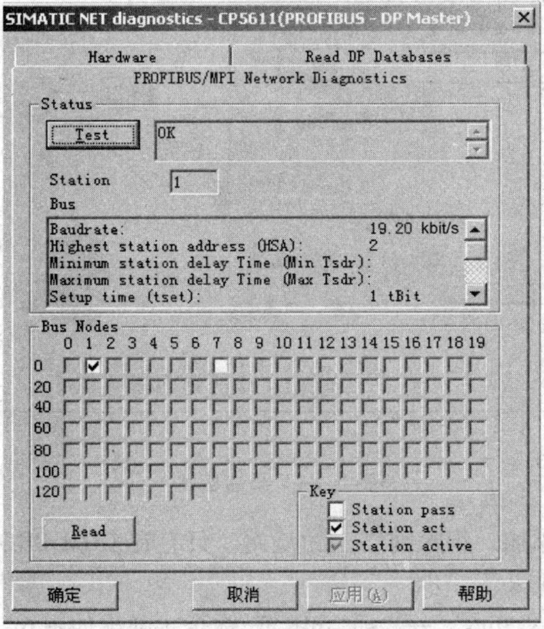

图 6-22　查看总线参数

6.5.6 软件测试

完成以上工作后，就可以用自己编写的测试软件来测试数据的输入和输出了。DP95DEMO. EXE 用于 PROFIBUS 从站节点的通信。

1）打开应用程序，出现如图 6-23 所示的界面。

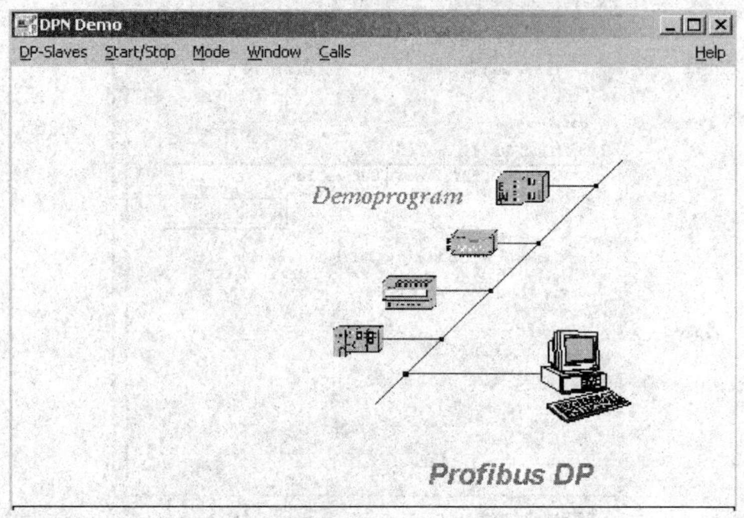

图 6-23 测试窗口界面

2）选择“DP - Slave”→“Select DP - Slave”命令，弹出如图 6-24 所示的对话框。

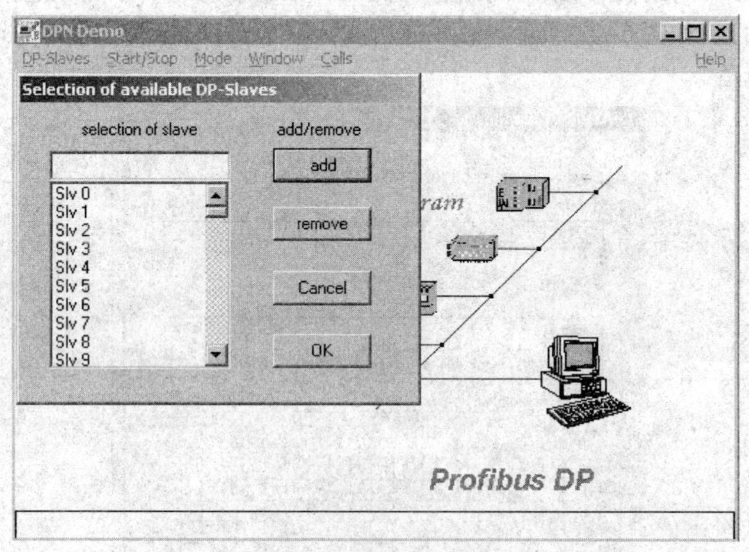

图 6-24 添加从站

通过该对话框可以添加、删除网络上的从站。只有在 COM PROFIBUS 中配置过的从站才可以添加进来，然后进入下一步。

3）选择“Start”→“Stop”—“slv_ini( )”命令，弹出如图 6-25 所示的对话框。

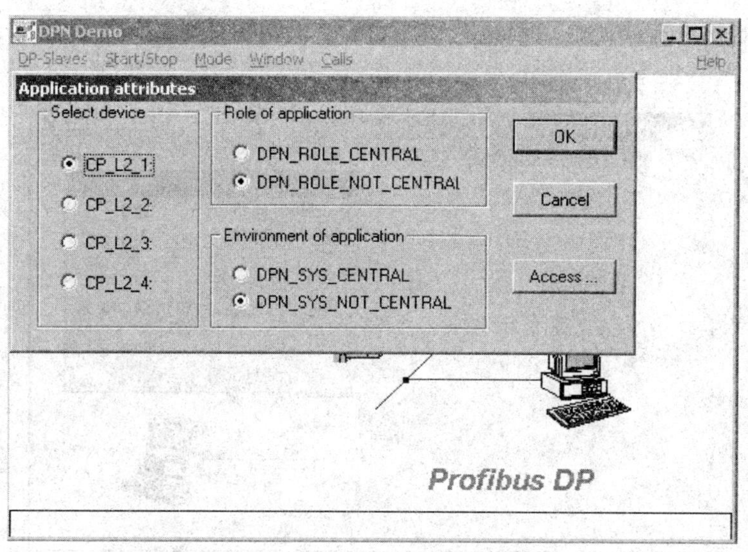

图 6-25　设置应用程序属性

4）在“Select device”选项组中一般选择“CP_L2_1”单选按钮（应与 Set PG/PC 中的设置一致）；在“Role of application”选项组中保持系统默认设置；单击“Access”按钮可以设置每个从站的读写属性，最后单击“OK”按钮，弹出如图 6-26 所示的对话框。

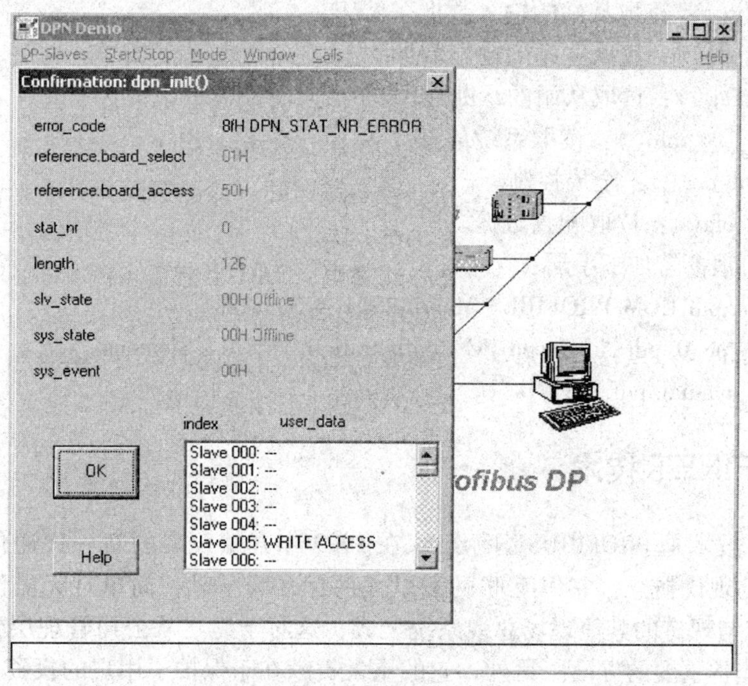

图 6-26　初始化结果对话框

如果没有任何错误的话，“error_code”列将显示“NO_ERROR”，反之则显示错误代码。例如，上面的例子中代码信息为“DPN_STAT_NR_ERROR”，说明初始化存在错误，选择的从站不包含在网络中。

5）如果初始化没有错误，可以进行以下测试，如数据读入、数据输出、复位等，如图6-27所示。

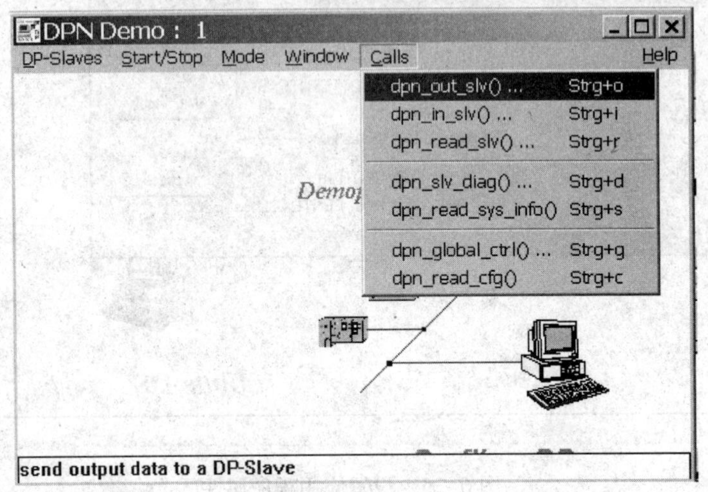

图6-27　函数测试菜单

完成通信所用的函数有：

- dpn_out_slv()：主站向从站输出数据。
- dpn_in_slv()：读取从站的输入数据。
- dpn_read_slv()：读取主站的输出数据。
- dpn_slv_diag()：读取从站的诊断数据。
- dpn_read_sys_info()：读取系统信息。
- dpn_global_ctrl()：全局控制。
- dpn_read_cfg()：读取配置数据。

详细内容可请参考如下手册：

- COMPB_e. pdf COM PROFIBUS Manul 2001. 4 Siemens。
- mn_ncm - pc_0. pdf Advanced PC Configuration 2002. 11 Siemens。
- dpn_user manual. pdf。

6.6　PROFINET 技术

PROFINET 技术是 PROFIBUS 国际组织在 1999 年开始发展的新一代通信系统，是分布式自动化标准的现代概念。它以互联网和以太网标准为基础，简单且无需作任何改变地将 PROFIBUS 系统与现有的其他现场总线系统集成，这对于满足从公司管理层到现场层的一致性要求是一个非常重要的方面。另外，它的重大贡献在于保护了用户的投资，因为现有系统的部件仍然可应用到 PROFINET 系统中并不作任何改变。

6.6.1　PROFINET 部件模型

PROFINET 支持通过分布式自动化和智能现场设备的成套装备和机器的模块化。这种工艺模块化是分布式自动化系统的关键特点，它简化了成套装备和机器部件的重复使用和标准化。此外，由于模块可事先在相应的制造厂内进行广泛的测试，因此显著地减少了本地投运所需要的时间。

1. 工艺模块

一个自动化成套装置或机器的功能是通过对机械、电子/电气和控制逻辑/软件规定的交互作用来体现的。根据这个基本原则，PROFINET 定义了功能术语，如“机械”、“电气/电子”和“控制逻辑/软件”，从而形成一种工艺模块，通过软件部件对这种工艺模块即 PROFINET 部件进行建模。

2. PROFINET 部件

PROFINET 部件代表系统范围工程设计中的一种工艺模块。它将其自动化功能封装在一个软件部件内，而且从工艺的角度看，它包含一个与其他部件交互所需要的变量。这些接口在 PROFINET 的连接编辑器中可以进行图形化互连。

3. 使用 XML 的部件描述

PROFINET 部件是用 XML 语言描述的，由此创建的 XML 文件包含关于 PROFINET 部件的功能和对象方面的信息。在 PROFINET 中，XML 部件文件包含下列数据：

- 作为一个库元素的部件描述：部件识别，部件名。
- 硬件描述：IP 地址的保存，对诊断数据的存取，连接的下载。
- 软件功能描述：软件、硬件分配，部件接口，变量的特性及它们的工艺名称、数据、类型、方向（输入或输出）。
- 部件项目的存储地点。

构成部件库是为了支持重复使用性。

在 PROFINET 中确定 DCOM（分布式的 COM）作为 PROFINET 设备之间的公共应用协议。DCOM 是 COM（部件对象模型）协议的扩展，用于网络中分布式对象和它们的互操作性。在存取工程设计系统中，如连接的装载，诊断数据的读取，设备参数化和组态，以及连接的建立和部分用户数据的交换等，PROFINET 都是通过 DCOM 完成的。

DCOM 不一定必须用于 PROFINET 设备之间的生产性运行。用户数据是通过 DCOM 交换还是通过实时通道交换，由用户在工程设计系统中的组态决定。当设备正在启动通信时，这些设备必须认可是否有必要使用一种有实时能力的协议，因为在这样的成套装置或机器模块之间的通信可能需要 TCP/IP 和 UDP 不能满足的实时条件。

TCP/IP 和 DCOM 形成了公共的“语言”，这种语言是所有这些设备所使用的，并能在任何情况下都可用于启动设备之间的通信。优化的通信通道用于运行阶段各种参与设备之间的实时通信。

4. 实时通信

对各种 TCP/IP 实现的分析，已揭示使用标准通信栈来管理这些数据包需要相当可观的运行时间。可以优化这些运行时间，但所要求的 TCP/IP 栈不再是标准产品，而是一种专用实现。使用 UDP/IP 时同样如此。

在 PROFINET 中，为实时应用创建了一种有效的解决方案，这种实时应用在生产自动化中是常见的，其刷新或响应时间为 5 ~ 10 ms。刷新时间可理解为以下过程所经历的时间：在一台设备应用中创建一个变量，然后通过通信系统将该变量发送给一个伙伴，其后可在该伙伴设备的应用中再次获得该变量。

为了能满足自动化中的实时要求，在 PROFINET 中规定了优化的实时通信通道——软件实时通道（SRT 通道），它基于以太网的第 2 层。这种解决方案极大地减少了通信栈上占用的时间，从而提高了自动化数据的刷新率方面的性能。一方面，几个协议层的去除减少了报文长度；另一方面，在需要传输的数据准备就绪发送以及应用准备就绪处理之前，只需要较少的时间。同时，大大地减少了设备通信所需要的处理器功能。

PROFINET 不仅最小化了可编程控制器中的通信栈，而且也对网络中数据的传输进行了优化。经测量表明，在一个网络负载很高的切换网络中，以太网上两个站之间的传输时间最多为 20 ms。当使用标准网络部件，例如同时从若干设备上装载数据期间，不可能排除相当大的网络负载，为了能在这些情况下达到一种最佳的效能，在 PROFINET 中按照 IEEE802.1q 将这些信息包划分优先级。设备之间的数据流由网络部件根据此优先级进行控制。优先级 7（网络控制）用于实时数据的标准优先级，由此也保证了对其他应用的优先级处理。例如，具有优先级 5 是互联网电话，具有优先级 6 是视频传输。

市场上销售的网络部件和控制器可用于实时通信。当通过 DCOM 洽谈最优化的通信通道时，切换器就能自动地得知这些设备的地址，由此创建了通过实时通道的后续数据交换的基础。

PROFINET 规范以开放性和一致性为主导，以微软 OLE、COM、DCOM 为技术核心，最大限度地实现开放性和可扩展性，并向下兼容传统工控系统，使分散的智能设备组成的自动化系统向着模块化的方向跨进了一大步。PROFINET 的概念模型如图 6-28 所示。

图 6-28　PROFINET 概念模型

5. 部件对象模型

微软的 COM 是面向对象方面的进一步开发，它允许基于预制部件的应用的开发。PROFINET 使用此类部件模型，因此，PROFINET 对象是为自动化应用量身定做的 COM 对象。

同自动化对象一样，COM 对象基本由以下部分组成：

- 接口：带有方法的完好定义的接口。
- 实现：定义的接口及其语义的实现。

在 COM 中，定义单个过程内，一台设备上的两个过程之间，以及不同设备上的两个过程之间的通信。

6. 运行期和工程设计中的自动化对象

在 PROFINET 中使用自动化对象时，一个基本的区别是工程设计系统对象（ES - Object）和运行期系统对象（RT - Object）。ES - Object 是 RT - Object 在工程设计系统中的代表，其基本思想是：工程设计系统中的一个对象正好指定给运行期系统的一个 RT - Object，即一一对应。这样两种对象模型也彼此协调。因此，在工程设计系统和运行期系统之间无需做什么耗费精力的实现和映像操作。

6.6.2　PROFINET 运行期

PROFINET 运行期方案基于 PROFINET 部件模型，它制定了一种建立于以太网之上的、开放的、面向对象的通信理念。TCP/IP 或一条专用的实时通道可用于通信。该标准通信通过 TCP/IP 和 DCOM 布线协议运行。通过此通道，可表达所有的 IT 功能。此通道允许从 ERP/MES 层到现场层的纵向集成，还可用于项目计划和诊断。

1. 自动化部件

PROFINET 运行期方案定义了必要的功能和服务，这些功能和服务正是协调运行的自动化部件为了完成自动化任务而必须执行的。

每台 PROFINET 设备都有各自的、产品专用的内部结构（体系结构，运行系统，编程）。但是，从外部看，所有的 PROFINET 设备行为都是相同的方式，而且总是可视为一组自动化对象，就好似带有 COM 接口的 COM 对象。

只要 PROFINET 对象的印象对外部保持为可视，就允许每种实现。另外，如果它是一台具有固定功能的自动化设备（如阀门、驱动器、现场设备、执行器、传感器，或者制造商提供的成品）或自由可编程部件（如 PLC、PC，由用户组态或编程以完成一个特定应用中的特殊任务），则它就没有意义。

2. 使用 TCP/IP 的标准通信

PROFINET 使用以太网和 TCP/IP 协议作为通信基础。TCP/IP 是 IT 领域关于通信协议方面的事实上的标准。但是，对于不同应用的互操作性，这还不足以在设备上建立一个基于 TCP/IP 的公共的通信通道。事实是，TCP/IP 只提供了基础，用于以太网设备通过面向连接和安全的传输通道在本地和分布式网络中进行数据交换。在较高层上则需要其他的规范和协议，也称为应用层协议，而不是 TCP/IP。那么，在设备上使用相同的应用层协议时，只能保证互操作性。典型的应用层协议有：SMTP（用于电子邮件）、FTP（用于文件传输）和 HTTP（用于互联网）。

PROFINET 包含以下 3 个方面：

- 为基于部件对象模型的分布式自动化系统定义了体系结构。
- 进一步指定了 PROFIBUS 与国际 IT 标准以太网之间的开放和透明通信。
- 提供了一个独立于制造商，包括设备层和系统层的完整系统模型。

以上充分考虑到 PROFIBUS 的需求和条件，以保证 PROFIBUS 和 PROFINET 之间具有最好的透明性。

6.6.3 PROFINET 的网络结构

PROFINET 可以采用星形结构、树形结构、总线型结构和环形结构（冗余）。

PROFINET 的系统结构如图 6-29 所示。可以看到，PROFINET 技术的核心设备是代理设备。代理设备负责将所有的 PROFIBUS 网段、以太网设备以及 DCS、PLC 等集成到 PROFINET 系统中。代理设备完成 COM 对象之间的交互。代理设备将所挂接的设备抽象成 COM 服务器，使设备之间的交互变成 COM 服务器之间的相互调用。这种方法的最大优点是可扩展性好，只要设备能够提供符合 PROFINET 标准的 COM 服务器，该设备就可以在 PROFINET 系统中正常运行。

PROFINET 提供了一个在 PROFINET 环境下协调现有 PROFIBUS 和其他现场总线系统的模型。这表示，用户可以构造一个由现场总线和基于以太网的子系统任意组合的混合系统。因此，从基于现场总线的系统向 PROFINET 技术的连续转换是可行的。

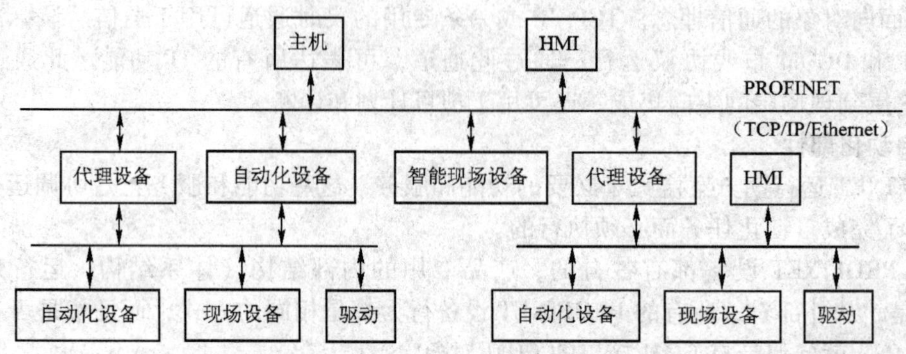

图 6-29　PROFINET 的系统结构

6.6.4　PROFINET 与 OPC 的数据交换

PROFINET 和 OPC 在 DCOM 中享有相同的技术基础。这就导致了系统的不同部分之间数据通信用户的友好性。

OPC 是自动化技术中基于 Windows 应用程序之间进行数据交换的一种广泛使用的接口。OPC 为不同设备之间的相互链接提供了一种无需编程的灵活性选择。

1. OPC DA

OPC DA（数据存取）是一种工业标准，它规定了一套从测量和控制设备中存取实时数据的应用接口、查找 OPC 服务器的接口和浏览服务器名空间的接口。

2. OPC DX

OPC DX（数据交换）定义了不同品牌和类型的控制系统之间相同层上的非时间苛求的用户数据的高层交换，如 PROFINET 和 CIP 之间的数据交换。但是，OPC DX 不允许对一个不同系统的现场层直接存取。

OPC DX 是 OPC DA 规范的扩展，它定义了一组标准化的接口，用于数据的互操作性交换和以太网上服务器与服务器之间的通信。在运行期间，OPC DX 启动服务器与服务器之间的通信扩展了数据存取，这种通信独立于以太网中实际支持的实时应用协议。因此，OPC DX 服务器支持的连接的管理和远程配置是可行的。

OPC DX 不像 PROFINET 那样是面向对象的，而是面向标签的，即自动化对象不作为 COM 对象存在，而作为（Tag.）名存在。

OPC DX 对以下方面特别有用：

- 用户和系统集成商。要集成不同制造商的设备、控制系统和软件，对多制造商系统的共同使用的数据实现存取。
- 制造商。要提供根据开放的工业标准制造的产品，具备互操作性和数据交换能力。

3. OPC DX 和 PROFINET

开发 OPC DX 的目的是使各种现场总线系统和基于以太网的通信协议之间实现最低限度的互操作性，而无需折中各种技术的集成。

为了获得对其他系统领域的开放链接，在 PROFINET 中集成了 OPC DX，从而实现了以下几个方面：

- 每个 PROFINET 节点可编址为一个 OPC 服务器，因为基本性能已经以 PROFINET 运行期实现的形式而存在。

- 每个 OPC 服务器可通过一个标准的适配器作为 PROFINET 节点运行。这是通过 Objectizer 部件实现的，该部件以 PC 中的一个 OPC 服务器为基础实现 PROFINET 设备。该部件只需实现一次，然后可用于所有的 OPC 服务器。

PROFINET 的功能远比 OPC 的功能强大。PROFINET 提供了自动化解决方案所需要的实时能力。另一方面，OPC 提供了更高等级的互操作性。

6.7 基于嵌入式通信模块 COM－C 的 PROFIBUS－DP 主站系统设计

6.7.1 PROFIBUS－DP 主站系统设计方案

PROFIBUS 是一种开放的标准，原则上，该协议可以在任何处理器上实现。目前，自动化厂商在开发 PROFIBUS－DP 主站设备时，主要有以下 3 种解决方案。

1. 软 PROFIBUS 主站

该方案完全由软件来实现 PROFIBUS 协议，由微处理器来运行完整的协议堆栈。该方案开发难度和开发风险都特别大，开发周期也长，而且需要开发人员对 PROFIBUS 协议、框架特别熟悉。

2. 专用 ASIC 芯片外加扩展固化程序 Firmware

该方案是采用较多的一种方案，由专用的 ASIC 芯片实现 PROFIBUS 协议数据链路层的介质访问控制功能；而数据链路层的其他功能和应用层的功能则由微处理器运行其扩展固化程序实现。但是，目前国内市场很难购买到 Firmware，如果由用户自已编写 Firmware，则难度增加，开发周期也长。

3. 嵌入式模块主站

该方案是开发 PROFIBUS－DP 主站设备采用最多的一种方案，其模块内部已经集成专用的 ASIC 芯片和固化程序 Firmware。该方案开发难度和开发风险都大大减少，开发周期缩减，并且协议已经通过了一致性测试和认证。

下面采用德国赫优讯自动化系统有限公司的嵌入式模块主站 COM－CN－DPM（PROFIBUS－DP Master）设计 PROFIBUS－DP 主站系统，主机系统通过嵌入式模块提供的双端口内存（Dual－Port Memory，DPM）接口与模块进行数据通信，用户不需要关心 PROFIBUS 协议的具体实现，只需对 DPM 接口读/写数据就可以了。因此，该模块就像一个内存，使用起来非常方便。

6.7.2 基于嵌入式通信模块 COM－C 的 DP 主站硬件设计

嵌入式模块 COM－CN－DPM 提供给用户的硬件接口有 X1 和 X2 两个排针连接头，X1 连接头（50 根引脚）即双端口内存接口，包含与主机通信必备的控制线、数据线和地址线；X2 连接头（30 根引脚）即现场总线接口，包含 PROFIBUS－DP 信号线以及 LED 状态指示灯。

嵌入式模块 COM－C 与主机接口电路如图 6-30 所示。由于 PROFIBUS－DP 协议都由模块内部实现，因此，用户应用程序只需通过提供的 API 接口和访问方式对双端口内存进行读/写操作。通过现场总线接口，将 PROFIBUS－DP 信号线引出，只需在母板上连接一个 9

针 D – Sub 连接头，通过此接口将模块连接到 PROFIBUS – DP 网络中。该模块同时提供 LED 状态指示灯，可将 LED 信号线引出到母板上，方便用于诊断模块的通信状况。

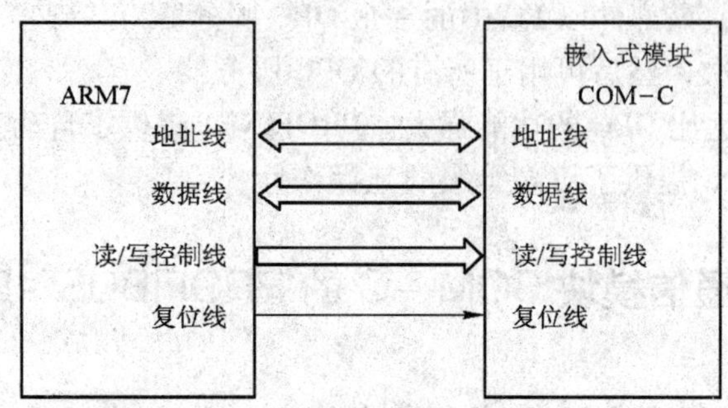

图 6-30　嵌入式模块与主机接口电路

由于该模块已经集成实现 PROFIBUS – DP 协议的所有必备电路，因此，在外围电路设计的时候非常简单方便，其电路连接与 MCU 和内存的连接相似。在该主站系统中，同时还设计了以太网接口，方便远程文件的下载。

6.7.3　基于嵌入式通信模块 COM – C 的 DP 主站软件设计

嵌入式模块 COM – C 提供的主机接口是双端口内存，用户应用程序通过 DPM 接口来访问该模块。同时，为了提高整个系统的实时性和可靠性，主机系统使用的是实时多任务操作系统 Linux。因此，在进行软件设计时，主要完成驱动程序以及应用程序的编写。

1. 双端口内存 DPM 结构

嵌入式模块 COM – C 提供的双端口内存接口是 8 KB 的地址空间，其具体结构如图 6-31 所示。

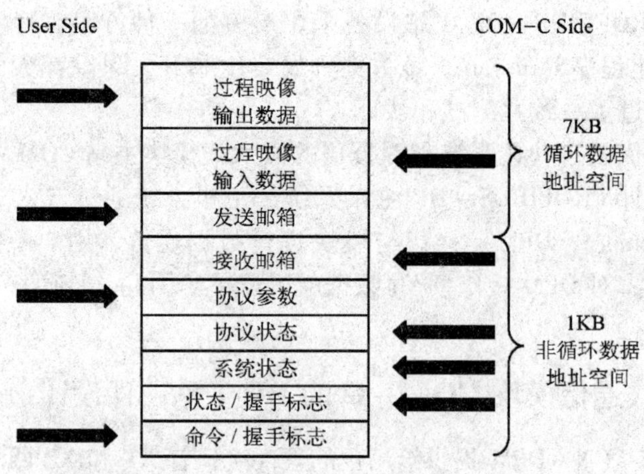

图 6-31　双端口内存地址空间

用户应用程序通过双端口内存来访问 PROFIBUS – DP 主站嵌入式模块 COM – C，该双端口内存分为两个部分：协议无关（循环数据地址空间）与协议相关（非循环数据地址空间）。循环数据包含 PROFIBUS – DP 主站与从站之间相互交换的过程映像输入、输出数据，非循环数据包含与 PROFIBUS - DP 协议相关的参数、报文、命令和状态等数据。

1）过程映像输出数据：主机用户程序发送给 PROFIBUS - DP 从站的输出数据。

2）过程映像输入数据：PROFIBUS - DP 从站发送给主机用户程序的输出数据。

3）发送邮箱：主机用户程序发送给 PROFIBUS - DP 从站的非循环报文信息，如命令、诊断、配置文件下载等。

4）接收邮箱：PROFIBUS - DP 从站发送给主机用户程序的非循环报文信息，如从站报警、状态、配置文件上传等。

5）协议参数：PROFIBUS - DP 协议参数信息，如波特率、看门狗时间、循环时间等。

6）协议状态：PROFIBUS - DP 网络状态信息，如网络状态、错误、超时等。

7）系统状态：嵌入式模块 COM - C 中运行的操作系统的状态信息和模块的基本信息。

8）状态/握手标志：设备初始化状态信息，过程映像输入、输出数据和邮箱报文同步位，模块写，主机应用程序读。

9）命令/握手标志：用户应用程序状态信息，过程映像输入、输出数据和邮箱报文同步位，主机应用程序写，模块读。

2. 驱动程序的设计

赫优讯公司提供基于 PCI 接口、Compact - PCI 接口的 Linux 设备驱动，在该系统中，主机 CPU 直接对嵌入式模块 COM - C 进行访问。因此，可以借鉴提供的 Linux 设备驱动代码进行移植。

Linux 设备驱动主要完成对嵌入式模块 COM - C 双端口内存的访问，提供一个通用的驱动程序接口，用户程序通过调用接口函数来访问 PROFIBUS 主站嵌入式模块 COM - C。Linux 设备驱动的框架如图 6-32 所示，这样做的好处就是，如果以后要使用赫优讯公司的其他类型的现场总线（如 DeviceNet、CANopen）嵌入式模块 COM - C，Linux 设备驱动不需要改变，直接可用。

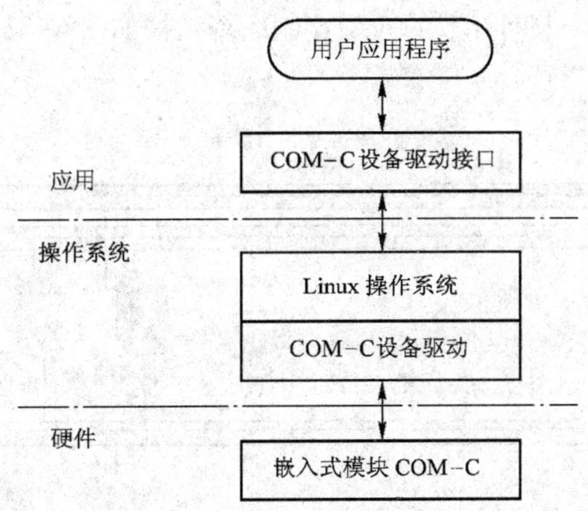

图 6-32　设备驱动框架

Linux 设备驱动主要实现的函数见表 6-4。

3. 应用程序的设计

应用程序主要实现的功能：配置文件的远程接收和下载，与远程监控系统网络数据的收发，网络监控等。

表 6-4　Linux 设备驱动函数表

函数功能	函　　数	备　　注
初始化	DevOpenDriver( )	建立应用程序与驱动的连接
	DevCloseDriver( )	断开应用程序与驱动的连接
	DevInitBoard( )	建立应用程序与嵌入式模块 COM - C 的连接
	DevExitBoard( )	断开应用程序与嵌入式模块 COM - C 的连接
设备控制	DevReset( )	复位嵌入式模块 COM - C
	DevSetHostState( )	置位/清除 HOST 运行标志位
	DevTriggerWatchDog( )	触发嵌入式模块看门狗功能
报文数据传输	DevPutMessage( )	写报文给嵌入式模块 COM - C
	DevGetMessage( )	读嵌入式模块 COM - C 发送来报文
I/O 数据传输	DevExchangeIO( )	读/写 I/O 数据
	DevExchangeIOErr( )	读/写 I/O 数据状态信息
设备信息	DevGetBoardInfo( )	读嵌入式模块 COM - C 的信息
	DevGetBoardInfoEx( )	读嵌入式模块 COM - C 的扩展信息
系统功能	DevDownload( )	Firmware/配置文件下载

6.7.4　PROFIBUS - DP 主站模块在新型 DCS 系统中的应用

山东大学为适应网络技术的发展，特别是 Internet、Web、OPC 技术的发展而研发了基于工业以太网与现场总线技术的新型控制系统。该系统集成了最新的现场总线技术、嵌入式软件技术、先进控制技术与网络技术，实现了多种总线兼容和异构系统综合集成。各种国内外 DCS、PLC 及现场智能设备都可以接入到该新型控制系统中，实现企业内过程控制设备信息的共享。

基于现场总线与工业以太网计数的新型控制系统结构如图 6-33 所示。

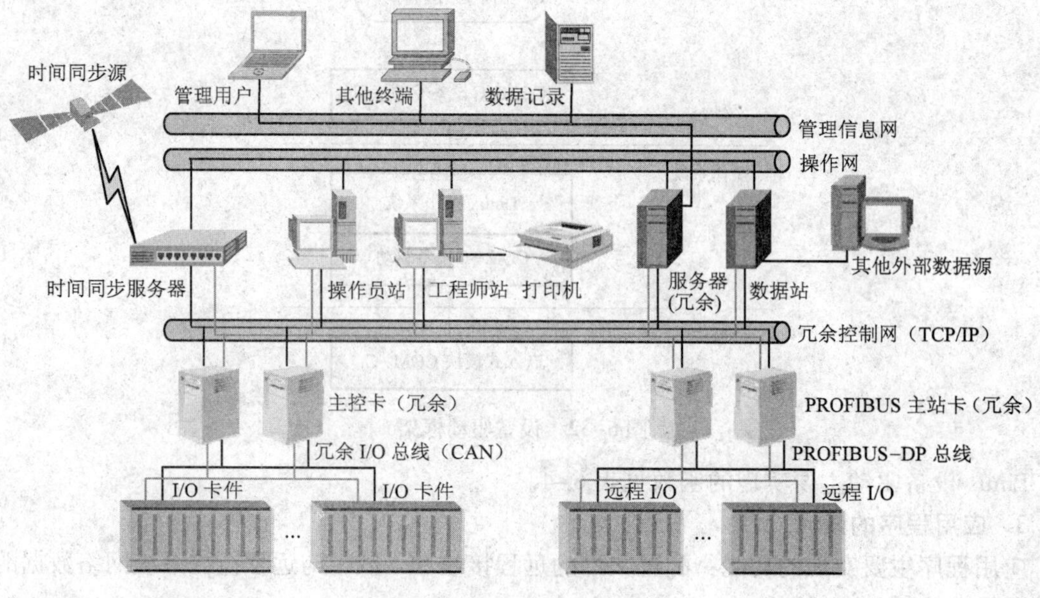

图 6-33　新型控制系统的结构图

由图 6-33 可以看出，该新型控制系统包含管理信息网、操作网、过程控制网和 I/O 总线 4 层网络。

管理信息网采用通用的以太网技术，用于工厂级的信息传送和管理，是实现全厂综合管理的信息通道。操作网采用快速以太网技术，实现 C/S 模式下服务器与客户端的数据通信及操作网节点的时间同步。过程控制网实现操作站节点与控制站的连接，完成信息、控制命令的传输与发送，采用双重化冗余设计，使信息传输可靠、高速。I/O 总线是控制站内部的通信网络，包括 CAN、PROFIBUS - DP、Modbus 等现场总线。

基于 COM - C 模块设计的 PROFIBUS - DP 主站系统是过程控网节点之一。它解决了系统与其他厂家计算机测控系统和智能设备的互连难题，用于将标准 PROFIBUS - DP 从站设备接入系统。采用 OPC 技术，第三方的计算机测控系统和智能设备的过程参数可成功地与系统内控制站、操作站等进行信息双向通信，实现组态、管理、显示、操作及运算等功能，从而使不同厂家的设备成为该新型控制系统的组成部分。

6.8 习题

1. PROFIBUS - DP 开发包 4 的作用是什么？

2. PROFIBUS - DP 的从站为 80 个字节输入和 8 个字节输出，设置 3 个输入/输出数据缓存器的长度和 3 个输入/输出数据缓存器的段基址。

3. DP 从站初始化阶段的主要顺序是什么？

4. 编写一个程序，向 SPC3 设置从站地址。

5. 简述 PROFIBUS - DP 主站通信程序的设计步骤。

6. 如何添加 PROFIBUS - DP 的主站和从站？

7. DP 从站的通信速率是如何确定的？

8. 什么是 PROFINET 技术？

9. 简述 PROFINET 的概念模型。

10. 画出 PROFINET 的系统结构图。

11. 什么是 OPC 技术？

第 7 章　DeviceNet 现场总线

DeviceNet 是由 AB（Allen - Bradly）公司于 1994 年 3 月在 CAN 基础上推出的一种低成本现场总线。AB 公司现在已归属美国 Rockwell 公司。目前有数百家自动化设备制造商的产品支持这种协议，在日本和欧美的现场总线市场占有较大的市场份额。1995 年 4 月，开放式 DeviceNet 供货商协会（Open DeviceNet Vendor Association，ODVA）成立，负责 DeviceNet 现场总线协议的管理和推广工作。2000 年，DeviceNet 成为国际标准 IEC 62026—3。2002 年 10 月 8 日，DeviceNet 现场总线成为我国的国家标准 GB/T 18858. 3—2002《低压开关设备和控制设备　控制器 - 设备接口（CDI）第 3 部分：DeviceNet》，并于 2003 年 4 月 1 日开始实施。

7. 1　DeviceNet 技术概述

7. 1. 1　设备级的网络

DeviceNet 将基本工业设备（如限位开关、光电传感器、阀组、电动机启动器、过程传感器、条形码读取器、光频驱动器、物料流量计、电子秤、显示器和操作员接口等）连接到网络，从而避免了昂贵和繁琐的硬接线。DeviceNet 是一种简单的网络解决方案，在提供多供货商同类部件间的可互换性的同时，减少了配线和安装工作自动化设备的成本和时间。DeviceNet 的直接互连性不仅改善了设备间的通信，而且同时提供了相当重要的设备级诊断功能，这是硬接线 I/O 接口很难实现的。

DeviceNet 是一个开放式网络标准，其规范和协议都是开放的，用户将设备连接到系统时，无需购买硬件、软件或许可权。任何个人或制造商都能以少量的复制成本从开放式 DeviceNet 供货商协会获得 DeviceNet 规范。

在 Rockwell 提出的三层网络结构中，DeviceNet 处于工业控制网络的最底层，即设备层，如图 7-1 所示。

在工业控制网络的底层中，传输的数据量小，节点功能相对简单，复杂程度低，要求网络节点费用低，但节点的数量大。DeviceNet 正是满足了以上的这些要求，从而在离散控制领域中占有一席之地。

DeviceNet 可以提供：

- 低端网络设备的低成本解决方案。
- 低端设备的智能化。
- 主 - 从以及对等通信的能力。

DeviceNet 有两个主要用途：

- 传送与低端设备关联的面向控制的信息。
- 传送与被控系统间接关联的其他信息（如配置参数）。

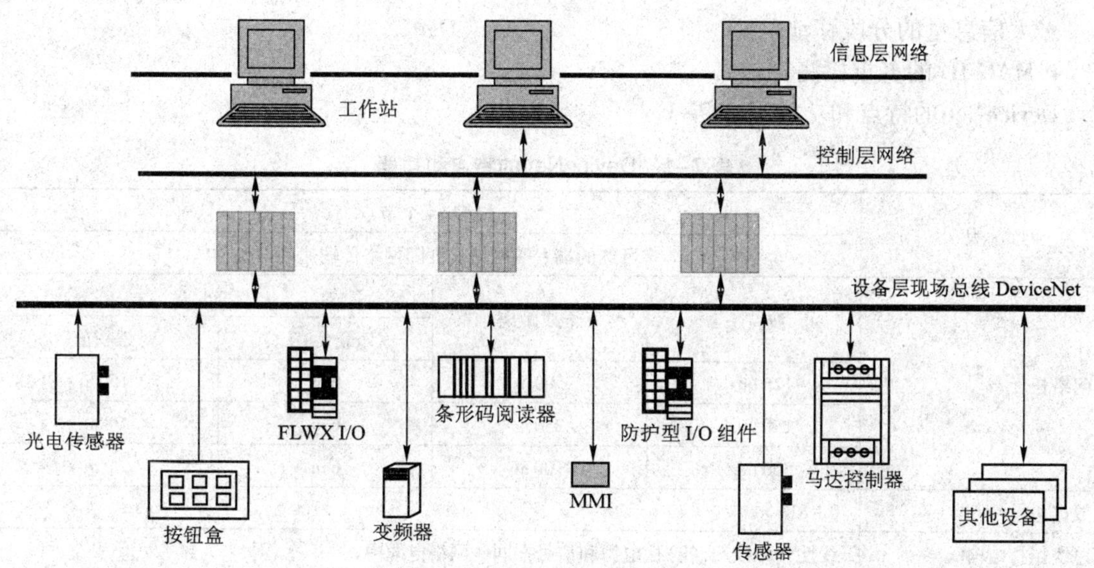

图 7-1　Rockwell 的 3 层网络结构

7.1.2　DeviceNet 的特性

1. DeviceNet 的物理/介质特性

DeviceNet 具有如下物理/介质特性：

- 主干线 - 分支线结构。
- 最多可支持 64 个节点。
- 无需中断网络即可解除节点。
- 同时支持网络供电（传感器）及自供电（执行器）设备。
- 使用密封或开放形式的连接器。
- 接线错误保护。
- 可选的数据传输波特率为 125 bit/s、250 bit/s 及 500 bit/s。
- 可调整的电源结构，以满足各类应用的需要。
- 大电流容量（每个电源最大容量可以达到 16A）。
- 可带电操作。
- 电源插头可以连接符合 DeviceNet 标准的不同制造商的供电装置。
- 内置式过载保护。
- 总线供电，主干线中包括电源线及信号线。

2. DeviceNet 的通信特性

DeviceNet 具有如下通信特性：

- 媒体访问控制及物理信号使用控制器局域网。
- 有利于应用之间通信的面向连接的模式。
- 面向网络通信的典型的请求/响应。
- I/O 数据的高效传输。

- 大信息量的分段移动。
- MAC ID 的多重检测。

DeviceNet 的特点和功能见表 7-1。

表 7-1 DeviceNet 的特点和功能

<table>
<tr><td rowspan="2">网络大小</td><td colspan="4">最多 64 个节点</td></tr>
<tr><td colspan="4">可选的端－端网络长度随网络传输速度而变化</td></tr>
<tr><td rowspan="5">网络长度</td><td rowspan="2">波特率</td><td rowspan="2">干线距离</td><td colspan="2">支线长度</td></tr>
<tr><td>最大值</td><td>累积值</td></tr>
<tr><td>125 bit/s</td><td>500 m</td><td>6 m</td><td>156 m</td></tr>
<tr><td>250 bit/s</td><td>250 m</td><td>6 m</td><td>78 m</td></tr>
<tr><td>500 bit/s</td><td>100 m</td><td>6 m</td><td>39 m</td></tr>
<tr><td>数据包</td><td colspan="4">0～8B</td></tr>
<tr><td>总线拓扑结构</td><td colspan="4">线性（干线/支线）；电源和信号在同一网络电缆中</td></tr>
<tr><td>总线寻址</td><td colspan="4">带多点传送（一对多）的点对点；多主站和主/从；轮询或状态改变</td></tr>
<tr><td>系统特性</td><td colspan="4">支持设备的热插拔，无需网络断电</td></tr>
</table>

7.1.3 DeviceNet 的通信模式

在现场总线领域中最常用的通信模式有两种：一种是传统的源/目的（点对点）模式，另一种是新型的生产者/消费者模式。这两种通信模式各有特点，两种报文格式如图 7-2 所示。

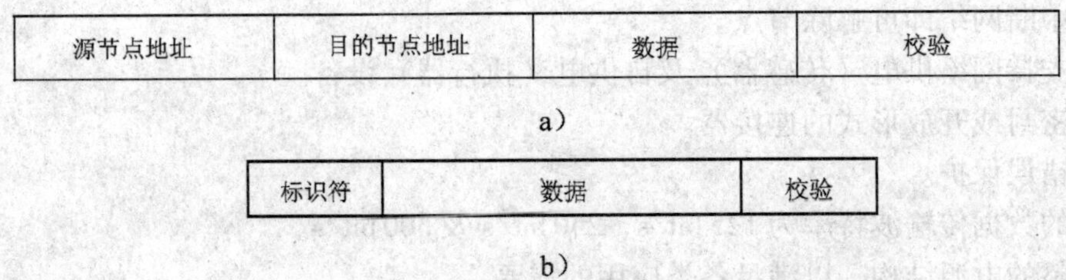

图 7-2 两种通信模式的报文比较

a）源/目的模式的报文格式 b）生产者/消费者模式的报文格式

1. 源/目的（点对点）通信模式的缺点

（1）节点间同步动作困难

报文中含有特定的源/目的地址信息，对于多个节点来说，数据在不同的时刻到达，实现不同节点之间的同步是非常困难的。

（2）浪费带宽

源节点必须多次发送数据给不同的目的节点，从而造成了带宽的损失。

2. 生产者/消费者通信模式的特点

（1）一个生产者，多个消费者

在这种通信模式中，报文不再专属于特定的源节点或目的节点，一个报文可以被多个节点接收。该模式要求对信息打包，信息包具有标识符。

（2）数据更新同时发生

控制器仅仅需要发出一个报文，其他设备通过报文标识符过滤方式对总线上的报文进行监听、识别，当识别到所需的标识符后，便开始接收、采用整个报文，即“消费”。多个消费者节点从单个生产者节点那里同时获得相同的数据，这样用很窄的带宽就可以实现多个设备的同时动作。

（3）适用于实时数据交换

标识符还提供了多级优先权，可以更高效地传送 I/O 数据。

当前广泛使用的现场总线中，采用生产者/消费者通信模式的主要有 FF、DeviceNet、ControlNet 和 EtherNet/IP 等。

7.2 DeviceNet 通信模型

DeviceNet 遵从 ISO/OSI 参考模型，它的网络结构分为三层，即物理层、数据链路层和应用层，物理层下面还定义了传输的介质。按照 IEEE 802.2 和 IEEE 802.3 标准，数据链路层又划分为逻辑链路控制（LLC）子层和媒体访问控制（MAC）子层。物理层又划分为物理层信号（Physical Layer Signal，PLS）子层和媒体访问单元（Medium Attachment Unit，MAU）子层。DeviceNet 通信模型如图 7-3 所示。

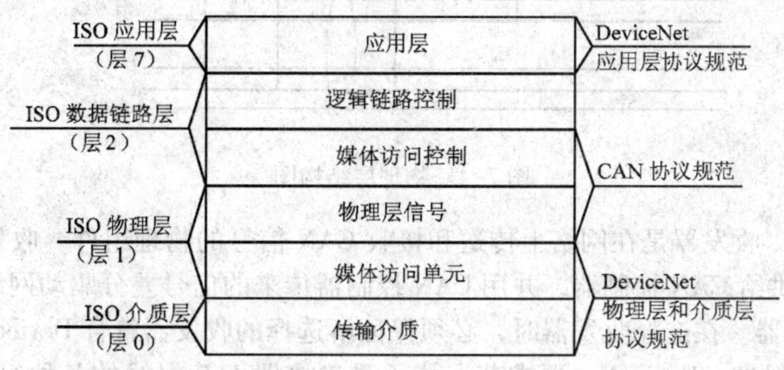

图 7-3　DeviceNet 通信模型

DeviceNet 建立在 CAN 协议的基础之上，但 CAN 仅规定了 ISO/OSI 参考模型中物理层和数据链路层的一部分，DeviceNet 沿用了 CAN 协议标准所规定的总线网络的物理层和数据链路层，并补充定义了不同的报文格式、总线访问仲裁规则及故障检测和隔离的方法。DeviceNet 应用层规范则定义了传输数据的语法和语义。可以简单地说，CAN 定义了数据传送方式，而 DeviceNet 的应用层又补充了传送数据的意义。从图 7-3 可以看出，DeviceNet 的物理层中的物理层信号子层和数据链路层中的媒体访问控制子层沿用了 CAN 协议。DeviceNet 的物理层中的媒体访问单元子层是自己定义的。同时，DeviceNet 增加了有关传输介质的协议规范。

7.2.1 DeviceNet 的物理层

DeviceNet 的物理层包括两部分：物理信号子层和媒体访问单元子层。物理层下面的传输介质层也在这一节介绍。媒体访问单元子层主要包括驱动器/接收器的电路和其他用于连接节点到传输介质的电路，这部分规定在 ISO/OSI 参考模型中被称为物理媒体访问（Physical Medium Attachment，PMA）。而传输介质层主要定义了传输介质的电气及机械接口，这部分规定在 ISO/OSI 参考模型中被称为介质从属接口（Medium Dependent Interface，MDI）。

下面分别对媒体访问单元、传输介质和物理层信号进行介绍。

1. 媒体访问单元

物理层的媒体访问单元包括收发器、连接器、误接线保护（MWP）、稳压器和可选的光隔离器。物理层结构图如图 7-4 所示。

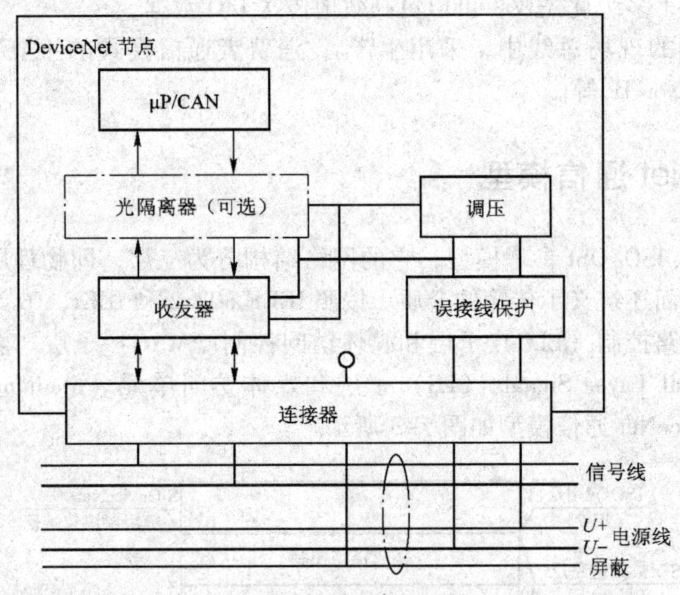

图 7-4　物理层结构图

（1）收发器　收发器是在网络上传送和接收 CAN 信号的物理组件。收发器从网络上差分接收网上信号供给 CAN 控制器，并用 CAN 控制器传来的信号差分驱动网络。市场上有许多集成 CAN 收发器。在选择收发器时，必须保证所选择的收发器符合 DeviceNet 规范。

（2）误接线保护　DeviceNet 要求节点能承受连接器上 5 根线的各种组合的接线错误。在 $U+$ 电压高达 18 V 时，不会造成永久性的损害。许多集成 CAN 收发器对 CAN－H 和 CAN－L 最大负向电压只有有限的承受能力。使用这些器件时，需要提供外部保护电路。图 7-5 为误接线保护的电路原理图。在接地线中加入一个肖特基二极管来防止 $U+$ 信号线误接到 $U-$ 端子。在电源线上接入了一个晶体管开关，以防止由于 $U-$ 连接断开而造成的损害。该晶体管及电阻回路可防止接地断开。

在图 7-5 中，VT_1、R_1 和 R_2 的型号和数值仅供参考，可根据应用自行决定。VT_1 必须能承受预期的最大电流。R_2 必须选择在最小 $U+$（11 V）时能提供足够的基极电流（通常为 $i_C = 10 \sim 20\,mA$）。如果 R_2 的耗散/尺寸不理想，而且调压器能处理较低的输入电压，则采用达林顿晶体管更为理想。R_1 必须选择能吸收几百微安但不要超过几毫安的电流。基极电阻限制 $U+$ 和 $U-$ 颠倒时的击穿电流。如有必要，可在发射极、基极或发射极和基极之间增加一个二极管，以限制雪崩。

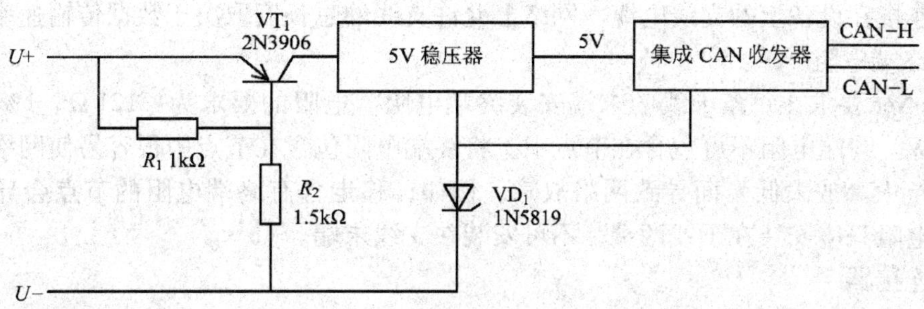

图 7–5　误接线保护的电路原理图

(3) 接地和隔离　为防止地线形成回路，DeviceNet 网络必须只在一处接地。所有设备中的物理层回路是以 $U-$ 总线信号为基准的，总线供电将提供接地连接。除了电源，在 $U-$ 和地之间不会有电流通过设备。

2. 传输介质

DeviceNet 物理层协议规范中对传输介质作了描述，定义了 DeviceNet 的总线拓扑结构及网络元件，具体包括系统接地、粗缆和细缆混合结构、网络端接地和电源分配。

DeviceNet 传输介质有两种主要的电缆：粗缆和细缆。粗缆适合长距离干线和需要坚固干线或支线的情况；细缆可提供方便的干线和支线的布线。

(1) 拓扑结构

DeviceNet 所采用的典型拓扑结构是干线 – 分支方式，如图 7–6 所示。

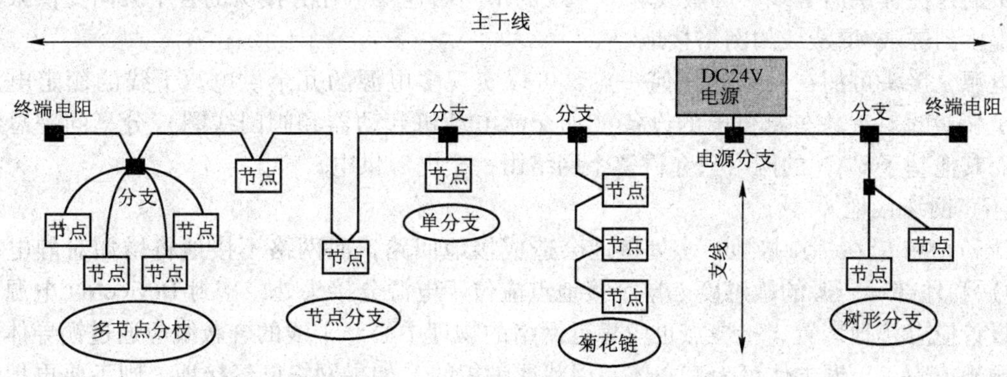

图 7–6　DeviceNet 现场总线拓扑结构

每条干线的末端都需要终端电阻。线缆包括粗缆（多用于干线）和细缆（多用于分支线）。每条支线最长为 6 m，允许连接一个或多个节点。DeviceNet 只允许在支线上有分支结构。总线线缆中包括 24 V 直流电源线和信号线两组双绞线以及信号屏蔽线。在设备连接方式上，可灵活选用开放式和密封式的连接器。网络采取分布式供电方式，支持冗余结构。总线支持有源和无源设备，对于有源设备提供专门设计的带有光隔离的收发器。

网络干线的长度由数据传输速率和所使用的电缆类型决定。电缆系统中任何两点间的电缆距离不允许超过波特率允许的最大电缆距离。对只由一种电缆构成的干线，两点间的电缆距离为两点间的干线和支线电缆的长度和。DeviceNet 允许在干线系统中混合使用不同类型的电缆。支线长度是指从干线端子到支线上节点的各个收发器之间的最大距离，此距离包括可能永久连接在设备上的支线电缆。网络上允许支线的总长度取决于数据传输速率。

（2）终端电阻

DeviceNet 要求在每条干线的末端安装终端电阻。电阻的要求为：121 Ω、1% 金属膜电阻、0.25 W。终端电阻不可包含在节点中。将终端电阻包含在节点中很容易使网络由于错误布线（阻抗太高或太低）而导致网络故障。例如，移走含有终端电阻的节点会导致网络故障。终端电阻只应安装在干线两端，不可安装在支线末端。

（3）连接器

所有连接器支持 5 针类，即一对信号线、一对电源线和一根屏蔽线。所有通过连接器连到 DeviceNet 的节点都有插头，此规定适用于密封式和非密封式连接器及所有消耗或提供电源的节点。无论选择什么样的连接器，应保证设备可在不切断和干扰网络的情况下脱离网络。不允许在网络工作时布线，以避免诸如网络电源短接、通信中断等问题的发生。

（4）设备分接头

设备端子提供连接到干线的连接点。设备可直接通过端子或通过支线连接到网络，端子可使设备无需切断网络运行就可脱离网络。

（5）电源分接头

通过电源分接头将电源连接到干线。电源分接头不同于设备分接头，其包含下列部件：

1）一个连在电源 $U+$ 上的肖特基二极管，允许连接多个电源（省去了用户电源）。

2）两根熔丝或断路器，以防止总线过电流而损坏电缆和连接器。连接到网络后，电源分接头的特性提供信号线、屏蔽线和 $U-$ 线的不间断连接；在分接头的各个方向提供限流保护；提供到屏蔽/屏蔽线的网络接地。

电源分接头可加在网络的任何一点，可以实现多电源的冗余供电。干线的额定电流为 8A。光隔离设计允许外部供电的设备（如交流电动机起动器和阀门线圈）分享同一总线电缆，而其他基于 CAN 的网络只允许整个网络由一个电源供电。

（6）网络接地

DeviceNet 应在一点接地。多处接地会造成接地回路，而网络不接地将增加对静电放电（ESD）和外部噪声源的敏感度。单个接地点应位于电源分接头处，密封 DeviceNet 电源分接头的设计应有接地装置，接地点也应靠近网络的物理中心。干线的屏蔽线应通过铜导体连接到电源地或 $U-$。铜导体可为实心体、绳状或编织线。如果网络已经接地，则不要再把电源地或分接头的接地端接地。如果网络中有多个电源，则只需在一个电源处把屏蔽线接地，接地点应尽可能靠近网络的物理中心。

3. 物理层信号

DeviceNet 的物理层信号采用 CAN 的物理层信号。CAN 协议规范定义了两种互补的逻辑电平：显性（Dominant）和隐性（Recessive）。例如，在 DeviceNet 总线接线情况下，显性电平用逻辑“0”表示，隐性电平用逻辑“1”表示。

7.2.2 DeviceNet 的数据链路层

DeviceNet 的数据链路层遵循 CAN 协议规范，并通过 CAN 控制器芯片实现。DeviceNet 的数据链路层中 MAC 子层的功能主要是传送规则，即控制帧结构、执行仲裁、错误检测、出错标定和故障界定。LLC 子层的主要功能是为数据传送和远程数据请求提供服务，确认由 LLC 子层接受的报文实际已被接受，并为恢复管理和通知超载提供信息。

1. MAC 帧

CAN 在 MAC 子层定义了 4 种帧格式，分别是数据帧、远程帧、超载帧和出错帧。在 DeviceNet 上传输数据采用的是数据帧格式；远程帧格式在 DeviceNet 中没有使用；超载帧是用来进行数据流的控制，在 DeviceNet 中没有使用，但也没有禁用；出错帧则用于错误和意外情况的处理。

2. 总线仲裁机制

网络上各节点要通信时，哪个节点有优先权在网上发送数据？几个节点同时在网上发送数据，发生“碰撞”时，谁有权继续发送？各种网络的媒体访问控制协议就是负责整个“仲裁”的。以太网采用带碰撞的载波监听多路访问冲突检测仲裁机制。DeviceNet 和 CAN 采用优先级仲裁机制，即带非破坏性的载波监听多路访问逐位仲裁（CSMA/NBA）机制。

CAN 协议规范定义总线数值为两种互补的逻辑数值之一：显性（逻辑 0）和隐性（逻辑 1）。任何发送设备都可以驱动总线为显性，当同时向总线发送显性位和隐性位时，最后总线上出现的是“显性”位。当且仅当总线空闲或发送隐性位期间，总线为隐性状态。

在总线空闲时，每个节点都可尝试发送，但如果多于两个的节点同时开始发送，发送权的竞争需要通过 11 bit 标识符的逐位仲裁来解决。DeviceNet 采用 CSMA/NBA 的方法解决总线访问冲突问题。网络上每个节点拥有一个唯一的 11 bit 标识符，这个标识符的值决定了总线冲突仲裁时节点优先级的高低。标识符值越小，优先级越高，标识符值小的节点在竞争仲裁中为获胜的一方。这种机制不同于以太网，总线上不会发生冲突，竞争中获胜的节点可以继续发送，直至完成为止。这种机制保证了总线上的信息不会丢失，总线资源也得到最大程度的利用，不会浪费。

3. 错误诊断和故障界定机制

DeviceNet 的故障界定机制参考了 CAN 现场总线的错误界定机制。同样，为进行故障界定，在 DeviceNet 上的每个节点中都设有两种计数器：发送错误计数器和接收错误计数器。

7.2.3 DeviceNet 的应用层

DeviceNet 的应用层规范详细定义了有关连接、报文传送和数据分割等方面的内容。

1. DeviceNet 的连接和报文组

DeviceNet 是基于“连接”的网络，网络上的任意两个节点在开始通信之前必须事先建立连接，这种连接是逻辑上的关系，并不是物理上实际存在的。在 DeviceNet 中通过一系列参数和属性对连接进行描述，如该连接所使用的标识符（即 DeviceNet 数据帧中的 11 bit 标识符），该连接传送报文的类型、数据长度、路径信息的产生方式、报文传送频率和连接的状态等。DeviceNet 不仅允许预先设置或取消连接，也允许动态建立或撤销连接，这使通信具有更大的灵活性。

在 DeviceNet 中，每一个连接由一个 11bit 的连接标识符（Connection ID，CID）来标识，

该 11 bit 的连接标识符包括了媒体访问控制标识符（MAC ID）和报文标识符（Message ID）。DeviceNet 用连接标识符将优先级不同的报文分为 4 组。连接标识符属于组 1 的报文优先级最高，通常用于发送设备的 I/O 报文；连接标识符属于组 4 的报文优先级最低，用于设备离线时的通信。DeviceNet 所定义的 4 个报文组见表 7-2。

表 7-2 DeviceNet 的报文分组

标识符											十六进制范围	标识符分组
10	9	8	7	6	5	4	3	2	1	0		
0	组 1 报文 ID				源 MAC ID						000 ~ 3FF	报文组 1
1	0	MAC ID						组 2 报文 ID			400 ~ 5FF	报文组 2
1	1	组 3 报文 ID			源 MAC ID						600 ~ 7BF	报文组 3
1	1	1	1	1	组 4 报文 ID（0—2F）						7C0 ~ 7EF	报文组 4
1	1	1	1	1	1	1	×	×	×	×	7F0 ~ 7FF	无效 CAN 标识符

MAC ID 为 DeviceNet 上的每一个节点分配一个整数标识值，用于在网络上识别这一个节点。MAC ID 为 6 bit 二进制数，可标识 64 个节点。6 bit 的 MAC ID 从 0 到 63，通常由设备上的拨码开关设定。MAC ID 有源和目的之分。源 MAC ID 分配给发送节点，报文组 1 和组 3 需要在标识区内指定源 MAC ID；目的 MAC ID 分配给接收设备，报文组 2 允许在标识区的 MAC ID 部分指定源或目的 MAC ID。

Message ID（也可称为报文 ID）用于标识一个连接所使用的通信通道。Message ID 是在特定端点内的报文组中识别一个报文。用 Message ID 在特定端点内单个报文组中可以建立多重连接。Message ID 的位数对不同的报文组是不一样的，组 1 为 4 bit（16 个信道），组 2 为 3 bit（8 个信道），组 3 为 3 bit（8 个信道），组 4 为 6 bit（64 个信道）。

（1）报文组 1

在组 1 的传输中，总线访问优先权被均匀地分配到网络的所有设备上。当两个或多个组 1 报文进行 CAN 总线访问仲裁时，小数字的组 1 报文 ID 值的报文将赢得仲裁，并获得总线访问权。

报文组 1 标识符分配见表 7-3。

表 7-3 报文组 1 标识符分配

标识位											报文 ID 的意义
10	9	8	7	6	5	4	3	2	1	0	
0	组 1 报文 ID				源 MAC ID						组 1 报文
0	0	0	0	0	源 MAC ID						组 1 报文标识符
0	0	0	0	1	源 MAC ID						
0	0	0	1	0	源 MAC ID						
0	0	0	1	1	源 MAC ID						
0	0	1	0	0	源 MAC ID						
0	0	1	0	1	源 MAC ID						

（续）

标识位											报文 ID 的意义
10	9	8	7	6	5	4	3	2	1	0	
0	0	1	1	0	源 MAC ID						组 1 报文标识符
0	0	1	1	1	源 MAC ID						
0	1	0	0	0	源 MAC ID						
0	1	0	0	1	源 MAC ID						
0	1	0	1	0	源 MAC ID						
0	1	0	1	1	源 MAC ID						
0	1	1	0	0	源 MAC ID						
0	1	1	0	1	源 MAC ID						
0	1	1	1	0	源 MAC ID						
0	1	1	1	1	源 MAC ID						

（2）报文组 2

在组 2 内，MAC ID 可以是发送节点的 MAC ID（源 MAC ID），也可以是接收节点的 MAC ID（目的 MAC ID）。当通过组 2 建立连接时，端点将确定是源 MAC ID 还是目的 MAC ID。当两个或多个组 2 传输数据进行 CAN 总线仲裁时，其 MAC ID 数值较小的报文将获得总线访问权。报文组 2 标识符的分配见表 7-4。

表 7-4　报文组 2 标识符分配

标识位											报文 ID 的意义
10	9	8	7	6	5	4	3	2	1	0	
1	0	源或目的 MAC ID						组 2 报文 ID			组 2 报文
1	0	源或目的 MAC ID						0	0	0	组 2 报文标识符
1	0	源或目的 MAC ID						0	0	1	
1	0	源或目的 MAC ID						0	1	0	
1	0	源或目的 MAC ID						0	1	1	
1	0	源或目的 MAC ID						1	0	0	
1	0	源或目的 MAC ID						1	0	1	
1	0	目的 MAC ID						1	1	0	为预定义主从连接管理保留
1	0	目的 MAC ID						1	1	1	重复 MAC ID 检查报文

（3）报文组 3

在组 3 中，报文 ID 描述了由一个特定端点交换的各种组 3 报文。动态建立的显式报文连接在组 3 传输，并将 5（响应）和/或 6（请求）置于 CAN 标识区的组 3 报文 ID 部分。这些报文被认为是未连接显式报文。未连接显式报文由未连接报文管理器（UCMM）进行处理。报文组 3 标识符的分配见表 7-5。

表 7-5　报文组 3 标识符分配

标识位											报文 ID 的意义
10	9	8	7	6	5	4	3	2	1	0	
1	1	组 3 报文 ID			源 MAC ID						组 3 报文
1	1	0	0	0	源 MAC ID						组 3 报文标识符
1	1	0	0	1	源 MAC ID						
1	1	0	1	0	源 MAC ID						
1	1	0	1	1	源 MAC ID						
1	1	1	0	0	源 MAC ID						
1	1	1	0	1	源 MAC ID						未连接显示响应报文
1	1	1	1	0	源 MAC ID						未连接显示请求报文

在组 3 的传输中，总线访问优先权将均衡地分配给网络中的所有节点。当两个或多个组 3 报文接受 CAN 总线访问仲裁时，组 3 报文 ID 值较小的报文将赢得仲裁，并获得总线访问权。

（4）报文组 4

在组 4 中，报文 ID 2C ~2F 将全部用于离线连接组报文。报文组 4 标识符的分配见表 7-6 所示。

表 7-6　报文组 4 标识符分配

标识位											报文 ID 的意义
10	9	8	7	6	5	4	3	2	1	0	
1	1	1	1	1	组 4 报文 ID						组 4 报文
1	1	1	1	1	0 ~ 2B						保留的组 4 报文
1	1	1	1	1	2C						通信故障响应报文
1	1	1	1	1	2D						通信故障请求报文
1	1	1	1	1	2E						离线所有权响应报文
1	1	1	1	1	2F						离线所有权请求报文
1	1	1	1	1	1	1	×	×	×	×	无效的 CAN 标识符

未连接显式报文建立和管理显式报文连接。通过发送一个组 3 报文（报文 ID 值设置成 6）来指定未连接的请求报文。对未连接显式请求的响应将以未连接响应报文的方式发送。通过发送一个组 3 的报文（报文 ID 值设置成 5）来指定未连接响应报文。

UCMM 负责处理未连接显式请求和响应。UCMM 需要一台设备将未连接显式请求报文 CAN 标识符从所有可能的源 MAC ID 中筛选出来。

显式报文连接是无条件的点对点连接。点对点连接只存在于两台设备之间。请求打开连接（源发站）的设备是连接的一个端点，接收和响应这个请求的模块是另一个端点。

动态 I/O 连接是通过先前建立的显式报文连接的连接分类接口而建立的。

2. DeviceNet 的报文

DeviceNet 定义了两种报文：I/O 报文和显式报文。

（1）I/O 报文（I/O Message）

I/O 报文适用于实时性要求较高和面向控制的数据，它提供了在报文发送过程和多个报文接收过程之间的专用通信路径。I/O 报文对传送的可靠性、送达时间的确定性及可重复性有很高的要求。I/O 报文的格式如图 7-7 所示。

图 7-7　I/O 报文的格式

I/O 报文通常使用优先级高的连接标识符，通过一点或多点连接进行信息交换。I/O 报文数据帧中的数据场不包含任何与协议相关的位，仅仅是实时的 I/O 数据。连接标识符提供了 I/O 报文的相关信息，在 I/O 报文利用连接标识符发送之前，报文的发送和接收设备都必须先进行设定，设定的内容包括源和目的对象的属性以及数据生产者和消费者的地址。只有当 I/O 报文长度大于 8B（最大尺寸），需要分段形成 I/O 报文片段时，数据场中才有 1B 供报文分段协议使用。I/O 连接检查连接对象的 produced_connection_size 的属性。如果 produced_connection_size 的属性大于 8 B，那么使用分段协议。

分段协议位于数据区的一个单字节中，报文分段格式如图 7-8 所示。

字节数	7	6	5	4	3	2	1
0	分段类型		分段计数器				
	I/O 报文分段						

图 7-8　报文分段的格式

其中，分段类型表明是首段、中间段，还是最后段的发送；分段计数器标志每一个单独的分段，这样接收器就能够确定是否有分段被遗失。如果分段类型是第一个分段，每经过一个相邻连续分段，分段计数器加 1；当计数器值达到 64 时，又从 0 值开始。

I/O 报文有时也称为隐式报文，由于它的数据域中常常不包含协议信息，因此节点处理这些报文所需的时间大大缩短。I/O 报文的一个例子是控制器将输出数据发送给一个 I/O 模块设备，然后 I/O 模块按照它的输入数据回应给控制器。

（2）显式报文（Explicit Message）

显式报文适用于设备间多用途的点对点报文传递，是典型的请求 - 响应通信方式，常用于上传/下载程序、修改设备组态、记载数据日志，以及作趋势分析和诊断等。其结构十分灵活，数据域中带有通信网络所需的协议信息和要求操作服务的指令。显式报文利用 CAN 的数据区来传递定义的报文，显式报文的格式如图 7-9 所示。

含有完整显式报文的传送数据区包括报文头和完整的报文体两部分。如果显式报文的长度大于 8B，则必须在 DeviceNet 上以分段方式传输。一个显式报文的分段包括报文头、分段协议和分段报文体三部分。

CAN 帧头	协议域和数据域（0～8B）	CAN 帧尾

图 7-9　显式报文的格式

1）报文头。显式报文的 CAN 数据区的 0 号字节指定报文头，其格式如图 7-10 所示。

字节数	7	6	5	4	3	2	1
0	Frag	XID	MAC ID				

图 7-10　报文头的格式

其中，Frag（分段位）指示此传输是否为显式报文的一个分段；XID（事务处理 ID）表明该区应用程序用以匹配响应和相关请求，该区由服务器用响应报文简单回复；MAC ID 包含源 MAC ID 或目的 MAC ID。

接收显式报文时，须检查报文头内的 MAC ID 区。如果在连接 ID 中指定目的 MAC ID，那么必须在报文头中指定其他端点的源 MAC ID；如果在连接 ID 中指定源 MAC ID，那么必须在报文头中指定接收模块的目的 MAC ID。

2）报文体。报文体包含服务区和服务特定变量。报文体的格式如图 7-11 所示。

	7	6	5	4	3	2	1	
报文体	R/R	服务代码						服务区
	服务特定变量							

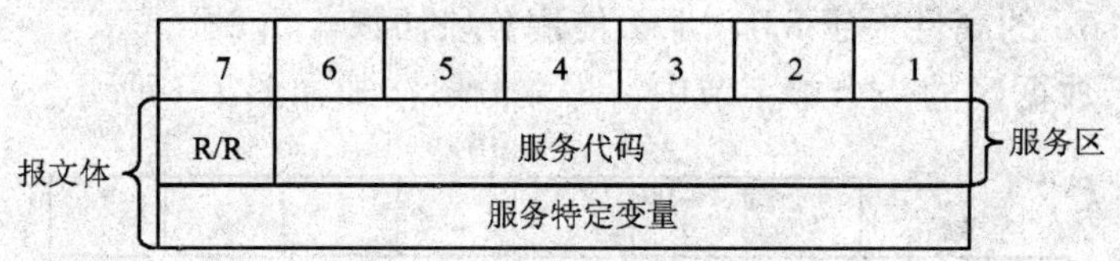

图 7-11　报文体的格式

报文体指定的第一个变量是服务区，用于识别正在传送的特定请求或响应。服务区内容如下：

R/R——服务区的最高位。该值决定了这个报文是请求报文还是响应报文。

服务代码——服务区字节低 7 位值，表示传送服务的类型。

报文体中紧接服务区之后的是正在传送的服务特殊类型的详细报文。

3）分段协议。显式报文连接检查要发送的每个报文的长度。如果报文长度大于 8B，那么就使用分段协议。如果传输的是显式报文的一个分段，那么该数据区包含报文头、分段协议以及报文体分段。分段协议用于大段显式报文的分段转发及重组。

显式报文分段协议位于数据区的一个单字节中，其格式如图 7-12 所示。

字节数	7	6	5	4	3	2	1
0	Frag	XID	MAC ID				
1	分段类型		分段计数器				
	显式报文分段						

图 7-12　分段协议的格式

其中，分段类型表明是首段、中间段，还是最后段的发送；分段计数器标志每一个单独的分段，这样接收器就能够确定是否有分段被遗失。如果分段类型是第一个分段，每经过一个相邻连续分段，分段计数器加 1；当计数器值达到 64 时，又从 0 值开始。分段协议在显式报文内的位置与在 I/O 报文内的位置是不同的，显式报文位于 1 字节，I/O 报文位于 0 字节。

每台设备必须能解释每个显式报文的含义，实现它所请求的任务，并生成相应的回应。为了按通信协议解释显式报文，在真正要用到的数据上必须有较大一块的附加量。这种类型的报文在数据量的大小和使用频率上都是非常不确定的。显式报文通常使用优先级低的连接标识符，并且该报文的相关信息直接包含在报文数据帧的数据场中，包括要执行的服务和相关对象的属性及地址。

3. UCMM 服务

UCMM 提供动态建立显式报文连接。UCMM 能支持未连接显式报文的接收和处理。UCMM 处理两种服务：一是打开显式报文连接，建立一个显式报文连接；二是关闭连接服务代码，删除一个连接对象并解除所有相关资源。

此外，UCMM 可以分配信息 ID、出错响应和设备侦听信息。

与 UCMM 相关的术语有：

1）具有 UCMM 功能的设备：指支持未连接报文管理器的设备。

2）仅限组 2 服务器：指无 UCMM 功能，必须通过预定义主/从连接组建立通信的从机（服务器），至少必须支持预定义主/从显式报文连接。仅限组 2 设备只能发送和接收预定义主/从连接组所定义的标识符。

3）仅限组 2 客户机：指仅作为组 2 客户机对组 2 服务器进行操作的设备。仅限组 2 客户机为仅限组 2 服务器提供 UCMM 服务的功能。

在设备间建立连接的一般规则是先建立未连接显式报文，再建立显式报文连接，最后建立 I/O 连接。

4. DeviceNet 的 I/O 数据触发方式

DeviceNet 支持多种 I/O 数据触发方式，如位-选通（Bit-Strobe）、轮询（Poll）、状态改变（Change of State，COS）和循环（Cyclic）等。

（1）位-选通

在位选通方式下，利用 8B 的广播报文，64 个二进制位的值对应着网络上 64 个可能的节点，通过位的标识，指定要求响应的从设备。主站通过位选通命令向已在主站扫描表中具有 MAC ID 的每个从站发送一位输出数据，表示是否需要它发送数据，选中的从站向主站返回最大 8B 输入数据和/或状态信息。位选通命令报文包含一个 8B 即 64 bit 数据串，一个输出位对应一个网络上的 MAC ID（0～63），如图 7-13 所示。

在图 7-13 中，主站给它的 5 个从站分别发送 1 bit 数据。注意从站的 MAC ID 并不需要连续，不管从站设备的数量和它们的 MAC ID 是多少，整个 64 bit 都一起发送。只有配置为消费位选通命令的从站接受该命令。

- 最低位字节的低位分配给 MAC ID = 0。
- 最高位字节的高位分配给 MAC ID = 63。

（2）轮询

位选通命令和响应报文在主站和从站之间只能传送少量 I/O 数据，而轮询命令和响应报文则可在主站和它的轮询从站之间传送任意数量的 I/O 数据。在轮询方式下，I/O 报文直接

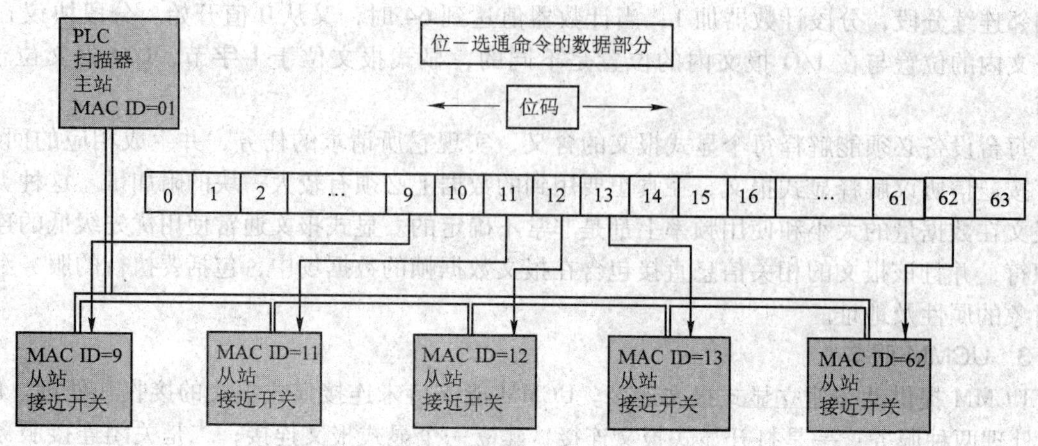

图 7-13　DeviceNet 选通命令

依次发送到各台从设备（点对点）。轮询命令是从主站发往从站的命令和输出数据。响应是从站接到主站的轮询命令后的回答。

1）轮询命令报文。轮询命令可将任意数量的输出数据（整体或分段）发送到目的从站设备。而从站设备则能够执行以下一种或所有动作：

- 忽略轮询命令（或许从站设备是选通设备，或没有分配轮询）。
- 消费轮询命令及其输出数据。
- 消费轮询命令，把它作为一个触发器，但忽略其输出数据。

并非所有 DeviceNet 设备都必须使用轮询输出数据。

2）轮询响应报文。轮询响应可由从站向主站返回任意数量（分段或不分段）的输入数据和/或状态报文。图 7-13 中的轮询应用由 1 个主站和 5 个从站组成。PLC 扫描器（主站）将轮询传感器，以获得输入报文，并向执行机构发送输出控制数据。

（3）循环

此方式适用于一些模拟设备，可以根据设备信号发生的快慢，灵活设定循环进行数据通信的时间间隔，这样就可以大大降低对网络带宽的要求。

循环可降低不必要的通信流和包处理。但它只保证在模拟量输入发生变化的可能时间内进行检测，而不是不断地快速采样。

（4）状态改变

此方式用于离散的设备，使用事件触发方式，当设备状态发生改变时，才发生通信，而不是由主设备不断地查询来完成。

采用状态改变方式，设备仅在其检测的状态发生变化时才发送数据。为了保证它的数据接受对象知道它目前所处的工作状态，DeviceNet 提供一种可调整的后台运行的节拍方式。设备在状态改变和节拍周期到时就发送数据，节拍的作用只是设备汇报它还在工作，没有被切除脱离网络。

后两种方式是利用主站或从站的状态改变或循环产生触发器来触发数据的传递，有主站的状态改变和从站的状态改变的区分。状态改变/循环报文可以是有应答的，也可以是无应答的。

预定义主/从站连接组可支持主/从站之间的状态改变或循环数据产生。状态改变和周期性轮询的默认设置都是应答交换式的，保证发送设备确定接收设备得到了数据。

多种可选的数据交换形式，均可由用户自由地指定。选择合理的数据通信方式可以明显地提高网络利用效率。

7.3 DeviceNet 设备描述

7.3.1 DeviceNet 设备的对象模型

1. 基本概念

1）设备：又称节点。如不特别指出，本书中的一个节点（或设备）只有一个网络接口。

2）对象：产品中一个特定成分的抽象表示。

3）类：也称对象类，是表现相同成分的对象的集合。类是一组对象的抽象，某类内的所有对象（除类本身）在形式及行为上是相似的。

4）实例：实际存在的对象。

5）属性：对象的外部可见特征或特性的描述。属性提供了一个对象的状态信息，以及管理对象的运行信息。

6）行为：对象如何运行的描述，是对象检测到不同的事件而产生的动作。

7）服务：对象及对象类提供的功能。DeviceNet 规范中提供了公共服务和对象类的特定服务的描述，还提供了制造商特定服务的定义。DeviceNet 公共服务的参数和行为在 DeviceNet 的规范中都作了详细的定义。

8）媒体访问控制标识符：分配给 DeviceNet 网络上每个节点的标识值，不同节点对应不同的标识符，范围为 0 ~ 63。

9）类标识符（Class ID）：分配给网络上可访问的每个类的标识。

10）实例标识符（Instance ID）：分配给每个对象实例的标识值，用于在相同类中不同实例的识别。寻址类本身时，实例 ID 值为 0。

11）属性标识符（Attribute ID）：分配给类属性及实例属性的标识。

12）服务代码（Service Code）：表示一个特定的对象实例及对象类所提供服务的标识。

13）连接 ID（Connection ID，CID）：连接建立后，与这个特定连接相关联的传输被赋予一个标识，该标识被称为连接 ID。DeviceNet 的连接 ID 置于 CAN 的标识符区内。

14）I/O 连接：在一个生产应用和一个或多个消费应用之间提供的专用的、具有特殊用途的通信路径，特定应用的 I/O 数据通过这一连接传输。

15）显式报文连接：在两个节点之间建立的一个通用的、多用途的通信路径。显式报文采用典型的请求/响应通信方式。

16）客户机：DeviceNet 网络中的主站节点，它能主动发送显式请求报文。

17）服务器：DeviceNet 网络中的从站节点，它只能被动接收显式请求报文。

18）客户端：又称客户端口，在连接中主动发送数据的一端，可以是客户机的端口，也可以是服务器的端口。

19）服务端：又称服务端口，在连接中发送响应数据的一端，可以是客户机的端口，也可以是服务器的端口。

2. DeviceNet 对象模型

DeviceNet 节点采用抽象的对象模型进行描述。每一个 DeviceNet 节点都可以看做是对象的集合。DeviceNet 对象模型如图 7-14 所示。

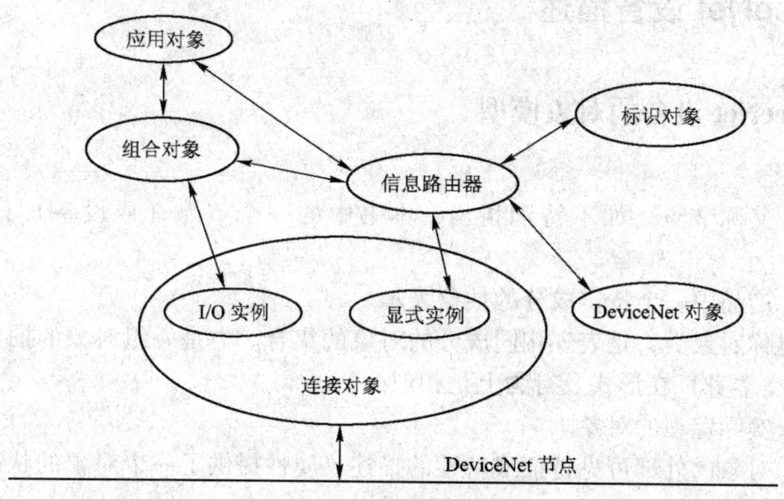

图 7-14　DeviceNet 对象模型

对象大体上可以分为两类：通信对象和应用对象。通信对象是指与本节点通信相关的对象，而应用对象是与该节点的具体应用相关的对象。

通信对象包括标识对象（Identity Object）、DeviceNet 对象（DeviceNet Object）、信息路由器（Message Router）和连接对象（Connection Object）。这几个对象是每一个 DeviceNet 节点必须具有的对象。应用对象包括应用程序特有对象，如离散输入对象（Discrete Input Point Object）；还包括应用程序通用对象，如参数对象（Parameter Object）和组合对象（Assembly Object）。

7.3.2　DeviceNet 设备的对象描述

1. 标识对象

标识对象类标识符：01hex。

标识对象提供设备的标识和一般信息。所有的 DeviceNet 产品中都必须有标识对象。一般来说，如果一个设备是一个厂家生产的，就只有一个标识对象类的实例；如果设备是由多个组件构成的，如不同厂家的产品组合为一个具有公共 DeviceNet 接口的设备，则标识对象类有多个实例。

2. 信息路由器对象

信息路由器对象类标识符：02hex。

信息路由器对象提供一个节点内的信息传输连接点。

3. DeviceNet 对象

DeviceNet 对象类标识符：03hex。

DeviceNet 对象提供了节点物理连接的配置及状态。一个 DeviceNet 产品至少要支持一个物理网络接口，一个物理网络接口对应唯一一个 DeviceNet 对象。如果一个产品有 2 个或 2 个以上的物理网络接口，则有相应个数的 DeviceNet 对象。

4. 连接对象

连接对象类标识符：05hex。

连接对象用于分配和管理与 I/O 及显式信息连接有关的内部资源。由连接对象生成的特定实例称为连接实例或连接对象实例。每一个连接对象实例对数据的接收和发送都与链接生产者和链接消费者有关，它们之间的关系如图 7-15 所示。

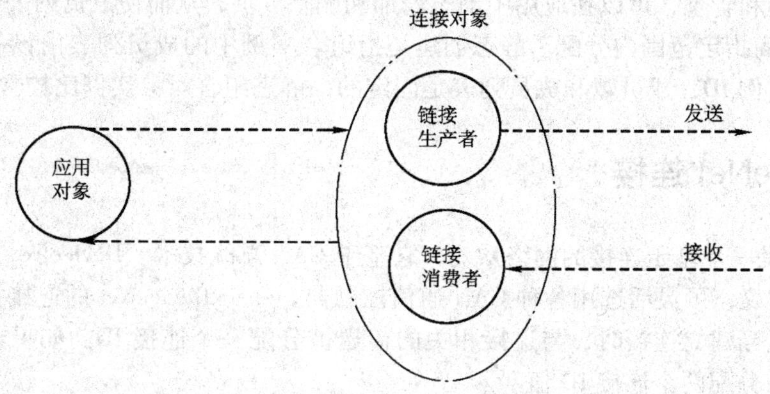

图 7-15 连接对象和链接生产者/消费者的关系

5. 连接定时

在一个连接中包含 3 种基本类型的定时器：

- 传输触发定时器（Transmission Trigger Timer）。
- 休眠/看门狗定时器（Inactivity/Watchdog Timer）。
- 生产禁止定时器（Production Inhibit Timer）。

前两个定时器都是由连接实例的 Expected_Packet_Rate 属性值来初始化的。

（1）传输触发定时器

该定时器要求由客户端口（并非指客户机节点，而是指一个连接的通信发起方）中的应用程序进行管理。该定时器溢出通知相关连接实例发送信息。如果自从定时器被激活以后一直没有进行信息生产，则应通知连接实例进行信息生产，以免服务端口（一个连接的通信响应方）的休眠/看门狗定时器溢出。

（2）休眠/看门狗定时器

该定时器由任意消费连接对象管理。这里的消费连接对象包括：Transport Class_Trigger 属性为传送分类 2 或 3 的客户机节点的连接对象以及所有服务器节点的连接对象。

（3）生产禁止定时器

该定时器由 I/O 连接中客户端口的连接实例进行管理。该定时器使两次数据产生的时间间隔不小于 Produced_Inhibit_Time 的属性值。

6. 组合对象

在 DeviceNet 规范中给出了 40 多个对象类的说明，并且随着技术的发展还在不断增多。

前面介绍的4个通信对象是每个产品都必须具有的，而应用对象对DeviceNet来说是可选的。其中，应用程序特有对象是与特定产品相关的；应用程序通用对象主要有组合对象、参数对象等。组合对象是在节点设计中比较常用的对象类，下面对其作简单介绍，至于其他的对象类可以参看DeviceNet规范。

组合对象类标识符：04hex。

组合对象可以组合多个应用对象实例的属性，如将多个Discrete Input Point对象实例中的属性值组合成一个组合实例中的属性值。组合对象一般用于组合I/O数据。

组合对象实例的创建可以是动态的，也可以是静态的。动态创建是指组合实例中的成员列表由用户创建和管理，可以在应用中动态增加和删除成员，从而使成员列表改变，组合实例ID应在供应商指定范围内分配。静态创建是指组合实例中的成员列表由设备描述或产品制造商定义，实例ID、成员数和成员列表是固定的，静态组合对象实例比较常用。

7.4 DeviceNet连接

DeviceNet是一个基于连接的网络系统，它基于CAN总线技术。DeviceNet总线只要求支持CAN 2.0A协议，可灵活选用各种CAN通信控制器。一个DeviceNet的连接提供了多个应用之间的路径。当建立连接时，与连接相关的传送被分配一个连接ID。如果连接包含双向交换，那么应该分配两个连接ID值。

7.4.1 建立连接

1. 显式报文连接和UCMM

非连接显式报文建立和管理显式报文连接。通过发送一个组3报文（报文ID值设置为6）来指定非连接的请求报文，对非连接显式请求的响应将以非连接响应报文的方式发送，通过发送一个组3的报文（报文ID值设置为5）来指定非连接响应报文。

UCMM负责处理非连接显式请求和响应。UCMM需要一个设备将非连接显式请求报文CAN标识符从所有可能的源MAC ID中筛选出来。UCMM报文流图如图7-16所示。

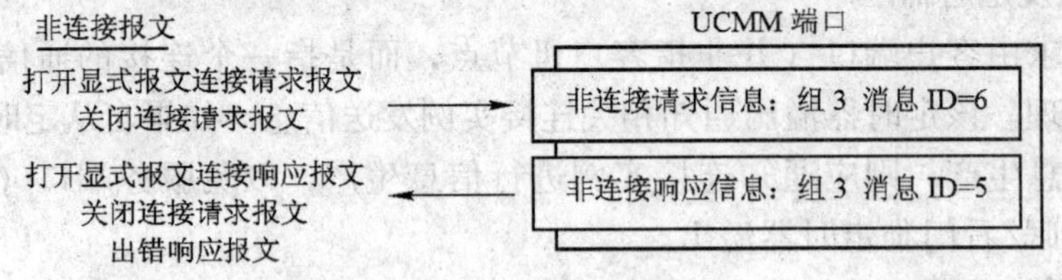

图7-16 UCMM报文流图

支持UCMM的设备同样必须筛选重名的MAC ID，检查报文和任何其他建立连接相关的连接ID。这些筛选要求通过使用具有掩码/匹配功能的CAN芯片筛选器来实现，该筛选器能够接收所有组3报文。这样就可能支持UCMM接收大量报文说明，该说明必须在软件中得以筛选。与低端设备特定相关的资源限制可以禁止这一级的软件筛选。

显式报文连接是无条件点对点连接。点对点连接只存在于两个设备之间，请求打开连接（源发站）的设备是连接的一个端点，接收和响应这个请求的模块是另一个端点。

2. I/O 连接

动态 I/O 连接是通过先前建立的显式报文连接的连接分类接口而建立的。以下为动态建立 I/O 连接所必须完成的任务。

- 与将建立 I/O 连接的一个端点建立显式报文连接。
- 通过向 DeviceNet 连接分类发送一个创建请求来创建一个 I/O 连接对象。
- 配置连接实例。
- 应用 I/O 连接对象执行的配置，这样做将实例化服务于 I/O 连接所必需的组件中。
- 在另一个端点重复以上步骤。

DeviceNet 并不要求支持 I/O 连接的动态建立。

动态处理便于不同种类的 I/O 连接的建立。该规范并不规定何方可以执行连接配置的任何规则。I/O 连接可以是点到点的，也可以是多点的。多点通信连接允许多个节点收听单点发送。

3. 离线连接组

组 4 离线连接组报文可由客户机用来恢复处于通信故障状态的节点。使用离线连接组报文，客户机能够做到：

- 通过 LED 闪烁可视觉表明正与之通信的故障节点。
- 如可能，则向故障节点发送故障恢复报文。
- 在不从子网上拆除故障节点的情况下，恢复故障节点。

只有支持离线连接设备的客户机才产生使用组 4 报文 ID = 2F 的报文，并接收响应报文，组 4 报文 ID = 2E。一旦获取所有权，客户机应该产生所有使用组 4 报文 ID = 2D 的发往通信故障节点的报文。

当处在通信故障状态时，支持这一特性的节点只需消费单个的连接 ID；组 4 报文 ID = 2D。一个故障节点将以组 4 报文 ID = 2C 的形式产生通信故障响应报文。

客户机一旦得到了离线连接组所有权，它就能够发送通信故障请求报文；组 4 报文 ID = 2D，并接收通信故障响应报文；组 4 报文 ID = 2C。

4. 离线所有权

为了获得离线连接组的控制权，客户机应产生一个离线所有权请求报文。在此报文成功发送后，客户机应等待 1 s。如果没有收到响应报文，它将产生第二个离线所有权请求报文，并再等待 1 s。如果还没有收到响应报文，它将成为离线请求报文的所有者。如果在任一等待时间内收到离线所有权响应报文，它将不成为离线连接设备的所有者，而是等待成为所有者。在某时刻任意点上只允许有一个客户机拥有离线连接组的所有权，一个等待的客户机在收到离线所有权响应报文后至少 2 s 内不能发出下一个离线所有权请求报文。

5. 通信故障报文

通信故障状态下所有支持故障恢复机制的节点将收到以组 4 报文 ID = 2D 的形式产生的通信故障请求报文。此时。通信故障节点将以组 4 报文 ID = 2C 的形式产生一个通信故障响应报文。

7.4.2 DeviceNet 预定义主/从连接组

1. 基本概念

通用模式要求利用显式报文连接，在每个连接端点手工创建和配置连接对象，以“通用模式”为基础定义一套连接，此连接能方便主/从关系中常见的通信，此连接以下称为预定义主/从连接组。主站（Master）是指为过程控制器收集和分配 I/O 数据的设备，从站（Slave）则指主站从该处收集 I/O 数据及向它分配 I/O 数据的设备。

主站“拥有”其 MAC ID 在扫描清单中的从站，主站检查其扫描清单以决定与哪一个从站通信，然后发送命令。除了重复 MAC ID 检查，在主站通知授权前从站不能启动任何通信。一个主站和多个从站的连接如图 7-17 所示。

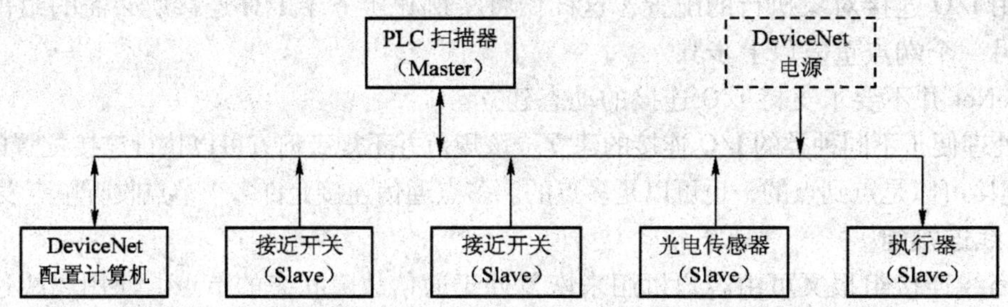

图 7-17　DeviceNet 主/从应用示例

预定义主/从连接组使用下列常用术语：

（1）组 2 服务器

指具有 UCMM 功能并被指定在预定义主/从标识符连接中充当服务器的设备，见 DeviceNet 从站。

（2）组 2 客户机

指在服务器中获得预定义主/从连接组的所有权并且在这些连接中充当客户机的设备，见 DeviceNet 主站。

（3）具有 UCMM 功能的设备

指支持非连接报文管理的设备。

（4）无 UCMM 功能的设备

一般较低级的设备，由于网络中断管理和第一代 CAN 芯片的屏蔽能力，不支持 UCMM。

（5）仅限于组 2 的服务器

指无 UCMM 功能，必须通过预定义主/从连接组建立通信的从站（服务器）（至少必须支持预定义主/从显式报文连接）。仅限组 2 的设备只能发送和接收预定义主/从连接组所定义的标识符。

（6）仅限于组 2 的客户机

指仅作为组 2 的客户机对组 2 服务器操作的设备，仅限组 2 的客户机为仅限组 2 的服务器提供 UCMM 功能。

（7）DeviceNet 主站

作为主/从应用的一个类型，DeviceNet 主站是为处理控制器收集和分配 I/O 数据的设备，主站以它的扫描序列为基础扫描它的从站。在网络中，主站是指组 2 客户机或仅限于组 2 客户机。

（8）DeviceNet 从站

作为主/从应用的一个类型，从站在主站扫描到时返回 I/O 数据。在网络中，从站是组 2 服务器或仅限组 2 服务器。

（9）预定义主/从连接组

一种能方便通信，特别是在主/从关系常见的连接中。在预定义主/从连接组定义中省略了创建和配置应用与应用之间连接的许多步骤，这样做是为了用比较少的网络和设备资源来创建一个通信环境。

2. 预定义主/从标识区

预定义主/从连接组相关的 CAN 标识区见表 7-7。表 7-7 中定义了在预定义主/从连接组中所有基于报文的连接所使用的标识符，同时也给出了预定义主/从连接对象相关的 produced_connection_id 和 consumed_connection_id 属性。

表 7-7　预定义主/从连接组标识区

标识位											标识用途	十六进制范围
10	9	8	7	6	5	4	3	2	1	0		
0	组 1 报文 ID				源 MAC ID						组 1 报文	000～3FF
0	1	1	0	1	源 MAC ID						从站 I/O 多点轮询响应报文	
0	1	1	1	0	源 MAC ID						从站 I/O 位－选通响应报文	
0	1	1	1	1	源 MAC ID						从站 I/O 轮询响应报文或状态变化/循环应答报文	
1	0	MAC ID						组 2 报文 ID			组 2 报文	400～5FF
1	0	源 MAC ID						0	0	0	主站 I/O 位－选通命令报文	
1	0	多点通信 MAC ID						0	0	1	主站 I/O 多点轮询命令报文	
1	0	目的 MAC ID						0	1	0	主站状态变化或循环应答报文	
1	0	源 MAC ID						0	1	1	从站显示/非连接响应报文	
1	0	目的 MAC ID						1	0	0	主站显示请求报文	
1	0	目的 MAC ID						1	0	1	主站 I/O 轮询命令、状态变化、循环变化	
1	0	目的 MAC ID						1	1	0	仅限组 2 非连接显示请求报文（预留）	
1	0	目的 MAC ID						1	1	1	重复 MAC ID 检查报文	

在表 7-7 中涉及的报文类型如下：

（1）I/O 位－选通命令/响应报文

位－选通命令是由主站发送的一种 I/O 报文；位－选通命令具有多点发送功能，多个从站能同时接受并响应同一个位－选通命令（多点发送功能）。位－选通响应是当从站收到位－选通命令后，由从站发送回主站的 I/O 报文。在从站中，位－选通命令和位－选通响应报文由同一个连接对象来接收和发送。

（2）I/O 轮询命令/响应报文

轮询命令是由主站发送的一种 I/O 报文。轮询命令指向单独特定的从站（点到点）。主站必须向它的每个要查询的从站分别发送不同的查询命令报文。轮询响应是当从站收到轮询命令后，由从站发送回主站的 I/O 报文。在从站中，轮询命令和轮询响应报文由同一个连接对象来接收和发送。

（3）I/O 状态变化/循环报文

主站和从站都可以发送状态变化/循环报文。状态变化/循环报文指向单独特定的节点（点到点），并返回一个应答报文作为响应报文。无论是在主站，还是在从站中，生产状态变化报文和消费应答报文都由同一个连接对象接收和发送。消费状态变化报文和生产应答报文由另一个连接对象接收和发送。

（4）I/O 多点轮询命令/响应报文

多点轮询命令是一个由主站发送的 I/O 报文。多点轮询指向一个或多个从站。多点轮询响应是在接收到多点轮询命令时，从站返回主站的 I/O 报文。在从站内，多点轮询命令和多点轮询响应报文由单个连接对象接收和发送。

（5）显式响应/请求报文

显式请求报文用于执行如读、写属性的操作。显式响应报文表明对显式请求报文的服务结果。在从站中，显式响应和请求报文由一个连续对象接收和发送。

（6）仅限组 2 非连接显式请求报文

仅限组 2 非连接显式请求报文端口用于分配或释放预定义主/从连接组。此端口（组 2，报文 ID =6）已预留，不可用做其他用途。

（7）仅限组 2 非连接显式响应报文

仅限组 2 非连接显式响应报文端口用于响应仅限组 2 非连接显式请求报文和发送设备监测脉冲/设备关闭报文，这些报文采用和显式响应报文相同的标识符（组 2，报文 ID =3）发送。

（8）重复 MAC ID 检查报文

DeviceNet 的每一个物理连接必须分配一个 MAC ID。这一配置包括人工设备，因此，同一链接上的两个模块具有相同 MAC ID 的情况将是很难避免的。因为定义每一个 DeviceNet 传输时都涉及 MAC ID，所以要求所有 DeviceNet 模块都参与重复 MAC ID 检测算法。组 2 中定义了一个特定的报文 ID 值，用以规定重复 MAC ID 检查报文。重复 MAC ID 检查报文的数据格式见表 7-8。

表 7-8　重复 MAC ID 检查报文的数据格式

字节位数	7	6	5	4	3	2	1	0
0	R/R	物理端口编号						
1	低字节	制造商 ID						
2	高字节							
3								
4	低字字	序列号						
5	高字节							
6								

其中，R/R 位为请求/响应标志；物理端口编号是 DeviceNet 内部分配给每个物理连接的一个识别值。完成与 DeviceNet 多个物理连接的产品必须在十进制数 0～127 范围内分配唯一的值。执行单个连接的产品设备值为 0；制造商 ID 为 16 位整数区（UINT），包含分配给报文发送设备的制造商识别代码；系列号为 32 位整数区（UDINT），包含由制造商分配给设备的系列号。

所有生产 DeviceNet 节点设备的制造商都将被分配一个制造商识别码。另外，当制造产品时，每一个制造商必须为每一个 DeviceNet 产品配置一个唯一的 32 bit 系列号。系列号对特定的制造商应该是唯一的。

对于不具有 UCMM 能力的从站，称为仅限组 2 从站。它没有能力接收通常的未连接显式报文，只能通过预定义主/从连接组内预留的未连接显式请求报文（组 2，报文 ID = 6）和从站的显式/未连接响应报文（组 2，报文 ID = 3）来实现预定义主/从连接的分配或删除。

许多传感器和执行装置执行规定的动作（如测量压力、起动电动机等），其数据的类型和流量在使用时已经确定。这些设备主要是输入/输出数据和接受组态数据等。用预定义的主/从连接已能满足这些功能。

7.4.3 预定义主/从连接的工作过程

1. 主/从关系的确定

系统运行中，欲成为组 2 客户机的设备首先要对服务器分配所需要的预定义主/从连接。分配预定义主/从连接的步骤如下：

1）客户机通过向服务器设备的 UCMM 端口发送打开显示报文连接请求，通过步骤 2）确定服务器是否为仅限组 2 服务器。

2）客户机自动启动等待响应定时器，该定时器的最小溢出值为 1s。

如果服务器成功响应（从它的 UCMM 端口），则设备具有 UCMM 功能，转到步骤 3）。

如果服务器没有响应（发生了等待响应超时），则重试向服务器设备的 UCMM 发送打开显式信息连接请求并再次启动等待响应定时器。如果收到响应，那么设备支持 UCMM 功能，转到步骤 3）；如果仍没收到响应（2 次等待响应超时），则假定设备为仅限组 2 设备（无 UCMM 功能），转到步骤 5）。

3）服务器具有 UCMM 功能，客户机通过发送 Allocate_Master/Slave_Connection_Set 报文，建立显式报文连接。通过建立的显式报文连接，可以分配预定义主/从连接。上述过程成功完成后，服务器（具有 UCMM 功能）成为组 2 服务器，客户机成为它的主站（组 2 客户机）。客户机可任意使用 UCMM 产生的显式报文连接或组 2 中的预定义主/从连接组显式报文连接（如果已经分配）。客户机在两种显式信息连接都能使用的情况下，优先使用预定义主/从连接中分配的显式报文连接。在这种情况下，服务器在设计时就应考虑具有处理这两种连接的能力。

如果服务器对 Allocate_Master/Slave_Connection_Set 报文产生错误响应，则认为服务器不支持预定义主/从连接组，或者该服务器已经充当其他组 2 客户机的组 2 服务器。错误响应信息中的错误代码可以用于判定是哪种情况发生。

4）如果服务器对 Allocate_Master/Slave_Connection_Set 报文成功响应，则意味着服务器按照 Allocate_Master/Slave_Connection_Set 服务的要求配置了预定义主/从连接组的实例，确认了自己的主站，并阻止其他客户机再使用预定义主/从连接组成为其主站，转到步骤 6）。

5）客户机将向服务器的仅限组 2 未连接显式请求报文端口发送 Allocate_Master/Slave_Connection_Set 报文，分配预定义主/从连接组。

如果预定义主/从连接组还没被分配，服务器发送响应成功报文，表明它已将连接组分配给该客户机，转到步骤 6）。

如果向服务器的仅限组 2 未连接显式请求报文端口发送 Allocate_Master/Slave_Connection_Set 报文后客户机超时，那么客户机会再次发送同一分配报文。如果再次出现超时，则客户机认为服务器设备不在当前链路上，分配失败。

6）分配过程结束。在任意给定的时间里每个从站（服务器）仅能接受一个主站（客户机）的分配预定义主/从连接。仅限组 2 客户机在对仅限组 2 服务器执行其他任何事务前，必须确信对相应仅限组 2 服务器的分配已成功完成。

2. 预定义主/从连接的使用过程

如果显式连接已经建立，可以通过显式连接进行 I/O 连接的分配以及各种属性参数的配置，如 Expected_Packet_Rate 属性值的设置和其他属性值的获取等。实际上，I/O 连接的建立有两种途径：一是主站通过仅限组 2 未连接报文建立 I/O 连接；二是主站通过显式报文连接建立 I/O 连接。建立起的 I/O 连接是未激活的，必须通过显式连接设置 I/O 连接的 Expected_Packet_Rate 属性值来激活。激活 I/O 连接后才能进行 I/O 数据的交换。释放显式连接或 I/O 连接可以通过仅限组 2 未连接显式报文或显式报文进行。

可见，在预定义主/从连接中使用的报文包括：仅限组 2 未连接显式请求报文、响应报文、显式请求和 I/O 报文。

通信功能最终都是通过连接实例完成，每一个实际存在的连接对象实例都被赋予 ID，以此作为连接实例的标识。在预定义主/从连接中，从站建立的连接实例 ID 是已经定义好的，包括显式信息连接、位－选通连接、轮询连接、状态变化/循环连接、多点轮询连接。连接实例 ID 见表 7-9。

表 7-9　预定义主/从连接的连接实例 ID

连接实例 ID	描　述
#1	标识服务器的显式信息连接，从站接收显式请求并返回相应响应
#2	标识轮询连接（I/O 连接），从站接收主站的轮询命令并返回相应的轮询响应
#3	标识位选－通连接（I/O 连接），从站接收主站的位－选通命令并返回相应的位－选通响应
#4	标识状态变化/循环连接（I/O 连接），从站（主站）发送状态变化/循环信息并接收主站（从站）的应答响应（如果需要应答）
#5	标识多点轮询连接（I/O 连接），从站接收主站的多点轮询命令并返回相关的多点轮询响应

从站必须预留预定义主/从连接所支持的实例 ID。例如，如果某设备支持轮询 I/O 连接，该设备必须使用连接实例 ID #2 来标识轮询连接实例；如果某设备不支持轮询连接，该设备可自由分配连接实例 ID #2 来标识其他连接实例。

3. 从站中连接实例的建立

显示实例可通过组 2 未连接显示请求报文建立；I/O 实例可通过未连接显式报文或显式报文建立，但只能通过显式报文激活。连接实例的建立都是通过分配主/从连接组（4Bhex）和释放主/从连接组（4Chex）两个服务进行的。类 3（DeviceNet 对象）实例 1 的分配选择字节（Allocation Choice Byte）是该服务的对象。DeviceNet 对象中的分配选择字节的内容见表 7-10。

表 7-10　分配选择字节的内容

位序	7	6	5	4	3	2	1	0
含义	保留	应答禁止	循环	状态变化	多点轮询	位-选通	轮询	显式

表中，第 7 位为保留位；第 6 位表示是否需要应答，与第 5 位或第 4 位配合使用；第 5 位和第 4 位只能设置其中的一种，对应连接实例 ID #4；第 3 位对应连接实例 ID #5；第 2 位对应连接实例 ID #3；第 1 位对应连接实例 ID #2；第 0 位对应连接实例 ID #1。上述各位置 1 表示有效。

(1) 主从连接组的分配和释放

不管连接 ID 对应的是仅限组 2 未连接显式请求报文，还是显式请求报文，执行分配主/从连接组时信息的数据域都采用表 7-11 的格式。

表 7-11　分配主/从连接组数据域格式

偏移地址	位							
	7	6	5	4	3	2	1	0
0	分段 (0)	XID	源 MAC ID					
1	R/R (0)	服务代码 (4Bhex)						
2	类 ID (03)							
3	实例 ID (01)							
4	分配选择 (Allocation Choice)							
5	0	0	主站 MAC ID					

表 7-11 中分配选择字节的内容见表 7-10。如果该字节为 01hex，则从站建立实例 1——显示信息连接实例；如果该字节为 02hex，则从站建立实例 2——轮询 I/O 连接实例。一般情况下，首先建立显式报文连接实例，然后建立 I/O 连接实例，例如，在建立了显式报文连接后，通过显式报文进行分配主/从连接组服务，假设分配选择字节设置为 06hex，则从站同时建立了实例 2 和实例 3。从站返回的成功响应分配主/从连接组的数据域格式见表 7-12。

表 7-12　从站返回的成功响应分配主/从连接组数据域格式

偏移地址	位							
	7	6	5	4	3	2	1	0
0	分段 (0)	XID	目的 MAC ID					
1	R/R (0)	服务代码 (4Bhex)						
2	保留位 (0)				信息体格式 (0~3)			

如果主站要释放某个连接实例，则采用释放主/从连接组信息，其数据域格式与表 7-11 基本一致，只是服务代码为 4Chex。所要释放的连接实例也是由分配选择字节的值来决定

的。从站返回的成功响应释放主/从连接组的数据域格式见表7-13。

表7-13　从站返回的成功响应释放主/从连接组数据域格式及内容

偏移地址	位							
	7	6	5	4	3	2	1	0
0	分段（0）	XID	目的MAC ID					
1	R/R（1）	服务码（4Chex）						

（2）从站连接实例的属性

建立一个实例的同时，实例的属性也进行了初始化，每个实例都可以通过显式报文来改变一些属性的值。

7.5　预定义主/从连接实例

预定义主/从连接组中定义了5个连接实例，对于一般的从节点，5个连接实例已经足够。下面主要介绍显示报文连接实例的建立以及如何传送数据。

7.5.1　显式报文连接

1. 显式报文连接的建立

在显式连接（显式报文连接）的建立过程中，会用到以下两条报文：

- 仅限组2未连接显式请求报文。该报文端口用于分配或释放预定义主/从连接组。此端口（组2，报文ID=6）已预留，不可用做其他用途。
- 仅限组2未连接显式响应报文。该报文端口用于响应仅限组2未连接显式请求报文。这些报文采用与显式响应报文相同的标识符（组2，报文ID=3）发送。

从站处于在线状态后，可以接收主站发送的仅限组2未连接显式请求报文。主站与从站建立显式报文连接，需要发送分配主/从连接组请求报文，其数据域的格式见表7-11。在从站节点中，如果接收到分配显式报文连接的请求，将建立一个显式连接实例，即连接类（Class ID 5）实例1。图7-18是一个显式报文连接建立的过程图例，这里假设主站的MAC ID为03hex，从站的MAC ID为06hex。

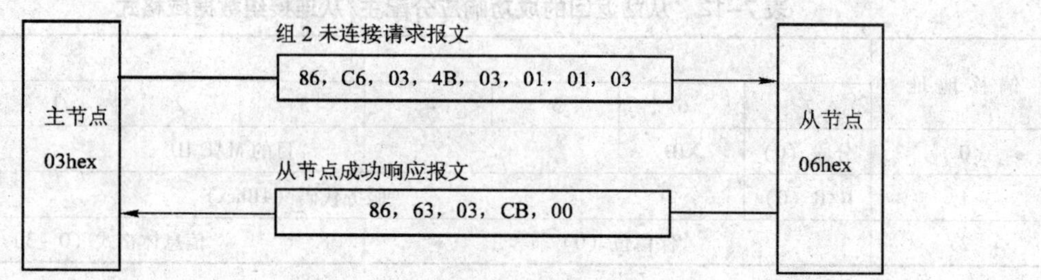

图7-18　显式报文连接的建立

2. 通过显式报文连接传送显式报文

主站和从站之间建立显式报文连接后，就可以进行显式报文的通信。显式报文通信是通过显式请求、响应报文进行的。

下面以主站的 MAC ID 为03hex，从站的 MAC ID 为06hex 为例，介绍显式报文的交换过程，如图 7-19 所示。

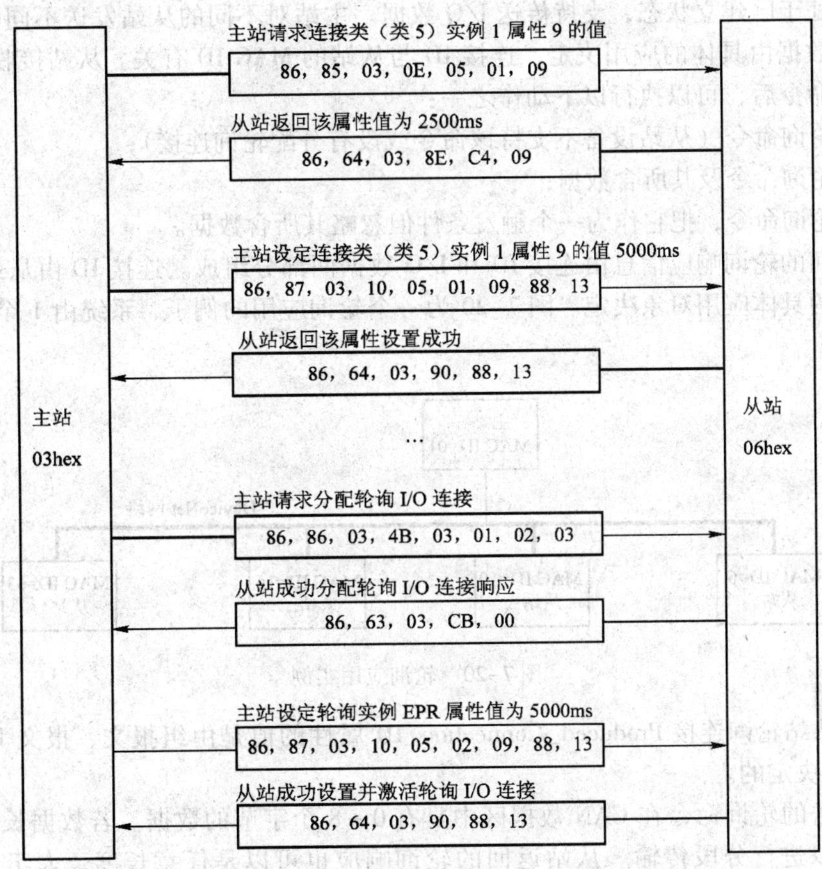

图 7-19 主站、从站之间显式连接报文的交换过程

从图 7-19 中可以看出，显式连接交换的报文一般指一些连接实例属性的获取、设置以及其他连接的配置（如分配轮询连接等）。主节点请求分配轮询 I/O 连接并得到从节点的成功响应后，就与从节点成功地建立了轮询 I/O 连接。其他 I/O 连接的建立与激活与轮询连接类似。

7.5.2 轮询连接

轮询连接是预定义主/从连接组中定义的 4 种 I/O 连接之一，轮询连接实例 ID 为 2。轮询连接传送的是 I/O 轮询命令和轮询响应报文。

轮询连接是点对点的，轮询命令可以将任意数量的数据（整体或分段）发送到目的从站设备，轮询响应报文可由从站向主站返回任意数量（整体或分段）的数据或状态报文。

1. 轮询连接实例的建立

轮询连接实例可以通过未连接显式报文或显式报文建立。图 7-19 中给出的就是主站通过显式报文请求分配轮询连接的例子。

2. 通过轮询连接传送 I/O 数据

主站、从站之间成功建立轮询连接并且主站向从站设置一次轮询连接的 EPR 属性值后，轮询连接即处于已建立状态，支持传送 I/O 数据。主站对不同的从站发送不同的轮询命令，轮询命令的数据由具体的应用决定，连接 ID 与从站的 MAC ID 有关。从站接收到主站发给自己的轮询命令后，可以执行以下动作之一：

- 忽略轮询命令（从站设备不支持该命令或没有分配轮询连接）；
- 消费轮询命令及其所含数据；
- 消费轮询命令，把它作为一个触发条件但忽略其所含数据。

从站返回的轮询响应信息由连接 ID 和 I/O 数据两部分组成。连接 ID 由从站决定，I/O 数据由从站的具体应用对象决定。图 7-20 为一个轮询应用的例子，系统由 1 个主站和 4 个从站组成。

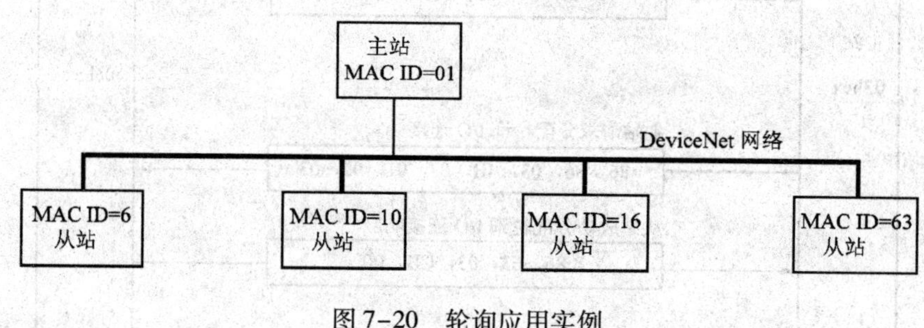

图 7-20　轮询应用实例

主站和从站轮询连接 Produced_Connection_ID 属性的值是由组报文、报文 ID 和从站的 MAC ID 共同决定的。

主站发送的轮询命令在 CAN 数据区中具有 0 ~ 8 个字节的数据。若数据长度大于 8 个字节，还可以进行分段传输。从站返回的轮询响应也可以是任意长度，大于 8 个字节也可以分段。

7.5.3　位－选通连接

位－选通连接是预定义主/从连接组中定义的 4 种 I/O 连接中的一种，连接实例 ID 为 3。在位－选通连接中传送 I/O 位－选通命令、位－选通响应报文。

位－选通命令、位－选通响应报文能迅速在主站和它的位－选通从站间传送少量的 I/O 数据。在 I/O 数据量较少时（少于 8 个字节），该传送方式是非常有效的。位－选通命令向其 MAC ID 已经在主站扫描表中的每个从站发送一位数据；位－选通响应从每个从站向主站返回最多达 8 个字节的数据、状态报文。

7.5.4　状态变化连接或循环连接

预定义主/从连接组支持状态变化（Change of State，COS）或循环（Cyclic）的点到点连接。传送的报文是 I/O 状态变化报文或循环报文。与其他 I/O 连接有所不同的是，主站和从站都可以主动进行报文发送。在主站主动进行报文发送时，主站的一个连接实例向从站发送状态变化命令报文或循环命令报文，从站的一个连接实例接收命令报文并返回响应报文；在从站主动进行报文发送时，从站的另一个连接实例向主站发送状态变化通知报文或循环通知报文，主站的另一个连接实例接收通知报文并返回响应报文。

状态变化连接和循环连接行为表现相同，在任意一个从节点的分配选择字节中，状态变化连接和循环连接只能配置一个，即任意情况下这两种连接只能存在一种。注意，从站状态变化连接或循环连接实例 ID 为 4，主站状态变化连接或循环连接实例 ID 为 2。

7.5.5 DeviceNet 的通信过程理解

假设 DeviceNet 网络上的主站地址为 0，从站（仅限组 2/预定义）地址为 7。接收 = 从站收到的报文（即主站发给从站的请求），发送 = 从站发出的报文（即从站发给主站的响应），DeviceNet 的帧格式如图 7-21 所示。其中，第 1 字节和第 2 字节为 CAN 标识符；第 3 ~ 10 字节为 CAN 数据。通信过程如下：

第 1 字节	ID_{10}	ID_9	ID_8	ID_7	ID_6	ID_5	ID_4	ID_3
第 2 字节	ID 2~0			RTR	DLH			
第 3 字节	frag	XID	MAC ID					
第 4 字节	R/R	服务码						
第 5～10 字节								

图 7-21 DeviceNet 的帧格式

1. open

接收：87 C6 00 4B 03 01 01 00

87 C6：仅限组 2，目的 MAC ID = 7，msg = 110（open explicit request），RTR = 0，DLH = 6；

00 4B：frag = 0，XID = 0，源 MAC ID = 0，R/R = 0，open service（4B）；

03：DeviceNet Class；

01：Instance ID；

01：allocation choice = explicit；

00：master MAC ID。

前 2 个字节解释如下：

第 1 字节：87H = 1000 0111B

其中，最高 2 位为 10，意义为仅限组 2；低 6 位为 000111，意义为目的 MAC ID = 7。

第 2 字节：C6H = 1100 0110B

其中，最高 3 位为 110，意义为 msg = 110；低 4 位为数据长度 DLH = 6；剩余 1 位为 0，表示 RTR = 0。

发送：87 63 00 CB 00

87 63：仅限组 2，目的 MAC ID = 7，msg = 011（open explicit response），RTR = 0，DLH = 3；

00 CB：frag = 0，XID = 0，R/R = 1，open service response；

00：body format = class/instance = 8/8。

2. allocate

接收：87 86 00 4B 03 01 02 00

87 86：仅限组 2，目的 MAC ID = 7，msg = 100（master explicit request），RTR = 0，DLH = 6；

00 4B：frag = 0，XID = 0，源 MAC ID = 0，R/R = 0，open service（4B）；

03：DeviceNet Class；

01：Instance ID；

02：poll；

00：master MAC ID。

发送：87 63 00 CB 00

87 63：仅限组 2，目的 MAC ID = 7，msg = 011（open explicit response），RTR = 0，DLH = 3；

00 CB：frag = 0，XID = 0，R/R = 1，open service response；

00：busy format = class/instance = 8/8。

3. vendor ID

接收：87 85 00 0E 01 01 01

87 85：仅限组 2，目的 MAC ID = 7，msg = 100（master explicit request），RTR = 0，DLH = 5；

00 0E：frag = 0，XID = 0，源 MAC ID = 0，R/R = 0，service（0E）= get_request；

01：ID Class；

01：Instance ID；

01：attribute ID。

发送：87 64 00 8E 01 00

87 64：仅限组 2，目的 MAC ID = 7，msg = 011（slave explicit response），RTR = 0，DLH = 4；

00 8E：frag = 0，XID = 0，R/R = 1，open service response = 8E；

01 00：service data = attribute data = vendor = 01；

4. device type

接收：87 85 00 0E 01 01 02

87 85：仅限组 2，目的 MAC ID = 7，msg = 100（master explicit request），RTR = 0，DLH = S；

00 0E：frag = 0，XID = 0，源 MACID = 0，R/R = 0，service（0E）= get_request；

01：ID Class；

01：Instance ID；

02：attribute ID。

发送：87 64 00 8E 01 00

87 64：仅限组 2，目的 MAC ID = 7，msg = 011（slave explicit response），RTR = 0，DLH = 4；

00 8E：frag = 0，XID = 0，R/R = 1，open service response = 8E；

01 00：service data = generic device。

5. product ID

接收：87 85 00 0E 01 01 03

87 85：仅限组 2，目的 MAC ID = 7，msg = 100（master explicit request），RTR = 0，DLH = 5；

00 0E：frag = 0，XID = 0，源 MACID = 0，R/R = 0，server（OE）= get_request；

01：ID Class；

01：Instance ID；

03：attribute ID。

发送：87 64 00 8E 01 00

87 64：仅限组 2，目的 MAC ID = 7，msg = 011（slave explicit response），RTR = 0，DLH = 4；

00 8E：frag = 0，XID = 0，R/R = 1，open service response = 8E；

01 00：service data = product ID。

6. error response（attribute_not_settable）

接收：87 86 00 10 05 01 0C 03

87 86：仅限组 2，目的 MAC ID = 7，msg = 100（master explicit request），RTR = 0，DLH = 6；

00 10：frag = 0，XID = 0，源 MAC ID = 0，R/R = 0，service（10）= set_attribute_single；

05：Connection Class；

01：Instance ID；

0C：attribute ID（watch dog timeout action）；

03：attribute data。

发送：87 64 00 94 0E FF

87 64：仅限组 2，目的 MAC ID = 7，msg = 011（slave explicit response），RTR = 0，DLH = 4；

00 94：service = 14（error response）；

0E：general code = attribute_not_settable；

FF：additional code = default_master_MAC_ID。

7. EPR（Expected_Packet_Rate）

接收：87 87 00 10 05 02 09 4B 00

87 87：仅限组 2，目的 MAC ID = 7，msg = 100（master explicit request），RTR = 0，DLH = 7；

00 10：frag = 0，XID = 0，源 MAC ID = 0，R/R = 0，service（10）= set_attribute_single；

05：Connection Class；

02：Instance ID；

09：attribute ID（error）；

4B 00：attribute data。

发送：87 64 00 90 50 00

87 64：仅限组 2，目的 MAC ID = 7，msg = 011（slave explicit response），RTR = 0，DLH = 4；

00 90：service response；

50 00：EPR（Expected_Packet_Rate）。

8. produced_connetion_size（1 byte）

接收：87 85 00 0E 05 02 07

87 85：仅限组 2，目的 MAC ID = 7，msg = 100（master explicit request），RTR = 0，DLH = 5；

00 0E：frag = 0，XID = 0，源 MAC ID = 0，R/R = 0，service（0E）= get_request；

05：Connection Class；

02：Instance ID；

07：attribute ID（produced_connection_size）。

发送：87 64 00 8E 01 00

87 64：仅限组 2，目的 MAC ID = 7，msg = 011(slave explicit response)，RTR = 0，DLH = 4；

00 90：service response；

01 00：1 byte。

9. consumed_connection_size（1 byte）

接收：87 85 00 0E 05 02 07

87 85：仅限组 2，目的 MAC ID = 7，msg = 100(master explicit request)，RTR = 0，DLH = 5；

00 0E：frag = 0，XID = 0，源 MAC ID = 0，R/R = 0，service(OE) = get_request；

05：Connection Class；

02：Instance ID；

08：attribute ID(consumed_connection_size)。

发送：87 64 00 8E 01 00

87 64：仅限组 2，目的 MAC ID = 7，msg = 011(slave explicit response)，RTR = 0，DLH = 4；

00 8E：service response；

01 00：1 byte。

7.6 网络访问状态机制

DeviceNet 产品必须执行的网络访问状态机制如下：

- 在 DeviceNet 上必须优先于通信所执行的任务。
- 影响产品在 DeviceNet 上通信能力的网络事件。

7.6.1 网络访问事件矩阵

网络访问状态机制的状态事件矩阵见表 7-14，执行过程将基于表 7-14 所列出的报文。

表 7-14 网络访问状态事件矩阵

事 件	状 态			
	发送重复 MAC ID 检查请求	等待重复 MAC ID 检查报文	在线	通信故障
成功发送重复 MAC ID 检查请求报文	启动 1 s 计时器，转换到等待重复 MAC ID 检查报文	不用	不用	不用
检测到 CAN 离线	CAN 芯片保持复位，转换到通信故障状态	CAN 芯片保持复位，转换到通信故障状态	访问 DeviceNet 对象的 BOI 属性，如果 BOI 属性表示 CAN 芯片应该保持复位，那么转换到通信故障状态。如果 BOI 属性表示 CAN 芯片应该自动复位，那么：①复位 CAN 芯片；②请求发送重复 MAC ID 检查请求报文；③转换到发送重复 MAC ID 检查请求状态	不用

(续)

事件	状态			
	发送重复 MAC ID 检查请求	等待重复 MAC ID 检查报文	在线	通信故障
接收到重复 MAC ID 检查请求报文	检测到重复 MAC ID，转换到通信故障状态	检测到重复 MAC ID，转换到通信故障状态	发送重复 MAC ID 检查响应报文	丢弃报文
接收到重复 MAC ID 检查响应报文	检测到重复 MAC ID，转换到通信故障状态	检测到重复 MAC ID，转换到通信故障状态	检测到重复 MAC ID，转换到通信故障状态	丢弃报文
1s 的重复 MAC ID 检查报文计时器到时	不用	如果这是第一个超时，那么再次请求发送重复 MAC ID 检查请求报文，并且转换到发送重复 MAC ID 检查请求状态。如果这是第二个连续的超时，那么转换到在线状态	不用	不用
内部报文传送请求	返回内部错误	返回内部错误	发送报文	返回内部错误
接收到一个非重复 MAC ID 检查请求/响应的报文或一个通信故障请求报文	丢弃报文	丢弃报文	正确处理接收到的报文	丢弃报文
接收到一个通信故障请求报文	丢弃报文	丢弃报文	丢弃报文	正确处理接收到的报文

只有下列两个来自 CAN 芯片的事件才影响网络访问状态机制：

- 发送成功执行。当一个报文被成功地发送到网络上的时候，发送这个指示，这是唯一导致从发送重复 MAC ID 检查请求转换到等待重复 MAC ID 检查报文的事件。
- 离线指示。这个指示将通知主机软件，CAN 芯片已经转换到离线状态，这导致访问 DeviceNet 对象的 BOI 属性，以确定所采取的步骤。

7.6.2 重复 MAC ID 检测

在网络访问状态机制内的这一主要步骤是执行重复 MAC ID 检测算法。DeviceNet 的每一个物理连接件必须被赋予一个唯一的 MAC ID，这个 MAC ID 的配置将包含人工干预，因此，在同一链路上的两个模块被赋予相同的 MAC ID 的情况是不可避免的。因为 MAC ID 与 DeviceNet 传输方法的定义有关，所有的 DeviceNet 模块都必须运用该重复 MAC ID 检测算法。报文组 2 内定义一个特定的报文用来执行重复 MAC ID 检测。

一个 DeviceNet 模块必须接收并处理任何在报文组 2 标识区中指定其 MAC ID 的重复 MAC ID 检查报文。在转换到在线状态之前，如果没有接收到随后的重复 MAC ID 请求或响应报文时，重复 MAC ID 检查请求报文必须连续发送两次。在发送一个重复 MAC ID 检查请求报文后，模块在等待超时和执行由网络访问状态机制定义的相应措施之前至少等待 1 s 的时间。

制造商 ID 及系列号都包含在重复 MAC ID 检查请求/响应报文内。制造商 ID 及系列号报文的存在确保了如果有两个或多个重复寻址模块试图在同一瞬间执行程序时，在发送重复 MAC ID 检查报文期间将会产生网络错误。

7.7 指示器和配置开关

7.7.1 指示器

指示器可协助维护人员快速地辨认出故障单元。DeviceNet 产品指示器必须满足以下要求：

- 无须拆卸设备的外壳和部件，即可看到指示器。
- 正常光线下，指示器读数清晰。
- 无论指示器是否点亮，标签和图标都应清晰可见。

DeviceNet 不要求产品一定具备指示器。但是，如果产品具有指示器，那么指示器必须符合本文所述规定。

双色（绿/红）的 LED 显示设备状态，它表明设备是否上电和运转是否正常，具体内容见表 7-15。

表 7-15 模块状态 LED

设备状态	LED 状态	表示
无电源	不亮	没对设备供电
设备运行	绿色	设备运行正常
设备处于待机状态（设备需要调试）	绿色闪烁	由于配置丢失、不完全或不正确，设备需调试，设备处于待机状态
小故障	红色闪烁	可恢复故障
不可恢复故障	红色	不可恢复故障，需更换
设备自检	红 - 绿色闪烁	设备自测

LED 的闪烁频率一般为 1Hz，LED 点亮和关闭各持续约 0.5s。

另外，还有网络状态 LED、组合模块/网络状态 LED 和 I/O 状态 LED。

7.7.2 配置开关

1. DeviceNet MAC ID 开关

使用 DIP（双列直插式封装）开关设置 MAC ID，该开关为二进制格式；使用旋转式、拨盘式或压轮式开关设置 MAC ID，则该开关为十进制格式。用户在配置开关时，最高位始终在产品的最左端或最上端。

2. DeviceNet 波特率开关

如果使用开关设置 DeviceNet 的波特率，其编码应按表 7-16 设置。

表 7-16 波特率开关设置编码

波特率/（kbit/s）	开关设置
125	0
250	1
500	2

7.7.3 指示器和配置开关的物理标准

DeviceNet 用户在面对来自不同厂家的产品时会觉得很方便，这是因为 DeviceNet 产品的指示器、开关、连接器有统一的标签。

DeviceNet 指示器和配置开关标签见表 7-17。

表 7-17 DeviceNet 指示器和配置开关标签

描　述	全　名	缩　写
模块状态 LED	模块状态	MS
网络状态 LED	网络状态	NS
组合模块/网络状态 LED	模块/网络状态	MNS
I/O 状态 LED	I/O 状态或 I/O	IO
MAC ID 开关	节点地址	NA
波特率开关	数据速率	DR

7.7.4 DeviceNet 连接器图标

5 针开放式 DeviceNet 连接器的图标如图 7-22 所示。为了清楚起见，各连接线的信号也标于图中，但这不是图标的组成部分。除了屏蔽线外，图示中其他每个连接旁都用一个色片来表示连接线的绝缘护套层颜色，除了白色，其他所有色彩都符合 Pantone 匹配系统（因为 Pantone 尚未定义白色）。

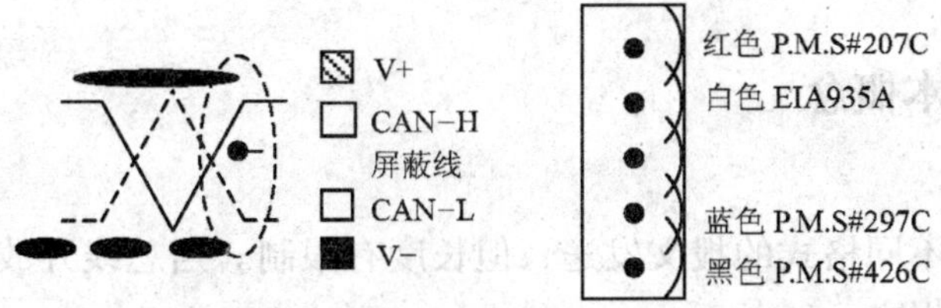

图 7-22 5 针开放式 DeviceNet 连接器图标

7.8 CAN 的技术规范

20 世纪 80 年代初，德国的 BOSCH 公司就提出了用 CAN 解决汽车内部的复杂硬信号接线。目前，其应用范围已不再局限于汽车工业，而向过程控制、纺织机械、农用机械、机器人、数控机床、医疗器械及传感器等领域发展。CAN 总线以其独特的设计，低成本、高可靠性、实时性、抗干扰能力强等特点得到了广泛的应用。

1993 年 11 月，ISO 正式颁布了道路交通运输工具、数据信息交换、高速通信控制器局域网国际标准 ISO 11898 CAN 高速应用标准和 ISO 11519 CAN 低速应用标准，这为控制器局域网的标准化、规范化铺平了道路。

CAN 为串行通信协议，能有效地支持具有很高安全等级的分布实时控制。CAN 的应用范围很广，从高速的网络到低价位的多路接线都可以使用 CAN。在汽车电子行业里，可使用 CAN 连接发动机控制单元、传感器、防刹车系统等，其传输速度可达 1 Mbit/s。同时，可以将 CAN 安装在汽车本体的电子控制系统里，诸如车灯组、电气车窗等，用以代替接线配线装置。

制定技术规范的目的是为了在任何两个 CAN 仪器之间建立兼容性。可是，兼容性有不同的方面，比如电气特性和数据转换的解释。为了达到设计透明度以及实现柔韧性，CAN 被细分为以下不同的层次：

- CAN 对象层。
- CAN 传输层。
- 物理层。

对象层和传输层包括所有由 ISO/OSI 模型定义的数据链路层的服务和功能。对象层的作用范围包括：

- 查找被发送的报文。
- 确定由实际要使用的传输层接收哪一个报文。
- 为应用层相关硬件提供接口。

在这里，定义对象处理较为灵活，传输层的作用主要是传送规则，也就是控制帧结构、执行仲裁、错误检测、出错标定、故障界定。总线上什么时候开始发送新报文以及什么时候开始接收报文，均在传输层里确定。位定时的一些普通功能也可以看做是传输层的一部分。理所当然，传输层的修改是受到限制的。

物理层的作用是在不同节点之间根据所有的电气属性进行位信息的实际传输。当然，同一网络内，物理层对于所有的节点必须是相同的。尽管如此，在选择物理层方面还是很自由的。

7.8.1 CAN 的基本概念

1. 报文

总线上的信息以不同格式的报文发送，但长度有限制。当总线开放时，任何连接的单元均可开始发送一个新报文。

2. 信息路由

在 CAN 系统中，一个 CAN 节点不使用有关系统结构的任何信息（如站地址）。这时包含如下重要概念：

- 系统灵活性。节点可在不要求所有节点及其应用层改变任何软件或硬件的情况下，被接于 CAN 网络。
- 报文通信。一个报文的内容由其标识符 ID 命名。ID 并不指出报文的目的，但描述数据的含义，以便网络中的所有节点有可能借助报文滤波决定该数据是否使它们激活。
- 成组。由于采用了报文滤波，所有节点均可接收报文，并同时被相同的报文激活。
- 数据相容性。在 CAN 网络中，可以确保报文同时被所有节点或者没有节点接收，因此，系统的数据相容性是借助于成组和出错处理达到的。

3. 位速率

CAN 的数据传输率在不同的系统中是不同的，但在一个给定的系统中，此速度是唯一的，并且是固定的。

4. 优先权

在总线访问期间，标识符定义了一个报文静态的优先权。

5. 远程数据请求

通过发送一个远程帧，需要数据的节点可以请求另一个节点发送一个相应的数据帧，该数据帧与对应的远程帧以相同标识符 ID 命名。

6. 多主站

当总线开放时，任何单元均可开始发送报文，发送具有最高优先权报文的单元。赢得总线访问权。

7. 仲裁

当总线开放时，任何单元均可开始发送报文。若同时有两个或更多的单元开始发送，总线访问冲突运用逐位仲裁规则，借助标识符 ID 解决。这种仲裁规则可以使信息和时间均无损失。若具有相同标识符的一个数据帧和一个远程帧同时发送，数据帧优先于远程帧。仲裁期间，每一个发送器都对发送位电平与总线上检测到的电平进行比较，若相同则该单元可继续发送。当发送一个隐性电平（Recessive Level），而在总线上检测为显性电平（Dominant Level）时，该单元退出仲裁，并不再传送后续位。

8. 故障界定

CAN 节点有能力识别永久性故障和短暂扰动，可自动关闭故障节点。

9. 连接

CAN 串行通信链路是一条众多单元均可被连接的总线。理论上，单元数目是无限的，实际上，单元总数受限于延迟时间和（或）总线的电气负载能力。

10. 单通道

由单一进行双向位传送的通道组成的总线，借助数据重同步实现信息传输。在 CAN 技术规范中，实现这种通道的方法不是固定的。例如，可以是单线（加接地线）、两条差分连线、光纤等。

11. 总线数值表示

总线上具有两种互补逻辑数值：显性电平和隐性电平。在显性位与隐性位同时发送期间，总线上数值将是显性位。例如，在总线的“线与”操作情况下，显性位由逻辑“0”表示，隐性位由逻辑“1”表示。在 CAN 技术规范中未给出表示这种逻辑电平的物理状态（如电压、光、电磁波等）。

12. 应答

所有接收器均对接收报文的相容性进行检查，应答一个相容报文，并标注一个不相容报文。

7.8.2 CAN 的分层结构

CAN 遵从 OSI 模型，按照 OSI 标准模型，CAN 结构划分为两层：数据链路层和物理层。而数据链路层又包括逻辑链路控制（LLC）子层和媒体访问控制（MAC）子层，而在 CAN 技术规范 2.0A 的版本中，数据链路层的 LLC 和 MAC 子层的服务和功能被描述为“目标层”和“传送层”。CAN 的分层结构和功能如图 7-23 所示。

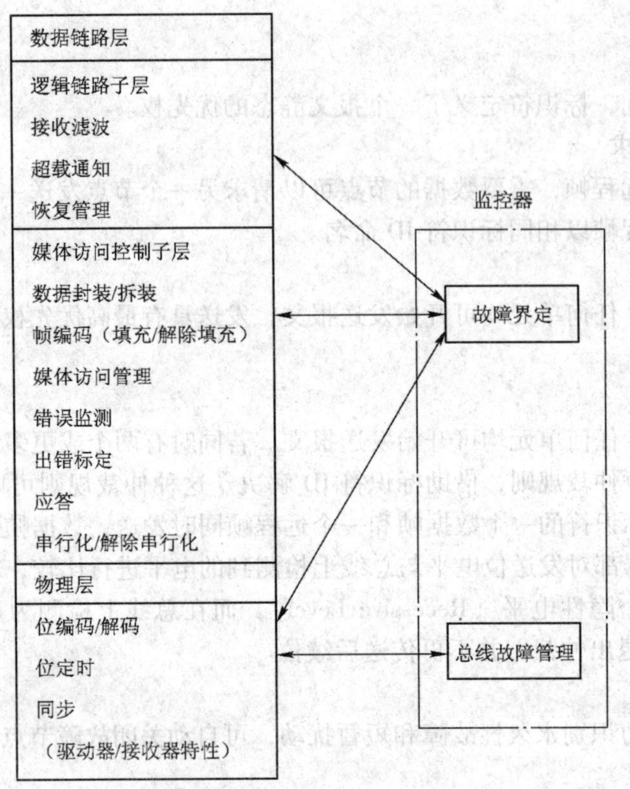

图 7-23　CAN 的分层结构和功能

LLC 子层的主要功能是：为数据传送和远程数据请求提供服务，确认由 LLC 子层接收的报文实际已被接收，并为恢复管理和通知超载提供信息。在定义目标处理时，存在许多灵活性。MAC 子层的功能主要是传送规则，即控制帧结构、执行仲裁、错误检测、出错标定和故障界定。位定时特性也是 MAC 子层的一部分。MAC 子层特性不存在修改的灵活性。物理层的功能是有关全部电气特性在不同节点间的实际传送。自然，在一个网络内，物理层的所有节点必须是相同的，然而，在选择物理层时存在很大的灵活性。

CAN 技术规范 2.0B 定义了数据链路中的 MAC 子层和 LLC 子层的一部分，并描述与 CAN 有关的外层。物理层定义信号怎样进行发送，因此涉及位定时、位编码和同步的描述。在这部分技术规范中，未定义物理层中的驱动器/接收器特性，以便允许根据具体应用，对发送媒体和信号电平进行优化。MAC 子层是 CAN 协议的核心，它描述由 LLC 子层接收到的报文和对 LLC 子层发送的认可报文。MAC 子层可响应报文帧、仲裁、应答、错误检测和标定。MAC 子层由称为故障界定的一个管理实体监控，它具有识别永久故障或短暂扰动的自检机制。LLC 子层的主要功能是报文滤波、超载通知和恢复管理。

7.8.3　报文传送和帧结构

在进行数据传送时，发出报文的单元称为该报文的发送器。该单元在总线空闲或丢失仲裁前为发送器。如果一个单元不是报文发送器，并且总线不处于空闲状态，则该单元为接收器。

对于报文发送器和接收器，报文的实际有效时刻是不同的。对于发送器而言，如果直到帧结束末尾一直未出错，则对于发送器报文有效。如果报文受损，将允许按照优先权顺序自动重发。为了能同其他报文进行总线访问竞争，总线一旦空闲，重发送立即开始。对于接收器而言，如果直到帧结束的最后一位一直未出错，则对于接收器报文有效。

构成一帧的帧起始、仲裁场、控制场、数据场和CRC序列均借助位填充规则进行编码。当发送器在发送的位流中检测到5位连续的相同数值时，将自动地在实际发送的位流中插入一个补码位。数据帧和远程帧的其余位场采用固定格式，不进行填充。出错帧和超载帧同样是固定格式，也不进行位填充。位填充方法如图7-24所示。

未填充位流	100000*xyz*	011111*xyz*
填充位流	1000001*xyz*	0111110*xyz*

其中：x、y、$z \in \{0,1\}$

图7-24　位填充

报文中的位流按照非归零码方法编码，这意味着一个完整位的位电平要么是显性，要么是隐性。

报文传送由4种不同类型的帧表示和控制：数据帧携带数据由发送器至接收器；远程帧通过总线单元发送，以请求发送具有相同标识符的数据帧；出错帧由检测出总线错误的任何单元发送；超载帧用于提供当前的和后续的数据帧的附加延迟。

数据帧和远程帧借助帧间空间与当前帧分开。

1. 数据帧

数据帧由7个不同的位场组成，即帧起始（SOF）、仲裁场、控制场、数据场、CRC场、应答（ACK）场和帧结束。数据场长度可为0。CAN 2.0A数据帧的组成如图7-25所示。

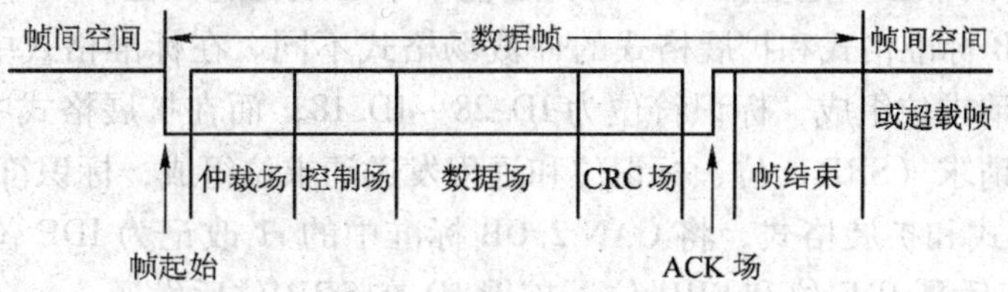

图7-25　CAN2.0A数据帧组成

在CAN 2.0B中存在两种不同的帧格式，其主要区别在于标识符的长度，具有11位标识符的帧称为标准帧，而包括29位标识符的帧称为扩展帧。标准格式和扩展格式的数据帧结构如图7-26所示。

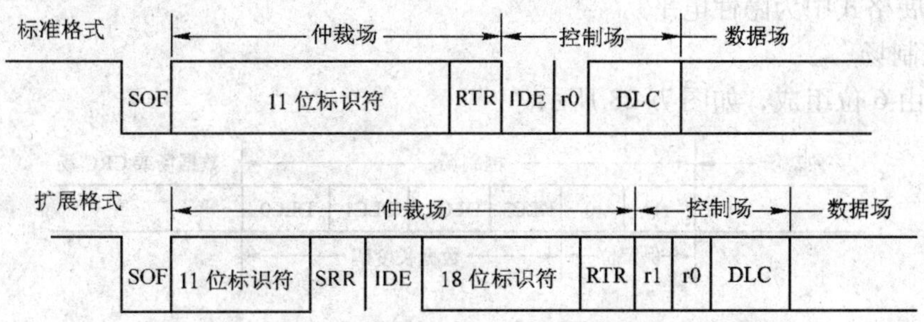

图7-26　标准格式和扩展格式数据帧

为使控制器设计相对简单，并不要求执行完全的扩展格式（例如，以扩展格式发送报文或由报文接收数据），但必须执行标准格式。如新型控制器至少具有下列特性，则可被认为同 CAN 技术规范兼容；每个控制器均支持标准格式；每个控制器均接收扩展格式报文，即不至于因为它们的格式而破坏扩展帧。

CAN 2.0B 对报文滤波特别加以描述，报文滤波以整个标识符为基准。屏蔽寄存器可用于选择一组标识符，以便映像至接收缓存器中。屏蔽寄存器每一位都必须是可编程的，它的长度可以是整个标识符，也可以仅是其中一部分。

（1）帧起始

标志数据帧和远程帧的起始，仅由一个显性位构成。只有在总线处于空闲状态时，才允许站开始发送。所有站都必须同步于首先开始发送的那个站的帧起始前沿。

（2）仲裁场

由标识符和远程发送请求（RTR）组成。仲裁场如图 7-27 所示。

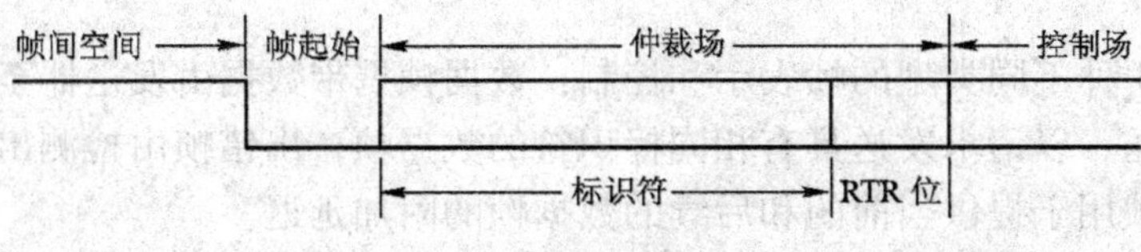

图 7-27　仲裁场组成

对于 CAN 2.0B 标准，标识符的长度为 11 位，这些位以从高位到低位的顺序发送，最低位为 ID.0，其中最高 7 位（ID.10 ~ ID.4）不能全为隐性位。

RTR 位在数据帧中必须是显性位，而在远程帧中必须为隐性位。

对于 CAN 2.0B 标准格式和扩展格式的仲裁场格式不同。在标准格式中，仲裁场由 11 位标识符和远程发送请求位组成，标识符位为 ID.28 ~ ID.18；而在扩展格式中，仲裁场由 29 位标识符和替代远程请求（SRR）位、标识位和远程发送请求位组成，标识符位为 ID.28 ~ ID.0。

为区别标准格式和扩展格式，将 CAN 2.0B 标准中的 r1 改记为 IDE 位。在扩展格式中，先发送基本 ID，其后是 IDE 位和 SRR 位。扩展 ID 在 SRR 位后发送。

SRR 位为隐性位，在扩展格式中，它在标准格式的 RTR 位上被发送，并替代标准格式中的 RTR 位。这样，标准格式和扩展格式的冲突由于扩展格式的基本 ID 与标准格式的 ID 相同而宣告解决。

IDE 位对于扩展格式属于仲裁场，对于标准格式属于控制场。IDE 在标准格式中为显性电平，在扩展格式中为隐性电平。

（3）控制场

控制场由 6 位组成，如图 7-28 所示。

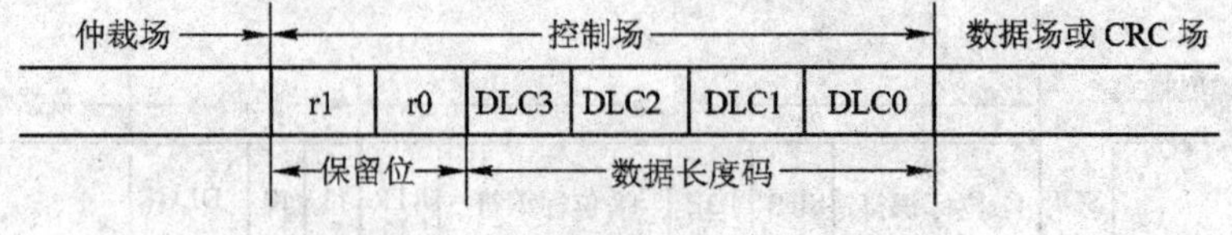

图 7-28　控制场组成

由图 7-28 可以看出，控制场包括数据长度码（DLC）和两个保留位，这两个保留位必须发送显性位，但接收器认可显性位与隐性位的全部组合。

数据长度码指出数据场的字节数目。数据长度码为 4 位，在控制场中被发送。数据长度码中数据字节数目编码见表 7-18。其中，d 表示显性位，r 表示隐性位。数据字节的允许使用数目为 0～8，不能使用其他数值。

表 7-18　数据长度码中数据字节数目编码

数据字节数目	数据长度码			
	DLC3	DLC2	DLC1	DLC0
0	d	d	d	d
1	d	d	d	r
2	d	d	r	d
3	d	d	r	r
4	d	r	d	d
5	d	r	d	r
6	d	r	r	d
7	d	r	r	r
8	r	d	d	d

（4）数据场

由数据帧中被发送的数据组成，它可包括 0～8 个字节，每个字节 8 位。首先发送的是最高有效位。

（5）CRC 场

CRC 场包括 CRC 序列和 CRC 界定符。CRC 场结构如图 7-29 所示。

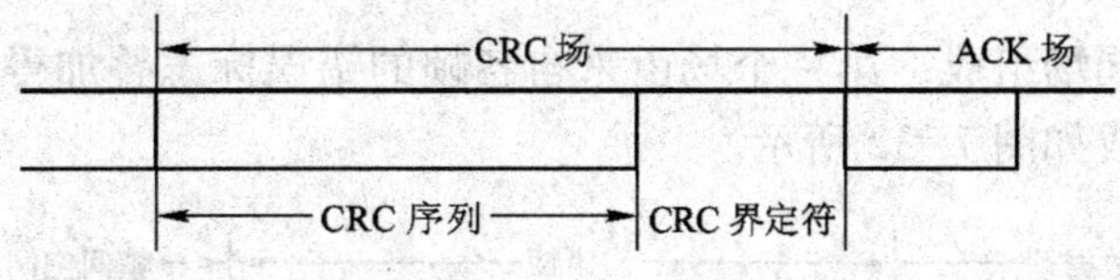

图 7-29　CRC 场结构

CRC 序列由循环冗余码求得的帧检查序列组成，最适用于位数小于 127（BCH 码）的帧。为实现 CRC 计算，被除的多项式系数由包括帧起始、仲裁场、控制场、数据场（若存在的话）在内的无填充的位流给出，其 15 个最低位的系数为 0，此多项式被发生器产生的下列多项式除（系数为模 2 运算）：

$$X^{15}+X^{14}+X^{10}+X^{8}+X^{7}+X^{4}+X^{3}+1$$

发送/接收数据场的最后一位是 CRC 序列，CRC 序列后面是 CRC 界定符，它只包括一个隐性位。

（6）应答场

应答场为两位，包括应答间隙和应答界定符，如图 7-30 所示。

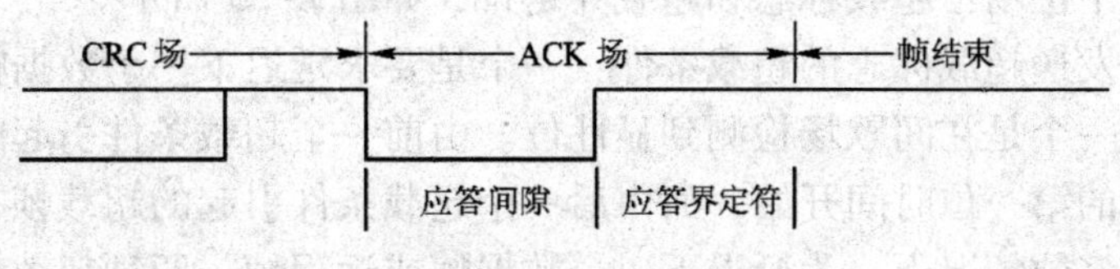

图 7-30　应答场组成

在应答场中，发送器送出两个隐性位。一个正确地接收到有效报文的接收器，在应答间隙将此信息通过发送一个显性位报告给发送器。所有接收到匹配 CRC 序列的站，通过在应答间隙内把显性位写入发送器的隐性位来报告。

应答界定符是应答场的第二位，并且必须是隐性位。因此，应答间隙被两个隐性位（CRC 界定符和应答界定符）包围。

（7）帧结束

每个数据帧和远程帧均由 7 个隐性位组成的标志序列界定。

2. 远程帧

激活为数据接收器的站可以借助于传送一个远程帧初始化各自源节点数据的发送。远程帧由 6 个不同分位场组成：帧起始、仲裁场、控制场、CRC 场、应答场和帧结束。

同数据帧相反，远程帧的 RTR 位是隐性位。远程帧不存在数据场。DLC 的数据值是没有意义的，它可以是 0 ~8 中的任何数值。远程帧的组成如图 7-31 所示。

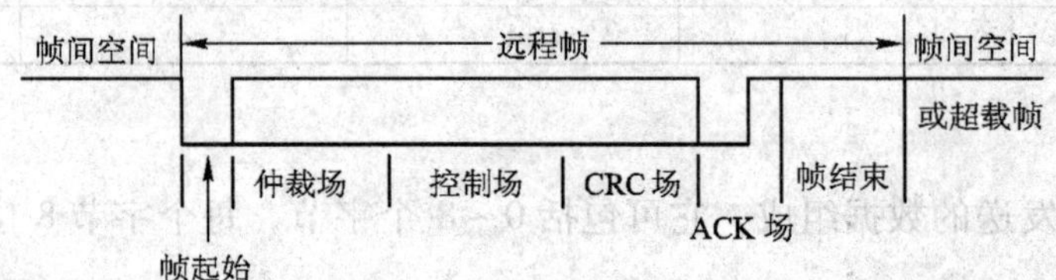

图 7-31　远程帧组成

3. 出错帧

出错帧由两个不同场组成，第一个场由来自各帧的错误标志叠加得到，第二个场是错误界定符。出错帧的组成如图 7-32 所示。

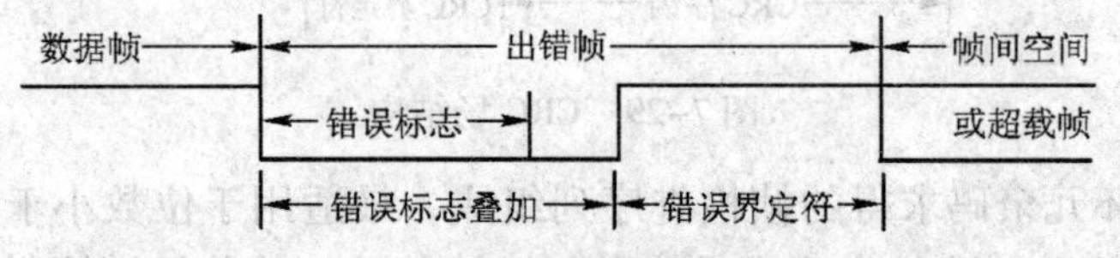

图 7-32　出错帧组成

为了正确地终止出错帧，一种“错误认可”节点可以使总线处于空闲状态至少 3 个位时间（如果错误认可接收器存在本地错误），因而总线不允许被加载至 100%。

错误标志具有两种形式，一种是活动错误标志（Active Error Flag）；另一种是认可错误标志（Passive Error Flag）。活动错误标志由 6 个连续的显性位组成；而认可错误标志由 6 个连续的隐性位组成，除非被来自其他节点的显性位冲掉重写。

4. 超载帧

超载帧包括两个位场：超载标志和超载界定符，如图 7-33 所示。

存在两种导致发送超载标志的超载条件：一个是要求延迟下一个数据帧或远程帧的接收器的内部条件；另一个是在间歇场检测到显性位。由前一个超载条件引起的超载帧起点，仅允许在期望间歇场的第一位时间开始，而由后一个超载条件引起的超载帧在检测到显性位的后一位开始。在大多数情况下，为延迟下一个数据帧或远程帧，两种超载帧均可产生。

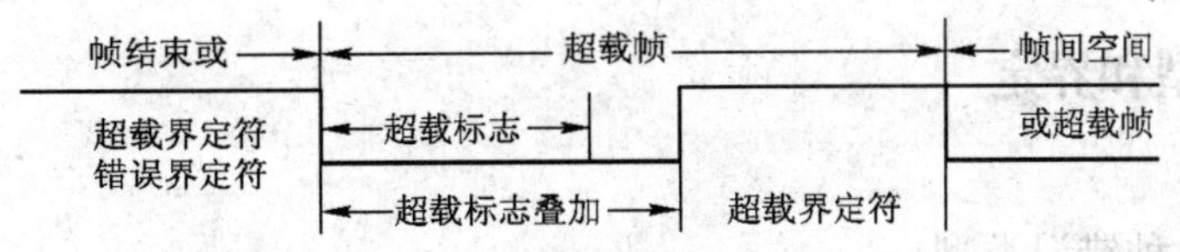

图 7-33　超载帧组成

超载标志由 6 个显性位组成。全部形式对应于活动错误标志形式。超载标志形式破坏了间歇场的固定格式，因此，所有其他站都将检测到一个超载条件，并且由它们开始发送超载标志（在间歇场第三位期间检测到显性位的情况下，节点将不能正确理解超载标志，而将 6 个显性位的第一位理解为帧起始）。第 6 个显性位违背了引起出错条件的位填充规则。

超载界定符由 8 个隐性位组成。超载界定符与错误界定符具有相同的形式。发送超载标志后，站监视总线直到检测到由显性位到隐性位的发送。在此站点上，总线上的每一个站均完成送出其超载标志，并且所有站一致地开始发送剩余的 7 个隐性位。

5. 帧间空间

数据帧和远程帧同前面的帧相同，不管是何种帧（数据帧、远程帧、出错帧或超载帧）均以称之为帧间空间的位场分开。相反，在超载帧和出错帧前面没有帧间空间，并且多个超载帧前面也不被帧间空间分隔。

帧间空间包括间歇场和总线空闲场，对于前面已经发送报文的“错误认可”站还有暂停发送场。对于非“错误认可”或已经完成前面报文的接收器，其帧间空间如图 7-34 所示；对于已经完成前面报文发送的“错误认可”站，其帧间空间如图 7-35 所示。

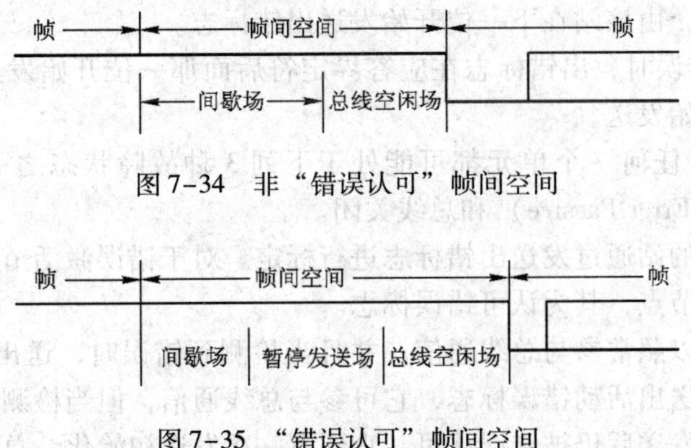

图 7-34　非“错误认可”帧间空间

图 7-35　“错误认可”帧间空间

间歇场由 3 个隐性位组成。间歇期间，不允许启动发送数据帧或远程帧，它仅起标注超载条件的作用。

总线空闲周期可以是任意长度。此时，总线是开放的，因此任何需要发送的站均可访问总线。在其他报文发送期间，暂时被挂起的待发报文紧随间歇场从第一位开始发送。此时总线上的显性位被理解为帧起始。

暂停发送场是指错误认可站发完一个报文后，在开始下一次报文发送或认可总线空闲之前，它紧随间歇场后送出 8 个隐性位。如果其间开始一次发送（由其他站引起），本站将变为报文接收器。

7.8.4 错误类型和界定

1. 错误类型

CAN 总线有 5 种错误类型。

（1）位错误

向总线送出一位的某个单元同时也在监视总线，当监视到总线位数值与送出的位数值不同时，则在该位时刻检测到一个位错误。例外情况是，在仲裁场的填充位流期间或应答间隙送出隐性位而检测到显性位时，不视为位错误。送出认可错误标注的发送器在检测到显性位时，也不视为位错误。

（2）填充错误

在使用位填充方法进行编码的报文中，出现了第 6 个连续相同的位电平时，将检出一个位填充错误。

（3）CRC 错误

CRC 序列是由发送器 CRC 计算的结果组成的。接收器以与发送器相同的方法计算 CRC。如果计算结果与接收到的 CRC 序列不相同，则检出一个 CRC 错误。

（4）形式错误

当固定形式的位场中出现一个或多个非法位时，则检出一个形式错误。

（5）应答错误

在应答间隙，发送器未检测到显性位时，则由它检出一个应答错误。

检测到出错条件的站通过发送错误标志进行标定。当任何站检出位错误、填充错误、形式错误或应答错误时，由该站在下一位开始发送出错标志。

当检测到 CRC 错误时，出错标志在应答界定符后面那一位开始发送，除非其他出错条件的错误标志已经开始发送。

在 CAN 总线中，任何一个单元都可能处于下列 3 种故障状态之一：错误激活（Error Active）、错误认可（Error Passive）和总线关闭。

检测到出错条件的站通过发送出错标志进行标定。对于错误激活节点，其为活动错误标志；而对于错误认可节点，其为认可错误标志。

错误激活单元可以照常参与总线通信，并且当检测到错误时，送出一个活动错误标志。不允许错误认可节点送出活动错误标志，它可参与总线通信，但当检测到错误时，只能送出认可错误标志，并且发送后仍被错误认可，直到下一次发送初始化。总线关闭状态不允许单元对总线有任何影响（如输出驱动器关闭）。

2. 错误界定

为了界定故障，在每个总线单元中都设有两种计数：发送出错计数和接收出错计数。这些计数按照下列规则进行。

1）接收器检出错误时，接收器出错计数加 1，除非所检测错误是发送活动错误标志或超载标志期间的位错误。

2）接收器在送出错误标志后的第一位检出一个显性位时，接收器错误计数加 8。

3）发送器送出一个错误标志时，发送错误计数加 8。其中有两个例外情况：一个是如果发送器为错误认可，由于未检测到显性位应答或检测到一个应答错误，并且在送出其认可错误标志时，未检测到显性位；另一个是如果由于仲裁期间发生的填充错误，发送器送出一个隐性位错误标志，但发送器送出隐性位而检测到显性位。

在以上两种例外情况下，发送器错误计数不改变。

4）发送器送出一个活动错误标志或超载标志时，它检测到位错误，则发送器错误计数加8。

5）接收器送出一个活动错误标志或超载标志时，它检测到位错误，则接收器错误计数加8。

6）在送出活动错误标志、认可错误标志或超载标志后，任何节点都允许多至7个连续的显性位。在检测的第11个连续的显性位后（在活动错误标志或超载标志情况下），或紧随认可错误标志检测到第8个连续的显性位后，以及附加的8个连续的显性位的每个序列后，每个发送器的发送错误计数都加8，并且每个接收器的接收错误计数也加8。

7）报文成功发送后（得到应答，并且直到帧结束未出现错误），则发送错误计数减1，除非它已经为0。

8）报文成功接收后（直到应答间隙无错误接收，并且成功地送出应答位），接收错误计数如果处于1和127之间，则接收错误计数减1；如果接收错误计数为0，则仍保持为0；如果接收错误计数大于127，则将其值计为119和127之间的某个数值。

9）当发送错误计数大于或等于128或接收错误计数大于或等于128时，节点为错误认可。导致节点变为错误认可的错误条件使节点送出一个活动错误标志。

10）当发送错误计数大于或等于256时，节点为总线关闭状态。

11）当发送错误计数和接收错误计数两者均小于或等于127时，错误认可节点再次变为错误激活节点。

12）在监测到总线上11个连续的隐性位发生128次后，总线关闭节点将变为两个错误计数器均值为0的错误激活节点。

当错误计数数值大于96时，说明总线被严重干扰。它提供测试此状态的一种手段。

若系统启动期间仅有一个节点在线，此节点发出报文后，将得不到应答，检出错误并重复该报文。它可以变为错误认可，但不会因此关闭总线。

7.8.5 位定时与同步的基本概念

1. 正常位速率

正常位速率指在非重同步情况下，借助理想发送器每秒发出的位数。

2. 正常位时间

正常位时间即正常位速率的倒数。

正常位时间可分为几个互不重叠的时间段。这些时间段包括：同步段（SYNC－SEG）、传播段（PROP － SEG）、相位缓冲段1（PHASE － SEG1）和相位缓冲段2（PHASE － SEG2），如图7-36所示。

3. 同步段

同步段用于同步总线上的各个节点。为了处于此段内，需要有一个跳变沿。

4. 传播段

传播段用于补偿网络内的传输延迟时间，它是信号在总线上传播时间、输入比较器延迟和驱动器延迟之和的两倍。

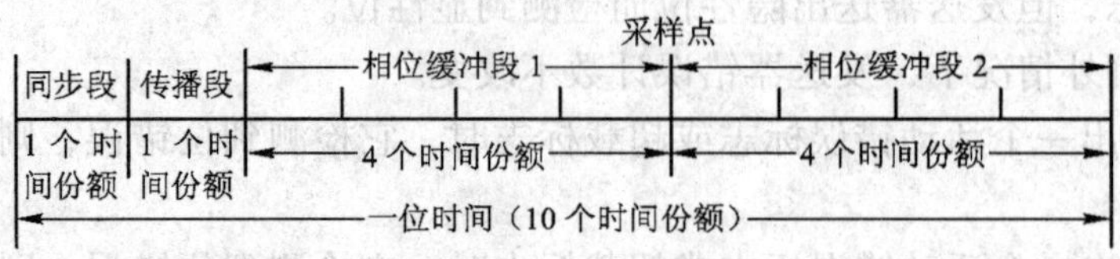

图 7-36 位时间的各组成部分

5. 相位缓冲段 1 和相位缓冲段 2

二者用于补偿沿的相位误差。通过重同步，这两个时间段可被延长或缩短。

6. 采样点

它是这样一个时间点，在此点上，仲裁电平被读，并被理解为各位的数值，位于相位缓冲段 1 的终点。

7. 信息处理时间

由采样点开始，保留用于计算子序列位电平的时间。

8. 时间份额

由振荡器周期派生出的一个固定时间单元。存在一个可编程的分度值，其整体数值范围为 1 ~ 32。以最小时间份额为起点，时间份额可为

$$时间份额 = m \times 最小时间份额$$

式中，m 为分度值。

正常位时间中各时间段长度数值为：SYNC - SEG 为一个时间份额；PROP - SEG 长度可编程为 1 ~ 8 个时间份额；PHASE - SEG1 可编程为 1 ~ 8 个时间份额；PHASE - SEG2 长度为 PHASE - SEG1 和信息处理时间的最大值；信息处理时间长度小于或等于 2 个时间份额。在位时间中，时间份额的总数必须被编程为至少 8 ~ 25。

9. 硬同步

硬同步后，内部位时间从 SYNC - SEG 重新开始，因此，硬同步强迫由于硬同步引起的沿处于重新开始的位时间同步段之内。

10. 重同步跳转宽度

由于重同步的结果，PHASE - SEG1 可被延长或 PHASE - SEG2 可被缩短。这两个相位缓冲段的延长或缩短的总和上限由重同步跳转宽度给定。重同步跳转宽度可编程为 1 ~ 4（PHASE - SEG1）之间。

时钟信息可由一位数值到另一位数值的跳转获得。由于总线上出现连续相同位的位数的最大值是确定的，这就提供了在帧期间重新将总线单元同步于位流的可能性。可被用于重同步的两次跳变之间的最大长度为 29 个位时间。

11. 沿相位误差

沿相位误差由沿相对于 SYNC - SEG 的位置给定，以时间份额度量。相位误差的符号定义如下：

1）若沿处于 SYNC - SEG 之内，则 $e = 0$。

2）若沿处于采样点之前，则 $e > 0$。

3）若沿处于前一位的采样点之后，则 $e < 0$。

12. 重同步

当引起重同步沿的相位误差小于或等于重同步跳转宽度编程值时，重同步的作用与硬同步相同。当相位误差大于重同步跳转宽度且相位误差为正时，则 PHASE－SEG1 延长总数为重同步跳转宽度；当相位误差大于重同步跳转宽度且相位误差为负时，则 PHASE－SEG2 缩短总数为重同步跳转宽度。

13. 同步规则

硬同步和重同步是同步的两种形式。它们遵从下列规则：

1）在一个位时间内仅允许一种同步。

2）只要在先前采样点上监测到的数值与总线数值不同，沿过后立即有一个沿用于同步。

3）在总线空闲期间，当存在一个隐性位至显性位的跳变沿时，则执行一次硬同步。

4）所有履行以上规则 1 和 2 的其他隐性位至显性位的跳变沿都将被用于重同步。例外情况是，对于具有正相位误差的隐性位至显性位的跳变沿，只要隐性位至显性位的跳变沿被用于重同步，发送显性位的节点将不执行重同步。

7.8.6 CAN 总线的位数值表示与通信距离

CAN 总线上用显性和隐性两个互补的逻辑值表示 0 和 1。当在总线上出现同时发送显性和隐性位时，其结果是总线数值为显性（即 0 与 1 的结果为 0）。如图 7-37 所示，V_{CAN-H}和V_{CAN-L}为 CAN 总线收发器与总线之间的两接口引脚的电平，信号是以两线之间的差分电压形式出现。在隐性状态，V_{CAN-H}和V_{CAN-L}被固定在平均电压电平附近，V_{diff}近似于 0。在总线空闲或隐性位期间，发送隐性位。显性位以大于最小阀值的差分电压表示。

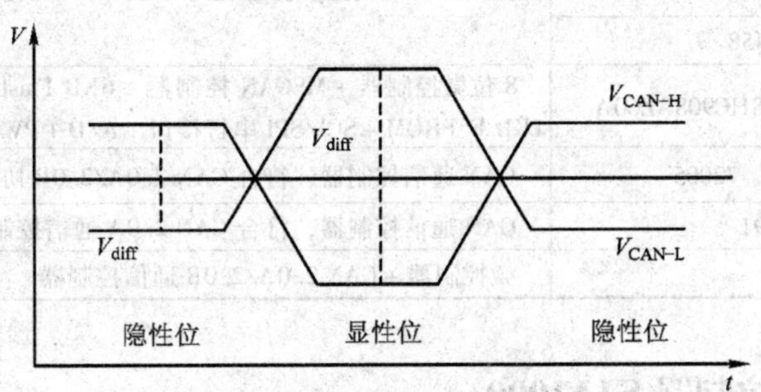

图 7-37 总线位的数值表示

CAN 总线上任意两个节点之间的最大传输距离与其位速率有关，表 7-19 列举了相关的数据。

表 7-19 CAN 总线系统任意两节点之间的最大距离

位速率/（kbit/s）	1000	500	250	125	100	50	20	10	5
最大距离/m	40	130	270	530	620	1300	3300	6700	10000

这里的最大通信距离是指在同一条总线上两个节点之间的距离。

7.9 CAN 通信控制器及其收发器

7.9.1 CAN 器件简介

CAN 作为一种技术先进、可靠性高、功能完善、成本低的远程网络通信控制方式，已广泛应用于汽车电子、自动控制、电力系统、楼宇自控、安防监控、机电一体化、医疗仪器等自动化领域。目前世界众多著名半导体生产商都推出了 CANBUS 产品，其主要产品见表 7-20。

表 7-20 CANBUS 器件

制造商	产品型号	功能特点
Philips	SJA1000	CAN 通信控制器，符合 CAN 2.0B 协议
	P87C591	80C51 微控制器 + CAN 2.0B 通信控制器 + 10 位 A/D + PWM
	P8C592	80C51 微控制器 + CAN 2.0A 通信控制器 + 10 位 A/D + PWM
	P82C150	带有数字/模拟输入/输出功能的 CAN 器件，可用于传感器或执行机构，符合 CAN 2.0A 协议
	PCA82C250	CAN 收发器
	PCA82C251	CAN 收发器
	TJA1050/TJA1040	高速 CAN 收发器，兼容并可替代 PCA82C250/251
Intel	87C196CA/CB	集成 CAN 2.0A/CAN 2.0B 的 16 位微控制器
	82527	CAN 通信控制器，符合 CAN 2.0B 协议 + 两个 8 位双向 I/O 端口
Microchilp	PIC18F248	8 位微控制器 + CAN 2.0B 通信控制器 + 16KB/32KB Flash 程序存储器 + 768B/1536B SRAM + 256B E^2PROM + I/O + A/D + SPI + I^2C + UART
	PIC18F258	
	PIC18F448	
	PIC18F458	
Motorola	MC68HC908AZ60A	8 位微控制器 + MSCAN 控制器 + 6KB Flash 程序存储器 + 2KB SRAM + 1KB E^2PROM + SCI/SPI 串行接口 + A/D + PWM + 定时器 + 52 根 I/O 线
NEC	72005	CAN 通信控制器，符合 CAN 2.0A/2.0B 协议
Siemens	81C90/91	CAN 通信控制器，符合 CAN 2.0A 通信控制器
	C167C	微控制器 + CAN 2.0A/2.0B 通信控制器

7.9.2 CAN 通信控制器 SJA1000

SJA1000 是一种独立控制器，用于汽车和一般工业环境中的局域网络控制。它是 Philips 公司的 PCA82C200 CAN 控制器（BasicCAN）的替代产品。而且它增加了一种新的工作模式（PeliCAN），这种模式支持具有很多新特点的 CAN 2.0B 协议，SJA1000 具有如下特点：

1）与 PCA82C200 独立 CAN 控制器引脚和电气兼容。

2）PCA82C200 模式，即默认的 BasicCAN 模式。

3）扩展的接收缓冲器（64 个字节，先进先出（FIFO））。

4）与 CAN 2.0B 协议兼容（PCA82C200 兼容模式中的无源扩展结构）。

5）同时支持 11 位和 29 位标识符。

6）位速率可达 1 Mbit/s。

7）PeliCAN 模式扩展功能：

- 可读/写访问的错误计数器。
- 可编程的错误报警限制。
- 最近一次错误代码寄存器。
- 对每一个 CAN 总线错误的中断。
- 具有详细位号（Bit Position）的仲裁丢失中断。
- 单次发送（无重发）。
- 只听模式（无确认、无激活的出错标志）。
- 支持热插拔（软件位速率检测）。
- 接收过滤器扩展（4 B 代码，4 B 屏蔽）。
- 自身信息接收（自接收请求）。
- 24 MHz 时钟频率。
- 可以和不同微处理器接口。
- 可编程的 CAN 输出驱动器配置。
- 增强的温度范围（－40～＋125℃）。

1. 内部结构

SJA1000 的内部结构如图 7-38 所示。

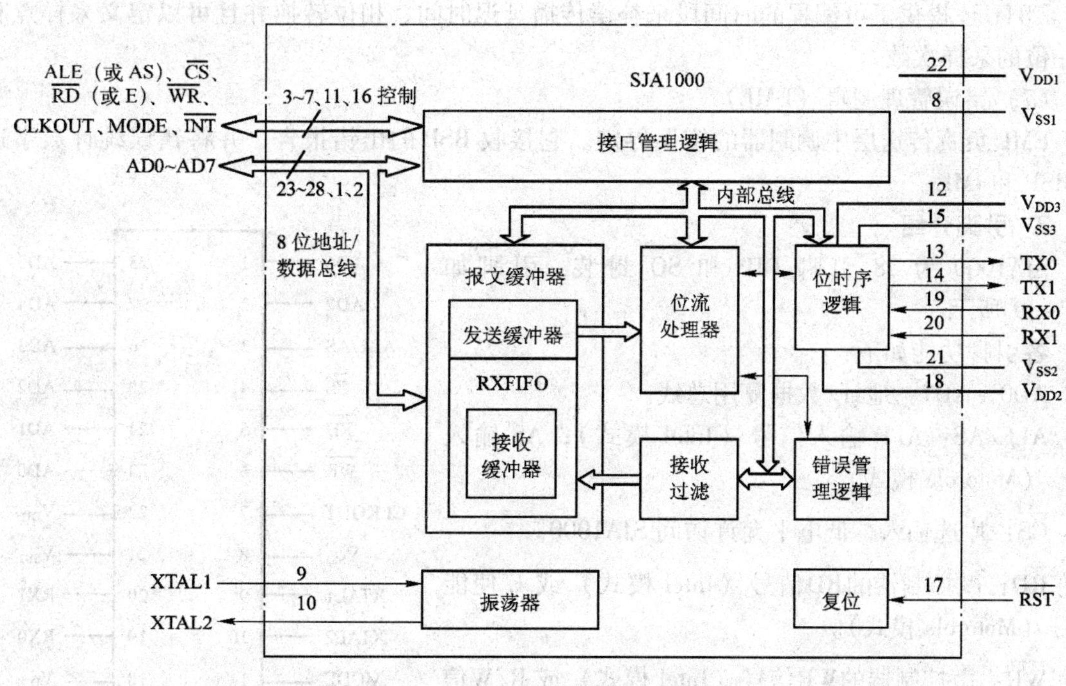

图 7-38　SJA1000 的内部结构方框图

SJA1000 CAN 控制器主要由以下几部分构成。

（1）接口管理逻辑（IML）

接口管理逻辑解释来自 CPU 的命令，控制 CAN 寄存器的寻址，向主控制器提供中断信息和状态信息。

(2) 发送缓冲器（TXB）

发送缓冲器是 CPU 和位流处理器之间的接口，能够存储发送到 CAN 网络上的完整报文。缓冲器长 13 个字节，由 CPU 写入，位流处理器读出。

(3) 接收缓冲器（RXB，RXFIFO）

接收缓冲器是接收过滤器和 CPU 之间的接口，用来接收 CAN 总线上的报文，并储存接收到的报文。接收缓冲器（RXB，13B）作为接收 FIFO（RXFIFO，64B）的一个窗口，可被 CPU 访问。

CPU 在此 FIFO 的支持下，可以在处理报文的时候接收其他报文。

(4) 接收过滤器（ACF）

接收过滤器把它其中的数据和接收的标识符相比较，以决定是否接收报文。在纯粹的接收测试中，所有的报文都保存在 RXFIFO 中。

(5) 位流处理器（BSP）

位流处理器是一个在 TXB、RXFIFO 和 CAN 总线之间控制数据流的序列发生器。它还执行错误检测、仲裁、总线填充和错误处理。

(6) 位时序逻辑（BTL）

位时序逻辑监视串行 CAN 总线，并处理与总线有关的位定时。在报文开始，由隐性到显性的变换同步 CAN 总线上的位流（硬同步），接收报文时再次同步下一次传送（软同步）。BTL 还提供了可编程的时间段来补偿传播延迟时间、相位转换并且可以定义采样点和每一位的采样次数。

(7) 错误管理逻辑（EML）

EML 负责传送层中调制器的错误界定。它接收 BSP 的出错报告，并将错误统计数字通知 BSP 和 IML。

2. 引脚介绍

SJA1000 为 28 引脚 DIP 和 SO 封装，引脚如图 7-39 所示。

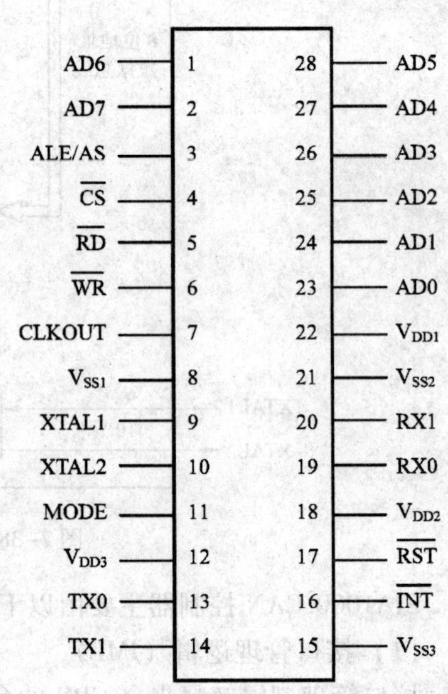

图 7-39　SJA1000 引脚图

各引脚功能如下：

AD0 ~ AD7：地址/数据复用总线。

ALE/AS：ALE 输入信号（Intel 模式）；AS 输入信号（Motorola 模式）。

$\overline{CS}$：片选输入，低电平允许访问 SJA1000。

$\overline{RD}$：微控制器的 $\overline{RD}$ 信号（Intel 模式）或 E 使能信号（Motorola 模式）。

$\overline{WR}$：微控制器的 $\overline{WR}$ 信号（Intel 模式）或 R/$\overline{W}$ 信号（Motorola 模式）。

CLKOUT：SJA1000 产生的提供给微控制器的时钟输出信号。此时钟信号通过可编程分频器由内部晶振产生。时钟分频寄存器的时钟关闭位可禁止该引脚。

V_{SS1}：接地端。

XTAL1：振荡器放大电路输入，外部振荡信号由此输入。

XTAL2：振荡器放大电路输出。使用外部振荡信号时，此引脚必须保持开路。

MODE：模式选择输入。1 = Intel 模式，0 = Motorola 模式。

V_{DD3}：输出驱动的 5V 电压源。

TX0：由输出驱动器 0 到物理线路的输出端。

TX1：由输出驱动器 1 到物理线路的输出端。

V_{SS3}：输出驱动器接地端。

$\overline{INT}$：中断输出，用于中断微控制器。$\overline{INT}$在内部中断寄存器各位都被置位时被激活。$\overline{INT}$是开漏极输出，且与系统中的其他$\overline{INT}$可以线或连接。此引脚上的低电平可以把 IC 从睡眠模式中激活。

$\overline{RST}$：复位输入，用于复位 CAN 接口（低电平有效）。把$\overline{RST}$引脚通过电容连到 V_{SS}，通过电阻连到 V_{DD}可自动上电复位（例如，$C = 1\mu F$；$R = 50k\Omega$）。

V_{DD2}：输入比较器的 5V 电压源。

RX0 和 RX1：由物理总线到 SJA1000 输入比较器的输入端，显性电平将会唤醒 SJA1000 的睡眠模式。如果 RX1 比 RX0 的电平高，读出为显性电平，反之读出为隐性电平；如果时钟分频寄存器的 CBP 位被置位，就忽略 CAN 输入比较器以减少内部延时（此时连有外部收发电路），这种情况下只有 RX0 是激活的。隐性电平被认为是高，而显性电平被认为是低。

V_{SS2}：输入比较器的接地端。

V_{DD1}：逻辑电路的 5V 电压源。

3. 应用说明

SJA1000 在软件和引脚上都是与它的前一款——PCA82C200 独立控制器兼容的。在此基础上它增加了很多新的功能。为了实现软件兼容，SJA1000 增加了两种模式。

- BasicCAN 模式：PCA82C200 兼容模式。
- PeliCAN 模式：扩展特性。

工作模式通过时钟分频寄存器中的 CAN 模式位来选择。复位默认模式是 BasicCAN 模式。

（1）与 PCA82C200 兼容性

在 BasicCAN 模式中，SJA1000 模仿 PCA82C200 独立控制器所有已知的寄存器。下面所描述的特性不同于 PCA82C200，这主要是为了软件上的兼容。

1）同步模式。在 SJA1000 的控制寄存器中没有 SYNC 位。同步只有在 CAN 总线上隐性至显性的转换时才有可能发生。写这一位是没有任何影响的。为了与现有软件兼容，读取这一位时将得到上次写入的值（对触发电路无影响）。

2）时钟分频寄存器。时钟分频寄存器用来选择 CAN 工作模式（BasicCAN 或 PeliCAN）。它使用从 PCA82C200 保留下来的一位。与 PCA82C200 一样，写一个 0 ~ 7 之间的值，就将进入 BasicCAN 模式。默认状态是 12 分频的 Motorola 模式和 2 分频的 Intel 模式。保留的另一位补充了一些附加的功能。CBP 位的置位使内部 RX 输入比较器被忽略，这样在使用外部传送电路时可以减少内部延时。

3）接收缓冲器。PCA82C200 中双接收缓冲器的概念被 PeliCAN 中的接收 FIFO 所代替。这对软件除了会增加数据溢出的可能性之外，不会产生应用上的影响。在数据溢出之前，缓冲器可以接收两条以上报文（最多 64 个字节）。

4）CAN 2.0B 协议。SJA1000 被设计为全面支持 CAN 2.0B 协议，这说明在处理扩展帧的同时，也实现了扩展振荡器容差。在 BasicCAN 模式下只可以发送和接收标准帧（11 位标识符）。如果此时检测到 CAN 总线上有扩展帧（29 位标识符），并且报文正确，则该报文也会被允许且给出一个确认信号，但没有接收中断产生。

（2）PeliCAN 模式

在 PeliCAN 模式下，SJA1000 有一个含很多新功能的重组寄存器。SJA1000 包含了设计在 PCA82C200 中的所有位及一些新功能位，PeliCAN 模式支持 CAN 2.0B 协议规定的所有功能（29 位标识符）。

SJA1000 的主要新功能：

- 接收、发送标准帧和扩展帧格式信息。
- 接收 FIFO（64 个字节）。
- 用于标准帧和扩展帧的单/双接收过滤器（含屏蔽和代码寄存器）。
- 读/写访问的错误计数器。
- 可编程的错误限制报警。
- 最近一次的误码寄存器。
- 对每一个 CAN 总线错误的错误中断。
- 具有详细位号的仲裁丢失中断。
- 一次性发送（当错误或仲裁丢失时不重发）。
- 只听模式（CAN 总线监听，无应答，无错误标志）。
- 支持热插拔（无干扰软件驱动的位速率检测）。
- 硬件禁止 CLKOUT 输出。

4. BasicCAN 地址分配

SJA1000 对微控制器而言是内存管理的 I/O 器件。两器件的独立操作是通过像 RAM 一样的片内寄存器修正来实现的。

SJA1000 的地址区包括控制段和报文缓冲器。控制段在初始化加载时，是可被编程来配置通信参数的（如位定时等）。微控制器也是通过这个段来控制 CAN 总线上的通信的。在初始化时，CLKOUT 信号可以被微控制器编程指定一个值。

应发送的报文写入发送缓冲器。成功接收报文后，微控制器从接收缓冲器中读出接收的报文，然后释放空间以便下一次使用。

微控制器和 SJA1000 之间状态、控制和命令信号的交换都是在控制段中完成的。初始化加载后，寄存器的接收代码、接收屏蔽、总线定时寄存器 0 和总线定时寄存器 1 以及输出控制就不能改变了。只有控制寄存器的复位位被置高时，才可以访问这些寄存器。

在复位模式和工作模式中访问寄存器是不同的。当硬件复位或控制器掉电时会自动进入复位模式。工作模式是通过置位控制寄存器的复位请求位激活的。

BasicCAN 地址分配见表 7-21。

表 7-21 BasicCAN 地址分配表

段	CAN 地址	工作模式		复位模式	
		读	写	读	写
控制	0	控制	控制	控制	控制
	1	FFH	命令	FFH	命令
	2	状态	—	状态	—
	3	中断	—	中断	—
	4	FFH	—	接收代码	接收代码
	5	FFH	—	接收屏蔽	接收屏蔽
	6	FFH	—	总线定时 0	总线定时 0
	7	FFH	—	总线定时 1	总线定时 1
	8	FFH	—	输出控制	输出控制
	9	测试	测试	测试	测试
发送缓冲器	10	标识符（3~10）	标识符（3~10）	FFH	—
	11	标识符（0~2） RTR 和 DLC	标识符（0~2） RTR 和 DLC	FFH	—
	12	数据字节 1	数据字节 1	FFH	—
	13	数据字节 2	数据字节 2	FFH	—
	14	数据字节 3	数据字节 3	FFH	—
	15	数据字节 4	数据字节 4	FFH	—
	16	数据字节 5	数据字节 5	FFH	—
	17	数据字节 6	数据字节 6	FFH	—
	18	数据字节 7	数据字节 7	FFH	—
	19	数据字节 8	数据字节 8	FFH	—
接收缓冲器	20	标识符（3~10）	标识符（3~10）	标识符（3~10）	标识符（3~10）
	21	标识符（0~2） RTR 和 DLC	标识符（0~2） RTR 和 DLC	标识符（0~2） RTR 和 DLC	标识符（0~2） RTR 和 DLC
	22	数据字节 1	数据字节 1	数据字节 1	数据字节 1
	23	数据字节 2	数据字节 2	数据字节 2	数据字节 2
	24	数据字节 3	数据字节 3	数据字节 3	数据字节 3
	25	数据字节 4	数据字节 4	数据字节 4	数据字节 4
	26	数据字节 5	数据字节 5	数据字节 5	数据字节 5
	27	数据字节 6	数据字节 6	数据字节 6	数据字节 6
	28	数据字节 7	数据字节 7	数据字节 7	数据字节 7
	29	数据字节 8	数据字节 8	数据字节 8	数据字节 8
	30	FFH	—	FFH	—
	31	时钟分频器	时钟分频器	时钟分频器	时钟分频器

7.9.3 CAN 总线收发器

PCA82C250/251 收发器是协议控制器和物理传输线路之间的接口。此器件对总线提供差动发送能力，对 CAN 控制器提供差动接收能力，可以在汽车和一般的工业应用上使用。

PCA82C250/251 收发器的主要特点如下：

- 完全符合 ISO 11898 标准。
- 高速率（最高达 1 Mbit/s）。
- 具有抗汽车环境中的瞬间干扰的保护总线能力。
- 斜率控制，降低射频干扰（RFI）。
- 差分收发器，抗宽范围的共模干扰，抗电磁干扰（EMI）。
- 热保护。
- 防止电源和地之间发生短路。
- 低电流待机模式。
- 未上电的节点对总线无影响。
- 可连接 110 个节点。
- 工作温度范围：-40 ~ +125℃。

1. 功能说明

PCA82C250/251 的功能框图如图 7-40 所示。

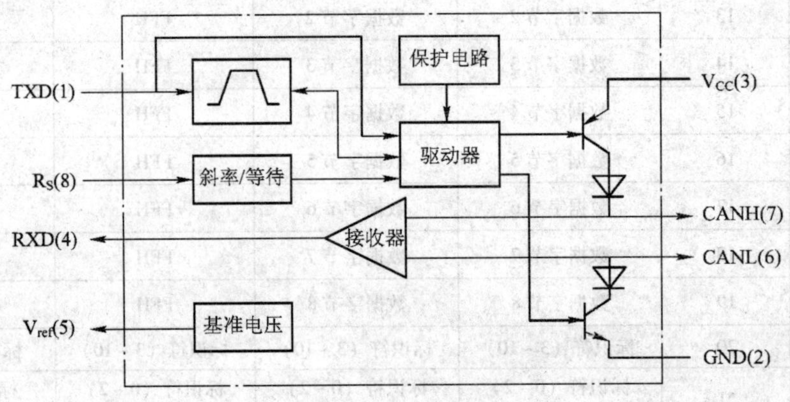

图 7-40　PCA82C250/251 功能框图

PCA82C250/251 驱动电路内部具有限流电路，可防止发送输出级对电源、地或负载短路。虽然短路出现时功耗增加，但不至于使输出级损坏。若结温超过 160℃，则两个发送器输出端极限电流将减小。由于发送器是功耗的主要部分，因而限制了芯片的温升。器件的所有其他部分将继续工作。PCA82C250 采用双线差分驱动，有助于抑制汽车等恶劣电气环境下的瞬变干扰。

利用 PCA82C250/251 还可方便地在 CAN 控制器与驱动器之间建立光隔离，以实现总线上各节点间的电气隔离。

双绞线并不是 CAN 总线的唯一传输介质。利用光电转换接口器件及星形光纤耦合器可建立光纤介质的 CAN 总线通信系统。此时，光纤中有光表示显性位，无光表示隐性位。

利用 CAN 控制器的双相位输出模式，通过设计适当的接口电路，也不难实现人们希望的电源线与 CAN 通信线的复用。另外，CAN 协议中卓越的错误检出及自动重发功能为建立高效的基于电力线载波或无线电介质（这类介质往往存在较强的干扰）的 CAN 通信系统提供了方便。

2. 引脚介绍

PCA82C250/251 为 8 引脚的 DIP 和 SO 两种封装，引脚如图 7-41 所示。

各引脚介绍如下：

TXD：发送数据输入。

GND：地。

V_{cc}：电源电压 4.5～5.5V。

RXD：接收数据输出。

V_{ref}：参考电压输出。

CAN－L：低电平 CAN 电压输入/输出。

CAN－H：高电平 CAN 电压输入/输出。

R_s：斜率电阻输入。

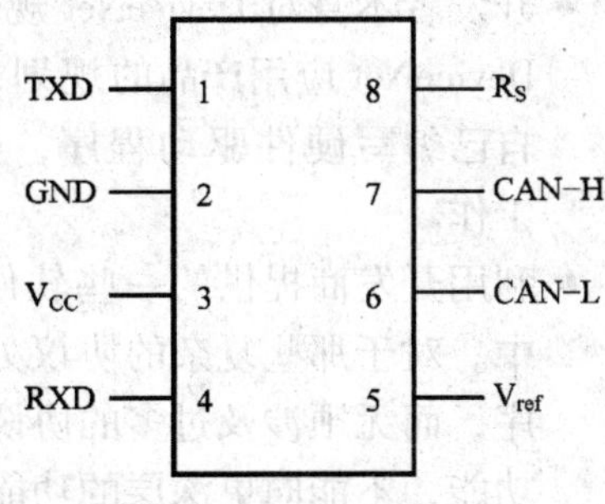

图 7-41　PCA82C250/251 引脚图

PCA82C250/251 收发器是协议控制器和物理传输线路之间的接口。如在 ISO 11898 标准中描述的，它们可以用高达 1Mbit/s 的位速率在两条有差动电压的总线电缆上传输数据。

这两个器件都可以在额定电源电压分别是 12V（PCA82C250）和 24V（PCA82C251）的 CAN 总线系统中使用。它们的功能相同，根据相关的标准，可以在汽车和普通的工业应用上使用。PCA82C250 和 PCA82C251 还可以在同一网络中互相通信，而且它们的引脚和功能兼容。

3. 应用电路

PCA82C250/251 收发器的典型应用如图 7-42 所示。协议控制器 SJA1000 的串行数据输出线（TX）和串行数据输入线（RX）分别通过光隔离电路连接到收发器 PCA82C250。收发器 PCA82C250 通过有差动发送和接收功能的两个总线终端 CAN－H 和 CAN－L 连接到总线电缆。输入 R_s 用于模式控制。参考电压输出 V_{ref} 的输出电压是 0.5×额定 V_{cc}。其中，收发器 PCA82C250 的额定电源电压是 5V。

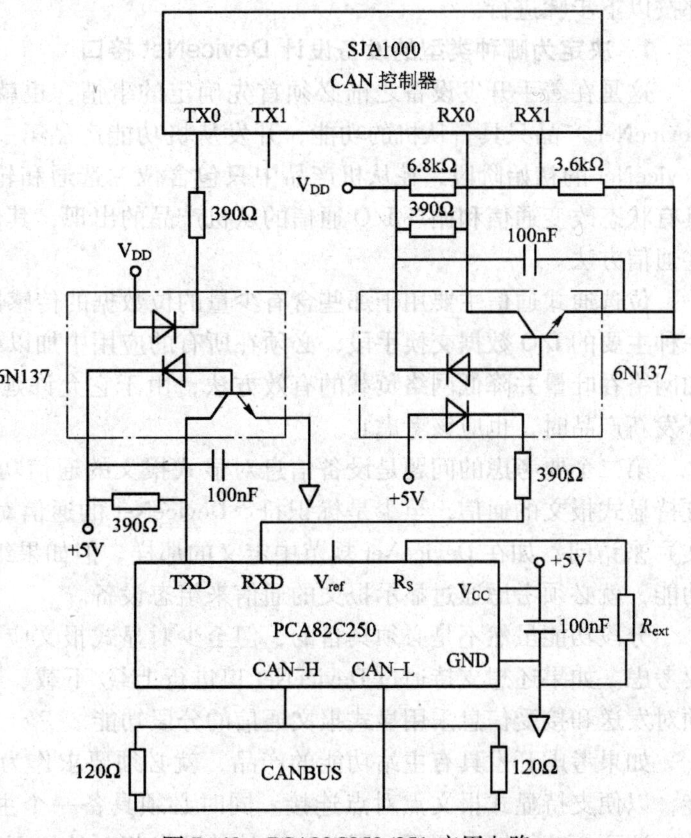

图 7-42　PCA82C250/251 应用电路

7.10 DeviceNet 节点的开发

7.10.1 DeviceNet 节点的开发步骤

目前，DeviceNet 节点的开发大致有两种途径：

- 开发者本身对 DeviceNet 规范相当熟悉，具有丰富的相关经验，并且有长期深入开发 DeviceNet 应用产品的规划，选择从最底层协议做起，根据自身对协议的深刻领会，自己编写硬件驱动程序，再移植到单片机或其他微处理器系统中，完成开发调试工作。
- 利用开发商提供的一些软件包，这些软件包中的源程序往往可以直接应用于单片机中。对于那些复杂的协议处理内容，已封装定义好，用户只需编写自己的应用层程序，而无须涉及过多的协议内容。但其缺点就是价格昂贵，同时受限于软件包的现有功能，不能向更深层的功能进行开发。

比较两种开发途径，可以看到采用第一种途径，工作量是非常巨大的，而且一般来讲开发周期长，但好处在于可以加深对 DeviceNet 规范的认识，对于开发功能更为复杂的产品（如主站的通信）打下了良好的基础。而第二种途径，一般开发周期比较短、工作量小，但不利于自行开发具有复杂功能的 DeviceNet 产品。不论哪种途径，DeviceNet 节点的开发一般都按以下步骤进行：

1. 决定为哪种类型的设备设计 DeviceNet 接口

这是在着手开发设备之前必须首先确定的事情，也就是确定开发产品的功能。大多数 DeviceNet 产品只具备从机的功能，开发从机功能产品第一个要考虑的问题是 I/O 通信。在 DeviceNet 的初始阶段，在从机产品中只包含位 - 选通和轮询 I/O 通信。但随着越来越多的具有状态改变通信和循环 I/O 通信的从机产品的出现，其优越的带宽特性使用户必须考虑这些通信方法。

位选通式通信主要用于那些含有少量的位数据的传感器或其他从机设备；轮询式通信是一种主要的 I/O 数据交换手段，必须在所有的应用中加以考虑；状态改变或循环式通信是增加网络吞吐量并降低网络负载的有效方法，由于它允许延用 CAN 协议中的多主站特性，在开发新产品时，也应该考虑它。

第二个要考虑的问题是设备信息对显式报文的通信功能。DeviceNet 协议要求所有设备支持显式报文的通信，至少是标识符。DeviceNet 的通信对象必须能由隐式报文（即 I/O 报文）来访问，如在 DeviceNet 规范中定义的那样。但如果组态要求超过了只设定几个开关的功能，就必须考虑通过显示报文的通信来组态设备。

分段功能虽然不是必须具备的，但至少对显式报文应答的所有使用 32 bit 名称域的产品要考虑。如果还想支持通过 DeviceNet 口进行上载/下载、组态或对固件进行版本更新，则必须对发送和接受信息采用显式报文通信的分段功能。

如果考虑开发具有主站功能的产品，就必须要求作为主站的设备或产品具有 UCMM 功能，以便支持显式报文点对点连接。同时必须具备一个主站扫描列表，用于配置和管理从站。这两个功能缺一不可。因此，主站的开发相对从站而言，要复杂和困难得多。

2. 硬件设计

硬件设计需满足 DeviceNet 物理层和数据链路层的要求。DeviceNet 规范允许 4 种连接方式：迷你型接头、微型接头、开放式接头和螺栓式接头。在可能的情况下，应尽量采用迷你型接头、微型接头、开放式接头，配之以其他接线部件，则可进行即插即用的安装。而在一些不能利用以上 3 种接头的场合，则采用螺栓式接头。

在 DeviceNet 中，目前只有 125 bit/s、250 bit/s 和 500 bit/s 3 种速率。由于严格的网络长度限制，它不支持 CAN 的 1 Mbit/s 速率。

DeviceNet 物理层可以选择使用隔离。完全由网络供电的设备和与外界无电连接的设备（如传感器）可以不用隔离；而与外界有电联系的设备应该具有隔离。光隔离器件的速度很重要，因为它决定了收发器的总延时。DeviceNet 规范中要求的最大延时为 40 ns。

DeviceNet 是基于 CAN 的现场总线，从技术的角度上来说，其开发并不困难。但由于其特殊性，在开发 DeviceNet 产品时要考虑以下几方面：

（1）CAN/微处理器硬件

可以使用具有 11 bit 标识符的 CAN 芯片，而不能使用具有长标识符（29 bit）的芯片。如将设备限制在组 2 从站设备时，使用基本的 CAN 芯片就可以实现。但带内置 CAN 芯片的微处理器将减少芯片的数量，它仅在它们能正好满足设备要求时才被推荐使用。采用独立的 CAN 芯片将给设计带来更多的灵活性。

在复位、上电和断电时特别注意 CAN－H 和 CAN－L 线的状态。在此阶段 CAN 芯片会漂移或跳转到其他电平，因此会导致总线被驱动为显性。如采用上拉或下拉电阻的方式，则能保证 CAN 总线上的状态为无害的。另外，不要将控制器上的不用的输入端浮空。

（2）收发器的选择

DeviceNet 要求收发器超越 ISO 11898 的要求，主要是因为在其连接上要挂 64 个物理设备。满足这些要求的器件有：Philips 82C250、Philips 82C251、Unitrode UC5350 等。

（3）单片机系统

DeviceNet 产品的开发和其他嵌入式系统的开发有着共同之处，首先应搭建一套适合于单片机或者更高层次 CPU 软硬件系统的环境，再开发单片机或者更高层次 CPU 的应用系统。

采用 AT89S52 单片微控制器、独立 CAN 通信控制器 SJA1000、CAN 总线驱动器 PCA82C250 及复位电路 IMP708 的 DeviceNet 节点电路如图 7-43 所示。

在图 7-43 中，IMP708 具有两个复位输出 RESET 和 $\overline{\text{RESET}}$，分别接至 AT89S52 单片微控制器和 SJA1000 CAN 通信控制器。当按下按键 S 时，为手动复位。

DeviceNet 节点的数据采集和控制电路设计这里不再介绍，请参考作者出版的《计算机测控系统设计与应用》一书，该书已由机械工业出版社出版发行。

3. 软件设计

软件设计需满足 DeviceNet 应用层的要求。

（1）采用的软件

DeviceNet 方面的软件包有许多种，选择哪一种与自己的产品协同工作，考虑其特性是

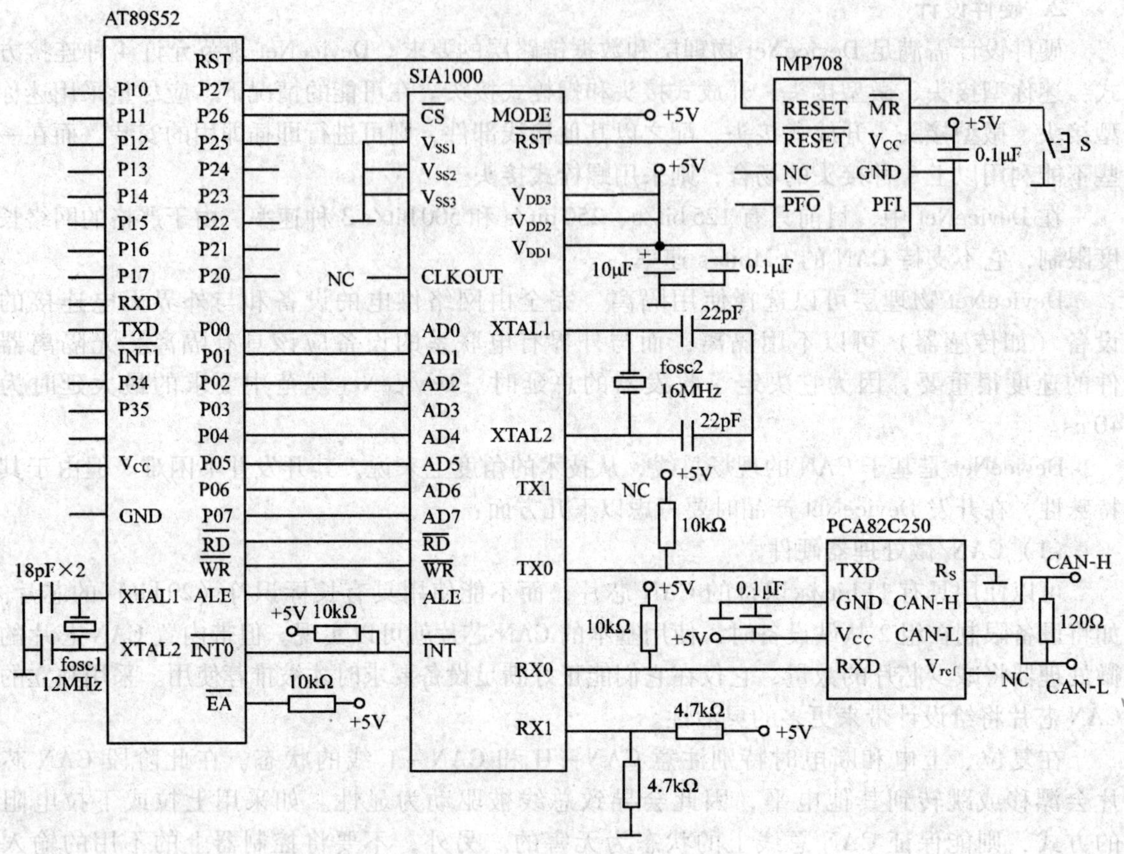

图 7-43　DeviceNet 节点电路

个首要的问题。以下给出一些需要用户必须考虑的问题：

- 该软件对自己的硬件是否适用？
- 是否需要重写汇编代码？
- 在何种程度上要重写硬件的驱动程序？
- 软件的速度对自己的产品是否适合？
- 某特定的应用是否需要所有的通信特性（如 I/O 交换和显式报文传送）？
- 是否支持分段？
- 采用何种编译器？

（2）选择设计或购买策略

在确定是自行设计或购买策略时，可以作如下的考虑：

- 自己是否掌握足够的开发知识，如 CAN 和微处理器？
- 是一次性设计产品还是将来要改进的？

仅实现从站功能的产品极易开发，一些公司只要数周即可完成；但比较复杂的产品，如具有主站功能的，采用商业开发软件包来开发比较好。

（3）设计工具

一般来说，可以用微处理器开发系统来完成开发，因此，这里只讨论与 DeviceNet 有关的工具，其最小配置为 CAN 的监视器，它是一个由 PC 卡和相关软件组成的工具。DeviceNet 的兼容工具可以向 Softing、STZP、Huron Networks、S-S Technologies 等公司购买。其价格和性能差别很大，一个典型的底层开发工具是罗克韦尔自动化公司的从站开发工具（Slave Development Tools）和代码例子，而 Vector Informatik CANALYZER 是一个最高层的开发工具。实际上，ODVA 可以提供大量的有用信息，如果开发人员只想做 CAN 这一层的工作，有许多公司的产品可以帮助开发人员监视 CAN 层。

如果开发的产品可以使用了，可以考虑在一个典型的工业控制环境中使用。这里要包括使用组态工具来检查其对显式报文传送的反映，以及是否能改变设备的组态参数等。

软件的开发还要选择合适的开发包。DeviceNet 方面的软件开发包有很多种，可以帮助用户进行软件的开发。在软件开发时，有这样一些问题需要考虑：

- 该软件是否适用于自己的硬件？
- 软件是否可以直接移植到单片机上？在多大的程度上，需要对源代码进行改动，或者是否要重写硬件驱动程序？
- 软件中支持的通信特性（如 I/O 报文、显式报文、UCMM 等）是否都需要？
- 软件支持何种编译器？

DeviceNet 节点的软件设计中包括 CAN 初始化、发送子程序和接收子程序等。下面介绍这 3 种程序的设计。

（1）CAN 初始化程序

1）程序流程图。CAN 初始化子程序流程图如图 7-44 所示。

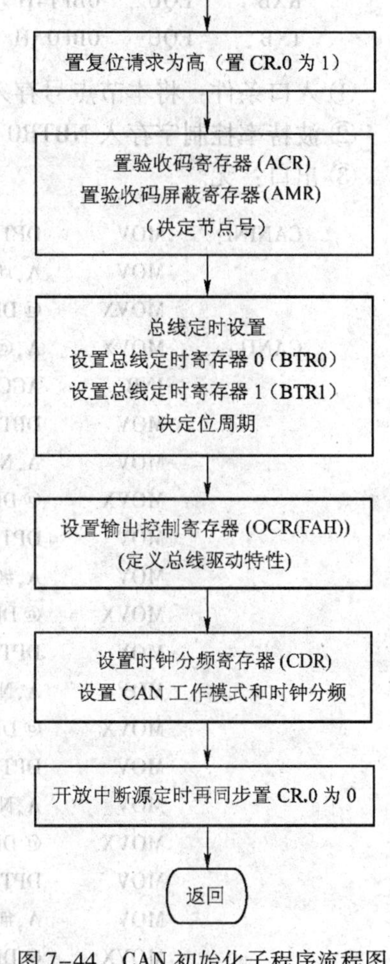

图 7-44　CAN 初始化子程序流程图

2）程序清单。CAN 初始化子程序清单如下：

```
NODE    EQU    30H       ;节点号缓冲区
NBTR0   EQU    31H       ;总线定时寄存器 0 缓冲区
NBTR1   EQU    32H       ;总线定时寄存器 1 缓冲区
TXBF    EQU    40H       ;RAM 内发送缓冲区
RXBF    EQU    50H       ;RAM 内接收缓冲区
CR      EQU    0BF00H    ;控制寄存器
CMR     EQU    0BF01H    ;命令寄存器
SR      EQU    0BF02H    ;状态寄存器
IR      EQU    0BF03H    ;中断寄存器
ACR     EQU    0BF04H    ;接收码寄存器
```

```
AMR     EQU     0BF05H              ;接收码屏蔽寄存器
BTR0    EQU     0BF06H              ;总线定时寄存器 0
BTR1    EQU     0BF07H              ;总线定时寄存器 1
OCR     EQU     0BF08H              ;输出控制寄存器
CDR     EQU     0BF1FH              ;时钟分频寄存器
RXB     EQU     0BF14H              ;接收缓冲器
TXB     EQU     0BF0AH              ;发送缓冲器
```

① 入口条件：将本节点号存入 NODE 单元。

② 波特率控制字存入 NBTR0 和 NBTR1 单元。

③ 出口：无。

```
CANINI:     MOV     DPTR,#CR        ;写控制寄存器
            MOV     A,#01H          ;置复位请求为高
            MOVX    @DPTR,A
CANI1:      MOVX    A,@DPTR         ;判复位请求有效
            JNB     ACC.0,CANI1
            MOV     DPTR,#ACR       ;写接收码寄存器
            MOV     A,NODE          ;设置节点号
            MOVX    @DPTR,A
            MOV     DPTR,#AMR       ;写接收码屏蔽寄存器
            MOV     A,#00H
            MOVX    @DPTR,A
            MOV     DPTR,#BTR0      ;写总线定时寄存器 0
            MOV     A,NBTR0         ;设置波特率
            MOVX    @DPTR,A
            MOV     DPTR,#BTR1      ;写总线定时寄存器 1
            MOV     A,NBTR1
            MOVX    @DPTR,A
            MOV     DPTR,#OCR       ;写输出控制寄存器
            MOV     A,#0FAH
            MOVX    @DPTR,A
            MOV     DPTR,#CDR       ;写时钟分频寄存器
            MOV     A,#00H          ;将 CAN 工作模式设为 BasicCAN 模式时钟 2 分频
            MOVX    @DPTR,A
            MOV     DPTR,#CR        ;写控制寄存器
            MOV     A,#0EH          ;开放中断源
            MOVX    @DPTR,A
            RET
```

（2）CAN 接收子程序

1）程序流程图。CAN 接收子程序流程图如图 7-45 所示。

2）程序清单。CAN 接收子程序清单如下：

① 入口条件：无。

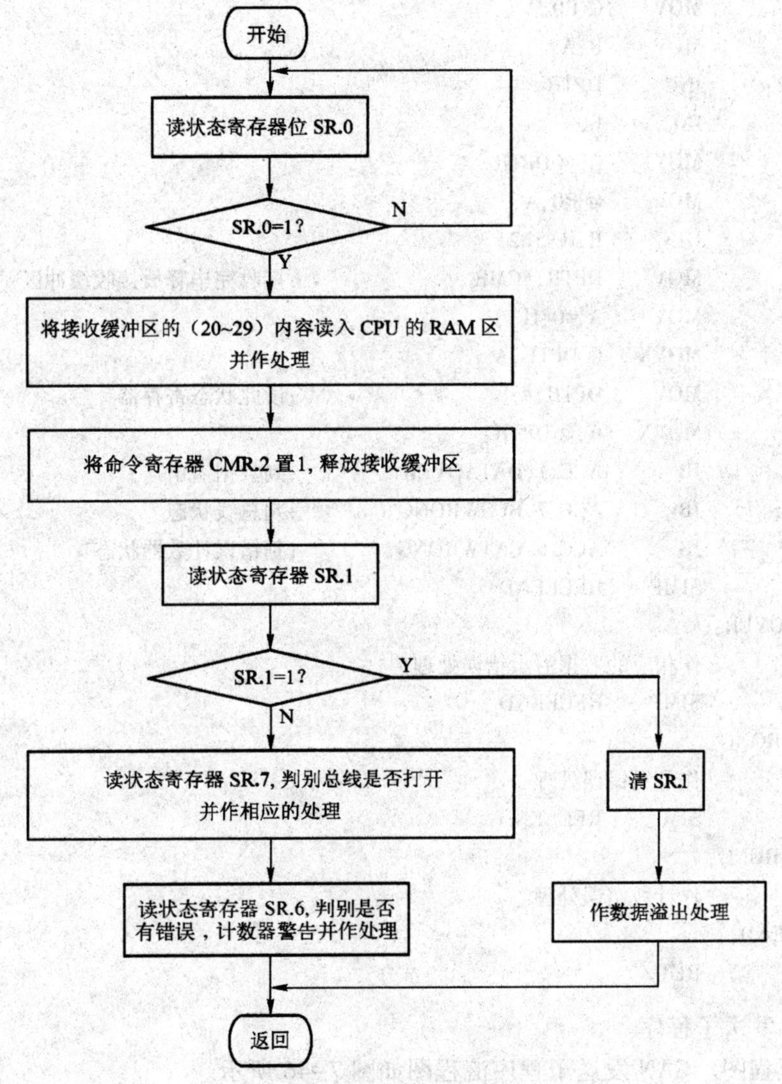

图 7-45　CAN 接收子程序流程图

② 出口：接收的描述符、数据长度及数据放在 RXBF 开始的缓冲区中。

```
RXSB：   MOV     DPTR，#SR          ；读状态寄存器，判别接收缓冲区满
         MOVX    A，@ DPTR
         JNB     ACC. 0，RXSB
RXSB1：  MOV     DPTR，#RXB         ；将接收的数据放在 CPU RAM 区
         MOV     R0，#RXBF
         MOVX    A，@ DPTR
         MOV     @ R0，A
         INC     R0
         INC     DPTR
         MOVX    A，@ DPTR
```

```
            MOV     @R0,A
            MOV     B,A
RXSB2:      INC     DPTR
            INC     R0
            MOVX    A,@DPTR
            MOV     @R0,A
            DJNZ    B,RXSB2
            MOV     DPTR,#CMR                 ;接收完毕释放接收缓冲区
            MOV     A,#04H
            MOVX    @DPTR,A
            MOV     DPTR,#SR                  ;读此状态寄存器
            MOVX    A,@DPTR
            JB      ACC.1,DATAOVER            ;判数据溢出
            JB      ACC.7,BUSWRONG            ;判总线状态
            JB      ACC.6,CNTWRONG            ;判错误计数器状态
            SJMP    RECEEND
DATAOVER:
            作相应的数据溢出错误处理
            SJMP    RECEEND
BUSWRONG:
            作总线错误处理
            SJMP    RECEEND
CNTWRONG:
            作计数错误处理
RECEEND:
            RET
```

（3）CAN 发送子程序

1）程序流程图。CAN 发送子程序流程图如图 7-46 所示。

2）程序清单。CAN 发送子程序清单如下：

① 入口条件：将要发送的描述符存入 TXBF；将要发送的数据长度存入 TXBF +1；将要发送的数据存入 TXBF +2 开始的单元。

② 出口：无。

```
TXSB:       MOV     DPTR, #SR                 ;读状态寄存器
            MOVX    A, @DPTR                  ;判发送缓冲区状态
            JNB     ACC.2, TXSB
            MOV     R1, #TXBF
            MOV     DPTR , #TXB
TX1:        MOV     A, @R1                    ;向发送缓冲区 10 填入标识符
            MOVX    @ DPTR, A
            INC     R1
            INC     DPTR
```

```
        MOV     A, @R1              ;向发送缓冲区 11 填入数据长度
        MOVX    @ DPTR, A
        MOV     B, A
TX2:    INC     R1
        INC     DPTR
        MOV     A, @R1              ;向发送缓冲区 12～19 送数据
        MOVX    @DPTR, A
        DJNZ    B, TX2
        MOV     DPTR , #CMR         ;置 CMR.0 为 1 请求发送
        MOV     A, #01H
        MOVX    @DPTR, A
        RET
```

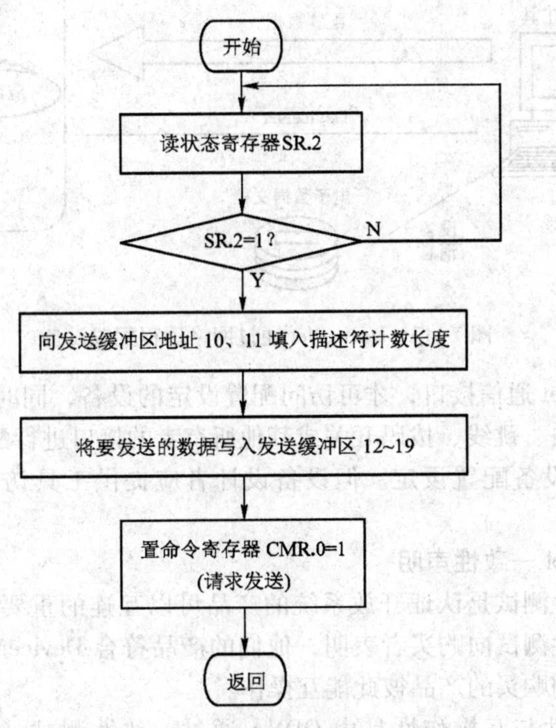

图 7-46　CAN 发送子程序流程图

4. 根据设备类型选定设备描述或自定义设备描述

DeviceNet 使用设备描述来实现设备之间的互操作性、同类设备的可互换性和行为一致性。

设备描述有两种，即专家已达成一致意见的标准设备类型的设备描述和一般的或制造商自定义的非标准设备类型的设备描述（又称为扩展的设备描述）。ODVA 负责在技术规范中发布设备描述。每个制造商为其每个 DeviceNet 产品根据设备类型选定扩展或定义设备描述，其内容涉及设备遵循的设备行规。

设备描述是一台设备的基于对象类型的正式定义，包括以下内容：

1）设备的内部构造（使用对象库中的对象或用户自定义对象，定义了设备行为的详细

描述)。

2）I/O 数据（数据交换的内容和格式，以及在设备内部的映像所表示的含义)。

3）可组态的属性（怎样被组态，组态数据的功能，它可能包括 EDS 信息)。

在 DeviceNet 产品开发中，必须指定产品的设备描述。如果不属于标准设备描述，就必须自定义其产品的设备描述，并通过 ODVA 认证。

5. 决定配置数据源

如图 7-47 所示，DeviceNet 标准允许通过网络远程配置设备，并允许将配置参数嵌入设备中。利用这些特性，可以根据特定应用的要求，选择和修改设备配置设定。DeviceNet 接口允许访问设备配置设定。

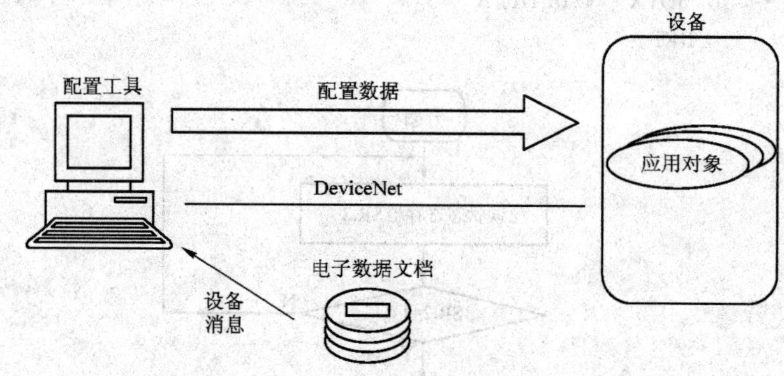

图 7-47　DeviceNet 通过网络远程配置设备

只有通过 DeviceNet 通信接口，才可访问配置设定的设备，同时必须用配置工具改变这些设定。使用外部开关、跳线、拨码开关或其他所有者的接口进行配置设定的设备，不需要配置工具就可以修改设备配置设定。但设备设计者应提供工具访问和判定硬件配置开关状态。

6. 完成 DeviceNet 一致性声明

一致性与互操作性测试是认证开放系统的产品可以互连的重要步骤。DeviceNet 产品的制造商需要通过一致性测试向购买者表明，他们的产品符合 DeviceNet 规范。用户需通过互操作测试，以证实他们购买的产品彼此能互操作。

DeviceNet 的一致性与互操作性是由 ODVA 通过一致性测试（Conformance Test）保证的。ODVA 要求每种产品在投放市场之前，必须通过一致性测试。ODVA 允许制造厂商在其产品通过独立实验室全部测试项目后，在产品上加上 DeviceNet 一致性测试服务标志。

7.10.2　设备描述的规则

DeviceNet 规范通过定义标准的设备模型促进不同制造商设备之间的互操作性，它对直接连接到网络的每一类设备都定义了设备描述。设备描述是从网络的角度对设备内部结构进行说明，它使用对象模型的方法说明设备内部包含的功能、各功能模块之间的关系和接口。设备描述说明了使用哪些 DeviceNet 对象库中的对象和哪些制造商定义的对象，以及关于设备特性的说明。

设备描述包括：

1）设备对象模型定义。定义设备中存在的对象类，各类中的实例数，各个对象如何影响行为以及每个对象的接口。

2）设备 I/O 数据格式定义。定义包含的组合对象，以及组合对象中包含所需要的数据元件的地址（类、实例和属性）。

3）设备可配置参数的定义和访问这些参数的公共接口。定义配置参数数据、参数对设备行为的影响、所有参数组以及访问设备配置的公共接口。

简单地说，这三部分分别规定了一个设备如何动作、如何交换数据和如何进行配置。

DeviceNet 有关设备描述部分包含了该文件出版时所有现存的设备描述列表及其详细叙述。随着设计者建造了更多的 DeviceNet 兼容设备和开放式 DeviceNet 供货商协会的成员公司开发了更多的新设备，定义的描述的数量将不断增加。

如果所要的设备描述不在上述范围之内，新设备描述的建立过程为：首先由 ODVA 专家，主要是特别兴趣小组定义新的设备类型，并将提案交 ODVA 技术委员会审查。通过 ODVA 讨论，如需改进，则要求开发商修改完善，然后批准该设备描述。ODVA 为新设备分配一个新的设备类型编码，最后 ODVA 印刷并发行新的设备描述。

7.10.3 设备配置和电子数据文档（EDS）

1. 基本术语

（1）解码格式

解码格式指 DeviceNet 报文格式中解码的属性数据值。

（2）EDS

EDS 是电子数据文档的简写，是磁盘上的一个包括指定设备类型的配置数据的文件。

（3）编码格式

解码格式指电子数据文档格式中编码的属性数据值。

（4）DeviceNet 路径

DeviceNet 路径指 DeviceNet 类、实例、属性格式中的对象属性地址。

（5）参数对象整体

参数对象整体指设备中的一个对象，它包括配置数据值、提示字符串、数据转换系统以及其他设备相关信息。

（6）参数对象存根

参数对象存根是参数对象的简写形式，它只存储配置数据值，并且只提供一个标准的参数访问点。

2. 设备配置概述

DeviceNet 标准允许通过网络远程配置设备，并允许将配置参数嵌入设备中。利用这些特性，可以根据特定应用的要求，选择和修改设备配置设定。DeviceNet 接口允许访问设备配置设定。

只有通过 DeviceNet 通信接口，才可以访问配置设定的设备，同时必须用配置工具改变这些设定。使用外部开关、跳线、拨码开关或其他所有者的接口进行配置的设备，不需要配置工具就可以修改设备配置设定，但设备设计者应提供工具访问和判定硬件配置开关状态。

存储和访问设备配置数据的方法包括输出数据文档的打印、电子数据文档、参数对象以及参数对象存根、EDS 和参数对象存根的结合。

（1）利用打印输出的数据文档支持配置

利用打印数据文档上收集的配置信息时，配置工具只能提供服务、类、实例和属性数据的提示，并将该数据转发给设备。这种类型的配置工具不决定数据的前后联系、内容和格式。

（2）利用电子数据文档支持配置

可采用被称为电子数据文档的特殊格式化的 ASCII 文件对设备提供配置支持。EDS 提供设备配置数据的前后关系、内容及格式等有关信息，用户通过必要的步骤配置设备后，EDS 可提供访问和改变设备可配置参数的所有必要信息，该信息与参数对象类实例所提供的信息相匹配；不提供计算机可读介质形式的 EDS 制造商，应该提供他们的 EDS 打印清单，以便最终用户可以利用文本编辑器建立计算机可读取的 EDS。

图 7-47 所示的设备配置采用了支持 EDS 的配置工具。设备中的应用对象表示配置数据的目的地址，这些地址在 EDS 中编码。

（3）利用参数对象和参数对象存根支持配置

设备的公共参数对象是设备中一个可选的数据结构，它提供访问设备配置数据的第三种方法。当设备使用参数对象时，它要求每个支持的配置参数有一个参数对象类实例。每个实例链接到一个可配置参数，该参数可以是设备其他对象的一个属性。修改参数对象的参数值属性将引起属性值中相应的改变，一个完整的参数对象包括设备配置所需的全部信息。部分定义的参数对象称为参数对象存根，它包含设备配置所需的部分信息，不包括用户提示、限制测试和引导用户完成配置说明文本。

1）利用完整参数对象。参数对象将所有必要的配置信息嵌入设备。参数对象提供：

- 到设备配置数据值的已知公共接口；
- 说明文本；
- 数据限制、默认、最小值和最大值。

当设备包含完整的参数对象时，配置工具可直接从设备导出所有需要的配置信息。

2）使用参数对象存根。参数对象存根提供到设备的配置数据值的已建立地址，不需说明文本的规范、数据限制和其他参数特性。当设备包括参数对象存根时，配置工具可以从 EDS 得到附加的配置信息或仅提供一个到修改参数的最小限度接口。

（4）使用 EDS 和参数对象存根的配置

配置工具可从嵌在设备中的部分参数对象或参数对象存根中获得信息，该设备提供一个伴随 EDS，此 EDS 提供配置工具所需的附加参数信息。参数对象存根可以提供一个到设备参数数据的已知公共接口，而 EDS 提供说明文本、数据限制和其他参数特性，如有效数据的数据类型和长度，默认数据选择，说明性用户提示，说明性帮助文本，说明性参数名称。

（5）使用配置组合进行配置

配置组合允许批量加载和下载配置数据。如果使用该方法配置设备，必须提供配置数据块的格式和每个可配置属性的地址映射。在规定配置组合的数据属性时，必须按属性块给出的顺序列出数据分量，大于 1B 的数据分量先列出低字节；小于 1B 的数据分量在 1B 中右对齐，从位 0 开始。

3. EDS 概述

EDS 允许配置工具自动进行设备配置，DeviceNet 规范中关于 EDS 的部分，为所有

DeviceNet 产品的设备配置和兼容提供了一个开放的标准。

(1) 电子数据文档

EDS 除了包括该规范定义的、必需的设备参数信息外，还可以包括供应商特定的信息。标准的 EDS 通用模块如图 7-48 所示。

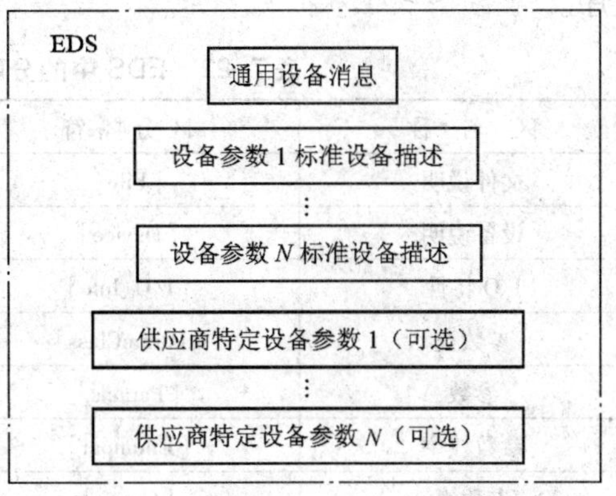

图 7-48　标准的 EDS 通用模块

(2) 产品数据文档模式

电子数据文档应按照产品数据文档的含义，将其修改成符合 DeviceNet 要求。通常，产品数据文档向用户提供判断产品特性所需的信息及对这些特性用户可赋值的范围。

数据文档将信息从产品制造商传送给产品用户。产品用户理解制造商的数据文档，并决定哪些设备必须设置为非默认值，以执行必要的动作，从而将信息从数据文档中导入设备中。为执行实际配置，配置工具用 DeviceNet 报文传递来实现设备中的变化。目前，EDS 中的文本信息必须是 ASCII 表示的字符。EDS 提供两种服务：

1）说明每个设备的参数，包括它的合法值和默认值。

2）提供设备中用户可选择的配置参数。

DeviceNet 配置工具至少具备：

- 将 EDS 装载到配置工具的内存。
- 解释 EDS 的内容，判断每个参数的特性。
- 向用户展示各设备参数的数据记录区或选择清单。
- 将用户的参数选择装载到设备中正确的参数地址中。

所有 EDS 开发者必须使 EDS 符合这些要求。产品开发者将决定其他所有的执行细节。为 DeviceNet 产品设计的每个 EDS 解释器必须能够读取并解释任何标准的 EDS，向设备用户提供信息和选择，建立配置相关 DeviceNet 产品的必要信息。

(3) 配置工具上使用 EDS

DeviceNet 配置工具从标准 EDS 中提取用户提示信息，并以人工可读的形式向用户提供该信息。

(4) EDS 解释器功能

解释器必须采集 EDS 要求的参数选择，建立配置设备所需的 DeviceNet 信息，并包含要求配置的各设备参数的对象地址。

(5) EDS 文件管理

图 7-49 为 EDS 结构图。EDS 文件编码要求使用 DeviceNet 的标准文件编码格式，而无须考虑配置工具主机平台或文件系统。

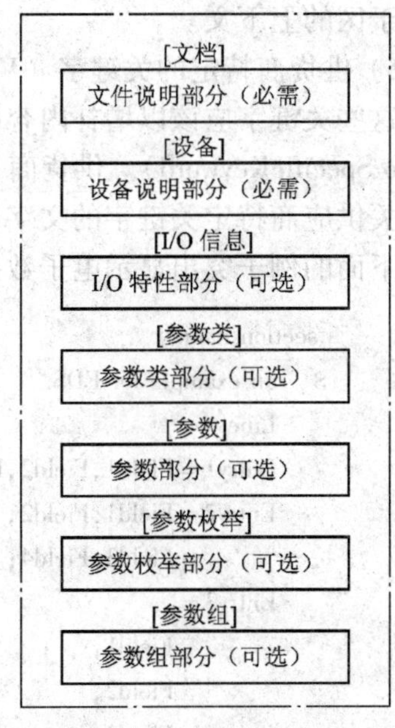

图 7-49　EDS 结构图

单一文件必须包括完整的 EDS。表 7-22 概括了 EDS 中的分区结构、区分隔符和各区的次序。

表 7-22　EDS 中的分区结构、区分隔符和各区的次序

区 名 称	区分隔符	位　置	必需/可选
文件说明	[File]	1	必需
设备说明	[Device]	2	必需
I/O 特性	[I/O_Info]	*	可选
参数类	[ParamClass]	*	可选
参数	[Params]	*	可选
参数枚举	[Enumpar]	*	可选
参数组	[Group]	*	可选

注：* 表示该可选项的位置跟随其所需区。

定义 EDS 遵守以下原则：

1）区（Section）。EDS 文件必须划分为可选的和必需的部分。

2）区分隔符（Section Delimiters）。必须用方括号中的区关键字作为合法的区分隔符来正确分隔 EDS 的各区。

3）区顺序（Section Order）。必须按要求的顺序放置每个所需的区，可选部分可以完全省略或用空数据占位符填充。

4）入口（Entry）。EDS 的每个区包括一个或多个入口，以入口关键字开关，后面跟有一个符号。入口关键字的含义取决于该部分的上下文。用分号表示入口结束，入口可以跨越多行。

5）入口域（Entry Field）。每个入口包括一个或多个域，用逗号分隔各域，各域的含义取决于区的上下文。

6）供货商特定的关键字（Vendor-specific Keyword）。区和入口关键字可以是供货商特定的。这些关键字应该以增补内容的公司的供货商 ID 开头，后面跟随一个下画线（VendorID_VendorSpecificKeyword）。供货商 ID 应以十进制显示，且不应该包含引导 0。各供应商应提供有关供应商特定关键字的文字说明。

下面的例子突出显示电子数据文档的结构（注：“ $ ”字符表示注释语句）。

```
[section name]
$   an example for EDS
    Line
    Entry1 = Field1,Field2,Field3;          $ Entire entry on one line
    Entry2 = Field1,Field2,                 $ Entire entry on two line
             Field3,Field4;
    Entry3 =                                $ Mutiple line entry
             Field1,
             Field2,
             Field3;
    65_Entry4 =                             $ Combination
```

Field1,Field2,
Field3,
Field4;

从上例中可以发现，只有逗号能正确地分隔各区，一个入口可以扩展到几行。配置工具忽略任何空白字符，包括注释、制表符和空格。注释以注释分隔符（$）开头，到该行结尾。所有的入口必须用一个分号表示结束。

文件命名要求：除了在 DOS、Windows 环境中的文件外，目前以磁盘为介质的 EDS 文件不存在文件命名约定。文件名后面应该加有“. EDS”。

DeviceNet 规范允许通过 DeviceNet 对设备进行远程配置。用户使用配置工具软件，可以修改设备的配置，使配置适合特定的应用。EDS 文件中包含了设备的信息和配置参数，通过 EDS 文件提供的信息，配置工具可以自动对设备进行配置。这样当通过配置工具（如 DeviceNet Manager）配置 DeviceNet 时，只需要将设备的 EDS 复制到相应的目录中，配置工具就能自动识别出 DeviceNet 上的设备，并提供配置的参数。而且 EDS 文件的格式有统一的标准，这为设备配置和产品兼容提供了一个开放的标准。

7.11 习题

1. DevicNet 现场总线有什么特点？
2. DevicNet 现场总线的主要用途是什么？
3. DevicNet 现场总线采用什么样的通信模式？
4. 简述 DevicNet 物理层的结构。
5. DevicNet 现场总线是如何实现误接线保护的？
6. DevicNet 的通信对象主要包括什么？
7. CAN 现场总线有什么特点？
8. 什么是位填充技术？
9. CAN 总线上的显性位和隐性位分别表示什么？
10. CAN 的应用领域有哪些？
11. 采用一种单片微控制器设计一个 CANbus 硬件节点电路，使用 SJA1000 独立 CAN 控制器，假设节点号为 12，通信波特率为 100 kbit/s。

1）画出硬件电路图。

2）画出 CAN 初始化程序流程图。

3）编写 CAN 初始化程序。

12. 简述预定义主/从连接的工作过程。
13. 什么是 EDS 文件？它有什么作用？

第 8 章　TCP/IP 协议与以太网控制器

8.1 TCP/IP 协议的体系结构

网络系统是一个庞大而复杂的系统。网络技术发展的初期，人们主要考虑的问题是如何进行网络硬件的设计，后来随着网络硬件技术的不断成熟，如何进行网络软件系统的设计就显得越来越重要了。对一个复杂系统进行分析和设计时，人们常用的方法是“分而治之”，即把一个大的问题分解成若干子问题或子部分进行设计，然后把它们有机地组织在一起，完成对整个系统的设计。把这一思想应用到网络软件的设计上，人们将网络系统的软件按层的方式来划分，一个网络系统分解成若干层，一般少的可分成 4 层，多的则可达 7 层，每层负责不同的通信功能。每一层好像一个“黑匣子”，它内部的实现方法对外部的其他层来说是透明的。每一层都向它的上层提供一定的服务，同时可以使用它的下层所提供的功能。这样，在相邻层之间就有一个接口以把它们联系起来，显然，只要保持相邻层之间的接口不变，一个层内部可以用不同的方式来实现。一般把网络的层次结构和每层所使用协议的集合称为网络体系结构（Network Architecture）。一个具体的网络系统其所包含的层数和每层所使用的协议是确定的。在这种层次结构中，各层协议之间形成了一个从上到下类似栈的结构的依赖关系，通常称为协议栈（Protocol Stack）。

8.1.1 TCP/IP 协议的四个层次

TCP/IP 协议的体系结构分为四层，这四层由高到低分别是：应用层、传输层、网络层和链路层，如图 8-1 所示。其中每一层都有不同的通信功能，具体各层的功能和各层所包含的协议说明如下。

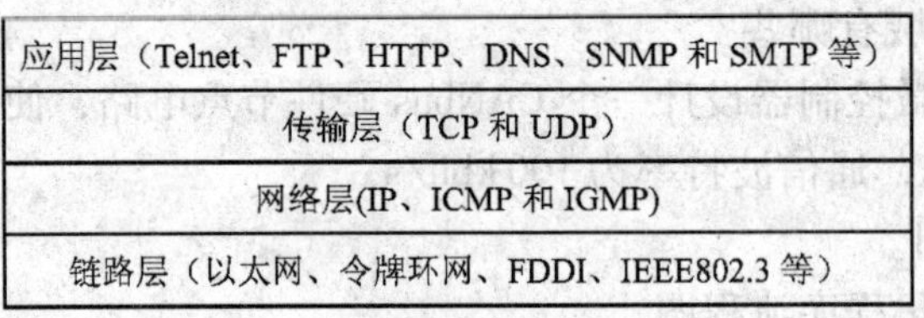

图 8-1　TCP/IP 协议的层次结构

1. 链路层

链路层在 TCP/IP 协议栈的最底层，也称为数据链路层或网络接口层，通常包括操作系统中的设备驱动程序和计算机中对应的网络接口卡。链路层的功能是把接收到的网络层数据报（也称 IP 数据报）通过该层的物理接口发送到传输介质上，或从物理网络上接收数据帧，抽出 IP 数据报并交给 IP 层。TCP/IP 协议栈并没有具体定义链路层，只要是在其上能进行 IP 数据报传输的物理网络，如以太网、令牌环网、FDDI（光纤分布数据接口）、IEEE 802.3 及 RS－232 串行线路等，都可以当成 TCP/IP 协议栈的链路层。这样做的好处是 TCP/

IP 协议可以把重点放在网络之间的互连上，而不必纠缠物理网络的细节，并且可以使不同类型的物理网络互连。也可以说，TCP/IP 协议支持多种不同的链路层协议。ARP（地址解析协议）和 RARP（逆地址解析协议）是某些网络接口（如以太网和令牌环网）使用的特殊协议，用来进行网络层地址和网络接口层地址（物理地址）的转换。

2. 网络层

网络层也称互联网层，由于该层的主要协议是 IP 协议，因而也可简称为 IP 层。它是 TCP/IP 协议栈中最重要的一层，主要功能是可以把源主机上的分组发送到互联网中的任何一台目的主机上。我们可以想象，由于在源主机和目的主机之间可能有多条通路相连，因而网络层就要在这些通路中作出选择，即进行路由选择。在 TCP/IP 协议族中，网络层协议包括 IP 协议、ICMP 协议（Internet 控制报文协议）以及 IGMP 协议（Internet 组管理协议）。

3. 传输层

我们通常所说的两台主机之间的通信其实是两台主机上对应应用程序之间的通信，传输层提供的就是应用程序之间的通信，也称为端到端（End to End）的通信。在不同的情况下，应用程序之间对通信质量的要求是不一样的，因此，在 TCP/IP 协议族中传输层包含两个不同的传输协议：一个是 TCP；另一个是 UDP。TCP 为两台主机提供高可靠性的数据通信，当有数据要发送时，它对应用程序送来的数据进行分片，以适合网络层进行传输；当接收到网络层传来的分组时，它对收到的分组要进行确认；它还要对丢失的分组设置超时重发等。由于 TCP 提供了高可靠性的端到端通信，因此应用层可以忽略所有这些细节，以简化应用程序的设计。而 UDP 则为应用层提供一种非常简单的服务，它只是把称为数据报的分组从一台主机发送到另一台主机，但并不保证该数据报能正确到达目的端，通信的可靠性必须由应用程序来提供。用户在自己开发应用程序时可以根据实际情况，使用系统提供的有关接口函数，方便地选择是使用 TCP 还是 UDP 进行数据传输。

4. 应用层

应用层向使用网络的用户提供特定的、常用的应用程序，如使用最广泛的远程登录、文件传输协议、超文本传输协议、域名系统、简单网络管理协议和简单邮件传输协议等。要注意有些应用层协议是基于 TCP 协议的（如 FTP 和 HTTP 等），有些应用层协议是基于 UDP 协议的（如 SNMP 等）。

8.1.2 TCP/IP 协议模型中的操作系统边界和地址边界

TCP/IP 协议分为四层结构，这四层结构中有两个重要的边界：一个是将操作系统与应用程序分开的边界，另一个是将高层互联网地址与低层物理网卡地址分开的边界，如图 8-2 所示。

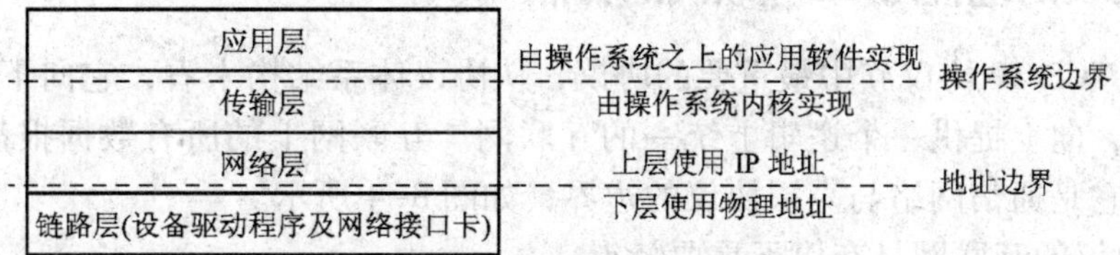

图 8-2　TCP/IP 协议模型的两个边界

1. 操作系统边界

操作系统边界的上面是应用层，应用层处理的是用户应用程序（用户进程）的细节问题，提供面向用户的服务。这部分的程序一般不包含在操作系统内核中，而是由一些独立的应用程序组成，本书中设计的网络程序就属于这一层。操作系统边界的下面各层包含在操作系统内核中，是由操作系统来实现的，它们共同处理数据传输过程中的通信问题。

2. 地址边界

地址边界的上层为网络层，网络层用于对不同的网络进行互连，连接在一起的所有网络为了能互相寻址，要使用统一的互联网地址（IP 地址）。而地址边界的下层为各个物理网络，不同的物理网络使用的物理地址各不相同，因此，在地址边界的下面只能是各个互连起来的网络使用自己能识别的物理地址。

8.2 IP 协议

8.2.1 IP 互联网原理

不同的网络使用的协议不同，地址长度、寻址方式和数据帧的长度也不同，物理网络的这些差别是无法改变的。也就是说，我们无法做到物理网络的“统一”。但是，我们可以对互连的不同物理网络（具体表现就是不同网络的网络接口卡和设备驱动程序互不相同）上传输的数据帧都加上一层相同的“包装”，使加了“包装”后的网络数据帧对外有统一的“外表”（为了区别数据帧，我们就把它称为数据报），并且有足够的地址信息（就是下一节要讲解的 IP 地址），用来识别数据报从何而来（信源），要到什么地方去（信宿）。对于这样的数据报，不同网络中的节点（主要是路由器）都可以识别，因此，就可以根据数据报的目的地址，把它从一个节点转发到另一个节点，直到目的主机，最后由目的主机对数据报的内容进行解释。

上述方法其实就是利用信息隐蔽原理，在互联网中把不同网络的实现细节通过 IP 层隐藏起来，达到在网络层逻辑上一致的目的，如图 8-3 所示。

实现这种一致性的关键问题是如何识别不同网络中的主机，为此在 IP 层对互联网中的所有主机使用统一的地址，即 IP 地址。不同的主机 IP 地址不同，正是 IP 地址把各种不同的物理网络联系在一起，建立了一个逻辑网络。

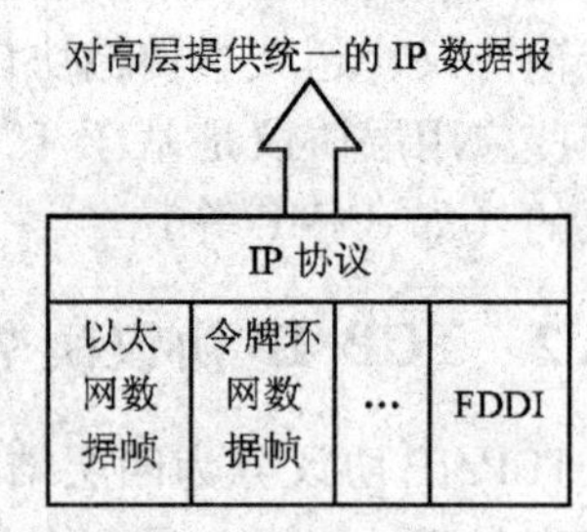

图 8-3 IP 对不同数据帧的统一

8.2.2 IP 协议的地位与 IP 互联网的特点

IP 协议是 TCP/IP 协议族中最重要的协议，从协议体系结构来看，它向下屏蔽了不同物理网络的低层，向上提供一个逻辑上统一的互联网。互联网上的所有数据报都要经过 IP 协议进行传输，它是通信网络与高层协议的边界，如图 8-4 所示。

使用 IP 协议的互联网具有以下重要特点：

1）IP 协议是一种无连接（Connectionless）、不可靠（Unreliable）的数据报传输协议。说它不可靠是因为 IP 协议不能保证数据报能正确地传输到目的主机。它只负责数据报在网络中的传输，而不管传输的正确与否，不进行数据报的确认，也不能保证数据报按正确的顺序到达（即先发的不一定先到达），但同时它也是“尽最大努力”传输数据的，因为它不随便丢弃传输中的数据报。

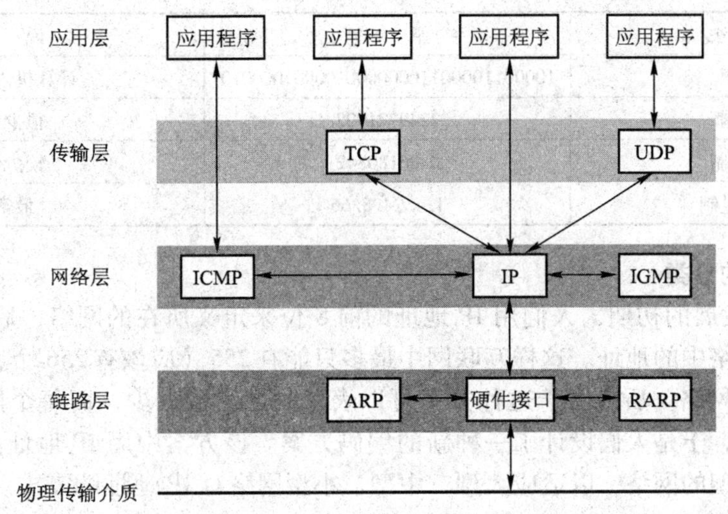

图 8-4　IP 协议在 TCP/IP 协议族中的地位

2）IP 互联网中的计算机没有主次之分，所有主机地位平等（因为唯一标识它们的是 IP 地址），当然从逻辑上来说，所有网络（不管规模大小）也没有主次之分。

3）IP 互联网没有确定的拓扑结构。

4）在 IP 互联网中的任何一台主机，都至少有一个独一无二的 IP 地址。有多个网络接口卡的计算机，每个接口可以有一个 IP 地址，这样一台主机可能就有多个 IP 地址。有多个 IP 地址的主机称为多宿主机（Multi-home Host）。

5）在互联网中有 IP 地址的设备不一定就是一台计算机，如 IP 路由器、网关等，因为与互联网有独立连接的设备都要有 IP 地址。

8.2.3　IP 地址

1. IP 地址的结构

互联网是由很多网络连接而成的，互联网中的数据报有些是在本网内主机之间传输的，有些是要送到互联网中其他网络中的主机中去的，因此，IP 地址不但要标识在本网内的主机号，还要标识在互联网中的网络号，如图 8-5 所示。也就是说，一个 IP 地址由网络号和主机号两部分组成，网络号标识互联网中的一个特定网络，主机号标识在该网络中的一台特定主机。这样给定一个 IP 地址，就可以很方便地知道它是哪个网络上的哪一台主机。

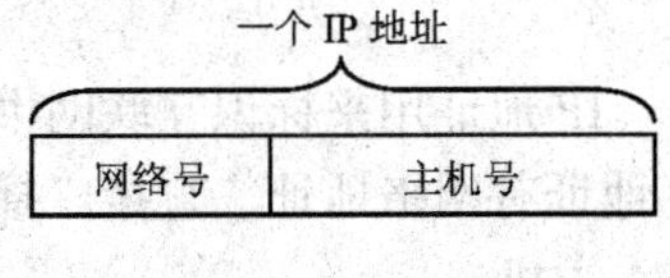

图 8-5　IP 地址结构

2. IP 地址的表示格式

Internet 现在使用的 IP 协议是 IPv4（第四版），它使用 32 位二进制数（即 4 个字节）表示一个 IP 地址，在进行程序设计时一般用长整型。用二进制数表示 IP 地址适合于机器使用，但对用户来说难写、难记，易出错，因此人们常把 IP 地址按字节分成 4 个部分，并把每一部分写成等价的十进制数，数之间用“.”分隔，这就是人们最常用的“点分十进制”表示法。IP 地址的不同表示法见表 8-1。

表 8-1　IP 地址的不同表示法

表示方法	举　例	说　明
二进制	10000110000110000000100001000010	计算机内部使用
十进制	2249721922	很少使用
十六进制	0x86180842	较少使用
点分十进制	134.24.8.66	最常用

3. IP 地址的分类

在 Internet 发展的初期，人们用 IP 地址的前 8 位来定义所在的网络，后 24 位用来定义该主机在当地网络中的地址。这样互联网中最多只能有 255（应该有 256 个，但全 1 的 IP 地址用于广播）个网络。后来由于这种方案可以表示的网络数太少，而每个网络中可以连入的主机又非常多，于是人们设计了一种新的编码方案。该方案中用 IP 地址高位字节的若干位来表示不同类型的网络，以适应大型、中型、小型网络对 IP 地址的需求。这种 IP 地址分类法把 IP 地址分为 A、B、C、D 和 E 共 5 类，用 IP 地址的高位来区分，如图 8-6 所示。

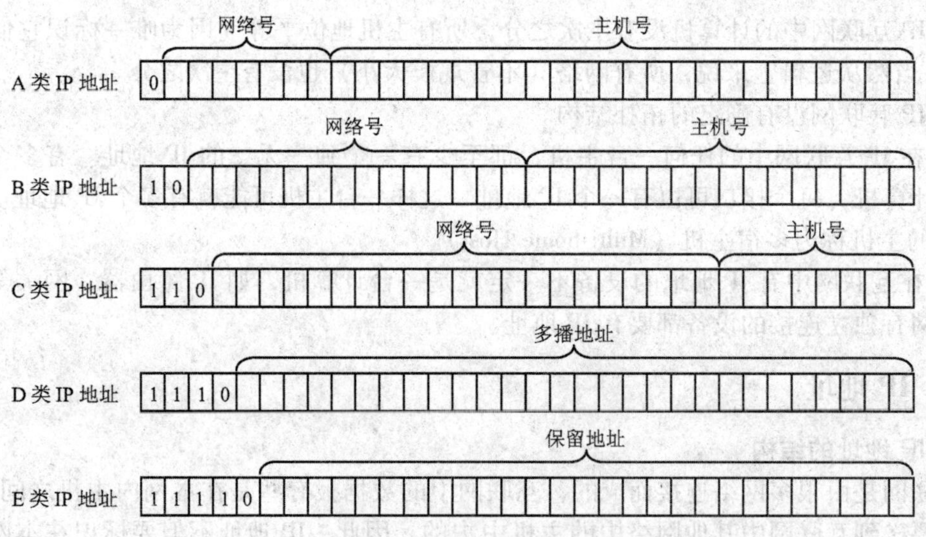

图 8-6　IP 地址的分类

IP 地址用来标识互联网中的主机，但少数 IP 地址有特殊用途，不能分配给主机，这些 IP 地址有网络地址、直接广播地址、有限广播地址、本网特定主机地址、回送地址和本网络本主机。

8.2.4　子网与子网掩码

1. 子网与子网地址

IP 地址最初使用两层地址结构（包括网络地址和主机地址），在这种结构中 A 类和 B 类网络所能容纳的主机数非常庞大，但使用 C 类 IP 地址的网络只能接入 254 台主机。随着计算机网络技术的不断普及，有大量的个人用户和小型局域网接入互联网，对于这样的用户，即使分配一个C类网络地址仍然会造成IP地址的很大浪费。因此，人们提出了三层结构的IP地址，把每个网络可以进一步划分成若干子网（Subnet），子网内主机的IP地址由三部分组成，如图8-7所示，把两级IP地址结构中的主机地址分割成子网地址和主机地址两部分。

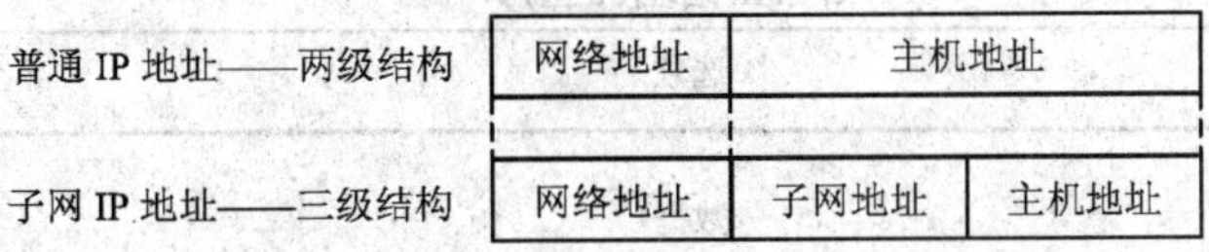

普通IP地址——两级结构	网络地址	主机地址	
子网IP地址——三级结构	网络地址	子网地址	主机地址

图8-7　子网IP地址结构

一个网络可以划分成多少个子网，由子网地址位数决定。当然，一种给定类型的IP地址，如果子网占用的位数越多，子网内的主机就越少。划分子网进一步减少了可用的IP地址数量，这是因为主机地址的一部分被拿走用于识别子网和进行子网内广播。

2. 子网掩码

对于划分了子网的网络，子网地址是由两级地址结构中主机地址的若干位组成的，具体子网所占位数的多少，要根据子网的规模来决定。如果一个网络内的子网数较少，而子网内主机数较多，就应该把两级地址结构中主机地址的大部分位分配给子网内的主机，少量位用于表示子网号。那么，究竟在一个IP地址中哪些位用来表示网络号，哪些位用来表示子网号，以及哪些位用来表示主机号呢，这就要使用子网掩码（Subnet Mask）来标识。

子网掩码用32位二进制数表示，常用点分十进制数格式来书写。掩码中用于标识网络号和子网号的位置为1，主机位为0。例如，一个C类地址取主机号的两位为子网号，则掩码为11111111. 11111111. 11111111. 11000000（255. 255. 255. 192），子网可以产生64个可能的主机地址，但实际上只有62个地址是可用的，另外两个地址，一个用于识别子网自身，另一个用于子网的广播。因此，计算子网内最大可用的主机数时总要减去2。如两位的子网号数学上的组合为00、01、10和11共4种，第一种和最后一种组合有特殊用处，只剩下01和10可用于识别子网，即得到两个可用的子网地址。

8.2.5　IP数据报格式

IP协议是TCP/IP协议族中最为核心的协议，前面我们已经讨论过，它提供不可靠、无连接的数据报传输服务。IP层提供的服务是通过IP层对数据报的封装与拆封来实现的。IP数据报的格式分为报头区和数据区两大部分，其中报头区是为了正确传输高层数据而加的各种控制信息；数据区包括高层协议需要传输的数据。IP数据报的格式如图8-8所示。

图8-8中表示的数据，最高位在左边，记为0位；最低位在右边，记为31位。在网络中传输数据时，先传输0~7位，其次是8~15位，然后传输16~23位，最后传输24~31位。由于TCP/IP协议头部中所有的二进制数在网络中传输时都要求以这种顺序进行，因此把它称为网络字节顺序。在进行程序设计时，以其他形式存储的二进制数必须在传输数据之前，把头部转换成网络字节顺序。

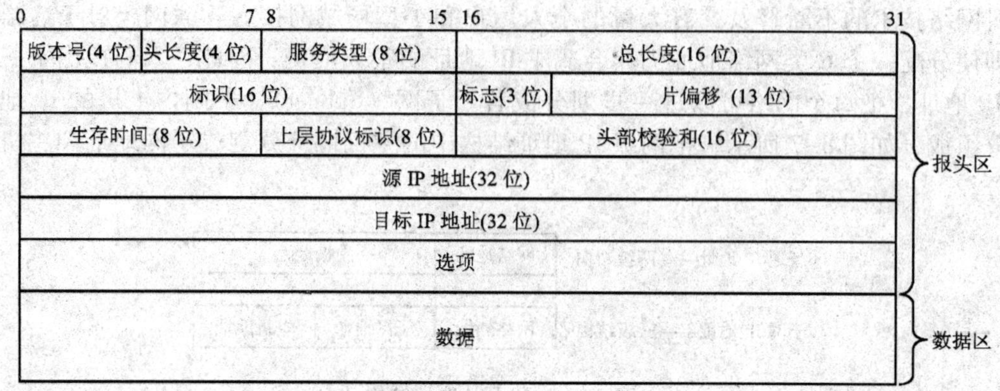

图 8-8 IP 数据报格式

1. IP 数据报各字段的功能

IP 数据报中的每一个域包含了 IP 报文所携带的一些信息，正是用这些信息来完成 IP 协议功能的，现说明如下。

（1）版本号

版本号占用 4 位二进制数，表示该 IP 数据报使用的是哪个版本的 IP 协议。目前在 Internet 中使用的 TCP/IP 协议族中，IP 协议的版本号为 4，所以也常称为 IPv4。下一个 IP 协议的版本号为 6，即 IPv6，当前正在试验中。

（2）头长度

头长度用 4 位二进制数表示，此域指出整个报头的长度（包括选项），该长度是以 32 位二进制数为一个计数单位的，接收端通过此域可以计算出报文头在何处结束及从何处开始读数据。普通 IP 数据报（没有任何选项）该字段的值是 5（即 20 个字节的长度）。

（3）服务类型（Type Of Service，TOS）

服务类型用 8 位二进制数表示，规定对本数据报的处理方式。

（4）总长度

总长度用 16 位二进制数表示，总长度字段是指整个 IP 数据报的长度，以字节为单位。利用头部长度字段和总长度字段，就可以计算出 IP 数据报中数据内容的起始位置和长度。由于该字段长度为 16 位二进制数，所以从理论上来说，IP 数据报最长可达 65535 字节（实际由于受物理网络的限制，要比这个数值小得多）。

（5）生存时间（Time To Live，TTL）

生存时间用 8 位二进制数表示，它指定了数据报可以在网络中传输的最长时间。在实际应用中为了简化处理过程，把生存时间字段设置成了数据报可以经过的最大路由器数。TTL 的初始值由源主机设置（通常为 32、64、128 或者 256），一旦经过一个处理它的路由器，它的值就减去 1。当该字段的值减为 0 时，数据报就被丢弃，并发送 ICMP 报文（本书的 8.4 节介绍）通知源主机，这样可以防止进入一个循环回路时，数据报无休止地传输。

（6）上层协议标识

上层协议标识用 8 位二进制数表示，从图 8-4 可知，IP 协议可以承载多种上层协议，目的端根据协议标识，就可以把收到的 IP 数据报送至 TCP 或 UDP 等处理此报文的上层协议。表 8-2 给出了常用的网际协议编号。

表 8-2 常用网际协议编号

十进制编号	协 议	说 明
0	无	保留
1	ICMP	Internet 控制报文协议
2	IGMP	Internet 组管理协议
3	GGP	网关 - 网关协议
4	无	未分配
5	ST	流
6	TCP	传输控制协议
8	EGP	外部网关协议
9	IGP	内部网关协议
11	NVP	网络声音协议
17	UDP	用户数据报协议

（7）头部校验和

头部校验和用 16 位二进制数表示，这个域用于协议头数据有效性的校验，可以保证 IP 报头区在传输时的正确性和完整性。

头部校验和字段是根据 IP 协议头部计算出的校验和码，它不对头部后面的数据进行计算。

（8）源 IP 地址

源 IP 地址是用 32 位二进制数表示的发送端 IP 地址。

（9）目的 IP 地址

目的 IP 地址是用 32 位二进制数表示的目的端 IP 地址。

2. IP 数据报分片与重组

（1）最大传输单元

IP 数据报在互联网上传输，可能要经过多个物理网络才能从源端传输到目的端。不同的网络由于链路层和介质的物理特性不同，因此在进行数据传输时，对数据帧的最大长度都有一个限制，这个限制值称为最大传输单元（Maximum Transmission Unit，MTU）。

（2）分片

当一个 IP 数据报要通过链路层进行传输时，如果 IP 数据报的长度比链路层 MTU 的值大，那么 IP 层就需要对将要发送的 IP 数据报进行分片，把一个 IP 数据报分成若干长度小于或等于链路层 MTU 的 IP 数据报，才能经过链路层进行传输。这种把一个数据报为了适合网络传输而分成多个数据报的过程称为分片（Fragmentation）。一定要注意，被分片后的各个 IP 数据报可能经过不同的路径到达目的主机。

（3）重组

当分了片的 IP 数据报被传输到最终目的主机时，目的主机要对收到的各分片重新进行组装，以恢复成源主机发送时的 IP 数据报，这个过程称为 IP 数据报的重组。

8.3 ICMP 协议

当发送 IP 数据报的源主机经过本机数据链路层把 IP 数据报发送到物理网络后，源主机的工作就基本完成了。至于 IP 数据报如何在网络中传输，则是由互联网中各路由器来完成的，无需源主机的参与（当然也可以用 IP 数据报的源路由选项来控制 IP 数据报经过的路由器）。这样就存在着一个很大的问题，如果由于某种原因（如通信线路错误、传输超时、目的主机关机、线路拥塞、目的网络错误、路由器错误等）IP 数据报在传输过程中发生了错误，而 IP 数据报本身没有任何机制获得有关差错的信息，因此也就没有办法对发生的差错进行相应的控制。为此，在 TCP/IP 协议族中，专门设计了一个有特殊用途的协议——ICMP。当 IP 数据报在传输中发生差错时，互联网中的路由器使用 ICMP 协议把错误或有关控制信息报告给源主机。因此，ICMP 协议是一个用于差错报告和报文控制的协议。

8.3.1 ICMP 报文的封装与格式

1. ICMP 报文的封装

ICMP 报文和其他协议的报文一样，也是由 ICMP 报文头区和数据区两部分组成的。ICMP 报文是封装在 IP 数据报中通过链路层在网络中进行传输的，如图 8-9 所示。这与其他高层协议（如 TCP、UDP 等）相似，它在 IP 数据报头中的协议标识是 1（见表 8-3）。尽管如此，我们通常还是把 ICMP 看成是网络层（IP 层）协议，这主要有两个原因：一是 ICMP 只传送差错与控制报文，不能在 TCP/IP 协议族中构成一个单独的层；二是 ICMP 报文处理与传输的都是有关 IP 层的信息，收到 ICMP 报文的主机一般也把报文交给 IP 层的 ICMP 模块进行处理，因此从协议逻辑层次来说，ICMP 属于网络层协议。

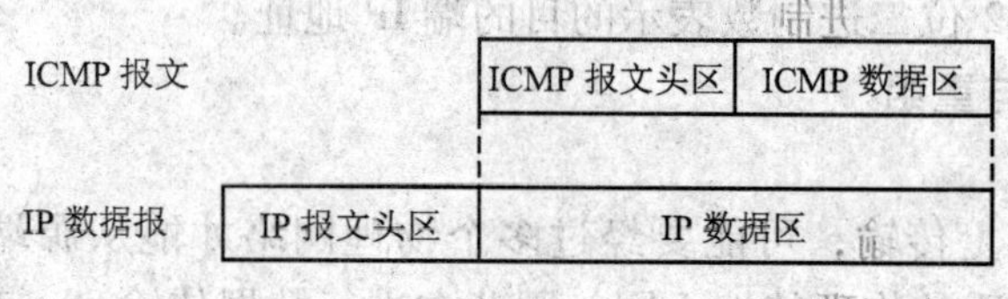

图 8-9 ICMP 报文及封装格式

2. ICMP 报文的格式

ICMP 报文的格式如图 8-10 所示，其中报文头分为三部分：类型、代码和校验和。

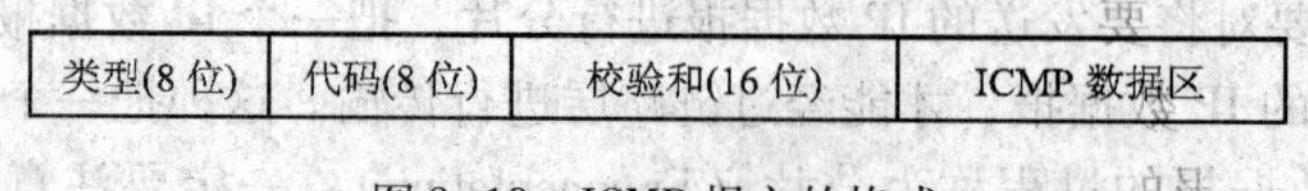

图 8-10 ICMP 报文的格式

类型字段占一个字节，每个取值描述特定类型的 ICMP 报文，见表 8-3。代码字段占一个字节，它的值用来对每类字段作进一步的描述。校验和字段提供对整个 ICMP 报文的校验，使用的算法与 IP 数据报头部校验和算法相同。数据区随 ICMP 报文类型的不同而不同。

表 8-3 ICMP 报文类型

类 型	代 码	说 明	查 询	差 错
0	0	回送应答（Ping 命令应答）	√	
		目标不可达		
	0	网络不可达		√
	1	主机不可达		√
	2	协议不可达		√
	3	端口不可达		√
	4	需要进行分片，但设置了 DF 不分片		√
	5	源路由选择失败		√
	6	目的网络未知		√
3	7	目的主机未知		√
	8	源主机被隔离		√
	9	与目的网络的通信被强制禁止		√
	10	与目的主机的通信被强制禁止		√
	11	对于请求的服务类型 TOS，网络不可达		√
	12	对于请求的服务类型 TOS，主机不可达		√
	13	由于过滤，通信被强制禁止		√
	14	主机越权		√
	15	优先权终止生效		√
4	0	源站抑制（用于拥塞控制）		√
		重定向		
	0	对网络重定向		√
5	1	对主机重定向		√
	2	对服务类型和网络重定向		√
	3	对服务类型和主机重定向		√
8	0	回送请求（Ping 命令请求）	√	
9	0	路由通告	√	
10	0	路由请求	√	
		超时		
11	0	在数据报传输期间生存时间为 0		√
	1	在数据报组装期间生存时间为 0		√
		参数出错		
12	0	IP 数据报头部错误（包括各种差错）		√
	1	缺少必需的选项		√
13	0	时间戳请求	√	
14	0	时间戳应答	√	
17	0	地址掩码请求	√	
18	0	地址掩码应答	√	

8.3.2 ICMP 请求与应答报文

差错报文和控制报文都是送往源主机的单向报文，并且对源主机来说都是被动接受的。ICMP 请求与应答报文可以由源主机主动发出请求报文，为了响应请求，ICMP 软件需要发送一个 ICMP 应答报文。通过这种方法可以获得网络中某些有用的信息，以便进行故障诊断和网络控制。

1. 回送请求与应答报文

回送请求报文由源主机发出，目的主机应答，用于测试另一台主机或路由器是否可达。其报文格式如图 8-11 所示。

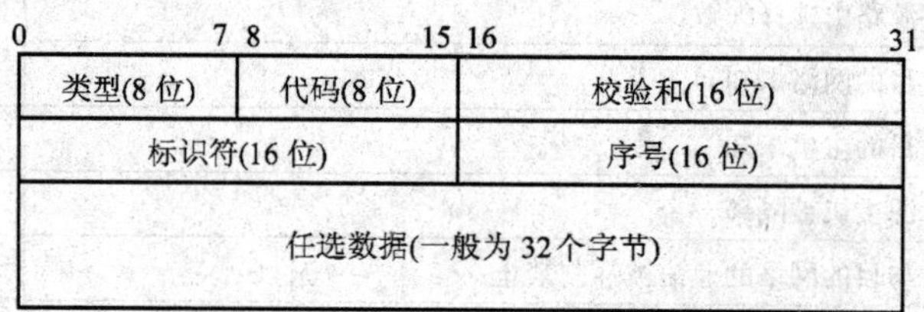

图 8-11 回送请求与应答 ICMP 报文格式

回送请求 ICMP 报文的类型字段为 8，应答 ICMP 报文类型为 0，代码字段都为 0。一台主机可以同时向多台目的主机发送 ICMP 请求报文，不同的请求报文标识符和序号不同。应答报文返回时使用的标识符和序号是请求报文的复制，因此标识符和序号可用于唯一地匹配一对回送请求与应答报文。数据区的长度可以选择，数据是任意的，但应答报文的数据区必须是回送请求报文数据区内容的复制。

如果发出回送请求的主机收到了目的主机（或路由器）的 ICMP 应答报文，并且请求与应答报文的数据区完全相同，则说明目的主机是可达的，源主机与目的主机的 IP 层及其下层协议工作正常。Ping 命令就是使用回送请求与应答报文来测试网络可达性的。

2. 地址掩码请求与应答报文

在划分了子网的网络中，有些主机（如无盘工作站）并不知道自己的子网掩码。ICMP 地址掩码请求报文可用于主机在引导过程中获取自己的子网掩码，方法是主机在本网广播 ICMP 地址掩码请求报文，通常由本网中的路由器向请求主机发送一个 ICMP 地址掩码应答报文。

地址掩码请求与应答报文的格式与图 8-11 所示的回送请求与应答 ICMP 报文格式相似，但数据区是一个 4 个字节的地址掩码。掩码请求报文的类型字段地址为 17，地址掩码应答报文为 18，代码字段都为 0。

8.4 ARP 协议

TCP/IP 协议族分为四层，互联网中不同的主机是通过 IP 层使用不同的 IP 地址来寻址的。也就是说，在 IP 层及其上层使用的是 IP 地址，它是一个逻辑地址（Logic Address）。但 IP 层的数据报只有传输到数据链路层后，通过数据链路层的网络接口卡，才能把 IP 数据报传输到目的主机或距目的主机较近的路由器中。在数据链路层传输的数据帧只能识别网卡物理地址

(Physical Address)，常用的以太网就是48位的MAC地址。这样就有一个问题，当一个IP数据报从一台主机传输到与它直接连接（这里说直接连接是因为IP数据报在传输过程中是通过点到点的通信从源主机一站一站传输到目的主机的，中间经过的这些站主要是路由器或具有路由器功能的主机）的另一台主机时，源主机如何获得另一台主机的物理地址呢?

TCP/IP协议族专门设计了用于地址解析的协议——地址解析协议（Address Resolution Protocol，ARP)，它可以把一个IP地址映射成对应的物理地址。另外，对于无法保存IP地址的主机（如无盘工作站)，TCP/IP协议族中也提供了从物理地址到IP地址映射的反向地址解析协议（Reverse Address Resolution Protocol，RARP)，如图8-12所示。

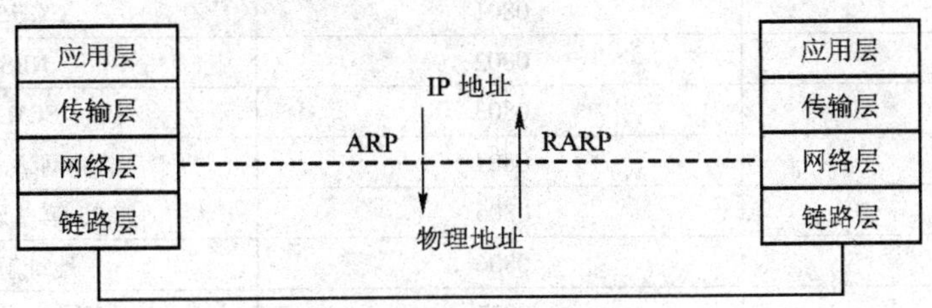

图8-12　ARP和RARP

8.4.1　ARP报文格式

在常用的以太网中，ARP报文被封装成如图8-13所示的以太网数据帧，然后以广播方式发送到物理网络。ARP报文格式如图8-14所示。

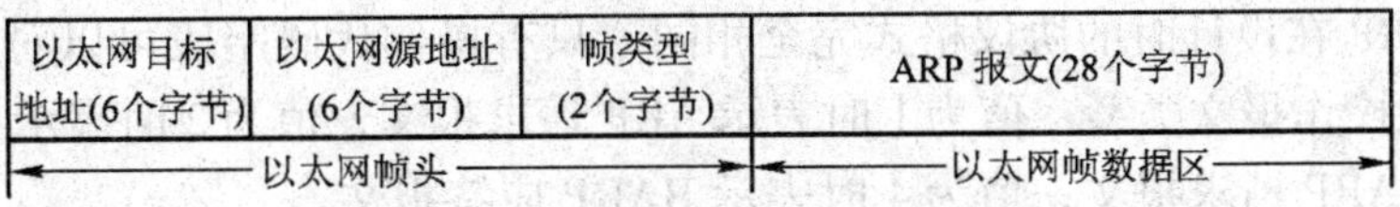

以太网目标地址(6个字节)	以太网源地址(6个字节)	帧类型(2个字节)	ARP报文(28个字节)
以太网帧头			以太网帧数据区

图8-13　ARP报文的以太网封装格式

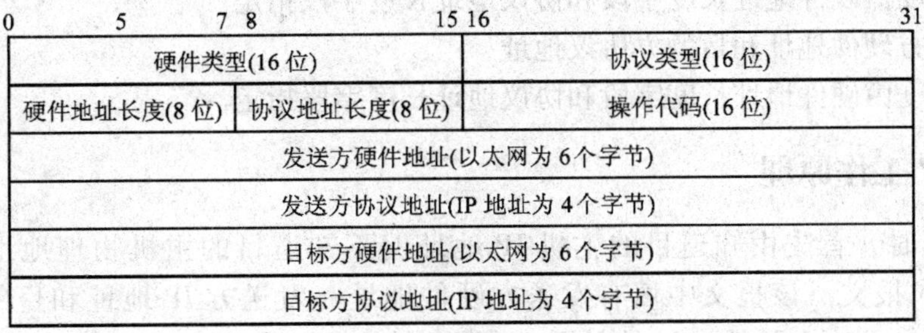

0　　5　　7	8　　15	16　　31
硬件类型(16位)		协议类型(16位)
硬件地址长度(8位)	协议地址长度(8位)	操作代码(16位)
发送方硬件地址(以太网为6个字节)		
发送方协议地址(IP地址为4个字节)		
目标方硬件地址(以太网为6个字节)		
目标方协议地址(IP地址为4个字节)		

图8-14　ARP报文格式

ARP报文格式说明如下：

(1) 硬件类型

硬件类型字段占2个字节，表示发送者硬件地址的类型。它的值为1，即表示以太网地址。

(2) 协议类型

协议类型字段占2个字节，表示发送方要映射的协议地址类型，该字段的常用值见

表 8-4。协议地址为 IP 地址时，它的值为 0x0800。它的值与包含 IP 数据报的以太网数据帧中的类型字段的值相同。

表 8-4　协议类型字段常用值（即以太网协议类型字段）

十进制值	十六进制值	描　述
512	0200	Xerox PUP
513	0201	PUP 地址翻译
1536	0600	Xerox NS IDP
2048	0800	网际协议
2049	0801	X. 75 网际
2050	0802	NBS 网际
2051	0803	ECMA 网际
2052	0804	混沌网络（Chaosnet）
2053	0805	X. 25 第三层（Level 3）
2054	0806	地址解析协议
32821	8035	反向地址解析协议
32824	8038	DEC 局部网桥协议

（3）硬件地址长度和协议地址长度

硬件地址长度和协议地址长度各占一个字节，分别指出硬件地址和协议地址的长度，以字节为单位。对于以太网上 IP 地址的 ARP 请求或应答来说，它们的值分别为 6 和 4。

（4）操作代码

ARP 和 RARP 在设计时的协议格式完全相同，只有操作代码字段可以对它们进行区分。该字段指出 4 种操作报文类型：值为 1 时表示 ARP 请求报文，值为 2 时表示 ARP 应答报文；值为 3 时表示 RARP 请求报文；值为 4 时表示 RARP 应答报文。

（5）发送方硬件地址和发送方协议地址

该地址长度由硬件地址长度字段和协议地址长度字段指定。

（6）目的方硬件地址和目的方协议地址

该地址长度由硬件地址长度字段和协议地址长度字段指定。

8.4.2　ARP 工作原理

ARP 工作时，首先由知道目的主机 IP 地址但不知道目的主机物理地址的主机发出一份 ARP 请求报文。该报文中填有发送方硬件地址、发送方 IP 地址和目的方 IP 地址，操作代码为 1，目的方硬件地址填的是广播地址（在以太网中全为 1），因此该网络内的所有主机都可以收到该报文，其含意是“如果你是这个 IP 地址的拥有者，请回答你的硬件地址”。

目的主机的 ARP 层收到这份广播报文后，识别出这是发送方在询问它的 IP 地址，于是发送一个 ARP 应答报文。这个 ARP 应答报文包含它的 IP 地址及对应的硬件地址，操作代码为 2，把原来的发送方硬件地址和协议地址填入目的方硬件地址和协议地址位置，即这时目的方变成了发送方，发送方变成了目的方。请求方收到 ARP 应答报文后，就可以使用目的方物理地址进行 IP 数据报的发送了。

8.4.3 ARP 高速缓存

一台主机向另一台主机发送数据报后，可能不久还要发送，如果每发送一次数据报就进行一次 ARP 请求，那么 ARP 的工作效率就会很低。另外，由于 ARP 请求是以广播方式发送的，因此，频繁使用 ARP 会使造成网络拥挤，影响网络的正常工作。解决该问题的关键是使用 ARP 高速缓存技术。

在网络中，每台主机上都有一个 ARP 高速缓存。这个高速缓存存放了最近 IP 地址到硬件地址之间的映射记录。高速缓存区中表项建立的方法是：

1）请求主机收到 ARP 应答后，主机就把获得的 IP 地址与物理地址的映射关系存入 ARP 表中。

2）由于 ARP 请求报文是广播发送的，所有收到 ARP 请求报文的主机都可以把发送方的物理地址和 IP 地址映射存入自己的高速缓存中，以备将来使用。

3）网络中的主机在启动时，可以主动广播自己的 IP 地址和物理地址的映射关系，以免其他主机对它提出 ARP 请求（这也使一台主机在启动时，就可以知道自己的 IP 地址与网络中其他主机的 IP 地址有没有冲突）。

使用了高速缓存后，当 ARP 解析一个 IP 地址时，它会首先搜索 ARP 高速缓存，查看是否有与该 IP 地址匹配的 ARP 表项，如果找到，ARP 地址解析就完成了。假如 ARP 没有找到一个匹配的 IP 地址，就会向网络上发送 ARP 请求报文。我们可以用 ARP 命令来检查和修改 ARP 高速缓存中的表项。ARP 高速缓存中的表项一般分为动态表项和静态表项两种，动态表项有一定的生存时间，它随时间的推移自动添加和删除；静态表项在主机工作期间一直保留在高速缓存中，除非用 ARP 命令删除它。

8.5 端到端通信和端口号

传输层是网络层之上的第一层，网络层负责数据在互联网中的传输，但它并不保证传输数据的可靠性，也不能说明在源端和目的端之间是哪两个进程在进行通信，这些工作是由传输层来完成的。要理解传输层的功能，首先应该明白传输层端到端之间的通信和端口号的概念。

8.5.1 端到端通信

在互联网中，任何两台通信的主机之间，从源端到目的端的信道都是由一段一段的点到点通信线路组成的（一个局域网中两台主机通信时只有一段点到点的线路）。如图 8-15 所示，该互联网由网络 1 和网络 2 组成。如果网络 1 中的主机 1 要向网络 2 中的主机 2 发送数据，则主机 1 的 IP 层把数据报先传输到本网络路由器的 IP 层，这是第一段点到点的线路；再由网络 1 的路由器把该数据报传输到网络 2 路由器的 IP 层，这是第二段点到点的线路；网络 2 的路由器把该数据报传输到本网络主机 2 的 IP 层，这是第三段点到点的线路。这种直接相连的节点之间对等实体（源节点的 IP 层和目的节点的 IP 层）的通信称为点到点（Point to Point）通信。

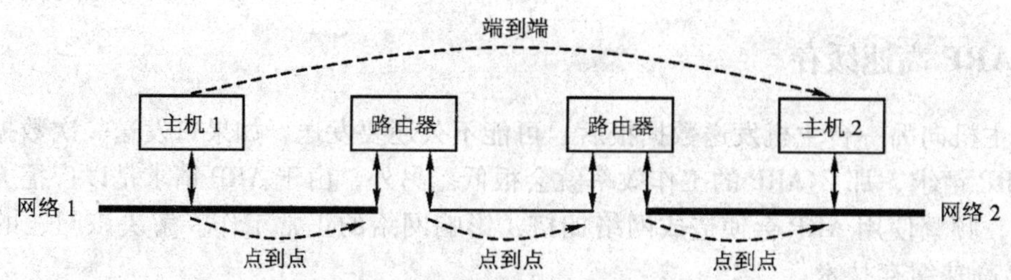

图 8-15　传输层端到端通信

点到点通信是由网络互联层来实现的，网络互联层只屏蔽了不同网络之间的差异，构建了一个逻辑上的通信网络，因此它只解决了数据通信问题。现在的问题是，在网络中传输的数据从源主机的何处而来，送到目的主机的何处去。回答这个问题很简单，因为源主机到目的主机之间的通信本质上就是源主机上的应用程序与目的主机上的应用程序之间的通信。因此，源主机上 IP 层要传输的数据来源于它的网络应用程序，最终要通过目的主机的 IP 层，送到目的主机上需要使用数据的某个特定网络应用程序中。这样，在源主机和目的主机之间，好像有一条直接的数据传输通路，它覆盖了低层点到点之间的传输过程，直接把源主机应用程序产生的数据传输到目的主机使用这些数据的应用程序中，这就是端到端（End to End）的通信。

端到端通信是建立在点到点通信基础之上的，它是比网络互联层通信更高一级的通信方式，用于完成应用程序（进程）之间的通信。端到端的通信是由传输层来实现的。

8.5.2　传输层端口

数据链路层接收数据帧之后，由数据帧中的协议类型字段（以太网）就可以知道要把数据送到高层的哪个协议。IP 层在收到低层送来的数据时，根据 IP 数据报头中的上层协议类型字段，就可以知道要把 IP 数据报送到高层的哪个协议。在 TCP/IP 协议的传输层之上是应用层。现在用户使用的操作系统都是多任务操作系统，也就是说，在 IP 层之上可能有多个网络应用程序（进程）在进行数据传输，那么传输层收到的数据究竟要送到哪个应用程序呢?

为了识别传输层之上不同的网络通信程序（进程），传输层引入了端口的概念。在一台主机上，要进行网络通信的进程首先要向系统提出动态申请，由系统（操作系统内核）返回一个本地唯一的端口号，进程再通过系统调用把自己和这个特定的端口联系在一起，这个过程称为绑定（Binding）。这样，每个要通信的进程都与一个端口号对应，传输层就可以使用其报文头中的端口号，把收到的数据送到不同的应用程序，如图 8-16 所示。

在 TCP/IP 协议中，传输层使用的端口号用一个 16 位的二进制数表示。因此，在传输层如果使用 TCP 协议进行进程通信，则可用的端口号共有 2^{16} 个。由于 UDP 也是传输层一个独立于 TCP 的协议，因此，使用 UDP 协议时也有 2^{16} 个不同的端口。

每个要通信的进程在通信之前都要先通过系统调用动态地申请一个端口号，TCP/IP 协议在进行设计时就把服务器上守候进程的端口号进行了静态分配。这些端口号由 Internet 数字分配机构（Internet Assigned Numbers Authority，IANA）来管理。一些常用服务的 TCP 和 UDP 的端口号见表 8-5 和表 8-6。

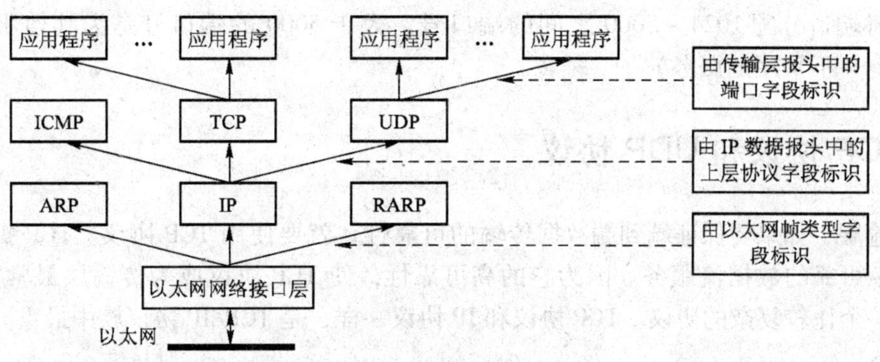

图 8-16　传输层端到端通信

表 8-5　常用的 TCP 端口号

TCP 端口号	关　键　词	描　　述
20	FTP - DATA	文件传输协议（数据连接）
21	FTP	文件传输协议（控制连接）
23	Telnet	远程登录协议
25	SMTP	简单邮件传输协议
53	Domain	域名服务器
80	HTTP	超文本传输协议
110	POP3	邮局协议 3
119	NNTP	网络新闻传递协议

表 8-6　常用的 UDP 端口号

TCP 端口号	关　键　词	描　　述
53	Domain	域名服务器
67	BootPS	引导协议服务器
68	BootPC	引导协议客户机
69	TFTP	简单文件传输协议
161	SNMP	简单网络管理协议
162	SNMP - TRAP	简单网络管理协议陷阱

256 ~ 1023 之间的端口号通常都是由 Unix 系统占用的，以提供一些特定的 Unix 服务。现在 IANA 管理 1 ~ 1023 之间所有的端口号。任何 TCP/IP 实现所提供的服务都使用 1 ~ 1023 之间的端口号。

客户端口号又称为临时端口号（即存在时间很短暂）。这是因为客户端口号是在客户程序要进行通信之前，动态地从系统申请的一个端口号，然后以该端口号为源端口，使用某个众所周知的端口号为目的端口号（如在 TCP 协议上要进行文件传输时使用 21）进行客户端到服务器端的通信。通信完成后，客户端的端口号就被释放掉，而服务器则只要主机开着，其服务就在运行，相应端口上的服务就存在。另外，当服务器要向客户端传输数据时，由于服务器可以从客户的请求报文中获得其端口号，因此也可以正常通信。大多数 TCP/IP 实现时，给临时端口分配 1024～5000 之间的端口号。大于 5000 的端口号是为其他服务预留的（Internet 上并不常用的服务）。

8.6 TCP 协议和 UDP 协议

在传输层，如果要保证端到端数据传输的可靠性，就要使用 TCP 协议。TCP 提供一种面向连接的、可靠的数据流服务。因为它的高可靠性，使 TCP 协议成为传输层最常用的协议，同时也是一个比较复杂的协议。TCP 协议和 IP 协议一样，是 TCP/IP 协议族中最重要的协议。

8.6.1 TCP 报文段格式

TCP 报文段（常称为段）与 UDP 数据报一样，也是封装在 IP 中进行传输的，只是 IP 报文的数据区为 TCP 报文段。TCP 报文段的格式如图 8-17 所示。

0							15	16 31
TCP 源端口号(16 位)								TCP 目的端口号(16 位)
序列号(32 位)								
确认号(32 位)								
首部长度(4 位)	保留(6 位)	URG	ACK	RSH	RST	SYN	FIN	窗口大小(16 位)
校验和(16 位)								紧急指针(16 位)
选项+填充								
数据区								

图 8-17 TCP 报文段的格式

1. TCP 源端口号

TCP 源端口号长度为 16 位，用于标识发送方通信进程的端口。目的端在收到 TCP 报文段后，可以用源端口号和源 IP 地址标识报文的返回地址。

2. TCP 目的端口号

TCP 目的端口号长度为 16 位，用于标识接收方通信进程的端口。源端口号与 IP 头部中的源端 IP 地址，目的端口号与目的端 IP 地址，这 4 个数就可以唯一确定从源端到目的端的一对 TCP 连接。

3. 序列号

序列号长度为 32 位，用于标识 TCP 发送端向 TCP 接收端发送数据字节流的序号。序列号的实际值等于该主机选择的本次连接的初始序号（Initial Sequence Number，ISN）加上该报文段中第一个字节在整个数据流中的序号。由于 TCP 为应用层提供的是全双工通信服务，这意味着数据能在两个方向上独立地进行传输，因此，连接的每一端必须保持每个方向上传输数据的序列号到达 $2^{32}-1$ 后又从 0 开始。序列号保证了数据流发送的顺序性，是 TCP 提供的可靠性保证措施之一。

4. 确认号

确认号长度为 32 位。因为接收端收到的每个字节都被计数，所以确认号可用来标识接收端希望收到的下一个 TCP 报文段第一个字节的序号。确认号包含发送确认的一端希望收到的下一个字节的序列号，因此，确认号应当是上次已成功收到数据字节的序列号加 1。确认号字段只有 ACK 标志（下面介绍）为 1 时才有效。

5. 首部长度

用 4 位二进制数表示 TCP 首部的长短，它以 32 位二进制数为一个计数单位。TCP 首部长度一般为 20 个字节，因此通常它的值为 5。但当首部包含选项时，该长度是可变的。首部长度主要用来标识 TCP 数据区的开始位置，因此又称为数据偏移。

6. 保留

保留字段长度为 6 位。该域必须置 0，准备为将来定义 TCP 新功能时使用。

7. 标志

标志域长度为 6 位，每一位标志可以打开或关闭一个控制功能，这些控制功能与连接的管理和数据传输控制有关，其内容如下：

- URG：紧急指针标志，置 1 时紧急指针有效。
- ACK：确认号标志，置 1 时确认号有效。如果 ACK 为 0，那么 TCP 首部中包含的确认号字段应被忽略。
- PSH：Push 操作标志，置 1 时表示要对数据进行 Push 操作。Push 操作的功能是：在一般情况下，TCP 要等待到缓冲区满时才把数据发送出去，而当 TCP 软件收到一个 Push 操作时，则表明该数据要立即进行传输，因此 TCP 协议层首先把 TCP 首部中的标志域 PSH 置 1，并不等缓冲区满就把数据立即发送出去；同样，接收端在收到 PSH 标志为 1 的数据时，也立即将收到的数据传输给应用程序。
- RST：连接复位标志，表示由于主机崩溃或其他原因而出现错误时的连接。可以用它来表示非法的数据段或拒绝连接请求。例如，当源端请求建立连接的目的端口上没有服务进程时，目的端产生一个 RST 置位的报文；或当连接的一端非正常终止时，它也要产生一个 RST 置位的报文。一般情况下，产生并发送一个 RST 置位的 TCP 报文段的一端总是发生了某种错误或操作无法正常进行下去。
- SYN：同步序列号标志，用来发起一个连接的建立。也就是说，只有在连接建立的过程中 SYN 才被置 1。
- FIN：连接终止标志。当一端发送 FIN 标志置 1 的报文时，告诉另一端已无数据可发送，即已完成了数据发送任务，但它还可以继续接收数据。

8. 窗口大小

窗口大小字段长度为 16 位，它是接收端的流量控制措施，用来告诉另一端它的数据接收能力。连接的每一端把可以接收的最大数据长度（其本质为接收端 TCP 可用的缓冲区大小）通过 TCP 发送报文段中的窗口字段通知对方，对方发送数据的总长度不能超过窗口大小。窗口的大小用字节数表示，它起始于确认号字段指明的值，窗口最大长度为 65535 个字节。通过 TCP 报文段首部的窗口刻度选项，它的值可以按比例变化，以提供更大的窗口。

9. 校验和

校验和字段长度为 16 位，用于进行差错校验。校验和覆盖了整个的 TCP 报文段的首部和数据区。

10. 紧急指针

紧急指针字段长度为16位，只有当URG标志置1时紧急指针才有效，它的值指向紧急数据最后一个字节的位置（如果把它的值与TCP首部中的序列号相加，则表示紧急数据最后一个字节的序号，在有些实现中指向最后一个字节的下一个字节）。如果URG标志没有被设置，紧急指针域用0填充。

11. 选项

选项的长度不固定，通过选项使TCP可以提供一些额外的功能。每个选项由选项类型（占1个字节）、该选项的总长度（占1个字节）和选项值组成，如图8-18所示。

选项类型(1个字节)	总长度(1个字节)	选项值(有些选项没有选项值)

图8-18　TCP选项格式

12. 填充

填充字段的长度不定，用于填充以保证TCP头部的长度为32位的整数倍，值全为0。

8.6.2 TCP连接的建立与关闭

TCP是一个面向连接的协议，TCP协议的高可靠性是通过发送数据前先建立连接，结束数据传输时关闭连接，在数据传输过程中进行超时重发、流量控制和数据确认，对乱序数据进行重排以及前面讲过的校验和等机制来实现的。下面我们讨论连接建立和关闭的问题。

TCP在IP之上工作，IP本身是一个无连接的协议，在无连接的协议之上要建立连接，对初学者来说，这是一个较难理解的问题。但读者一定要清楚，这里的连接是指在源端和目的端之间建立的一种逻辑连接，使源端和目的端在进行数据传输时彼此达成某种共识，相互可以识别对方及其传输的数据。连接的TCP协议层的内部表现为一些缓冲区和一组协议控制机制，外部表现为比无连接的数据传输具有更高的可靠性。

1. 建立连接

在互联网中两台要进行通信的主机，在一般情况下，总是其中的一台主动提出通信的请求（客户机），另一台被动地响应（服务器）。如果传输层使用TCP协议，则在通信之前要求通信的双方首先要建立一条连接。TCP使用“3次握手”（3-way Handshake）法来建立一条连接。所谓3次握手，就是指在建立一条连接时通信双方要交换3次报文。具体过程如下：

1）第1次握手。由客户机的应用层进程向其传输层TCP协议发出建立连接的命令，则客户机TCP向服务器上提供某特定服务的端口发送一个请求建立连接的报文段，该报文段中SYN被置1，同时包含一个初始序列号x（系统保持着一个随时间变化的计数器，建立连接时该计数器的值即为初始序列号，因此不同的连接初始序列号不同）。

2）第2次握手。服务器收到建立连接的请求报文段后，发送一个包含服务器初始序号y，SYN被置1，确认号置为$x+1$的报文段作为应答。确认号加1是为了说明服务器已正确收到一个客户连接请求报文段，因此从逻辑上来说，一个连接请求占用了一个序号。

3）第3次握手。客户机收到服务器的应答报文段后，也必须向服务器发送确认号为$y+1$

的报文段进行确认。同时客户机的 TCP 协议层通知应用层进程，连接已建立，可以进行数据传输了。

通过以上 3 次握手，两台要通信的主机之间就建立了一条连接，相互知道对方的哪个进程在与自己进行通信，通信时对方传输数据的顺序号应该是多少。连接建立后，通信的双方可以相互传输数据，并且双方的地位是平等的。如果在建立连接的过程中握手报文段丢失，则可以通过重发机制进行解决。如果服务器端关机，客户端收不到服务器端的确认，客户端按某种机制重发建立连接的请求报文段若干次后，就通知应用进程，连接不能建立（超时）。还有一种情况是当客户请求的服务在服务器端没有对应的端口提供时，服务器端以一个复位报文应答（RST=1），该连接也不能建立。最后要说明一点，建立连接的 TCP 报文段中只有报文头（无选项时长度为 20 个字节），没有数据区。

2. 关闭连接

由于 TCP 是一个全双工协议，因此，在通信过程中两台主机都可以独立地发送数据，完成数据发送的任何一方都可以提出关闭连接的请求。关闭连接时，由于在每个传输方向既要发送一个关闭连接的报文段，又要接收对方的确认报文段，因此关闭一个连接要经过 4 次握手。具体过程如下（下面设客户机首先提出关闭连接的请求）：

1）第 1 次握手。由客户机的应用进程向其 TCP 协议层发出终止连接的命令，则客户 TCP 协议层向服务器 TCP 协议层发送一个 FIN 被置 1 的关闭连接的 TCP 报文段。

2）第 2 次握手。服务器的 TCP 协议层收到关闭连接的报文段后就发出确认，确认号为已收到的最后一个字节的序列号加 1，同时把关闭的连接通知其应用进程，告诉它客户机已经终止了数据传送。在发送完确认后，服务器如果有数据要发送，则客户机仍然可以继续接收数据，因此把这种状态称为半关闭（Half-close）状态。因为服务器仍然可以发送数据，并且可以收到客户机的确认，只是客户方已无数据发向服务器了。

3）第 3 次握手。如果服务器应用进程也没有要发送给客户方的数据了，就通告其 TCP 协议层关闭连接。这时服务器的 TCP 协议层向客户机的 TCP 协议层发送一个 FIN 置 1 的报文段，要求关闭连接。

4）第 4 次握手。同样，客户机收到关闭连接的报文段后，向服务器发送一个确认，确认号为已收到数据的序列号加 1。当服务器收到确认后，整个连接被完全关闭。

连接建立和关闭的过程如图 8-19 所示，该图是通信双方正常工作时的情况。关闭连接时，图中的 u 表示服务器已收到的数据的序列号，v 表示客户机已收到的数据的序列号。

8.6.3 TCP 的超时重发机制

TCP 协议提供的是可靠的传输层。前面我们已经看到，接收方对收到的所有数据要进行确认，TCP 的确认是对收到的字节流进行累计确认。发送 TCP 报文段时，首部的“确认号”就指出该端希望接收的下一个字节的序号，其含义是在此之前的所有数据都已经正确收到，请发送从确认号开始的数据。

TCP 的确认方式有两种：一种是利用只有 TCP 首部，而没有数据区的专门确认报文段进行确认；另一种是当通信双方都有数据要传输时，把确认“捎带”在要传输的报文段中进行确认。因此，TCP 的确认报文段和普通数据报文段没有什么区别。数据和确认都有可能在传输过程中丢失，为此，TCP 通过在发送数据时设置一个超时定时器来解决这个问题。在数据传送出去的同时定时器开始计数，如果当定时器到（溢出）时还没有收到接收方的确认，那么就重发该数据，定时器也开始重新计时，这就是超时重发。

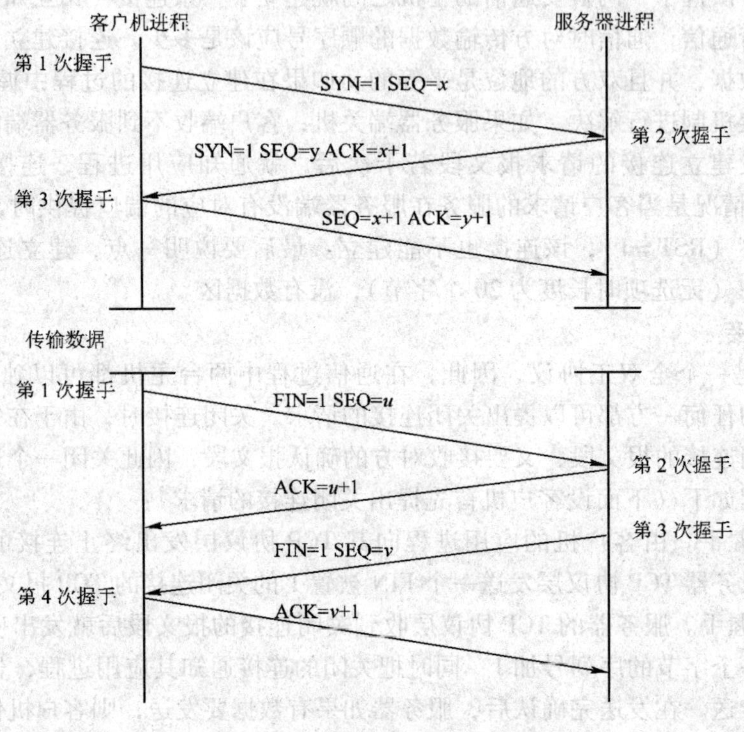

图 8-19　TCP 连接的建立与关闭

8.6.4　UDP 协议

UDP 是与网络层相邻的上一层常用的一个非常简单的协议，它的主要功能是在 IP 层之上提供协议端口功能，以标识源主机和目的主机上的通信进程。因此，UDP 只能保证进程之间通信的最基本要求，而没有提供数据传输过程中的可靠性保证措施，通常把它称为无连接、不可靠的通信协议。

UDP 协议具有如下特点：

1）UDP 是一种无连接、不可靠的数据报传输服务协议。UDP 不与远端的 UDP 模块保持端对端的连接，它仅仅是把数据报发向网络，并从网络接收传来的数据报。

2）UDP 对数据传输过程中唯一的可靠保证措施是进行差错校验，如果发生差错，则只是简单地抛弃该数据报。

3）如果目的端收到的 UDP 数据报中的目的端口号不能与当前已使用的某端口号匹配，则将该数据报抛弃，并发送目的端口不可达的 ICMP 差错报文。

4）UDP 协议在设计时的简单性，是为了保证 UDP 在工作时的高效性和低延时性。因此，在服务质量较高的网络中（如局域网），UDP 可以高效地工作。

5）UDP 常用于传输延时小，对可靠性要求不高，有少量数据要进行传输的情况，如 DNS、TFTP 等。

8.7 RTL8019AS 全双工以太网控制器

8.7.1 概述

RTL8019AS 是台湾 REALTEK 公司生产的一种高集成度的以太网控制器，适用于即插即用 NE2000 可兼容适配器，并具有全双工和省电特点。3 种省电控制特点使 RTL8019AS 成为绿色 PC 系统网络器件的理想选择。全双工功能使 RTL8019AS 可通过双绞线与全双工以太网网关连接，进行同步收发。该特点不仅使信道带宽由 10Mbit/s 增加到 20Mbit/s，也由于以太网 CSMA/CD 协议的信道冲突检测特性而避免了性能下降的问题。微软的即插即用功能可以将用户从适配器资源配置（如 IRQ、I/O 和内存地址等）问题中解放出来。不过，对于不用做即插即用可兼容器件的特殊应用，RTL8019AS 也支持跳线和非跳线选择。

为了实现完整的即插即用功能，RTL8019AS 为集成的 10BaseT 收发器、BNC 和 AUI 接口提供了自动检测功能。另外，10BaseT 收发器可以自动修改接收端的极性错误，而且还提供了 8 个 IRQ 引脚和 16 个 I/O 基地址选择，以便于灵活配置资源。

RTL8019AS 支持 16 KB、32 KB 和 64 KB 的 BROM 以及闪速存储器接口，还提供页存储方式，使得仅用 16 KB 的系统存储空间就可支持高达 4 MB 的 BROM。另外，提供 BROM 禁止命令，以便在 BROM 程序载入后释放 BROM 存储空间用于其他系统（如 EMM386 等）。

RTL8019AS 在片内集成了 16 KB 的 SRAM，不仅提供了更友好的功能，也节省了 SRAM 资源。

8.7.2 引脚介绍

RTL8019AS 为 100 引脚 PQFP 封装，如图 8-20 所示。

RTL8019AS 引脚功能说明如下。

1. 电源引脚

VDD：6、17、47、57、70、89 引脚，+5 V 直流电源。

GND：14、28、44、52、83、86 引脚，地。

2. ISA 总线接口引脚

AEN：34 引脚。地址使能，为低时 I/O 命令有效。

INT0 ~ INT7：1 ~4、97 ~100 引脚，中断请求引脚，一次只能选择一个引脚来反映中断请求。其他引脚都为三态。RTL8019AS 也将这些引脚用做输入引脚，以监视 ISA 总线上相应中断引脚的实际状态，结果存于 INTR 寄存器中，该寄存器可用于软件检测中断冲突。

IOCHRDY：35 引脚，将其置低以在当前主机读/写命令中插入等待周期。

IOCS16B［SLOT16］：96 引脚，上电复位时，该引脚为 SLOT16，是输入引脚，用于检测使用的是 16 位还是 8 位插槽。此时，该引脚外接下拉电阻（约 27 kΩ）。在 RSTDRV 引脚的下降沿，RTL8019AS 检测 SLOT16 引脚的状态。如果为高电平，则认为适配器插在 16 位插槽上，在这种插槽上，SLOT16 引脚连接至主机的 IOCS16B 引脚，IOCS16B 引脚连接至主板上一个 300 Ω 的上拉电阻；如果为低电平，则认为适配器插在 8 位插槽上，在这种插槽上，SLOT16 引脚只是通过一个 27 kΩ 的电阻拉低。在锁存了输入状态之后，SLOT16 引脚就转换为 IOCS16B 信号，开漏极输出，在 16 位主机数据传送期间被置低。由 AEN 和 SA9 ~ SA0 译码。

IORB：29 引脚，主机 I/O 读命令。

IOWB：30 引脚，主机 I/O 写命令。

RSTDRV：33 引脚，ISA 总线上的高有效硬件复位信号。但是小于 800 ns 的高电平脉冲忽略不计。

SA0 ~ SA19：5、7 ~ 13、15、16、18 ~ 27 引脚，主机地址总线。

SD0 ~ SD15：36 ~ 43、87、88、90 ~ 95 引脚，主机数据总线。

SMEMRB：31 引脚，主机存储器读命令。

SMEMWB：32 引脚，主机存储器写命令。该引脚用于对闪存的写命令进行译码。

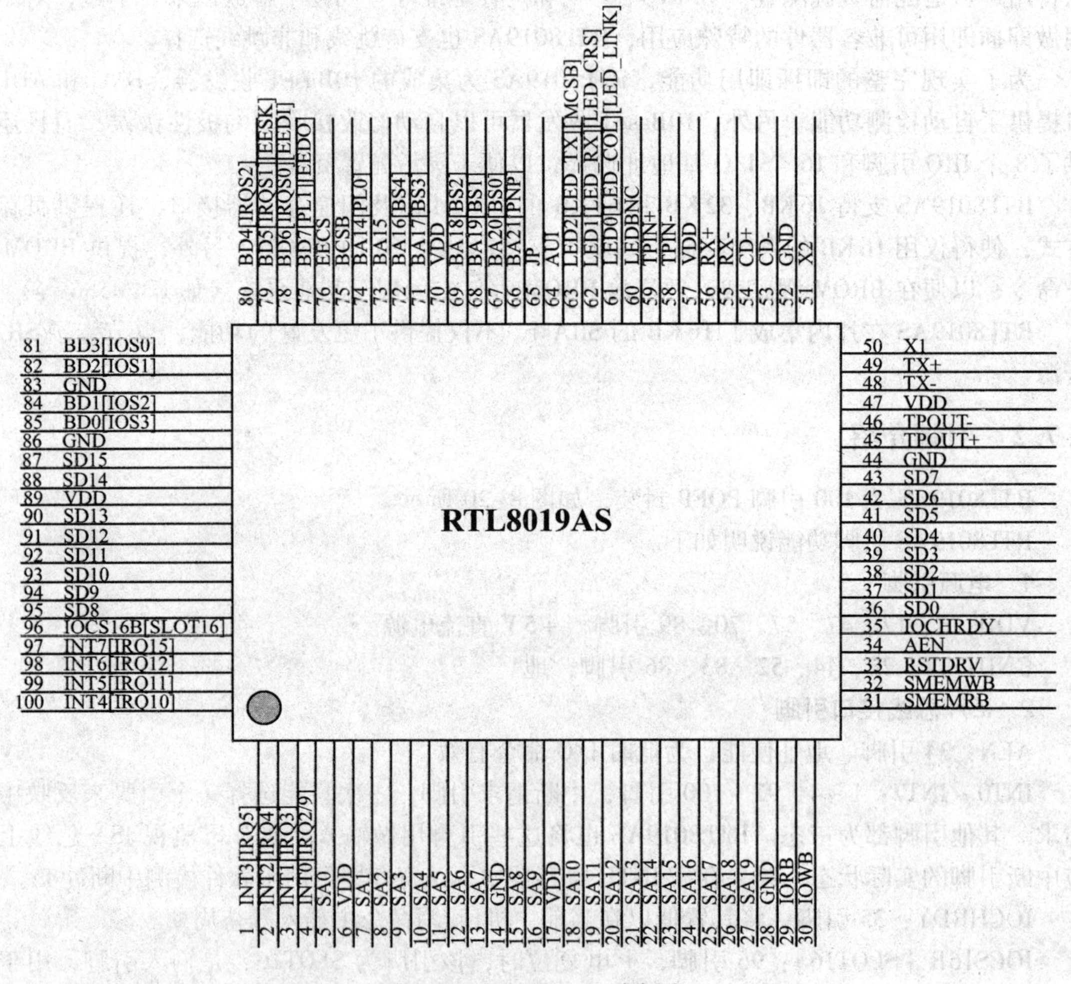

图 8-20　RTL8019AS 引脚图

3. 存储器接口引脚（包括 BROM、E^2PROM）

BCSB：75 引脚，BROM 片选，低有效，读取 BROM 时使用。

EECS：76 引脚，AT93C46 串行 E^2PROM 片选。高有效，读/写 AT93C46 时使用。

BA14 ~ BA21：66 ~ 69、71 ~ 74 引脚，BROM 地址总线。

BD0 ~ BD7：77 ~ 82、84、85 引脚，IBROM 数据总线。

EESK：79 引脚，AT93C46 串行数据时钟。

EEDI：78 引脚，AT93C46 串行数据输入。

EEDO：77 引脚，AT93C46 串行数据输出。

上述引脚用于跳线选择时的功能。其状态在 RSTDRV 的下降沿被锁存，然后它们转而用做 SRAM 总线。每个引脚都有一个 100 kΩ 的内部下拉电阻。因此，当引脚开路时输入为低电平，当引脚外接 10 kΩ 的上拉电阻时输入为高电平。

PNP：66 引脚。非跳线方式（即 JP 为低电平）中该引脚为高电平时，RTL8019AS 被强制置为即插即用方式，不管 AT93C46 内容如何。

以下 4 种引脚在非跳线方式（即 JP 为低电平）中不使用。

BS0 ~ BS4：67 ~ 69、71、72 引脚，选择 BROM 容量和基地址。

IOS0 ~ IOS3：81、82、84、85 引脚，选择 I/O 基地址。

PL0、PL1：74、77 引脚，选择网络介质类型。

IRQS0 ~ IRQS2：[78 ~ 80] 引脚，选择 INT0 ~ INT7 中的一个中断引脚。

JP：65 引脚。为高时，选择跳线方式；为低时，选择非跳线方式（包括 RT 非跳线和即插即用）。

4. 中间接口引脚

AUI：64 引脚。该输入用于检测 AUI 接口上的外部 MAU 的使用。嵌入 BNC 时该引脚为低，外部 MAU 时该引脚为高。当输入为高时，RTL8019AS 将 CONFIG0 寄存器的 AUI 位（第 5 位）置高，并将 LEDBNC 置低，以禁止 BNC。该引脚不使用时应接 GND，以使其功能与 RTL8019 相同。

CD +、CD -：53、54 引脚，AUI 冲突输入引脚，传送来自 MAU 的差分冲突输入信号。

RX +、RX -：55、56 引脚，AUI 接收输入引脚，传送来自 MAU 的差分接收输入信号。

TX +、TX -：48、49 引脚，AUI 发送输出引脚，将曼彻斯特编码数据发送至 MAU 的差分引脚。这两个是源跟随输出引脚，对地接 270 Ω 的下拉电阻。

TPIN +、TPIN -：58、59 引脚。从双绞线接收 10 Mbit/s 的差分曼彻斯特编码数据。

TPOUT +、TPOUT -：45、46 引脚，传送差分 TP 输出。输出的曼彻斯特编码信号已被预先打乱，以防止双绞线过载并减轻波动。

X1：50 引脚，20 MHz 晶振或外部振荡器输入。

X2：51 引脚，晶振反馈输出。只用于晶振连接。当 X1 接外部振荡器时，X2 必须开路。

5. LED 输出引脚

LEDBNC：60 引脚。当 RTL8019AS 的介质类型为 10Base2 方式或自动检测方式连接测试失败时，该引脚为高；否则，该引脚为低。可用来控制 CX MAU 的 DC 变换器电源，并连接至一个 LED，以指明使用的介质类型。

LED0：61 引脚。当 LEDS0 位（在 RTL8019AS 第 3 页的 CONFIG3 寄存器中）为 0 时，该引脚用做 LED_COL；当 LEDS0 为 1 时，该引脚用做 LED_LINK。

LED1、LED2：62、63 引脚。当 LEDS1 位（在 RTL8019AS 第 3 页的 CONFIG3 寄存器中）为 0 时，这两个引脚分别用做 LED_RX 和 LED_TX；当 LEDS1 为 1 时，这两个引脚分别用作 LED_CRS 和 MCSB。

8.7.3 寄存器描述

RTL8019AS 中的寄存器根据其地址和功能可大致分为两组：NE2000 寄存器和即插即用寄存器，下面仅对 NE2000 寄存器进行介绍。

1. NE2000 寄存器

该组包括 4 页寄存器，这些寄存器由 CR 寄存器的 PS0 和 PS1 位选择。每页包含 16 个寄存器。除了与 NE2000 兼容的寄存器，RTL8019AS 还定义了一些用于软件配置和增强功能的寄存器。RTL8019AS 的寄存器见表 8-7。

表 8-7 RTL8019AS 寄存器

序号（十六进制）	第 0 页		第 1 页	第 2 页	第 3 页	
	读	写	读/写	读	读	写
00	CR	CR	CR	CR	CR	CR
01	CLDA0	PSTART	PAR0	PSTART	9346***CR***	9346***CR***
02	CLDA1	PSTOP	PAR1	PSTOP	***BPAGE***	***BPAGE***
03	BNRY	BNRY	PAR2	—	***CONFIG***0	—
04	TSR	TPSR	PAR3	TPSR	***CONFIG***1	***CONFIG***1
05	NCR	TBCR0	PAR4	—	***CONFIG***2	***CONFIG***2
06	FIFO	TBCR1	PAR5	—	***CONFIG***3	***CONFIG***3
07	ISR	ISR	CURR	—		***TEST***
08	CRDA0	RSAR0	MAR0	—	***CSNSAV***	—
09	CRDA1	RSAR1	MAR1	—	—	***HLTCLK***
0A	8019ID0	RBCR0	MAR2	—	—	—
0B	8019ID1	RBCR1	MAR3	—	***INTR***	—
0C	RSR	RCR	MAR4	RCR	—	***FMWP***
0D	CNTR0	TCR	MAR5	TCR	***CONFIG***4	—
0E	CNTR1	DCR	MAR6	DCR	—	—
0F	CNTR2	IMR	MAR7	IMR	—	
10～17	远程 DMA 端口					
18～1F	复位端口					

注：1. “—”表示保留。

2. RTL8019AS 定义的寄存器用粗斜体表示，标准的 NE2000 适配器不支持这些寄存器。

RTL8019AS 第 0 页寄存器定义见表 8-8。

表 8-8 RTL8019AS 第 0 页寄存器定义（PS1 = 0，PS0 = 0）

序号	名称	类型	第 7 位	第 6 位	第 5 位	第 4 位	第 3 位	第 2 位	第 1 位	第 0 位
00H	CR	读/写	PS1	PS0	RD2	RD1	RD0	TXP	STA	STP
01H	CLDA0	读	A7	A6	A5	A4	A3	A2	A1	A0
	PSTART	写	A15	A14	A13	A12	A11	A10	A9	A8
02H	CLDA1	读	A15	A14	A13	A12	A11	A10	A9	A8
	PSTOP	写	A15	A14	A13	A12	A11	A10	A9	A8

（续）

序号	名称	类型	第7位	第6位	第5位	第4位	第3位	第2位	第1位	第0位
03H	BNRY	读/写	A15	A14	A13	A12	A11	A10	A9	A8
04H	TSR	读	OWC	CDH	0	CRS	ABT	COL	—	PTX
	TPSR	写	A15	A14	A13	A12	A11	A10	A9	A8
05H	NCR	读	0	0	0	0	NC3	NC2	NC1	NC0
	TBCR0	写	TBC7	TBC6	TBC5	TBC4	TBC3	TBC2	TBC1	TBC0
06H	FIFO	读	D7	D6	D5	D4	D3	D2	D1	D0
	TBCR1	写	TBC15	TBC14	TBC13	TBC12	TBC11	TBC10	TBC9	TBC8
07H	ISR	读/写	RST	RDC	CNT	OVW	TXE	RXE	PTX	PRX
08H	CRDA0	读	A7	A6	A5	A4	A3	A2	A1	A0
	RSAR0	写	A7	A6	A5	A4	A3	A2	A1	A0
09H	CRDA1	读	A15	A14	A13	A12	A11	A10	A9	A8
	RSAR1	写	A15	A14	A13	A12	A11	A10	A9	A8
0AH	8019ID0	读	0	1	0	1	0	0	0	0
	RBCR0	写	RBC7	RBC6	RBC5	RBC4	RBC3	RBC2	RBC1	RBC0
0BH	8019ID1	读	0	1	1	1	0	0	0	0
	RBCR1	写	RBC15	RBC14	RBC13	RBC12	RBC11	RBC10	RBC9	RBC8
0CH	RSR	读	DFR	DIS	PHY	MPA	0	FAE	CRC	PRX
	RCR	写	—	—	MON	PRO	AM	AB	AR	SEP
0DH	CNTR0	读	CNT7	CNT6	CNT5	CNT4	CNT3	CNT2	CNT1	CNT0
	TCR	写	—	—	—	OFST	ATD	LB1	LB0	CRC
0EH	CNTR1	读	CNT7	CNT6	CNT5	CNT4	CNT3	CNT2	CNT1	CNT0
	DCR	写	—	FT1	FT0	ARM	LS	LAS	BOS	WTS
0FH	CNTR2	读	CNT7	CNT6	CNT5	CNT4	CNT3	CNT2	CNT1	CNT0
	IMR	写	—	RDCE	CNTE	OVWE	TXEE	RXEE	PTXE	PRXE

RTL8019AS 第 1 页寄存器定义见表 8-9。

表 8-9　RTL8019AS 第 1 页寄存器定义（PS1 = 0，PS0 = 1）

序号	名称	类型	第7位	第6位	第5位	第4位	第3位	第2位	第1位	第0位
00H	CR	读/写	PS1	PS0	RD2	RD1	RD0	TXP	STA	STP
01H	PAR0	读/写	DA7	DA6	DA5	DA4	DA3	DA2	DA1	DA0
02H	PAR1	读/写	DA15	DA14	DA13	DA12	DA11	DA10	DA9	DA8
03H	PAR2	读/写	DA23	DA22	DA21	DA20	DA19	DA18	DA17	DA16
04H	PAR3	读/写	DA31	DA30	DA29	DA28	DA27	DA26	DA25	DA24
05H	PAR4	读/写	DA39	DA38	DA37	DA36	DA35	DA34	DA33	DA32
06H	PAR5	读/写	DA47	DA46	DA45	DA44	DA43	DA42	DA41	DA40
07H	CURR	读/写	A15	A14	A13	A12	A11	A10	A9	A8
08H	MAR0	读/写	FB7	FB6	FB5	FB4	FB3	FB2	FB1	FB0

（续）

序号	名称	类型	第7位	第6位	第5位	第4位	第3位	第2位	第1位	第0位
09H	MAR1	读/写	FB15	FB14	FB13	FB12	FB11	FB10	FB9	FB8
0AH	MAR2	读/写	FB23	FB22	FB21	FB20	FB19	FB18	FB17	FB16
0BH	MAR3	读/写	FB31	FB30	FB29	FB28	FB27	FB26	FB25	FB24
0CH	MAR4	读/写	FB39	FB38	FB37	FB36	FB35	FB34	FB33	FB32
0DH	MAR5	读/写	FB47	FB46	FB45	FB44	FB43	FB42	FB41	FB40
0EH	MAR6	读/写	FB55	FB54	FB53	FB52	FB51	FB50	FB49	FB48
0FH	MAR7	读/写	FB63	FB62	FB61	FB60	FB59	FB58	FB57	FB56

RTL8019AS 第 2 页寄存器定义见表 8-10。

表 8-10　RTL8019AS 第 2 页寄存器定义（PS1 =1，PS0 =0）

序号	名称	类型	第7位	第6位	第5位	第4位	第3位	第2位	第1位	第0位
00H	CR	读	PS1	PS0	RD2	RD1	RD0	TXP	STA	STP
01H	PSTART	读	A15	A14	A13	A12	A11	A10	A9	A8
02H	PSTOP	读	A15	A14	A13	A12	A11	A10	A9	A8
03H	—									
04H	TPSR	读	A15	A14	A13	A12	A11	A10	A9	A8
05H ~ 0BH	—									
0CH	RCR	读	—	—	MON	PRO	AM	AB	AR	SEP
0DH	TCR	读	—	—	—	OFST	ATD	LB1	LB0	CRC
0EH	DCR	读	—	FT1	FT0	ARM	LS	LAS	BOS	WTS
0FH	IMR	读	—	RDCE	CNTE	OVWE	TXEE	RXEE	PTXE	PRXE

2. 寄存器功能

1）CR：命令寄存器（00H，读/写）。

该寄存器用于选择寄存器页，使能或禁止远程 DMA 操作和发送命令。

第 6、7 位：PS0、PS1，寄存器页选择。当 PS0、PS1 为 00 ~ 11 时，对应第 0 ~ 3 页。

第 3 ~ 5 位：RD0 ~ RD2，其功能见表 8-11 所示。

表 8-11　RD0 ~ RD2 功能选择

RD2	RD1	RD0	功　能
0	0	0	不允许
0	0	1	远程读
0	1	0	远程写
0	1	1	发送包
1	*	*	终止/完成远程 DMA

第0位：STP。为Stop命令，为1时任何包都无法被发送或接收，上电为1。

第1位：STA。上电为0，无任何意义，仅反映写入该位的数值。

第2位：TXP。该位必须为1，以发送一个包。传输完成或终止时该位被内部复位。向该位写0无效。

2）ISR：中断状态寄存器（07H，读/写，第0页）。

该寄存器反映了NIC（网络接口卡）状态。主机读取该寄存器以判断产生中断的原因。写入“1”可以清除相应的位。上电后该寄存器必须被清除。

第0位：PRX。该位表明接收包无错误。

第1位：PTX。该位表明发送包无错误。

第2位：RXE。当接收到的包存在CRC错误、帧队列错误、丢包等一个或多个错误时，该位置位。

第3位：TXE。发送错误位，当一个包传输由于额外冲突被中止时该位置位。

第4位：OVW。当接收缓冲器满时，该位置位。

第5位：CNT。当一个或多个网络计数器的最高有效位被置位时，该位置位。

第6位：RDC。当远程DMA操作完成时，该位置位。

第7位：RST。当NIC进入复位状态时，或者接收缓冲器溢出时，该位置位；当开始命令发给CR时，或者从缓冲器读取了一个或多个包时，该位被清除。

3）IMR：中断屏蔽寄存器（0FH，第0页为写类型，第2页为读类型）。

所有位都与ISR寄存器的位相对应。上电全清0。将某位置位可以使能相应的中断。

4）DCR：数据配置寄存器（0EH，第0页为写类型，第2页为读类型）。

第0位：WTS，字传输选择。该位为0时，字节宽度DMA传输；为1时，字宽度DMA传输。

第1位：BOS，字节顺序选择。该位为0时，高有效位置于MD8～MD15，低有效位置于MD0～MD7（如INTEL80×86处理器）；为1时，高有效位置于MD0～MD7，低有效位置于MD8～MD15（未使用）。

第2位：LAS。该位必须置为0。NIC仅支持双16位DMA方式。上电为1。

第3位：LS，回送选择。该位为0时选定回送方式，此时TCR的第1位和第2位也必须设定为回送方式；为1时正常操作。

第4位：ARM，远程自动初始化。该位为0时，不执行发送包命令；为1时，执行发送包命令。

第5位、第6位：FT0、FT1。FIFO起点选择位。

第7位：固定为1。

5）TCR：发送配置寄存器（0DH，第0页为写类型，第2页为读类型）。

第0位：CRC。NIC CRC逻辑包含一个发送器的CRC发生器和一个接收器的CRC校验器。该位控制CRC逻辑的动作。若该位置位，则发送器不使用CRC；否则发送器使用CRC。

第1、2位：LB0、LB1。操作方式选择见表8-12。

第3位：ATD，自动发送禁止。该位为0时正常操作。为1时，如果接收到第62位的多点地址，将禁止发送器；如果接收到第63位多点地址，将使能发送器。

表 8-12　操作方式选择

LB1	LB0	方　式	备　注
0	0	0	正常操作
0	1	1	内部回送
1	0	2	外部回送
1	1	3	外部回送

第 4 位：OFST，冲突偏移使能。

第 5 位 ~7 位：固定为 1。

6）TSR：发送状态寄存器（04H，第 0 页，读类型）。

该寄存器指明一个包发送的状态。

第 0 位：PTX，表明传送完成且无错误。

第 1 位：固定为 1。

第 2 位：COL，表明该次传送过程与网络中的其他站冲突。

第 3 位：ABT，表明 NIC 由于冲突而中止传送。

第 4 位：CRS，载波传感丢失位。当传送包期间丢失载波时该位置位。

第 5 位：固定为 1。

第 6 位：CDH，CD 心跳（Heartbeat）信号。传送后的帧间隙的首个 6.4μs 期间，NIC 监视冲突信号（即 CD 心跳信号）。如果收发器没有成功发送该信号，则 CDH 位置位。

第 7 位：OWC，脱离窗口冲突。在一个 Slot 时间（51.2μs）后检测到冲突时，该位置位，并重新进行传送。

7）RCR：接收配置寄存器（0CH，第 0 页为写类型，第 2 页为读类型）。

第 0 位：SEP。该位为 1 时，接收带有接收错误的包；为 0 时，不接收带有接收错误的包。

第 1 位：AR。该位为 1 时，接收长度小于 64 字节的包；为 0 时，不接收长度小于 64 个字节的包。

第 2 位：AB。该位为 1 时，接收广播目的地址的包；为 0 时，不接收广播目的地址的包。

第 3 位：AM。该位为 1 时，接收多点传送目的地址的包；为 0 时，不接收多点传送目的地址的包。

第 4 位：PRO。该位为 1 时，所有物理目的地址的包均可被接收；为 0 时，只可接收与 PAR0 ~ PAR5 中设定的节点地址相匹配的物理目的地址。

第 5 位：MON，监视方式位。该位置位时，需要检查接收到的包的地址匹配、CRC 校验、帧队列，但接收到的包不放入内存。否则，接收到的包将放入内存。

第 6、7 位：固定为 1。

8）RSR：接收状态寄存器（0CH，第 0 页，读类型）。

第 0 位：PRX，表明接收到的包无错误。

第 1 位：CRC，CRC 错误位。表明接收到的包有 CRC 错误。如果有 FAE 错误，该位也被置位，使 CNTR1 计数器值增加。

第2位：FAE，帧队列错误位。表明传送来的包不是整字节，或者CRC不匹配，使CNTR0计数器值增加。

第3位：固定为1。

第4位：MPA，丢包位。由于接收缓冲器满或者NIC处于监视方式而导致传送来的包无法被NIC接收时，该位置位，使CNTR2计数器值增加。

第5位：PHY。当接收到的包具有多点传送或广播目的地址时，该位置位。当接收到的包具有物理目的地址时，该位复位。

第6位：DIS，接收禁止。当NIC进入监视方式时，该位置位，接收被禁止。退出监视方式后，接收使能，该位复位。

第7位：DFR，当检测到载波或冲突时该位置位。

9）CLDA0、CLDA1：当前本地DMA寄存器（01H和02H，第0页，读类型）。读取这两个寄存器可得到当前本地DMA地址。

10）PSTART：页起始寄存器（01H，第0页为写类型，第2页为读类型）。该寄存器设定接收缓冲区的起始页地址。

11）PSTOP：页结束寄存器（02H，第0页为写类型，第2页为读类型）。该寄存器设定接收缓冲区的结束页地址。

12）BNRY：边界寄存器（03H，第0页，读/写类型）。该寄存器用于防止接收缓冲区的溢出，通常用做一个指针，指明主机已读取缓冲区的最后一页。

13）TPSR：发送页起始寄存器（04H，第0页，写类型）。该寄存器设定要发送的包的起始页地址。

14）TBCR0、TBCR1：发送字节计数寄存器（05H和06H，第0页，写类型）。这两个寄存器设定要发送的包的字节数。

15）NCR：冲突数目寄存器（05H，第0页，读类型），记录了包传送期间一个节点发生的冲突数目。

16）FIFO：先入先出寄存器（06H，第0页，读类型），允许主机在回送后检查FIFO的内容。

17）CRDA0、CRDA1：当前远程DMA地址寄存器（08H和09H，第0页，读类型）。这两个寄存器包含远程DMA的当前地址。

18）RSAR0、RSAR1：远程起始地址寄存器（08H和09H，第0页，写类型）。这两个寄存器设定远程DMA的起始地址。

19）RBCR0、RBCR1：远程字节计数寄存器（0AH和0BH，第0页，写类型）。这两个寄存器设定远程DMA的数据字节数目。

20）CNTR0：帧队列错误计数寄存器（0DH，第0页，读类型）。

21）CNTR1：CRC错误计数寄存器（0EH，第0页，读类型）。

22）CNTR2：丢包计数寄存器（0FH，第0页，读类型）。

23）PAR0～PAR5：物理地址寄存器（01H～06H，第1页，读/写类型）。这些寄存器包含本地以太网节点地址，并与接收到的包的目的地址比较，以决定接收或不接收。

24）CURR：当前页寄存器（07H，第1页，读/写类型）。该寄存器指向将要用于接收包的接收缓冲区首页的页地址。

25）MAR0 ~ MAR7：多点传送地址寄存器（08H ~ 0FH，第 1 页，读/写类型）。这些寄存器提供被 CRC 逻辑打乱的多点传送地址的过滤位。

8.8 DM9000A 全双工以太网控制器

8.8.1 概述

DM9000A 是一款完全集成、性价比高、少引脚数且带有一个通用处理器接口、一个 10M/100M PHY 和 4 K 的双字节 SRAM 的单片快速以太网控制器。它采用了低功耗及高性能的设计，其 I/O 端口支持 3.3 V 与 5 V 的容限值。

DM9000A 提供了 8 位和 16 位的数据接口，以访问各种处理器的内部存储器。其物理协议接口可以通过 HP Auto - MDIX（自动端口反转，网络电缆的直连/交叉可以自动识别）支持 10Base - T 下的 3 类、4 类、5 类非屏蔽双绞线，以及 100Base - TX 下的 5 类非屏蔽双绞线。这完全符合 IEEE 802.3u 标准。它的自动协商机制将自动配置 DM9000A 以实现其最佳性能。DM9000A 还在全双工模式下支持 IEEE 802.3x 流量控制。

DM9000A 功能结构如图 8-21 所示。

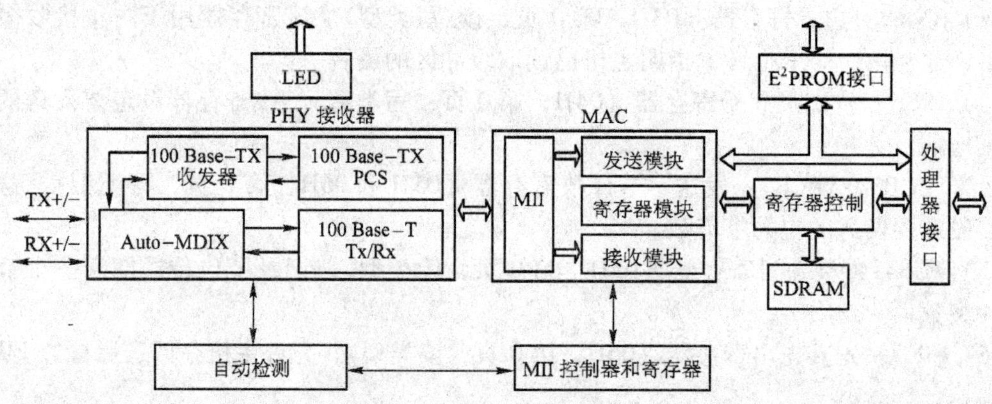

图 8-21 DM9000A 功能结构图

DM9000A 具有如下特性：

- 48 引脚 LQFP 封装。
- 支持处理器接口，对内部存储器的数据操作命令以字节/字的长度进行。
- 集成具有 HP Auto - MDIX 功能的 10/100M 收发器。
- 支持半双工模式流量控制下的背压模式。
- 支持 IEEE 802.3x 全双工模式流量控制。
- 支持唤醒帧、链路状态改变和远程唤醒。
- 集成 16 KB 的 SRAM。
- 内置 2.5 ~ 3.3 V 调节器。
- 支持即时发送。
- 支持 IP、TCP、UDP 校验和生成以及校验。

- 支持自动加载 E^2PROM 内的供应商 ID 和产品 ID。
- 可选择的 E^2PROM 配置。
- 超低功耗模式。
- 兼容 3.3 V 和 5.0 V 的 I/O 电压。

8.8.2 引脚介绍

DM9000A 的 16 位模式和 8 位模式分别如图 8-22 和图 8-23 所示，

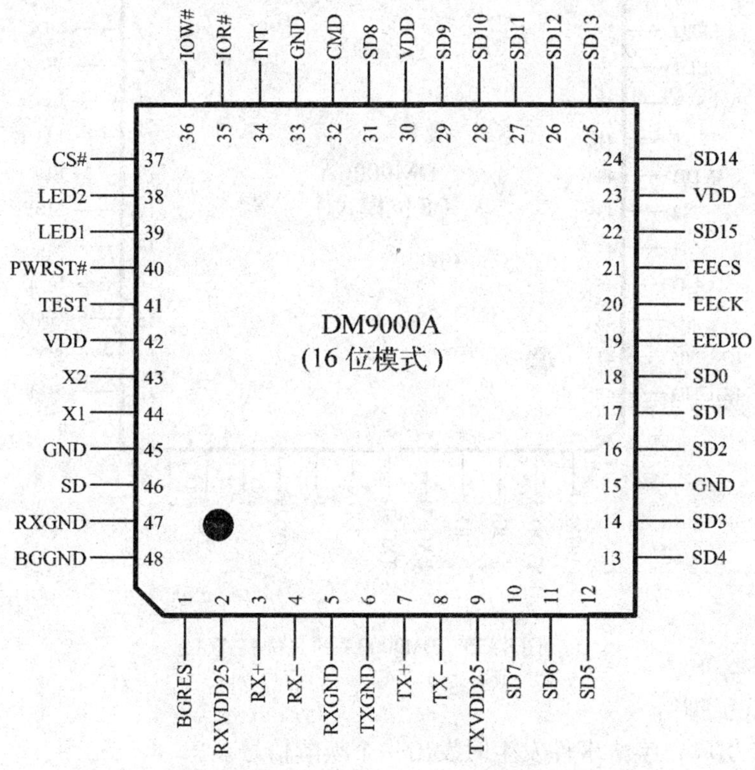

图 8-22　DM9000A 的 16 位模式

DM9000A 引脚功能说明如下：

1. 电源引脚

VDD：23、30、42 引脚，数字电源，3.3 V 电源输入。

GND：15、33、45 引脚，数字地。

2. 处理器接口

IOR#：35 引脚，处理器读指令，低电平有效，极性可通过 E^2PROM 设定改变。

IOW#：36 引脚，处理器写指令，低电平有效，极性可通过 E^2PROM 设定改变。

CS#：37 引脚，片选信号，低电平有效，极性可通过 E^2PROM 设定改变。

CMD：32 引脚，访问类型，高电平时访问数据端口；低电平时访问地址端口。

INT：34 引脚，中断请求信号，高电平有效，极性可通过 E^2PROM 或引脚 EECK 设定改变。

SD0 ~ SD7：10 ~ 14、16 ~ 18 引脚，处理器数据总线 0 ~ 7。

SD8 ~ SD15：22、24 ~ 29、31 引脚，处理器数据总线 8 ~ 15。16 位模式下，这些引脚为处理器数据总线 8 ~ 15；当 EECS 引脚被上拉时，这些引脚为其他定义。

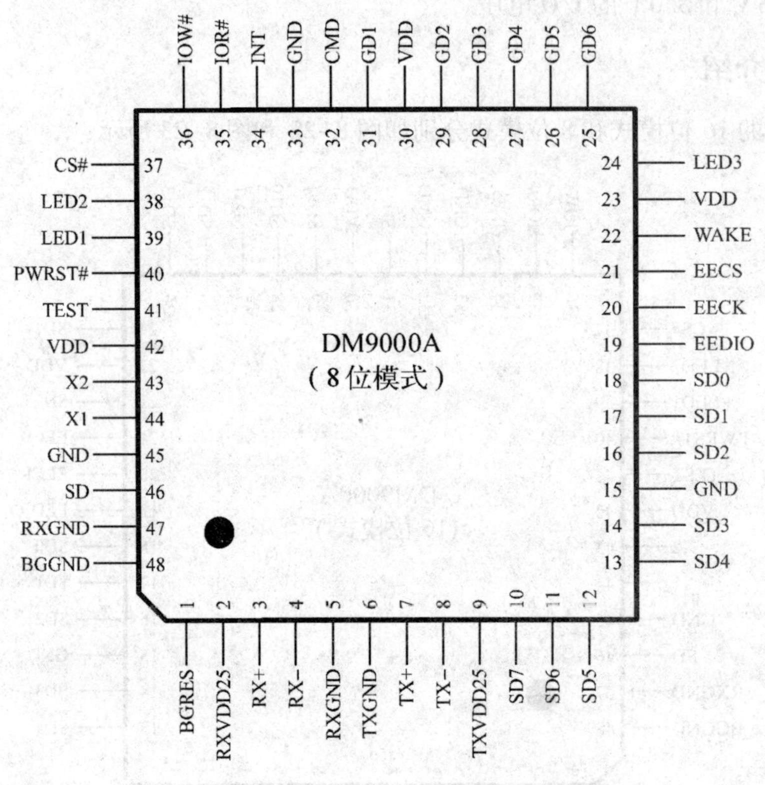

图 8-23　DM9000A 的 8 位模式

3. 8 位模式引脚

WAKE：22 引脚，唤醒事件发生时发出一个唤醒信号。

LED3：24 引脚，全双工 LED。LED 模式 1，低电平输出表示内部 PHY 工作在全双工模式，悬空表示内部 PHY 工作在半双工模式；LED 模式 0，低电平输出表示内部 PHY 工作在 10M 模式，悬空表示内部 PHY 工作在 100M 模式。LED 模式由 E^2PROM 设置。

GP4 ~ GP6：25 ~ 27 引脚，通用输出引脚。该系列引脚通过通用寄存器（1FH）设置为通用输出引脚。GP6 引脚也作为 INT 输出类型的捆绑引脚：当 GP6 被上拉置高，INT 为开漏输出类型；否则被强制为输出型。

GP1 ~ GP3：28、29、31 引脚，通用 I/O 引脚。该系列引脚可由通用控制寄存器和通用寄存器编程设置。默认为输入引脚。

4. E^2PROM 接口引脚

EEDIO：19 引脚，E^2PROM 数据输入/输出引脚。

EECK：20 引脚，E^2PROM 时钟信号。该引脚也被用于设置中断引脚极性。当此引脚上拉时，中断引脚低有效，否则高有效。

EECS：21 引脚，E^2PROM 片选信号。此引脚也被用于设置内部存储器数据总线的宽度。

当此引脚上拉高电平时，总线宽度为8位，否则为16位。

5. 时钟接口引脚

X2：43引脚，25 MHz晶振输出。

X1：44引脚，25 MHz晶振输入。

6. LED输出引脚

LED1：39引脚，高速LED。低电平输出表示内部PHY工作在100M/s的模式，悬空表示内部PHY工作在10M/s的模式。在E^2PROM的16位模式设置中，该引脚还作为ISA总线的IO16。

LED2：38引脚，链接/运行LED。LED模式1，它作为PHY链路通断和载波侦测的公用灯；LED模式0，它作为PHY载波侦测的专用灯。在E^2PROM的16位模式设置中，该引脚还作为ISA总线的IOWAIT或WAKE。

7. 10/100M PHY/Fiber

SD：46引脚，光纤信号检测，PECL电平信号，表明光纤接收是否有效。

BGGND：48引脚，带隙地信号。

BGRES：1引脚，带隙引脚。

RXVDD25：2引脚，2.5V接收端口电源。

TXVDD25：9引脚，2.5V发送端口电源。

RX+：3引脚，物理层接收端的正极。

RX-：4引脚，物理层接收端的负极

RXGND：5、47引脚，接收端口地。

TXGND：6引脚，物理层接收端的负极。

TX+：7引脚，物理层发送端口正极。

TX-：8引脚，物理层发送端口负极。

8. 其他引脚

TEST：41引脚，工作模式。正常模式时强制接地。

PWRST#I：40引脚，上电复位。低电平有效信号复位DM9000A，DM9000A需要5 μs完成初始化。

9. 捆绑引脚表

EECK：20引脚，中断极性。为0时中断引脚低有效；为1时中断引脚高有效。

EECS：21引脚，数据总线宽度。为1时8位；为0时16位。

WAKE：22引脚，8位模式下的CS#的极性。为1时CS#引脚高电平有效；为0时CS#引脚低电平有效。

GP6：25引脚，8位模式下INT输出类型。为1时开漏输出；为0时强制输出。

8.8.3 寄存器描述

DM9000A拥有一系列的控制和状态寄存器，可以通过主机按字节访问这些寄存器。除非被另外设定，否则所有的CSRs在软件或者硬件复位后都将被置为默认值。DM9000A寄存器描述见表8-13。

表 8-13　DM9000A 寄存器描述

寄 存 器	名　称	偏 移 量	默 认 值
NCR	网络控制寄存器	00H	00H
NSR	网络状态寄存器	01H	00H
TCR	发送控制寄存器	02H	00H
TSR I	发送状态寄存器 1	03H	00H
TSR II	发送状态寄存器 2	04H	00H
RCR	接收控制寄存器	05H	00H
RSR	接收状态寄存器	06H	00H
ROCR	接收溢出计数寄存器	07H	00H
BPTR	背压阈值寄存器	08H	37H
FCTR	流控制阈值寄存器	09H	38H
FCR	接收流控制寄存器	0AH	00H
EPCR	E^2PROM 和 PHY 控制寄存器	0BH	00H
EPAR	E^2PROM 或 PHY 地址寄存器	0CH	40H
EPDRL	E^2PROM 或 PHY 数据寄存器低位	0DH	XXH
EPDRH	E^2PROM 或 PHY 数据寄存器高位	0EH	XXH
WCR	唤醒控制寄存器	0FH	00H
PAR	物理地址寄存器	10H ~ 15H	由 E^2PROM 定义
MAR	广播地址寄存器	16H ~ 1DH	XXH
GPCR	通用控制寄存器（8 位模式）	1EH	01H
GPR	通用寄存器	1FH	XXH
TRPAL	发送 SRAM 读指针地址低位	22H	00H
TRPAH	发送 SRAM 读指针地址高位	23H	00H
RWPAL	接收 SRAM 写指针地址低位	24H	00H
RWPAH	接收 SRAM 写指针地址高位	25H	0CH
VID	生产厂家序列号	28H ~ 29H	0A46H
PID	产品序列号	2AH ~ 2BH	9000H
CHIPR	芯片版本	2CH	19H
TCR2	发送控制寄存器 2	2DH	00H
OCR	操作控制寄存器	2EH	00H
SMCR	特殊模式控制寄存器	2FH	00H
ETXCSR	即将发送控制/状态寄存器	30H	00H
TCSCR	发送校验和控制寄存器	31H	00H
RCSCSR	接收校验和控制状态寄存器	32H	00H
MPAR	MⅡ PHY 地址寄存器	33H	00H

（续）

寄 存 器	名 称	偏 移 量	默 认 值
LEDCR	LED 引脚控制寄存器	34H	00H
BUSCR	处理器总线控制寄存器	38H	61H
INTCR	中断引脚控制寄存器	39H	00H
SCCR	系统时钟开启控制寄存器	50H	00H
RSCCR	恢复系统时钟控制寄存器	51H	XXH
MRCMDX	内存数据预取读命令寄存器（地址不加 1）	F0H	XXH
MRCMDX1	内存数据读命令寄存器（地址加 1）	F1H	XXH
MRCMD	内存数据读命令寄存器（地址加 1）	F2H	XXH
MRRL	内存数据读地址寄存器低位	F4H	00H
MRRH	内存数据读地址寄存器高位	F5H	00H
MWCMDX	内存数据写命令寄存器（地址不加 1）	F6H	XXH
MWCMD	内存数据写命令寄存器（地址加 1）	F8H	XXH
MWRL	内存数据写地址寄存器低位	FAH	00H
MWRH	内存数据写地址寄存器高位	FBH	00H
TXPLL	发送数据包长度寄存器低位	FCH	XXH
TXPLH	发送数据包长度寄存器高位	FDH	XXH
ISR	中断状态寄存器	FEH	00H
IMR	中断屏蔽寄存器	FFH	00H

8.8.4 功能描述

1. 主机接口

主机接口是一个通用处理器局部总线，使用片选信号（引脚 CS#）来访问 DM9000A。CS#引脚默认低电平有效，可在 E^2PROM 中重新定义。

只有 INDEX 端口、DATA 端口两个地址端口经过主机接口。引脚 CMD = 0 时，为 INDEX 端口；引脚 CMD = 1 时，为 DATA 端口。在访问任何寄存器前，寄存器的地址必须保存在 INDEX 端口。

2. 直接内存访问控制

DM9000 提供 DMA 方式，以简化对内部存储器的访问。对内部存储器起始地址编程后，发出虚拟的读/写命令加载当前数据到内部数据缓冲区，这样内部寄存器指定地址可被读/写命令寄存器访问。根据当前总线模式的字长使存储地址自动加 1（存储器地址将会自动增加，增加的大小与当前总线操作模式相同，如 8 位、16 位或 32 位），下一个地址的数据将会自动加载到内部数据缓冲区。要注意的是，连续突发式第一次访问（虚拟的读/写命令）到的数据应该被忽略，因为那是上一次读/写命令的内容。

内部存储器空间为 16 KB。前 3 KB 单元用做发送包的缓冲区，其他 13 KB 用做接收包的缓冲区。所以在写存储器操作时，当地址越界（即超出 3 KB 空间），且 IMR 寄存器的位 7 被置位时，存储器地址指针将会跳回到 0 地址处。同样，在读存储器操作时，当地址越界

(即超出 16 KB 空间)，且 IMR 寄存器位 7 被置位时，存储器地址指针将会跳到地址 0x0C00 处。

3. 数据包发送

有两个数据包，命名为 index1 和 index2，能同时存储在发送缓冲区。发送控制寄存器 (02H) 控制冗余校验码和填充的插入，其状态分别记录在发送状态寄存器 1 (03H) 和发送状态寄存器 2 (04H) 中。

发送器的起始地址是 0x00H，软件或硬件复位后，默认的数据发送包为 index1。首先，通过 DMA 端口将数据写入发送缓冲区；其次，在发送数据包长度寄存器 (FCH/FDH) 中，把字节数写入到字节计数寄存器；然后，置位发送控制寄存器的位 1 来发送 index1 数据包。在此包发送结束之前，index2 数据包被移入发送缓冲区，Index1 数据包发送结束之后，将 index2 数据包的字节数写入字节计数寄存器，然后置位发送控制寄存器的位 1 来发送数据包 index2。以此类推，后面的数据包发送都采用此方式进行。

4. 数据包接收

DM9000A 中的接收缓存区是一个环形数据结构。由软件/硬件初始化后的起始地址为 0C00H，每帧数据都有 4 个字节长的首部，然后是有效数据和 CRC 校验序列。首部的 4 个字节依次是 01H、状态、长度低字节和长度高字节。

8.9 习题

1. 简述 TCP/IP 协议的层次结构。
2. IP 协议具有什么特点?
3. 什么是 ICMP 协议?
4. 什么是 ARP 协议?
5. 什么是 UDP 协议?
6. RTL8019AS 全双工以太网控制器有什么特点?
7. 采用 DM9000A 和某一单片机设计一个以太网接口电路。

第9章　工业以太网应用系统设计

9.1　RTL8019AS 在 PMM2000 电力网络仪表中的应用

9.1.1　概述

我国进入21世纪以来，现代电力电子技术得到迅速发展，随之而来的电网谐波问题严重地影响了电力设备、电力用户和通信线路的安全运行。谐波会使电力设备过负荷和发热，增加介质应力和过电压，干扰、危害及破坏保护控制设备和电子设备的性能。

随着我国高科技产业的快速发展以及国外高新技术企业纷纷进驻我国，人们对供电电压中断、闪变和谐波含量等电能质量提出了严格的要求，电网质量问题得到前所未有的关注。另外，随着国家对电力市场化的进一步推动，电力公司可以依据一定的标准，对电流谐波含量超标的电力用户采用惩罚性电价。所有这些，都离不开一个标准的电能质量监测装置。因此，研制高性能的电力参数监测设备已成为市场的迫切需要。近年来，数字信号处理器在处理速度和处理能力等方面均取得了划时代的进步，并且性价比大大提高。不但能够满足快速实时处理的要求，而且由于价格适中，可以将DSP应用于电力系统谐波测量仪表的设计中。

PMM2000系列电力网络仪表采用先进的交流采样技术、模糊控制功率补偿技术与量程自动校正技术，是一种集传感器、变送器、数据采集、显示、远距离传输数据于一体的全电子式多功能电力参数监测网络仪表。可取代传统的指针式电力仪表，既可以在本地使用，又可以通过以太网（TCP/IP）组成高性能的遥测网络。能够测量单相两线、三相三线、三相四线系统的电流（A相、B相、C相、中线N），电压（A相、B相、C相、AB线、BC线、CA线）、功率（kW）、电能（kw·h）、无功功率（kvar）、无功电能（kvar·h）、功率因数（PF%）、频率（Hz）、开口三角形电压（V_0）、最大开口三角形电压（MV_0）、需量电流（DA）、最大需量电流（MDA）等电力参数。该系列仪表具有精度高、抗干扰能力强、体积小、易于安装和操作等特点，采用3行5位数字显示技术，可广泛应用于低压、中压和高压开关和配电系统、中心电站监测系统、远程控制与监测系统、发电机组系统、楼宇自控系统、工厂能量管理等系统。

9.1.2　PMM2000 电力网络仪表硬件总体设计

PMM2000电力网络仪表采用TI公司的DSP控制器TMS320LF2407A作为核心控制器，该控制器具有运算速度快，工作温度范围宽，可靠性高，集A/D转换器、CAN 2.0B模块、串行通信接口（SCI）、看门狗定时器模块于一体，内置32KW的Flash程序存储器，1.5KW的数据/程序RAM，544W双口RAM（DARAM）和2KW的单口RAM（SARAM），40个可单独编程或复用的I/O口等。系统总体结构框图如图9-1所示。

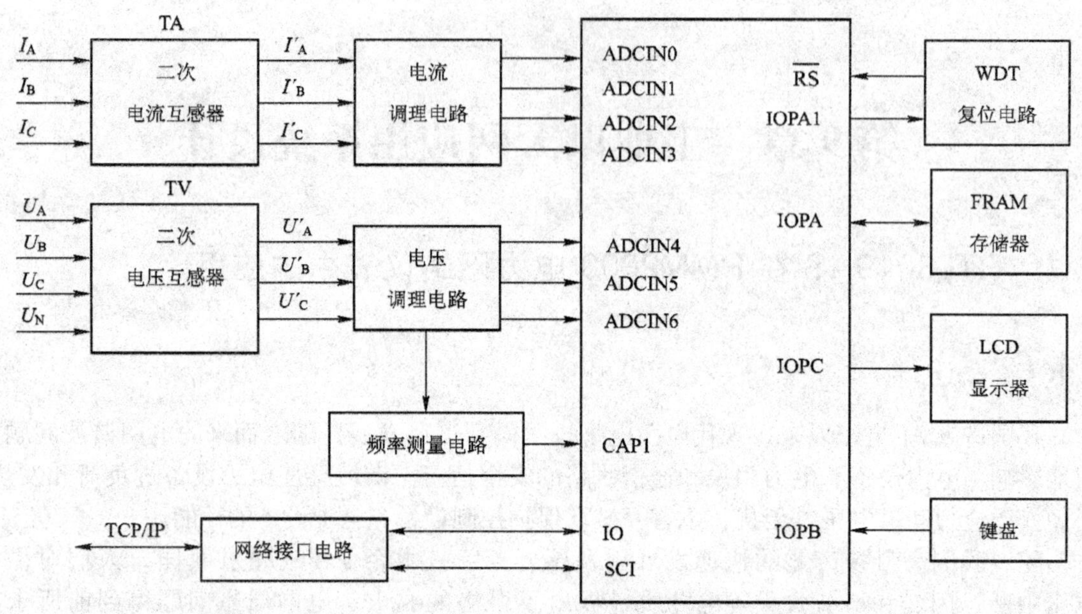

图 9-1　PMM2000 电力网络仪表系统总体结构框图

电网中的电压电流信号经一次电压互感器和电流互感器变成标准额定电压 AC100V、AC220V、AC57.7V 和标准额定电流 5 A，然后送往测量仪表的二次电压互感器和电流互感器，其输出经信号调理后变成峰－峰值为 0 ~ 3.3 V 的交流电压信号送往 DSP 模块进行交流采样。TMS320LF2407 定点 DSP 数字信号处理器内置 10 位 A/D 采样保持处理模块，可以满足交流采样的转换精度和速度的需要。系统同时配有低电压监测和 WDT 电路，用于监测电源电压是否正常，以保证 DSP 可靠工作。另外，还配有 FRAM 铁电存储器 FM25040，用于保存设定数据及测量数据。

在人机接口方面，PMM2000 电力仪表本身设计有 LCD 液晶显示器，液晶显示器选用 160×128 点阵液晶显示模块 DMF5001N，最大显示窗口为 20×16 个字符阵；5 个按键开关来设定系统功能；通过以太网与上位机通信，可以在上位机上实时显示测量数据并存储、打印报表等。网络接口芯片选用 RTL8019AS 全双工以太网控制器。

1. 频率测量电路

由于采样周期与电网中的频率有关，而电网中的频率又是变化的，为了实现采样的整分割，必须跟踪电网中的频率信号。频率的测量是通过采集两个电压周期信号上升沿之间的时间差来实现的。电压波形经过过零电压比较器 LM211 产生方波，送入 TMS320LF2407 的捕获定时器引脚 CAP1 进行上升沿捕获，采用定时/计数器 1 作为时间基准。频率测量电路图如图 9-2 所示。

U_{out}是 1.65 V 基准电压，它作为电压比较器 LM211 的基准参考输入电压。电网电压经调理后的电压信号 U_{IN}作为 LM211 的另一输入电压，U_{IN}的范围为 0 ~ 3.3 V。频率测量电路的输入、输出波形如图 9-3 所示。

2. 电压和电流调理电路

下面以三相四线制供电系统为例说明如何将电网电压、电流经二次电压互感器、电流互感器调理并抬高为 AC0 ~ 3.3V 之间的电压信号的。

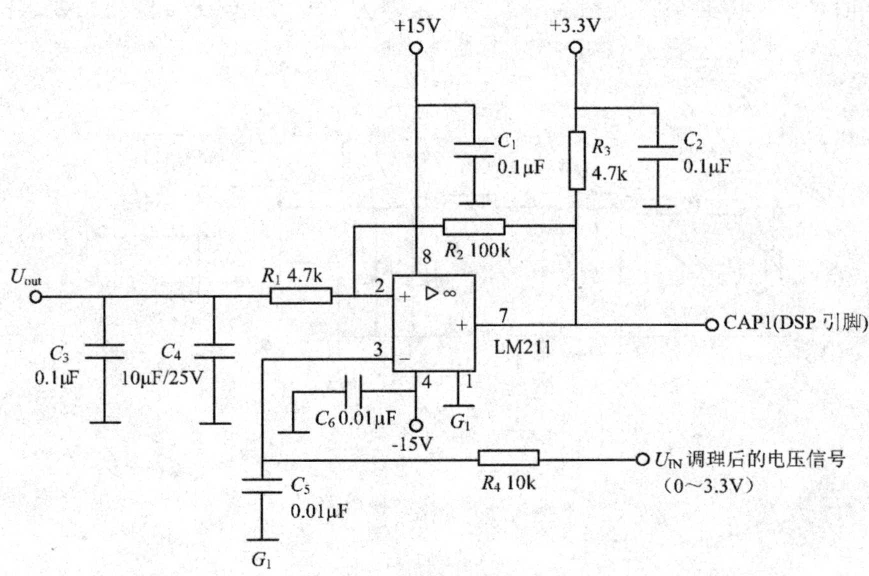

图 9-2 频率测量电路

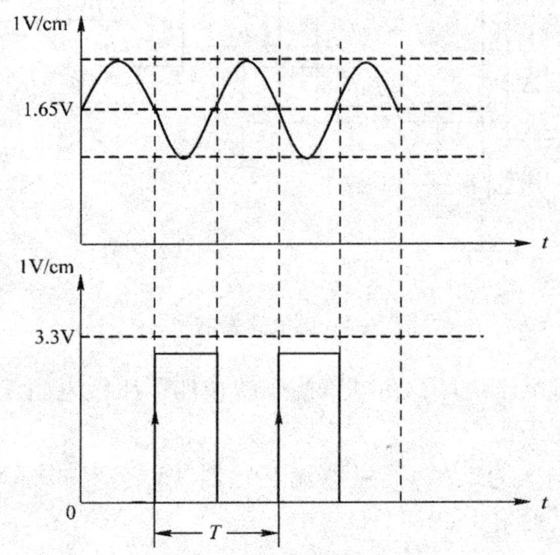

图 9-3 频率测量电路的输入、输出波形图

电网电压、电流是交流信号，根据 LF2407A 内置 ADC 模块的特点，在作 A/D 转换时，希望被转换的信号是单极性的，所以经过电压互感器、电流互感器变换后的交流电压还要被抬高，变到 0 ~ 3.3 V 范围内。将三相四线制中的某一电压或某一电流调理的电路分别如图 9-4 和图 9-5 所示。

以 A 相电压为例，电网 A 相电压首先经电阻 R_1、R_2 变换成电流信号，电压互感器 TV_1 的输入、输出电流比为 2mA∶2 mA。然后再将输出电流信号通过电阻 R_3 和 TL062I 运算放大

器转换为电压信号 OUT_1。OUT_1 为一个双极性交流输出电压信号，而进行 A/D 转换时需要单极性的电压信号，所以必须将其抬高一个电平。因为 DSP 的 A/D 转换模块要求的电压转换范围为 0～3.3 V，所以还要将 OUT_1 抬高 1.65 V。

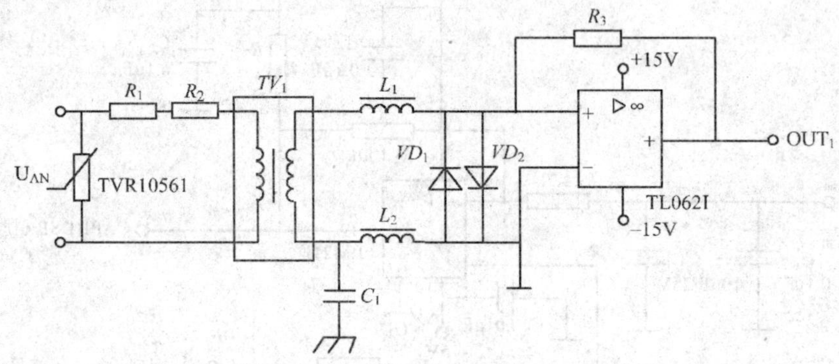

图 9-4　电压变换电路

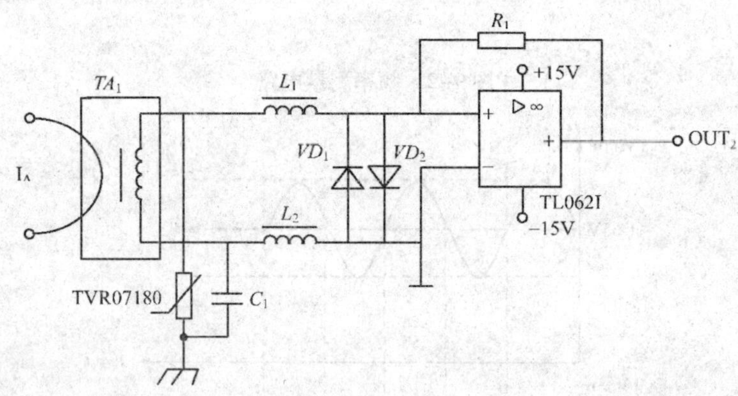

图 9-5　电流变换电路

为了保护仪表不被过电压烧坏，在电压接线两端加了压敏电阻 TVR10561。压敏电阻的主要作用是抑制浪涌电压干扰。

电流互感器的额定输入为 5 A，通过电流互感器 TA_1 实现的输入、输出电流比为 5A:2 mA。经信号变换后，其输出为 OUT_2。

3. 抗混叠滤波电路

抗混叠滤波采用 MAXIM 公司生产的八阶巴特沃斯型开关电容式有源低通滤波器 MAX291，它的 3 dB 截止频率可以在 0.1～25 kHz 之间选择。开关电容滤波器需要靠一个时钟来驱动电路工作，该时钟的频率应为 3 dB 截止频率的 100 倍，可以采用外时钟或者内时钟两种方式。如果直接利用 MAX291 的内部时钟振荡器，只需外接一个电容，电容值和 3 dB 截止频率满足下式：

$$f_{osc}(\text{kHz}) = \frac{10^5}{3C_{osc}(\text{pF})}$$

设分析对象为工频电压信号，需要分析到 50 次谐波。信号的最高次谐波频率为

2.5 kHz，因此，采样频率应不小于5 kHz。由于标准 FFT 变换要求每周期样点数为2的 n 次幂，如128点，所以取 $f_s = 128 \times 50 = 6.4\,\text{kHz}$。相应的滤波器频谱特性应该是在2.5 kHz 以下的通带内，增益基本为1，到3.2 kHz 时应为0.707，即3 dB 带宽增益。根据上面要求，MAX291 的时钟频率应为 $3.2\,\text{kHz} \times 100 = 320\,\text{kHz}$，由上式计算外接电容的值，得 $C_{OSC} = 104\,\text{pF}$。抗混叠滤波电路如图9-6所示。

在图9-6中，INPUT 接图9-4中的 OUT_1 或图9-5中的 OUT_2。双极性变换电路将 MAX291 输出的双极性交流电压信号变为 DSP 中 A/D 转换模块所需的单极性电压信号。

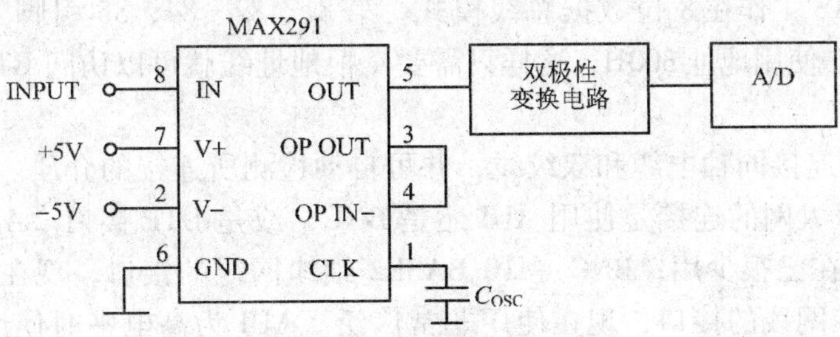

图9-6　抗混叠滤波电路

4. **网络接口电路**

网络接口电路以 AT89S52 单片微控制器为核心，网络接口芯片选用台湾 Realtek 公司的 RTL8019AS 全双工以太网控制器，再配以74HC573地址锁存器、IS62C256静态存储器等器件。它与 DSP 之间的数据交换采用异步串行通信（UART）。网络接口电路如图9-7所示。AT89S52 分配给 RTL8019AS 的基地址为4000H。

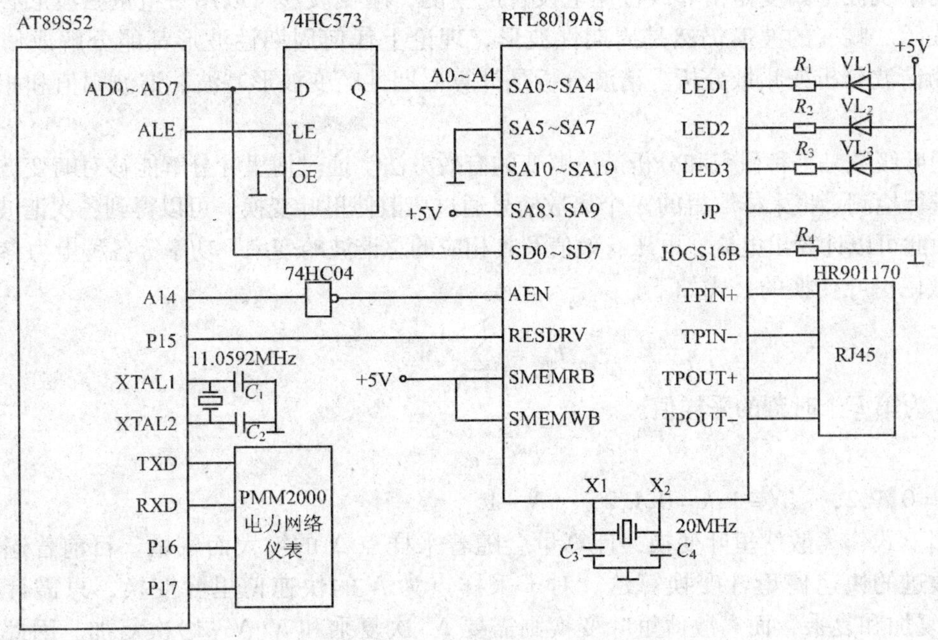

图9-7　网络接口电路

RTL8019AS 的数据线 SD0 ~ SD7 与 CPU 的 AD0 ~ AD7 连接，地址线 SA0 ~ SA4 与 AT89S52 CPU 的 A0 ~ A4 连接，RTL8019AS 的 AEN 为片选信号，采用线选地址译码。

RTL8019AS 的工作方式选用跳线模式，本机的 I/O 地址和中断都是由跳线决定，RTL8019AS 的第 65 引脚接高电平，用来选择跳线方式。芯片的第 78、79、80 引脚为中断引脚。在 RTL8019AS 中，如果引脚为悬空，则认为此引脚为低电平，因为它的内部已经连接了一个 100k 的电阻。第 74、77 引脚决定网络的接口类型，使用自动检测。由于设计中没有使用 BROM，第 67、68、69、71、72 引脚悬空。RTL8019AS 的 IOCS16B 引脚通过一个 27k 的电阻拉低，使得 RTL8019AS 工作在 8 位数据总线模式。第 81、82、84、85 引脚决定 RTL8019AS 的 I/O 地址，都悬空，使用地址 300H，这样只需要 4 根地址线就可以访问 RTL8019AS 的 I/O 地址 00 ~ 1FH。

RTL8019AS 可连接同轴电缆和双绞线，并可自动检测所连接的介质。第 64 引脚 AUI 决定 RTL8019AS 与以太网的连接是使用 AUI 还是 BNC，或是 UTP 接口。AUI 是 10 BASE5 粗缆网线的接口，现在已很少用；BNC 是 10 BASE2 细缆网线的接口，现在也用得不多；UTP 是 10BASE－T 双绞网线的接口，现在使用非常广泛。AUI 为高电平时使用 AUI 接口，为低电平时使用 BNC 或 UTP 接口。在这里我们使用最常用的 UTP 接口，将该引脚悬空即可。网络接口的具体类型由第 74、77（PL0、PL1）引脚决定，将这两个引脚接地，即自动检测方式。这时 RTL8019AS 会自动检测接口类型，然后进行工作。如果检测到 10BASE－T 电缆信号，则选择接口类型为 UTP，否则选择接口类型为 BNC。为了抗干扰和增加驱动能力，信号需要通过网络变压器后再接网络接口，这里选用集成网络变压器的 RJ45 接口 HR901170。

9.1.3 谐波测量算法

电力系统波形畸变是由非线性用电设备产生的，畸变波形可以用一组正弦波形叠加综合来近似表示。畸变的波形仍然是周期性波形，理论上任何周期性波形都能分解成傅里叶级数，称为谐波分析或频域分析。谐波分析是计算周期性畸变波形基波、谐波幅值和相角的基本方法。

傅里叶级数是一种研究和分析谐波畸变的有效方法。通过傅里叶分解能够对畸变波形的各种分量进行检测。将采样取得的 N 个离散信号通过离散傅里叶变换，可以得到各次谐波分量的频谱，由此可以计算出电流、电压有效值及其相应的总谐波畸变率、功率等各种电力参数。

离散傅里叶变换的公式如下：

$$F_h = \sum_{k=0}^{N-1} f_k W_N^{kh}$$

式中，f_k 为第 k 个时刻的采样值。

$$W_N^{kh} = e^{-j\frac{2\pi}{N}kh}$$

式中，$k=0,1,2,\cdots,N-1$；$h=0,1,2,\cdots,N-1$。

按照上式作离散傅里叶变换，计算量会随着采样点 N 的增大而剧增。目前普遍采用的算法是改进的快速傅里叶变换算法。对于采样点为 N 的快速傅里叶变换，只需计算 $N \cdot \log_2 N$ 次复加和复乘，而离散傅里叶变换则需要 N^2 次复乘和 $N(N-1)$ 次复加。因此，采用快速傅里叶变换算法，既能完成对谐波的分析，又能达到实时处理的效果。

本文采用一种基－2 算法，该方法把 N 取为 2 的整数次幂。即 $N=2^m$，m 为正整数。设采样次数为 128，即 $N=128=2^7$，$m=7$。

下面用一个 $N=8$ 的情况来说明 FFT 的基本思路。

FFT 程序一般分为倒序和递推运算两部分。

倒序是指将 N 个自然编号的十进制数按照其编号的二进制码的倒序重新排列这些数据。比如编号为 0 和 4 的数，其二进制码分别为 000b 和 100b，倒序后为 000b 和 001b，那么新的序列中，它们的编号变为 0 和 1。将 N 个数倒序排列的步骤如下：

第一步：将 N（$N=2^m$, m 为整数）个自然编号的十进制数每隔一个挑出来，分成两组依次排列。

第二步：再将每组的十进制数分别每隔一个挑出来，再分别分为两组依次排列。如此重复下去，共进行 $m-1$ 步（共分成$\frac{N}{2}$组）即可完成。

其中的规律如下：

将第 n 个数据的序号用 $L(n)$表示，则有

$L(0)=0 \qquad L(1)=N/2$,

$L(2M)=L(M)/2, M=0,1,2,\cdots$

$L(2M+1)=L(2M)+N/2, M=0,1,2,\cdots$

快速傅里叶变换是一种递推运算，它的基本计算因子是蝶形因子，如图 9-8 所示。

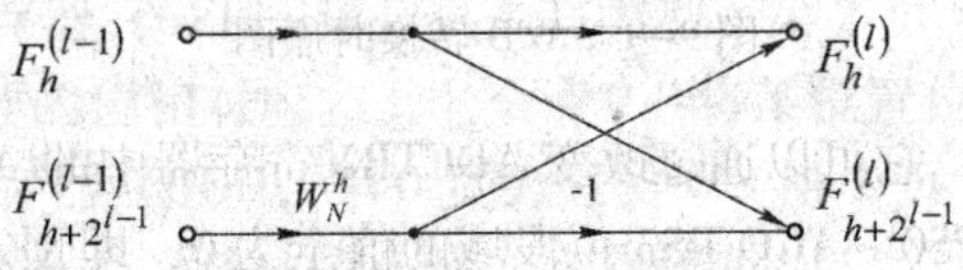

图 9-8　蝶形算式流图

只要能够推导出蝶形因子中的各个系数表达式，就可以采取循环的方式编程。

快速傅里叶变换实际是一种递推运算，可以通过循环编程的方法来实现。循环编程的重点首先是要确定蝶形因子算式中各个参数的表达式，然后要计划好用几重循环，每个循环的循环次数如何表达。

9.1.4　软件总体设计

由于 TMS320LF2407A 是定点 DSP，用 C 语言实现快速傅里叶变换不必考虑定点数定标的问题，也不必担心定点数溢出的问题，C 语言有 float 型变量，其取值范围为 1.19209290e－38 ~ 1.19209290e＋38，完全可以满足快速傅里叶计算的量程范围。使用 C 语言编写 FFT 算法，具有逻辑清晰、易于开发等优点。其中计算实部和谐波的循环次数为 $N\log_2 N$ 次，其运算量低，使用 DSP 执行此函数时所需时间仅为几百微秒。为了进一步提高执行速度，可以将程序中计算正弦、余弦的函数用固定的数组代替，这样处理后，执行速度可以减少到几十微秒，完全能够满足实时处理的需要。

本软件系统完成的主要任务是测量电网电压、电流的各项电力参数，包括各相电压、电流的有效值、功率、电度、功率因数及谐波总畸变率等。由任务要求可知，软件设计的重点是电网电压、电流的数据采集和数据处理，这些程序设计的优劣直接影响仪表的测量精度和

运算速度。另外，仪表还可以与上位机通信，以记录大量的数据信息。

软件设计主要包括数据采集、数据处理和数据通信几部分。数据采集模块所要完成的任务是实时测量电压、电流的信号周期，并将其均分128份后作为A/D转换的采样周期。

本系统测量周期为250ms，在一个测量周期内连续测量4个周波（80ms）的电压电流信号，其余时间用于计算和其他任务的处理。

本系统要求分析到31次谐波，为了保证精度，每周期采样128次。

电网中电力信号的周期大约是20ms，若每周期采样128次，则采样周期为20ms/128≈0.156ms=156μs，即要完成128次采样，所采用的A/D转换的转换时间不应超过156μs。本设计使用TMS320LF2407A内部的A/D转换模块，A/D转换时序如图9-9所示。

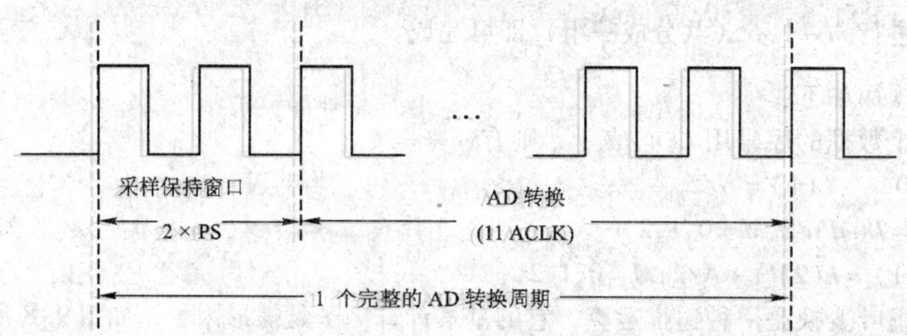

图9-9　A/D转换时序图

PS是预定的CPU时钟，它可以通过改变ADCTR1寄存器中的ACQ PS0～ACQ PS3位段域和CPS位来实现。当ACQ PS0～ACQ PS3位段域的值全为0，即预定标器的值为1，并且CPS为0时，PS时钟将和CPU时钟一样。对于预定标器的任何其他值，PS都会被放大（即增加了采样/保持窗口的时间）。TMS320LF2407A芯片一个完整的A/D转换周期约为500ns，远远小于采样周期156μs，完全可以满足交流采样的频率要求。

测量电压频率时，将DSP的捕获引脚设置为上升沿捕获。如果捕获到电压上升沿就发生中断，将时基定时器1中的计数值自动读入到一个16位2级深的FIFO寄存器中。两次计数值之差就是电压信号周期。

测量出电压周期后，以此周期除每周期采样次数即可得到采样周期。下一步以得到的采样周期初始化定时器2，每到一个采样周期的时间，定时器2就会发生中断，启动A/D转换。这里分别对A相电流、电压，B相电流、电压，C相电流、电压和N相电流进行采样，由于每个采样通道间的采样间隔非常短，所以可以认为是同时采样7个通道。根据周期函数的定义，任意一个周期长度范围内的积分值均相等。也就是说，任意采样一个周期长度的波形，就能计算出电流、电压的有效值，以及谐波分量和功率等电力参数。因此，这里不用整周期采样，而是任意采样一段电压周期长度的波形。

数据处理模块的工作是根据A/D转换得到的结果进行快速傅里叶变换及采用FFT变换得到的各次谐波幅值计算出各种电力参数。在进行谐波计算时，可以得到各次谐波的实部和虚部，从而得到各次谐波相角的正切函数值，即用快速傅里叶变换既可以得到各次谐波的幅值，也可以求出它们对应的相角。

由于谐波分析法中已经具体阐述了FFT的理论推导和算法实现，所以这里只给出计算电压、电流的有效值，谐波总畸变率的算法公式。

电压、电流的有效值，有功功率，总谐波畸变率公式分别如下：

$$U = \sqrt{\sum_{h=1}^{31} U_h^2}$$

$$I = \sqrt{\sum_{h=1}^{31} I_h^2}$$

$$P = \sum_{h=1}^{31} U_h I_h \cos(\theta_h - \varphi_h)$$

$$THD_U = \sqrt{\sum_{h=2}^{31}\left(100\frac{U_h}{U_1}\right)^2} \times 100\%$$

$$THD_I = \sqrt{\sum_{h=2}^{31}\left(100\frac{I_h}{I_1}\right)^2} \times 100\%$$

式中，N 为每个周期均匀采样的点数；U_h 为第 h 次谐波电压方均根值；I_h 为第 h 次谐波电流方均根值；φ_h 为第 h 次谐波电流的相角；θ_h 为第 h 次谐波电压的相角。

9.2 PMM2000 电力网络仪表以太网通信程序设计

9.2.1 以太网协议的封装格式

1. 以太网分层结构

TCP/IP 协议为 4 层模型：应用层、传输层、网络层和数据链路层。每层都有不同的功能，而且层和层之间在逻辑上是相互独立的。每层都对应一些子协议，本设计用到的协议包括 ARP、IP、TCP 和 ICMP 等。

以太网分层结构如图 9-10 所示。

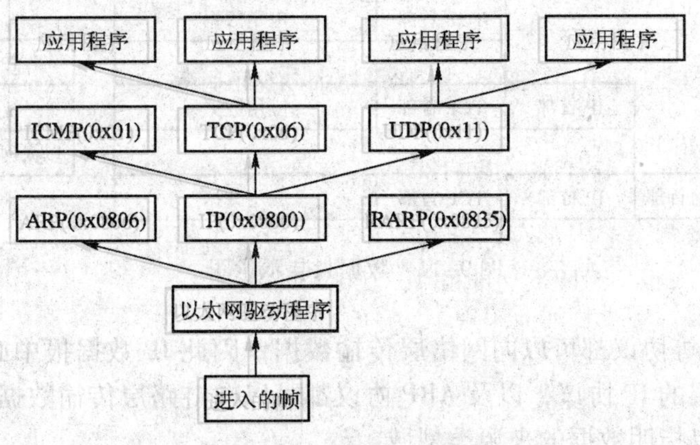

图 9-10 以太网分层结构

图 9-10 是按照 TCP/IP 协议的 4 层参考模型设计的，实际是以太网接收数据的流程，同时也体现了一种以太网分用的思想。链路层的以太网驱动程序负责接收以太网的数据帧，

剥离以太网数据帧的首部信息，形成 IP 数据报或是 ARP、RARP 数据报，根据以太网数据帧的上层协议分别交付给上一层。如果是 IP 数据报，则被送交网络层。

网络层在接收到以太网驱动程序送到的 IP 数据报后，按照 IP 数据帧中的协议种类，对数据进行处理，去掉 IP 首部数据，形成 TCP、UDP 或 ICMP 报文进行处理。

传输层在得到 UDP 的报文后，按照 UDP 协议中的端口，分别送给不同的应用程序。若传输层得到的是 TCP 报文，则要根据 TCP 的状态转换图进行处理。

在 TCP 或 UDP 的函数处理中，根据目的端口号，分别将数据送往不同的用户程序。

根据以太网数据分用示意图，在编程的时候，使用如下的程序框架：

```
if(以太网数据报到达)
{   if( 以太网首部帧类型 ==0x0806 )
          { ARP 处理程序 }
    if( 以太网首部帧类型 ==0x0835 )
          { RARP 处理程序 }
    if( 以太网首部帧类型 ==0x0800 )
          { IP 处理程序 }
}
```

同样在 IP 处理程序中，采用同样的编程框架。

2. 数据的封装

应用层的数据要想在以太网中进行传输，就必须按照以太网的帧格式进行封装发送，而且这是一个逐级封装的过程，数据封装过程如图 9-11 所示。

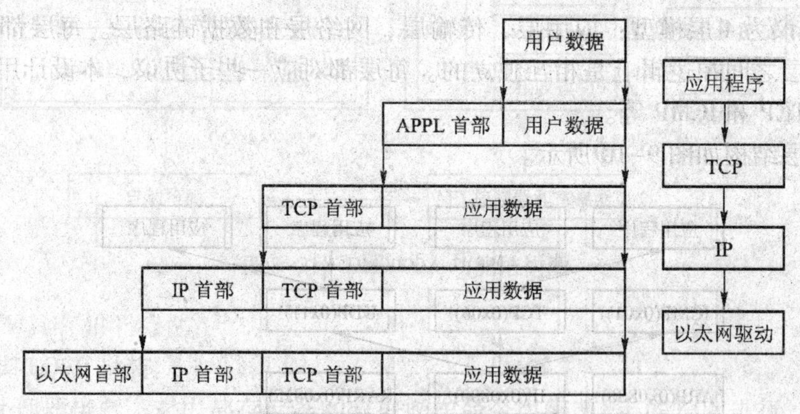

图 9-11　数据封装示意图

由于 TCP/UDP 等协议都可以向网络层传输数据，因此 IP 数据报中必须对 IP 的上层协议进行标识。网络层的 IP 协议，以及 ARP 协议都可以向链路层传输数据，因此也必须在以太网的帧首部中加以指明数据的来源类型域。

TCP/IP 协议包括很多的子协议，由于单片微控制器的资源有限，只实现了其中的部分协议，并对部分协议作了改动。

3. 以太网的封装格式

以太网的封装格式如图 9-12 所示。

前导	目的地址	源地址	帧格式	数据	CRC
8个字节	6个字节	6个字节	2个字节	小于1500个字节	4个字节

图 9-12　以太网的封装格式

前导：由芯片本身产生，用于同步收发双方的时钟，并指定传输速率。

目的地址（DA）：以太网网数据帧传输的目的地址，为48位二进制地址，全1时表示广播地址。

源地址（SA）：以太网网数据帧传输的源地址48位，表明该帧的数据的出发点，即发送端的地址。

帧格式（TYPE）：类型字段，表明该帧数据的类型。如IP包的数据类型为0800H，ARP包的数据类型为0806。

数据：以太网规定整个数据包的最大长度为1514个字节，因此数据段不能超过1500个字节。

CRC及填充位：以太网规定整个数据包必须大于60个字节，不足60个字节，用任何数据补足。

9.2.2　通信程序的头文件定义

RTL8019AS拥有控制、状态、数据寄存器，通过这些寄存器，单片微控制器AT89S52可以与RTL8019AS实现通信。由于AT89S52的资源紧张，在实现TCP/IP协议栈时不要进行内存块复制，本设计使用全局结构体变量，在内存中只保存一个数据包复制，其他没有来得及处理的包保存在RTL8019AS的16KB RAM中；使用查询方式，而不用中断方式；在客户服务器模式中，服务器工作于串行方式，单片微控制器不适合并发模式。

1. RTL8019AS头文件rtl8019as.h

RTL8019AS通信程序头文件rtl8019as.h定义如下：

```
//rtl8019as.h头文件
//TCP STATE定义
#define   TCP_STATE_LISTEN          0 //听状态
#define   TCP_STATE_SYN_RCVD        1 //同步序号接收状态
#define   TCP_STATE_SYN_SENT        2 //同步序号发送状态
#define   TCP_STATE_ESTABLISHED     3 //建立连接状态
#define   TCP_STATE_FIN_WAIT1       4//FIN等待1
#define   TCP_STATE_FIN_WAIT2       5 //FIN等待2
#define   TCP_STATE_CLOSING         6 //正在关闭状态
#define   TCP_STATE_CLOSE_WAIT      7 //等待关闭状态
#define   TCP_STATE_LAST_ACK        8 //确认关闭状态
#define   TCP_STATE_CLOSED          9 //关闭状态
#define   TCP_STATE_TIME_WAIT       10 //时间等待状态
//TCP连接的标志位
#define   TCP_FIN 0x01 //发送方完成数据传送
#define   TCP_SYN 0x02 //同步序号
```

```
#define   TCP_RST 0x04 //复位连接
#define   TCP_PSH 0x08 //将数据发往接收进程
#define   TCP_ACK 0x10 //状态响应
#define   TCP_URG 0x20 //紧急时间
//RTL8019AS 寄存器定义
//RTL8019AS 网络接口芯片(NIC)的基地址为 0x4000
//NIC_R00 ~ NIC_R18 为本机的寄存器地址
#define        NIC_R00      XBYTE[0x4000]
#define        NIC_R01      XBYTE[0x4001]
#define        NIC_R02      XBYTE[0x4002]
#define        NIC_R03      XBYTE[0x4003]
#define        NIC_R04      XBYTE[0x4004]
#define        NIC_R05      XBYTE[0x4005]
#define        NIC_R06      XBYTE[0x4006]
#define        NIC_R07      XBYTE[0x4007]
#define        NIC_R08      XBYTE[0x4008]
#define        NIC_R09      XBYTE[0x4009]
#define        NIC_R0a      XBYTE[0x400a]
#define        NIC_R0b      XBYTE[0x400b]
#define        NIC_R0c      XBYTE[0x400c]
#define        NIC_R0d      XBYTE[0x400d]
#define        NIC_R0e      XBYTE[0x400e]
#define        NIC_R0f      XBYTE[0x400f]
#define        NIC_R10      XBYTE[0x4010]
#define        NIC_R18      XBYTE[0x4018]

union     un { unsigned long dwords;
               struct {unsigned int high ;unsigned int low;} words;
               struct {unsigned char byte3;unsigned char byte2;unsigned char byte1;
                       unsigned char byte0;} bytes;
               };
union Ethernet_Address_Type { unsigned int words[3];
                              unsigned char bytes[6];
                             };
union Ip_Address_Type { unsigned long dwords;
                        unsigned int words[2];
                        unsigned char bytes[4];
                       };
//以太网数据包
struct ethernet { unsigned char        RecStatus; //接收状态
                  unsigned char        NextPage; //下一个页
                  unsigned int         length; //以太网长度,以字节为单位
                  unsigned int         DestMacId[3]; //目的网卡地址
```

```
        unsigned int          SourceMacId[3]; //源网卡地址
        unsigned int          NextProtocol; //下一层协议
        unsigned char         packet[1518]; //包的内容
      };
//IP 数据包
struct ip { unsigned int     EtherHead[9]; //以太网包头
      unsigned char     VerandIphLen; //版本与 IP 头长度
      unsigned char     ServerType; //服务类型
      unsigned int      TotalLen; //总长度
      unsigned int      FrameIndex; //IP 帧序号
      unsigned int      Segment; //分段标志
      unsigned char     ttl; //生存时间
      unsigned char     NextProtocol; //下一层协议
      unsigned int      Crc; //校验和
      unsigned int      SourceIp[2]; //源 IP
      unsigned int      DestIp[2]; //目的 IP
      unsigned char     packet[1498]; //IP 包的内容
    };
struct IpPacket { unsigned int     EtherHead[9]; //以太网包头
        unsigned int     IpPacket[720]; //IP 包的内容
        };
//ARP 数据包
struct arp { unsigned int     EtherHead[9]; //以太网头,ARP 报文的内容总长为 28 个字节
       unsigned int     HardwareType; //以太网为 0x0001
       unsigned int     ProtocolType; //IP 为 0X0800
       unsigned char    HardwareLen; //0X06
       unsigned char    ProtocolLen; //0X04
       unsigned int     Operation; //0X0001 为 ARP 请求;0X0002 为 ARP 应答;
                                   //0X0003 为 RARP 请求;0X0004 为 RARP 应答
       unsigned int     SourceMacId[3]; //源网卡地址
       unsigned int     SourceIp[2]; //源 IP 地址
       unsigned int     DestMacId[3]; //目的网卡地址
       unsigned int     DestIp[2]; //目的 IP 地址
     };
//ICMP 数据包
struct icmp{
//包含在 IP 包中,是 IP 的上层为 0X01 的应用
        unsigned int      EtherHead[9]; //以太网头
        unsigned int      IpHead[10]; //IP 头
        unsigned char     type; //0X08 ping 请求,0X00 ping 应答
        unsigned char     option;
        unsigned int      Crc; //校验和
        unsigned int      id;
```

```
            unsigned int    seq;
            unsigned char   icmpdata[1478];//ICMP 数据
        };
//TCP 数据包
struct tcp {    unsigned int    EtherHead[9]; //以太网头
                unsigned int    IpHead[10]; //IP 数据包头
                unsigned int    SourcePort; //源端口
                unsigned int    DestPort; //目的端口
                unsigned long   SeqNum; //顺序号
                unsigned long   AckNum; //确认号
                unsigned char   offset; //数据偏移量
                unsigned char   control; //连接控制
                unsigned int    window; //流控
                unsigned int    Crc; //校验和,包括伪头部、TCP 头部和数据
                unsigned int    urg; //紧急指针
                unsigned char   tcpdata[1478]; //TCP 数据
            };
//UDP 数据包
struct udp {    unsigned int    EtherHead[9];
                unsigned int    IpHead[10];
                unsigned int    SourcePort; //源端口
                unsigned int    DestPort; //目的端口
                unsigned int    length;
                unsigned int    Crc; //校验和,包括伪头部、UDP 头部和数据
                unsigned char   udpdata[1478]; //UDP 数据
            };

//所有协议的共用体
union Netcard { struct  {unsigned char  bytebuf[1536];}bytes;
                struct  {unsigned int   wordbuf[768];}words;
                struct  ethernet        EtherFrame; //以太网帧结构体
                struct  retransmit      ResendFrame; //重发结构体
                struct  arp             ArpFrame; //ARP 结构体
                struct  icmp            IcmpFrame; //ICMP 结构体
                struct  tcp             TcpFrame; //TCP 结构体
                struct  ip              IpFrame; /IP 结构体
                struct  udp             UdpFrame; /UDP 结构体
                struct  IpPacket        IpPacket; //IP 报结构体
            };
//Socket 类型
struct Socket_Type{
                        unsigned int    PMM_Port; //本机端口号
                        unsigned int    Dest_Port; //对方端口号
```

```
              unsigned int       Dest_Ip[2]; //对方 IP
              unsigned int       Dest_Mac_Id[3]; //对方的以太网地址
              unsigned long      IRS; //初始化顺序号
              unsigned long      ISS; //本机的初始化序列号
              unsigned long      Rcv_Next; //对方的顺序号
              unsigned long      Send_Next; //本机的已经发送顺序号
              unsigned long      Sent_UnAck;//本机的还没有确认顺序号
              unsigned int       Rcv_Window;//对方的 Window 大小
              unsigned int       Snd_Window; //本机的 Window 大小
              unsigned int       Dest_Max_Seg_Size; //对方接受的最大的数据包
              unsigned int       PMM_Max_Seg_Size;//本机能接受的最大的数据包
              unsigned long      PMM_W1; //seq
              unsigned long      PMM_W2; //ack
              unsigned char      State; //连接状态
              unsigned char      Open;
              };

//重发数据包
struct retransmit {unsigned char    RtStatus; //重发缓冲区状态
                   unsigned char    timeout; //超时时间值,单位为 10ms,最大 2.55s
                   unsigned int     length; //以太网长度,以字节为单位
                   unsigned int     DestMacId[3]; //目的网卡地址
                   unsigned int     SourceMacId[3]; //源网卡地址
                   unsigned int     NextProtocol; //下一层协议
                   unsigned char    packet[1518]; //包的内容
                  };
```

2. 网络配置头文件 netconfig. h

网络配置头文件 netconfig. h 定义如下:

```
//netconfig. h 头文件
#include "rtl8019as. h" //相关网络的数据结构定义
#include "arp. h"
#include "driver. h"
#include "icmp. h"
#include "tcp. h"

#define COMR_BUF_SIZE                 100 //串行口接收缓冲区大小
#defineCOMT_BUF_SIZE                  20 //串行口发送缓冲区大小
#define COMMAND_BUF_SIZE              20 //命令缓冲区大小
#define RT_BUF_NUM 1
#define TCP_MAX_RESEND_COUNT          8 //TCP 包最多重发的次数
#define PMM_MAC_ID {0x52,0x54 ,0x4c,0x19,0xf8,0x23}
                                   //将 RTL8019AS 的物理地址存储在程序空间中
```

```
#define IP_SETTING IP_Str2Hex("211.86.48.145") -> dwords;
                                          //函数的参数就是 IP 地址,可以直接设定
#define GATEWAY_SETTING IP_Str2Hex("211.86.48.254") -> dwords;
                                          //可在此设置合适的网关值
#define IP_MARK_SETTING 0xffffff00; //255.255.255.0 子网掩码
#define PMM_TCP_PORT 1024 //TCP 端口号
sbit RESET = p1^5; //采用 AT89S52 的 P1.5 引脚作为 RTL8019AS 的复位控制信号
```

9.2.3 通信主程序设计

通信主程序的任务首先是完成与 DSP 的数据交换，包括采集的电流、电压、有功功率、无功功率、频率、功率因数、视在功率、有功电度、无功能电度等运行参数及 IP 地址、网关地址、子网掩码、物理地址设定参数；其次是完成 TCP/IP 网络通信，组成以太网分布式测控网络系统。

通信主程序 main.c 设计如下：

```
//main.c
#include "netconfig.h"
void Command_Process();//对串行口接收到的数据进行处理
void rec_uart(void);//发送请求数据帧
void RunPara_Process();//处理由 PMM2000 电力网络仪表传送来的运行参数
sbit P11 = p1^6;//AT89S52 的 P1.6 和 P1.7 引脚用于网络接口电路和 PMM2000
sbit P12 = p1^7;//电力网络仪表中的 DSP 之间进行数据交换的握手信号
sbit LED = p1^4;//正常工作指示灯
bit REQ;//主动请求数据标志

main()
{
unsigned char i;
REQ = 0;
RESET = 1;
Delay_ms(10);
RESET = 0;
Delay_ms(10);
P12 = 0;
for(i = 0;i < 110;i ++)
{
   D_R_Buf[i] = 0x32; //缓冲区赋初值
}

//用户可在下面的程序中修改 IP 等地址,只要输入要设定的 IP 地址和网关地址分别代替下面程
序中字符串的值即可
PMM_Ip_Address.bytes[0] = 0xD3; //设置 IP 地址
```

```
PMM_Ip_Address.bytes[1] = 0x56;
PMM_Ip_Address.bytes[2] = 0x30;
PMM_Ip_Address.bytes[3] = 0x91;
Gateway_Ip_Address.bytes[0] = 0xD3;//设置网关地址
Gateway_Ip_Address.bytes[1] = 0x56;
Gateway_Ip_Address.bytes[2] = 0x30;
Gateway_Ip_Address.bytes[3] = 0xFE;
Mask_Ip_Address.bytes[0] = 0xff; //设置子网掩码
Mask_Ip_Address.bytes[1] = 0xff;
Mask_Ip_Address.bytes[2] = 0xff;
Mask_Ip_Address.bytes[3] = 0x00;
MacID[0] = 0x52; //设置物理地址
MacID[1] = 0x54;
MacID[2] = 0x4c;
MacID[3] = 0x19;
MacID[4] = 0xf8;
MacID[5] = 0x18;
Initsystem(); //对 RTL8019AS 等进行初始化

//主循环程序
while(1)
{
    //超时处理把 Tcp_Timeout 清零,每 10ms 由定时器置位
    if(Tcp_Timeout)
    //处理 TCP 超时,Tcp_Timeout 标志在中断中置位,每 10ms 处理一次
    Tcp_Timeout_Process();
    if(TimeFlag)
    {
      //500ms 处理一次
      TimeFlag = 0;
      Command_Process();//对串行口接收到的数据进行处理
      rec_uart();//发送请求数据帧
    }
    if(TwoSecond)
    {
      //两秒处理一次
      TwoSecond = 0;
      Gateway_Arp_Request(); //对网关的 IP 进行解析
    }
    for(i = 0;i < 5;i ++ )
    {
    //检查是否收到新的数据包,如果收到,则将数据包接收到由 NetD_R_Buf 指向的缓冲区
    if(Rec_NewPacket())
```

```
    {
        if(NetD_R_Buf. EtherFrame. NextProtocol = = 0x0806) //表示收到一个 ARP 请求包
          {
            if(NetD_R_Buf. ArpFrame. Operation = = 0x0001)
                                        //表示收到的数据包是一个 ARP 请求报文
              {
                Arp_Answer( );
              } //对 ARP 请求报文进行回答
            else if( NetD_R_Buf. ArpFrame. Operation = = 0x0002)
                                        //表示收到的数据包是一个 ARP 回答报文
              {
                Arp_Process( );
              }//对 ARP 回答报文进行处理
          }
        else if(NetD_R_Buf. EtherFrame. NextProtocol = = 0x0800)
                                        //表示收到的数据包是一个 IP 数据报
  if((NetD_R_Buf. IpFrame. VerandIphLen&0xf0) = = 0x40)//表示收到的 IP 数据报是 IPv4 版本
    if(VerifyIpHeadCrc( ))//IP 首部校验和正确
      {
        //表示正确地接收到一个 IP 数据包,下面按照 IP 的下层协议类型进行相应处理
        switch(NetD_R_Buf. IpFrame. NextProtocol)
          {
        case 1: //表示收到的 IP 数据报为 ICMP 查询报文,本程序仅对 Ping 操作进行处理
          if(NetD_R_Buf. IcmpFrame. type = = 8) //表示收到的 ICMP 报文是一个 Ping 的请求包
                {
                  Ping_Answer( );
                } //ping 回答
                  break;
        case 6: //IPFrame 的下层协议字段为 6 表示下层协议为 TCP,表示收到 TCP 报文
                  Tcp_Process( );
                  break;
      default: ;
          }
        }
      }
    }
  }
}

//中断函数。每 10 ms 中断一次,进行 ARP 老化处理,设置 TCP 超时
void timer0( ) interrupt 1
{
//工作在 16 位定时模式,中断时间为 10 ms 中断 1 次,晶振使用 11.0592 MHz
```

```
TL0 = 4;
TH0 = 220;
MsecCount ++;
Tcp_Timeout = 1;//置位 TCP 超时标志
if( MsecCount = = 50) //500 ms
    TimeFlag = 1;
if( MsecCount = = 100) {
              //100 分频,即为 1 s 一次
              MsecCount = 0;
              TimeFlag = 1;
              SecCount ++;
              TwoSecond = 1; //置位 2 s 标志
              if( SecCount = = 60)
                { SecCount = 0; //每分钟 1 次
                  MinCount ++;
                  if( MinCount = = 60) MinCount = 0;
//网关和 ping 操作对象主机的以太网地址生存时间每秒减 1,对 ARP 老化操作简单处理
                 if( Gateway_IP_TTL > 0) Gateway_IP_TTL = Gateway_IP_TTL - 1;
                 if( Ping_IP_TTL > 0) Ping_IP_TTL = Ping_IP_TTL - 1;
                 }
              }
if( COMT_Bufempty = = 1) //发送缓冲区为空
    P12 = 0; //设置 AT89S52 的 P1.7 = 0,允许发送
else
    P12 = 1; //设置 AT89S52 的 P1.7 = 1,禁止发送
}

//从接收缓冲区读出串行口接收的一个字符函数
unsigned char Get_Char( )
{ unsigned char VAR;
  VAR = COMR_Buf[ COMR_R_Pointer];
  COMR_R_Pointer ++;
  if( COMR_R_Pointer == COMR_BUF_SIZE) //判缓冲区是否已满
    COMR_R_Pointer = 0;
  return( VAR);
}

//向串行口发送一个字符写到发送缓冲区 COMT_Buf 函数
//入口参数:ascii,发送到串行口的 ASCII 字符
void Printf_Char( unsigned char ascii)
{
  EA = 0; //禁止中断
  COMT_Buf[ COMT_W_Pointer] = ascii;
```

```
    COMT_W_Pointer ++ ;
    if(COMT_W_Pointer == COMT_BUF_SIZE) //判缓冲区是否已满
        COMT_W_Pointer = 0;
    if(COMT_Bufempty)
        TI = 1; //允许串行口发送
        EA = 1; //开中断
}
```

//串行口中断函数。

中断函数在接收中断处理中将接收数据放到接收缓冲区，接收缓冲区 COMR_Buf 的大小可根据需要进行调整，由两个指针 COMR_W_Pointer 和 COMR_R_Pointer 进行管理；在发送中断处理中将数据由发送缓冲区输出到串行口，输出缓冲区由指针 COMT_R_Pointer 和 COMT_W_Pointer 管理。在驱动程序 driver. c 中定义了一组对缓冲区进行操作的程序。

```
void serial(void) interrupt 4
  {
if(TI) {
        //串行口发送中断处理
        TI = 0;
        if(COMT_R_Pointer! = COMT_W_Pointer)//发缓区有数据,继续发送
        {sbuf = COMT_Buf[COMT_R_Pointer];//向串行口发送数据
            COMT_R_Pointer ++ ;
            if(COMT_R_Pointer == COMT_BUF_SIZE) //判缓冲区是否满
            COMT_R_Pointer = 0;
           COMT_Bufempty = 0; //非空,等待发送完成后 TI 置 1,再次进入串行口中断
        }
        else //发送完成后再次进入,空标志置 1
        {COMT_Bufempty = 1;}
    }
if(RI)
    {
        RI = 0;
        COMR_Buf[COMR_W_Pointer] = sbuf; //读取串行口接收数据
        COMR_W_Pointer ++ ;
        if(COMR_W_Pointer == COMT_BUF_SIZE) //判缓冲区是否满
           COMR_W_Pointer = 0;
    }
}
```

```
//发送请求数据帧函数
void rec_uart()
{
    unsigned char VAR = 0;
```

```
    unsigned char i = 0;
    unsigned char SendBuf[8];
    REQ = 1;//主动请求数据标志
    P12 = 1;//AT89S52 的 P1.7 = 1,禁止发送
    RI = 0;//接收中断标志清零
    SendBuf[0] = 0x08;//填充 AT89S52 向 DSP 发送的数据
    SendBuf[1] = 0x06;
    SendBuf[2] = 0x06;
    SendBuf[3] = 0x00;
    SendBuf[4] = 0x00;
    SendBuf[5] = 0x00;
    SendBuf[6] = 0x00;
    VAR = 0;
    for(i = 0;i < 7;i ++)
    {
      VAR = VAR + SendBuf[i];
    }
    VAR = 0 - VAR;
    SendBuf[7] = VAR; //校验码
    for(i = 0;i < 8;i ++)
     Printf_Char(SendBuf[i]); //将数据写到发送缓冲区,启动发送
}

//对串行口接收到的数据进行处理函数
void Command_Process()
{
unsigned char VAR,i;
unsigned char Command_Len = 0;
while(COMR_R_Pointer! = COMR_W_Pointer)
      {
          VAR = Get_Char(); //从接收缓冲区内读一数据
          D_R_Buf2[Command_Len] = VAR;
          Command_Len ++;
      }
      if(D_R_Buf2[0] == 0x55)//收到的数据为 PMM2000 电力网络仪表的运行参数
          RunPara_Process();//对运行参数处理
      if(D_R_Buf2[0] == 0xaa)
                    //收到的数据为设置信息,如 IP 地址、网关地址、子网掩码和物理地址等
      {
           Printf_Char(0x99);//向 DSP 回送 99H,表示成功接收数据
           LED = ~LED;//正常工作指示灯闪烁
         for(i = 0;i < 100;i ++)
         {
```

```
        D_R_Buf1[i] = D_R_Buf2[i];
      }
      PMM_Ip_Address.bytes[0] = D_R_Buf2[4];//设置 IP 地址
      PMM_Ip_Address.bytes[1] = D_R_Buf2[3];
      PMM_Ip_Address.bytes[2] = D_R_Buf2[2];
      PMM_Ip_Address.bytes[3] = D_R_Buf2[1];
      Gateway_Ip_Address.bytes[0] = D_R_Buf2[8];//设置网关地址
      Gateway_Ip_Address.bytes[1] = D_R_Buf2[7];
      Gateway_Ip_Address.bytes[2] = D_R_Buf2[6];
      Gateway_Ip_Address.bytes[3] = D_R_Buf2[5];
      Mask_Ip_Address.bytes[0] = D_R_Buf2[12];//设置子网掩码
      Mask_Ip_Address.bytes[1] = D_R_Buf2[11];
      Mask_Ip_Address.bytes[2] = D_R_Buf2[10];
      Mask_Ip_Address.bytes[3] = D_R_Buf2[9];
      MacID[0] = 0x52;//设置物理地址
      MacID[1] = 0x54;
      MacID[2] = 0x4c;
      MacID[3] = 0x19;
      MacID[4] = D_R_Buf2[13];
      MacID[5] = D_R_Buf2[14];
      RESET = 1;
      Delay_ms(10);
      RESET = 0;
      Delay_ms(10);
      Initsystem();//重新对 RTL8019AS 等进行初始化
    }
  }
```

9.2.4 RTL8019AS 网络底层驱动程序的设计

RTL8019AS 的驱动程序包括芯片的初始化程序，接收数据程序和发送数据程序。该控制器收发数据以内部的 RAM 为核心。RTL8019AS 有两块内部 RAM，一块 16KB 的 RAM，用来存储转发的数据；另一块为 32 B 的 RAM。16 KB 存储区是分页的，每 256 个字节称为一页，共有 64 页，程序设计中使用这块 RAM 存储接收或是发送数据包。由于 RTL8019AS 接收或发送是以页为单位的，因此即使某页没有完全填满数据，下一包数据也不能继续使用该页，只能使用新的页。并且数据是按页连续存放的，这 16 KB 的 RAM 可由用户进行配置，一部分用来存放接收的数据包，一部分用来存储发送的数据包，但是地址不能交错。

用户通过 DMA 方式访问 16 KB 的 RAM，该 RAM 为双端口 RAM。双端口是指由两套总线连接该 RAM，控制器通过总线 a 对内部 RAM 进行 DMA 访问。为了区别主机和芯片两种访问，称这种访问为本地 DMA 访问；而由 CPU 通过总线 b 进行的 RAM 访问称为远程访问。用户不用担心两种访问会有冲突，芯片内部有防止冲突的仲裁机构。并且由于 CPU 一侧的远程访问操作要比本地 DMA 访问慢得多，所以不需要等待时序，可以和本地访问同时进行，互不影响。

驱动程序将已经封装好的待发送的数据按照指定的格式写入芯片，并启动发送命令，数据被发送出去。同样芯片接收到物理信号后将其还原成数据，按照一定的格式，存入 RAM 中并通知主程序，下面详细讲解驱动程序。

1. RTL8019AS 的初始化

完成复位之后，要对 RTL8019AS 的工作参数进行设置，以使网卡开始工作。主要的设置内容为：pstart 接收缓冲区的起始地址；pstop 接收缓冲区的结束页地址；bnry 指向最后一个已经读取的页；curr 指向当前的接收结束页地址。在设置寄存器的时候，应先使其在停止模式，然后设置。

2. 发送数据程序

作为一个集成的以太网芯片，数据的发送校验，总线数据包的碰撞检测与避免是由芯片自己完成的。先将数据按照图 9-13 所示的格式放入 RAM 中，设定发送数据的起始页地址和发送的长度，然后填写发送命令，芯片会自动地将数据转化为物理帧格式在物理信道上传输，同时发送的结果会写入状态寄存器。可以通过查询该寄存器判断数据是否成功发送出去，以便进行后续处理。由于该芯片寄存器分为 4 页，因此对某一寄存器进行操作的时候，首先要明确寄存器所属的页，并选中该页，然后进行相应的操作。主要操作如下：

1）长度判断。因为以太网报文要求最小字节数为 60，所以在发送报文前要判断报文长度是否符合标准。若长度过小则添加字段，不能小于最小长度，而最大报文长度则由上层应用控制。

2）选定发送缓冲区。在初始化的时候，系统定义了两个发送缓冲区，当一个缓冲区正在发送数据的时候，如果还有数据需要发送，可以先把数据转移到第二个发送缓冲区中，这样当第一个发送完毕之后，可以立即发送第二个缓冲区中的数据，提高发送效率。

3）设置发送字节长度。

4）复制数据。将数据复制到 RTL8019AS 发送缓冲区，即芯片内部 RAM 中。

5）发送报文。发送报文时先判断上一个数据报文是否发送完毕，若没有发送完毕则等待或重发，否则发送当前报文。

发送数据时的数据填充格式如图 9-13 所示。

图 9-13　发送数据时的数据填充格式

3. 接收数据程序

当数据到来的时候，芯片会将物理信号翻译为数据，然后将数据按照图 9-14 所示的格式放入预先设置的 RAM 中，主程序通过查询或是接收中断的方式得知有新的数据到来。数据接收到之后，会放到由 pstart 和 pstop 两个寄存器所限定的循环列队中，数据的读写受指针 curr 和 bnry 的控制，芯片写完接收缓冲区一页，自动的使 curr 递增；bnry 要由用户来操作，每从 RAM 中取走一页数据，将 bnry 递减，并写到 bnry 中。curr 和 bnry 主要用来控制缓冲区中数据的存取，如果 curr = bnry + 1 时，表示没有接收到数据包；当上述条件不成立时，表示接收到新的数据包，然后读取数据包，直到上述条件成立时，表示所有的数据包已经读完，此时停止读取数据包。在初始化的时候使 curr = bnry + 1。注意，当 curr 递增到

pstop 时，将 curr 置为环形接收区的首页 pstart。同样，当 bnry 加到最后的空页 pstop 时，同样要手动将 bnry 变为第一个接收页 pstart。这样就可以组成一个循环的数据接收区。接收数据后，在 RTL8019AS 中数据的存储格式如图 9-14 所示。

接收状态	下页指针	以太网帧长度	目的 IP 地址	源 IP 地址	类型/长度	数据域	校验和

图 9-14 接收数据的存储格式

主要操作如下：

1）判断 curr = bnry + 1 是否成立，如果不成立，说明有新的数据到来，否则继续查询。

2）若有报文到达，判断报文是否正确。主要是判断接收到报文后，芯片自动计算的 CRC 校验是否正确。若没有出错标志，则说明报文接收正确。

3）接收到正确的报文后，读出报文到系统缓冲区，否则丢弃。

4）判断接收的数据是否为 ARP 报文或 IP 报文，如果是则置相应的标志，否则丢弃。

接收数据包流程如图 9-15 所示。

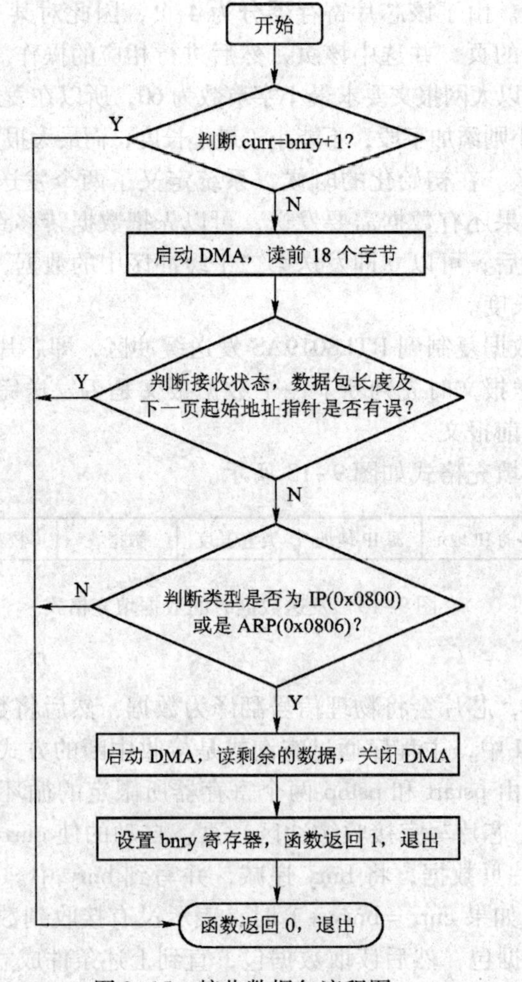

图 9-15 接收数据包流程图

4. 驱动程序头文件 driver. h

驱动程序头文件 driver. h 定义如下：

```
//driver. h 头文件
#ifdef DRIVER_DEF
#define DRIVER_EXT
#else
#define DRIVER_EXT extern
#endif
DRIVER_EXT unsigned char     MsecCount; //10 ms 计数器
DRIVER_EXT unsigned char     SecCount; //秒计数器
DRIVER_EXT unsigned char     MinCount; //分计数器
DRIVER_EXT unsigned char     Gateway_IP_TTL; //网关 TTL
DRIVER_EXT unsigned char     Ping_IP_TTL;
DRIVER_EXT unsigned char     Ping_Count; //ping 的次数,决定本地回显次数
DRIVER_EXT unsigned char     Udp_Count; //UDP 计数
DRIVER_EXT unsigned char     RtTime;//重发时间

DRIVER_EXT unsigned int      FrameIndex;
DRIVER_EXT unsigned int      COMR_R_Pointer; //串行口接收读指针
DRIVER_EXT unsigned int      COMT_R_Pointer; //串行口发送读指针
DRIVER_EXT unsigned int      COMR_W_Pointer; //串行口接收写指针
DRIVER_EXT unsigned int      COMT_W_Pointer; //串行口发送写指针

DRIVER_EXT bit        TwoSecond; //2 s 时,该标志置 1
DRIVER_EXT bit        Tcp_Timeout;//TCP 超时标志,在定时器 T0 中断中将该标志置位
DRIVER_EXT bit        TcpConnected; //TCP 连接标志
DRIVER_EXT bit        COMT_Bufempty; //发送缓冲区空标志
DRIVER_EXT bit        TimeFlag; //定时标志

DRIVER_EXT xdata  union  Ip_Address_Type  PMM_Ip_Address ; //本机 IP 地址
DRIVER_EXT xdata  union  Ip_Address_Type  Gateway_Ip_Address; //网关 IP 地址
DRIVER_EXT xdata  union  Ip_Address_Type  Mask_Ip_Address; //子网掩码
DRIVER_EXT xdata  union  Ip_Address_Type  Ping_Ip_Address; //保存 Ping 命令目的主机的物理地址
DRIVER_EXT xdata  union  Netcard NetD_R_Buf; //网络数据接收缓冲区
DRIVER_EXT xdata  union  Netcard NetD_T_Buf; //网络数据发送缓冲区
DRIVER_EXT xdata  union  Netcard NetD_Resend_Buf; //网络数据重发缓冲区
DRIVER_EXT xdata  union  Ethernet_Address_Type Gateway_MAC; //网关的物理地址
DRIVER_EXT xdata  union  Ethernet_Address_Type Ping_MAC; //Ping 的物理地址
DRIVER_EXT xdata  struct Socket_Type TCP1024;
DRIVER_EXT xdata  unsigned char COMR_Buf[ ]; //串行口的接收缓冲区
DRIVER_EXT xdata  unsigned char COMT_Buf[ ]; //串行口的发送缓冲区
DRIVER_EXT xdata  unsigned char D_R_Buf[ ];
```

```
DRIVER_EXT xdata  unsigned char D_R_Buf1[ ];
DRIVER_EXT xdata  unsigned char D_R_Buf2[ ];
DRIVER_EXT xdata  unsigned char MacID[ ];
DRIVER_EXT xdata  unsigned char Command_Buf[ COMMAND_BUF_SIZE];//命令缓冲区

DRIVER_EXT void Initsystem( ); //系统初始化
DRIVER_EXT bit             Rec_NewPacket( ); //是否收到新的数据包判断函数
DRIVER_EXT unsigned char   VerifyIpHeadCrc( ); //校验 IP 头的 CRC 函数
DRIVER_EXT unsigned char   VerifyTcpCrc( ); //校验 TCP 数据段的 CRC 函数
DRIVER_EXT unsigned int    CreateIpHeadCrc( ); //创建 IP 头的 CRC 函数
DRIVER_EXT unsigned int    CreateIcmpCrc( ); //创建 ICMP 的 CRC 函数
DRIVER_EXT unsigned int    CreateTcpCrc( ); //创建 TCP 数据段的 CRC 函数
DRIVER_EXT void Create_Ip_Frame( unsigned int length, unsigned int IPH, unsigned int IPL, unsigned
char NextProtocol);
DRIVER_EXT void Delay_ms( unsigned int ms_number);
DRIVER_EXT void Send_Packet( union Netcard * NetD_T_Buf, unsigned int length); //发送报函数
DRIVER_EXT void InitRTL8019AS( ); //RTL8019AS 初始化函数
DRIVER_EXT void SetMacID( ); //设置 MAC 地址函数
```

5. 驱动程序

该程序定义全局变量，网络底层驱动程序，校验和计算，对 CPU 和 RTL8019AS 初始化。驱动程序 driver. c 设计如下：

```
/driver. c
//公共变量定义
#define DRIVER_DEF
#include "netconfig. h"
union     un   CrcBuf;

unsigned char      MsecCount = 0;      //10ms 计数器
unsigned char      SecCount = 0; //秒计数器
unsigned char      MinCount = 0; //分计数器
unsigned char      i = 0;
unsigned char      bnry; //读 RTL8019AS RAM 指针
unsigned char      curr;      //写 RTL8019AS RAM 指针
unsigned char      RtTime = 20; //重发时间
unsigned char      Ping_Count; //Ping 的次数计数器
unsigned char      Ping_IP_TTL = 0;
        //Ping 的主机的物理地址生存时间,单位为 min。0 表示 IP 地址没有解析
unsigned char      Gateway_IP_TTL = 0;
        //网关 IP 地址的物理地址生存时间,单位为 min。0 表示还没有解析,小于 5min 时需要更新
unsigned char          Udp_Count;

unsigned int               FrameIndex = 0; //IP 数据帧的序列号
```

```
unsigned int       COMR_R_Pointer = 0; //串行口接收读指针
unsigned int       COMT_R_Pointer = 0; //串行口发送读指针
unsigned int       COMR_W_Pointer = 0; //串行口接收写指针
unsigned int       COMT_W_Pointer = 0; //串行口发送写指针

bit          COMT_Bufempty = 1;
              //串行口发送缓冲区数据空的标志,初始置位 COMT_Buf,以允许向 DSP 发送数据
bit          T_Buf_Select = 0; //RTL8019AS 的发送缓冲区选择
bit          TwoSecond; //2 s 时,该标志置 1
bit          Tcp_Timeout = 0; //TCP 超时标志,在定时器 0 中断中将该标志置位
bit          TcpConnected = 0; //TCP 连接建立标志
bit          TimeFlag = 0;

xdata     unsigned char COMR_Buf[COMR_BUF_SIZE]; //串行口的接收缓冲区
xdata     unsigned char COMT_Buf[COMT_BUF_SIZE]; //串行口的发送缓冲区
xdata     unsigned char D_R_Buf[100];
xdata     unsigned char D_R_Buf1[100];
xdata     unsigned char D_R_Buf2[100];
xdata     union Netcard NetD_R_Buf;      //网络数据接收缓冲区
xdata     union Netcard NetD_T_Buf;      //网络数据发送缓冲区
xdata     union      Netcard  NetD_Resend_Buf; //网络数据重发缓冲区
xdata     unsigned   char MacID[6]; //将 RTL8019AS 的物理地址存储在程序空间中
xdata     unsigned   char Command_Buf[COMMAND_BUF_SIZE]; //命令缓冲区
xdata     struct     Socket_Type TCP1024;
xdata     union      Ethernet_Address_Type PMM_MAC; //本机的物理地址
xdata     union      Ethernet_Address_Type Gateway_MAC; //网关的物理地址
xdata     union      Ethernet_Address_Type Ping_MAC; //Ping 的物理地址
xdata     union      Ip_Address_Type PMM_Ip_Address ; //本机 IP 地址
xdata     union      Ip_Address_Type Gateway_Ip_Address; //网关 IP 地址
xdata     union      Ip_Address_Type Mask_Ip_Address; //子网掩码
xdata     union      Ip_Address_Type Ping_Ip_Address; //保存 Ping 命令的目的主机的物理地址

// AT89S52 的定时器 T0 初始化函数
void Init _Timer0 ( )
{
TMOD = TMOD&0xF0;
TMOD = TMOD |0x01; //工作在模式 1,16 位定时方式
TH0 = 0;
TL0 = 0;
TR0 = 1; //启动定时器 0
}

// AT89S52 的串行口初始化函数
```

```
void Init_Serial ( )
{
TMOD = TMOD & 0x0F; //设置波特率为 19.2kbit/s
TMOD = TMOD | 0x20;
TH1 = 0xFD;
PCON = PCON | 0x80;
SM0 = 0; //工作方式为 8 位数据自动重装模式
SM1 = 1;
SM2 = 0;
TR1 = 1; //启动定时器 1
REN = 1; //允许接收
}

// AT89S52 的中断初始化函数
void Init_Interrupt (void)
{
ET0 = 1; //允许定时器 T0 中断
ET1 = 0; //禁止定时器 T1 中断
PS0 = 1; //设置串行口高优先级
ES0 = 1; //允许串行口中断
EA = 1; //开中断
}

//RTL8019AS 的工作寄存器初始化函数
void InitRTL8019AS( )
{
Delay_ms(10);
NIC_R00 = 0x21; //使 RTL8019AS 处于停止模式,这时进行寄存器初始化
Delay_ms(10); //延时 10ms,确保 RTL8019AS 进入停止模式
Page_Select(0);
NIC_R0a = 0x00; //清 rbcr0
NIC_R0b = 0x00; //清 rbcr1
NIC_R0c = 0xe0; //RCR,监视模式,不接收数据包
NIC_R0d = 0xe2; //TCR,loop back 模式
NIC_R01 = 0x4c;
NIC_R02 = 0x80;
NIC_R03 = 0x4c;
NIC_R04 = 0x40; //TPSR,发送起始页寄存器
NIC_R07 = 0xff; //清除所有中断标志位
NIC_R0f = 0x00; //中断屏蔽寄存器清 0,禁止中断
NIC_R0e = 0xc8; //数据配置寄存器,8 位 DMA 方式
Page_Select(1);
NIC_R07 = 0x4d;
```

```
NIC_R08 = 0x00;
NIC_R09 = 0x00;
NIC_R0a = 0x00;
NIC_R0b = 0x00;
NIC_R0c = 0x00;
NIC_R0d = 0x00;
NIC_R0e = 0x00;
NIC_R0f = 0x00;
NIC_R00 = 0x22; //启动 RTL8019AS 开始工作
SetMacID(); //将 RTL8019AS 的物理地址写入到 MAR 寄存器
Page_Select(0);
NIC_R0c = 0xcc; //将 RTL8019AS 设置成正常模式,与外部网络连接
NIC_R0d = 0xe0;
NIC_R00 = 0x22; //启动 RTL8019AS 开始工作
NIC_R07 = 0xff; //清除所有中断标志位
}

//选择 RTL8019AS 的页函数,可选择第 0、1、2 页。
//入口参数: unsigned char pagenumber,要切换的页(0、1、2)
void Page_Select(unsigned char pagenumber)
{
unsigned char VAR;
VAR = NIC_R00; //命令寄存器
VAR = VAR&0x3B ; //txp 位清零
pagenumber = pagenumber < <6;
VAR = VAR | pagenumber;
NIC_R00 = VAR;
}

//设置 RTL8019AS 的物理地址函数。物理地址可由 PMM2000 电力网络仪表设置,通过串行口传
送给 AT89S52 单片微控制器
void SetMacID()
{
PMM_MAC. bytes[0] = MacID[0]; //取出物理地址
PMM_MAC. bytes[1] = MacID[1];
PMM_MAC. bytes[2] = MacID[2];
PMM_MAC. bytes[3] = MacID[3];
PMM_MAC. bytes[4] = MacID[4];
PMM_MAC. bytes[5] = MacID[5];
Page_Select(1);
NIC_R01 = PMM_MAC. bytes[0]; //将物理地址写到 RTL8019AS 寄存器
NIC_R02 = PMM_MAC. bytes[1];
NIC_R03 = PMM_MAC. bytes[2];
```

```
NIC_R04 = PMM_MAC. bytes[3];
NIC_R05 = PMM_MAC. bytes[4];
NIC_R06 = PMM_MAC. bytes[5];
Page_Select(0);
}

// AT89S52CPU 和 RTL8019AS 网络接口芯片初始化函数
void Initsystem()
{
Delay_ms(50);           //延时 1 s
Init_Timer0();          //定时器 T0 初始化
Init_ Serial();         //串行口初始化
Init_ Interrupt();      //中断初始化
InitRTL8019AS();        // RTL8019AS 网络接口芯片初始化
Delay_ms(10);
Ping_Ip_Address. dwords = 0x00000000;
Delay_ms(10);
for(i = 0;i < 3;i ++ )
    {NetD_T_Buf. EtherFrame. SourceMacId[i] = PMM_MAC. words[i];}
InitTCP1024(); //TCP 端口 1024 初始化
}

//发送数据包函数。以太网底层驱动程序,所有的数据发送都要通过该程序
//入口参数: union Netcard * NetD_T_Buf,指向发送缓冲区;unsigned int length,发送数据包的长度
void Send_Packet(union Netcard * NetD_T_Buf,unsigned int length)
{
unsigned char i;
unsigned int j;
Page_Select(0); //切换至 RTL8019AS 第 0 页
if(length < 60)
    length = 60; //如果数据长度小于 60 个字节,设置长度为 60
for(i = 0;i < 3;i ++ ) //设置源物理地址
    {NetD_T_Buf- > EtherFrame. SourceMacId[i] = My_MAC. words[i];}
T_Buf_Select = ! T_Buf_Select; //设置两个发送缓冲区,以提高发送效率
if(T_Buf_Select)
    {NIC_R09 = 0x40 ;} //设置发送页地址
else
    {NIC_R09 = 0x46 ;} //设置发送页地址
NIC_R08 = 0x00; //读页地址低字节
NIC_R0b = length >> 8;//写远程字节计数器高字节
NIC_R0a = length&0xff; //写远程字节计数器低字节
NIC_R00 = 0x12;//写 DMA, page0
for(j = 4;j < length + 4;j ++ )
```

```
    {
      NIC_R10 = NetD_T_Buf - > bytes. bytebuf[j];
    }
//以下为终止 DMA 操作
NIC_R0b = 0x00;
NIC_R0a = 0x00;
NIC_R00 = 0x22;//结束或放弃 DMA 操作
for(i = 0;i < 6;i ++ ) //最多重发 6 次
{
for(j = 0;j < 1000;j ++ )
    {
    //检查 CR 寄存器的 txp 位是否为低,为 1 说明正在发送,为 0 说明发完或出错放弃
     if((NIC_R00&0x04) == 0)
        break;
    }
    if((NIC_R04&0x01)! = 0) //表示发送成功,判断发送状态寄存器 TSR,确定是否出错
        break;
    NIC_R00 = 0x3E;
}
NIC_R07 = 0xFF;
if(T_Buf_Select)
    {
     NIC_R04 = 0x40; //发送页起始地址
    }
else
    {
     NIC_R04 = 0x46;
    }
NIC_R06 = length >> 8; //发送字节计数器高字节
NIC_R05 = length&0xFF; //发送字节计数器低字节
NIC_R07 = 0xFF;
NIC_R00 = 0x3E; //发送数据包
}

//查询是否接收到新数据包函数
//返回值:0 表示没有接收到新数据包,1 表示接收到新数据包
bit Rec_NewPacket()
{
unsigned char i;
unsigned int j;
Page_Select(0);
bnry = NIC_R03; //读页指针
Page_Select(1);
```

```
curr = NIC_R07; //写页指针
Page_Select(0);
if((curr ==0))return(0); //读的过程出错
bnry = bnry ++;
if(bnry >0x7f)bnry =0x4c;
if(bnry! = curr)      //此时表示有新的数据包在缓冲区中
    {
    //任何操作均返回 RTL8019AS 的第 0 页
     Page_Select(0);
     NIC_R09 = bnry;//读页地址的高字节
     NIC_R08 =0x00; //读页地址的低字节
     NIC_R0b =0x00;//读取字节计数高字节
     NIC_R0a =18; //读取字节计数高字节
     NIC_R00 =0x0a; //启动远程 DMA 读操作
     for(i =0;i <18;i ++)
    //读取数据包的前 18 个字节,包括 4 个字节的 RTL8019AS 头部,6 个字节的目的地址,6 个
字节的源地址,2 个字节的协议
        {
         NetD_R_Buf. bytes. bytebuf[i] = NIC_R10;
        }
    //中止 DMA 操作
     NIC_R0b =0x00;
     NIC_R0a =0x00;
     NIC_R00 =0x22;
     i = NetD_R_Buf. bytes. bytebuf[3];
     NetD_R_Buf. bytes. bytebuf[3] = NetD_R_Buf. bytes. bytebuf[2];
     NetD_R_Buf. bytes. bytebuf[2] = i; //将长度字段的高低字节交换
     NetD_R_Buf. EtherFrame. length = NetD_R_Buf. EtherFrame. length -4;//去掉 4 个字节的 CRC
    //上述各步操作表示读入的数据包有效
     if(((NetD_R_Buf. bytes. bytebuf[0]&0x01) ==0)||(NetD_R_Buf. bytes. bytebuf[1] >0x7f)
     ||(NetD_R_Buf. bytes. bytebuf[1] <0x4c)||(NetD_R_Buf. bytes. bytebuf[2] >0x06))
       {
       //接收状态错误或下一数据包的起始页地址错误,或接收的数据包长度大于 1500 个字节
        Page_Select(1);
    curr = NIC_R07;         //page1
    Page_Select(0);        //page0
        bnry = curr -1;
        if(bnry < 0x4c)
            bnry =0x7f;
        NIC_R03 = bnry;
        NIC_R07 =0xff;
    return(0);
        }
```

```
        else
        //表示数据包是完好的,读取余下的数据
                {
if((NetD_R_Buf. EtherFrame. NextProtocol == 0x0800) || (NetD_R_Buf. EtherFrame. NextProtocol ==
0x0806))
                {
                        //为 IP 协议或 ARP 协议才接收
                        NIC_R09 = bnry;
                        NIC_R08 = 4;
                        NIC_R0b = NetD_R_Buf. EtherFrame. length >> 8;
                        NIC_R0a = NetD_R_Buf. EtherFrame. length&0xff;
                        NIC_R00 = 0x0a;
                        for(j = 4;j < NetD_R_Buf. EtherFrame. length + 4;j ++ )
                            {NetD_R_Buf. bytes. bytebuf[j] = NIC_R10;}
                            //终止 DMA 操作
                            NIC_R0b = 0x00;
                            NIC_R0a = 0x00;
                            NIC_R00 = 0x22;
                        }
                          bnry = NetD_R_Buf. bytes. bytebuf[1] - 1;
                          if(bnry < 0x4c)
                              {bnry = 0x7f;}
                                NIC_R03 = bnry;
                                NIC_R07 = 0xff;
   if((TCP1024. State == TCP_STATE_ESTABLISHED)&&(NetD_R_Buf. IpFrame. NextProtocol == 6))
     if(NetD_R_Buf. IpFrame. SourceIp[0] ! = PMM_Ip_Address. words[0])
     if(NetD_R_Buf. IpFrame. SourceIp[1] ! = PMM_Ip_Address. words[1])
       //目的 IP 地址是否是本机
                                return(0);
                            return(1);
                }
        }
return(0);
}

//计算校验和函数
//入口参数:check,被校验数据起始地址;length,被校验数据长度,单位为字
//返回值: ~((sum)&0xffff))
unsigned int CheckSum(unsigned int xdata * check,unsigned int length)
{
unsigned long sum = 0;
unsigned int i;
for (i = 0;i < (length)/2;i ++ )
```

```
    {
    sum += *check++;
    }
if(length&0x01) //当长度为奇数时进行该操作
    {
    sum = sum + ((*check)&0xff00);
    }
sum = (sum&0xffff) + ((sum>>16)&0xffff);//高 16 位和低 16 位相加
if(sum & 0xffff0000)
    {
    //有进位
    sum++;
    }
return ( (unsigned int)( ~((sum)&0xffff)) );
}

//创建 IP 首部的校验和函数
//返回值:Crc 为 16 位的校验和
unsigned int CreateIpHeadCrc()
{
unsigned char i;
CrcBuf.dwords = 0;
for(i = 9;i < 19;i++) //IP 首部共 20 个字节
    {
    CrcBuf.dwords = CrcBuf.dwords + NetD_T_Buf.words.wordbuf[i];
    }
while(CrcBuf.words.high > 0)
    {
    CrcBuf.dwords = (unsigned long)(CrcBuf.words.high + CrcBuf.words.low);
    }
CrcBuf.words.low = 0xffff - CrcBuf.words.low;
return(CrcBuf.words.low);
}

//对 IP 头进行校验函数
//返回值:0 表示校验错误,1 表示校验正确
unsigned char VerifyIpHeadCrc()
{
unsigned int crc;
crc = CheckSum(&NetD_R_Buf.IpPacket.IpPacket[0],(NetD_R_Buf.IpFrame.
VerandIphLen&0x0f) *4); //1 位代表 1 个字节
if(crc == 0)
    {
```

```
        return (1);
        }
    return(0);
    }

//创建 TCP 数据段的校验和函数
//返回值:Crc 为 16 位的校验和
unsigned int CreateTcpCrc()
{
unsigned int crc;
crc = CheckSum(&NetD_T_Buf.IpPacket.IpPacket[4],NetD_T_Buf.IpFrame.Crc+12);
return (crc);
}

//对 TCP 数据进行校验函数
//返回值: 0 表示校验错误,1 表示校验正确
unsigned char VerifyTcpCrc()
{
unsigned int crc;
NetD_R_Buf.IpFrame.ttl=0;
NetD_R_Buf.IpFrame.Crc =
                NetD_R_Buf.IpFrame.TotalLen-(NetD_R_Buf.IpFrame.VerandIphLen&0x0f)*4;
crc = CheckSum(&NetD_R_Buf.IpPacket.IpPacket[4],NetD_R_Buf.IpFrame.Crc+12);
if(crc == 0)
    {
    return (1);
    }
return(0);
}

//创建 ICMP 数据段的校验和函数
//返回值:Crc 为 16 位的校验和
unsigned int CreateIcmpCrc()
{
unsigned char i;
CrcBuf.dwords=0;
for(i=19;i<39;i++) //用于查询的 ICMP 报文共 40 个字节
    {
    CrcBuf.dwords = CrcBuf.dwords + NetD_T_Buf.words.wordbuf[i];
    }
while(CrcBuf.words.high>0)
    {
    CrcBuf.dwords = (unsigned long)(CrcBuf.words.high + CrcBuf.words.low);
```

```
    }
CrcBuf. words. low = 0xffff - CrcBuf. words. low;
return( CrcBuf. words. low) ;
}

//将 TCP 包复制到重发缓冲区函数
void Copy_To_NetD_Resend_Buf( )
{
unsigned int j;
unsigned char xdata * NetDT = &NetD_T_Buf;
unsigned char xdata * NetDResend ;
    if( NetD_Resend_Buf. ResendFrame. RtStatus = = 0)
        {
        NetDResend = &NetD_Resend_Buf. bytes. bytebuf;
        for( j = 0;j < NetD_Resend_Buf. ResendFrame. length + 4;j ++ )
            {
            ( * NetDResend ) = ( * NetDT ) ;
            NetDResend ++ ;
            NetDT ++ ;
            }
        NetD_Resend_Buf. ResendFrame. RtStatus = 1; //状态 1 缓冲区数据有效,准备重发数据
        NetD_Resend_Buf. ResendFrame. timeout = RtTime; //重发次数
        }
}

//创建一个 IP 数据帧并启动发送函数
//入口参数:length 为 TCP 包的长度,IPH 为 IP 地址的高 16 位,IPL 为 IP 地址的低 16 位,
NextProtocol 为下一层协议,如 TCP 或 UDP
void Create_Ip_Frame( unsigned int length,unsigned int IPH,unsigned int IPL,unsigned char NextProto-
col)
{
    NetD_T_Buf. IpFrame. VerandIphLen = 0x45;//IP 版本和头长度
    NetD_T_Buf. IpFrame. ttl = 128;        //TTL
    NetD_T_Buf. IpFrame. ServerType = 0x00; //服务类型为 0
    NetD_T_Buf. IpFrame. Crc = 0;
    NetD_T_Buf. IpFrame. FrameIndex = FrameIndex ++ ;
    NetD_T_Buf. IpFrame. Segment = 0x4000; //无分段
    length = length + 20;
    NetD_T_Buf. IpFrame. TotalLen = length;//IP 数据报总长度
    NetD_T_Buf. IpFrame. NextProtocol = NextProtocol; //下层协议
    NetD_T_Buf. IpFrame. DestIp[ 0 ] = IPH;//填充目的 IP 地址
    NetD_T_Buf. IpFrame. DestIp[ 1 ] = IPL;
    NetD_T_Buf. IpFrame. SourceIp[ 0 ] = PMM_Ip_Address. words[ 0 ] ; //填充源 IP 地址
```

```
    NetD_T_Buf. IpFrame. SourceIp[1] = PMM_Ip_Address. words[1];
    NetD_T_Buf. IpFrame. Crc = CreateIpHeadCrc(); //创建 IP 头的检验和
    length = length + 14; //加以太网协议的 14 个字节的数据,得到发送数据的长度
    Send_Packet(&NetD_T_Buf, length);
    NetD_T_Buf. EtherFrame. length = length;
    if(NextProtocol == 6) //如果下一层协议为 TCP,则需要考虑重发问题
    if(NetD_T_Buf. TcpFrame. control&(TCP_SYN|TCP_FIN|TCP_PSH|TCP_URG))
        {Copy_To_NetD_Resend_Buf();} //复制 TCP 数据到重发缓冲区
}

//延时设定的时间函数。延时时间与所用的单片微控制器及晶振有关
//入口参数: ms_number 为延时的毫秒数
void Delay_ms(unsigned int ms_number)
{
unsigned int i;
unsigned int j;
for(j = 0;j < ms_number;j ++)
for(i = 0;i < 120;i ++)
    ; //空操作
}
```

9.2.5 ARP 程序设计方法

本设计中使用全局变量保存目的 IP 地址和其物理地址以及存在时间，然后用定时器进行老化处理，因此，在每次通信前都需要操作全局变量，根据对应地址存在的时间长短，决定是否需要重新进行 ARP。如果存在时间过长，则重新进行 ARP，同时如果和一个地址通信一次之后，便更新物理地址的老化时间并存储映射地址。这种方式占用单片微控制器资源较少，但可以实现地址的解析，在点对点通信时很有效。

ARP 数据报结构如下：

```
struct arp { unsigned int     EtherHead[9]; //以太网头
             unsigned int     HardwareType; //硬件类型
             unsigned int     ProtocolType; //协议类型
             unsigned char    HardwareLen; //硬件长度
             unsigned char    ProtocolLen; //协议长度
             unsigned int     Operation; //操作类型代码
             unsigned int     SourceMacId[3]; //源 MAC 地址
             unsigned int     SourceIP[2]; //源 IP 地址
             unsigned int     DestMacId[3]; //目的 MAC 地址
             unsigned int     DestIp[2]; //目的 IP 地址
           };
```

ARP 处理过程主要包括 3 个函数：ARP 请求、ARP 应答和 ARP 处理。

如果需要进行 ARP 请求，首先判断目的地址是不是本子网的 IP。如果是，则按照 ARP

的数据结构，填充数据，发送请求物理地址；如果不是本地的 IP，则请求默认网关的物理地址。ARP 包处理函数完成对接收到的 ARP 应答包的信息处理，当发送了 ARP 请求之后，会收到目的地址发来的回应信息，带有目的地址的物理地址，通知使用 ARP 请求的函数，并存储地址，设置时间，以备老化处理。ARP 应答函数比较简单，当系统收到一份目的端为本机的 ARP 请求报文后，它就把硬件地址填充进去，然后用两个目的端地址分别替换两个发送端地址，并把操作字段置为 2，最后把它发送回去。

ARP 请求帧发送流程图如图 9-16 所示，ARP 帧应答流程图如图 9-17 所示。

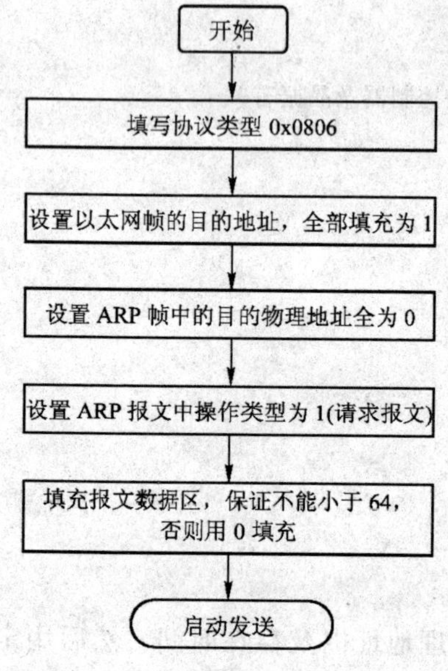

图 9-16　ARP 请求帧发送流程图

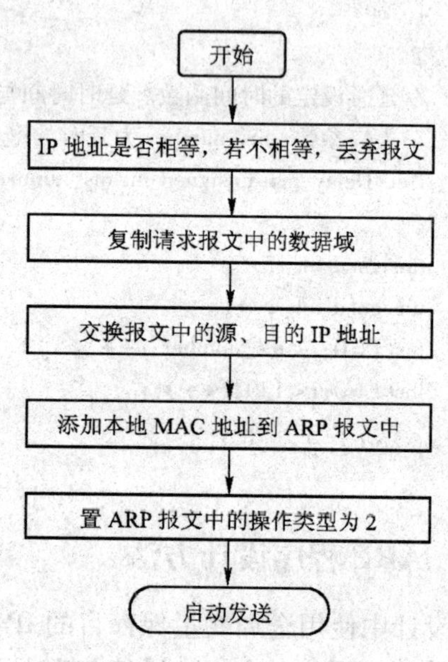

图 9-17　ARP 帧应答流程图

1. ARP 程序头文件 arp. h

ARP 程序头文件 arp. h 定义如下：

```
//arp. h 头文件
#ifdef ARP_DEF
#define ARP_EXT
#else
#define ARP_EXT extern
#endif
ARP_EXT void Arp_Request( unsigned long ip_address) ; //ARP 解析函数
ARP_EXT void Arp_Answer( ) ;//ARP 响应函数
ARP_EXT void Gateway_Arp _Request( ) ;
                              //网关 ARP 解析函数,在每分钟的前 3 s 对网关地址进行解析
ARP_EXT void Arp_Process( ) ;//ARP 处理函数
```

2. ARP 程序设计

本程序实现逻辑地址（IP 地址）到物理地址（以太网地址）的动态映射。

ARP 程序 arp. c 设计如下。

```
arp.c
#define ARP_DEF
#include "netconfig.h" //头文件定义,包含用到的宏的定义

//请求对指定的 IP 地址进行解析并获取其物理地址函数
//入口参数:ip_address,需要解析的 IP 地址
void Arp_Request(unsigned long ip_address)
{
unsigned char i;
NetD_T_Buf.EtherFrame.NextProtocol = 0x0806; //以太网协议的下层协议为 ARP 协议
for(i = 0;i < 3;i ++) //复制对方网卡地址或网关地址
    {
    NetD_T_Buf.EtherFrame.DestMacId[i] = 0xffff;//以太网报文的目的物理地址为广播地址
    NetD_T_Buf.ArpFrame.SourceMacId[i] = NetD_T_Buf.EtherFrame.SourceMacId[i];
    NetD_T_Buf.ArpFrame.DestMacId[i] = 0x0000;
                        //ARP 报文的目的物理地址填为 0,由 ARP 回答报文负责填充
    }
for(i = 0;i < 2;i ++) //填充源 IP 地址
    {
    NetD_T_Buf.ArpFrame.SourceIp[i] = PMM_Ip_Address.words[i];
    }
NetD_T_Buf.ArpFrame.DestIp[0] = ip_address >> 16; //填充目的 IP 地址
NetD_T_Buf.ArpFrame.DestIp[1] = ip_address&0xffff;
NetD_T_Buf.ArpFrame.HardwareType = 0x0001; //硬件类型为 0x0001,以太网类型
NetD_T_Buf.ArpFrame.ProtocolType = 0x0800; //协议类型为 0x0800,对应 IPv4
NetD_T_Buf.ArpFrame.HardwareLen = 0x06;//硬件长度,即物理地址长度,单位为字节
NetD_T_Buf.ArpFrame.ProtocolLen = 0x04; //协议长度,即逻辑地址长度,单位为字节
NetD_T_Buf.ArpFrame.Operation = 0x0001; //操作类型为 ARP 请求

for(i = 0x2e;i < (0x2e + 18);i ++)    //当数据长度小于 60 个字节时,需要补足 60 个字节数据
    {
    NetD_T_Buf.bytes.bytebuf[i] = 0x00; //填充数据为 0x00
    }
    Send_Packet(&NetD_T_Buf,60); //启动发送数据,发送的是一个 ARP 请求
}

//对 ARP 请求报文的应答函数。填充本地物理地址,将 ARP 操作改为回答
void Arp_Answer()
{
unsigned char i;
if (NetD_R_Buf.ArpFrame.DestIp[0] == PMM_Ip_Address.words[0])
if (NetD_R_Buf.ArpFrame.DestIp[1] == PMM_Ip_Address.words[1])
    {
```

```
    //表示是要解析本地 IP 的请求
    for(i = 16;i < 64;i ++ )
        {
        //将接收的 ARP 数据从协议字段开始复制到发送缓冲区
        NetD_T_Buf. bytes. bytebuf[i] = NetD_R_Buf. bytes. bytebuf[i];
        }
    for(i = 0;i < 3;i ++ )
        {
        //复制对方物理地址或网关地址
        NetD_T_Buf. EtherFrame. DestMacId[i] = NetD_R_Buf. EtherFrame. SourceMacId[i];
        NetD_T_Buf. ArpFrame. SourceMacId[i] = NetD_T_Buf. EtherFrame. SourceMacId[i];
        NetD_T_Buf. ArpFrame. DestMacId[i] = NetD_R_Buf. ArpFrame. SourceMacId[i];
        }
    for(i = 0;i < 2;i ++ )
        //复制对方 IP 地址,填充源地址
        {
        NetD_T_Buf. ArpFrame. DestIp[i] = NetD_R_Buf. ArpFrame. SourceIp[i];
        NetD_T_Buf. ArpFrame. SourceIp[i] = NetD_R_Buf. ArpFrame. DestIp[i];
        }
    NetD_T_Buf. ArpFrame. Operation = 0x0002;
    //表示数据帧为 ARP 应答
    Send_Packet(&NetD_T_Buf,60); //发送数据包
    }
}

//在主程序中定时对网关地址进行解析函数
void Gateway_Arp_Request() //在每分钟的前 3 s 对网关地址进行解析
{
  if(SecCount < 3)
  if(Gateway_Ip_Address. bytes[0]! = 0) //网关地址已解析
  if(Gateway_IP_TTL < 5)
     {Arp_Request(Gateway_Ip_Address. dwords);} //在网关地址生存时间小于 5 时,重新解析
}

//对 ARP 应答数据的处理函数
void Arp_Process()
{
unsigned char i;
if(NetD_R_Buf. ArpFrame. SourceIp[0] == Gateway_Ip_Address. words[0])
if(NetD_R_Buf. ArpFrame. SourceIp[1] == Gateway_Ip_Address. words[1])
    {
    //表示是网关对 ARP 请求的回答
    for (i = 0;i < 3;i ++ )
```

```
            {
            Gateway_MAC.words[i] = NetD_R_Buf.ArpFrame.SourceMacId[i];
            }
        Gateway_IP_TTL = 10;
        //表示网关地址已得到解析
        }
    if(NetD_R_Buf.ArpFrame.SourceIp[0] == Ping_Ip_Address.words[0])
    if(NetD_R_Buf.ArpFrame.SourceIp[1] == Ping_Ip_Address.words[1])
        {
        //表示是 Ping 的 IP 地址的回答
        for (i = 0;i < 3;i ++)
            {
            Ping_MAC.words[i] = NetD_R_Buf.ArpFrame.SourceMacId[i];
            }
        Ping_IP_TTL = 10;
        //给 Ping_IP_TTL 赋值,表示所 Ping 的 IP 地址已得到解析
        }
    }
```

9.2.6 ICMP 程序设计方法

在单片微控制器程序中，主要有 Ping 发送函数、Ping 处理函数和 Ping 回应函数。Ping 发送函数主要是发送 Ping 命令。当需要 Ping 网络地址时，首先判断缓冲区中是否有目的地址的物理地址，如果有则直接按照数据结构填充数据，然后发送；否则需要首先进行 ARP 操作。在发送的时候，需要使用定时器，如果超时，认为 Ping 失败。Ping 回应函数主要是回应其他主机的 Ping 操作，如果检测到是 Ping 自己的地址，复制源物理地址到目的地址，复制源 IP 地址到目的 IP 地址，改变 icmp 中的操作类型为应答，填充数据头和最后的校验，发送应答帧。Ping 处理函数主要是处理 Ping 回应信息。

ICMP 数据报结构如下：

```
struct icmp {
                unsigned int      EtherHead[9]; //以太网头
                unsigned int      IPHead[10]; //IP 头
                unsigned char     type; //操作类型
                unsigned char     option;
                unsigned int      Crc; //CRC 校验
                unsigned int      id;
                unsigned int      seq;
                unsigned char     icmpdata[1478]; //数据包
            };
```

Ping 请求程序流程图如图 9-18 所示，Ping 回应程序流程图如图 9-19 所示。

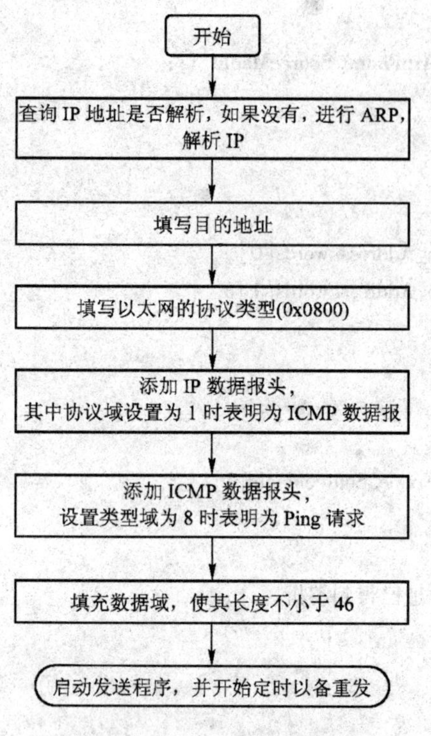

图 9-18　Ping 请求程序流程图

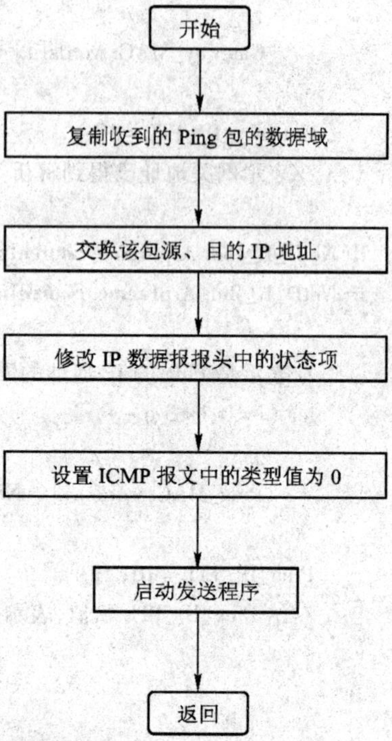

开始
复制收到的 Ping 包的数据域
交换该包源、目的 IP 地址
修改 IP 数据报报头中的状态项
设置 ICMP 报文中的类型值为 0
启动发送程序
返回

图 9-19　Ping 回应程序流程图

1. ICMP 程序头文件 icmp. h

ICMP 程序头文件 icmp. h 定义如下：

```
//icmp. h 头文件
#ifdef ICMP_DEF
#define ICMP_EXT
#else
#define ICMP_EXT extern
#endif
ICMP_EXT void Ping_Answer( );
```

2. ICMP 程序设计

本程序测试主机的可达性，其中主要的操作是 Ping。

ICMP 程序 icmp. c 设计如下：

```
//icmp. c
#define ICMP_DEF
#include "netconfig. h"

//Ping 应答函数与 Ping 请求一起用来测试一个主机的可达性。将 Ping 请求报文的源物理地址和目的物理地址互换,源 IP 地址和目的 IP 地址互换,将 ICMP 操作类型字段换为回答,并且将 Ping 请求报文中的选项数据(32 个字节)按原数据发回。
void Ping_Answer( )
```

```
{
unsigned char i;
if(NetD_R_Buf. IcmpFrame. type ==0x08) //表示是 Ping 请求
    {
    for (i=16;i<NetD_R_Buf. EtherFrame. length;i++)
    //从以太网协议开始复制数据到发送缓冲区
      {
      NetD_T_Buf. bytes. bytebuf[i] = NetD_R_Buf. bytes. bytebuf[i];//将数据复制到发送缓冲区
      }
      //复制接收数据报的源物理地址到发送数据报的目的物理地址字段中
      NetD_T_Buf. EtherFrame. DestMacId[0] = NetD_R_Buf. EtherFrame. SourceMacId[0];
      NetD_T_Buf. EtherFrame. DestMacId[1] = NetD_R_Buf. EtherFrame. SourceMacId[1];
      NetD_T_Buf. EtherFrame. DestMacId[2] = NetD_R_Buf. EtherFrame. SourceMacId[2];
      NetD_T_Buf. IpFrame. ttl = NetD_T_Buf. IpFrame. ttl -1; //IP 数据包寿命减 1
      NetD_T_Buf. IpFrame. Crc =0;
      NetD_T_Buf. IpFrame. DestIp[0] = NetD_R_Buf. IpFrame. SourceIp[0];
                                                  //复制源 IP 地址到目的 IP 地址字段中
      NetD_T_Buf. IpFrame. DestIp[1] = NetD_R_Buf. IpFrame. SourceIp[1];
      NetD_T_Buf. IpFrame. SourceIp[0] = PMM_Ip_Address. words[0];//填充源 IP 地址
      NetD_T_Buf. IpFrame. SourceIp[1] = PMM_Ip_Address. words[1];
      NetD_T_Buf. IpFrame. Crc = CreateIpHeadCrc(); //创建 IP 头校验和
      NetD_T_Buf. IcmpFrame. type =0x00; //操作类型为 ICMP 应答
      NetD_T_Buf. IcmpFrame. Crc =0;
      for(i=21;i<41;i++)//将接收缓冲区中 40 个字节的 ICMP 数据复制到发送缓冲区中
          {
          NetD_T_Buf. words. wordbuf[i] = NetD_R_Buf. words. wordbuf[i];
          }
      NetD_T_Buf. IcmpFrame. Crc = CreateIcmpCrc();
      Send_Packet(&NetD_T_Buf,NetD_R_Buf. EtherFrame. length);
    }
}
```

9.2.7 TCP 程序设计方法

TCP（传输控制协议）是 TCP/IP 协议族中最重要的协议之一，它位于网络层（IP）之上的传输层中，为应用层提供面向连接的、可靠的字节流服务。面向连接意味着两个使用 TCP 的应用（通常是一个客户和一个服务器）在彼此交换数据之前，必须先建立一个 TCP 连接。TCP 实现的关键就是如何在无连接且不可靠的 IP 层协议上建立一个面向连接和可靠的协议，这也是实现过程中的难点。TCP 通过下列方式来提供可靠性：

1）应用数据被分割成 TCP 认为最适合发送的数据块，应用程序产生的数据报长度将保持不变。

2）当 TCP 发出一个报文段后，它启动一个定时器等待目的端确认收到这个报文段。如果不能及时收到一个确认，将重发这个报文段。

3）当 TCP 收到发自 TCP 连接另一端的数据，它将发送一个确认。

4）TCP 在传送的时候将添加校验和，这是一个端到端的校验和，目的是检测数据在传输过程中是否有变化。如果收到段的校验和有差错，TCP 将丢弃这个报文段和不确认收到此报文段（希望发送端超时并重发）。

5）既然 TCP 报文段作为 IP 数据报来传输，而 IP 数据报的到达可能会失序，因此 TCP 报文段的到达也可能会失序。如果必要，TCP 将对收到的数据进行重新排序，将收到的数据以正确的顺序交给应用层。既然 IP 数据报会发生重复，TCP 的接收端必须丢弃重复的数据。

6）TCP 还能提供流量控制。TCP 连接的每一方都有固定大小的缓冲空间。TCP 的接收端只允许另一端发送接收端缓冲区所能接纳的数据。这将防止较快主机致使较慢主机的缓冲区溢出。

TCP 将用户数据打包构成报文段，它发送数据后启动一个定时器，另一端对收到的数据进行确认，对失序的数据重新排序，丢弃重复数据，TCP 提供端到端的流量控制，并计算和验证一个强制性的端到端校验和。这是 TCP 协议工作的一个大概的步骤。这几点也是用户实现 TCP 协议的几个重点，也是程序实现的基本原则。TCP 数据被封装在一个 IP 数据报中，如果不计任选字段，它通常是 20 个字节。

每个 TCP 段都包含源端和目的端的端口号，用于寻找发送端和接收端应用进程。这两个值加上 IP 首部中的源端 IP 地址和目的端 IP 地址，唯一确定一个 TCP 连接。

序号用来标识从 TCP 发送端向 TCP 接收端发送的数据字节流，它表示在这个报文段中的第一个数据字节。如果将字节流看做在两个应用程序间的单向流动，则 TCP 用序号对每个字节进行计数。序号是 32 bit 的无符号数，序号到达 $2^{32}-1$ 后又从 0 开始。

当建立一个新的连接时，SYN 标志变 1。序号字段包含由这个主机选择的该连接的初始序号 ISN（Initial Sequence Number）。该主机要发送数据的第一个字节序号为这个 ISN 加 1，因为 SYN 标志消耗了一个序号。既然每个传输的字节都被计数，确认序号包含发送确认的一端所期望收到的下一个序号。因此，确认序号是上次已成功收到数据字节序号加 1。只有 ACK 标志为 1 时确认序号字段才有效。

发送 ACK 无需任何代价，因为 32 bit 的确认序号字段和 ACK 标志一样，总是 TCP 首部的一部分。因此，一旦一个连接建立起来，这个字段总是被设置，ACK 标志也总是被设置为 1。

TCP 为应用层提供全双工服务，这意味着数据能在两个方向上独立地进行传输。因此，连接的每一端必须保持每个方向上的传输数据序号。

TCP 和 UDP 服务通常有一个客户/服务器的关系。例如，一个 Telnet 服务进程开始在系统上处于空闲状态，等待着连接。用户使用 Telnet 客户程序与服务进程建立一个连接。客户程序向服务进程写入信息，服务进程读出信息并发出响应，客户程序读出响应并向用户报告。因而，这个连接是双工的，可以用来进行读写。但是两个系统间的多重 Telnet 连接是如何相互确认并协调一致呢？TCP 或 UDP 连接唯一地使用每个信息中的如下四项进行确认。

- 源 IP 地址：发送包的 IP 地址。
- 目的 IP 地址：接收包的 IP 地址。
- 源端口：源系统上的连接端口。

● 目的端口：目的系统上的连接端口。

端口是一个软件结构，被客户程序或服务进程用来发送和接收信息。一个端口对应一个 16 比特的数。服务进程通常使用一个固定的端口，例如，SMTP 使用 25。这些端口号是“广为人知”的，因为在建立与特定的主机或服务的连接时，需要这些地址和目的地址进行通信。

TCP 的数据报结构如下：

```
struct tcp {  unsigned int     EtherHead[9]; //以太网头
              unsigned int     IPHead[10];   //IP 帧头
              unsigned int     SourcePort;   //源端口
              unsigned int     DestPort;     //目的端口
              unsigned long    SeqNum;       //顺序号
              unsigned long    AckNum;       //确认号
              unsigned char    offset;       //数据偏移量
              unsigned char    control;      //连接控制
              unsigned int     window;       //流量控制
              unsigned int     Crc;          //校验和,包括伪头部、TCP 头部、数据
              unsigned int     urg;          //紧急指针
              unsigned char    tcpdata[1478]; //TCP 数据
           };
```

由于单片微控制器的资源紧张，本设计没有实现分组与重组程序，在发送数据的时候每次只是发送一帧，发送成功之后，才去发送另外的一帧。这样就不需要分组与重组的程序。

1. 状态转移图设计

TCP 软件是以有限的状态机形式实现的。有限的状态机是一种状态转换机制，某时刻只能处在一个状态，它是通过事件来触发状态改变的。如果一个事件到来，状态机会根据现在所处的状态和事件的类型进入下一个状态。状态转移图是整个 TCP 软件设计的灵魂，将状态和作用于状态的事件相联系。在程序中设置了 Tcp_Process 函数，该函数在主程序中对 tcp 的状态进行转移，使它处理接收到的 TCP 数据，并作出相应的判断，跳入某种状态。为了便于说明，这里给出状态的转移图，如图 9-20 所示。

该状态转换模块使用的地方很多，一个到达的 TCP 报文段，一个超时事件，一个来自应用程序的报文等都可以用到该模块。这是一个非常复杂的模块，因为它要采取的动作取决于 TCP 的当前的状态和到来的事件。有很多的方法可以实现状态转换图，如每种状态使用一个进程或是数组等。它的设计可分为客户和服务器两个方面，限于篇幅，这里仅介绍服务器方面。虽然服务器可以处在 11 个状态之一，但是正常工作时，它只处于以下几个状态：CLOSED、LISTEN、SYN_RCVD、ESTABLISED、CLOSE_WAIT 和 LAST_ACK。下面简要介绍如下：

1）服务器 TCP 在 CLOSED 状态开始。

2）在 CLOSED 状态时，服务器收到客户 TCP 连接请求，然后进入 LISTEN 状态。

3）在 LISTEN 状态时，服务器 TCP 能够收到客户 TCP 的 SYN 报文，它将 SYN + ACK 报文发送给客户 TCP，然后进入 SYN_RCVD 状态。

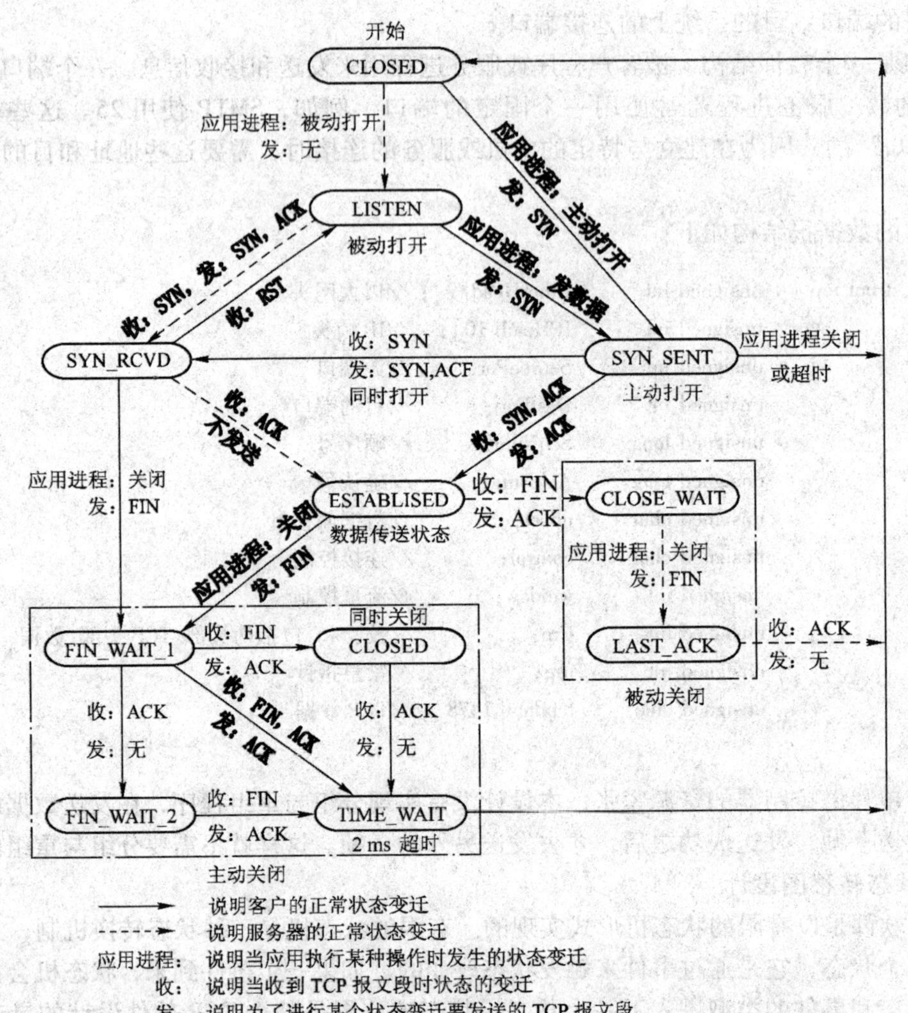

图 9-20　TCP 状态转移图

4）在 SYN_RCVD 状态时，服务器 TCP 接收到客户 TCP 的 ACK 报文，然后进入 ESTABLSED 状态。这是个数据传送状态，只要服务器在发送和接收数据，它就继续在这个状态。

5）在 ESTABLSED 状态时，服务器收到来自客户的 FIN 报文，表示客户愿意关闭这个连接，它可以发送 ACK 报文给客户，并进入 CLOSE_WAIT 状态。

6）在 CLOSE_WAIT 状态时，服务器 TCP 可以一直等待，直到收到来自服务器程序的关闭请求，这时发送 FIN 报文给客户，并进入 LAST_ACK 状态。

7）在 LAST_ACK 状态时，服务器就等待客户的 ACK 报文，然后进入 CLOSED 状态。

在程序中，使用 case 语句来处理状态。设计中将 TCP 的状态作了简化，只保留了 6 个主要的状态，并且每隔一秒进行超时处理。实践证明是可以建立可靠的 TCP 连接的。程序如下：

```
switch (TCP1024. State)
```

```
{
    case 0:     Tcp_Listen( ); //TCP 听状态
                  break;
    case 1:     Tcp_SYN_Rec( ); //TCP 同步序号接收
                  break;
    case 2:     Tcp_SYN_Sent( ); //TCP 同步序号发送
                  break;
    case 3:     Tcp_Established( ); //TCP 建立连接
                  break;
    case 7:     Tcp_Close_Wait( ); //TCP 等待关闭
                  break;
    case 8:     Tcp_Last_Ack( ); //TCP 关闭确认
                  break;

}
```

由于 TCP 协议是运输层最复杂的协议，在连接传输的过程中，有多个状态和多个参数，所以定义一个如下的数据结构：

```
struct Socket_Type{
        unsigned int    PMM_Port; //本机端口
        unsigned int    Dest_Port; //对方端口
        unsigned int    Dest_IP[2]; //对方 IP
        unsigned int    Dest_Mac_Id[3]; //对方的以太网地址
        unsigned long   IRS; //初始化顺序号
        unsigned long   ISS;//本机的初始化序列号
        unsigned long   Rcv_Next ;//对方的顺序号
        unsigned long   Send_Next; //本机的已经发送的顺序号
        unsigned long   Sent_UnAck; //本机的还没有确认的顺序号
        unsigned int    Rcv_Window;//对方的 Window 大小
        unsigned int    Snd_Window; //本机的 Window 大小
        unsigned int    Dest_Max_Seg_Size; //对方接受的最大的数据包大小
        unsigned int    PMM_Max_Seg_Size; //本机能接受的最大数据包大小
        unsigned long   PMM_W1; //seq
        unsigned long   PMM_W2; //ack
        unsigned char   State; //连接状态
        unsigned char   Open;
    };
```

其中，连接状态（State）表示当前 TCP 所处的状态。

TCP 的主要的函数为状态机函数，发送函数。状态机函数主要的功能为根据连接当前的状态和接收到的 TCP 报文，改变到下一状态，调用相应的处理函数。TCP 发送函数主要是按照 TCP 报文的格式，生成报文并发送。

在程序中，使用单片微控制器的一个定时器作为系统的时钟，主要用于 ARP 的老化定时、各种超时定时等。IP 协议采用统一的校验算法，其计算方法为：设校验和初值为 0，然后对数据每 16 位求异或，结果取反，便得校验和。校验时将数据（含校验和）按同样的算法求和，结果为 0 表示数据正确；不为 0 则表示通信出错，需要丢弃该数据包。这样能简化校验程序设计，提高 TCP/IP 协议的效率。在编程的时候，只需要一个程序便可以了，不过需要注意的是 TCP 和 UDP 的校验需要加上伪头标，否则得不到正确的结果。伪头标违背了协议的分层原则，但这种违背是出于实际需要的，也正体现了 TCP/IP 协议设计的灵活性。

2. TCP 头文件 tcp. h

TCP 头文件 tcp. h 定义如下：

```
//tcp. h 头文件
#ifdef TCP_DEF
#define TCP_EXT
#else
#define TCP_EXT extern
#endif
TCP_EXT void InitTCP1024( ) ;
TCP_EXT void Tcp_Timeout_Process( ) ;
TCP_EXT void Tcp_Process( ) ;
TCP_EXT void Send_IPFrame( ) ;
```

3. TCP 程序设计

本程序在事件的驱动下，按照状态转移图进行 TCP 协议的处理。

TCP 程序 tcp. c 设计如下：

```
// tcp. c
#define TCP_DEF
#include " netconfig. h"

//发送 TCP_RST 数据报文,复位对方连接函数
void Reset_Send( )
{
unsigned char i;
for( i = 0;i < 3;i + + )
{
NetD_T_Buf. EtherFrame. DestMacId[ i] = NetD_R_Buf. EtherFrame. SourceMacId[ i] ;//目的网卡地址
}
NetD_T_Buf. EtherFrame. NextProtocol = 0x0800;//IP 协议
NetD_T_Buf. TcpFrame. SourcePort = NetD_R_Buf. TcpFrame. DestPort;//源端口
NetD_T_Buf. TcpFrame. DestPort = NetD_R_Buf. TcpFrame. SourcePort;//目的端口
NetD_T_Buf. TcpFrame. offset = 0x50;
NetD_T_Buf. TcpFrame. window = 0;
NetD_T_Buf. TcpFrame. urg = 0;
NetD_T_Buf. TcpFrame. Crc = 0;
```

```
NetD_T_Buf. IpFrame. DestIp[0] = NetD_R_Buf. IpFrame. SourceIp[0];//目的 IP 地址
NetD_T_Buf. IpFrame. DestIp[1] = NetD_R_Buf. IpFrame. SourceIp[1];
NetD_T_Buf. IpFrame. SourceIp[0] = PMM_Ip_Address. words[0];//源 IP 地址
NetD_T_Buf. IpFrame. SourceIp[1] = PMM_Ip_Address. words[1];
NetD_T_Buf. IpFrame. ttl = 0;
NetD_T_Buf. IpFrame. NextProtocol = 6;//TCP 协议
NetD_T_Buf. IpFrame. Crc = 20;
NetD_T_Buf. TcpFrame. Crc = CreateTcpCrc();
Create_Ip_Frame(20,NetD_R_Buf. IpFrame. SourceIp[0],NetD_R_Buf. IpFrame. SourceIp[1],6);
}

//撤销本地连接并清空重发缓冲区函数
void Delete_Socket()
{
 TcpConnected = 0;
 TCP1024. State = 0;
 TCP1024. ISS = TCP1024. ISS + 10;
 NetD_Resend_Buf. EtherFrame. RecStatus = 0;//表示该重发缓冲区没有数据
}

//重发出错的数据包函数
void Resend_Packet()
{
unsigned int j;
unsigned char xdata * NetDT = &NetD_T_Buf;
unsigned char xdata * NetDResend;
rtNetDResend = &NetD_Resend_Buf. bytes. bytebuf;
for(j = 0;j < NetD_Resend_Buf. ResendFrame. length + 4;j ++ )
      {
      ( * NetDT) = ( * NetDResend);
      NetDResend ++ ;
      NetDT ++ ;
      }
Send_Packet( &NetD_T_Buf,NetD_Resend_Buf. ResendFrame. length);
NetD_Resend_Buf. ResendFrame. timeout = RtTime;
}

//初始化任务控制块,使本地机进入 LISTEN 状态并清空重发缓冲区函数
void InitTCP1024()
{
TCP1024. State = 0;
TCP1024. PMM_Port = PMM_TCP_PORT;
TCP1024. Send_Next = 0x0000;
```

```
NetD_Resend_Buf. EtherFrame. RecStatus = 0;//表示该重发缓冲区没有数据
}

//根据接收数据的序号以及超时时间对重发缓冲区的数据进行函数处理
void NetD_Resend_Buf_Process( )
{
if( NetD_Resend_Buf. ResendFrame. timeout > 0)
    NetD_Resend_Buf. ResendFrame. timeout - - ; //数据报的重发次数减 1,防止 TCP 超时
if( NetD_Resend_Buf. EtherFrame. RecStatus ! = 0) //表示需要重发缓冲区的数据
    {
    if( NetD_Resend_Buf. TcpFrame. SeqNum < TCP1024. Sent_UnAck)
    //下一个待发送数据的序号应该大于 TCP1024. Sent_UnAck,因为 TCP1024. Sent_UnAck 表示
上一个已发送的数据字节的序号。如果重发缓冲区的数据对应的序号小于 TCP1024. Sent_UnAck,
则说明数据已正确发送了。因此,将重发缓冲区置为无效
        { NetD_Resend_Buf. ResendFrame. RtStatus = 0; }//该缓冲区无效
    else if( NetD_Resend_Buf. ResendFrame. timeout = = 0)//超时,或重发次数到
        {
//如果重发缓冲区的数据包的序号大于等于未被确认的数据序号时,待发送重发次数加 1
          NetD_Resend_Buf. ResendFrame. RtStatus + + ;
          if( NetD_Resend_Buf. ResendFrame. RtStatus = = TCP_MAX_RESEND_COUNT)
              {
              //重发 TCP_MAX_RESEND_COUNT 次都无法正确发送时,撤销本地连接
              Delete_Socket( ) ;
              }
          else      //继续重发
              Resend_Packet( ) ;
        }
    }
}

//将接收到的 TCP 数据序号重新定位函数
//入口参数:unsigned int length
void TcpData_Rec_Process( unsigned int length)
{
  unsigned int j;
  //处理收到 TCP 数据,数据的长度为 NetD_R_Buf. IpFrame. TotalLen
  if( NetD_R_Buf. TcpFrame. SeqNum = = TCP1024. Rcv_Next)
    {
    TCP1024. Rcv_Next = TCP1024. Rcv_Next + length;
    }
}

//处理 TCP 超时函数
```

```
void Tcp_Timeout_Process( )
{
unsigned int tcplength;
unsigned char i;
Tcp_Timeout = 0;
NetD_Resend_Buf_Process( ); //处理重发缓冲区
if( TCP1024. State == TCP_STATE_TIME_WAIT)
    { Delete_Socket( ); }
if( TCP1024. State == TCP_STATE_CLOSE_WAIT)
    {
    for( i = 0;i < 3;i ++ )//目的网卡地址
     { NetD_T_Buf. EtherFrame. DestMacId[ i ] = TCP1024. Dest_Mac_Id[ i ];}
     NetD_T_Buf. EtherFrame. NextProtocol = 0x0800;
     NetD_T_Buf. TcpFrame. SourcePort = TCP1024. PMM_Port;
     NetD_T_Buf. TcpFrame. DestPort = TCP1024. Dest_Port;
     NetD_T_Buf. TcpFrame. SeqNum = TCP1024. Send_Next;
     NetD_T_Buf. TcpFrame. AckNum = TCP1024. Rcv_Next;
     NetD_T_Buf. TcpFrame. offset = 0x50;
     NetD_T_Buf. TcpFrame. control = TCP_FIN + TCP_ACK;
     NetD_T_Buf. TcpFrame. window = TCP1024. Snd_Window;
     NetD_T_Buf. TcpFrame. urg = 0;
     NetD_T_Buf. TcpFrame. Crc = 0;
     NetD_T_Buf. IpFrame. DestIp[ 0 ] = TCP1024. Dest_Ip[ 0 ];
     NetD_T_Buf. IpFrame. DestIp[ 1 ] = TCP1024. Dest_Ip[ 1 ];
     NetD_T_Buf. IpFrame. SourceIp[ 0 ] = PMM_Ip_Address. words[ 0 ];
     NetD_T_Buf. IpFrame. SourceIp[ 1 ] = PMM_Ip_Address. words[ 1 ];
     NetD_T_Buf. IpFrame. ttl = 0;
     NetD_T_Buf. IpFrame. NextProtocol = 6;//tcp
     TCP1024. Send_Next = TCP1024. Send_Next;
     tcplength = 20; //TCP 首部需要 20 个字节
     NetD_T_Buf. IpFrame. Crc = tcplength; //处理需要发送的数据
     NetD_T_Buf. TcpFrame. Crc = CreateTcpCrc( );
     Create_Ip_Frame( tcplength,TCP1024. Dest_Ip[ 0 ],TCP1024. Dest_Ip[ 1 ],6);
     TCP1024. State = TCP_STATE_LAST_ACK;
    }
}

//根据接收到的客户端数据命令,将串行口输入的相应数据写入发送缓冲区函数
//返回值:返回 0 或返回从串行口接收到的数据的长度
unsigned int Copy_Send_Data( )
{
unsigned int j;
if( NetD_R_Buf. TcpFrame. tcpdata[ 0 ] == 0x30) //设置参数
```

```
    {
    for(j=0;j<16;j++)
    NetD_T_Buf.TcpFrame.tcpdata[j] = D_R_Buf1[j];//将设置参数写入 TCP 发送数据包
    return(16);
    }
if(NetD_R_Buf.TcpFrame.tcpdata[0] == 0x31) //运行参数
    {
    for(j=0;j<100;j=j+1)
    {
    NetD_T_Buf.TcpFrame.tcpdata[j] = D_R_Buf[j]; //将运行参数写入 TCP 发送数据包
    }
    return(100);
    }
else return 0;
}

//发送一个 IP 数据帧到目的端函数
void Send_IPFrame()
{
    unsigned char i,tcplength;
if((TCP1024.State == TCP_STATE_ESTABLISHED) || (TCP1024.State == TCP_STATE_CLOSE_
WAIT))
    {
    tcplength = Copy_Send_Data();
    if (tcplength != 0)
        {
        for(i=0;i<3;i++)//填充目的网卡地址
        {NetD_T_Buf.EtherFrame.DestMacId[i] = TCP1024.Dest_Mac_Id[i];}
        NetD_T_Buf.EtherFrame.NextProtocol = 0x0800;
        NetD_T_Buf.TcpFrame.SourcePort = TCP1024.PMM_Port;
        NetD_T_Buf.TcpFrame.DestPort = TCP1024.Dest_Port;
        NetD_T_Buf.TcpFrame.SeqNum = TCP1024.Send_Next;
        NetD_T_Buf.TcpFrame.AckNum = TCP1024.Rcv_Next;
        NetD_T_Buf.TcpFrame.offset = 0x50;
        NetD_T_Buf.TcpFrame.control = TCP_ACK + TCP_PSH;
        NetD_T_Buf.TcpFrame.window = TCP1024.Snd_Window;
        NetD_T_Buf.TcpFrame.urg = 0;
        NetD_T_Buf.TcpFrame.Crc = 0;
        NetD_T_Buf.IpFrame.DestIp[0] = TCP1024.Dest_Ip[0];
        NetD_T_Buf.IpFrame.DestIp[1] = TCP1024.Dest_Ip[1];
        NetD_T_Buf.IpFrame.SourceIp[0] = PMM_Ip_Address.words[0];
        NetD_T_Buf.IpFrame.SourceIp[1] = PMM_Ip_Address.words[1];
        NetD_T_Buf.IpFrame.ttl = 0;
```

```
            NetD_T_Buf. IpFrame. NextProtocol = 6;
            TCP1024. Send_Next = TCP1024. Send_Next + tcplength;
            tcplength = tcplength + 20; //TCP 首部需要 20 个字节
            NetD_T_Buf. IpFrame. Crc = tcplength;
            NetD_T_Buf. TcpFrame. Crc = CreateTcpCrc( );
            Create_Ip_Frame( tcplength,TCP1024. Dest_Ip[0],TCP1024. Dest_Ip[1],6);
        }
    }
}

//本地机进入 LISTEN 状态,可以对 TCP_SYN 或 TCP_FIN 请求进行函数处理
void Tcp_Listen( )
{
    unsigned char i;
    if(NetD_R_Buf. TcpFrame. control&TCP_SYN)//表示这是一个请求连接
    {
        for(i = 0;i < 2;i ++ ) //对方的 IP 地址
            {TCP1024. Dest_Ip[i] = NetD_R_Buf. IpFrame. SourceIp[i];}
        for(i = 0;i < 3;i ++ ) //对方的以太网地址或网关地址
            {TCP1024. Dest_Mac_Id[i] = NetD_R_Buf. EtherFrame. SourceMacId[i];}
        TCP1024. PMM_Port = PMM_TCP_PORT;//本机端口
        TCP1024. Dest_Port = NetD_R_Buf. TcpFrame. SourcePort;//对方端口
        TCP1024. IRS = NetD_R_Buf. TcpFrame. SeqNum;     //对方的初始化顺序号
        TCP1024. Rcv_Next = NetD_R_Buf. TcpFrame. SeqNum + 1; //对方的顺序号,用于确认
        TCP1024. ISS = TCP1024. Send_Next; //本机的初始化顺序号
        TCP1024. Sent_UnAck = TCP1024. ISS;      //本机的未确认顺序号
        TCP1024. Send_Next = TCP1024. ISS + 1;       //本机的顺序号,用于发送
        TCP1024. PMM_W1 = NetD_R_Buf. TcpFrame. SeqNum;
        TCP1024. PMM_W2 = TCP1024. Send_Next;
        TCP1024. Rcv_Window = NetD_R_Buf. TcpFrame. window; //对方的 Window 大小
        TCP1024. Snd_Window = 1024;//通知对方本地最大接收 1024 个字节的包,用于流控
        TCP1024. Dest_Max_Seg_Size = 560;//默认为 560
        if(NetD_R_Buf. TcpFrame. offset > 20)
        if(NetD_R_Buf. TcpFrame. tcpdata[0] == 0x02)
        if(NetD_R_Buf. TcpFrame. tcpdata[1] == 0x04)      //0204 为最大 Segment 选项
        {
    TCP1024. Dest _ Max _ Seg _ Size = NetD _ R _ Buf. TcpFrame. tcpdata [2] * 256 + NetD _ R _
Buf. TcpFrame. tcpdata[3];
        }
        TCP1024. PMM_Max_Seg_Size = 1460;//本地机可以接收最大的以太网数据包
        //下面建立应答帧
        for(i = 0;i < 3;i ++ )//目的网卡地址
        {NetD_T_Buf. EtherFrame. DestMacId[i] = TCP1024. Dest_Mac_Id[i];}
```

```
        NetD_T_Buf. EtherFrame. NextProtocol = 0x0800;//协议为 IP 协议
        NetD_T_Buf. TcpFrame. SourcePort = TCP1024. PMM_Port; //设置端口
        NetD_T_Buf. TcpFrame. DestPort = TCP1024. Dest_Port;
        NetD_T_Buf. TcpFrame. SeqNum = TCP1024. ISS;
        NetD_T_Buf. TcpFrame. AckNum = TCP1024. Rcv_Next;
        NetD_T_Buf. TcpFrame. offset = 0x70;
        NetD_T_Buf. TcpFrame. control = 0x12; //SYN + ACK
        NetD_T_Buf. TcpFrame. window = TCP1024. Snd_Window;
        NetD_T_Buf. TcpFrame. urg = 0;
        NetD_T_Buf. TcpFrame. Crc = 0;
        NetD_T_Buf. IpPacket. IpPacket[20] = 0x0204;//TCP 选项
        NetD_T_Buf. IpPacket. IpPacket[21] = TCP1024. PMM_Max_Seg_Size;
        NetD_T_Buf. IpPacket. IpPacket[22] = 0x0101;
        NetD_T_Buf. IpPacket. IpPacket[23] = 0x0101;
        NetD_T_Buf. IpFrame. DestIp[0] = TCP1024. Dest_Ip[0];
        NetD_T_Buf. IpFrame. DestIp[1] = TCP1024. Dest_Ip[1];
        NetD_T_Buf. IpFrame. SourceIp[0] = PMM_Ip_Address. words[0];
        NetD_T_Buf. IpFrame. SourceIp[1] = PMM_Ip_Address. words[1];
        NetD_T_Buf. IpFrame. ttl = 0;
        NetD_T_Buf. IpFrame. NextProtocol = 6;//TCP 协议
        NetD_T_Buf. IpFrame. Crc = 28;
        NetD_T_Buf. TcpFrame. Crc = CreateTcpCrc();
        Create_Ip_Frame(28,TCP1024. Dest_Ip[0],TCP1024. Dest_Ip[1],6);
        TCP1024. State = TCP_STATE_SYN_RCVD;
      }
    else if(NetD_R_Buf. TcpFrame. control&TCP_RST)
        {;}
    else
        {Reset_Send();}
}

//从 tcp_listen 接收到 SYN 后,即可进入该状态。在该状态可接收 tcp_syn、tcp_ack 或 tcp_rst 函数。
void Tcp_SYN_Rec()
{
if(NetD_R_Buf. TcpFrame. control&(TCP_RST|TCP_SYN))//处理 reset,对方不接受请求
    {Reset_Send();}
else if(NetD_R_Buf. TcpFrame. control&TCP_ACK)//这是一个 3 次握手的确认,表明连接建立
    {
    if((TCP1024. Sent_UnAck <= NetD_R_Buf. TcpFrame. AckNum)
    &&(NetD_R_Buf. TcpFrame. AckNum <= TCP1024. Send_Next))
        {
        TCP1024. Sent_UnAck = NetD_R_Buf. TcpFrame. AckNum;//确认
        TCP1024. State = TCP_STATE_ESTABLISHED;
```

```
            TcpConnected = 1;
        }
    }
}

//本地机主动发送 SYN 后,即可进入本状态。在该状态下,可接收 tcp_rst、tcp_syn 或 tcp_syn + tcp_ack 数据函数
void Tcp_SYN_Sent()
{
unsigned char i;
    if(((NetD_R_Buf. TcpFrame. AckNum< =TCP1024. ISS)||(NetD_R_Buf. TcpFrame. AckNum>TCP1024. Send_Next))&&(NetD_R_Buf. TcpFrame. control&TCP_ACK))
    {
    //对方发回的确认号应是本机的初始化序号加 1,若比本机的初始化序号小或大于本机的下一个序号,则说明对方连接出错
        if(!(NetD_R_Buf. TcpFrame. control&TCP_RST))
        {
        //对方不接受请求
            NetD_T_Buf. TcpFrame. SeqNum = NetD_R_Buf. TcpFrame. AckNum;
            NetD_T_Buf. TcpFrame. AckNum = 0;
            NetD_T_Buf. TcpFrame. control = TCP_RST;
            Reset_Send(); //复位对方连接
        }
        else//对方发来复位请求,因此撤销本地的连接
            {Delete_Socket();}
    }
    else if(NetD_R_Buf. TcpFrame. control&(TCP_SYN))
    {
        TCP1024. IRS = NetD_R_Buf. TcpFrame. SeqNum;    //对方的初始化顺序号
        TCP1024. Rcv_Next = NetD_R_Buf. TcpFrame. SeqNum + 1;
                                            //对方的顺序号,本机用于给对方确认
        if(NetD_R_Buf. TcpFrame. control&TCP_ACK)
        {
        TCP1024. Sent_UnAck = NetD_R_Buf. TcpFrame. AckNum;//本机的未获确认的序号
        NetD_Resend_Buf_Process();
        }
        if(TCP1024. Sent_UnAck> =TCP1024. ISS)
        {
//表示在一个由本机发起的 3 次连接的过程中,对方已经对本机的连接请求发回了确认
            TCP1024. IRS = NetD_R_Buf. TcpFrame. SeqNum;
                                //对方的 Window 大小,表示对方可以接收的最大数据包的大小
            TCP1024. Rcv_Window = NetD_R_Buf. TcpFrame. window;
            TCP1024. Dest_Max_Seg_Size = 560;//默认为 560
```

```
            if(NetD_R_Buf. TcpFrame. offset > 20)
            if(NetD_R_Buf. TcpFrame. tcpdata[0] == 0x02)
            if(NetD_R_Buf. TcpFrame. tcpdata[1] == 0x04)//0204 为最大 Segment 选项
            {

TCP1024. Dest_Max_Seg_Size = NetD_R_Buf. TcpFrame. tcpdata[2] * 256 + NetD_R_Buf.
TcpFrame. tcpdata[3];
            }
            //下面建立应答帧
            for(i = 0;i < 3;i ++ ) //目的网卡地址
                {NetD_T_Buf. EtherFrame. DestMacId[i] = TCP1024. Dest_Mac_Id[i];}
            NetD_T_Buf. EtherFrame. NextProtocol = 0x0800;//协议为 IP 协议
            NetD_T_Buf. TcpFrame. SourcePort = TCP1024. PMM_Port;
            NetD_T_Buf. TcpFrame. DestPort = TCP1024. Dest_Port;
            NetD_T_Buf. TcpFrame. SeqNum = TCP1024. Send_Next;
            NetD_T_Buf. TcpFrame. AckNum = TCP1024. Rcv_Next;
            NetD_T_Buf. TcpFrame. offset = 0x50;
            NetD_T_Buf. TcpFrame. control = TCP_ACK;
            NetD_T_Buf. TcpFrame. window = TCP1024. Snd_Window;
            NetD_T_Buf. TcpFrame. urg = 0;
            NetD_T_Buf. TcpFrame. Crc = 0;
            NetD_T_Buf. IpFrame. DestIp[0] = TCP1024. Dest_Ip[0];
            NetD_T_Buf. IpFrame. DestIp[1] = TCP1024. Dest_Ip[1];
            NetD_T_Buf. IpFrame. SourceIp[0] = PMM_Ip_Address. words[0];
            NetD_T_Buf. IpFrame. SourceIp[1] = PMM_Ip_Address. words[1];
            NetD_T_Buf. IpFrame. ttl = 0;
            NetD_T_Buf. IpFrame. NextProtocol = 6;//TCP 协议
            NetD_T_Buf. IpFrame. Crc = 20;
            NetD_T_Buf. TcpFrame. Crc = CreateTcpCrc();
            Create_Ip_Frame(20,TCP1024. Dest_Ip[0],TCP1024. Dest_Ip[1],6);
            TCP1024. State = TCP_STATE_ESTABLISHED;
            TcpConnected = 1;
        }
        else
        {
          //说明对方同时发出连接请求
          TCP1024. State = TCP_STATE_SYN_RCVD;
          //下面建立应答帧
          for(i = 0;i < 3;i ++ )//目的网卡地址
          {NetD_T_Buf. EtherFrame. DestMacId[i] = TCP1024. Dest_Mac_Id[i];}
          NetD_T_Buf. EtherFrame. NextProtocol = 0x0800;//以太网协议的下层协议为 IP 协议
          NetD_T_Buf. TcpFrame. SourcePort = TCP1024. PMM_Port;
          NetD_T_Buf. TcpFrame. DestPort = TCP1024. Dest_Port;
```

```
            NetD_T_Buf. TcpFrame. SeqNum = TCP1024. Send_Next;
            NetD_T_Buf. TcpFrame. AckNum = TCP1024. Rcv_Next;
            NetD_T_Buf. TcpFrame. offset = 0x70;
            NetD_T_Buf. TcpFrame. control = TCP_ACK + TCP_SYN; //TCP_ACK + TCP_SYN
            NetD_T_Buf. TcpFrame. window = TCP1024. Snd_Window;
            NetD_T_Buf. TcpFrame. urg = 0;
            NetD_T_Buf. TcpFrame. Crc = 0;
            NetD_T_Buf. IpPacket. IpPacket[20] = 0x0204;//TCP 选项
            NetD_T_Buf. IpPacket. IpPacket[21] = TCP1024. PMM_Max_Seg_Size;
            NetD_T_Buf. IpPacket. IpPacket[22] = 0x0101;
            NetD_T_Buf. IpPacket. IpPacket[23] = 0x0101;
            NetD_T_Buf. IpFrame. DestIp[0] = TCP1024. Dest_Ip[0];
            NetD_T_Buf. IpFrame. DestIp[1] = TCP1024. Dest_Ip[1];
            NetD_T_Buf. IpFrame. SourceIp[0] = PMM_Ip_Address. words[0];
            NetD_T_Buf. IpFrame. SourceIp[1] = PMM_Ip_Address. words[1];
            NetD_T_Buf. IpFrame. ttl = 0;
            NetD_T_Buf. IpFrame. NextProtocol = 6;
            NetD_T_Buf. IpFrame. Crc = 28;
            NetD_T_Buf. TcpFrame. Crc = CreateTcpCrc();
            Create_Ip_Frame(28,TCP1024. Dest_Ip[0],TCP1024. Dest_Ip[1],6);
        }
    }
}

// TCP 处于连接状态的处理函数
void Tcp_Established()
{
    unsigned char i;
    unsigned int VAR;
    unsigned int tcplength;
    if(NetD_R_Buf. TcpFrame. control&(TCP_RST + TCP_SYN))//reset
     {Delete_Socket();} //对方不接受请求,关闭本地连接
    if(NetD_R_Buf. TcpFrame. control&(TCP_FIN))
    if(NetD_R_Buf. TcpFrame. SourcePort == TCP1024. Dest_Port)//fin
     {
        TCP1024. State = TCP_STATE_CLOSE_WAIT;
        TCP1024. Rcv_Next ++;
     }
    VAR = NetD_R_Buf. TcpFrame. offset >>4;
    VAR = VAR * 4 + 20;      //IP 首部占 20 个字节
    VAR = NetD_R_Buf. IpFrame. TotalLen - VAR;
                              //数据报总长度减去 TCP 和 IP 首部长度,得到数据长度
    if(VAR >0) //表示有数据,VAR 为数据的长度
```

```
{TcpData_Rec_Process(VAR);}
if(NetD_R_Buf. TcpFrame. control&TCP_ACK)
{
//表示这是一个 3 次握手的确认
    TcpConnected = 1;
    if((TCP1024. Sent_UnAck < = NetD_R_Buf. TcpFrame. AckNum)
    &&(NetD_R_Buf. TcpFrame. AckNum < = TCP1024. Send_Next))
    {
        TCP1024. Sent_UnAck = NetD_R_Buf. TcpFrame. AckNum;//确认
        NetD_Resend_Buf_Process();//处理重发缓冲区
    }
    if((VAR >0)||(TCP1024. State = = TCP_STATE_CLOSE_WAIT))
    {
    //下面建立应答帧
        for(i =0;i <3;i ++)//填充目的网卡地址
        {
         NetD_T_Buf. EtherFrame. DestMacId[i] = TCP1024. Dest_Mac_Id[i];
        }
        NetD_T_Buf. EtherFrame. NextProtocol = 0x0800;
        NetD_T_Buf. TcpFrame. SourcePort = TCP1024. PMM_Port;
        NetD_T_Buf. TcpFrame. DestPort = TCP1024. Dest_Port;
        NetD_T_Buf. TcpFrame. SeqNum = TCP1024. Send_Next;
        NetD_T_Buf. TcpFrame. AckNum = TCP1024. Rcv_Next;
        NetD_T_Buf. TcpFrame. offset = 0x50;
        NetD_T_Buf. TcpFrame. control = TCP_ACK;
        NetD_T_Buf. TcpFrame. window = TCP1024. Snd_Window;
        NetD_T_Buf. TcpFrame. urg = 0;
        NetD_T_Buf. TcpFrame. Crc = 0;
        NetD_T_Buf. IpFrame. DestIp[0] = TCP1024. Dest_Ip[0];
        NetD_T_Buf. IpFrame. DestIp[1] = TCP1024. Dest_Ip[1];
        NetD_T_Buf. IpFrame. SourceIp[0] = PMM_Ip_Address. words[0];
        NetD_T_Buf. IpFrame. SourceIp[1] = PMM_Ip_Address. words[1];
        NetD_T_Buf. IpFrame. ttl = 0;
        NetD_T_Buf. IpFrame. NextProtocol = 6;     //IP 的下层协议为 TCP
        tcplength = 0;
        if(tcplength >0) NetD_T_Buf. TcpFrame. control = TCP_ACK + TCP_PSH;
        TCP1024. Send_Next = TCP1024. Send_Next + tcplength;
        tcplength = tcplength + 20;       //TCP 首部需要 20 个字节
        NetD_T_Buf. IpFrame. Crc = tcplength; //处理需要发送的数据
        NetD_T_Buf. TcpFrame. Crc = CreateTcpCrc();
        Create_Ip_Frame(tcplength,TCP1024. Dest_Ip[0],TCP1024. Dest_Ip[1],6);
    }
}
```

```
}

//TCP 等待关闭状态的处理函数
void Tcp_Close_Wait( )
{
if( NetD_R_Buf. TcpFrame. control&( TCP_RST + TCP_SYN) )
     { Delete_Socket( ) ; }//对方不接受请求,关闭本地连接
else if( NetD_R_Buf. TcpFrame. control&TCP_ACK)
     {
     //表示这是一个 3 次握手的确认
     if( ( TCP1024. Sent_UnAck < = NetD_R_Buf. TcpFrame. AckNum)
               &&( NetD_R_Buf. TcpFrame. AckNum < = TCP1024. Send_Next) )
               {
                TCP1024. Sent_UnAck = NetD_R_Buf. TcpFrame. AckNum;//确认
               NetD_Resend_Buf_Process( ) ;//处理重发缓冲区
               }
     }
}

//接收到 TCP_RST,TCP_SYN 或 TCP_ACK 报文时,关闭连接函数
void Tcp_Last_Ack( )
{
if( NetD_R_Buf. TcpFrame. control&( TCP_RST + TCP_SYN + TCP_ACK) )
     {
      Delete_Socket( ) ; //对方不接受请求,关闭本地连接
     }
}

//按照状态转移图调度相应的 TCP 处理程序,对 TCP 数据包进行函数处理
void Tcp_Process( )
{
Tcp_Timeout = 0;//超时标志清零
if( NetD_R_Buf. IpFrame. DestIp[ 0 ] = = PMM_Ip_Address. words[ 0 ] )
if( NetD_R_Buf. IpFrame. DestIp[ 1 ] = = PMM_Ip_Address. words[ 1 ] )//目的 IP 地址是否是本机
if( VerifyTcpCrc( ) )//校验是否正确
     {
     if( NetD_R_Buf. TcpFrame. DestPort = = PMM_TCP_PORT)//是否是本机的 TCP 端口
          {
          switch ( TCP1024. State)
               {
               case 0:      Tcp_Listen( ) ; //听状态
                              break;
               case 1:      Tcp_SYN_Rec( ) ; //同步序号接收状态
```

```
                break;
            case 2:     Tcp_SYN_Sent(); //同步序号发送状态
                break;
            case 3:     Tcp_Established(); //建立连接状态
                break;
            case 7:     Tcp_Close_Wait(); //等待关闭状态
                break;
            case 8:     Tcp_Last_Ack(); //确认关闭状态
                break;
        }
    }
  }
}
```

9.3 上位机网络编程实例

本节结合 PMM2000 电力网络仪表 TCP/IP 上位机测试软件的开发实例，介绍使用 Borland C ++ Builder（BCB）进行网络编程的方法。

9.3.1 网络编程概述

在 TCP/IP 网络应用中，多数网络应用程序是使用客户/服务器模型设计的。客户向服务器提出请求，服务器收到请求后，提供相应的服务。

在 Internet 网络中，使用 IP 地址表示主机。同时，一台主机内的每个网络进程使用协议端口进行标识。这样，要唯一确定网络环境下的某个进程，就同时需要 IP 地址和端口号。

实际上，TCP/IP 网络是将 IP 地址与网卡相联系，而不是将 IP 地址与主机相联系。网络中的每一个网卡都有一个唯一的 IP 地址，而一台主机可能有多个有效的 IP 地址，比如一台计算机可能拥有多块网卡。

端口是一种抽象的结构（包括一些数据结构和缓冲区），通常和一种特定的服务协议相关联。当某一进程通过系统调用和某一端口建立连接后，传输层传给该端口的数据都被该进程所接收；同样，进程发送给传输层的数据都通过该端口输出。端口操作类似于 I/O 操作，进程获取一个端口，相当于获取一个本地的 I/O 文件，可以对该端口进行读写访问。在 Internet 上，网络对协议端口进行编号，以区分不同的端口。有些端口是系统保留起来的，用以完成某种特定的操作，如 FTP 协议端口为 21，Telnet 协议端口为 23，等等。

网络连接要么是面向连接的，要么是无连接的。面向连接的服务是电话系统服务模式的抽象，在每一次通信以前，必须与另外一个程序建立连接，即每一次数据传输都要经过建立连接、使用连接、终止连接的过程。在数据传输过程中，各数据分组不携带目的地址，而使用连接号。使用面向连接服务时，收发数据不但顺序一致，而且内容相同。无连接服务则是邮政系统服务模式的抽象，每个分组都携带完整的目的地址，各分组在系统中独立传送。无连接服务不能保证分组的先后顺序，不进行分组出错的恢复与重传，不保证传输的可靠性。

TCP/IP 网络通信是面向连接的，即在每一次通信以前，客户端程序必须与服务器端程序建立连接，通信完成后，再将连接中断。UDP 协议提供无连接的数据报服务。

9.3.2 网络组件介绍

TCP/IP 网络环境下的应用程序是通过 Windows Sockets 实现的。Socket（套接字）是网络通信的基本构件，一个 Socket 对应于通信的一端，连接建立、数据传输、连接终止等操作都是通过 Socket 实现的。常用的 Socket 类型有两种：数据流 Socket 和数据报 Socket。前者对应于 TCP 服务，提供可靠的传输；后者对应于 UDP 服务，提供不可靠的传输。

由于直接使用 Socket 编程比较复杂，所以在实际编程的时候，没有直接使用 Socket，而是使用了 BCB 中的两个组件 TServerSocket 和 TClientSocket。

1. TServerSocket 和 TClientSocket 组件介绍

在 BCB 中，TServerSocket 类和 TClientSocket 类涵盖了基本的 Windows Sockets 编程，其中 TServerSocket 作为服务器端使用，TClientSocket 作为客户端使用。这两个类本身并不提供 Socket 连接，但是它们都有一个 Socket 属性，这个属性才提供 Socket 连接。下面先介绍这两个类常用的方法属性。

（1）服务器类 TServerSocket

Socket 属性：TServerWinSocket 类型。最重要的属性，提供 Socket 连接。事实上发送、接收数据都要靠这个属性，下面将有详细的介绍。

Port 属性：int 类型，要监听的端口。如果在 Service 属性中指定了服务类型，此属性将被忽略。

Service 属性：AnsiString 类型，提供的服务类型，如 HTTP、FTP 等。如果在这里指定了服务类型，Port 属性将被忽略，因为各种服务都有特定的端口，如 FTP 为 21，HTTP 为 80。

ServerType 属性：TServerType 类型。设置与客户连接的方式，取值为两个枚举常量 stNonBlocking 和 stThreadBlocking。stNonBlocking 表示用非阻塞方式连接每一个客户，每个连接都在一个单独的线程中处理，并用 OnClientRead( ) 和 OnClientWrite( ) 通知服务器端的 Socket 进行读写。stThreadBlocking 表示以阻塞方式连接客户，即以主动查询的方式与客户连接。

Active 属性：bool 类型，激活服务，相当于调用 Open( ) 方法。

OnAccept 事件：当有客户请求连接时触发。

OnClientRead 事件：通知服务器去读取有关信息。OnClientWrite 与此类似。

（2）客户类 TClientSocket

Socket 属性：TClientWinSocket 类型，功能同 TServerSocket 的 Socket 属性。

Active 属性：bool 类型，功能同 TServerSocket 的 Active 属性。

Address 属性：AnsiString 类型，服务器的 IP 地址，如 202. 98. 35. 14。

ClientType 属性：TClientType 类型，与服务器连接方式，取值为两个枚举常量 ctNonBlocking 和 ctBlocking。ctNonBlocking 表示非阻塞方式，ctBlocking 表示阻塞方式。

Host 属性：AnsiString 类型，要连接的主机名，如 www. cpcw. com。

Port 属性。int 类型，功能同 TServerSocket 的 Port 属性。

Service 属性：AnsiString 类型，功能同 TServerSocket 的 Service 属性。

OnConnect 事件：当与服务器连接上时发生，OnConnecting、OnDisConnect 功能与此

类似。

OnRead 事件：通知客户机去读取有关信息。OnWrite 功能与此类似。

2. Socket 属性介绍

TServerSocket 和 TClientSocket 只提供基本的服务器/客户机的连接，真正提供数据传输的是它们都有的属性 Socket，它的类型分别是 TServerWinSocket 和 TClientWinSocket。而 TServerWinSocket 和 TClientWinSocket 的父类都是 TCustomWinSocket，下面我们就来看看 TServerWinSocket 和 TClientWinSocket 常用的属性和方法。

（1）共同的属性方法（来源于 TCustomWinSocket）

Connected 属性：bool 类型，检查连接是否成功。

LocalAddress 属性：AnsiString 类型，本地 IP 地址。与此类似，LocalHost 属性为本机域名，LocalPort 属性为本机端口。

RemoteAddress 属性：AnsiString 类型，另一端的 IP 地址。与此类似，RemoteHost 属性为另一端域名，RemotePort 属性为另一端端口。

SocketHandle 属性：int 类型，只读，返回 Socket 对象的 Windows 句柄。如果要调用 WinSocket API 函数，将用到此句柄。

Handle 属性：HWND 类型。Socket 能够接收到的异步事件都是以 Windows 消息的形式发送给此句柄的。

Close( )方法：作为服务器，关闭所有连接；作为客户机，关闭自己与服务器的连接。

SendText(AnsiString)方法：发送一个字符串。

SendBuf(void * buff, int count)：发送存放在缓冲区 buff 中的 count 个字节，返回实际发送的字节数。

SendStream(TStream * AStream)：发送一个流到 Socket 中。

ReceiveText( )：从 Socket 中读取并返回一个字符串。

ReceiveLength( )：从 Socket 中读取数据需多少字节的缓冲区。

ReceiveBuf(void * buff,int count)：从 Socket 中读取 count 字节的数据到 buff。

（2）TClientWinSocket 类的属性

TclientWinSocket 类只增加了一个 ClientType 属性，用于决定与服务器的连接类型（参见 TClientSocket- > ClientType）。

（3）TServerWinSocket 类的属性

ServerType 属性：指明服务类型，参见 TServerSocket- > ServerType。

ActiveConnection 属性：int 型，只读，返回当前活动的连接数。

Connection 属性：TCustomWinSocket 类型数组，索引 n 表示第 $n+1$ 个连接，如 Connection[0]表示第一个连接。

有了这些知识，就可以完成一些基本的 Windows Sockets 编程了。下面结合 PMM2000 系列电力网络仪表 TCP/IP 上位机测试软件来了解具体的应用。

9.3.3 TCP/IP 应用程序开发过程

下面以 PMM2000 电力网络仪表 TCP/IP 上位机测试软件程序为例，介绍 TCP/IP 应用程序的开发过程。

该实例的工程应用背景是，使用PMM2000电力网络仪表采集电力参数，经过以太网将参数传输到上位机，并在监控界面中进行显示。所以该例中，PMM2000电力网络仪表是作为服务器端，而上位机应用程序是作为客户端。

关于监控界面实现及数据处理的相关内容，此处不作介绍。下面主要介绍TCP/IP网络通信相关功能的实现，包括建立连接、使用连接和终止连接。

1. 建立连接

打开BCB编程环境控件工具栏中的“Internet”选项卡，选中“ClientSocket”控件，将其添加到相应的Form界面上。为该Form添加两个文本编辑框，分别用于输入IP地址和端口号。该程序是通过点击目录树中的仪表型号来显示相应监控界面并激发TCP/IP连接事件的，也可以添加一个“连接”按钮用于激发连接事件。

当目录树发生变化时，先判断是否连接，如果已经连接，则将其断开。

```
if(ClientSocket1->Active == true)
        ClientSocket1->Close(); //关闭原有连接
```

再判断选中的是哪个仪表型号，根据相应显示界面中的IP地址和端口号进行连接。

```
ClientSocket1->Address = IpAdd; //IP 地址
ClientSocket1->Port = IpPort; //端口号
ClientSocket1->Open(); //打开连接
```

2. 使用连接

当连接成功时，状态栏中显示提示信息，所以在ClientSocket1的ClientSocket1Connect函数中添加下列语句：

```
StatusBar1->Panels->Items[0]->Text = "已连接到设备:" + ClientSocket1->Address;
```

另外，本程序是采用轮询方式通信，一旦连接成功，就打开定时器，定时采集数据。所以，在ClientSocket1Connect函数中还需要添加下列语句：

```
Timer1->Enabled = true; //打开定时器 1
```

在Timer1的Timer1Timer函数中，根据不同型号仪表的通信协议配置相应的数据发送缓冲区，并调用发送函数发送数据。

```
Comm->SendBytes(StuSend.SendBuf, StuSend.Count, Check);
```

发送函数SendBytes功能代码如下：

```
unsigned char bytes[500];
for(int i=0; i<SendCount; i++)
        bytes[i] = ComBytes[i]; //将数据存入发送缓冲区 bytes
if(check == 1) //Crc 校验
{
        CRC(bytes, SendCount, &bytes[SendCount + 1],&bytes[SendCount]);
        SendCount += 2;
}
```

```
else if( check = = 0) //补数校验
{
    unsigned char bushu = 0;
    for( int p = 0; p < SendCount; p ++ )
        bushu += bytes[ p ];
    bushu = 0 - bushu;
    bytes[ SendCount ] = bushu;
    SendCount += 1;
}
Form1- > ClientSocket1- > Socket- > SendBuf( bytes, SendCount);
//发送 bytes 中的 SendCount 个字节
```

其中，CRC( )函数为 Crc 校验函数，此处不作介绍。

在 ClientSocket1 的 ClientSocket1Read 函数中进行数据接收及数据处理。数据接收由以下语句完成：

```
result = Comm- > ReceiveBytes( receive, ReceiveCount, Check);
```

接收函数 ReceiveBytes 功能代码如下：

```
unsigned char cData[ 500 ];
unsigned char crchi, crclo;
int CrcNum;
int result = 1;
ReceiveCount = Form1- > ClientSocket1- > Socket- > ReceiveLength( ) ; //接收数据长度
Form1- > ClientSocket1- > Socket- > ReceiveBuf( ComBytes, ReceiveCount);
//接收 ReceiveCount 个字节到 ComBytes 中
if( check = = 1) //Crc 校验
{
    for( int num = 0; num < ReceiveCount; num ++ )
        cData[ num ] = ComBytes[ num ];
    CrcNum = ReceiveCount - 2;
    CRC( cData, CrcNum, &crchi, &crclo);
    if( ( crclo! = cData[ CrcNum] ) || ( crchi! = cData[ CrcNum + 1 ] ) )
        result = COM_RECEIVE_CRC_ERROR;
}
else if( check = = 0) //补数校验
{
    BYTE bout = 0;
    for( int i = 0; i < ReceiveCount - 1; i ++ )
        bout += ComBytes[ i ];
    bout = 0 - bout;
    if( bout! = ComBytes[ ReceiveCount - 1 ] )
        result = COM_RECEIVE_BU_ERROR;
}
```

```
return result;
```

3. 终止连接

在 ClientSocket1 的 ClientSocket1Disconnect 函数中清除定时器并关闭网络连接，同时在状态栏中给出提示信息。功能代码如下：

```
Timer1->Enabled = false; //关闭定时器 1
ClientSocket1->Close(); //终止网络连接
StatusBar1->Panels->Items[0]->Text = "连接断开";
StatusBar1->Panels->Items[1]->Text = "通信停止!!";
```

当网络连接出错时，在 ClientSocket1 的 ClientSocket1Error 函数中清除定时器并关闭网络连接。功能代码如下：

```
Timer1->Enabled = false; //关闭定时器 1
ClientSocket1->Close(); //终止网络连接
StatusBar1->Panels->Items[0]->Text = "连接错误";
StatusBar1->Panels->Items[1]->Text = "通信停止!";
ErrorCode = 0; //不弹出错误信息提示对话框
```

9.4 习题

1. 根据 TCP 状态转移，简述 TCP 的工作过程。
2. 编写 DM9000A 的初始化程序。
3. 编写 DM9000A 的 TCP 协议的处理程序。

参考文献

[1] 李正军．现场总线及其应用技术［M］．北京：机械工业出版社，2005.
[2] 李正军．计算机测控系统设计与应用［M］．北京：机械工业出版社，2004.
[3] 李正军．计算机控制系统［M］．2版．北京：机械工业出版社，2009.
[4] 王华忠．监控与数据采集系统（SCADA）及其应用［M］．北京：电子工业出版社，2010.
[5] 张戟，程旻，谢剑英．基于现场总线DeviceNet的智能设备开发指南［M］．西安：西安电子科技大学出版社，2004.
[6] 王常力，罗安．分布式控制系统（DCS）设计与应用实例［M］．2版．北京：电子工业出版社，2010.
[7] 雷霖．现场总线控制网络技术［M］．北京：电子工业出版社，2004.
[8] 王平，谢昊飞．工业以太网技术［M］．北京：科学出版社，2007.
[9] 周立功，等．单片机数据通信应用技术．广州：周立功单片机发展有限公司，2003.
[10] 徐爱钧，彭秀华．Keil Cx51 V7.0单片机高级语言编程与μVision2应用实践［M］．北京：电子工业出版社，2004.
[11] 任泰明．TCP/IP协议与网络编程［M］．西安：西安电子科技大学出版社，2004.
[12] Douglas E Comer，David L Stevens. TCP/IP网络互联技术（卷3）：客户-服务器编程与应用（Windows套接字版）［M］．张卫，王能，译．北京：清华大学出版社，2004.
[13] Kevin Burns. TCP/IP分析与故障诊断［M］．战晓苏，张敏，译．北京：清华大学出版社，2005.
[14] 朱时银，马承志，杨飞，王华，等．C++Builder 5编程实例与技巧［M］．北京：机械工业出版社，2001.
[15] ROFIBUS Technical Description. Siemens，1997.
[16] SJA1000 Stand-alone CAN contoller Data Sheet. Philips Semiconductor Corporation，2000.
[17] PCA82C250 CAN controller interface Data Sheet. Philips Semiconductor Corporation，1997.
[18] SPC3 Siemens PROFIBUS Controller User Description. Siemens AG，2000.
[19] ASPC2/HARDWARE User Description. Siemens AG，1997.
[20] DeviceNet Specification Release 2.0. ODVA，2003.
[21] ODVA The Common Industrial Protocol（CIP）and the Family of CIP Networks，2006.
[22] 李正军．基于CAN总线的分布式测控系统智能节点的设计［J］．自动化仪表，2003，24（6）．
[23] 李正军．新型电力网络仪表的谐波测量方法与实现［J］．电力系统及其自动化学报，2006，18（2）.
[24] 李正军．PMM2000微型多功能电力参数监测网络仪表［J］．电力系统及其自动化学报，2003，15（3）.
[25] 李正军．基于LonWorks技术的热电偶温度测量智能节点的设计［J］．自动化博览，2002（5）．
[26] 李正军．基于PROFIBUS-DP现场总线的智能数据采集节点的设计［J］．山东大学学报：工学版，2003，33（4）．